“十二五”普通高等教育本科国家级规划教材

电路与电子技术

（第5版）

张　虹　主编

北京航空航天大学出版社

内 容 简 介

本书是普通高等教育"十二五"国家级规划教材，在内容编排上符合应用型本科院校人才培养目标和教学的基本要求。

全书共3篇。第一篇为电路分析，主要内容有电路基本概念、电路基本分析方法、正弦稳态电路的相量分析法；第二篇为模拟电子技术，主要内容有常用半导体器件介绍、放大电路基础、集成运算放大电路及其应用；第三篇为数字电子技术，主要内容有逻辑代数基础、组合逻辑电路、时序逻辑电路、数/模和模/数转换电路、硬件描述语言 VHDL 简介。

本书体系结构合理，知识衔接紧密，语言通俗易懂，例题经典，习题丰富，联系实际，突出应用。为了读者更好地学习和掌握相关知识，本书最后提供了部分习题答案，并配套出版了《电路与电子技术学习辅导及实践指导(第5版)》以供读者参考。

本书可作为高等院校计算机、电子、通信和自动控制等专业本专科教材，适合作为培养应用型本科生的教材，也可作为自学考试用书和电子技术工程相关从业人员的参考书。

图书在版编目(CIP)数据

电路与电子技术 / 张虹主编. -- 5版. -- 北京 ：北京航空航天大学出版社，2015.8

ISBN 978-7-5124-1827-1

Ⅰ. ①电… Ⅱ. ①张… Ⅲ. ①电路理论－高等学校－教材②电子技术－高等学校－ 教材 Ⅳ. ①TM13②TN01

中国版本图书馆 CIP 数据核字(2015)第156193号

电路与电子技术(第5版)

张　虹　主编

责任编辑　蔡　喆　赵钟萍　黄　涛

*

北京航空航天大学出版社出版发行

北京市海淀区学院路37号(邮编100191)　http://www.buaapress.com.cn

发行部电话:(010)82317024　传真:(010)82328026

读者信箱: goodtextbook@126.com　邮购电话:(010)82316936

北京时代华都印刷有限公司印装　各地书店经销

*

开本: 787×1 092　1/16　印张: 25　字数: 640千字

2015年8月第5版　2017年2月第3次印刷　印数: 7 001~11 000册

ISBN 978-7-5124-1827-1　定价: 49.00元

第5版前言

自《电路与电子技术(第4版)》出版至今,已经过去近四个年头了。期间本书已被许多高等院校,尤其是广大应用型本科院校选为教材,得到了广大读者的支持和肯定。他们以各种方式与本书作者取得联系,提出他们的意见和建议,同时随着课程改革的不断深入以及教学方法的不断探究,作者在教学实践过程中也积累了更多的教学经验,使得教学思想和教学理念逐步科学和完善。为了更好地适应电子技术的应用与发展,不断满足高等院校对应用型人才培养的需要,同时也为了更好地服务于读者,有必要对原书进行全面的修订。

本次修订主要从以下几个方面进行:

在体系结构上,基本沿用原书三大篇结构,即电路分析篇、模拟电子技术篇、数字电子技术篇。在此基础上,对每一篇的内部章节做了进一步修改和调整。

一、将第一篇中的4章内容压缩成3章,具体做法是,将第4章“动态电路”合并到第2章“线性电阻电路分析”中,并重新命名第2章为“电路基本分析方法”。这样调整使整个电路分析篇结构更加紧凑,思路更为条理,简洁明晰,一气呵成。

二、将第三篇的7章内容压缩成5章,具体做法是,将第9章“逻辑门电路”合并到第8章“逻辑代数基础”中,将第11章“触发器”合并到第12章“时序逻辑电路”中。由于本书的辅助教材《电路与电子技术学习辅导及实践指导(第5版)》专门对电子技术的实践及应用做了介绍,因此本次修订中将第14章“电子电路应用举例”删掉。考虑到电子设计自动化(EDA)技术的日益普及,在本篇最后添加了新的一章“硬件描述语言VHDL简介”。以上对数字电子技术篇的调整使得内容更加连贯,逻辑性强,尽量做到在有限的篇幅内介绍更多的内容。

三、为了读者更好地学习和掌握相关知识,本书最后增加了部分习题答案,并同步修订出版《电路与电子技术学习辅导及实践指导(第5版)》,以供读者参考。

在内容取舍上,紧紧围绕应用型本科院校人才培养目标和教学的基本要求,突出本课程的性质,即“电路电子技术方面的入门性技术基础课”,其任务在于“使学生掌握电路电子技术方面的基本概念、基本理论和基本技能,并为学习后续相关课程打下良好的基础”。为此,在基本保持本书第3版原有内容的基础上,在内容取舍上做了以下修改和补充:

第一篇　电路分析

在第1章对电路基本元件的介绍中,添加了电阻器、电感器和电容器的实物图片,使抽象的理想元件模型与实际器件相结合,理论联系实际,突出应用。此外,将“基尔霍夫定律”作为电路的一个基本分析方法(支路电流法)放到第2章中介绍。在第2章中添加了“网孔电流分析法”和“动态电路的分析”。第3章还增加了“互感耦合电路及理想变压器”内容。

第二篇　模拟电子技术

在第4章对半导体器件的介绍中,同样添加了器件的实物图片。对二极管的应用电路进一步扩充。考虑到晶闸管在电力电子领域的应用日益广泛,本章还增加了对晶闸管有关知识的介绍。第5章对放大电路基础的介绍中,对三极管三种组态放大电路做了更为详细的介绍和比较。第6章对集成运放及其应用介绍中,对集成运放的应用电路进行了扩充,增加了“模拟乘法器”、“有源滤波器”、“集成稳压电路”和“非正弦信号发生电路”等内容。

第三篇 数字电子技术

在第7章对逻辑代数基础的介绍中,削减了数制及其转换的有关内容,增加了补码的有关知识,对门电路的介绍更加突出逻辑功能及性能,减少其内部结构及工作原理的分析。第9章对时序逻辑电路的介绍中,合并了原书中“触发器”一章,并压缩了对触发器工作原理的分析。同时,本章还增加了时序电路的分析方法以及555定时器的应用电路等内容。

此外,与第3版相比,本书每一章的例题尽量联系生产实际,更加经典,章后习题更加丰富,题型更加多样化。

为了与本次修订相配合,我们同步修订出版了《电路与电子技术学习辅导及实践指导(第5版)》。修订思路与教材保持一致,内容更加精练,更加实用。

由于本书是电路分析、模拟电子技术、数字电子技术三门课程的整合,因此内容多,知识覆盖面广。为了更好地掌握每一部分的内容,合理分配有限的课时,应广大读者要求,在此特提供本书的课时分配表,以供参考。

本书较为适宜的理论教学为90课时(按1课时50分钟算),各章的参考课时如下表:

各章理论教学参考课时一览表

篇 次	章 名	参考课时
第一篇	第1章 电路基本概念	4
	第2章 电路基本分析方法	10
	第3章 正弦稳态电路的相量分析法	8
第二篇	第4章 常用半导体器件	6
	第5章 放大电路基础	8
	第6章 集成运算放大电路及其应用	12
第三篇	第7章 逻辑代数基础	8
	第8章 组合逻辑电路	10
	第9章 时序逻辑电路	12
	第10章 数/模、模/数转换电路	6
	第11章 硬件描述语言 VHDL 简介	6

本次教材修订工作由张虹教授完成。此外,在修订方案的论证及教材修订过程中,管金华、张星慧、李耀明、张元国、高寒、张建华、刘晓亮、栾学德、陈光军、李厚荣、周金玲、王立梅、杨洁、于钦庆、杜德等老师提出了许多宝贵意见并给予了很大帮助,在此一并表示感谢。

修订后的第4版一定还会有不尽如人意之处,诚望广大读者予以指正。本书配套教材、课件等相关信息,及对本书的勘误、意见、建议等,请发邮件至 goodtextbook@126.com 联系。

编 者

2015年6月

目　录

第一篇　电路分析

第二篇　模拟电子技术

第三篇　数字电子技术

第一篇

电路分析

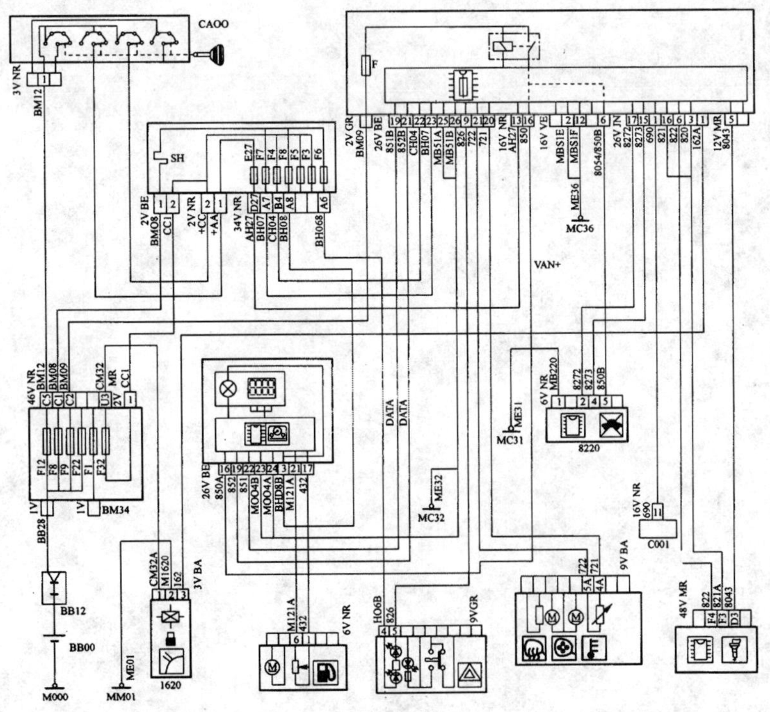
CAOO
SH
F
VAN+
MC36
MC31
8220
MC32
C001
BM34
BB12
BB00
M000
MM01
1620

第 1 章　电路基本概念

内容提要

- 电路理论基础
- 电流的参考方向和电压的参考极性
- 电阻、电容、电感元件的特性
- 电压源、电流源的特性
- 受控源与独立源的异同

1.1　电路理论基础

1.1.1　电路理论及其发展

电路理论与应用技术的发展为人类驾驭物质世界奠定了重要的理论基础。电路理论包括电器件的模型建立、电路分析、电路综合及设计等方面的理论。电路理论是物理学、数学和工程技术等多方面成果的融合。物理学，尤其是其中的电磁学为研制各种电路器件提供了原理依据，对各种电路现象做出理论上的阐述；数学中的许多理论在电路理论中得到广泛的应用，成为分析、设计电路的重要方法；工程技术的进展不断向电路理论提出新的课题，推动电路理论的发展。作为首门电技术基础课，为学习电专业的专业基础课打下基础；也是电气电子工程师必备的知识；学习本课程还有助于培养读者严谨的科学作风、抽象的思维能力、实验研究能力、总结归纳能力等。

电、磁互生现象早已为现代人所熟知，它是人们经过长期不断观察才认识的。我国古代早就发现了电磁现象。早在四千多年前，我国人祖黄帝利用磁制成了罗盘针。据史料记载，公元前 9 世纪，我国航海家已使用指南针导航了。被世人称为电学之父的英国物理学家吉尔伯特，于 1600 年在他的书中第一次讨论了电与磁。与电、磁理论发展有关的世界著名科学家还有安培、欧姆、伏特、基尔霍夫、戴维南、法拉第、亨利、拉普拉斯、傅里叶、麦克斯韦、赫兹等。关于电的理论和电子技术的发展，就经典阶段和现代阶段而言，前后大约经历了 200 年。经典电路理论形成于 20 世纪初至 20 世纪 60 年代。经典的时域分析于 20 世纪 30 年代初已初步建立，并随着电力、通信、控制三大系统的要求发展到频域分析与电路综合。20 世纪六七十年代至今发展了现代电路理论，随着电子革命和计算机革命而飞跃发展，其特点是：频域与时域相结合，并产生了拓扑、状态、逻辑、开关电容、数字滤波器、有源网络综合、故障诊断等新的领域。

1.1.2　电路和电路模型

1. 电　路

电路在日常生活、生产和科学研究工作中得到了广泛应用。小到手电筒，大到计算机、通信系统和电力网络,都可以看到各种各样的电路。可以说,只要用电的物体,其内部都含有电路,尽管这些电路的结构各异,特性和功能也不相同,但都建立在一个共同的电路理论基础上。

电路通常按如下几个方面进行分类:

(1) 集总参数电路和分布参数电路

将实际电路的几何尺寸 d 与其中的工作信号波长 λ 比较,满足 $d \ll \lambda$ 的称为集总参数电路,不满足 $d \ll \lambda$ 的称为分布参数电路。常见的低频放大器属于集总参数电路,微波($\lambda < 1$ m)电路(如电视天线、雷达天线和通信卫星天线等)属于分布参数电路。本书中将以集总参数电路为研究对象进行讨论。

(2) 线性电路和非线性电路

若描述电路特征的所有方程都是线性代数方程或线性微积分方程,则该电路称为线性电路,否则就称为非线性电路。非线性电路在工程中应用更为普遍,线性电路仅是非线性电路的近似模型,但线性电路理论却是最重要的基础。

(3) 时不变电路和时变电路

时不变电路中元件参数不随时间变化,描述其电路的方程是常系数的代数方程或常系数的微积分方程;而时变电路是由变系数的代数方程或微积分方程描述的电路。实际中,时变电路非常普遍,但时不变电路是最基本的电路模型,是研究时变电路的基础。

电路的一种功能是实现电能的传输和转换,例如,电力网络将电能从发电厂输送到各个工厂、广大农村和千家万户,供各种电气设备使用;电路的另一种功能是实现电信号的传输、处理和存储,例如,电视接收天线将接收到的含有声音和图像信息的高频电视信号,通过高频传输线送到电视机中,这些信号经过选择、变频、放大和检波等处理,恢复原来的声音和图像信号,在扬声器中发出声音,并在屏幕上呈现图像。

所有的实际电路是由电气设备和元器件按照一定的方式连接起来,为电流的流通提供路径的总体,也称网络。在实际电路中,电能或电信号的发生器称为电源,用电设备称为负载。电压和电流是在电源的作用下产生的,因此,电源又称为激励源,简称激励。由激励而在电路中产生的电压和电流称为响应。有时,根据激励和响应之间的因果关系,把激励称为输入,响应称为输出。

2. 电路模型

为了便于对实际电路进行分析,通常是将实际电路器件理想化(或称模型化),即在一定条件下,突出其主要的电磁性质,忽略其次要因素,将其近似地看做理想电路元件,并用规定的图形符号表示。例如,用电阻元件来表征具有消耗电能特征的各种实际元件,同样,在一定条件下,电感线圈忽略其电阻,就可以用电感元件来近似地表示;电容器忽略其漏电,就可以用电容元件近似地表示。此外还有电压源、电流源两种理想电源元件。以上这些理想元件可以简称为电阻、电感、电容和电源,它们都具有两个端钮,称为二端元件。其中,电阻、电感、电容又称无源元件①。

由理想元件组成的电路称为实际电路的电路模型。图 1-1(b)即为图 1-1(a)的电路模型。今后如未加特殊说明,所说的电路均指电路模型。

---

① 电路中有两类元件,有源元件和无源元件。有源元件能产生或者能控制能量,而无源元件不能。电阻、电容、电感等均为无源元件。发电机、电池、运算放大器、三极管、场效应管等为有源元件。

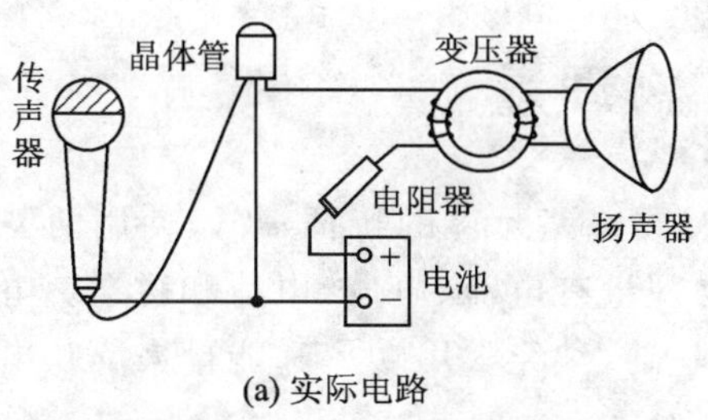

(a) 实际电路

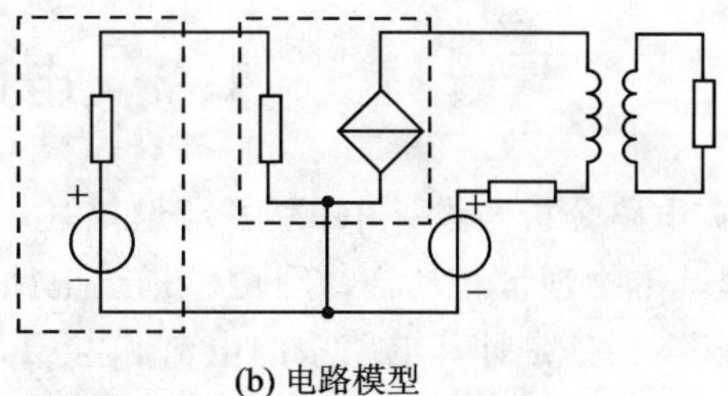

(b) 电路模型

图 1－1　晶体管放大电路

以上用理想电路元件或它们的组合模拟实际器件的过程称为建模。建模时必须考虑工作条件,并按不同精确度要求把给定工作情况下的主要物理现象及功能反映出来。需要注意的是,在不同的条件下,同一实际器件可能采用不同模型。模型取得恰当,对电路的分析和计算结果就与实际情况接近;模型取得不恰当,则会造成很大误差,有时甚至导致自相矛盾的结果。所以建模问题需要专门研究,绝不能草率定论。例如,图 1－2(a)所示线圈在低频交流工作条件下,用一个电阻和电感的串联结构进行模拟,如图 1－2(b)所示;在高频交流工作条件下,则要再并联一个电容来模拟,如图 1－2(c)所示。

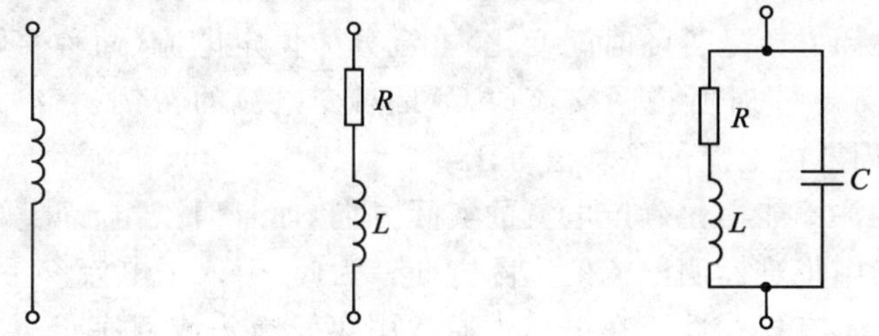

(a) 线圈电路符号　(b) 线圈通过低频交流的模型　(c) 线圈通过高频交流的模型

图 1－2　线圈的几种电路模型

1.1.3　计算机辅助电路分析

电路的分析和设计都要完成一定的数学运算工作。人们曾经使用计算尺和计算器来完成一定的计算工作,随着计算机和大规模集成电路的发展,现在已经广泛使用计算机来辅助电路的分析和设计,计算机辅助分析技术在工程技术领域的应用越来越广泛,为传统的电路系统分析与设计提供了新的手段。生产实际的发展和教学改革的需要也促使原有的教学体系在内容和分析手段上必须进行相应的调整。在教育教学方面,几乎所有理工类的高校都开设了计算机辅助分析(Computer Aided Analysis,CAA)方面课程。目前最具有通用性的电子电气工程类的计算机辅助分析软件主要是 PSpice、Matlab 等软件。Matlab 具有数据分析、数值和符号计算、工程与科学绘图、控制系统设计、数字图像信号处理、财务工程、建模、仿真;原型开发、应用开发、图形用户界面设计等功能。PSpice 软件收敛性好,适于做系统及电路级仿真,具有快速、准确的仿真能力。在科研开发部门,PSpice 是产品从设计、试验到定型过程中不可缺少的工具,1988 年 PSpice 已被定为美国国家工业标准。

1.2 电路基本物理量

在电路分析与设计中，为了定量描述电路的状态或电路元件的特征，普遍使用两类物理量，即基本物理量和复合物理量。描述电路的基本物理量有电流、电压、电荷和磁通。电路分析的基本任务是计算电路中的电流和电压。以此为基础，又经常用功率和能量来反映电路的能量传递情况，功率和能量是两个复合物理量。

1.2.1 电　流

电荷的定向运动形成电流。电流的实际方向习惯上指正电荷运动的方向。电流的大小用以下数学式表示，即

$$i = \frac{\mathrm{d}q}{\mathrm{d}t} \tag{1-1}$$

式(1-1)的物理意义是单位时间内通过导体横截面的电荷量。其中，i 表示瞬间电流，单位是A(安[培])，在计量微小电流时，通常用mA(毫安)或μA(微安)作电位；$\mathrm{d}q$ 为微小电荷量，单位是C(库[仑])，且1库仑为 6.24×10^{18} 个电子所带的电量；$\mathrm{d}t$ 为微小的时间间隔，单位是s(秒)。

按照电流的大小和方向是否随时间变化，电流分为恒定电流(简称直流DC)和时变电流，分别用符号 I 和 i 表示。平时所说的交流(AC)是时变电流的特例，它满足两个特点，一是周期性变化，二是一个周期内电流的平均值等于零。

在分析电路时往往不能事先确定电流的实际方向，而且时变电流的实际方向又随时间不断变化。因此在电路中很难标明电流的实际方向。为此，引入了电流参考方向这一概念。

参考方向的选择具有任意性。在电路中通常用实线箭头或双字母下标表示，实线箭头可以画在线外，也可以画在线上。为了区别，电流的实际方向通常用虚线箭头表示，如图1-3所示。而且规定：若电流的实际方向与所选的参考方向一致，则电流为正值，即 $i>0$；若电流的实际方向与所选的参考方向相反，则电流为负值，即 $i<0$，如图1-3所示。这样一来，电流就成为一个具有正负的代数量。

图1-3(a)中电流参考方向为从 a 到 b，用双下标法表示为 i_{ab}；图1-3(b)中为从 b 到 a，表示为 i_{ba}。可见，对于同一电流，参考方向选择不同，其数值互为相反数，即

$$i_{ab} = -i_{ba} \tag{1-2}$$

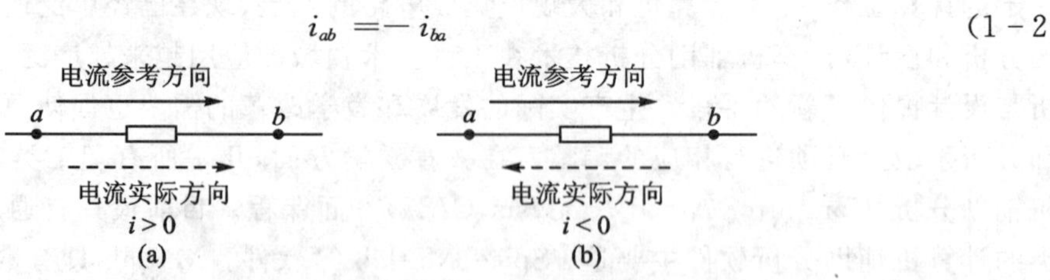

图1-3　电流的参考方向与实际方向

1.2.2 电　压

电路分析中另一个基本物理量是电压。直流电压用大写字母 U 表示，交流电压用小写字母 u 表示，单位为V(伏[特])。为了便于计量，还可以用mV(毫伏)、μV(微伏)和kV(千伏)等作为单位。在数值上，电路中任意 a、b 两点之间的电压等于电场力由点 a 移动单位正电荷

到点 b 所做的功,即

$$U_{ab}=\frac{\mathrm{d}W}{\mathrm{d}q} \tag{1-3}$$

式中,$\mathrm{d}W$ 是电场力所做的功,单位是 J(焦耳)。

在电路中任选一点作为参考点,则其他各点到参考点的电压称为该点的电位,用符号 V 表示。例如,电路中 a、b 两点的电位分别表示为 V_a 和 V_b,并且 a、b 两点间的电压与该两点电位有以下关系

$$U_{ab}=V_a-V_b \tag{1-4}$$

电位与电压既有联系又有区别。其主要区别在于:电路中任意两点间的电压,其数值是绝对的;而电路中某一点的电位是相对的,其值取决于参考点的选择。在电子技术中,通常用求解电位的方法判断半导体器件,如二极管、三极管的工作状态。

今后如未说明,通常选接地点作参考点,并且参考点的电位为零。引入电位概念后,两点间电压的实际极性即由高电位点指向低电位点,所以电压就是指电压降。

电路中电位相同的点称为等电位点。等电位点的特点是:两个等电位点之间的电压等于零。若用导线或电阻将等电位点连接起来,导线和电阻元件中没有电流通过,不会影响电路的工作状态。

与电流参考方向同理,在电压的极性上引入参考极性(也可称为参考方向),参考极性的选择同样具有任意性,在电路中可以用"+"、"−"表示,也可用双字母下标或实线箭头表示,如图 1-4 所示。电压正负值的规定与电流一样,此处不再赘述。

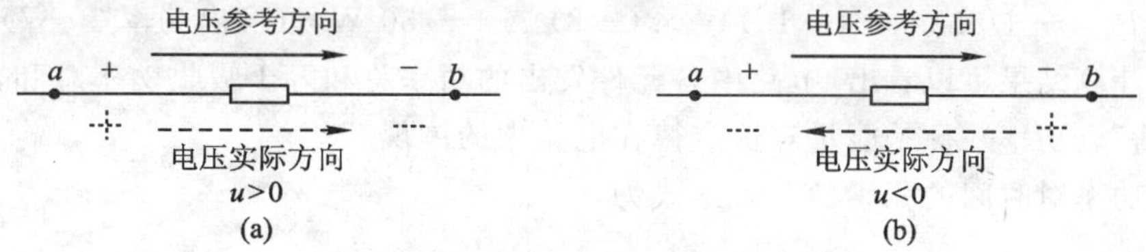

图 1-4　电压的参考方向与实际方向

值得注意:今后在求电压、电流时,必须事先规定电压的参考极性和电流的参考方向,否则求出的值无意义。

通常,对于电路中的某个元件,电流参考方向和电压参考极性都是可以任意选定的,彼此独立无关。但为了分析方便,通常将某元件上电压和电流的参考方向选为一致,即电流的参考方向由电压的"+"指向"−",这样选定的参考方向称为电压与电流的关联参考方向,简称关联方向,如图 1-5(a)和(b)所示。否则,称非关联方向,如图 1-5(c)和(d)所示。

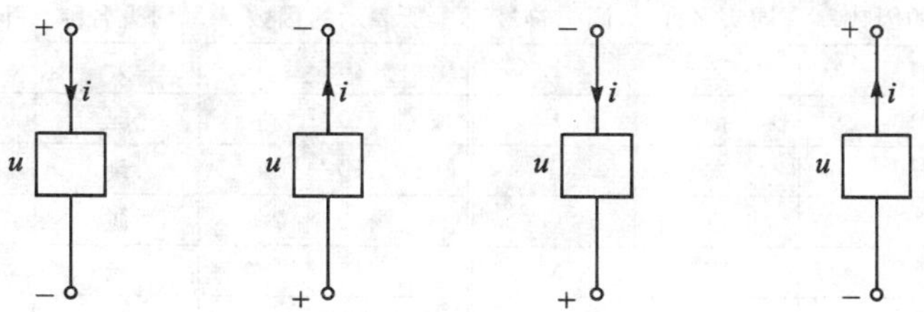

(a) 关联参考方向　(b) 关联参考方向　(c) 非关联参考方向　(d) 非关联参考方向

图 1-5　二端元件电压、电流的参考方向

1.2.3 功率与能量

电能对时间的变化率即电功率,简称功率。用 p 或 P 表示,单位是 W(瓦)。功率的表达式为

$$p=\frac{\mathrm{d}W}{\mathrm{d}t}=\frac{\mathrm{d}W}{\mathrm{d}q}\frac{\mathrm{d}q}{\mathrm{d}t}=ui \tag{1-5}$$

应用式(1-5)计算元件功率时,首先需要判断 u、i 的参考方向是否为关联方向,若为关联,则 $p=ui$;否则 $p=-ui$。计算结果若 $p>0$,表明元件实际吸收功率;若 $p<0$,表明元件实际发出功率。

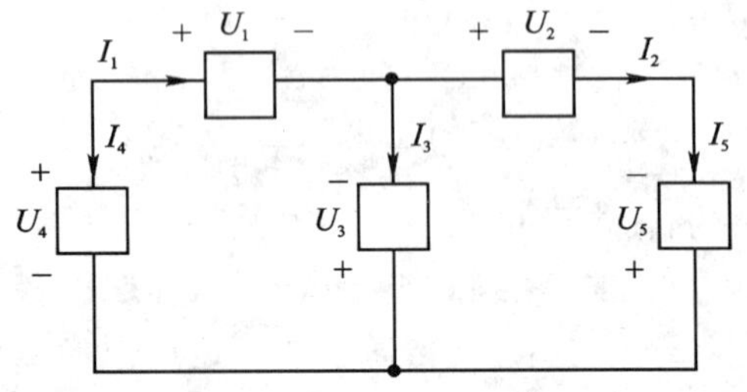

图 1.6 例 1-1 电路

例 1-1 在图 1-6 所示电路中,各元件电压、电流参考方向已选定,已知 $U_1=1$ V,$U_2=-6$ V,$U_3=-4$ V,$U_4=5$ V,$U_5=-10$ V,$I_1=1$ A,$I_2=-3$ A,$I_3=4$ A,$I_4=-1$ A,$I_5=-3$ A。试求各元件的功率。

解:根据题目所给已知条件可得

$$P_1=U_1I_1=1\ \text{V}\times1\ \text{A}=1\ \text{W}\quad(\text{吸收功率 }1\ \text{W})$$

$$P_2=U_2I_2=(-6)\text{V}\times(-3)\ \text{A}=18\ \text{W}\quad(\text{吸收功率 }18\ \text{W})$$

$$P_3=-U_3I_3=-(-4)\ \text{V}\times4\ \text{A}=16\ \text{W}\quad(\text{吸收功率 }16\ \text{W})$$

$$P_4=U_4I_4=5\ \text{V}\times(-1)\ \text{A}=-5\ \text{W}\quad(\text{发出功率 }5\ \text{W})$$

$$P_5=-U_5I_5=-(-10)\ \text{V}\times(-3)\ \text{A}=-30\ \text{W}\quad(\text{发出功率 }30\ \text{W})$$

由以上计算结果可以看出,电路中各元件发出的功率总和等于吸收功率总和,这就是电路的"功率平衡"。功率平衡是能量守恒定律在电路中的体现。

能量是功率对时间的积累。其表达式为

$$W(t)=\int_{-\infty}^{t}p(\tau)\mathrm{d}\tau=\int_{-\infty}^{t}u(\tau)i(\tau)\mathrm{d}\tau \tag{1-6}$$

能量的单位是 J(焦[耳]),定义为:功率为 1 W 的设备在 1 s 时间内转换的电能。工程上常采用 kW·h(千瓦小时)作为电能的单位,俗称 1 度电,定义为功率为 1 kW 的设备在 1 h 内所转换的电能。

在实际应用中,有时国际单位制(SI 单位)用起来太大或太小,一般可加上如表 1-1 所列的国际单位制的词头,构成 SI 的十进倍数或分数单位。

表 1-1 国际单位制前缀

所表示的因数	词头名称	词头符号	所表示的因数	词头名称	词头符号
10^{18}	艾	E	10^{-1}	分	d
10^{15}	拍	P	10^{-2}	厘	c
10^{12}	太	T	10^{-3}	毫	m
10^{9}	吉	G	10^{-6}	微	μ
10^{6}	兆	M	10^{-9}	纳	n
10^{3}	千	k	10^{-12}	皮	p
10^{2}	百	h	10^{-15}	飞	f
10^{1}	十	da	10^{-18}	阿	a

1.3　电路基本元件

1.3.1　电阻元件

1. 电阻元件的电压、电流关系及功率

导体对电子运动呈现的阻力称为电阻。对电流呈现阻力的元件称为电阻器，电阻器的电路模型是电阻元件，简称电阻，字母符号为 R，电路符号如图 1-7(a)所示。电阻上的电压和电流有确定的对应关系，可以用 $u-i$ 平面上的一条关系曲线(即伏安曲线)或数学方程式来表示。

如果电阻的伏安关系是一条通过原点的直线，如图 1-7(b)所示，则该电阻称为线性时不变电阻，在图 1-7(a)所示的关联方向下，其电压电流关系可用下式表示

$$u = Ri \quad 或 \quad i = Gu \tag{1-7}$$

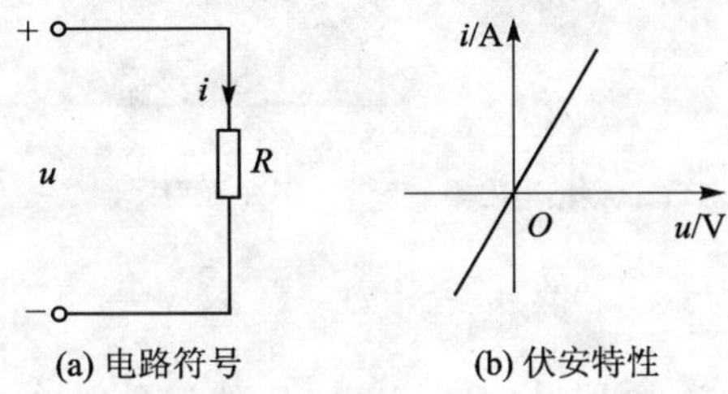

图 1-7　线性电阻的电路符号和伏安特性

式(1-7)是欧姆定律的表示式，欧姆定律揭示了线性电阻电压与电流的约束关系。式中 R 和 G 是电阻的两个重要参数，分别称为电阻和电导，单位分别是 Ω(欧[姆])和 S(西[门子])。R 和 G 两参数在数值上互为倒数关系。

如果电阻的伏安关系不是一条直线，则称为非线性电阻，半导体二极管就是一个非线性电阻器件。今后如无特别说明，所讨论的电阻元件均指线性电阻(简称电阻)。

在任意时刻，电阻上消耗的功率为

$$p = \pm ui = i^2R = \frac{u^2}{R} = Gu^2 \tag{1-8}$$

式中的“＋”、“－”号与电压及电流的参考方向有关。式(1-8)表明，对于线性正电阻($R>0$)来说，瞬时功率恒为非负值，所以它在任一时刻吸收的能量也非负。

2. 开路和短路

有两个情况值得注意：开路和短路。当一个二端元件(或电路)的端电压不论为何值时，流过它的电流恒为零值，此时该元件可看成一个 $R=\infty$ 的电阻，或者说相当于一个断开的开关，故把它称为开路；当流过一个二端元件(或电路)的电流不论为何值时，它的端电压恒为零值，此时该元件可看成一个 $R=0$ 的电阻，或者说一个闭合的开关，故把它称为短路。

3. 电阻器与额定值

电阻元件是由实际电阻器抽象出来的理想化模型，常用来模拟各种电阻器和其他电阻性器件。实际的电阻器必须在一定电压、电流和功率范围内才能正常工作。电子设备中常用的碳膜电阻器、金属电阻器和线绕电阻器在生产制造时，除注明标称电阻值(如 100 Ω、1 kΩ、10 kΩ等)，还要规定额定功率值(如$\frac{1}{8}$ W、$\frac{1}{4}$ W、$\frac{1}{2}$ W、1 W、2 W、5 W 等)，以便用户参考。图 1-8 所示为几种实际电阻器的外观图。

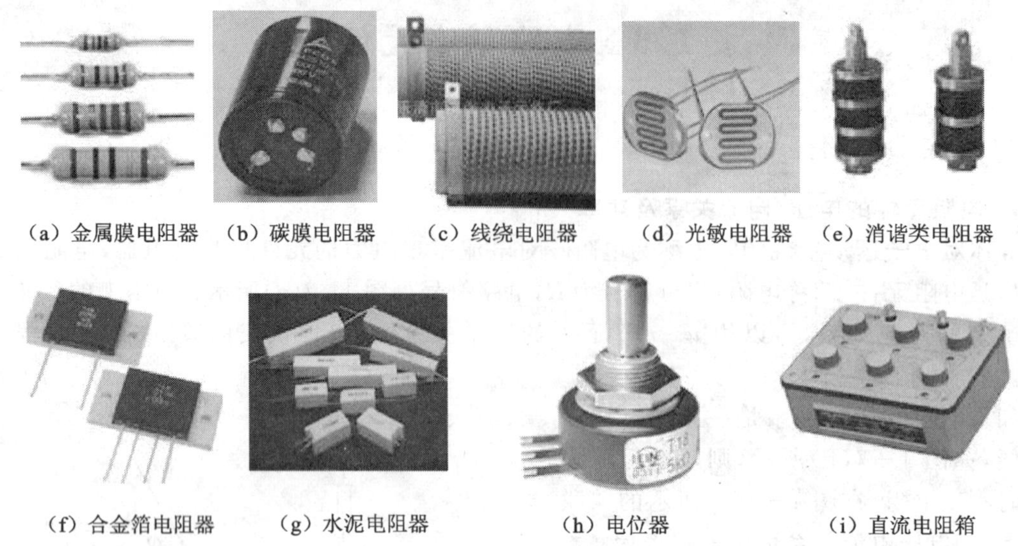

(a) 金属膜电阻器 (b) 碳膜电阻器 (c) 线绕电阻器 (d) 光敏电阻器 (e) 消谐类电阻器

(f) 合金箔电阻器 (g) 水泥电阻器 (h) 电位器 (i) 直流电阻箱

图 1-8 实际电阻器

同样,电器设备也有额定值的问题。电器设备的额定值是由制造厂家提供给用户,是设备安全运行的限额值,又是设备经济运行的使用值。通常,制造厂在一定条件下规定了电器设备的额定电压、额定电流和额定功率等,电器设备只有在额定值情况下才能正常运行,才能保证它的寿命。外加电压大大高于额定电压,电器设备的绝缘材料将被击穿,造成短路或设备被烧毁。如果通过电器设备的电流超过额定值,设备温度过高,不仅影响寿命,而且绝缘材料会因过热出现碳化,破坏其绝缘性能,也能造成设备和人身事故。如果工作电压或工作电流比额定值小得多,电器设备将处于不良工作状态,甚至不能工作。例如,220 V、100 W 的白炽灯,接到 110 V 的电压上,灯光昏暗;电视机、洗衣机、电冰箱等如果电源电压过低,就不能正常工作。

在电子设备中使用的碳膜电位器、实心电位器和线绕电位器是一种三端电阻器件,它有一个滑动接触端和两个固定端。在直流和低频工作时,电位器可用两个可变电阻串联来模拟。

1.3.2 电容元件

电容元件是电路中最常见的基本元件之一。两块金属板之间用介质隔开就构成了实际的电容器。电容器在工程上应用非常广泛,种类规格也很多,常用的有空气电容器、陶瓷电容器、纸介电容器、云母电容器、电解电容器、贴片电容器等,图 1-9 所示为实际电容器的外观图。电容元件是各种实际电容器的电路模型,它是一种理想元件,简称电容,用 C 表示。其电路符号如图 1-10(a)所示。

电容具有充、放电的特性,当在其两端加上电压,两个极板间就会建立电场,储存电场能量,这是充电过程;反之,若给储存有电能的电容提供放电回路,它就会释放其中的能量,这是电容的放电过程。电容放电时,相当一个电压源。

电容是一种能够储存电场能量的元件,储存能量的多少通常用电容量(简称电容)这个参数来表征,该参数也用 C 表示。在国际单位制中,电容的单位为 F(法[拉]),此外还有 μF(微法)、nF(纳法)和 pF(皮法),它们之间关系是

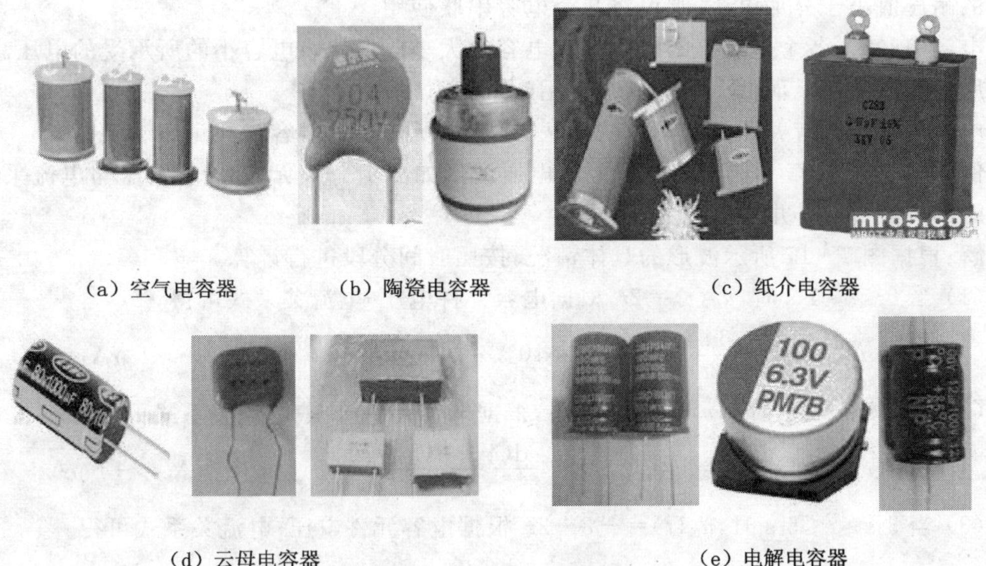

(a) 空气电容器　　(b) 陶瓷电容器　　(c) 纸介电容器

(d) 云母电容器　　(e) 电解电容器

图1-9　实际电容器

$$1\ \text{F} = 10^6\ \mu\text{F} = 10^9\ \text{nF} = 10^{12}\ \text{pF}$$

对于线性电容而言，其极板上储存的电荷量q与两极板间建立起的电压u成正比例关系，其表达式为

$$q = Cu \tag{1-9}$$

与式(1-9)对应的库-伏特性如图1-10(b)所示。

(a) 电路符号　　(b) 库-伏特性

图1-10　电容元件

如图1-10(a)所示，当电压、电流选为关联方向时，其伏安关系为

$$i = \frac{\mathrm{d}q}{\mathrm{d}t} = C\,\frac{\mathrm{d}u}{\mathrm{d}t} \tag{1-10}$$

式(1-10)说明，电容元件上的电压与电流是一种微分关系，即电流与该时刻电压的变化率成正比。显然，电压变化越快，即变化频率越大，电流就越大；如果电压不变化，即加上直流电压，则$i=0$，电容相当于开路。这正是电容的一个明显特征：通高频，阻低频；通交流，隔直流。利用该特性，可用电容制成滤波器。

电容的储能公式为

$$W_C = \frac{1}{2}Cu^2(t) \tag{1-11}$$

式(1-11)表明，任意时刻电容的储能总是大于或等于零，由此可知，电容属于无源元件。

在实际中，考虑到电容器的容量及耐压，常常要将电容器串联或并联起来使用。

电容并联时，其等效电容等于各并联电容之和。电容并联相当于极板面积增大，所以增大了电容量。当电容器的耐压符合要求而容量不足时，可将多个电容并联起来使用。

电容串联时，等效电容的倒数等于各串联电容倒数之和。电容串联时，其等效电容比串联时的任一个电容都小。这是因为电容串联相当于加大了极板间的距离，从而减小了电容。若

电容的耐压值小于外加电压,则可将几个电容串联使用。

电容串联时,各个电容上的电压与其电容的大小成反比。电容小的所承受的电压高,电容大的所承受的电压反而低。这一点在使用时要注意。

电容可采用既有并联又有串联的接法,以获得所需要的电容量和耐压。

例 1-2 已知 $C=0.5\ \mu\text{F}$ 电容上的电压波形如图 1-11 所示,试求电压与电流采用关联方向时的电流 $i_C(t)$,并画出波形图。

解: 根据图 1-11 所示波形的具体情况,按照时间分段进行计算。

(1) 当 $0\leqslant t\leqslant 1$ s 时,$u_C(t)=2t$,根据电容元件电压-电流关系式可得

$$i_C(t)=C\frac{\mathrm{d}u_C}{\mathrm{d}t}=\left(0.5\times10^{-6}\ \frac{\mathrm{d}(2t)}{\mathrm{d}t}\right)\text{A}=1\times10^{-6}\ \text{A}=1\ \mu\text{A}$$

(2) 当 $1\ \text{s}\leqslant t\leqslant 3$ s 时,$u_C(t)=4-2\ t$,根据电容元件电压-电流关系式可得

$$i_C(t)=C\frac{\mathrm{d}u_C}{\mathrm{d}t}=\left(0.5\times10^{-6}\frac{\mathrm{d}(4-2t)}{\mathrm{d}t}\right)\text{A}=-1\times10^{-6}\ \text{A}=-1\ \mu\text{A}$$

(3) 当 $3\ \text{s}\leqslant t\leqslant 5$ s 时,$u_C(t)=-8+2t$,根据电容元件电压-电流关系式可得

$$i_C(t)=C\frac{\mathrm{d}u_C}{\mathrm{d}t}=\left(0.5\times10^{-6}\frac{\mathrm{d}(-8+2t)}{\mathrm{d}t}\right)\text{A}=1\times10^{-6}\ \text{A}=1\ \mu\text{A}$$

(4) 当 $5\ \text{s}\leqslant t$ 时,$u_C(t)=12-2t$,根据电容元件电压-电流关系式可得

$$i_C(t)=C\frac{\mathrm{d}u_C}{\mathrm{d}t}=\left(0.5\times10^{-6}\frac{\mathrm{d}(12-2t)}{\mathrm{d}t}\right)\text{A}=-1\times10^{-6}\ \text{A}=-1\ \mu\text{A}$$

根据以上计算结果,画出电流 $i_C(t)$ 的波形,如图 1-12 所示。电容电压为三角波形,其电流为矩形波形。

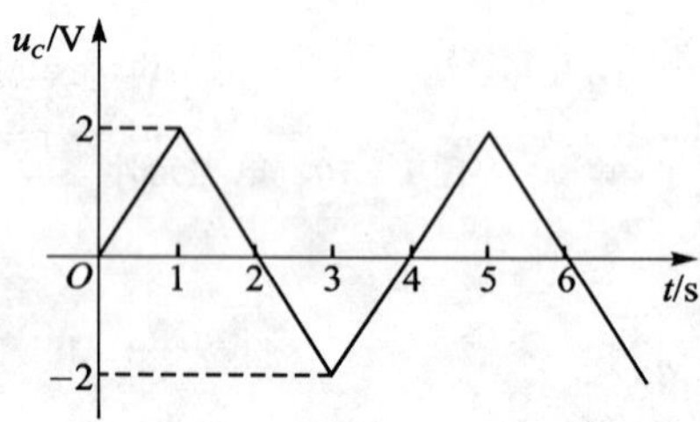

图 1-11 例 1-2 用图

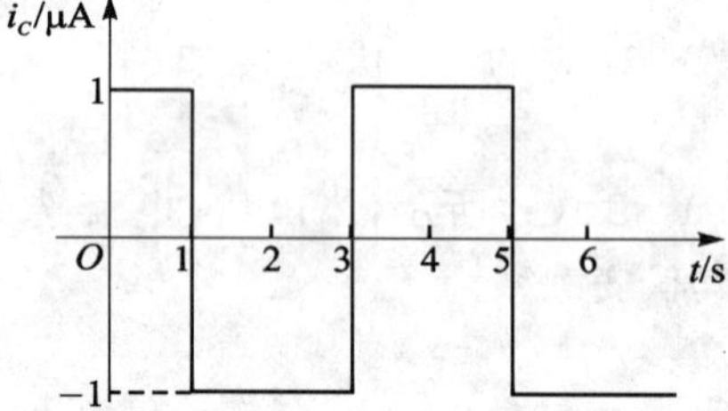

图 1-12 电容电流 i_C 的波形图

1.3.3 电感元件

实际的电感器(也称线圈)是用导线缠绕而成的。根据用途不同,电感器也有很多种类(图 1-13 所示为实际电感器的样品图),但它们可用电感元件这个理想化模型来代替,电感元件简称电感,用 L 表示。其电路符号如图 1-14(a)所示。

电感同样具有储存和释放能量的特点。当在电感中通入交流电流 i 时,电感周围就会建立磁场,即储存了磁场能量,而在电感两端会出现感应电压 u。电感储存能量的多少通常用电感系数(简称电感)表征,该参数也用 L 表示。在国际单位制中,电感的单位为 H(亨[利]),此外还有 mH(毫亨)、μH(微亨),它们之间的关系是

$$1\ \text{H}=10^3\ \text{mH}=10^6\ \mu\text{H}$$

对于线性电感而言,电感的磁链与电流成正比关系,即

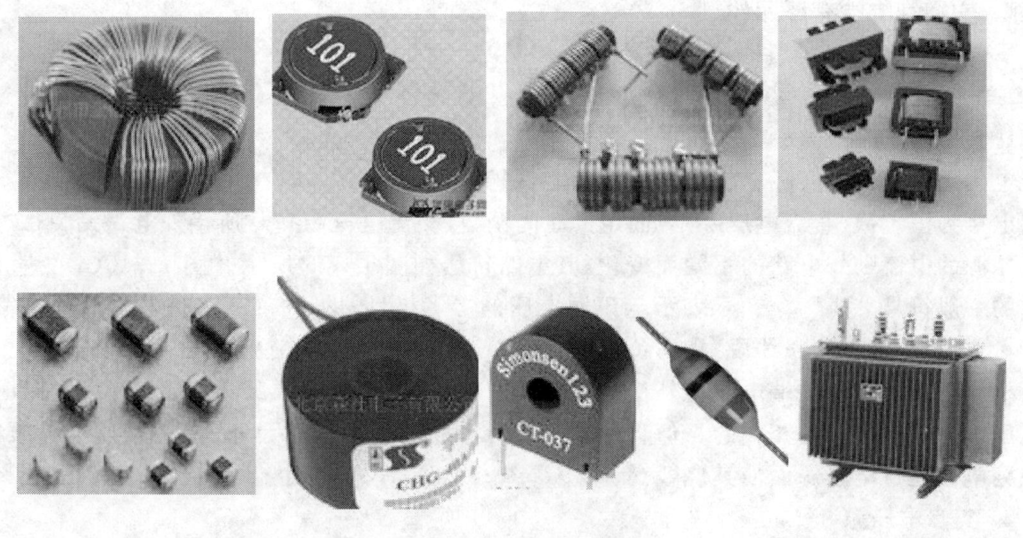

图 1－13　实际电感器

$$\Psi(t) = Li(t) \tag{1-12}$$

与式(1－12)对应的韦-安特性如图 1－14(b)所示。

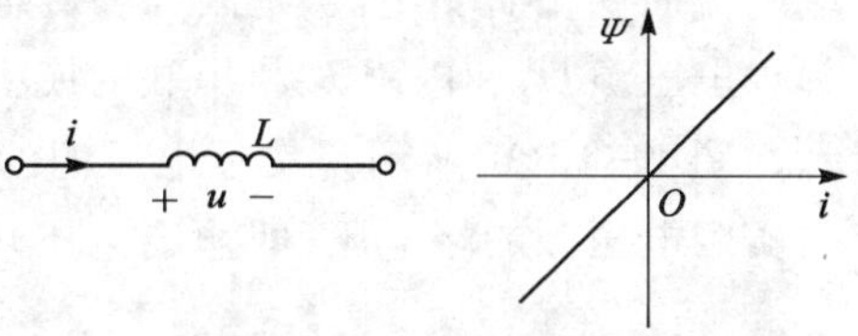

如图 1－14(a)所示，当电压、电流选为关联方向时，电感元件的伏安关系为

$$u = L\frac{\mathrm{d}i}{\mathrm{d}t} \tag{1-13}$$

(a) 电路符号　(b) 韦-安特性

图 1－14　电感元件

式(1－13)表明，电感元件的伏安关系为微分关系，即感应电压与该时刻电流的变化率成正比。电流的变化率越大，则 u 越大。倘若电流不变化，即在直流电路中，则电压 $u=0$，电感相当于短路。因此，电感具有通低频、阻高频的作用，也可用来制成滤波器。

电感的储能公式为

$$W_L = \frac{1}{2}Li^2(t) \tag{1-14}$$

式(1－14)表明，任意时刻电感的储能总是大于或等于零。由此可知，电感也属于无源元件。

对于无互感的电感来说，当其串并联时，其等效电感的求解方法与电容的串并联正好相反，此处不再赘述。

1.4　电　源

将其他形式的能量转换成电能的设备称为电源。如果电源的参数都由电源本身的因素决定，而不因电路的其他因素而改变，则称为独立电源，简称电源。

电源是电路的输入，在电路中起激励作用。根据电源提供电量的不同，可分为电压源和电流源两类。实际电源有电池、发电机、信号源等。电压源和电流源是从实际电源抽象得到的电路模型,它们是二端有源元件。

1.4.1 电压源

1. 理想电压源

电路理论中常将实际电压源的内阻忽略,得到理想电压源。理想电压源满足两个特点:一是端电压为恒定值(直流电压源)或固定的时间函数(交流电压源),与所接外电路无关;二是通过电压源的电流随外电路的不同而变化,其电路符号如图1-15所示。图1-15(a)为直流电压源的一般符号,"+"、"-"号表示电压源电压的参考极性;图1-15(b)是电池的电路符号,其参考方向是由正极(长线段)指向负极(短线段);图1-15(c)是交流电压源的电路符号。

根据理想电压源的端电压与外接电路无关的特点,在理想电压源开路和接通外电路时,其端电压(即输出电压)是相同的。但将端电压不为零的电压源短路是不允许的,这会导致很大的短路电流通过电压源而使其烧毁。

2. 实际电压源

理想电压源实际是不存在的。实际电压源(如干电池、蓄电池)接通负载后,其端电压会随其端电流的变化而变化,这是因为实际电压源有内阻。因此对于一个实际的电压源,可以用一个理想电压源 U_S 和内阻 R_i 相串联的模型来表示,这就是实际电压源的电路模型,如图1-16(a)所示。图1-16(b)所示是实际电压源的电压-电流关系。内阻 R_i 有时也称输出电阻。

实际电压源的端电压(即输出电压)U 为

$$U = U_S - IR_i \tag{1-15}$$

也就是说,电源的内阻越小,其输出电压越稳定。

在电路中,电压源可起到电源作用,也可以成为负载。如果电压源电流的实际方向由电压源的低电位端经内部流向高电位端,这时电压源内部外力克服电场力移动正电荷而做功,电压源起电源作用,发出功率;反之电流实际方向由电压源的高电位端经内部流向低电位端,电压源吸取功率,成为负载。

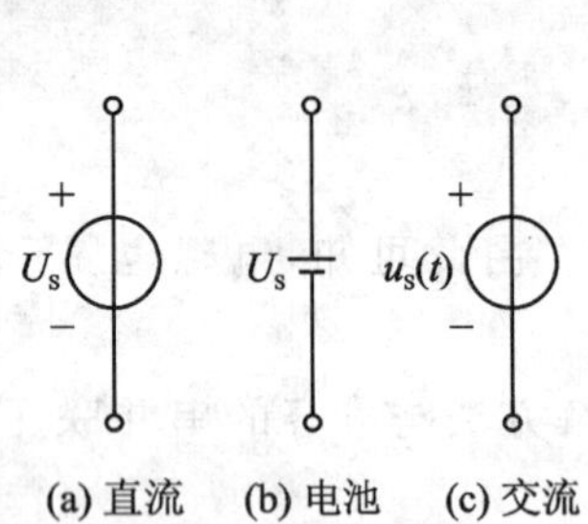

(a) 直流 (b) 电池 (c) 交流

图1-15 理想电压源的电路符号

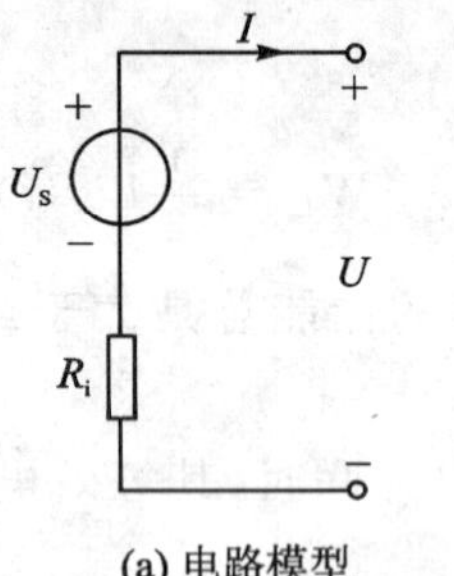

(a) 电路模型

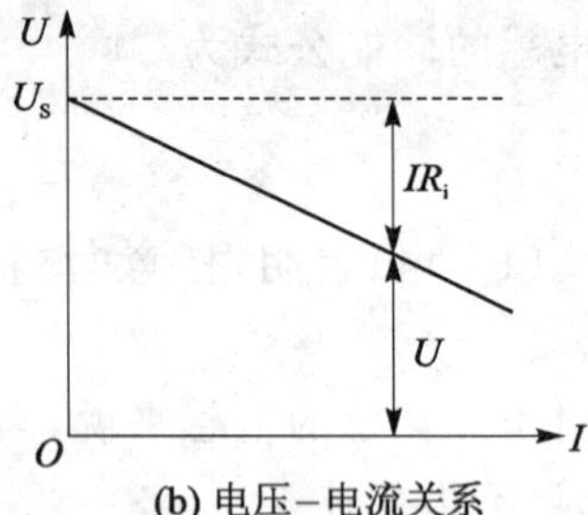

(b) 电压-电流关系

图1-16 实际电压源

1.4.2 电流源

1. 理想电流源

与电压源不同,理想电流源(简称电流源)的端电流不变,而端电压要随负载的不同而不同。电路符号如图1-17所示,图中箭头所指方向为电流源电流的参考方向。电流源的例子也比较多,例如,光电池在一定照度的光线照射下,被激发产生一定大小的电流,该电流与照度成正比。在电子线路中,三极管在一定条件下将产生一定值的集电极电流,此集电极电流与基极电流成正比。有些电子设备在一定范围内能产生恒定电流,这些器件或设备工作时的特性比较接近电流源。

2. 实际电流源

实际电流源的输出电流则要随端电压的变化而变化,这是因为实际电流源存在内阻。例如,光电池受光照激发的电流并不能全部外流,其中一部分将在光电池内部流动。这种实际电流源可以用一个理想电流源 I_S 和内阻 R_i' 相并联的模型来表示,如图 1-18(a)所示。图 1-18(b)是实际电流源的电压-电流关系。

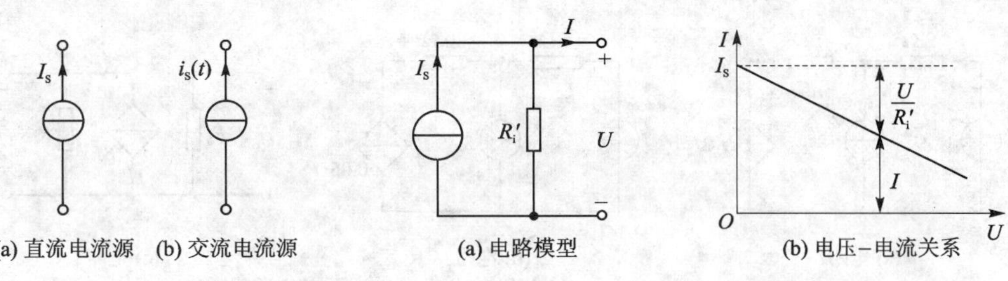

(a) 直流电流源 (b) 交流电流源

图 1-17 理想电流源电路符号

(a) 电路模型 (b) 电压-电流关系

图 1-18 实际电流源

1.4.3 受控源

前面介绍的电压源和电流源都是独立电源,其输出电压和输出电流都由电源本身的因素决定,而不因电路的其他因素而改变。此外,在电路分析中,还会遇到另一类电源,它们的电压或电流受电路其他部分电压或电流的控制,因此称为受控源,受控源又称为非独立源,也是有源器件。例如,在电子电路中,晶体三极管的集电极电流受基极电流的控制,场效应管的漏极电流受栅极电压的控制;运算放大器的输出电压受输入电压的控制;发电机的输出电压受其励磁线圈电流的控制等。这类电路器件的工作性能可用受控源元件来描述。

受控源与电压源、电流源(统称独立源)在电路中的作用不同。为了区别,受控源采用菱形符号表示。受控源一般有两对端钮,一对是输出端(受控端),一对是输入端(控制端),输入端是用来控制输出端的。根据控制量是电压还是电流,受控的是电压源还是电流源,理想受控源有4种基本形式:电压控制电压源(VCVS)、电压控制电流源(VCCS)、电流控制电压源(CCVS)和电流控制电流源(CCCS)。其电路符号如图 1-19 所示。

图 1-19 给出的4种受控源,其受控端(输出端)的电压或电流与控制端(输入端)的电压或电流的比值称转移函数(或称控制系数),分别用 μ、g、γ、β 表示。其中,$\mu=U_2/U_1$,称为转移电压比;$g=I_2/U_1$,称为转移电导;$\gamma=U_2/I_1$,称为转移电阻;$\beta=I_2/I_1$,称为转移电流比。μ、g、γ、β 为常数时,被控制量与控制量成正比,这种受控源称为线性受控源。

图 1-19 所示受控源的电路符号较为抽象。为了更好地理解受控源的特性,图 1-20 列举了3个内含受控源的电路。不难看出,图 1-20(a)中受控源为电流控制电压源,其输出电压值为 $2I$,I 为本电路中 12 V 电压源所在支路电流,也就是说,其输出电压值要受到电流 I 的控制;图 1-20(b)中受控源为电压控制电流源;图 1-20(c)所示为三极管的微变等效电路,此时

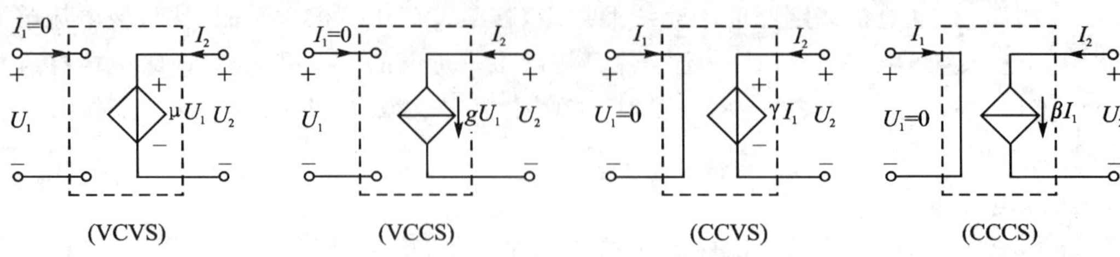

图 1-19　受控源 4 种基本形式

三极管的集电极输出电流 $\dot{I}_c$ 的大小要受到基极输入电流 $\dot{I}_b$ 的控制，因此三极管 c-b 之间可以等效成一个电流控制电流源。

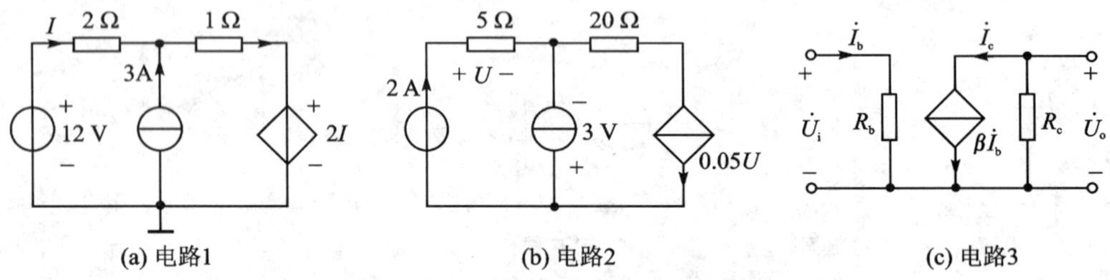

图 1-20　含受控源电路

需要指出的是：在同一线性电路中可以同时含有独立电源和受控源。但由于受控源与独立电源的特性完全不同，因此它们在电路中所起的作用也完全不同。独立电源是电路的输入或激励，它为电路提供按给定时间函数变化的电压和电流，从而在电路中产生电压和电流。受控源则描述电路中两条支路电压和电流间的一种约束关系，它的存在可以改变电路中的电压和电流，使电路特性发生变化。假如电路中不含独立电源，不能为控制支路提供电压或电流，则受控源以及整个电路的电压和电流将全部为零。

当然，受控源也具有独立源的一般性质，但必须以控制量的存在为前提条件。在电路分析中，对受控源的处理与独立电源并无原则区别，唯一要注意的是，对内含受控源的电路进行化简时，若保留受控源，则不要消除受控电源的控制量。

1.5　应用实例

1.5.1　TV 摄像管和显像管

电子技术的一个重要应用是 TV 发射和接收信号装置中的摄像管和显像管。在电视发射端，摄像管将光图像转化为电信号，光电摄像管中的电子束运动实现了对光图像的扫描。电子束的强度是恒定的。

在电视接收端，电视机内的阴极射线管(CRT)重建场景的图像。图 1-21 所示为 CRT 的结构图。在 CRT 中电子束强度随着输入信号的强弱而变化。图中的电子枪，维持一个高电位，将电子束喷射出来，经过垂直和水平两组偏转板，使射到屏上的电子束能上下左右地移动。电子束撞击到荧光屏上，即在该点发出亮点。这样，电子束就能在荧光屏上“描绘”出图像来。

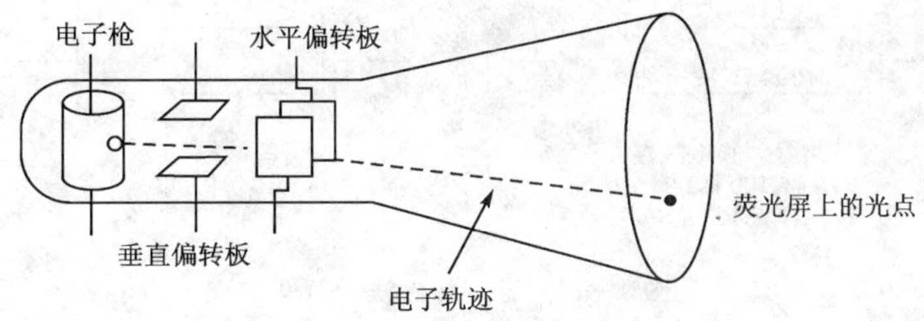

图 1-21　阴极射线管

例 1-3　若电视显像管中每秒携带 10^{15} 个电子，要加速该电子束使之达到 4 W 的功率，问要求的电压 U_o 是多少？

解：一个电子的电荷量为：$e = -1.6\times10^{-19}$ C，n 个电子的电量：$q=ne$，且

$$i=\frac{\mathrm{d}q}{\mathrm{d}t}=e\frac{\mathrm{d}n}{\mathrm{d}t}=-1.6\times10^{-19}\times10^{15}\ \mathrm{A}=-1.6\times10^{-4}\,\mathrm{A}$$

式中，负号表示电流的流动方向与电子的流动方向相反，图 1-22 为 CRT 垂直偏转平面没有电荷的简图。这样，电子束的功率为：$p=U_oi$，则

$$u=\frac{p}{i}=\frac{4}{1.6\times10^{-4}}\ \mathrm{V}=25\ 000\ \mathrm{V}$$

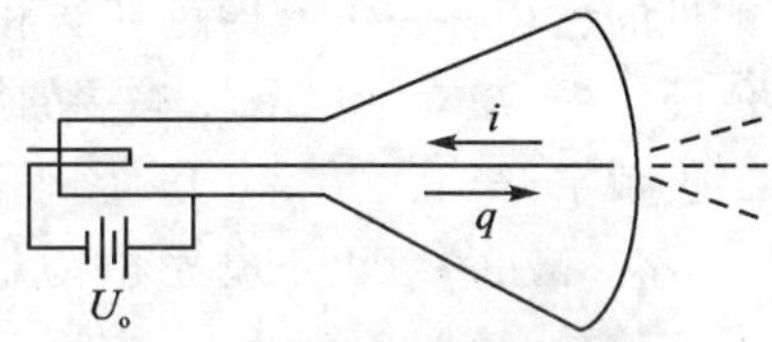

图 1-22　阴极射线管简图

将其他形式的能量转换成电能的设备称为电源。如果电源的参数都由电源本身的因素决定，而不因电路的其他因素而改变，则称为独立电源，本书中简称电源。

电源是电路的输入，它在电路中起激励作用，根据电源提供电量的不同，可分为电压源和电流源两类。实际电源还可分为电池、发电机、信号源等。电压源和电流源是从实际电源抽象得到的电路模型，它们是二端有源元件。

1.5.2　电器元件参数的标注及识别

1. 电阻器

电阻器的主要参数（标称阻值和允许误差）可标在电阻器上，以供识别。

在选用和正确识别电阻器的型号与规格时，一般可以从电阻器的表面数值直接读出它的阻值和精度，有时也可以从电阻器上印制的不同色环来判断它的阻值与精度。固定电阻器的常用标注方法有以下三种。

(1) 直接标注法

用阿拉伯数字和单位符号（Ω、kΩ、MΩ 等）在电阻体表面直接标出阻值，用百分数直接标出允许偏差的方法称为直接标注法。如图 1-23 所示，若直标法未标出阻值单位，则其单位为“Ω”。

(2) 文字符号法

用阿拉伯数字和文字符号有规律的组合，表示标称阻值和允许误差的方法称为文字符号法。其标称阻值的组合规律是：阻值单位为 Ω，用文字符号表示，即用 R 表示单位，作用类似小数点，用 k 表示千欧，用 M 表示兆欧；阻值的整数部分写在阻值单位标志符号前面，阻值的小数部分写在阻值单位标志符号后面。阻值单位符号位置代表标称阻值有效数字中小数点所在位置。文字符号允许偏差一般用Ⅰ、Ⅱ、Ⅲ表示。例如 5.1 Ω 的电阻器用文字符号表示为

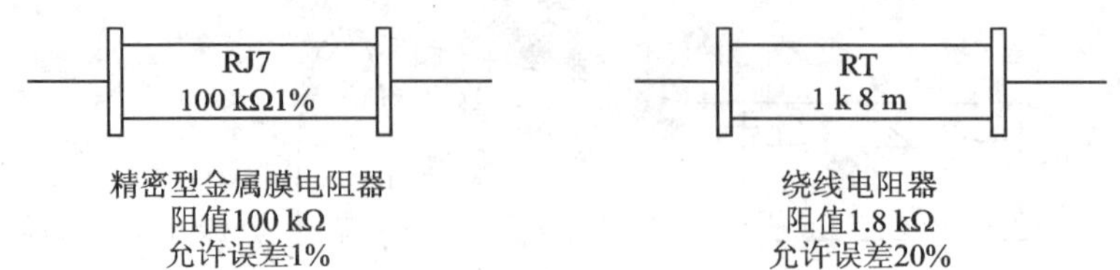

图 1-23 直接标注法示意图

5R1;0.51 Ω 的电阻器用文字符号表示为 R51;51 Ω 的电阻器用文字符号表示为 51R;5.1 kΩ 的电阻器用文字符号表示为 5k1;51 kΩ 的电阻器用文字符号表示为 51 k。

(3) 色环标注法

用不同的色环标注在电阻体上,表示电阻器的标称阻值和允许偏差的一种标注方法。色标法在家用电器和音像设备中的电阻器上应用极为广泛。部分进口电阻器及常使用的碳膜电阻器均采用这种标注方法。

常见的色环标注法有四色环法和五色环法两种。四色环法一般用于普通电阻器的标注,在四色环法中,最靠近电阻器一端的第一条色环的颜色表示第一位数字;第二条色环的颜色表示第二位数字;第三条色环的颜色表示乘数;第四条色环的颜色表示允许误差,如图 1-24(a)所示。五色环法一般用于精密电阻器的标注,在五色环法中,第一、二、三条色环表示的是第一、二、三位数,第四条表示乘数,第五条表示允许误差,如图 1-24(b)所示。

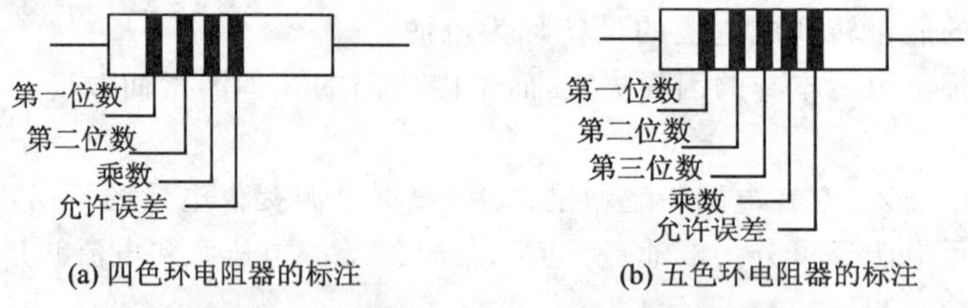

(a) 四色环电阻器的标注　(b) 五色环电阻器的标注

图 1-24 色环标注法示意图

对于用色环标注法标注的电阻器,在识读时,一定要看清最靠近电阻器一端的色环,否则会引起误读。

2. 电容器

电容器的标称电容量通常有直标法、文字符号法、数码表示法和色标法 4 种表示方法。

(1) 直标法

将标称电容量直接标注在电容器上的一种标注方法。容量单位有:F(法拉)、mF(毫法)、μF(微法)、nF(纳法)、pF(皮法)。这里有两种情况,一种是标有单位,则直接读取,如标有“620 pF”的电容器就表示容量为 620 pF。另一种是没标单位,其读法是:凡容量大于 1 的无极性电容器,其容量单位为 pF,如 4 700 表示容量为 4 700 pF;凡容量小于 1 的无极性电容器,其容量电位为 μF,如 0.01 表示容量为 0.01 μF。凡有极性电容器,容量单位为 μF,如 10 表示容量为 10 μF。

(2) 文字符号法

文字符号法是将容量的整数部分标注在容量单位的前面,容量的小数部分标注在单位后面,容量单位所占位置就是小数点的位置。如 4n7 就表示容量为 4.7 nF(4 700 pF)。若在数字前标注有 R 字样,则容量为零点几微法。如 R47 就表示容量为 0.47 μF。

(3) 数字表示法

该方法是用三位数字表示电容器容量大小。其中前两位数字为电容器标称容量的有效数字，第三位数字表示有效数字后面零的个数，单位是 pF。如 103 就表示容量为 10×10^3 pF。若第三位数字是“9”时，有效数字应乘上 10^{-1}。如 229 就表示容量为 22×10^{-1} pF。

数字表示法与直标法对于初学者来说比较容易混淆，其区别方法是：一般来说直标法的第三位一般为 0，而数字表示法第三位则不为 0。

3. 色标法

电容器色标法原则与电阻器相同，颜色意义也与电阻器基本相同，其容量单位为 pF。当电容器引线同向(在电容器的同一端)时，色环电容器的识别顺序是从上到下。

4. 电感器

电感器的参数通常有直标法和色标法 2 种表示方法。

(1) 直标法

直标法是指将电感器的主要参数，如电感量、误差值、最大直流工作电流等用文字直接标注在电感器的外壳上。其中，最大工作电流常用字母 A、B、C、D、E 等标注，字母和电流的对应关系如表 1-2 所列。

例如，电感器外壳上标有 3.9 mH、A、Ⅱ 等字标，表示其电感量为 3.9 mH，误差为Ⅱ级(±10%)，最大工作电流为 A 挡(50 mA)。

表 1-2　小容量固定电感器的质量判别法

字　母	A	B	C	D	E
最大工作电流/mA	50	150	300	700	1 600

(2) 色标法

色标法是指在电感器的外壳涂上各种不同颜色的环，用来标注其主要参数。识读色环时，最靠近某一端的第一条色环表示电感量的第一位有效数字；第二条色环表示第二位有效数字；第三条色环表示 10^n 倍乘数；第四条表示误差。其数字与颜色的对应关系和色环电阻标注法相同，单位为微亨(μH)。

例如，某一电感器的色环标志依次为：棕、红、红、银，则表示其电感量为 12×10^2 μH，允许误差为±10%。

本章小结

1. 由理想元件组成的电路称为实际电路的电路模型。

2. 电路的基本物理量有电流、电压和功率。它们都是具有正负的代数量，电流、电压的正负表明实际方向与参考方向的关系；功率正负表明元件实际发出功率或吸收功率。

3. 组成电路的常用元件有电阻、电容和电感。电阻是一种耗能元件，其功率始终为正值。电容、电感是储能元件，可以充电，也可放电。

4. 电源分独立源和受控源。独立源又分为电压源和电流源，它们是忽略了实际电源的内阻而抽象出来的理想化模型。受控源的输出量具有受控性，它有电压控制电压源、电压控制电流源、电流控制电压源、电流控制电流源 4 种类型。

习题一

1-1　填空题

(1) 导线中的 a、b 两点，已知 1 s 内从点 b 到点 a 通过导线横截面的为 2 C(库仑)正电荷，则电流 $I_{ab}=$________ A，$I_{ba}=$________ A；如果在 1 s 内从点 b 到点 a 通过导线横截面的为 2 C 负电荷，则 $I_{ab}=$________ A，$I_{ba}=$________ A。

(2) 根据题图 1-1-(2)中给定的参考方向，求 I 或 U。

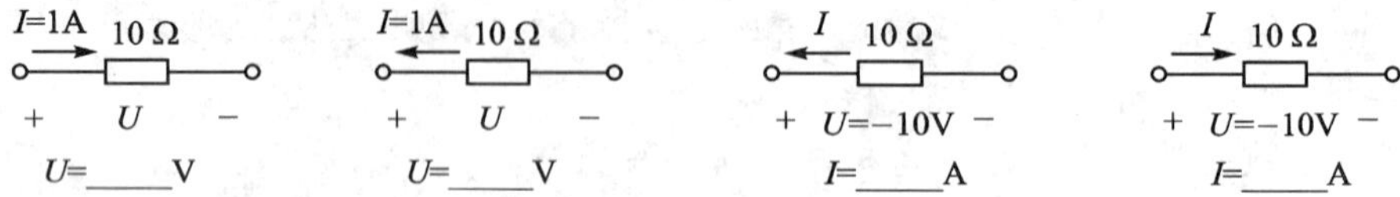

题图 1-1-(2)

(3) 已知题图 1-1-(3)中各元件发出功率 12 W，图中各元件的电流或电压分别为

图(a)中 $I=$________ A；图(b)中 $I=$________ A；

图(c)中 $U=$________ V；图(d)中 $U=$________ V。

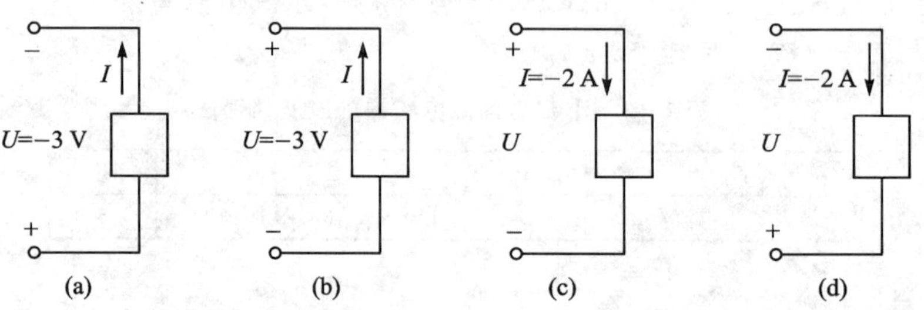

题图 1-1-(3)

(4) 题图 1-1-(4)所示电路中，元件 1 发出功率 50 W，元件 3、4 吸收功率 40 W 和15 W，回路电流 $I=2$ A，各元件电压的参考极性和回路电流参考方向如图所示。则元件 2 ________(填吸收或发出)功率________ W，各元件电压 $U_1=$________ V，$U_2=$________ V，$U_3=$________ V，$U_4=$________ V。

(5) 一段含源电路 ab 如题图 1-1-(5)所示，已知 a、b 两点间电压为 U_{ab}，则其电流 I 的表达式为________。

(6) 电路如题图 1-1-(6)所示，电流源的端电压 $U=$________ V。

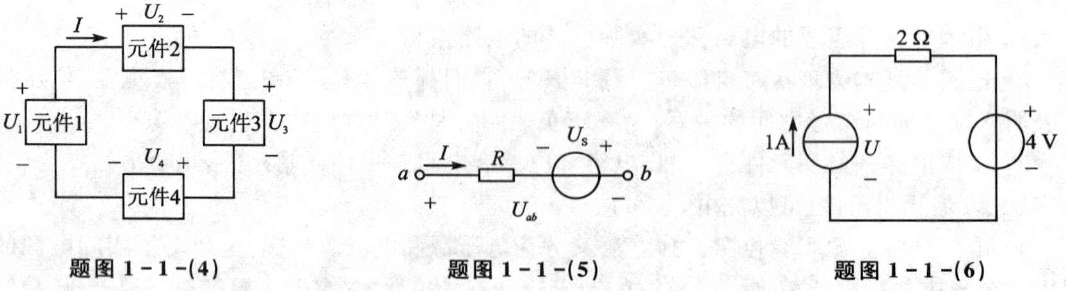

题图 1-1-(4)　　题图 1-1-(5)　　题图 1-1-(6)

(7) 写出题图 1-1-(7)中各段电路的 U_{ab}。

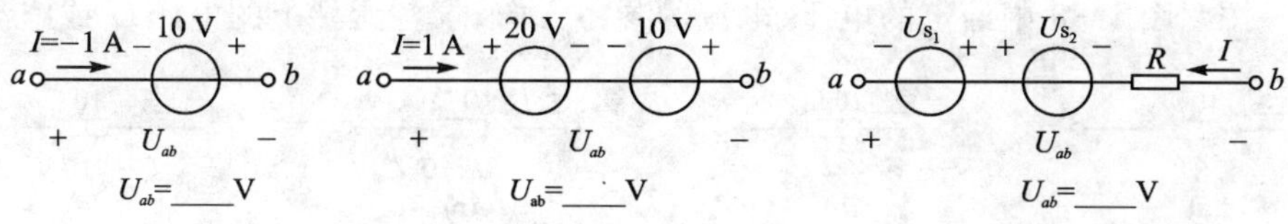

题图 1-1-(7)

(8) 题图 1-1-(8)电路中，ab 两端的等效电容 $C_{ab}=$________ μF。

(9) 电容连接如题图 1-1-(9)所示，已知 $C_1=3$ μF，$C_2=6$ μF，$C_3=12$ μF，$C_4=6$ μF，开关 S 打开时，ab 两端等效电容 $C_{ab}=$________ μF；开关 S 闭合时，$C_{ab}=$________ μF。

(10) 题图 1-1-(10)电路中，已知 $U_2=6$ V，则 $U_1=$______ V，端电压 $U=$______ V。

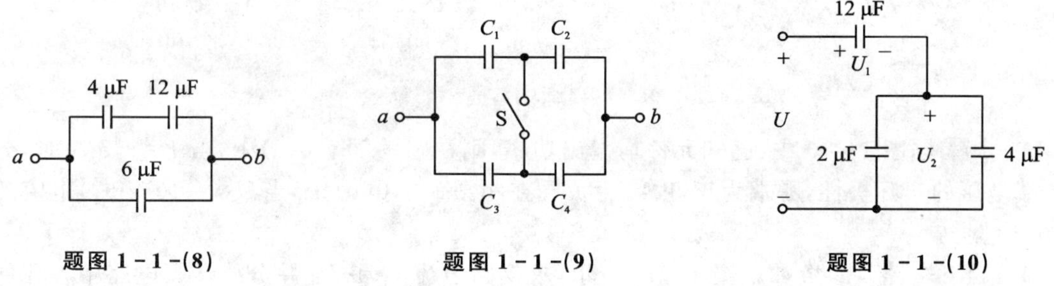

题图 1-1-(8)　　题图 1-1-(9)　　题图 1-1-(10)

(11) 已知电感 $L=100$ mH，通过的正弦电流解析式为 $i(t)=10\sqrt{2}\sin(314t)$ A，则电感元件中磁场能量的最大值 $W_{L,\mathrm{m}}=$________ J。

1-2　一个标称值为"510 kΩ，0.5 W"的电阻，在正常使用时最多能允许多大的电流通过？能允许加载的最大电压又是多少？

1-3　有一个阻值为 20 Ω 的电炉，接在 220 V 的电源上，连续使用 6 h 后，消耗了多少度电？

1-4　(1) 将 $C_1=40$ μF，耐压 100 V，$C_2=60$ μF，耐压 200 V 的两个电容串联接于 $U=250$ V 的直流电压上使用是否安全？

(2) 耐压为 250 V 的电容接于电压 220 V 的正弦电源上，能正常使用吗？

1-5　有的线绕电阻元件，为了使它只有电阻而没有电感，常采用双线并绕法，试说明其理由。

1-6　题图 1-6 中，在已选定的电压参考极性下，已知 $U_1=3$ V，$U_2=-2$ V，试写出题图 1-6(a)中 U_{ab} 和 U_{ba} 各为多少伏？题图 1-6(b)中的 U_{cd} 和 U_{dc} 各为多少伏？

1-7　题图 1-7 所示电路中，选点 C 为参考点，各点电位为 $V_A=8$ V，$V_B=5$ V，$V_D=-2$ V，试求 U_{AB}、U_{BC}、U_{BD} 和 U_{AD} 各为多少伏？

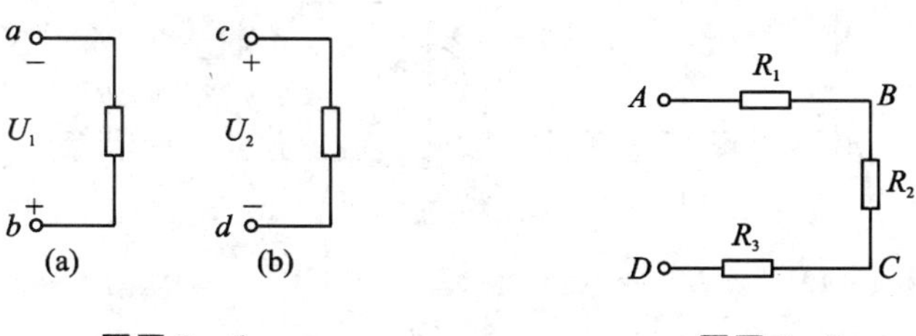

题图 1-6　　题图 1-7

1-8　按题图1-8中给定的电压、电流的参考方向,求各元件上的电压U或电流I的值。

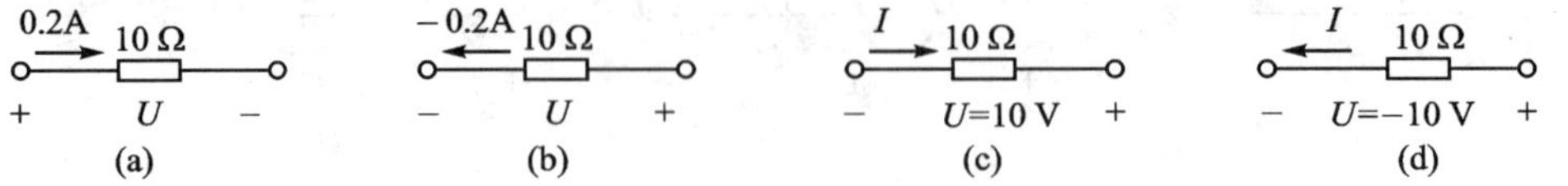

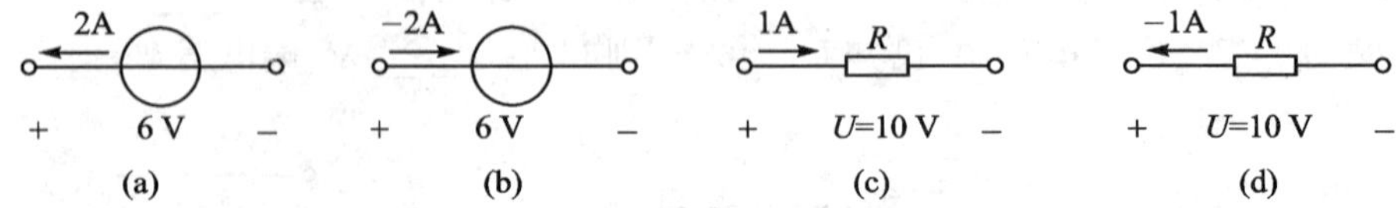

题图1-8

1-9　按题图1-9中给出的电压和电流的参考方向及数值,计算元件的功率,并说明是吸收功率还是发出功率。

题图1-9

1-10　题图1-10中,已知元件均发出功率,则在题图1-10(a)中,当$I=-2$ A时,分析AB端电压的实际极性,哪端为正,哪端为负?在题图1-10(b)中,当$U_{AB}=10$ V时,电流的实际方向怎样?

1-11　电路及参数如题图1-11所示,求支路电流I_1和I_2,并分析计算电路中各元件的功率,说明是发出还是吸收功率,校核电路的功率是否平衡。如果图中电流源的电流由$I_S=1$ A变为$I_S=3$ A,其余参数不变,则I_1、I_2如何变化?各元件的功率又将如何变化?

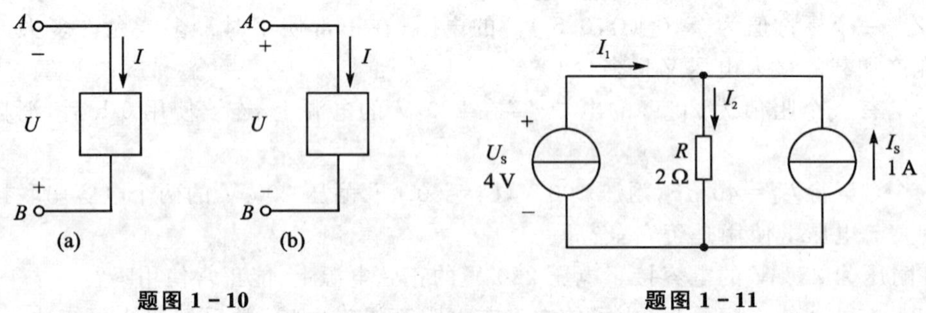

题图1-10　　题图1-11

1-12　如题图1-12(a)所示电路,其中$C=50\ \mu$F,电压源$u_S(t)$的波形如题图1-12(b)所示。试求电容上电流$i(t)$、功率$p(t)$以及储能$W_C(t)$,并画出其波形。

1-13　如题图1-13(a)所示电路,其中$L=0.1$H,电感电流$i(t)$的波形如题图1-13(b)所示。试求电感两端电压$u_L(t)$、功率$p(t)$以及储能$W_L(t)$,并画出其波形。

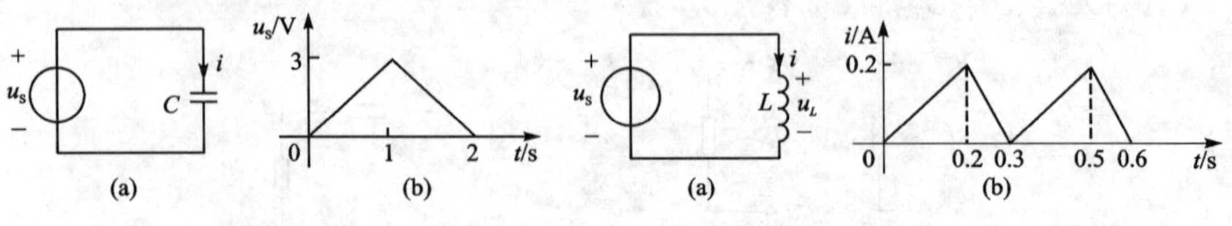

题图1-12　　题图1-13

第 2 章　电路基本分析方法

内容提要

- 基尔霍夫定律及其在电路分析中的应用
- 等效变换的特点及二端网络之间的等效变换
- 节点电压分析法
- 网孔电流分析法
- 网络定理的正确理解与应用
- 一阶动态电路的分析

2.1　基尔霍夫定律及支路电流分析法

2.1.1　基尔霍夫定律

电路是由多个元件互联而成的整体，在整体中，元件除了要遵循自身的电压电流关系(VCR - Voltage Current Relation)外，还必须服从电路整体上的电压-电流关系，即电路的互联规律。基尔霍夫定律就是研究这一规律的。该定律包括电流定律和电压定律。

1. 名词介绍

为了便于学习基尔霍夫定律，首先就图 2 - 1 所示电路介绍电路结构上的几个名词。

(1) 支路：电路中具有两个端钮且通过同一电流的每一个分支(至少包含一个元件)称为支路。

(2) 节点：三条或三条以上支路的连接点称为节点。

(3) 回路：电路中任一条闭合路径称为回路。

(4) 网孔：内部不含支路的回路称为网孔。

(5) 网络：包含元件数较多的电路称为网络。实际上电路和网络两个名词可以通用。

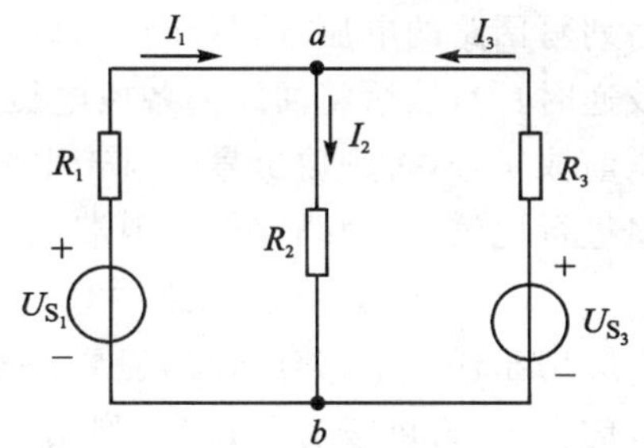

图 2 - 1　电路名词用图

图 2 - 1 所示电路中共有 3 条支路、2 个节点、3 个回路、2 个网孔。

2. 基尔霍夫电流定律

基尔霍夫电流定律(Kirchhoff's Current Law)，简写为 KCL，其内容表述为：对于集总参数电路中的任一节点，在任一时刻，所有连接于该节点的支路电流的代数和恒等于零。其一般表达式为

$$\sum i = 0 \tag{2-1}$$

KCL 实质上是电荷守恒原理的体现。也就是说，到达任何节点的电荷不可能增生，也不可能消灭，电流必须连续流动。应用式(2 - 1)可以对电路中任意一个节点列写它的支路电流

方程(或称 KCL 方程)。列写时,可规定流入节点的支路电流前取正号,则流出该节点的支路电流前自然取负号(也可做相反规定)。这里所说的流入、流出均可按电流的参考方向,这与实际并不冲突,因为电流参考方向选择不同,其本身的正负值也就不同。

KCL 不仅适用于节点,也可推广应用于包括数个节点的闭合面(可称为广义节点),即通过任一封闭面的所有支路电流的代数和恒等于零。图 2-2(a)、(b)、(c)所示都是 KCL 的推广应用,图中虚线框可看成一个闭合面。根据 KCL,会有图中所标结论。

KCL 是对汇集于同一节点的各支路电流的一种约束。

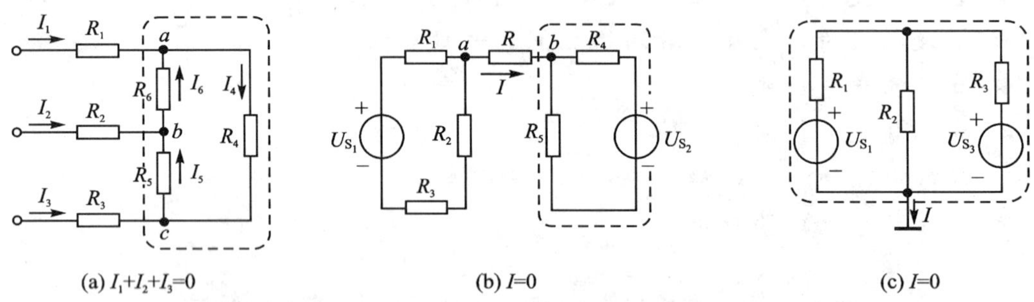

图 2-2 KCL 的推广应用举例

3. 基尔霍夫电压定律

基尔霍夫电压定律(Kirhoff's Voltage Law),简写为 KVL,其内容表述为:对于任何集总参数电路中的任一闭合回路,在任一时刻,沿该回路内各段电压的代数和恒等于零。其一般表达式为

$$\sum u = 0 \tag{2-2}$$

KVL 实质上是能量守恒原理的体现。因为在任何回路中,电压的代数和为零,实际上是从某一点出发又回到该点时,电位的升高等于电位的降低。应用式(2-2)可对电路中任一回路列写回路的电压方程(或称 KVL 方程)。列写时,首先在回路内选定一个绕行方向(顺时针或逆时针),然后将回路内各段电压的参考方向与回路绕行方向比较,若两个方向一致,则该电压前取正号,否则取负号。对于电阻元件,可以直接将流经电阻的电流参考方向与回路绕行方向进行比较,从而确定电阻两端电压的正负,正负的判断与前面所述方法相同。

KVL 不仅适用于电路中任一闭合回路,还可推广应用于任一不闭合回路,但要注意将开口处的电压考虑在内,就可按有关规定,列出不闭合回路的 KVL 方程。图 2-3 所示是某网络中的部分电路,a、b 两节点之间没有闭合,按图中所选绕行方向,据 KVL 可得

$$U_{ab} - R_3I_3 + R_2I_2 - U_{S_2} - R_1I_1 + U_{S_1} = 0$$

所以

$$U_{ab} = -U_{S_1} + R_1I_1 + U_{S_2} - R_2I_2 + R_3I_3$$

这表明:电路中任意两点间的电压 U_{ab} 等于从点 a 到点 b 的任一路径上各段电压的代数和。此即求解电路中任意两点间电压的方法。

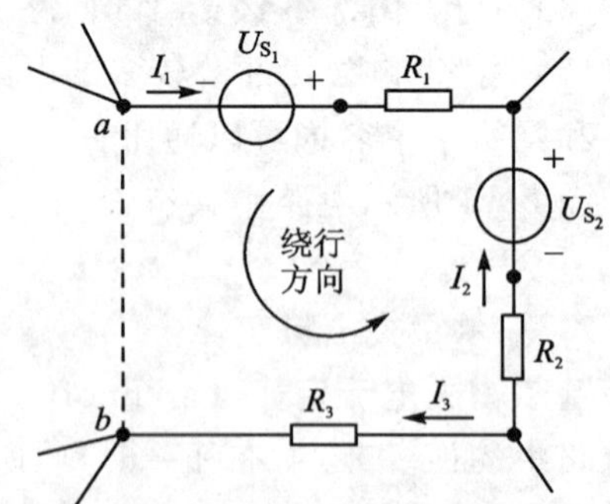

图 2-3 KVL 的推广应用

基尔霍夫定律是分析电路的重要依据。它揭示了互联电路中电压、电流满足的规律。该

定律适用于任何集总参数电路，与电路中元件的性质无关。利用基尔霍夫定律，以各支路电流为未知量，分别应用 KCL、KVL 列方程，解方程便可求出各支路电流，继而求出电路中其他物理量，这种分析电路的方法称为支路电流法。应用支路电流法时应注意：对于具有 b 条支路、n 个节点的电路，只能列出 $(n-1)$ 个独立的 KCL 方程和 $b-(n-1)$ 个独立的 KVL 方程。其中 $b-(n-1)$ 实际上就是电路的网孔数。

2.1.2　定律应用——支路电流分析法

下面通过几道例题介绍基尔霍夫定律在电路分析中的应用。

例 2－1　电路如图 2－4 所示，已知 $U_{S_1}=15\ \text{V}$，$U_{S_2}=5\ \text{V}$，$R_1=1\ \Omega$，$R_2=3\ \Omega$，$R_3=4\ \Omega$，$R_4=2\ \Omega$。

(1) 若以点 c 为参考点，求电压 U_{ab} 和点 a 的点电位 V_a；

(2) 若以点 d 为参考点，再求电压 U_{ab} 和点 a 的点电位 V_a。

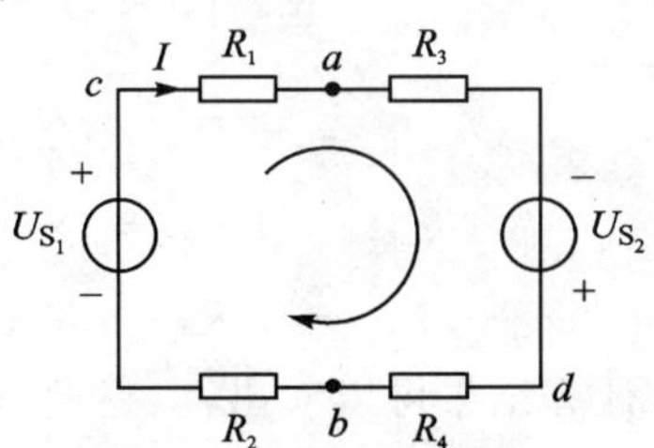

图 2－4　例 2－1 用图

解：(1) 选定回路电流 I 的参考方向及绕行方向如图 2－4 所示。根据 KVL 可写出

$$R_1I+R_3I-U_{S_2}+R_4I+R_2I-U_{S_1}=0$$

即

$$I(R_1+R_2+R_3+R_4)=U_{S_1}+U_{S_2}$$

可得
$$I=\frac{U_{S_1}+U_{S_2}}{R_1+R_2+R_3+R_4}=\frac{15\ \text{V}+5\ \text{V}}{1\ \Omega+3\ \Omega+4\ \Omega+2\ \Omega}=2\ \text{A}$$

若以点 c 为参考点，求 U_{ab}，以点 a 到点 b 左边路径求解可得

$$U_{ab}=-R_1I+U_{S_1}-R_2I=-1\ \Omega\times2\ \text{A}+15\ \text{V}-3\ \Omega\times2\ \text{A}=7\ \text{V}$$

$$V_a=U_{ac}=-R_1I=-1\ \Omega\times2\ \text{A}=-2\ \text{V}$$

(2) 若以点 d 为参考点，由于电路中电流不变，故电位

$$V_a=U_{ad}=R_3I-U_{S_2}=4\ \Omega\times2\ \text{A}-5\ \text{V}=3\ \text{V}$$

电压 U_{ab} 可以用 a 到 b 右边路径求解得

$$U_{ab}=R_3I-U_{S_2}+R_4I=4\ \Omega\times2\ \text{A}-5\ \text{V}+2\ \Omega\times2\ \text{A}=7\ \text{V}$$

由例 2－1 可知，电路中两点间的电压是定值，与参考点的选择及路径均无关；而电路中某一点的电位是相对的，其值随参考点的不同而不同，但参考点一经选定，某点电位也就唯一确定了。

例 2－2　电路如图 2－5 所示，已知电阻 $R_1=3\ \Omega$，$R_2=2\ \Omega$，$R_3=6\ \Omega$，电压源 $U_{S_1}=15\ \text{V}$，$U_{S_2}=3\ \text{V}$，$U_{S_3}=6\ \text{V}$，求各支路电流及各元件上的功率。

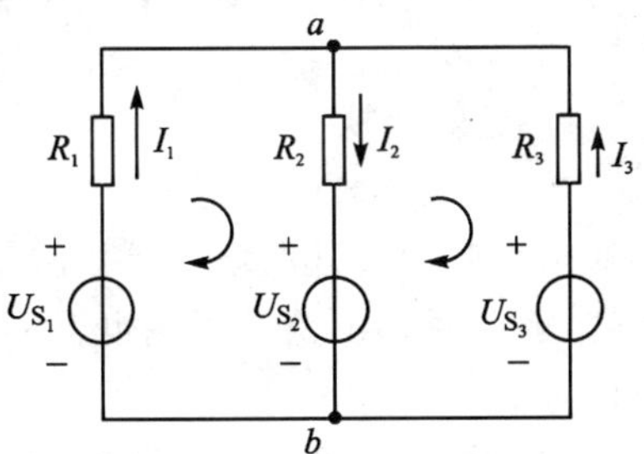

图 2－5　例 2－2 电路

解：选定各支路电流 I_1、I_2、I_3 的参考方向及回路绕行方向如图所示。

据 KCL 可得

节点 a
$$I_1-I_2+I_3=0 \tag{1}$$

据 KVL 可得

左网孔 $$R_1I_1+R_2I_2+U_{S_2}-U_{S_1}=0 \quad (2)$$

右网孔 $$-R_3I_3+U_{S_3}-U_{S_2}-R_2I_2=0 \quad (3)$$

将方程(1)(2)(3)联立,解得

$$I_1=2.5\ \text{A},\quad I_2=2.25\ \text{A},\quad I_3=-0.25\ \text{A}$$

各元件功率为

$$P_{U_{S_1}}=-U_{S_1}I_1=-15\ \text{V}\times 2.5\ \text{A}=-37.5\ \text{W}\quad (\text{发出功率 }37.5\ \text{W})$$

$$P_{U_{S_2}}=U_{S_2}I_2=3\ \text{V}\times 2.25\ \text{A}=6.75\ \text{W}\quad (\text{吸收功率 }6.75\ \text{W})$$

$$P_{U_{S_3}}=-U_{S_3}I_3=-6\ \text{V}\times(-0.25\ \text{A})=1.5\ \text{W}\quad (\text{吸收功率 }1.5\ \text{W})$$

$$P_{R_1}=I_1^2R_1=(2.5\ \text{A})^2\times 3\ \Omega=18.75\ \text{W}\quad (\text{吸收功率 }18.75\ \text{W})$$

$$P_{R_2}=I_2^2R_2=(2.25\ \text{A})^2\times 2\ \Omega=10.125\ \text{W}\quad (\text{吸收功率 }10.125\ \text{W})$$

$$P_{R_3}=I_3^2R_3=(-0.25\ \text{A})^2\times 6\ \Omega=0.375\ \text{W}\quad (\text{吸收功率 }0.375\ \text{W})$$

由计算结果可以看出,电路发出的功率与消耗的功率相等,即满足功率平衡。

2.2 等效变换分析法

2.2.1 等效变换

学习等效变换分析法,首先要掌握两个基本概念。

1. 二端网络

具有两个端子与外部相连的电路称为二端网络,也称单口网络。二端网络根据其内部是否包含电源(独立源),分为无源二端网络和有源二端网络。每一个二端元件就是一个最简单的二端网络。

图 2-6 所示为二端网络的一般符号。二端网络端子上的电流 I、端子间的电压 U 分别称为端口电流和端口电压。图 2-6 中端口电压 U 和端口电流 I 的参考方向对二端网络来说是关联一致的,UI 应看成该网络消耗的功率。端口的电压、电流关系又称二端网络的外特性。

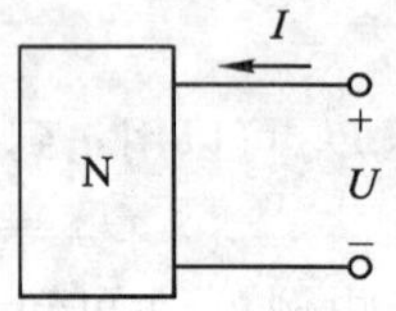

图 2-6 二端网络

2. 等效变换

当一个二端网络与另一个二端网络的端口电压、电流关系完全相同时,这两个二端网络对外部来说叫做等效网络。等效网络互换后,虽然其内部结构发生了变化,但它们的外特性没有改变,因此对外电路的影响也就不会改变。因此所说的"等效"是对网络以外的电路而言,是对外部等效。

求一个二端网络等效网络的过程称为等效变换。等效变换是电路理论中一个非常重要的概念,它是简化电路的一个常用方法。因此,在实际应用中,通常将电路中的某些二端网络用其等效电路代替,这样不会影响电路其余部分的支路电压和电流,但由于电路规模的减小,则可简化电路的分析和计算。

此外,还有三端网络、四端网络……n 端网络。两个 n 端网络,如果对应各端钮间电压、电流关系相同,就是等效网络。

2.2.2　无源二端网络的等效变换

一个内部不含电源的电阻性二端网络为无源二端网络。对于任一个无源二端网络而言，其内部的电阻结构总可以等效成一个电阻，这个电阻称为该无源网络的等效电阻。其数值等于该网络在关联参考方向下端口电压与端口电流的比值，用 R 表示。

1. 电阻的串联与分压

几个电阻首尾依次相连，中间没有分支，电路中通过同一电流，这种连接方式称为电阻的串联。图 2－7(a)所示为 n 个电阻串联的无源二端网络；图 2－7(b)所示为只有一个电阻 R 的无源二端网络。如果图 2－7(b)中端口电压、端口电流与图 2－7(a)中完全相同，则这两个二端网络就是等效的，R 就是图 2－7(a)中 n 个串联电阻的等效电阻。由 KVL 可以推出，串联电阻的等效电阻等于各个串联电阻的代数和。

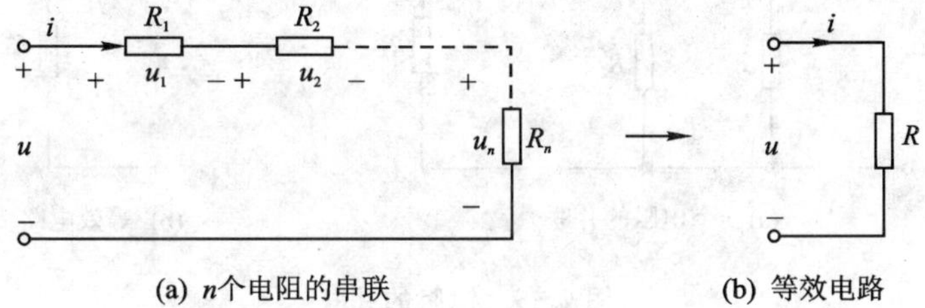

(a) n个电阻的串联　　(b) 等效电路

图 2－7　电阻的串联

电阻串联具有分压特点，各电阻上的电压关系为

$$u_1 : u_2 : \cdots : u_n = R_1 : R_2 : \cdots : R_n \tag{2-3}$$

这说明，电阻串联时，各电阻上的电压大小与其电阻值成正比。其中，电阻 R_j 上的电压 u_j 等于

$$u_j = \frac{R_j}{R}u = \frac{R_j}{\sum_{k=1}^{n} R_k}u \tag{2-4}$$

同样，电阻串联时，各电阻的功率大小与其电阻值成正比，电阻大的功率大。串联电阻的总功率等于各个电阻功率的和。

例 2－3　现有一个内阻为 20 kΩ、量程为 10 V 的电压表，如图 2－8 所示，今欲将电压表量程扩大为 50 V 和 250 V，问需串联的附加电阻值为多少？

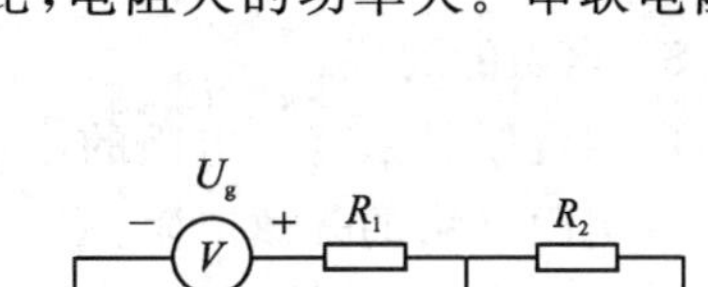

图 2－8　例 2－3 电路

解：电压表内阻 $R_g = 20\ \text{k}\Omega$，量程为 10 V，即 $U_g = 10\ \text{V}$。

在 50 V 这一挡量程，总电压 $U = 50\ \text{V}$，串联电阻为 R_1，根据分压公式(2－4)可得

$$U_g = \frac{R_g}{R_g + R_1}U$$

即

$$10\ \text{V} = \frac{20}{20 + R_1} \times 50\ \text{V}$$

所以

$$R_1 = 80\ \text{k}\Omega$$

在 250 V 这一挡量程，总电压 $U = 250\ \text{V}$，串联电阻为 R_1 和 R_2，同理可得

$$U_g = \frac{R_g}{R_g + R_1 + R_2} U$$

即
$$10\ \text{V} = \frac{20}{20 + 80 + R_2} \times 250\ \text{V}$$

得
$$R_2 = 400\ \text{k}\Omega$$

2. 电阻的并联与分流

几个电阻的一端连在一起,另一端也连在一起,在电源作用下,各电阻两端具有同一电压,这种连接方式称为电阻的并联。图 2-9(a)所示为 n 个电阻并联的无源二端网络,其等效电路如图 2-9(b)所示。由 KCL 可以推出,电阻并联时,其等效电阻的倒数等于各并联电阻的倒数之和,或者说,总电导等于各并联电导之和。

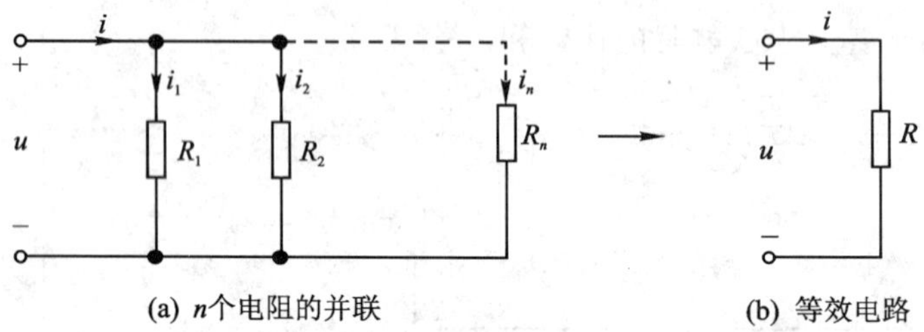

(a) n个电阻的并联　　(b) 等效电路

图 2-9　电阻的并联

电阻并联具有分流的特点,各电阻上的电流关系为

$$i_1 : i_2 : \cdots : i_n = G_1 : G_2 : \cdots : G_n \tag{2-5}$$

这说明,电阻并联时,各个电阻上的支路电流与电阻成反比或与电导成正比,电阻小(电导大)的支路,支路电流大。其中,电阻 R_j 上的电流 i_j 等于

$$i_j = \frac{u}{R_j} = G_j u = \frac{G_j}{G} i \tag{2-6}$$

同样,并联电路中,各电阻的功率也与电阻成反比,并联电阻的总功率等于各电阻功率的总和。

3. 电阻的混联

电阻混联是由若干电阻的串联和并联所形成的二端网络,同样可以等效为一个电阻。分析混联电阻网络的等效电阻,必须正确识别电阻的串并联关系。为了便于分析,可将电路内所有节点标上字母,且缩短无电阻支路(即短路线),在不改变电路连接关系的前提下,可在引出端钮 a、b 之间逐一分析节点之间的电阻,适当改画电路图,以便识别电阻串并联关系。

例 2-4　计算图 2-10(a)所示无源二端网络的等效电阻 R_{ab}。

解:在图 2-10(a)中,首先标出除两个端子 a、b 之外的其余各节点,注意同一条导线上所有的点都是同一个节点,故图 2-10(a)中除两个端子 a、b 外还可标出 c、d 两个节点。然后,从起点 a 开始顺势"走到"终点 b,途中每经过一个节点时,便分析在该节点处共分出几条电阻支路,直至分析到终点 b 为止。这样在不改变电路连接关系的情况下,原电路图可画成图 2-10(b)的形式,电阻间串并联关系就比较清楚了。因此等效电阻为

$$R_{ab} = 12\ \Omega + \{(6 \mathbin{/\!/} 6) \mathbin{/\!/} [(12 \mathbin{/\!/} 12 \mathbin{/\!/} 12) + (4 \mathbin{/\!/} 4)]\}\ \Omega = 14\ \Omega$$

例 2-5　求图 2-11(a)所示电路 ab 端的等效电阻 R_{ab}。

解:在图 2-11(a)中,用 c、d 标出其余各节点。从点 a 开始,12 Ω、4 Ω 电阻出自点 a 连接

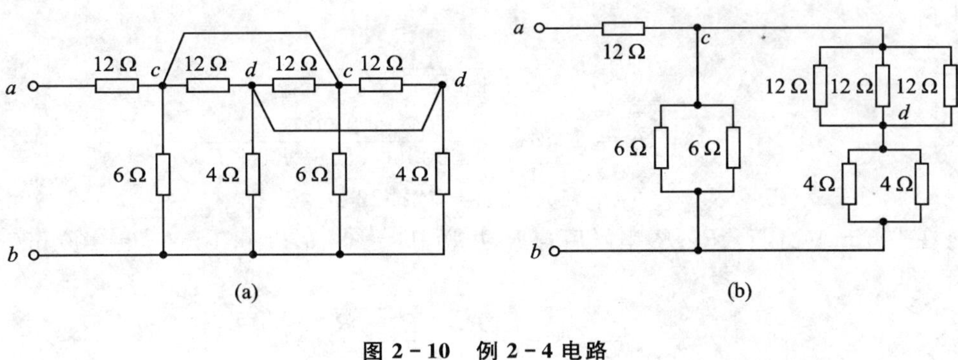

图 2-10　例 2-4 电路

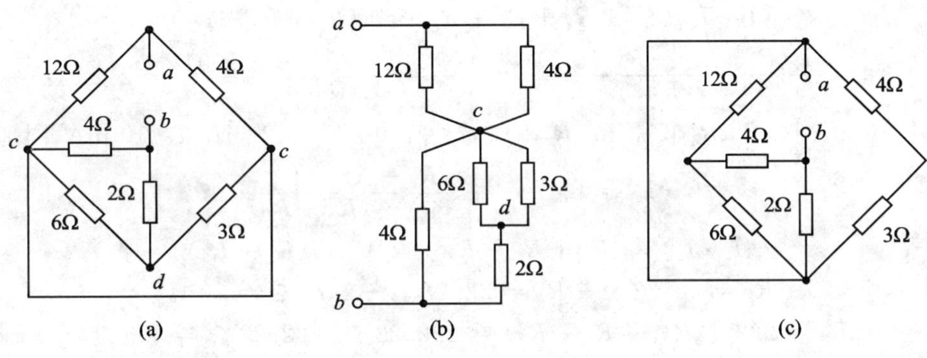

图 2-11　例 2-5 电路

于 c，从 c 分出 4 Ω、6 Ω、3 Ω 三个电阻，其中 4 Ω 电阻连接到 b 端，6 Ω 和 3 Ω 电阻连接到 d，再由 d 出来经 2 Ω 电阻到 b。这样在不改变电路连接关系情况下，原电路图可画成图 2-11(b)的形式，电阻间串并联关系就比较清楚了。因此等效电阻为

$$R_{ab} = \left[\frac{12\times 4}{12+4} + \frac{4\times\left(\frac{6\times 3}{6+3}+2\right)}{4+\left(\frac{6\times 3}{6+3}+2\right)}\right]\Omega = (3+2)\Omega = 5\ \Omega$$

需要注意的是，在电路改画过程中，必须从端子 a 顺势画到端子 b，而不能中途改变方向。图 2-11(a)中不改变各电阻阻值，将 a、d 间用短路线连接如图 2-11(c)所示，那么 a、b 之间等效电阻 R_{ab} 等于多少呢？读者可自行分析。（答案：$R_{ab}=1.6\ \Omega$）。

例 2-6　将内阻 $R_g=2\ 000\ \Omega$，满偏电流 $I_g=100\ \mu A$ 的直流表头做成多量程的直流电流表，采用图 2-12 所示的环形分流器。现要求量程为 1 mA、10 mA、100 mA 三挡，试求分流电阻 R_1、R_2 和 R_3。

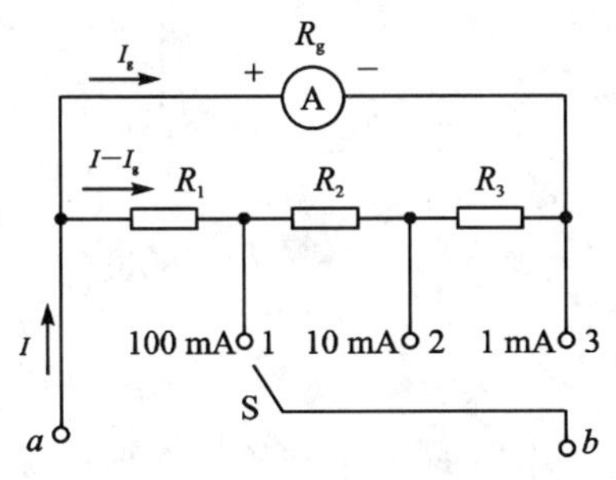

图 2-12　例 2-6 电路

解： 分流器开关 S 打在位置“3”时，量程最小，分流电阻最大，为 $R_1+R_2+R_3$；S 打在位置“1”时，量程最大，分流电阻最小，为 R_1。因此可以利用电阻串并联关系，首先从最小量程开始，求得总的分流电阻，再从最大量程开始，逐一求出各分流电阻。分析如下：

S 打在 1 mA 挡，R_1、R_2、R_3 串联后与 R_g 并联，$I_g=100\ \mu A=0.1\ mA$，$I=1\ mA$，根据分流

关系,得

$$I - I_g = I \times \frac{R_g}{R_g + (R_1 + R_2 + R_3)}$$

即

$$(1 - 0.1)\ \text{mA} = 1\ \text{mA} \times \frac{2\ 000}{2\ 000 + (R_1 + R_2 + R_3)}$$

所以

$$R_1 + R_2 + R_3 = 222.22\ \Omega$$

S打在100 mA挡,R_g、R_2、R_3串联后与R_1并联,$I_g=100\ \mu\text{A}=0.1\ \text{mA}$,$I=100\ \text{mA}$。根据分流关系,得

$$I - I_g = I \times \frac{R_g + R_2 + R_3}{R_1 + (R_2 + R_3 + R_g)}$$

即

$$(I - I_g)(R_1 + R_2 + R_3 + R_g) = I(R_g + R_2 + R_3)$$

所以

$$R_1 = \frac{I_g(R_1 + R_2 + R_3 + R_g)}{I} = \frac{0.1 \times (222.22 + 2\ 000)}{100} = 2.22\ \Omega$$

S打在10 mA挡,R_g、R_3串联,R_1、R_2串联,$I_g=100\ \mu\text{A}=0.1\ \text{mA}$,$I=10\ \text{mA}$,同理可得

$$I - I_g = I \times \frac{R_g + R_3}{(R_1 + R_2) + (R_3 + R_g)}$$

即

$$(I - I_g) \times (R_1 + R_2 + R_3 + R_g) = I(R_g + R_3)$$

计算可得

$$R_2 = 22.22\ \Omega - R_1 = 22.22\ \Omega - 2.22\ \Omega = 20\ \Omega$$

$$R_3 = 222.22\ \Omega - (R_1 + R_2) = 222.22\ \Omega - 22.22\ \Omega = 200\ \Omega$$

4. 电阻的星形连接、三角形连接及其等效变换

电阻的连接方式,除了串联和并联外,还有更复杂的连接,本节介绍的星形连接和三角形连接就是电阻复杂连接中的常见情形。在电子、电力电子、传输电网等电路中,这两种特殊的电阻结构还是经常遇到的,为此,掌握两者的等效变换非常重要。

将三个电阻的一端连在一起,另一端分别接到三个不同的端钮上,就构成了电阻的星形连接,又称Y形连接,如图2-13(a)所示。将三个电阻分别接到三个端钮的每两个之间,这样就构成了电阻的三角形连接,又称为△形连接,如图2-13(b)所示。

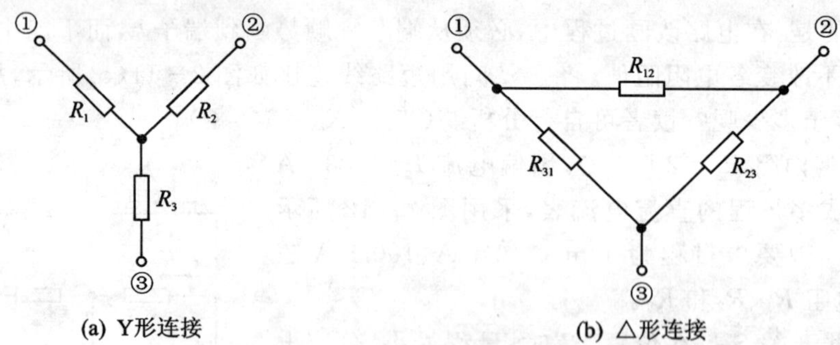

图2-13 电阻的Y形连接和△形连接

电阻的Y形连接和△形连接是无源电阻性三端网络,根据多端网络等效变换的条件,让其对应端口的电压、电流分别相等,利用KCL、KVL就可推导出两个网络之间等效变换的参数条件是:

(1) 将△形连接等效为Y形连接时

$$\left.\begin{aligned}R_1&=\frac{R_{31}R_{12}}{R_{12}+R_{23}+R_{31}}\\R_2&=\frac{R_{23}R_{12}}{R_{12}+R_{23}+R_{31}}\\R_3&=\frac{R_{31}R_{23}}{R_{12}+R_{23}+R_{31}}\end{aligned}\right\}\tag{2-7}$$

当 $R_{12}=R_{23}=R_{31}=R_{\triangle}$ 时,有 $R_1=R_2=R_3=R_Y=\frac{1}{3}R_{\triangle}$。

(2) 将Y形连接等效为△形连接时

$$\left.\begin{aligned}R_{12}&=\frac{R_1R_2+R_2R_3+R_3R_1}{R_3}\\R_{23}&=\frac{R_1R_2+R_2R_3+R_3R_1}{R_1}\\R_{31}&=\frac{R_1R_2+R_2R_3+R_3R_1}{R_2}\end{aligned}\right\}\tag{2-8}$$

当 $R_1=R_2=R_3=R_Y$ 时,有 $R_{12}=R_{23}=R_{31}=R_{\triangle}=3R_Y$。

在电路分析中,有时将△形电阻网络与Y形电阻网络进行等效变换,就有可能把复杂的电路转变为简单电路,使分析计算大为简化。所谓简单电路是指利用电阻的串并联逐步化简,最后能化为一个等效电阻的电路。

例2-7　求图2-14(a)所示电路中电流 I。

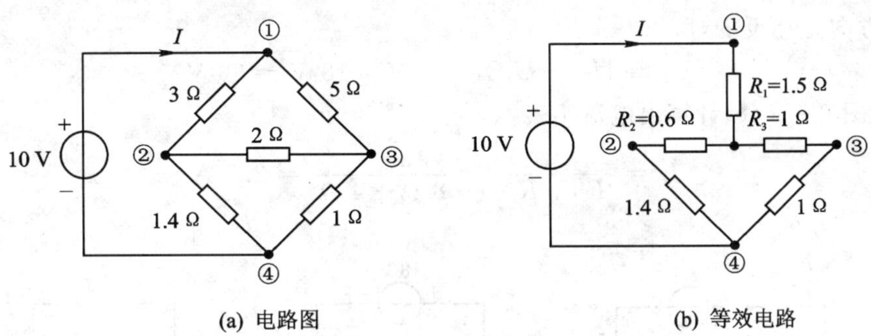

图2-14　例2-7电路

解:将3 Ω、5 Ω和2 Ω三个电阻构成的三角形网络等效变换为星形电阻网络,如图2-14(b)所示,根据式(2-7)求得

$$R_1=\frac{3\ \Omega\times5\ \Omega}{3\ \Omega+2\ \Omega+5\ \Omega}=1.5\ \Omega,\quad R_2=\frac{3\ \Omega\times2\ \Omega}{3\ \Omega+2\ \Omega+5\ \Omega}=0.6\ \Omega$$

$$R_3=\frac{2\ \Omega\times5\ \Omega}{3\ \Omega+2\ \Omega+5\ \Omega}=1\ \Omega$$

再用电阻串联和并联公式,求出连接到电压源两端的等效电阻为

$$R=\left[1.5+\frac{(0.6+1.4)\times(1+1)}{0.6+1.4+1+1}\right]\Omega=2.5\ \Omega$$

最后求得

$$I=\frac{10\ \text{V}}{R}=\frac{10\ \text{V}}{2.5\ \Omega}\ \text{A}=4\ \text{A}$$

此题也可以利用Y形电阻网络等效变换为三角形电阻网络的方法进行求解,请读者自行分析。

2.2.3 两种电源模型的等效变换

在1.4节中介绍过实际电源的两种电路模型,即电压源与电阻的串联组合和电流源与电阻的并联组合。在电路分析中常常要求两种电源模型之间进行等效变换,以简化电路,从而便于分析和计算。

图2-15给出了实际电源的两种电路模型。所谓等效仍然是指外部等效。要求等效变换前后,两种模型的外特性即端子处电压电流关系不变。据此,可得出其等效变换的参数条件是

$$\left.\begin{aligned} i_S &= \frac{u_S}{R_i}(\text{或 } u_S = R_i' I_S) \\ R_i' &= R_i \end{aligned}\right\} \quad (2-9)$$

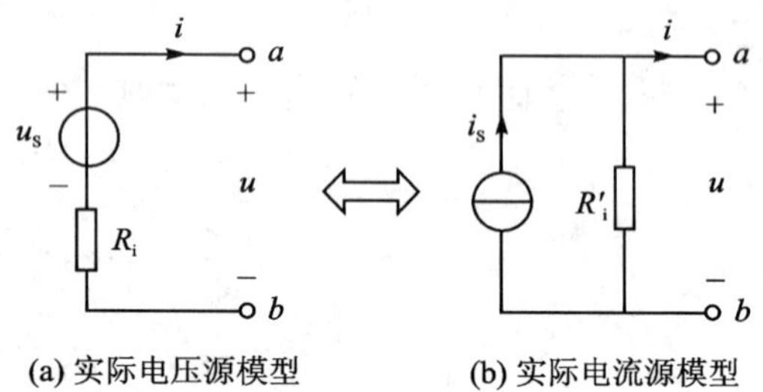

(a) 实际电压源模型　(b) 实际电流源模型

图2-15 两种电源模型的等效变换

例2-8 电路如图2-16(a)所示,试用等效变换法计算电阻R_2中的电流I_2。

解:首先将图2-16(a)中I_S与R_1的并联组合电路,等效变换成U_{S_1}与R_1的串联组合电路,如图2-16(b)所示。其中

$$U_{S_1} = I_S R_1 = 6\ \text{A} \times 8\ \Omega = 48\ \text{V}$$

再将图2-16(b)中U_{S_1}、U_{S_2}的串联电路等效变换为U_S,如图2-16(c)所示,注意U_{S_1}与U_{S_2}的参考方向是相反的,所以

$$U_S = U_{S_1} - U_{S_2} = 48\ \text{V} - 18\ \text{V} = 30\ \text{V}$$

最后由图2-16(c)计算出电流I_2

$$I_2 = \frac{U_S}{R_1 + R_2} = \frac{30\ \text{V}}{8\ \Omega + 4\ \Omega} = 2.5\ \text{A}$$

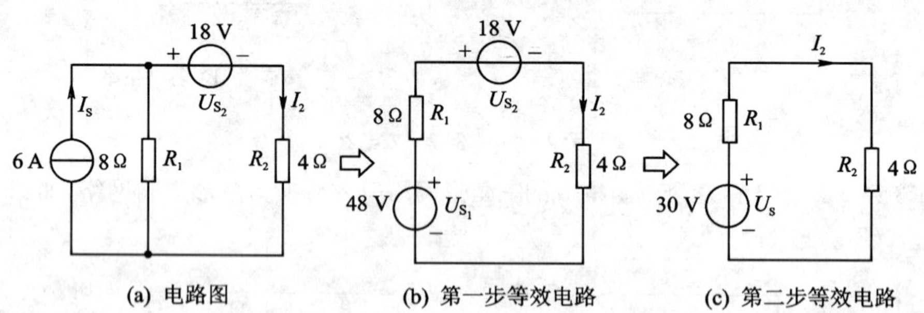

(a) 电路图　(b) 第一步等效电路　(c) 第二步等效电路

图2-16 例2-8电路

利用等效变换法分析电路时需要注意,等效变换只能等效待求支路以外的部分,否则待求物理量就会因此而消失。

2.3　节点电压分析法

2.3.1　节点电压方程

2.1 节介绍的支路电流分析法实际上是应用基尔霍夫定律，以各支路电流为未知量列方程进行求解的方法。显然，这种分析方法只适于求解支路数比较少的电路，当电路中支路数较多时，再以各支路电流为未知量列方程就非常麻烦。为此，本节介绍一种新的分析方法，称为节点电压分析法，简称节点法。节点法在计算机辅助电路分析中经常被采用。

节点法是这样的：首先选电路中某一节点作为参考点(其电位为零)，其他各节点到参考点的电压称为该节点的节点电压(实际上就是该节点的电位)，一般用 V 表示。然后以节点电压为未知量，应用 KCL 列出各节点的 KCL 方程，解方程得到节点电压，继而以节点电压为依据，求出各支路电流。节点法的理论根据是基尔霍夫电流定律。

图 2-17 所示电路共有 4 个节点，选节点 4 为参考节点，则 $V_4=0$，其他各节点到参考节点的电压(即各节点的电位)分别是 V_1、V_2、V_3，则各支路电流可用节点电压表示为

$$I_2=G_2(V_1-V_2),\quad I_3=G_3V_2$$

$$I_4=G_4V_3,\quad I_5=G_5(V_1-V_3)$$

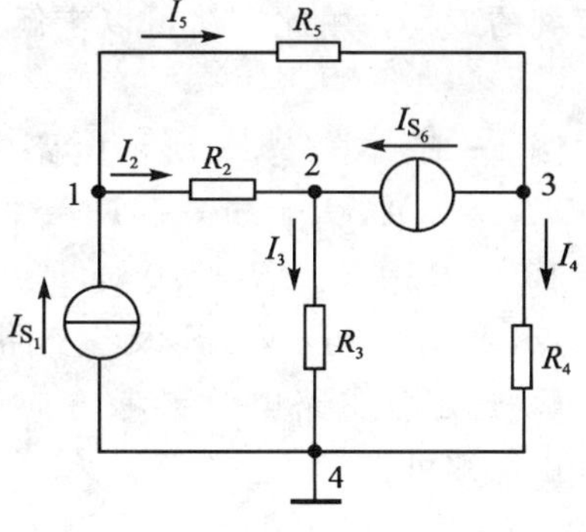

图 2-17　节点分析法举例

对各节点列 KCL 方程并利用以上各式可写出：

节点 1　$G_2(V_1-V_2)+G_5(V_1-V_3)=I_{S_1}$

节点 2　$G_3V_2-G_2(V_1-V_2)=I_{S_6}$

节点 3　$G_4V_3-G_5(V_1-V_3)=-I_{S_6}$

整理得

$$\left.\begin{aligned}(G_2+G_5)V_1-G_2V_2-G_5V_3&=I_{S_1}\\-G_3V_1+(G_2+G_3)V_2&=I_{S_6}\\-G_5V_1+(G_4+G_5)V_3&=-I_{S_6}\end{aligned}\right\}$$

这样就把以支路电流为变量的电流方程转变为以节点电压为变量的方程，解方程求得 V_1、V_2、V_3，就可以进一步分析各支路电流，而方程数目却大为减少。电路有 n 个节点，必须要列$(n-1)$个以节点电压为变量的节点方程。显然对多支路、少节点的电路来说，这种方法是比较适宜的。

上式中，令 $G_{11}=G_2+G_5$，$G_{22}=G_2+G_3$，$G_{33}=G_4+G_5$，G_{11}、G_{22}、G_{33}分别为节点 1、节点 2、节点 3 的自导，是分别连接到节点 1、2、3 的所有支路电导之和。用 G_{12} 和 G_{21}、G_{13} 和 G_{31}、G_{23} 和 G_{32} 分别表示节点 1 和 2、节点 1 和 3、节点 2 和 3 之间的互导，分别等于相应两节点间公共电导并取负值。本例中，$G_{12}=G_{21}=-G_2$，$G_{13}=G_{31}=-G_5$，$G_{23}=G_{32}=0$。由于规定各节点电压的参考方向都是由非参考节点指向参考节点，所以各节点电压在自导中所引起的电流总是流出该节点的，在该节点的电流方程中，这些电流前取“+”号，因而自导总是正的。节点 1、2 或 3 中任一节点电压在其公共电导中所引起的电流则是流入另一个节点的，所以在另一个节点

的电流方程中,这些电流前取"－"。为使节点电压方程的形式整齐而有规律,把这类电流前的负号包含在和它们有关的互导中,因而互导总是负的。此外,用 $I_{S_{11}}$、$I_{S_{22}}$、$I_{S_{33}}$ 分别表示电流源或电压源流入节点1、2、3的电流。本例中,$I_{S_{11}}=I_{S_1}$,$I_{S_{22}}=I_{S_6}$,$I_{S_{33}}=-I_{S_6}$。其中,电流源电流参考方向指向节点时,该电流前取正号,反之取负号;电压源与电阻串联的支路,电压源的参考"＋"极指向节点时,等效电流源前取正号,反之取负号。这样写成一般形式为

$$\left.\begin{aligned} G_{11}V_1+G_{12}V_2+G_{13}V_3&=I_{S_{11}}\\ G_{21}V_1+G_{22}V_2+G_{23}V_3&=I_{S_{22}}\\ G_{31}V_1+G_{32}V_2+G_{33}V_3&=I_{S_{33}} \end{aligned}\right\} \tag{2-10}$$

式(2-10)是4个节点电路节点电压方程的一般形式。由此不难推出 n 个节点电路节点电压方程的一般形式,读者可自行写出。

2.3.2　节点电压法应用举例

节点电压分析法为分析计算电路又提供了一个有利的工具。用此方法可以求解各支路电流及电压。

例 2-9　图2-18所示电路中,已知 $U_{S_1}=16\ \text{V}$,$I_{S_3}=2\ \text{A}$,$U_{S_6}=40\ \text{V}$,$R_1=4\ \Omega$,$R_1'=1\ \Omega$,$R_2=10\ \Omega$,$R_3=R_4=R_5=20\ \Omega$,$R_6=10\ \Omega$,O 为参考节点,求节点电压 V_1、V_2 及各支路电流。

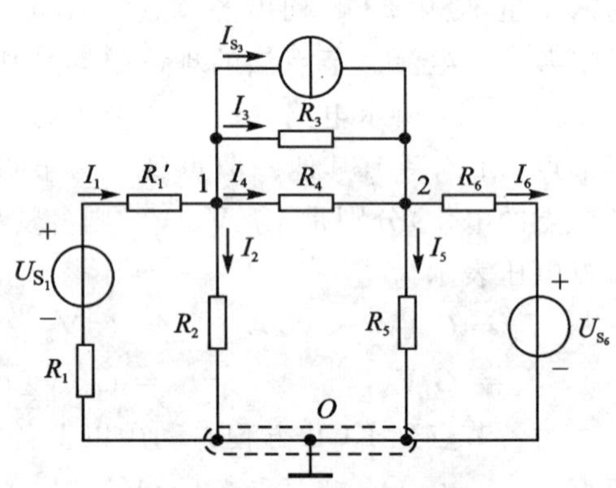

图 2-18　例 2-9 电路

解:选定各支路电流参考方向如图2-18所示。由已知可得

$$G_{11}=\frac{1}{R_1+R_1'}+\frac{1}{R_2}+\frac{1}{R_3}+\frac{1}{R_4}=\frac{1}{4\ \Omega+1\ \Omega}+\frac{1}{10\ \Omega}+\frac{1}{20\ \Omega}+\frac{1}{20\ \Omega}=\frac{2}{5}\ \text{S}$$

$$G_{22}=\frac{1}{R_3}+\frac{1}{R_4}+\frac{1}{R_5}+\frac{1}{R_6}=\frac{1}{20\ \Omega}+\frac{1}{20\ \Omega}+\frac{1}{20\ \Omega}+\frac{1}{10\ \Omega}=\frac{1}{4}\ \text{S}$$

$$G_{12}=G_{21}=-\left(\frac{1}{R_3}+\frac{1}{R_4}\right)=-\left(\frac{1}{20\ \Omega}+\frac{1}{20\ \Omega}\right)=-\frac{1}{10}\ \text{S}$$

$$I_{S_{11}}=\frac{U_{S_1}}{R_1+R_1'}-I_{S_3}=\frac{16\ \text{V}}{4\ \Omega+1\ \Omega}-2\ \text{A}=1.2\ \text{A}$$

$$I_{S_{22}}=I_{S_3}+\frac{U_{S_6}}{R_6}=2\ \text{A}+\frac{40\ \text{V}}{10\ \Omega}=6\ \text{A}$$

依据式(2-10)列出节点电压方程为

$$\left.\begin{aligned} \frac{2}{5}V_1-\frac{1}{10}V_2&=1.2\\ -\frac{1}{10}V_1+\frac{1}{4}V_2&=6 \end{aligned}\right\}$$

联立解之得

$$V_1=10\ \text{V},\qquad V_2=28\ \text{V}$$

根据 $I_1\sim I_6$ 的参考方向可求得

$$I_1=-\frac{V_1-U_{S_1}}{R_1+R_1'}=-\frac{(10-16)\text{ V}}{(4+1)\ \Omega}=1.2\text{ A},\qquad I_2=\frac{V_1}{R_2}=\frac{10\text{ V}}{10\ \Omega}=1\text{ A}$$

$$I_3=\frac{V_1-V_2}{R_3}=\frac{(10-28)\text{ V}}{20\ \Omega}=-0.9\text{ A},\qquad I_4=\frac{V_1-V_2}{R_4}=\frac{(10-28)\text{ V}}{20\ \Omega}=-0.9\text{ A}$$

$$I_5=\frac{V_2}{R_5}=\frac{28\text{ V}}{20\ \Omega}=1.4\text{ A},\qquad I_6=\frac{V_2-U_{S_6}}{R_6}=\frac{(28-40)\text{ V}}{10\ \Omega}=-1.2\text{ A}$$

例 2-10　用节点电压法求图 2-19 电路的节点电压。

解:选定 6 V 电压源电流 I 的参考方向如图 2-19 所示。选接地点作为参考节点，则节点 1、2 的节点电压分别为 V_1 和 V_2。计入电流变量 I 列出两个节点方程为

$$\left.\begin{aligned}V_1&=5-I\\0.5V_2&=-2+I\end{aligned}\right\}$$

补充方程

$$V_1-V_2=6$$

解得

$$V_1=4\text{ V},\qquad V_2=-2\text{ V}$$

例 2-11　图 2-20 电路中，已知 $R_1=12\ \Omega, R_1'=8\ \Omega, R_2=10\ \Omega, R_3=10\ \Omega, U_{S_1}=100\text{ V}, U_{S_2}=100\text{ V}, I_{S_3}=5\text{ A}$，各支路电流参考方向如图 2-19 所示，求各支路电流。

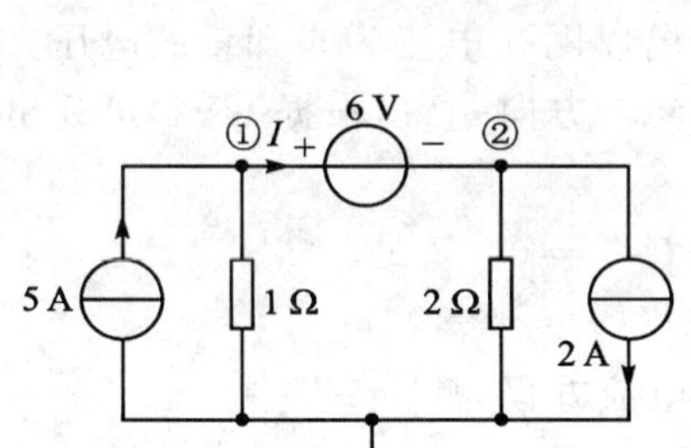

图 2-19　例 2-10 电路

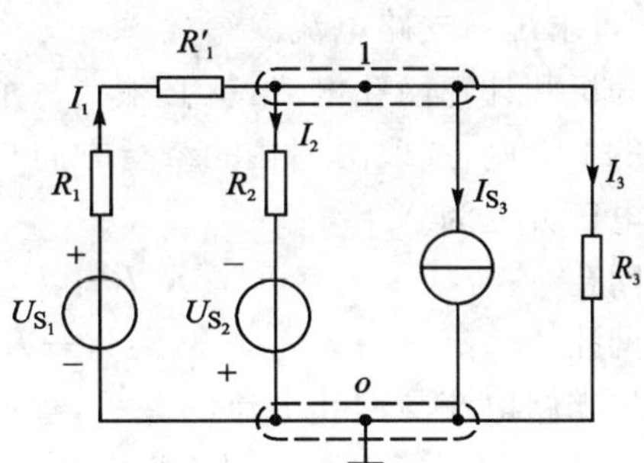

图 2-20　例 2-11 电路

解:以点 o 为参考节点，则节点 1 的电位为 V_1，根据式(2-10)列出节点电压方程为

$$\left(\frac{1}{R_1+R_1'}+\frac{1}{R_2}+\frac{1}{R_3}\right)V_1=\frac{U_{S_1}}{R_1+R_1'}-\frac{U_{S_2}}{R_2}-I_{S_3}$$

所以

$$V_1=\frac{\dfrac{U_{S_1}}{R_1+R_1'}-\dfrac{U_{S_2}}{R_2}-I_{S_3}}{\dfrac{1}{R_1+R_1'}+\dfrac{1}{R_2}+\dfrac{1}{R_3}}=\left[\frac{\dfrac{100}{12+8}-\dfrac{100}{10}-5}{\dfrac{1}{12+8}+\dfrac{1}{10}+\dfrac{1}{10}}\right]\text{V}=-40\text{ V}$$

根据图中各支路电流参考方向可求得

$$I_1=-\frac{V_1-U_{S_1}}{R_1+R_1}=-\frac{(-40-100)\text{ V}}{(12+8)\ \Omega}=7\text{ A}$$

$$I_2=\frac{V_1+U_{S_2}}{R_2}=\frac{(-40+100)\text{ V}}{10\ \Omega}=6\text{ A}$$

$$I_3=\frac{V_1}{R_3}=\frac{-40\text{ V}}{10\ \Omega}=-4\text{ A}$$

2.4 网孔电流分析法

网孔电流法简称网孔法,它是以网孔电流作为电路的独立变量,它仅适用于平面电路。网孔法也是分析电路的一种基本方法。利用列方程联立求解电路时,网孔法与节点法一样,能减少方程的个数,从而使电路的分析和计算变得简便。

2.4.1 网孔电流及网孔电流方程

电路如图2-21所示,图中有3条支路,两个网孔。支路电流 I_1、I_2、I_3 的参考方向已标出。所谓网孔电流是假想的沿网孔环绕流动的电流,图中 I_a、I_b 分别是左、右两网孔的网孔电流,网孔电流的参考方向可以选为顺时针或逆时针,本例中均选为顺时针。由图2-21可以看出,各支路电流与网孔电流的关系为:$I_1=I_a$,$I_2=I_a-I_b$,$I_3=I_b$,而且网孔电流的数目要少于支路电流,因此只要求出网孔电流,就可求出各支路电流。

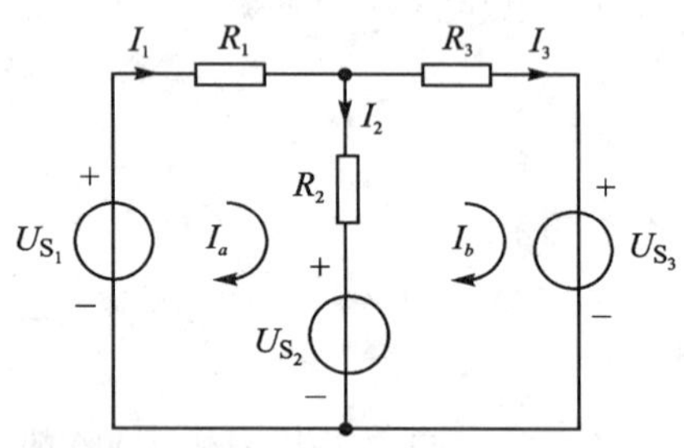

图2-21 网孔电流法举例

要分析和计算网孔电流,就必须在每个网孔中列出以网孔电流为未知量的电压方程。仍以图2-21为例,选取两网孔的绕行方向与网孔电流参考方向一致,根据KVL可列出两网孔的回路电压方程为

左网孔 $$R_1I_1+R_2I_2+U_{S_2}-U_{S_1}=0$$

右网孔 $$-R_2I_2+R_3I_3+U_{S_3}-U_{S_2}=0$$

根据支路电流与网孔电流的关系,整理并得网孔电流方程为

$$\left.\begin{aligned}(R_1+R_2)I_a-R_2I_b&=U_{S_1}-U_{S_2}\\-R_2I_a+(R_2+R_3)I_b&=U_{S_2}-U_{S_3}\end{aligned}\right\}$$

式中,令 $R_{11}=R_1+R_2$,$R_{22}=R_2+R_3$,R_{11} 和 R_{22} 分别为网孔1(左网孔)和网孔2(右网孔)的自阻,它们分别等于网孔1和网孔2中所有电阻之和。用 R_{12} 和 R_{21} 表示网孔1和网孔2的互阻,互阻的绝对值就是两网孔之间的公共电阻 R_2。

由于网孔绕行方向与网孔电流参考方向一致,所以自阻总是正值。当通过网孔1、2的公共电阻的两个网孔电流参考方向一致时,互阻 R_{12} 和 R_{21} 为正值;相反时,互阻 R_{12} 和 R_{21} 为负值。在图2-21电路中,互阻 $R_{12}=R_{21}=-R_2$。

令 $U_{S_{11}}$ 和 $U_{S_{22}}$ 分别为网孔1和网孔2中所有电压源电压的代数和。当电压源电压的参考方向与网孔电流参考方向一致时,电压源电压前取"−",反之取"+"。根据上述规定,在图2-21电路中,$U_{S_{11}}=U_{S_1}-U_{S_2}$,$U_{S_{22}}=U_{S_2}-U_{S_3}$。

这样,对于具有两个网孔的电路,网孔电流方程可写成如下的一般形式

$$\left.\begin{aligned}R_{11}I_a+R_{12}I_b&=U_{S_{11}}\\R_{21}I_a+R_{22}I_b&=U_{S_{22}}\end{aligned}\right\}\qquad(2-11)$$

与节点电压方程一样,式(2-11)所表示的两个网孔电路网孔电流方程的一般形式可以推广到三个网孔甚至更多网孔的电路。例如电路具有三个网孔时,网孔电流方程的一般形式为

$$\left.\begin{aligned} R_{11}I_a + R_{12}I_b + R_{13}I_c &= U_{S_{11}} \\ R_{21}I_a + R_{22}I_b + R_{23}I_c &= U_{S_{22}} \\ R_{31}I_a + R_{32}I_b + R_{33}I_c &= U_{S_{33}} \end{aligned}\right\} \tag{2-12}$$

综上所述，以假想的网孔电流为变量，应用 KVL 列出网孔电流方程，联立解出网孔电流，则各支路电流为有关网孔电流的代数和。这种分析方法称为网孔电流法。

2.4.2　网孔法应用举例

网孔法也是分析电路的有利工具，用网孔法同样可以求解支路电流。

例 2-12　用网孔法求图 2-22 电路中各支路电流。

解：选定两个网孔电流 I_a、I_b的参考方向如图所示。列出网孔电流方程为

$$\left.\begin{aligned} (1+1)I_a - I_b &= 5 \\ -I_a + (1+2)I_b &= -10 \end{aligned}\right\}$$

解得

$$I_a = 1\text{ A}, \qquad I_b = -3\text{ A}$$

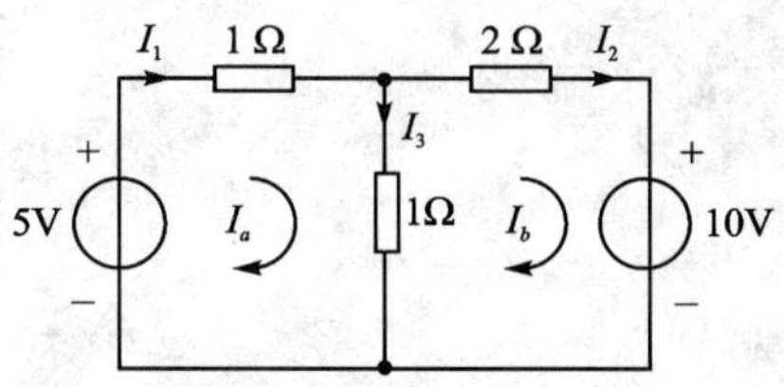

图 2-22　例 2-12 电路

各支路电流分别为

$$I_1 = I_a = 1\text{ A}, \qquad I_2 = I_b = -3\text{ A}, \qquad I_3 = I_a - I_b = 4\text{ A}$$

例 2-13　用网孔法求图 2-23 电路中各支路电流。

解：选定三个网孔电流 I_a、I_b、I_c的参考方向如图所示。列出网孔电流方程为

$$\left.\begin{aligned} (2+1+2)I_a - 2I_b - I_c &= 6 - 18 \\ -2I_a + (2+6+3)I_b - 6I_c &= 18 - 12 \\ -I_a - 6I_b + (3+6+1)I_c &= 25 - 6 \end{aligned}\right\}$$

解得

$$I_a = -1\text{ A}, \qquad I_b = 2\text{ A}, \qquad I_c = 3\text{ A}$$

各支路电流分别为

$$I_1 = I_a = -1\text{ A}, \qquad I_2 = I_b = 2\text{ A}, \qquad I_3 = I_c = 3\text{ A}$$

$$I_4 = I_c - I_a = 4\text{ A}, \quad I_5 = I_a - I_b = -3\text{ A}, \quad I_6 = I_c - I_b = 1\text{ A}$$

例 2-14　用网孔法求图 2-24 电路中各支路电流。

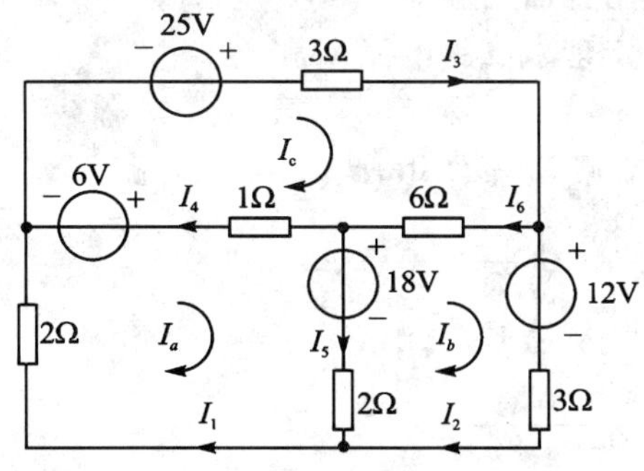

图 2-23　例 2-13 电路

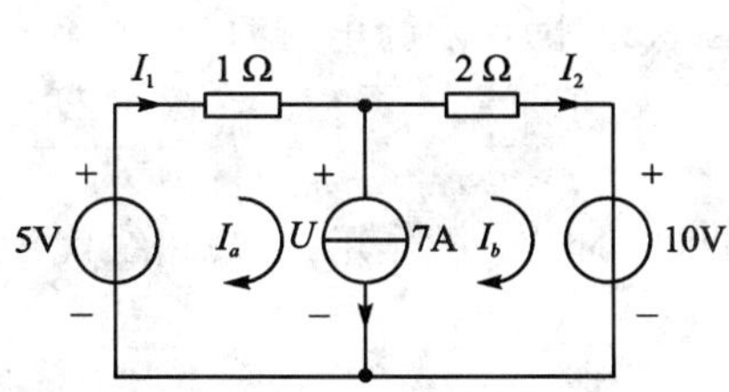

图 2-24　例 2-14 电路

解:本题电路中含有独立电流源,且该电流源没有电阻与之并联,无法等效成电压源,因此应增加电流源电压作变量来建立网孔电流方程。此时,由于增加了电压变量,需补充电流源电流与网孔电流关系的方程。

设电流源电压为U,考虑了电压U的网孔方程为

$$\left.\begin{aligned} I_a + U &= 5 \\ I_b - U &= -10 \end{aligned}\right\}$$

补充方程

$$I_a - I_b = 7\ \text{A}$$

求解以上方程得到

$$I_a = 3\ \text{A},\quad I_b = -4\ \text{A},\quad U = 2\ \text{V}$$

各支路电流分别为

$$I_1 = I_a = 3\ \text{A},\quad I_2 = I_b = -4\ \text{A}$$

2.5 网络定理分析法

2.5.1 叠加定理

叠加定理是分析线性电路的重要定理。所谓线性电路,是指由独立电源和线性元件组成的电路。凡是线性电路一定同时满足可加性和齐次性。可加性是指:如果电源$f_1(t)$引起的响应为$y_1(t)$,电源$f_2(t)$引起的响应为$y_2(t)$,则电源为$f_1(t)+f_2(t)$时引起的响应为$y_1(t)+y_2(t)$。齐次性是指:若电路对电源$f(t)$的响应为$y(t)$,当电源扩大α倍变为$\alpha f(t)$时(α为任意常数),其响应也扩大α倍变为$\alpha y(t)$。将以上两性质结合起来可表示为

$$\alpha_1 f_1(t) + \alpha_2 f_2(t) \rightarrow \alpha_1 y_1(t) + \alpha_2 y_2(t) \tag{2-13}$$

叠加定理可表述为:在线性电路中有两个或两个以上独立电源共同作用时,任意支路的电流或任意两点间的电压,都可以认为是电路中各个独立电源单独作用时在该支路中产生的各电流或在该两点间的产生的各电压的代数和。

使用叠加定理时,应注意以下两点:

(1) 在计算某一独立电源单独作用所产生的电流或电压时,应将电路中其他独立电压源用短路线代替(即令$U_S=0$),其他独立电流源以开路代替(即令$I_S=0$)。

(2) 功率不是电压或电流的一次函数,故不能用叠加定理来计算功率。

例 2-15 在图2-25(a)所示电路中,用叠加定理求支路电流I_1和I_2。

解:根据叠加定理画出叠加电路图如图2-25(b)、(c)所示。

图2-25(b)所示为电压源U_{S_1}单独作用而电流源I_{S_2}不作用,此时I_{S_2}以开路代替,则

$$I_1' = I_2' = \frac{U_{S_1}}{R_1 + R_2} = \frac{20\ \text{V}}{(10+30)\ \Omega} = 0.5\ \text{A}$$

I_{S_2}单独作用时,U_{S_1}不作用,以短路线代替,如图2-25(c)所示,则

$$I_1'' = I_{S_2} \times \frac{R_2}{R_1 + R_2} = 3\ \text{A} \times \frac{30\ \Omega}{(10+30)\ \Omega} = 2.25\ \text{A}$$

$$I_2'' = I_{S_2} \times \frac{R_1}{R_1 + R_2} = 3\ \text{A} \times \frac{10\ \Omega}{(10+30)\ \Omega} = 0.75\ \text{A}$$

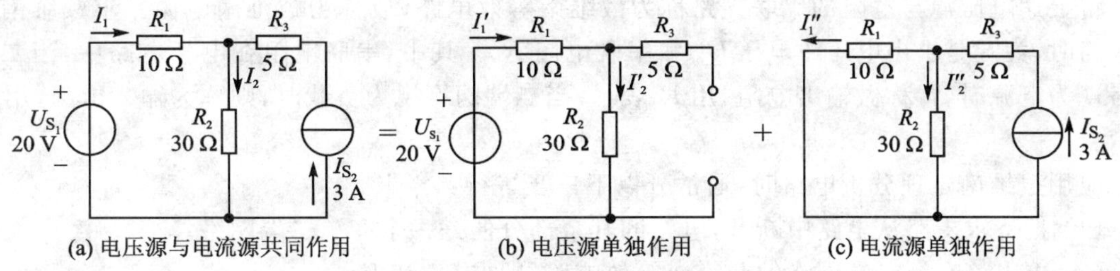

图 2-25　例 2-15 电路

根据各支路电流总量参考方向与分量参考方向之间的关系，可求得支路电流

$$I_1 = I_1' - I_1'' = 0.5\ \text{A} - 2.25\ \text{A} = -1.75\ \text{A}$$

$$I_2 = I_2' + I_2'' = 0.5\ \text{A} + 0.75\ \text{A} = 1.25\ \text{A}$$

例 2-16　如图 2-26 所示电路，N 为线性电阻网络。已知当 $u_S = 4$ V，$i_S = 1$ A 时，$u = 0$；当 $u_S = 2$ V，$i_S = 0$ 时，$u = 1$ V。试求当 $u_S = 10$ V，$i_S = 1.5$ A 时，u 为多少？

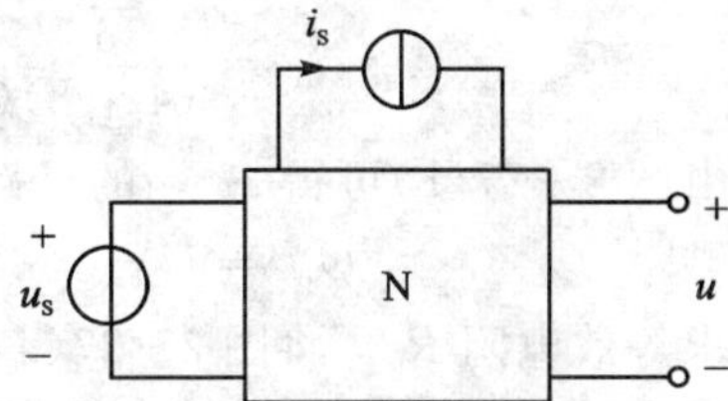

图 2-26　例 2-15 电路

解：根据叠加定理，应有

$$u = K_1 u_S + K_2 i_S$$

代入已知条件，得

$$\left.\begin{aligned} 4K_1 + K_2 &= 0 \\ 2K_1 + 0 &= 1 \end{aligned}\right\}$$

解得

$$K_1 = \frac{1}{2}, \qquad K_2 = -2$$

所以

$$u = K_1 u_S + K_2 i_S = \left[\frac{1}{2} \times 10 + (-2) \times 1.5\right]\text{V} = (5-3)\text{V} = 2\ \text{V}$$

通过以上分析可以看出，叠加定理实际上将多电源作用的电路转化成单电源作用的电路，利用单电源作用的电路进行计算显然非常简单。因此，叠加定理是分析线性电路经常采用的一种方法，望读者务必熟练掌握。

2.5.2　戴维南定理和诺顿定理

在电路中，有时只需分析其中某一支路的电流或电压，而不需要求出电路其余部分的电流或电压。在这种情况下，待分析支路以外的部分就可以看做是一个有源二端网络。倘若能找到一个更简单的电路结构去等效替代这个二端网络，就会使待求支路的分析大为简化。那么如何求出有源二端网络的简化等效电路呢？前面 2.2 节曾讨论过用两种电源模型的等效变换化简电路的问题，然而对一般电路，往往要经过多次电源互换才能得到最简的电路。为了简化分析过程，这里介绍两个重要定理，即戴维南定理和诺顿定理。

1. 戴维南定理

定理内容：任何线性有源二端网络 N，就端口特性而言，可以等效为一个电压源和一个电阻相串联的结构。其中，电压源的电压等于有源二端网络 N 端口处的开路电压 U_{oc}；串联电阻 R_o 等于二端网络 N 中所有独立电源作用为零时二端子间的等效电阻。

将上述电压源与电阻的串联支路称为戴维南等效电路,或称为戴维南电源。求戴维南等效电路时,关键是求出电压源电压 U_{oc} 和串联电阻 R_o。其中,串联电阻在电子电路中,当二端网络视为电源时,常称做输出电阻,用 R_o 表示;当二端网络视为负载时,则称为输入电阻,用 R_i 表示。

应用戴维南定理分析电路时,通常分以下三步进行:

(1) 把待求支路从电路中断开,电路的其余部分便是一个有源二端网络。

(2) 求出该有源二端网络的戴维南等效电路,即求 U_{oc} 和 R_o。

(3) 用戴维南等效电路代替原电路中的有源二端网络,求出待求支路的电流或电压。

例 2-17　电桥电路如图 2-27(a)所示,当 $R=2\ \Omega$ 时,求通过电阻 R 的电流 I。

解:首先将图 2-27(a)电路中的待求支路断开,得到图 2-27(b)所示的有源二端网络。求这个有源二端网络的戴维南等效电路。

在图 2-27(b)中选定支路电流 I_1、I_2 参考方向,则

$$I_1=\frac{36\ \mathrm{V}}{(4+8)\Omega}=3\ \mathrm{A},\qquad I_2=\frac{36\ \mathrm{V}}{(4+2)\Omega}=6\ \mathrm{A}$$

由图 2-27(b)可得 ab 端的开路电压 U_{oc} 为

$$U_{oc}=U_{ab}=8I_1-2I_2=(8\times 3-2\times 6)\mathrm{V}=12\ \mathrm{V}$$

求等效电阻 R_o。将图 2-27(a)中的电压源用短路线代替,得图 2-27(c)所示无源二端网络,则

$$R_o=R_{ab}=\left(\frac{4\times 8}{4+8}+\frac{4\times 2}{4+2}\right)\Omega=4\ \Omega$$

于是得到图 2-27(b)所示有源二端网络的戴维南等效电路,如图 2-27(d)所示,接上电阻 R 即可求出电流 I:

$$I=\frac{U_{oc}}{R_o+R}=\frac{12\ \mathrm{V}}{(4+2)\ \Omega}=2\ \mathrm{A}$$

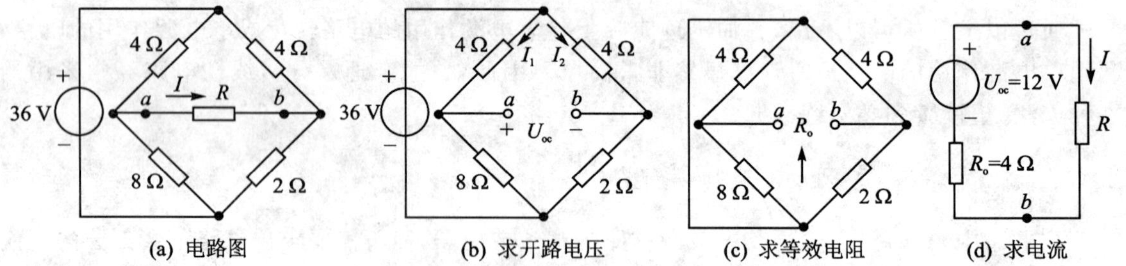

(a) 电路图　(b) 求开路电压　(c) 求等效电阻　(d) 求电流

图 2-27　例 2-16 电路

2. 诺顿定理

诺顿定理研究的对象也是线性有源二端网络。其内容表述为:任何线性有源二端网络 N,就端口特性而言,可以等效为一个电流源和一个电阻相并联的形式。其中,电流源的电流等于二端网络 N 端口处的短路电流 I_{sc};并联电阻 R_o 等于二端网络 N 中所有独立电源作用为零时二端子间的等效电阻。

同样将上述电流源与电阻的并联结构称为诺顿等效电路,或称为诺顿电源。求诺顿等效电路时,关键是求出电流源电流 I_{sc} 和并联电阻 R_o。

例 2-18　求图 2-28(a)所示有源二端网络的诺顿等效电路。

解:首先求 a、b 两点间的短路电流 I_{sc},并选定电流 I_1、I_2参考方向如图 2-28(b)所示。

$$I_1 = \frac{8\ \text{V}}{2\ \Omega} = 4\ \text{A}, \qquad I_2 = \frac{12\ \text{V}}{6\ \Omega} = 2\ \text{A}$$

根据 KCL

$$I_1 = I_2 + I_{sc}$$

所以,短路电流

$$I_{sc} = I_1 - I_2 = 4\ \text{A} - 2\ \text{A} = 2\ \text{A}$$

再求等效电阻 R_o,将图 2-28(a)所示的电压源用短路线代替,得无源二端网络 ab,如图 2-28(c)所示。则

$$R_o = R_{ab} = \frac{2\ \Omega \times 6\ \Omega}{2\ \Omega + 6\ \Omega} = 1.5\ \Omega$$

求得诺顿等效电路如图 2-28(d)所示。

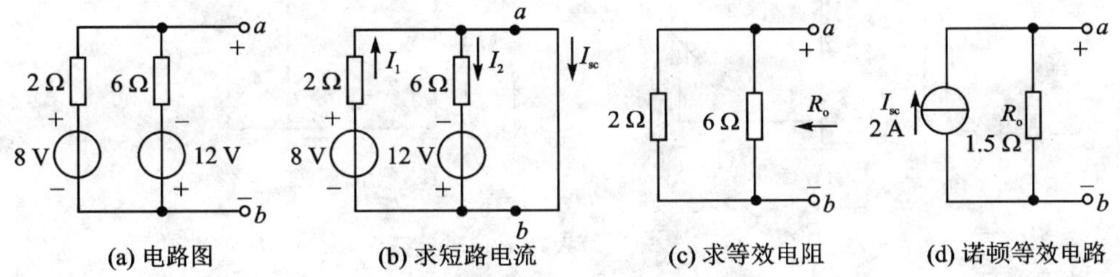

图 2-28　例 2-18 电路

戴维南-诺顿定理是电路中非常重要的定理,它们不仅指出了线性有源二端网络最简等效电路的结构形式,还给出了直接求解等效电路中参数的方法。这样以来,对于任何线性有源二端网络,应用定理可以直接将其化简。此外,定理还有一个突出的特点,即实践性强。其等效电路中的三个参数 U_{oc}、I_{sc}和 R_o 可以直接测得。图 2-29 便是测量三个参数的电路。图 2-29(a)中,将电压表并接在二端网络的输出端,则电压表的测量值近似为端口处的开路电压 U_{oc};图 2-29(b)中,将电流表串接在二端网络的输出端,则电流表的测量值近似为端口处的短路电流 I_{sc},然后利用公式 $R_o = \frac{U_{oc}}{I_{sc}}$ 即可求出等效电阻 R_o。

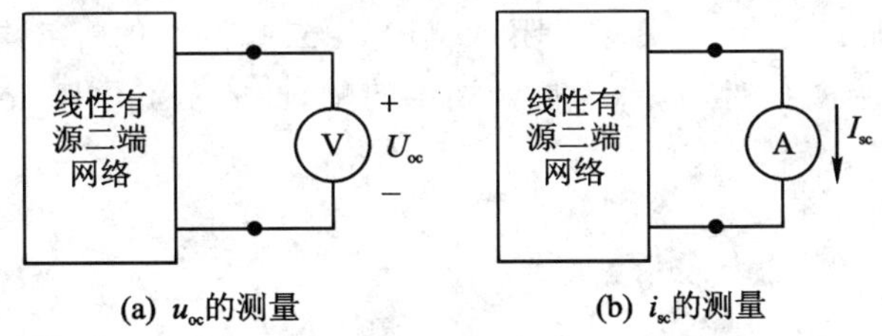

图 2-29　戴维南-诺顿等效电路中参数的测量方法

戴维南-诺顿定理在实际中有着非常重要的应用。实际的电路,其结构和参数往往都是未知的,应用戴维南-诺顿定理可以将这个未知的电路用一个结构、参数都可知的具体的电路去替代,这就给电路的分析、调试带来极大的方便,这是其他电路分析方法难以做到的。

2.5.3 最大功率传输定理

最大功率传输定理的理论根据也是戴维南-诺顿定理。在测量、电子和信息工程的电子设备设计中,常常遇到电阻负载如何从电路获得最大功率的问题。这类问题可以抽象为图2-30(a)所示的电路模型来分析。

网络N表示供给负载能量的有源线性二端网络,它可用戴维南等效电路来代替,如图2-30(b)所示。R_L表示获得能量的负载。这里要讨论的问题是负载电阻R_L为何值时,可以从二端网络获得最大功率。利用数学知识,先写出R_L吸收功率的表达式为

$$p = R_L i^2 = \frac{R_L U_{oc}^2}{(R_o + R_L)^2}$$

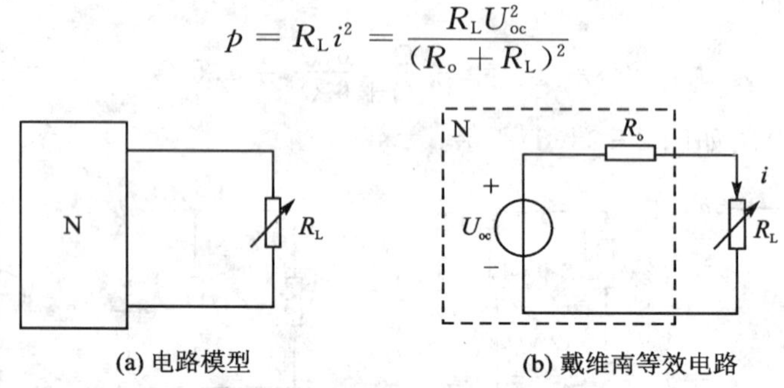

图2-30 最大功率传输定理

上式是以R_L为未知量的一元函数,利用导数中求极值的问题可知,欲求P的最大值,应满足$dp/dR_L=0$,即

$$\frac{dP}{dR_L} = \frac{(R_o - R_L)U_{oc}^2}{(R_o + R_L)^3} = 0$$

由此式求得P为极大值或极小值的条件是

$$R_L = R_o \tag{2-14}$$

由于

$$\left.\frac{d^2 P}{dR_L^2}\right|_{R_L=R_o} = -\left.\frac{U_{oc}^2}{8R_o^3}\right|_{R_o>0} < 0$$

由此可知,当$R_o>0$,且$R_L=R_o$时,负载电阻R_L从二端网络获得最大功率。

最大功率传输定理表述为:当负载电阻R_L与有源二端网络的等效电阻R_o相等时,R_L能获得最大功率。满足$R_L=R_o$条件时,称为最大功率匹配,此时负载电阻R_L获得的最大功率为

$$P_{max} = \frac{U_{oc}^2}{4R_o} \tag{2-15}$$

若用诺顿等效电路,则最大功率表示为

$$P_{max} = \frac{I_{sc}^2}{4G_o} \tag{2-16}$$

满足最大功率匹配条件时,R_o吸收功率与R_L吸收功率相等,对电压源U_{oc}而言,功率传输效率$\eta=50\%$。对二端网络N中的独立源而言,效率可能更低。因此,只有在小功率的电子电路中,由于常常要着眼于从微弱信号中获得最大功率,而不看重效率的高低,这时实现最大传输功率才有现实意义;而在大功率的电力系统中,为了实现最大功率传输,以便更充分地利用能源,如此低的传输效率是不允许的,因此不能采用功率匹配条件。

例 2-19 电路如图 2-31(a)所示。试求:(1) R_L为何值时获得最大功率;(2) R_L获得的最大功率;(3) 10 V 电压源的功率传输效率。

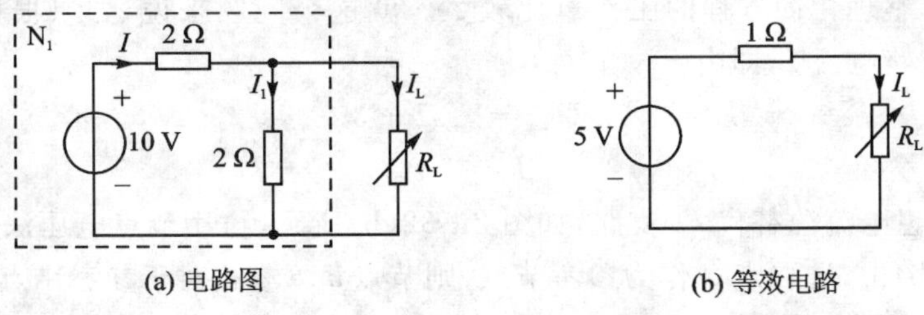

(a) 电路图 (b) 等效电路

图 2-31 例 2-19 电路

解:(1) 断开负载 R_L,求得二端网络 N_1的戴维南等效电路参数为

$$U_{oc} = \left(\frac{2}{2+2} \times 10\right) \text{ V} = 5 \text{ V}, \qquad R_o = \left(\frac{2 \times 2}{2+2}\right) \Omega = 1 \Omega$$

如图 2-31(b)所示,由此可知当 $R_L = R_o = 1\ \Omega$ 时可获得最大功率。

(2) 由式(2-15)求得 R_L的最大功率为

$$P_{max} = \frac{U_{oc}^2}{4R_o} = \left(\frac{25}{4 \times 1}\right) \text{ W} = 6.25 \text{ W}$$

(3) 先计算 10 V 电压源发出的功率。当 $R_L = 1\ \Omega$ 时:

$$I_L = \frac{U_{oc}}{R_o + R_L} = \frac{5 \text{ V}}{2\ \Omega} = 2.5 \text{ A}$$

$$U_L = R_L I_L = 2.5 \text{ V}$$

$$I = I_1 + I_L = \left(\frac{2.5}{2} + 2.5\right) \text{ A} = 3.75 \text{ A}$$

则 10 V 电压源发出的功率为

$$P = (10 \times 3.75) \text{ W} = 37.5 \text{ W}$$

10 V 电压源发出 37.5 W 功率,电阻 R_L吸收功率 6.25 W,则电压源的功率传输效率为

$$\eta = \frac{6.25}{37.5} \times 100\% \approx 16.7\%$$

2.5.4 替代定理

替代定理可以叙述如下:在任意的线性或非线性电路中,若电路中某条支路的电压 U_j或电流 I_j为已知,则不论该支路是由什么元件组成,该支路总可以用一个电压等于 U_j的独立电压源或者用一个电流等于 I_j的独立电流源来替代,替代后不影响电路中其他部分的电压和电流。这就是替代定理,也称置换定理。

使用替代定理时应注意,用以替代该支路的电压源或电流源,其电压或电流的参考方向应与该支路电压或支路电流的参考方向一致,而且只有在电路具有唯一解时,这种替代才是有效的。

替代定理具有广泛的应用。事实上,替代定理就是电路等效变换,在分析电路时,常常用它化简电路,辅助其他方法求解问题。在推导许多新的定理与等效变换方法时也常用到它。在测试电路或实验设备中采用假负载(或模拟负载)的理论根据就是替代定理。

例 2-20 如图 2-32(a)所示电路中,已知 $U_{ab}=0$,试求电阻 R。

解:本题有一个未知电阻 R,直接应用网孔法或节点法求解比较烦琐。因为未知电阻 R 在方程的系数里,整理化简方程的工作量比较大。就这个问题来说,如果根据已知的 $U_{ab}=0$ 的条件求得 ab 支路电流 I,即由

$$U_{ab}=-3I+3$$

求得

$$I=1\text{ A}$$

先用 1 A 理想电流源替代 ab 支路,如图 2-32(b)所示,再用节点电压法求解就比较方便了。在图 2-32(b)中,选取点 d 作为参考节点,则节点 a、b、c 相对于参考结点的节点电压分别为 V_a、V_b、V_c,由图可知,$V_c=20$ V。

对节点 a 列方程得

$$\left(\frac{1}{2}+\frac{1}{4}\right)V_a-\frac{1}{4}\times 20=1$$

解方程得

$$V_a=8\text{ V}$$

因为 $U_{ab}=0$,所以 $V_b=V_a=8$ V。

在图 2-32(a)中支路电流 I_1、I_R,电压 U_R 参考方向已标出。由欧姆定律及 KCL 得

$$I_1=\frac{V_b}{8}=\left(\frac{8}{8}\right)\text{ A}=1\text{ A}$$

$$I_R=I_1+I=(1+1)\text{A}=2\text{ A}$$

$$U_R=V_c-V_b=(20-8)\text{V}=12\text{ V}$$

所以

$$R=\frac{U_R}{I_R}=\frac{12\text{ V}}{2\text{ A}}=6\ \Omega$$

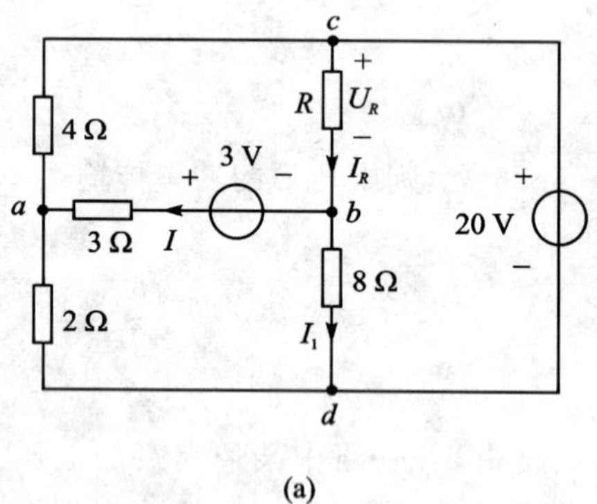

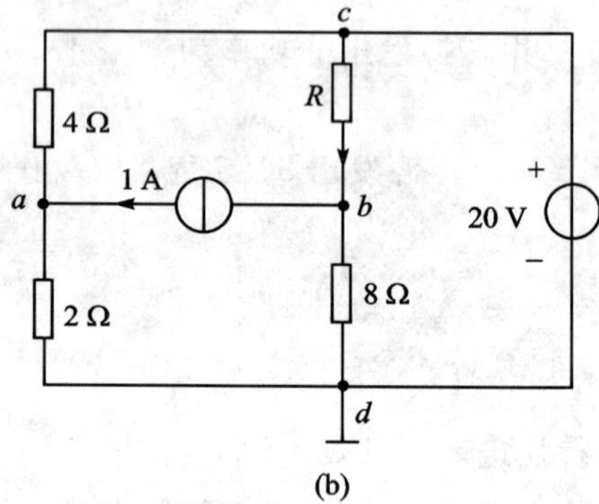

图 2-32 例 2-20 电路

2.6 一阶动态电路的分析

2.6.1 过渡过程与换路定律

1. 过渡过程

前面各章讨论的线性电路中,当电源电压(激励)为恒定值或做周期性变化时,电路中各部

分电压或电流（响应）也是恒定的或按周期性规律变化，即电路中响应与激励的变化规律完全相同，称电路的这种工作状态为稳定状态，简称稳态。但是，在实际电路中，经常遇到电路由一个稳态向另一个稳态的变化，在这个变化过程中，如果电路中含有电感、电容等储能元件时，则这种状态的变化要经历一个时间过程，这个时间过程称为过渡过程。

含有储能元件（也称为动态元件）L 或 C 的电路称为动态电路。

电路产生过渡过程的原因无外乎有外因和内因，电路的接通或断开，电路参数或电源的变化，电路的改接等都是外因。这些能引起电路过渡过程的所有外因统称为换路。除了外因，电路中还必须含有储能元件电感或电容，这是产生过渡过程的内因。动态电路的过渡过程实质是储能元件的充、放电过程。

电路的过渡过程一般比较短暂，但它的作用和影响都十分重要。有的电路专门利用其过渡特性实现延时、产生波形等功能；而在电力系统中，过渡过程的出现可能产生比稳定状态大得多的过电压或过电流，若不采取一定的保护措施，就会损坏电气设备，引起不良后果。因此研究电路的过渡过程，掌握有关规律是非常重要的。

2. 换路定律

为便于分析，通常认为换路是在瞬间完成，记为 $t=0$ 时刻，并且用 $t=0_-$ 表示换路前的终了时刻，用 $t=0_+$ 表示换路后的初始时刻。由于电容内部的能量与其电压有关 $\left(W_C=\frac{1}{2}Cu_C^2\right)$，电感的能量与其电流有关 $\left(W_L=\frac{1}{2}Li_L^2\right)$，而能量是不能跃变的，也就是说，电容上的电压 u_C 不能跃变，电感中的电流 i_L 也不能跃变（假设电容电流 i_C 和电感电压 u_L 为有限值），这个基本原则对换路前后的电路亦适用。因此可以得到

$$\left.\begin{aligned} u_C(0_+) &= u_C(0_-) \\ i_L(0_+) &= i_L(0_-) \end{aligned}\right\} \tag{2-17}$$

式(2－17)称为换路定律。

换路定律说明，在换路前后，电容电压 u_C 和电感电流 i_L 不能发生跃变，即满足 $t=0_+$ 时刻值等于 $t=0_-$ 时刻值，其值具有连续性。需要注意的是，换路定律只揭示了换路前后电容电压 u_C 和电感电流 i_L 不能发生突变的规律，对于电路中其他的电压、电流，包括电容电流 i_C 和电感电压 u_L，在换路瞬间都是可以突变的。

3. 过渡过程初始值的计算

通常将 $t=0_+$ 时刻的电压、电流值称为过渡过程的初始值，用 $f(0_+)$ 表示。初始值可按以下步骤确定：

(1) 先求 $t=0_-$ 时刻的 $u_C(0_-)$ 或 $i_L(0_-)$（这一步要用 $t=0_-$ 时刻的等效电路进行求解，此时电路尚处于稳态，若电路为直流电源激励，则电容开路，电感短路）。

(2) 根据换路定律确定 $u_C(0_+)$ 或 $i_L(0_+)$。

(3) 以 $u_C(0_+)$ 或 $i_L(0_+)$ 为依据，应用欧姆定律、基尔霍夫定律和直流电路的分析方法确定电路中其他电压、电流的初始值（这一步要用 $t=0_+$ 时刻的等效电路进行求解，此时，电容等效为电压值为 $u_C(0_+)$ 的电压源，电感等效为电流值为 $i_L(0_+)$ 的电流源）。

2.6.2 一阶 *RC* 电路过渡过程分析

1. 一阶 *RC* 电路的零输入响应

仅含有一个独立的动态元件的电路，描述其电压、电流的方程是一阶微分方程，故称其为

一阶动态电路。当电路中仅含有一个电容和一个电阻或一个电感和一个电阻时,称为最简 RC 电路或 RL 电路。如果不是最简,则可以把该动态元件以外的电阻电路用戴维南定理或诺顿定理进行等效,从而变换为最简 RC 电路或 RL 电路。

本节首先分析一阶 RC 动态电路的零输入响应。所谓零输入响应,是指换路后电路没有外加激励,仅由储能元件的初始储能引起的响应。

图 2-33 所示电路中,原先开关 S 打在 1 位,直流电源 U_S 给电容充电,充电完毕,电路达到稳态时,电容相当于开路。$t=0$ 时,S 由 1 位打向 2 位进行换路,此时电容通过电阻放电,放电完毕,电路进入新的稳态。显然,换路后发生的是一阶 RC 电路的零输入响应。

(1) 电压、电流的变化规律

图 2-33(a)所示电路中,推得换路后(即 $t\geqslant 0$ 时)电容电压 u_C 的微分方程为

$$RC\frac{\mathrm{d}u_C}{\mathrm{d}t}+u_C=0 \qquad (t\geqslant 0)$$

解微分方程,得

$$u_C(t)=\mathrm{e}^{-\frac{1}{RC}t}\cdot\mathrm{e}^{C}=A\mathrm{e}^{-\frac{1}{RC}t}$$

其中,A 为待定的积分常数,可根据初始条件 $u_C(0_+)$ 的值确定。在换路瞬间,由于 $u_C(0_+)=u_C(0_-)=U_S$,故有 $A=U_S$。所以,微分方程的解为

$$u_C(t)=U_S\mathrm{e}^{-\frac{1}{RC}t} \qquad (t\geqslant 0) \tag{2-18}$$

从式(2-18)可以看出,换路后电容电压 u_C 从初始值 U_S 开始,按照指数规律递减,直到最终 $u_C\to 0$,电路达到新的稳态。

以 u_C 为依据,可求出换路后 u_R、$i_C(i_R)$ 的变化规律为

$$u_R(t)=u_C(t)=U_S\mathrm{e}^{-\frac{1}{RC}t} \qquad (t\geqslant 0)$$

$$i_C(t)=i_R(t)-C\frac{\mathrm{d}u_C}{\mathrm{d}t}=\frac{U_S}{R}\mathrm{e}^{-\frac{1}{RC}t} \qquad (t\geqslant 0)$$

可见,换路后电路中的电压、电流都是按照相同的指数规律进行变化。图 2-34 所示为 u_C 的变化曲线。

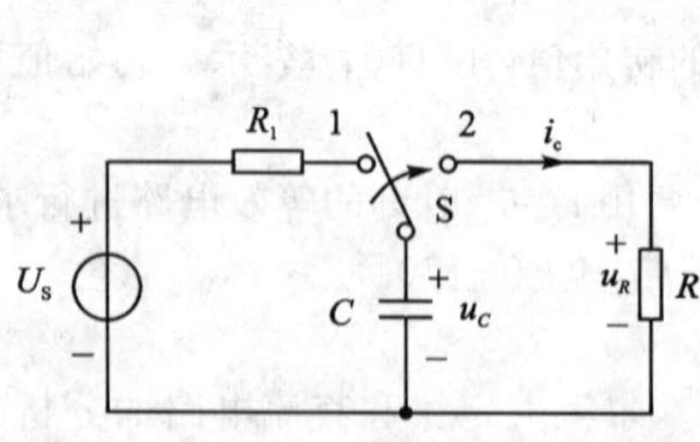

图 2-33 一阶 RC 电路的零输入响应

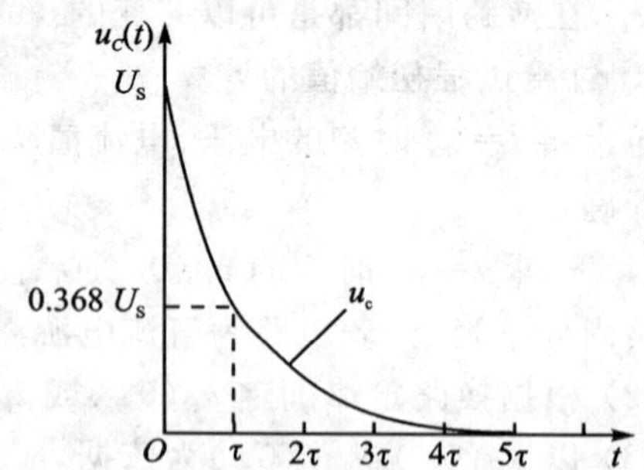

图 2-34 一阶 RC 电路零输入响应的波形曲线

(2) 时间常数

式(2-18)中,令 $\tau=RC$,τ 称为 RC 电路的时间常数。当 R 的单位为 Ω(欧[姆]),C 的单位为 F(法[拉])时,τ 的单位为 s(秒)。

于是,式(2-18)可写为

$$u_C(t) = u_C(0_+)\mathrm{e}^{-\frac{t}{\tau}} \qquad (t \geqslant 0) \tag{2-19}$$

式(2-19)即为一阶 RC 动态电路零输入响应时电容电压 u_C 变化规律的通式。

时间常数 τ 是表征动态电路过渡过程进行快慢的物理量。τ 越大，过渡过程进行得越慢；反之，τ 越小，过渡过程进行得越快。由表达式 $\tau=RC$ 可以看出，RC 电路的时间常数 τ，仅由电路的参数 R 和 C 决定，R 是指换路后电容两端的等效电阻。当 R 越大时，电路中放电电流越小，放电时间就越长，过渡过程进行得就越慢；当 C 越大时，电容储存的电场能量越多，放电时间也就越长。现以电容电压 u_C 为例说明时间常数 τ 的物理意义。

在式(2-19)中，分别取 $t=\tau$、2τ、3τ…不同的时间，求出对应的 u_C 值如表 2-1 所列。

表 2-1 不同时刻对应的 u_C 值

t	0	τ	2τ	3τ	4τ	5τ	∞
$u_C(t)$	U_S	$0.368U_S$	$0.135U_S$	$0.050U_S$	$0.018U_S$	$0.007U_S$	0

从表 2-1 可以看出：

① 当 $t=\tau$ 时，$u_C=0.368U_S$，这表明时间常数 τ 是电容电压 u_C 从换路瞬间开始衰减到初始值的 36.8%时所需要的时间，参见图 2-26 所示的 u_C 的变化曲线。

② 从理论上讲，$t=\infty$ 时，u_C 才衰减到 0，过渡过程才结束，但是，当 $t=(3\sim5)\tau$ 时，u_C 已衰减到初始值的 5%以下，因此，实际工程中一般认为从换路开始经过 $3\tau\sim5\tau$ 的时间，过渡过程便基本结束了。

例 2-21 有一个 $C=40\ \mu\mathrm{F}$ 的电容器从高压电路上断开，断开时电容器的电压 $U_0=6\ \mathrm{kV}$，电容器经本身漏电阻放电，漏电阻 $R=50\ \mathrm{M\Omega}$，试求电容器电压下降到 400 V 时所需的时间。

解：电容器放电时的时间常数

$$\tau = RC = 50\times10^6\times40\times10^{-6} = 2\ 000\ \mathrm{s}$$

现有

$$u_C(t) = U_0 e^{-\frac{t}{\tau}}$$

代入已知数据得

$$400 = 6\ 000\ \mathrm{e}^{-\frac{t}{2\ 000}}$$

所以

$$t = 2\ 000 \ln 15 = 5\ 416\ \mathrm{s} \approx 1.5\ \mathrm{h}$$

需要指出的是，在电子设备中，RC 电路的时间常数 τ 很小，放电过程经历不过几十毫秒甚至几个微秒。但在电力系统中，高压电力电容器放电时间比较长，可达几十分钟，如例 2-21 中电容器放电经过 1.5 h 后，两端仍有 400 V 的电压。因此，检修具有大电容的高压设备时，一定要让电容充分放电以保证安全。

2. 一阶 RC 电路的零状态响应

零状态响应是指电路在零初始状态下(动态元件的初始储能为零)仅由外施激励所产生的响应。

图 2-35 所示电路中，电容原来未充电，$u_C(0_-)=0$，即电容为零初始状态。$t=0$ 时开关闭合，RC 串联电路与电源连接，电源通过电阻对电容充电，直到最终充电完毕，电路达到新的稳态。这便是一阶 RC 电路的零状态响应。零状态响应的实质是储能元件的充电过程。

以电容电压为变量，可以列出换路后电路的微分方程为

$$RC\frac{\mathrm{d}u_C}{\mathrm{d}t} + u_C = U_S \qquad (t \geqslant 0)$$

解方程得
$$u_C(t)=Ae^{-\frac{1}{RC}t}+U_S$$
式中的常数 A 由初始条件确定。在换路瞬间,由于 $u_C(0_+)=u_C(0_-)=0$,故有 $A=-U_S$。所以,式(2-17)的解为
$$u_C(t)=U_S(1-e^{-\frac{t}{RC}})\qquad(t\geqslant 0)\tag{2-20}$$
式(2-20)中的 U_S 是换路后电路达到新稳态时 u_C 的值,即 $u_C(\infty)=U_S$,于是式(2-20)可写为
$$u_C(t)=u_C(\infty)(1-e^{-\frac{t}{\tau}})\qquad(t\geqslant 0)\tag{2-21}$$
式(2-21)即为一阶 RC 动态电路零状态响应时电容电压 u_C 变化规律的通式。u_C 的变化曲线如图 2-36 所示。从曲线可以看出,换路后电容电压从初始值 0 开始,按照指数规律递增到新的稳态值 U_S。与 RC 电路的零输入响应不同,在零状态响应中,τ 是电容电压 u_C 从换路瞬间开始递增到新稳态值的 63.2%所需要的时间。

以 u_C 为依据,同样可求出电路中其他电压电流的变化规律。

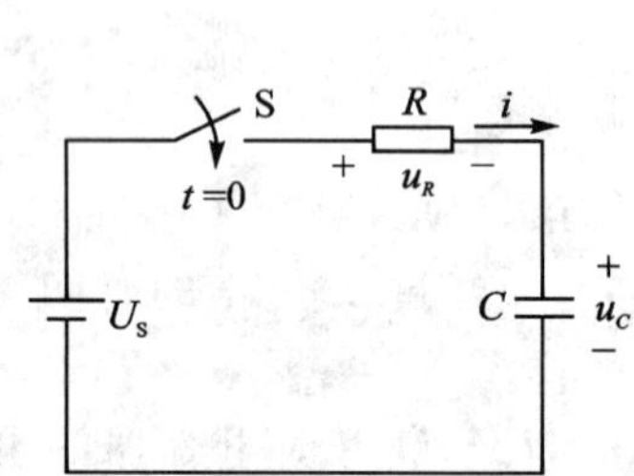

图 2-35 一阶 RC 电路的零状态响应

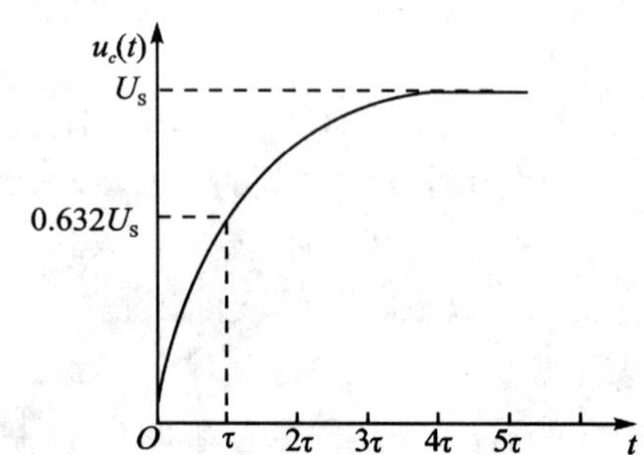

图 2-36 一阶 RC 零状态响应的波形曲线

2.6.3 一阶 RL 电路过渡过程分析

1. 一阶 RL 电路的零输入响应

图 2-37 所示电路中,开关 S 打在 1 位时,电路已达到稳态,电感中电流等于电流源电流 I_S,电感中储存能量 $W_L=\frac{1}{2}LI_S^2$。$t=0$ 时,开关由 1 位打向 2 位进行换路,电流源被短路,电感与电阻 R 构成串联回路,电感通过电阻 R 释放其中的磁场能量,直到全部释放完毕,电路达到新的稳态。显然,换路后电路发生的过渡过程属于 RL 电路的零输入响应。

以电感电流 i_L 为变量,列出换路后电路的微分方程
$$\frac{L}{R}\frac{di_L}{dt}+i_L=0\qquad(t\geqslant 0)$$
解方程得
$$i_L(t)=I_Se^{-\frac{R}{L}t}=i_L(0_+)e^{-\frac{t}{\tau}}\qquad(t\geqslant 0)\tag{2-22}$$
上式即为一阶 RL 电路零输入响应时电感电流 i_L 的变化通式。其中,$\tau=L/R$,称为 RL 电路的时间常数,单位是 s(秒)。i_L 的变化曲线如图 2-38 所示。

有了电感电流 $i_L(t)$ 的解析式,可以进一步求出电感电压 u_L 的解析式,即
$$u_L(t)=L\frac{di_L(t)}{dt}=-RI_Se^{-\frac{R}{L}t}=-RI_Se^{-\frac{t}{\tau}}$$

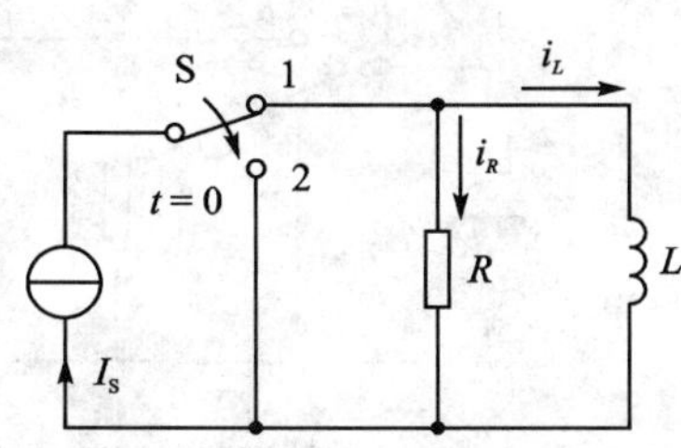

图 2-37　一阶 *RL* 电路的零输入响应

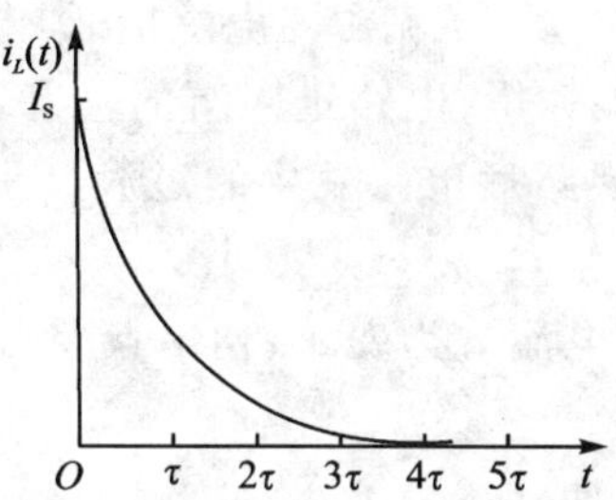

图2-38　一阶 *RL* 零输入响应的波形曲线

例 2-22　图 2-39 所示为实际的电感线圈和电阻 R_1 串联后与直流电源接通的电路。已知电感线圈的电阻 $R=2\ \Omega, L=1\ H, R_1=6\ \Omega$，电源电压 $U_S=24$ V。线圈两端接一内阻 $R_V=5$ kΩ、量程为 50 V 的直流电压表，开关 S 闭合时，电路处于稳态。$t=0$ 时，S 打开，求：(1) S 打开后电感电流 i_L 的初始值和电路的时间常数；(2) i_L 和 u_V 的解析式即变化规律；(3) 开关打开瞬间电压表两端电压。

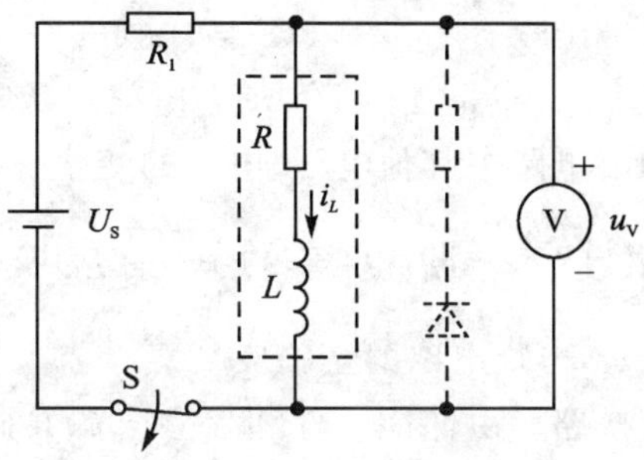

图 2-39　例 2-22 电路

解：选取电压、电流参考方向如图 2-39 所示。

(1) 开关 S 闭合时，电路处于稳态，电感相当于短路，由于 $R \ll R_V$，所以

$$i_L(0_+) = i_L(0_-) \approx \frac{U_S}{R_1 + R} = \frac{24\ \text{V}}{2\ \Omega + 6\ \Omega} = 3\ \text{A}$$

电路的时间常数

$$\tau = \frac{L}{R+R_V} \approx \frac{L}{R_V} = \left(\frac{1}{5\,000}\right)\text{s} = 2\times10^{-4}\ \text{s} = 0.2\ \text{ms}$$

(2) S 打开后，输入为零，电感电流 i_L、电压表端电压 u_V 为

$$i_L(t) = i_L(0_+)\mathrm{e}^{-\frac{t}{\tau}} = 3\mathrm{e}^{-\frac{t}{0.2\times10^{-3}}} = 3\mathrm{e}^{-5\,000t}\ \text{A}$$

$$u_V(t) = -R_V i_L(t) = -5\times10^3\times3\mathrm{e}^{-5\,000t} = -15\times10^3\mathrm{e}^{-5\,000t}\ \text{V} = -15\mathrm{e}^{-5\,000t}\ \text{kV}$$

(3) S 刚打开(即 $t=0_+$)时，电压表两端电压为

$$|\ u_V(0_+)\ | = 15\ \text{kV}$$

开关 S 打开瞬间，电感线圈两端即电压表两端出现了 15 kV 的高电压，这就是通常所说的过电压。电压表内阻越大，电压表两端电压越大。此时，若不采取保护措施，电压表将立即损坏。通常可采取以下几种保护措施：

(1) 在开关打开之前，先将电压表拆除；

(2) 如图 2-39 所示，在电压表两端并接一只二极管，利用二极管的单向导电性进行保护；

(3) 工厂车间使用大电感的场合，由于开关打开瞬间，电感要释放大量的能量，因此常常出现电弧，这时要采用专门的灭弧罩进行灭弧。

2. 一阶 *RL* 电路的零状态响应

图 2-40 所示电路中，开关转换前，电感电流为零，即 $i_L(0_-)=0$，电感为零初始状态。开

关由 a 打向 b 后,电流源与电感接通,电感内部开始储能,直至储能完毕,电路进入新的稳态,电感相当于短路。显然,换路后电路发生的过渡过程是 RL 电路的零状态响应。

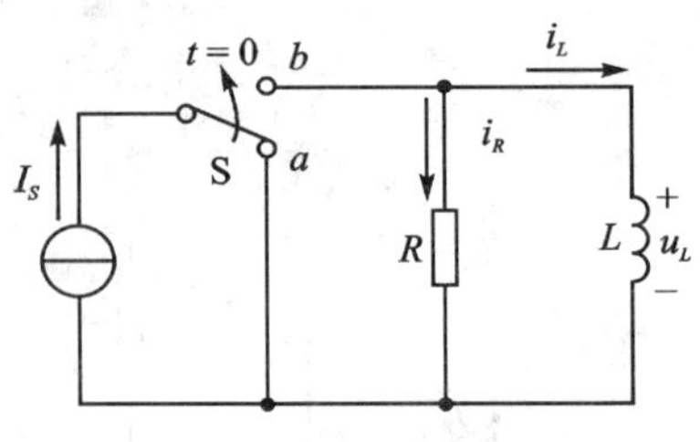

图 2-40 一阶 RL 电路的零状态响应

以电感电流 i_L 为变量,列出换路后电路的微分方程为

$$\frac{L}{R}\frac{\mathrm{d}i_L}{\mathrm{d}t}+i_L=I_S \qquad (t\geqslant 0)$$

解方程得

$$i_L(t)=I_S(1-\mathrm{e}^{-\frac{R}{L}t})=i_L(\infty)(1-\mathrm{e}^{-\frac{t}{\tau}}) \qquad (t\geqslant 0) \tag{2-23}$$

式(2-23)便是一阶 RL 动态电路零状态响应时电感电流 i_L 的变化通式。以此为依据,可进一步求出电路中其他电压、电流的变化规律(即解析式)。

2.6.4 一阶电路的全响应及三要素法

1. 一阶电路的全响应

换路后由储能元件和独立电源共同引起的响应称为全响应。以图 2-41 为例,开关接在 1 位已久,$u_C(0_-)=U_{S_1}$,电容为非零初始状态。$t=0$ 时开关打向 2 位进行换路,换路后继续有电源 U_{S_2} 作为 RC 串联回路的激励,因此 $t\geqslant 0$ 时电路发生的过渡过程是全响应。同样利用求解微分方程的方法,可以求得电容电压 u_C 全响应的变化通式为

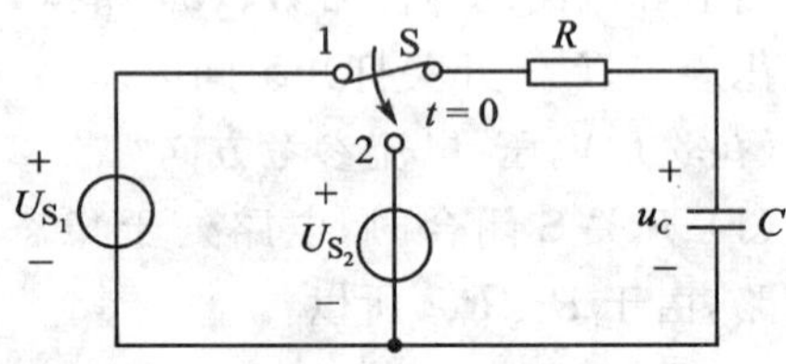

图 2-41 一般 RC 电路的完全响应

$$u_C(t)=u_C(0_+)\mathrm{e}^{-\frac{t}{\tau}}+u_C(\infty)(1-\mathrm{e}^{-\frac{t}{\tau}}) \qquad (t\geqslant 0) \tag{2-24}$$

上式还可写为

$$u_C(t)=u_C(\infty)+[u_C(0_+)-u_C(\infty)]\mathrm{e}^{-\frac{t}{\tau}} \qquad (t\geqslant 0) \tag{2-25}$$

可见,全响应是零输入响应与零状态响应的叠加,或稳态响应与暂态响应的叠加。

2. 一阶电路的三要素法

通过前面对一阶动态电路过渡过程的分析可以看出,换路后,电路中的电压、电流都是从一个初始值 $f(0_+)$ 开始,按照指数规律递变到新的稳态值 $f(\infty)$,递变的快慢取决于电路的时间常数 τ。$f(0_+)$、$f(\infty)$ 和 τ 称为一阶电路的三要素。有了三要素,根据式(2-25)可求出换路后电路中任一电压、电流的解析式 $f(t)$。$f(t)$ 的一般表达式为

$$f(t)=f(\infty)+[\ f(0_+)-f(\infty)]\mathrm{e}^{-\frac{t}{\tau}} \qquad (t\geqslant 0) \tag{2-26}$$

由式(2-26)可以确定电路中电压或电流从换路后的初始值变化到某一个数值所需要的时间为

$$t=\tau\ln\frac{f(0_+)-f(\infty)}{f(t)-f(\infty)} \tag{2-27}$$

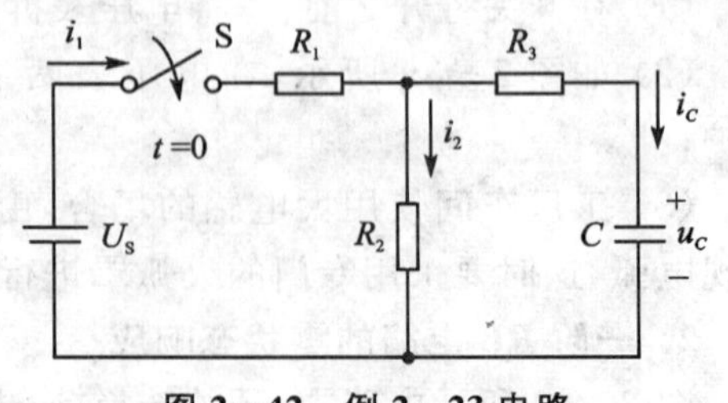

图 2-42 例 2-23 电路

例 2-23 图 2-42 所示电路中,已知 $U_S=12\ \mathrm{V}$,$R_1=3\ \mathrm{k\Omega}$,$R_2=6\ \mathrm{k\Omega}$,$R_3=2\ \mathrm{k\Omega}$,$C=5\ \mu\mathrm{F}$,

开关 S 打开已久，$t=0$ 时，S 闭合。试用三要素法求开关闭合后 u_C、i_C、i_1 和 i_2 的变化规律（即解析式）。

解：先求电压、电流的三要素。

(1) 求初始值

$$u_C(0_+) = u_C(0_-) = 0$$

$$i_1(0_+) = \frac{U_S}{R_1 + \dfrac{R_2R_3}{R_2+R_3}} = \frac{12\ \text{V}}{\left(3+\dfrac{2\times 6}{2+6}\right)\text{k}\Omega} = \frac{8}{3}\ \text{mA}$$

$$i_2(0_+) = i_1(0_+) \times \frac{R_3}{R_2+R_3} = \frac{8}{3}\ \text{mA} \times \frac{2\ \text{k}\Omega}{(2+6)\text{k}\Omega} = \frac{2}{3}\ \text{mA}$$

$$i_C(0_+) = i_1(0_+) - i_2(0_+) = \left(\frac{8}{3} - \frac{2}{3}\right)\text{mA} = 2\ \text{mA}$$

(2) 求稳态值

$$u_C(\infty) = U_S \times \frac{R_2}{R_1+R_2} = 12\ \text{V} \times \frac{6\ \text{k}\Omega}{(3+6)\text{k}\Omega} = 8\ \text{V}$$

$$i_1(\infty) = i_2(\infty) = \frac{U_S}{R_1+R_2} = \frac{12\ \text{V}}{(3+6)\ \text{k}\Omega} = \frac{4}{3}\ \text{mA}$$

$$i_C(\infty) = 0$$

(3) 求时间常数 τ

$$R = R_3 + \frac{R_1R_2}{R_1+R_2} = 2\ \text{k}\Omega + \left(\frac{3\times 6}{3+6}\right)\text{k}\Omega = 4\ \text{k}\Omega$$

所以

$$\tau = RC = (4\times 10^3 \times 5 \times 10^{-6})\ \text{s} = 2\times 10^{-2}\ \text{s}$$

(4) 根据三要素法通式写出解析式

$$u_C(t) = 8(1-\text{e}^{-50t})\text{V}$$

$$i_C(t) = 2\text{e}^{-50t}\ \text{mA}$$

$$i_1(t) = \left[\frac{4}{3} + \left(\frac{8}{3} - \frac{4}{3}\right)\right]\text{e}^{-50t} = \left(\frac{4}{3} + \frac{4}{3}\text{e}^{-50t}\right)\text{mA}$$

$$i_2(t) = \left[\frac{4}{3} + \left(\frac{2}{3} - \frac{4}{3}\right)\right]\text{e}^{-50t} = \left(\frac{4}{3} - \frac{2}{3}\text{e}^{-50t}\right)\text{mA}$$

上题也可以只求出电容电压 u_C 的三要素，然后利用三要素法写出 u_C 的解析式，再以 u_C 的解析式为依据，求出其他电压、电流的解析式。请看下面例题。

例 2-24　图 2-43 所示电路中，开关转换前电路已处于稳态，$t=0$ 时开关由 1 位接至 2 位，求 $t\geqslant 0$ 时（即换路后）i_L、i_2、i_3 和电感电压 u_L 的解析式。

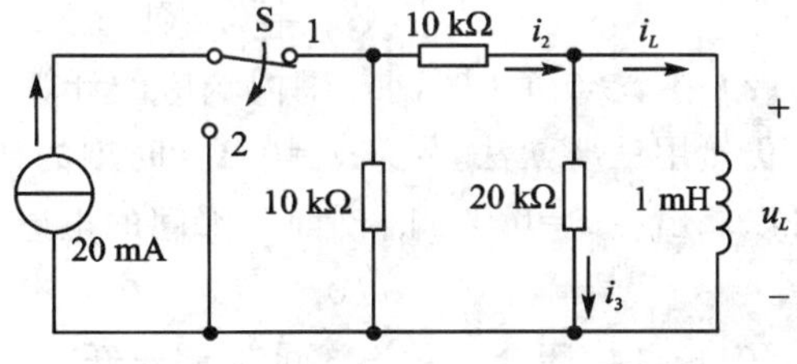

图 2-43　例 2-24 电路

解：先用三要素法计算电感电流 $i_L(t)$。

(1) 求电感电流的初始值 $i_L(0_+)$

$$i_L(0_+) = i_L(0_-) = \left(\frac{20}{2}\right)\text{mA} = 10\ \text{mA}$$

(2) 求电感电流的稳态值 $i_L(\infty)$

开关转换后，电感与电流源脱离，电感储存的能量释放出来消耗在电阻中，达到新稳态时，

电感电流为零,即

$$i_L(\infty) = 0$$

(3) 求时间常数 τ

$$R = \left[\frac{20 \times (10+10)}{20+10+10}\right] \text{k}\Omega = 10\ \text{k}\Omega$$

所以
$$\tau = \frac{L}{R} = \left(\frac{10^{-3}}{10 \times 10^{3}}\right) \text{s} = 10^{-7}\ \text{s}$$

根据三要素法,可写出电感电流的解析式为

$$i_L(t) = \left[0 + (10 \times 10^{-3} - 0)\text{e}^{-10^7 t}\right] \text{A} = 10\text{e}^{-10^7 t}\ \text{mA}$$

以 $i_L(t)$为依据,根据 KCL、KVL 和 VCR(元件自身的电压电流关系)求出其他电压、电流的解析式:

$$u_L(t) = L\frac{\text{d}i_L}{\text{d}t} = (-10^{-3} \times 10 \times 10^{-3} \times 10^7 \text{e}^{-10^7 t})\ \text{V} = -100\text{e}^{-10^7}\ \text{V}$$

$$i_3(t) = \frac{u_L(t)}{20 \times 10^3} = \left(\frac{-100\text{e}^{-10^7 t}}{20 \times 10^3}\right) \text{A} = -5\text{e}^{-10^7 t}\ \text{mA}$$

$$i_2(t) = i_L(t) + i_3(t) = (10\text{e}^{-10^7 t} - 5\text{e}^{-10^7 t})\ \text{mA} = 5\text{e}^{-10^7 t}\ \text{mA}$$

此题也可以分别计算出 i_L、i_2、i_3和 u_L的初始值和稳态值,然后分别代到式(2-26)中,求出它们的解析式。

例 2-25 图 2-44(a)所示电路中,电感电流 $i_L(0_-)=0$,$t=0$ 时开关 S_1闭合,经过 0.1 s,再闭合开关 S_2,同时断开 S_1。试求电感电流 $i_L(t)$,并画出波形图。

解:本题属于包含开关序列的直流一阶电路的分析。对于这一类电路,可以按照开关转换的先后次序,从时间上分成几个区间,分别用三要素法求解电路的响应。

(1) 在 $0 \leqslant t \leqslant 0.1$ s 时间范围内响应的计算

在 S_1闭合前,已知 $i_L(0_-)=0$。S_1闭合后,电感电流不能跃变,$i_L(0_+)=i_L(0_-)=0$,处于零状态,电感电流为零状态响应。可用三要素法求解:

$$i_L(\infty) = \frac{U_S}{R_2} = \left(\frac{10}{20}\right) \text{A} = 0.5\ \text{A}$$

$$\tau_1 = \frac{L}{R_2} = \left(\frac{2}{20}\right) \text{s} = 0.1\ \text{s}$$

根据三要素公式得到

$$i_L(t) = 0.5(1 - \text{e}^{-10t})\text{A} \qquad (0.1\ \text{s} \geqslant t \geqslant 0)$$

(2) 在 $t \geqslant 0.1$ s 时间范围内响应的计算

仍然用三要素法,先求 $t=0.1$ s 时刻的初始值。根据前一段时间范围内电感电流的表达式可以求出在 $t=0.1$ s 时刻前一瞬间的电感电流

$$i_L(0.1_-) = \left[0.5(1 - \text{e}^{-10 \times 0.1})\right]\text{A} = 0.316\ \text{A}$$

在 $t=0.1$ s 时,闭合开关 S_2,同时断开开关 S_1,由于电感电流不能跃变,所以有 $i_L(0.1_+)=i_L(0.1_-)=0.316$ A。此后的电感电流属于零输入响应,$i_L(\infty)=0$。在此时间范围内电路的时间常数为

$$\tau_2 = \frac{L}{R_1 + R_2} = \left(\frac{2}{10+20}\right) \text{s} \approx 0.066\ 7\ \text{s}$$

根据三要素公式得

$$i_L(t)=i_L(0.1_+)\mathrm{e}^{-\frac{t-0.1}{\tau_2}}=0.316\mathrm{e}^{-15(t-0.1)}\ \mathrm{A}\qquad (t\geqslant 0.1\ \mathrm{s})$$

电感电流 $i_L(t)$的波形曲线如图 2-44(b)所示。在 $t=0$ 时，它从零开始，以时间常数 $\tau_1=0.1$ s 确定的指数规律增加到最大值 0.316 A 后，就以时间常数 $\tau_2=0.066\ 7$ s 确定的指数规律衰减到零。

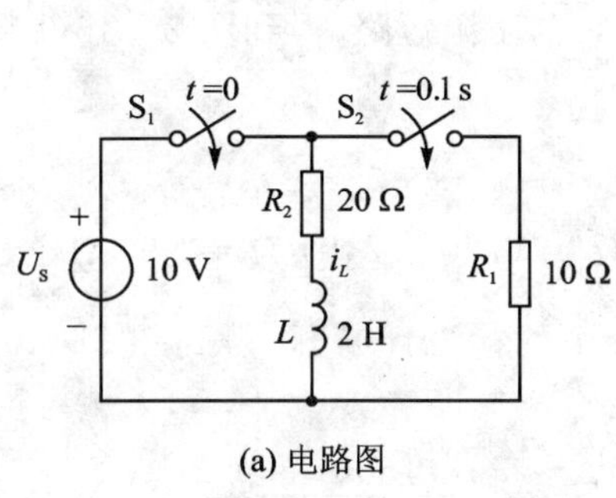

(a) 电路图

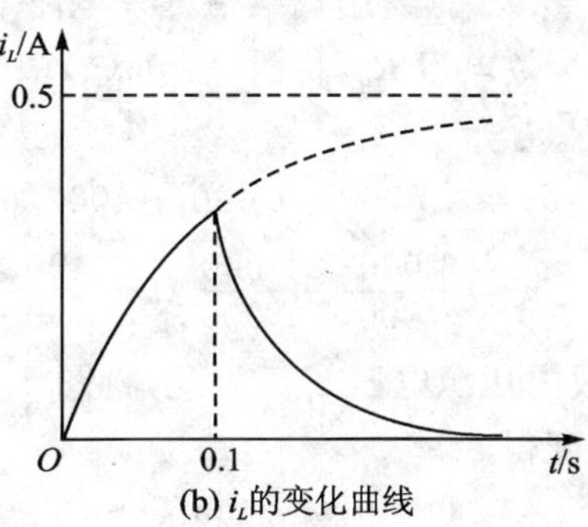

(b) i_L的变化曲线

图 2-44　例 2-25 电路

2.7　应用实例

2.7.1　惠斯登电桥测电阻

欧姆计是测量电阻的一个最简单的方法，用惠斯登(Wheatstone)电桥测电阻能达到更高的精度。欧姆计可设计成用于测量小量程、中量程和大量程的电阻，而惠斯登电桥则是用于测量中量程范围内的电阻，如 1 Ω～1 MΩ。很低的电阻值可以用毫欧计测量，而很高的电阻值可以用兆欧表测量。

惠斯登电桥电路(或称为电阻桥)在很多场合有它的应用，这里介绍用它来测量一个未知电阻。未知电阻 R_x 接到桥电路的桥臂上，如图 2-45 所示。调节可变电阻一直到没有电流流过检流计为止，检流计像微安培表那样作为一个灵敏的电流指示装置。当 $u_1=u_2$ 时，桥被称为“平衡”了。因为没有电流流过检流计，R_1 和 R_2、R_3 和 R_x 分别如同串联一样，利用分压定理，有

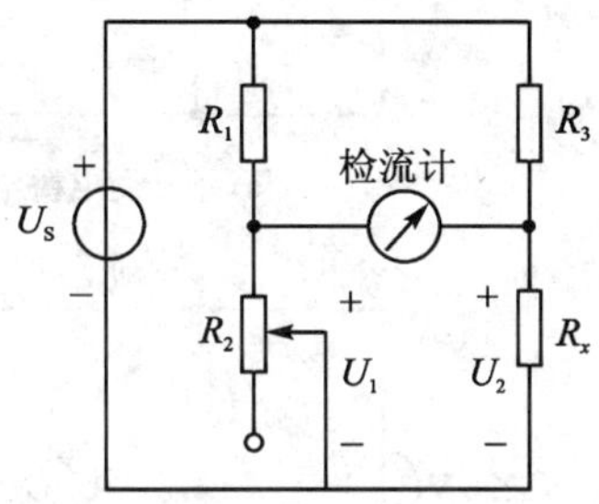

图 2-45　惠斯登电桥测电阻

$$U_1=\frac{R_2}{R_1+R_2}U_\mathrm{S}=U_2=\frac{R_x}{R_3+R_x}U_\mathrm{S}$$

或者

$$\frac{R_2}{R_1+R_2}=\frac{R_x}{R_3+R_x}\Rightarrow R_2R_3=R_1R_x$$

则

$$R_x=\frac{R_3}{R_1}R_2$$

若 $R_1=R_3$，R_2 调到检流计没有电流指示，则 $R_x=R_2$。

惠斯登电桥不平衡时，如何寻求流过检流计的电流？以检流计两端作为端点求出桥的戴维南等效电路的两个参数 U_oc 和 R_o。设检流计的电阻是 R_g，则流经检流计的电流为

$I=\dfrac{U_{oc}}{R_o+R_g}$。

例 2-26 图 2-46(a)所示为一不平衡电桥电路,若检流计有一个 40 Ω 的电阻,求流经检流计的电流 I_g。

解: 以 a、b 为端点,用戴维南等效电路取代原电路,如图 2-46(d)所示。

首先,求等效电阻 R_o,将图 2-46(a)中的 220 V 电压源短路,得到图 2-46(b)所示电路,则等效电阻 R_o为

$$R_o=(3\,000//1\,000+400//600)\ \Omega$$
$$=\frac{3\,000\times1\,000}{3\,000+1\,000}\ \Omega+\frac{400\times600}{400+600}\ \Omega=(750+240)\ \Omega=990\ \Omega$$

再求等效电压源电压 U_{oc},为此,将图 2-46(a)中的检流计断开,得到图 2-46(c)所示电路,由分压定理得

$$U_1=\left(\frac{1\,000}{1\,000+3\,000}\times220\right)\ \text{V}=55\ \text{V},\qquad U_2=\left(\frac{600}{600+400}\times220\right)\ \text{V}=132\ \text{V}$$

于是,由 KVL 可得

$$U_{oc}=U_{ab}=U_1-U_2=(55-132)\ \text{V}=-77\ \text{V}$$

求出戴维南等效电路之后,用图 2-46(d)所示电路求得检流计的电流为

$$I_g=\frac{U_{oc}}{R_o+R_g}=\left(\frac{-77}{990+40}\right)\ \text{A}=-74.76\ \text{mA}$$

负号表示电流的实际流向与参考方向相反,实际的电流方向是由 b 端流向 a 端。

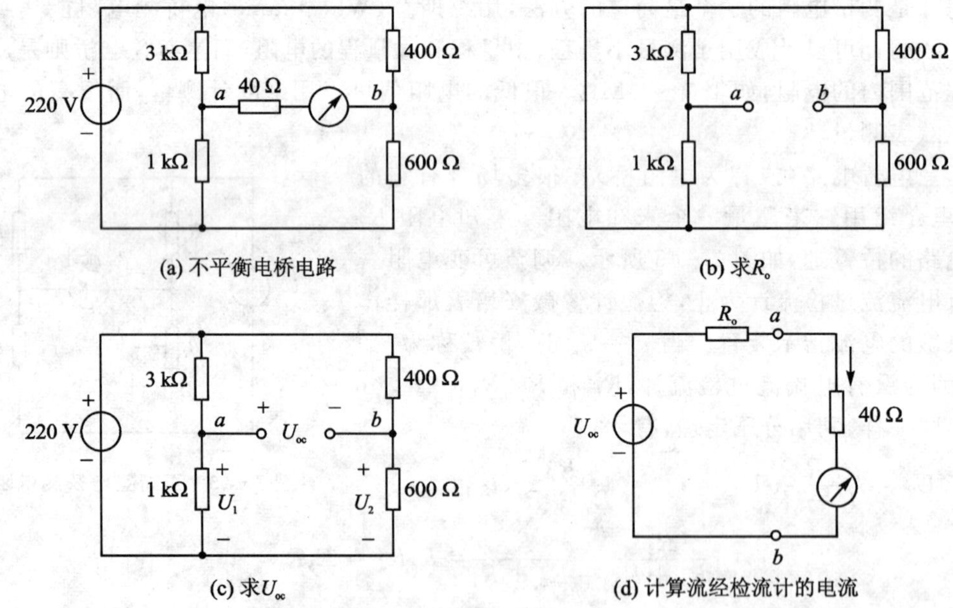

图 2-46 例 2-26 电路

2.7.2 照相闪光灯装置

RC 和 RL 动态电路在许多电子设备中都很常用,包括直流电源中的滤波器、数字通信中的平滑电路、微分器、积分器、延时电路、继电器电路等。其中有一些应用场合是利用 RC 或

RL 电路的短(或长)时间常数的优点。

电子闪光灯装置是 RC 电路应用的一个例子,它利用了电容器阻止其电压突变的性能。图 2-47(a)所示是一个简化了的电路,由一个直流高压源 U_S、一个限流大电阻 R_1 和一个与闪光灯并联的电容器 C 等组成,闪光灯用一个小电阻 R_2 代表。开关处于位置 1 时,时间常数($\tau_1=R_1C$)很大,电容器被缓慢地充电,如图 2-47(b)所示,电容器的电压 u_C 慢慢由 0 升到 U_S,而其电流逐渐由 $I_1=U_S/R_1$ 下降到零。充电时间近似等于 5 倍的时间常数,即 $t_{充电}=5R_1C$。

在开关处于位置 2 时,电容器放电。闪光灯的低电阻 R_2 使该电路在很短的时间内产生很大的放电电流,其峰值 $I_2=U_S/R_2$,如图 2-47(c)所示,放电时间近似等于 5 倍的时间常数,即 $t_{放电}=5R_2C$。

因此,图 2-47 所示的简单 RC 电路能产生短时间的大电流脉冲,这一类电路还可用于电子点焊机和雷达发射管等装置中。

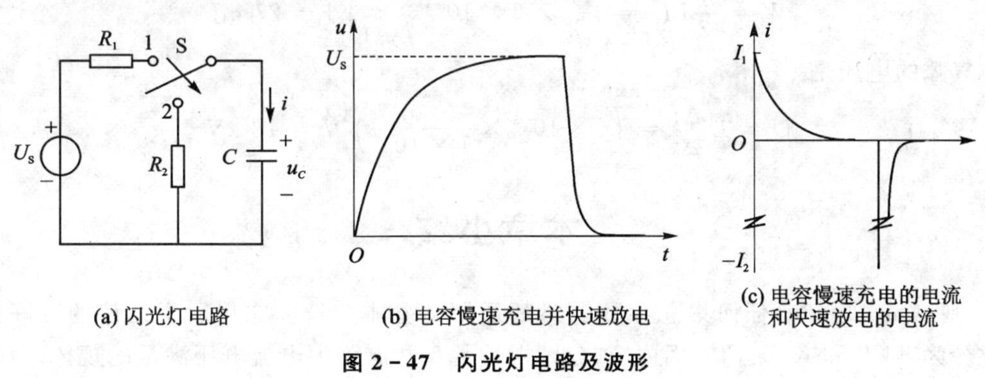

(a) 闪光灯电路　(b) 电容慢速充电并快速放电　(c) 电容慢速充电的电流和快速放电的电流

图 2-47　闪光灯电路及波形

2.7.3　汽车点火电路

电感要阻止其电流快速变化的特征可用于电弧或火花发生器中,汽车点火电路是 RL 电路的典型应用。

汽车的汽油发动机启动时要求气缸中的燃料空气混合体在适当的时候被点燃,该装置为点火塞,如图 2-48 所示。它基本上是一对电极,间隔一定的空气隙。若在两个电极间产生一个高压(几千伏特),则空气隙中产生火花而点燃了发动机。汽车电池只有 12 V,怎样才能得到如此高的电压呢?这时就需要一个电感(点火线圈)。因为电感两端的电压为 $u=L\dfrac{\mathrm{d}i}{\mathrm{d}t}$,所以,若在一个很短的时间内使电流变化很大,就可获得大的电流变化率$\dfrac{\mathrm{d}i}{\mathrm{d}t}$,从而使电感两端的电压很高。图 2-48 中,当点火开关闭合时,流过电感的电流逐渐增加而达到其终值 $i=\dfrac{U_S}{R}$,这里 $U_S=12$ V,电感电流要充到终值所需的时间是电路时间常数的 5 倍,即 $t_{充电}=5\dfrac{L}{R}$。

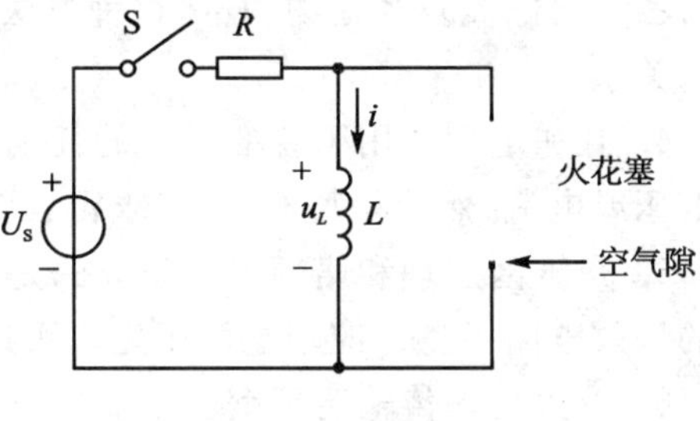

图 2-48　汽车点火电路

稳态时,i 是常量,$\frac{di}{dt}=0$,所以电感两端的电压 $u_L=0$。若开关突然断开,电感两端就形成一个很高的电压(由于电磁场的快速变化)而在空气隙中产生火花或电弧,一直到放电过程中电感的能量被消耗为止。上述效应,在实验室中进行电感电路实验或研究时也时有发生,使人有电击的感觉,所以必须加以注意。

例 2-27 汽车点火装置如图 2-48 所示,其中的螺线管电阻为 4 Ω,电感系数为 6 mH,若供电电池为 12 V。求开关闭合后,螺线管的终值电流、线圈中储存的能量和空气隙的电压,假设断开开关要 1 μs。

解: 线圈的终值电流是

$$I=\frac{U_S}{R}=\frac{12}{4}\ \text{A}=3\ \text{A}$$

线圈中储存的能量是

$$W=\frac{1}{2}LI^2=\left(\frac{1}{2}\times 6\times 10^{-3}\times 3^2\right)\ \text{J}=27\ \text{mJ}$$

空气隙的电压是

$$U=L\,\frac{\Delta I}{\Delta t}=\left(6\times 10^{-3}\times\frac{3}{1\times 10^{-6}}\right)\ \text{V}=18\ \text{kV}$$

本章小结

1. 基尔霍夫定律是任何集总参数电路都适用的基本定律。它揭示了元件的互联规律。该定律分为 KCL 和 KVL 两方面内容,分别揭示了互联电路中电流电压满足的规律。应用基尔霍夫定律分析电路的方法称作支路电路法。

2. 等效变换是电路中非常重要的概念,是化简电路常用的方法。利用两种电源模型的等效变换可以化简电路,使计算简便。

3. 以独立节点的电压作为变量根据 KCL 列写节点电压方程,解方程求出节点电压,进而求出各支路电流及其他物理量,这种方法称节点电压分析法。网孔分析法与节点分析法互为对偶关系。

4. 叠加定理适用于有唯一解的任何线性电阻电路。它允许用分别计算每个独立源产生的电压或电流,然后相加的方法,求得含多个独立电源的线性电阻电路的电压或电流。

5. 戴维南定理和诺顿定理研究的是线性含源单口网络,它们分别指出了线性含源单口网络的等效电路模型。应用这两个定理可以简化复杂的含源电路,从而使电路分析变得简便。

6. 最大功率传输定理阐明了输出电阻 R_o 大于零的任何含源线性电阻单口网络向可变电阻传输最大功率的条件是 $R_L=R_o$,最大功率为 $P_{max}=\frac{U_{oc}^2}{4R_o}$ 或 $P_{max}=\frac{I_{sc}^2}{4G_o}$。

7. 替代定理(又称置换定理)是集总参数电路中的一个重要定理,是一种常用的电路的等效方法,能把复杂电路经过替代化简成为简单电路,使电路分析更加简单容易。

8. 含有储能元件的电路称为动态电路。动态电路从一个稳态变化到另一个稳态时,中间必经一个过渡过程。利用解微分方程的方法可以求出过渡过程期间电压、电流的变化规律。时间常数是反映过渡过程进行快慢的重要参数。

习题二

2-1　题图 2-1 所示电路中，已知 $U_{S_1}=15$ V，$U_{S_2}=4$ V，$U_{S_3}=3$ V，$R_1=1\ \Omega$，$R_2=4\ \Omega$，$R_3=5\ \Omega$，求回路 I 和 U_{ab}、U_{cb} 的值。

2-2　题图 2-2 所示电路中，已知 a、b 两点间电压 $U_{ab}=8$ V，其余参数如图所示。求支路电流 I_1、I_2 和 I_3，电流源电流 I_S 及其端电压 U。

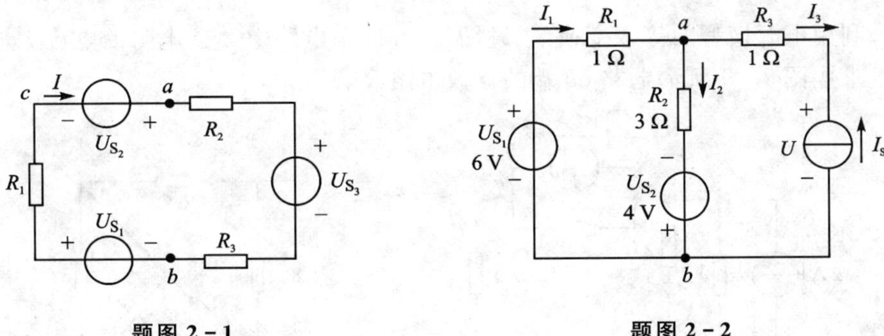

题图 2-1　　题图 2-2

2-3　电路及参数如题图 2-3 所示，a、b 两点间开路，试求 U_{ab}。

2-4　题图 2-4 所示电路中，已知 $U_{S_1}=6$ V，$U_{S_2}=4$ V，$R_1=R_2=1\ \Omega$，$R_3=4\ \Omega$，$R_4=R_5=3\ \Omega$，$R_6=5\ \Omega$，选点 o 为参考点。求 a、b、c、d 各点电位。

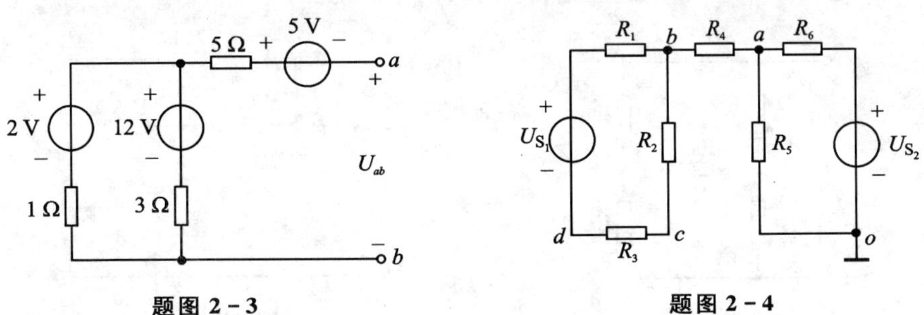

题图 2-3　　题图 2-4

2-5　电路如题图 2-5 所示，选点 o 为参考点，求 a、b 两点的电位及 U_{ac}。

2-6　求题图 2-6 所示电路中电压表的读数。

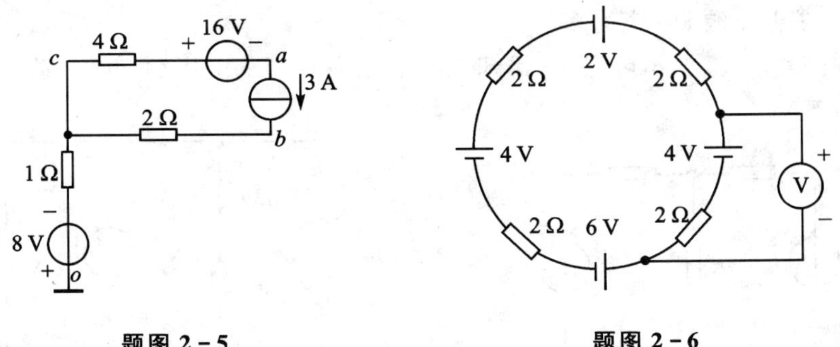

题图 2-5　　题图 2-6

2-7　用等效变换的方法将题图 2-7 所示的有源二端网络化简成最简形式。

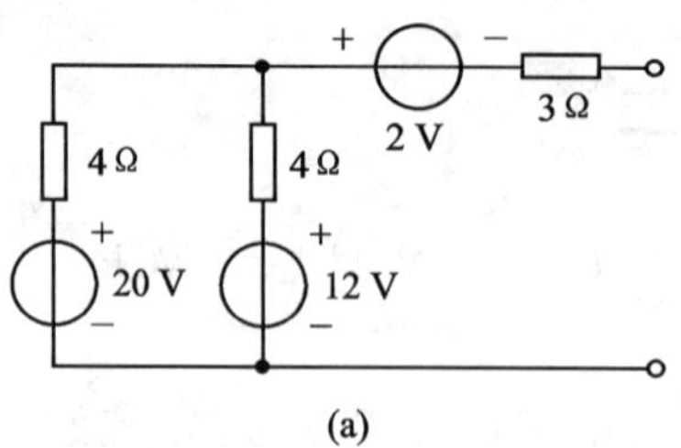

(a)

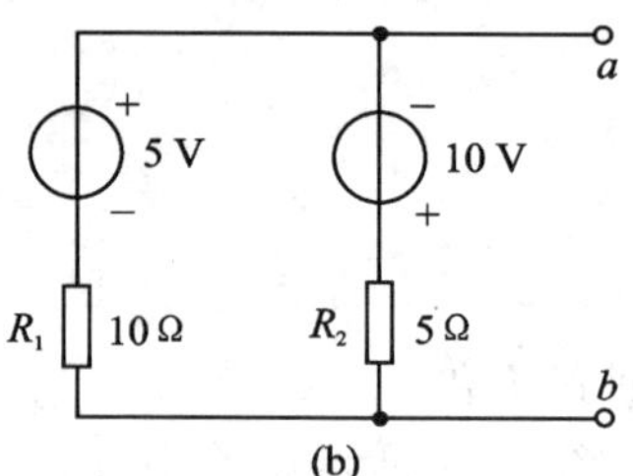

(b)

题图 2-7

2-8 利用电源模型的等效变换,求题图 2-8 所示电路中 2 Ω 电阻的电流 I。

2-9 求题图 2-9 所示电路 ab 端的等效电阻 R_{ab}。

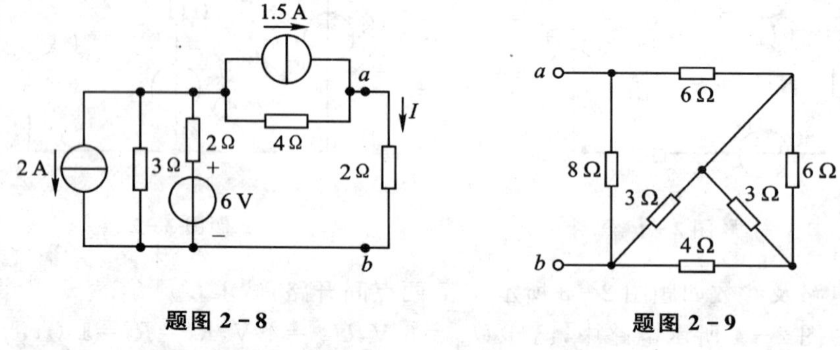

题图 2-8 题图 2-9

2-10 求题图 2-10 所示各电阻单口网络的等效电阻。

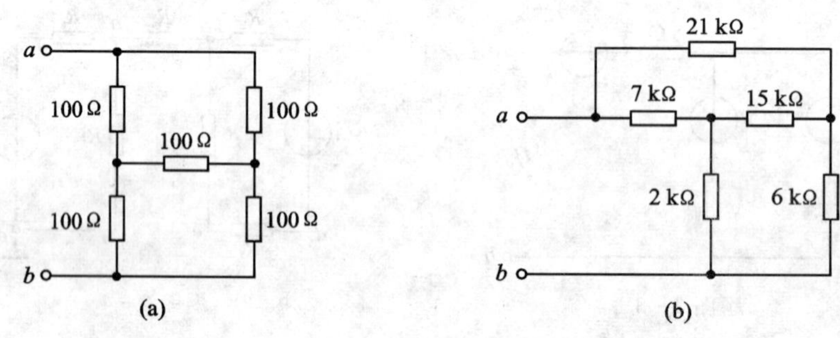

(a) (b)

题图 2-10

2-11 在题图 2-11 所示电路中,已知自导 $G_{11}=1$ S,求:(1) 电阻 R 的值;(2) 若要使节点电压 $V_1=0$,求电压源 U_{S_2} 应为多少。

2-12 题图 2-12 所示电路中,已知支路电流 $I_2=0$,求电压源 U_{S_1} 的值。

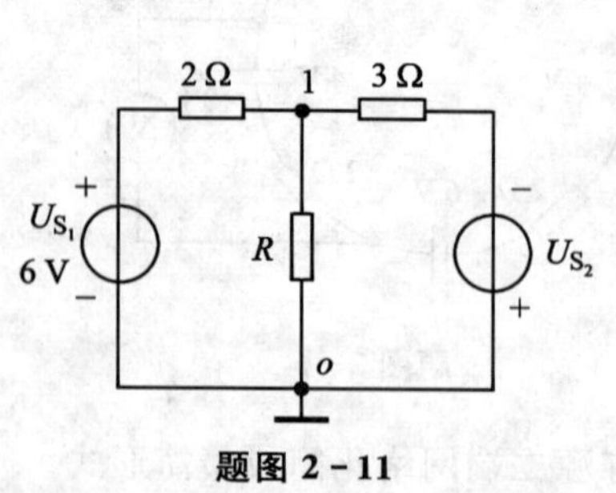

题图 2-11

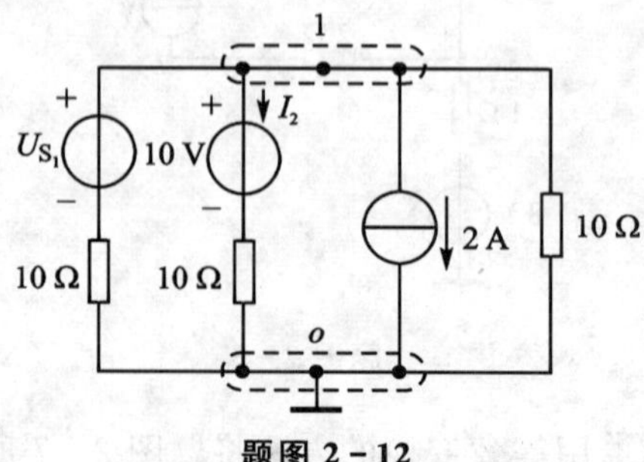

题图 2-12

2-13　题图 2-13 所示电路中，已知 $R_1=3\ \Omega,R_2=6\ \Omega,R_3=6\ \Omega,R_4=2\ \Omega,I_{S_1}=3\ \text{A}$，$U_{S_2}=12\ \text{V},U_{S_4}=10\ \text{V}$，各支路电流参考方向如图所示，利用节点电压法求各支路电流。

2-14　电路如题图 2-14 所示，已知 $U_{S_1}=100\ \text{V},U_{S_3}=25\ \text{V},I_S=2\ \text{A},R_1=R_2=50\ \Omega$，$R_3=25\ \Omega$，求节点电压 V_1 和各支路电流 I_1、I_2 和 I_3。

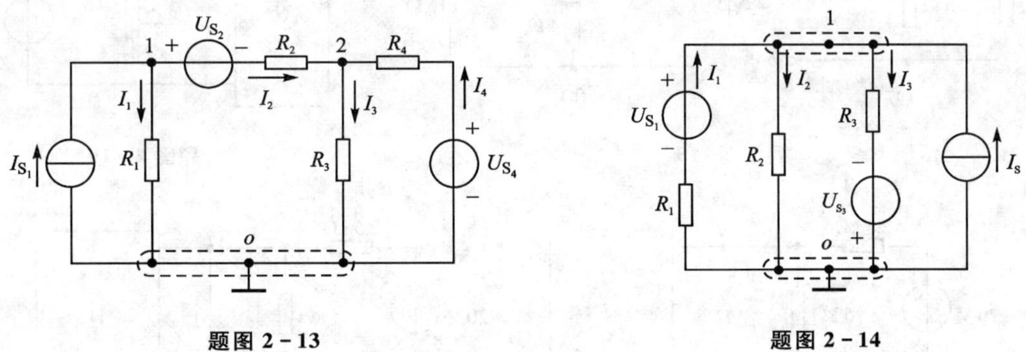

题图 2-13　　　　题图 2-14

2-15　电路及参数如题图 2-15 所示，用网孔法求各支路电流。

2-16　电路如题图 2-16 所示，求支路电流 I_1 和 I_2。

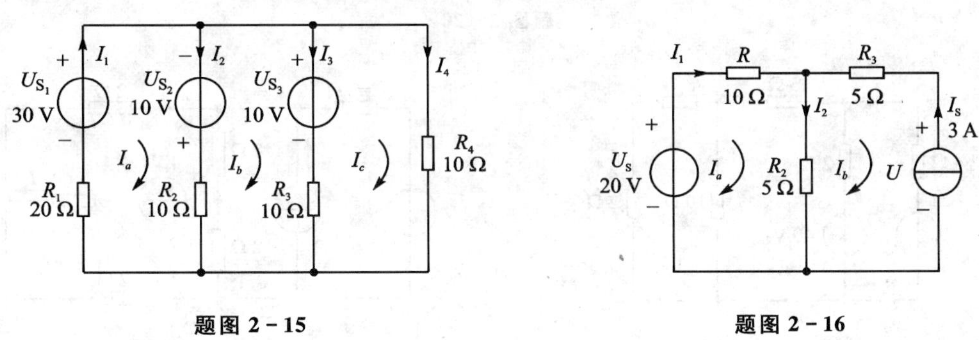

题图 2-15　　　　题图 2-16

2-17　已知网孔方程为

$$\begin{cases}6I_a-4I_b=8\\-4I_a+16I_b=20\end{cases}\qquad (I_a\text{、}I_b\text{ 为网孔电流})$$

试根据网孔方程画出相应的电路图。要求在电路图中标出各元件的参数值及网孔电流的参考方向。

2-18　求题图 2-18 所示有源二端网络 ab 的戴维南等效电路和诺顿等效电路。

2-19　用实验的方法测有源二端网络的等效电路，其电路如题图 2-19 所示。调节可变电阻使 $R=4\ \Omega$，电流表电流指示为零；调节可变电阻使 $R=8\ \Omega$，电流表指针正偏读数为 0.25 A，试求有源二端网络戴维南等效电路的参数 U_{oc} 和 R_o。

2-20　电路如题图 2-20(a)和(b)所示。已知 $U=12.5\ \text{V},I=10\ \text{mA}$，求该二端网络 N 的戴维南等效电路。

2-21　用戴维南定理求题图 2-21 所示电路中的电流 I。

2-22　用戴维南定理求题图 2-22 电路中电流 I。若 $R=10\ \Omega$，电流 I 又为何值。

2-23　用叠加定理求题图 2-23 所示二端网络的端口电压电流关系。

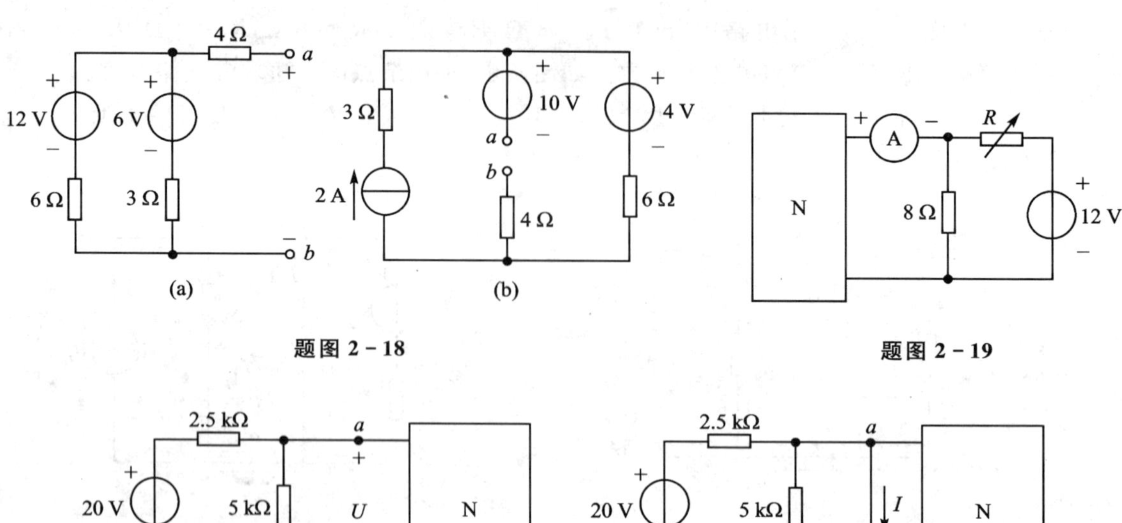

题图 2-18

题图 2-19

题图 2-20

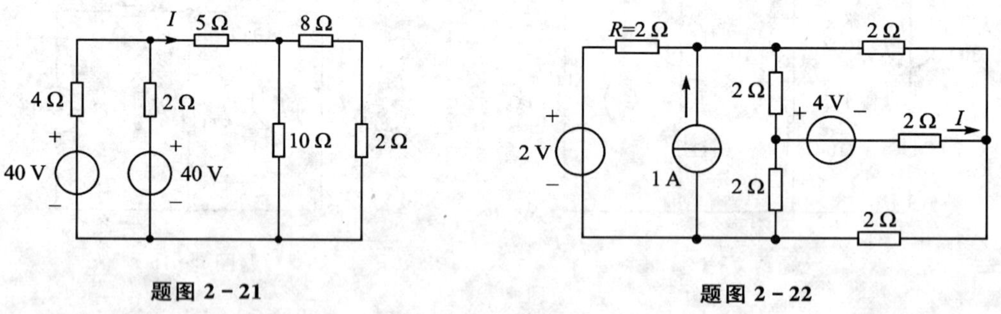

题图 2-21

题图 2-22

2-24　题图 2-24 所示电路中,已知 $U_{S_1}=15$ V,$I_{S_2}=3$ A,$R_1=1$ Ω,$R_2=3$ Ω,$R_3=2$ Ω,$R_4=1$ Ω,利用叠加定理求 a、b 两点间的电压 U_{ab}。

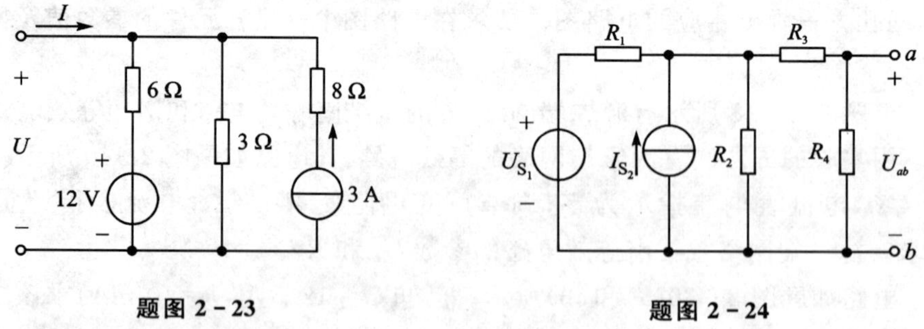

题图 2-23

题图 2-24

2-25　题图 2-25 所示电路中,已知 $U_{S_1}=12$ V,$I_{S_2}=3$ A,$R_1=2$ Ω,$R_2=8$ Ω,$R_3=3$ Ω,$R_4=6$ Ω,$R=4$ Ω,用叠加定理求电阻 R 中的电流 I。

2-26　题图 2-26 所示电路中,网络 N 中只含电阻。若 $i_1=8$ A 和 $i_2=12$ A 时,测得

$u_X=80\ \text{V}$；当 $i_1=-8\ \text{A}$ 和 $i_2=4\ \text{A}$ 时，测得 $u_X=0$。试问：当 $i_1=i_2=20\ \text{A}$ 时，u_X为何值？

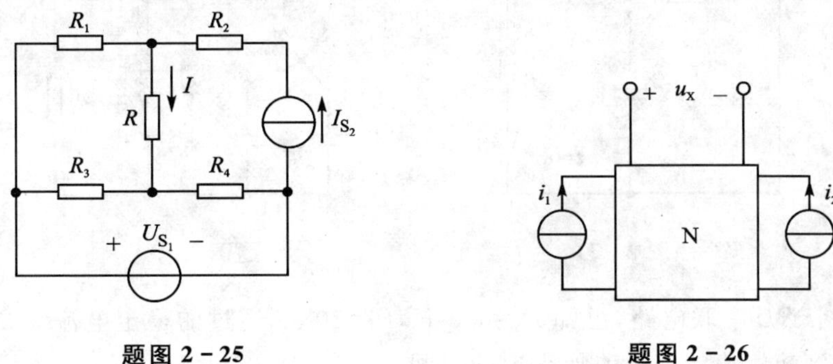

题图 2 - 25　　题图 2 - 26

2 - 27　求题图 2 - 27 所示电路中，负载电阻 $R_L=80\ \Omega$、$160\ \Omega$、$240\ \Omega$ 时所吸收的功率。

2 - 28　电路及参数如题图 2 - 28 所示，求负载电阻 R_L为何值时可获得最大功率？并计算最大功率。

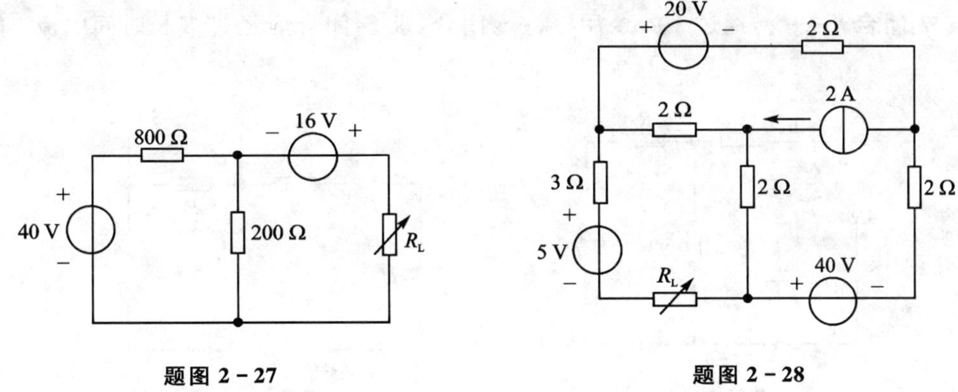

题图 2 - 27　　题图 2 - 28

2 - 29　用替代定理求题图 2 - 29 所示电路中的电流 I。

2 - 30　题图 2 - 30 所示电路中，$t=0$ 时开关 S 闭合，试写出电路的时间常数 τ 的表达式。

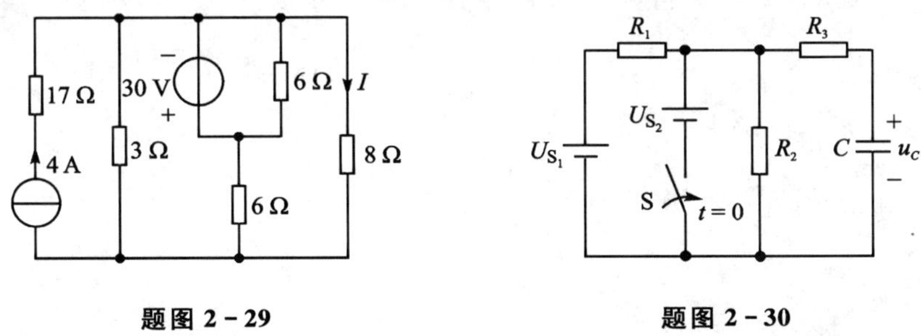

题图 2 - 29　　题图 2 - 30

2 - 31　题图 2 - 31 所示电路中，已知 $U_S=20\ \text{V}$，$R_1=R_2=1\ \text{k}\Omega$，$C=0.5\ \mu\text{F}$，开关 S 闭合时电路处于稳态。$t=0$ 时，S 打开，求 S 打开后 u_C和 i 的变化规律（即解析式）。

2 - 32　在题图 2 - 32 电路所示中，已知 $U_{S_1}=3\ \text{V}$，$U_{S_2}=5\ \text{V}$，$R_1=R_2=5\ \Omega$，$L=0.05\ \text{H}$，开关 S 打在 1 时，电路处于稳态。$t=0$ 时，S 由 1 打向 2，求 S 由 1 打向 2 后，$i_L(t)$、$i_1(t)$和 $u_L(t)$，并画出它们的变化曲线。

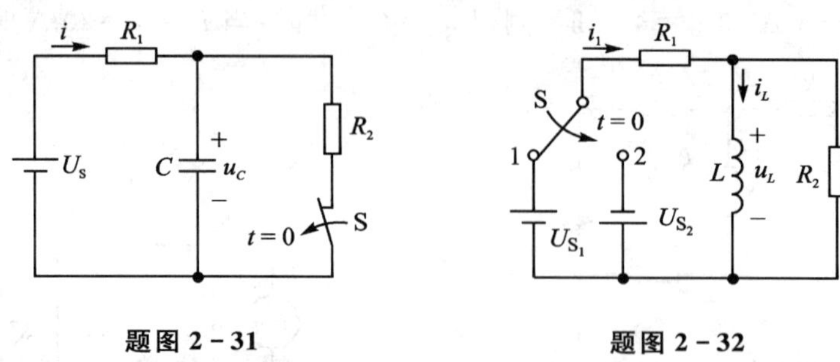

题图 2-31　　题图 2-32

2-33　一个 RL 串联电路,已知 $L=0.5$ H,$R=10$ Ω,通过的稳定电流为 2 A。当 RL 短接后,求 i_L 下降到初始值的一半时所需要的时间。

2-34　电路如题图 2-34 所示,已知 $U_{S_1}=5$ V,$U_{S_2}=4$ V,$R_1=20$ Ω,$R_2=10$ Ω,$R_3=10$ Ω,$L=20$ mH,开关 S 打在 1 时电路处于稳态。$t=0$ 时 S 由 1 打向 2,求 $i_L(t)$、$i_1(t)$,并画出它们的变化曲线。

2-35　题图 2-35 所示电路中,已知 $U_S=80$ V,$R_1=R_2=10$ Ω,$L=0.2$ H,电感原先没有储能。先闭合开关 S_1,经过 10 ms 后再将 S_2 闭合,求 S_2 闭合后经过多长时间电流 i 能增加到 6 A。

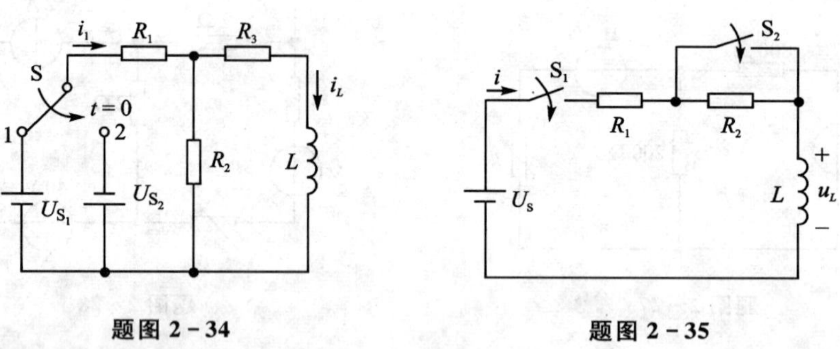

题图 2-34　　题图 2-35

第 3 章　正弦稳态电路的相量分析法

内容提要

- 正弦电路的基本概念
- 正弦量的相量表示及正弦电路的相量分析法
- 正弦电路的功率及功率因数
- 串联谐振与并联谐振
- 三相电路
- 互感电路与理想变压器

本章研究在含有电阻 R、电感 L、电容 C 等元件的电路中，当输入(也称激励)为正弦交流电压或电流，且电路达到稳态时的分析方法。所谓稳态，是指电路中的储能元件 L 或 C 均处于非充放电状态，此时电路中的响应与激励的变化规律完全相同。对于正弦交流电路的稳态分析十分重要，其原因在于：

(1) 很多实际电路都工作于正弦稳态；

(2) 利用傅里叶变换，可以将周期性非正弦信号分解为无穷多个不同频率正弦量之和，因此已知电路的正弦稳态响应，根据线性电路的叠加性质，可以得到任意非正弦周期性波形信号激励下的响应。

3.1　正弦交流电路的基本概念

正弦信号是最基本的周期信号，它是任何其他周期信号或非周期信号的基本元素。为了便于对电路做正弦稳态分析，这里首先了解正弦信号的基本概念。

3.1.1　正弦量的三要素

正弦电压、正弦电流和由此产生的电动势统称正弦量。与直流电不同，正弦交流电的大小、方向随时间不断变化，即一个周期内，正弦量在不同瞬间具有不同的值，将此称为正弦量的瞬时值，一般用小写字母如 $i(t_k)$、$u(t_k)$ 或 i、u 来表示 t_k 时刻正弦电流、电压的瞬时值。表示正弦量的瞬时值随时间变化规律的数学式为正弦量的瞬时值表达式，也称为解析式，用 $i(t)$，$u(t)$ 或 i、u 表示。表示正弦量的瞬时值随时间变化规律的图像称为正弦量的波形。正弦电压 $u(t)$、正弦电流 $i(t)$ 的解析式可写为

$$\left.\begin{aligned} u(t) &= U_{\mathrm{m}}\sin(\omega t + \theta_u) \\ i(t) &= I_{\mathrm{m}}\sin(\omega t + \theta_i) \end{aligned}\right\} \tag{3-1}$$

由式(3－1)不难看出，一个正弦量是由振幅、角频率和初相位来确定的，称为正弦量的三要素。它们分别反映了正弦量的大小、变化的快慢及初始值三方面的特征。

1. 振　幅

正弦量瞬时值中的最大值称为振幅,简称峰值,振幅用来反映正弦量的幅度大小。有时提及的峰-峰值是指电压正负变化的最大范围,即等于 $2U_m$。必须注意,振幅总是取绝对值,即正值。在分析正弦电路时,有时也常用有效值来反映正弦量的幅度大小,正弦电压、电流的有效值与其振幅之间具有$\sqrt{2}$倍的关系,即 $U=\frac{U_m}{\sqrt{2}}=0.707U_m$,$I=\frac{I_m}{\sqrt{2}}=0.707I_m$。常用的交流仪表所指示的数字均为有效值。交流电动机和交流电器铭牌上标的电压或电流也都是有效值。市电的有效值是 220 V,其振幅为 311 V。

2. 角频率

角频率 ω 是正弦量在每秒钟内变化的电角度,单位是弧度/秒(rad/s)。正弦量每变化一个周期 T 的电角度相当于 2π 电弧度,因此角频率 ω 与周期 T 及频率 f 的关系为

$$\omega=\frac{2\pi}{T}=2\pi f \tag{3-2}$$

这里提到正弦量的周期和频率,所谓周期,就是交流电完成一个循环所需要的时间,用字母 T 表示,单位为秒(s)。单位时间内交流电循环的次数称为频率,用 f 表示,据此定义可知,频率与周期互为倒数关系。频率的单位为 1/s,又称赫兹(Hz),工程实际中常用的单位还有 kHz、MHz、GHz、THz 等,相邻两个单位之间是 10^3 进制。工程实际中,往往也以频率区分电路,如高频电路、低频电路。

我国和世界上大多数国家,电力工业的标准频率(即所谓的工频)是 $f=50$ Hz,其周期为 0.02 s,少数国家(如美国、日本)的工频为 60 Hz。在其他技术领域中也用到各种不同的频率,如声音信号的频率为 20~20 000 Hz,广播中频段载波频率为 535~1 605Hz,电视用的频率以 MHz 计,高频炉的频率为 200~300 kHz,目前无线电波中频率最高的是激光,其频率可达 10^3 MHz(即 1 GHz)以上。

角频率 ω、周期 T、频率 f 都可用来反映正弦量随时间变化的快慢。

3. 初　相

在正弦量的解析式(3-1)中,$(\omega t+\theta)$是随时间变化的电角度,它决定了正弦量每一瞬间的状态,称为正弦量的相位角或相位,单位是弧度(rad)或度(°)。

初相是正弦量在 $t=0$ 时刻的相位,用 θ 表示,规定 $|\theta|\leqslant\pi$。初相反映了正弦量在 $t=0$ 时的状态。需要注意的是,初相的大小和正负与计时起点(即 $t=0$ 时刻)的选择有关,选择不同,初相则不同,正弦量的初始值也随之不同。现规定:与计时起点最近的,并且由负值向正值变化所经过的那个零值称为正弦量的零值,简称正弦零值。正弦量初相的绝对值就是正弦零值到计时起点(坐标原点)之间的电角度。初相的正负这样判断:看正弦零值与计时起点的位置,若正弦零值在计时起点之左,则初相为正;若在其右,则初相为负值;若正弦零值与计时起点重合,则初相为零。

例 3-1　图 3-1 给出一正弦电压的波形,试根据所给条件确定该正弦电压的三要素,并写出其解析式。

解:由波形图可知:

电流振幅　$$I_m=20\text{ A}$$

周期　$$T=[(25-5)\times 2]\text{ms}=40\text{ ms}=0.04\text{ s}$$

角频率　$w = \dfrac{2\pi}{T} = \dfrac{2\pi}{0.04} = 50\pi \text{ rad/s}$

假定此电流的解析式为

$$i(t) = 20\sin(50\pi t + \theta_i)\text{A}$$

由图 3-1 可知正弦电流在 $t=5$ ms 时，$i=0$，即

$$20\sin(50\pi \times 0.005 + \theta_i) = 0$$

因此　$50\pi \times 0.005 + \theta_i = 0$

求得初相角　$\theta_i = -\dfrac{\pi}{4}$

此正弦电流的解析式为

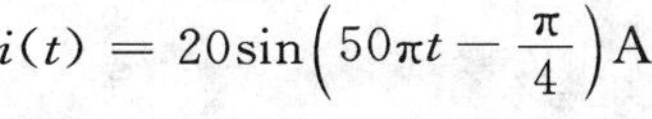

$$i(t) = 20\sin\left(50\pi t - \frac{\pi}{4}\right)\text{A}$$

图 3-1　例 3-1 图

3.1.2　相位差

两个同频率正弦量的相位之差称为相位差，用 φ 表示。同样规定 $|\varphi| \leqslant \pi$。现有两个同频率的正弦电流

$$i_1(t) = I_{1\text{m}}\sin(\omega t + \theta_1)$$

$$i_2(t) = I_{2\text{m}}\sin(\omega t + \theta_2)$$

它们的相位差为

$$\varphi = (\omega t + \theta_1) - (\omega t + \theta_2) = \theta_1 - \theta_2 \tag{3-3}$$

式(3-3)表明两个同频率正弦量的相位之差等于它们的初相之差。相位差不随时间变化，与计时起点也没有关系。通常用相位差 φ 的量值来反映两同频率正弦量在时间上的超前和滞后关系。所谓超前是指一个正弦量比另一个正弦量早到达振幅(或零值)。以式(3-3)为例，若 $\varphi=\theta_1-\theta_2>0$，表明 $i_1(t)$ 超前 $i_2(t)$，超前的角度为 φ；若 $\varphi=\theta_1-\theta_2<0$，表明 $i_1(t)$ 滞后 $i_2(t)$，滞后的角度为 $|\varphi|$。图 3-2(a)、(b)分别表示电流 $i_1(t)$ 超前 $i_2(t)$ 和 $i_1(t)$ 滞后 $i_2(t)$ 的情况。

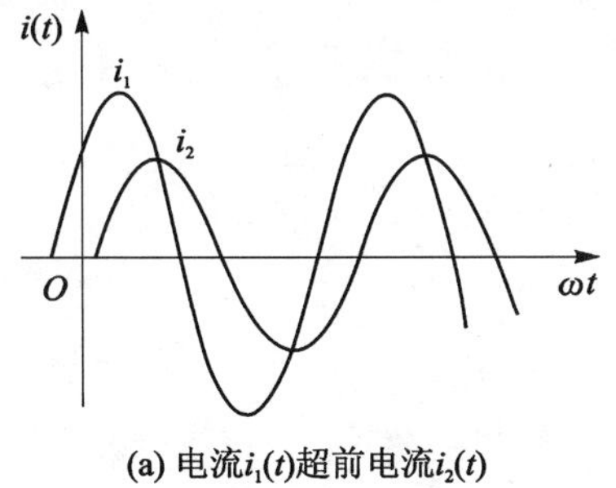

(a) 电流 $i_1(t)$ 超前电流 $i_2(t)$

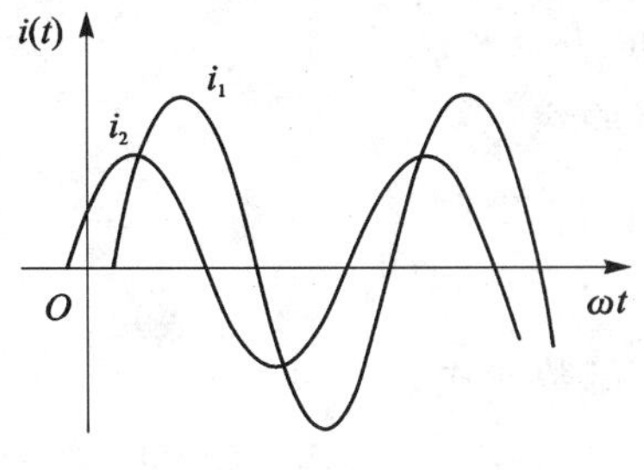

(b) 电流 $i_1(t)$ 滞后电流 $i_2(t)$

图 3-2　同频率正弦电流的相位差

同频率正弦量的相位差有 3 种特殊的情况：① $\varphi=\theta_1-\theta_2=0$，称电流 $i_1(t)$ 与 $i_2(t)$ 同相；② $\varphi=\theta_1-\theta_2=\pm\pi/2$，称电流 $i_1(t)$ 与 $i_2(t)$ 正交；③ $\varphi=\theta_1-\theta_2=\pm\pi$，称电流 $i_1(t)$ 与 $i_2(t)$ 反相。

同频率正弦量的相位差不随时间变化，即与计时起点的选择无关。在同一电路中有多个

同频率正弦量时,彼此间有一定的相位差。为了分析方便起见,通常将计时起点选得使其中一个正弦量的初相为零,这个被选初相为零的正弦量称为参考正弦量。其他正弦量的初相就等于它们与参考正弦量的相位差。同一电路中的正弦量必须以同一瞬间为计时起点才能比较相位差,因此一个电路中只能选一个正弦量为参考正弦量。这与在电路中只能选一点为电位参考点是同一道理。

3.2 正弦量的相量表示

前面已经学习了正弦量的两种表示方法,解析式表示法和波形图表示法。这两种表示方法都能直观地反映出正弦量的三要素,表示出正弦量的瞬时值随时间变化的关系。然而,用这两种方法去分析和计算正弦电路就比较繁琐。为了解决这个问题,引入了正弦量的第三种表示方法——相量表示法。相量表示法实际上采用的是复数的表示形式,因此,为了更好地掌握相量表示法,首先复习复数的有关知识。

3.2.1 复数的表示形式及运算规则

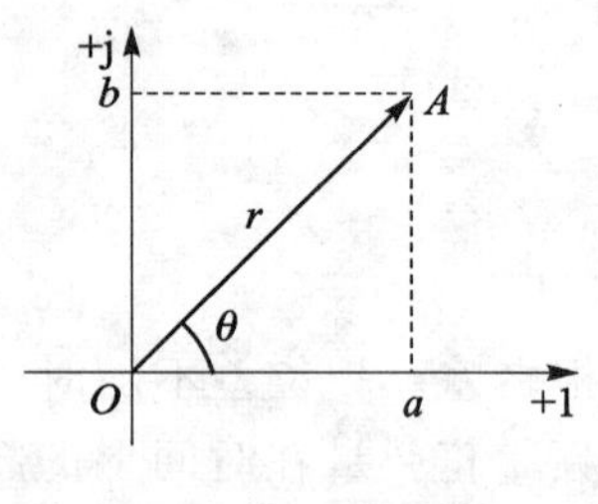

图 3-3 复平面

复数与复平面上的点一一对应,此时复数可用点的横纵坐标,即复数的实部、虚部来描述;复数与复平面上带方向的线段(复矢量)也具有一一对应关系,此时复数可用该线段的长度和方向角,即复数的模和幅角来描述。图 3-3 所示的直角坐标系中,实轴(+1)和虚轴(+j)组成一个复平面,该复平面内,点 A 的坐标为(a,b),复矢量$\overrightarrow{OA}$的长度、方向角分别为r、θ,则它们之间的关系为

$$r=\sqrt{a^2+b^2},\qquad \theta=\arctan\frac{b}{a} \tag{3-4}$$

或

$$a=r\cos\theta,\qquad b=r\sin\theta \tag{3-5}$$

其中,a、b 叫做复数的实部、虚部;r、θ 称为复数的模、幅角,规定幅角$|\theta|\leqslant\pi$。

1. 复数的表示形式

(1) 代数形式

$$A=a+\mathrm{j}b \tag{3-6}$$

其中,j 称为虚数单位,且有 $\mathrm{j}^2=-1$,$\frac{1}{\mathrm{j}}=-\mathrm{j}$。

(2) 三角函数形式

$$A=r\cos\theta+\mathrm{j}\,r\sin\theta \tag{3-7}$$

(3) 指数形式

$$A=r\mathrm{e}^{\mathrm{j}\theta} \tag{3-8}$$

指数形式是根据欧拉公式 $\mathrm{e}^{\mathrm{j}\theta}=\cos\theta+\mathrm{j}\sin\theta$ 得到的。

(4) 极坐标形式

$$A=r\angle\theta \tag{3-9}$$

2. 复数的运算规则

复数相加或相减时,一般采用代数形式,实部、虚部分别相加减。复数相加或相减后,与复数相对应的矢量亦相加或相减。在复平面上进行加减时，其矢量满足“平行四边形”或“三角形”法则。

复数相乘或相除时，以指数形式和极坐标形式进行运算较为方便。两复数相乘时，模相乘，幅角相加；复数相除时，模相除，幅角相减。

3.2.2　正弦量的相量表示

1. 正弦量的相量表示形式

由前面介绍可知，一个复数可用极坐标形式表示为 $A=r\angle\theta$。假设其中 $r=\sqrt{2}U$，$\theta=\omega t+\theta_u$，则可写出复数 $A=\sqrt{2}U\angle(\omega t+\theta_u)$ 的三角函数形式为

$$A=\sqrt{2}U\angle(\omega t+\theta_u)=\sqrt{2}U\cos(\omega t+\theta_u)+\mathrm{j}\sqrt{2}U\sin(\omega t+\theta_u)$$

不难看出，复数 A 的虚部即是一个正弦电压的解析式，而且包含了正弦电压的三要素。因此，将复数 $A=\sqrt{2}U\angle(\omega t+\theta_u)$ 称为对应于正弦电压 $u(t)=\sqrt{2}U\sin(\omega t+\theta_u)$ 的相量，表示为 $\dot{U}=\sqrt{2}U\angle\theta$。

可见，相量用大写字母上面加一点表示，也可以用黑体表示，在这里电压相量用 $\dot{U}$ 表示，电流相量用 $\dot{I}$ 表示，对应的模用有效值 U 和 I 而一般不用振幅表示。所以，一个正弦电压 $u(t)$、电流 $i(t)$ 的解析式与其对应的相量形式为

$$u(t)=\sqrt{2}U\sin(\omega t+\theta_u)\Leftrightarrow\dot{U}=U\angle\theta_u \tag{3-10}$$

$$i(t)=\sqrt{2}I\sin(\omega t+\theta_i)\Leftrightarrow\dot{I}=I\angle\theta_i \tag{3-11}$$

关于正弦量的相量表示，需注意以下几点：

(1) 正弦量的相量形式一般采用的是复数的极坐标表示形式，正弦量与其相量形式是“相互对应”关系(即符号“⇔”的含义)，不是相等关系。

(2) 若已知一个正弦量的解析式，可以由有效值及初相角两个要素写出其相量形式，这时角频率 ω 是一个已知的要素，但 ω 不直接出现在相量表达式中。

(3) 后面关于正弦电路的分析均采用相量分析法。所谓相量分析法，就是把正弦电路中的电压、电流先表示成相量形式，然后用相量形式进行运算的方法。由前面分析可知，相量分析法实际上利用了复数的四则运算。

2. 相量图

和复数一样，正弦量的相量也可以用复平面上一条带方向的线段(复矢量)来表示。把画在同一复平面上表示正弦量相量的图称为相量图。只有同频率的正弦量，其相量图才能画在同一复平面上。

在相量图上能够非常直观地表示出各相量对应的正弦量大小及相互之间的相位关系。为使图面清晰，有时画相量图时，可以不画出复平面的坐标轴，但相位的幅角应以逆时针方向的角度为正，顺时针方向的角度为负。

例 3-2　写出下列各正弦量的相量形式，并画出相量图。

$$u_1(t)=10\sin(100\pi t+60^\circ)\ \mathrm{V}$$
$$u_2(t)=-6\sin(100\pi t+135^\circ)\ \mathrm{V}$$
$$u_3(t)=5\cos(100\pi t+60^\circ)\ \mathrm{V}$$

解:

$$\dot{U}_1 = \frac{10}{\sqrt{2}}\angle 60° = 7.07\angle 60°\ \text{V}$$

因为 $u_2(t) = -6\sin(100\pi t + 135°)\ \text{V} = 6\sin(100\pi t + 135° - 180°)\ \text{V} = 6\sin(100\pi t - 45°)\ \text{V}$

$u_3(t) = 5\cos(100\pi t + 60°)\ \text{V} = 5\sin(100\pi t + 60° + 90°)\ \text{V} = 5\sin(100\pi t + 150°)\text{V}$

所以

$$\dot{U}_2 = \frac{6}{\sqrt{2}}\angle -45° = 4.24\angle -45°\ \text{V}$$

$$\dot{U}_3 = \frac{5}{\sqrt{2}}\angle 150° = 3.53\angle 150°\ \text{V}$$

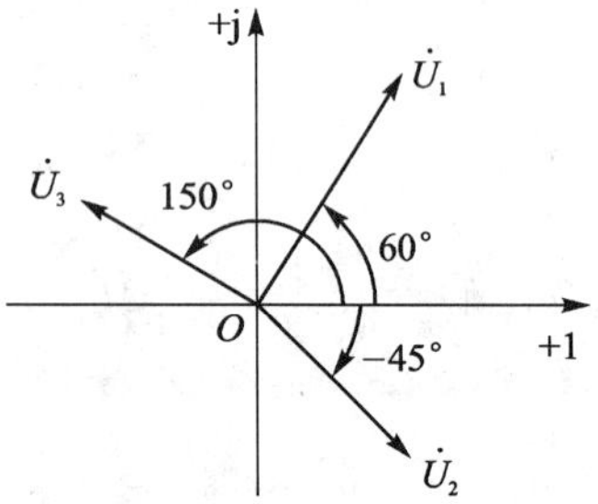

其相量图如图3-4所示。

图3-4　例3-2的相量图

3.3　*R*、*L*、*C*各元件的相量模型

电阻、电感和电容是构成正弦交流电路的基本元件。从本节开始将着重讨论这三个元件在正弦电路中电压与电流的相量关系,并给出各元件的相量模型。讨论中首先需要注意的是,在正弦电路中,为了完整描述电压与电流的关系,必须从频率关系、大小关系(通常指有效值关系)和相位关系三个方面进行。

3.3.1　电阻元件

图3-5(a)所示为纯电阻电路,选取电阻元件的电压、电流为关联方向,根据欧姆定律不难推出电阻元件电压u与电流i的关系为

(1) 电压与电流的频率关系:同频率。

(2) 电压与电流的大小关系:$U=RI$。

(3) 电压与电流的相位关系:$\theta_u=\theta_i$(电压与电流同相)。

由以上结论可以推出电阻元件电压与电流的相量关系式为

$$\dot{U} = U\angle\theta_u = RI\angle\theta_i = R\dot{I} \quad (3-12)$$

式(3-12)又称为相量形式的欧姆定律。图3-5(b)、(c)分别为电阻元件的相量模型与相量图。

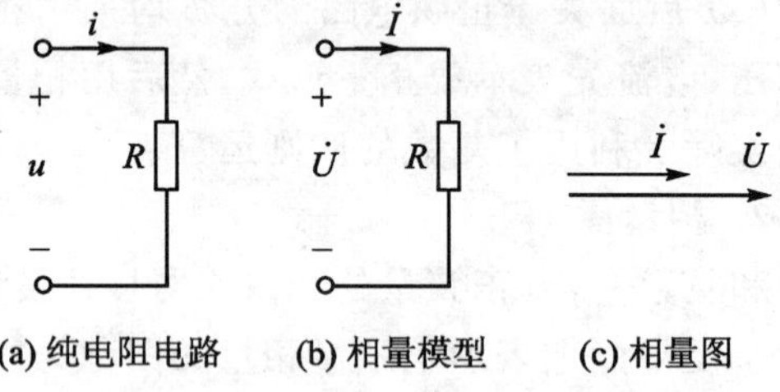

图3-5　纯电阻正弦电路分析

3.3.2　电感元件

1. 电压、电流关系

图3-6(a)所示为纯电感电路,选取电感元件的电压、电流为关联方向,根据电感元件电压、电流的瞬时值关系式$u=L\frac{\mathrm{d}i}{\mathrm{d}t}$不难推出电感元件电压$u$与电流$i$的关系为

(1) 电压与电流的频率关系：同频率。

(2) 电压与电流的大小关系：$U=\omega LI$。

(3) 电压与电流的相位关系：$\theta_u=\theta_i+90°$(电压超前电流 90°或电流滞后电压 90°)。

2. 感　抗

电感元件上电压与电流的有效值满足 ωL 倍关系，ωL 称为电感元件的感抗，用 X_L 表示。感抗的表达式为

$$X_L = \omega L = 2\pi fL \tag{3-13}$$

感抗的单位是欧姆(Ω)，用来表征电感元件对正弦电流阻碍作用的大小。在 L 确定的条件下，X_L 与 ω 成正比，据此可知，电感具有通低频、阻高频的特点。

3. 电压、电流的相量关系式

根据正弦电路中电感元件电压与电流的关系(指频率、大小和相位关系)可以推出

$$\dot{U} = U\angle\theta_u = \omega LI\angle\theta_i + 90° = \omega LI\angle\theta_i \cdot \angle 90° = \mathrm{j}\omega L\dot{I} = \mathrm{j}X_L\dot{I} \tag{3-14}$$

式(3-14)即是电感元件电压与电流的相量关系式。图 3-6(b)、(c)所示分别为电感元件的相量模型和相量图。

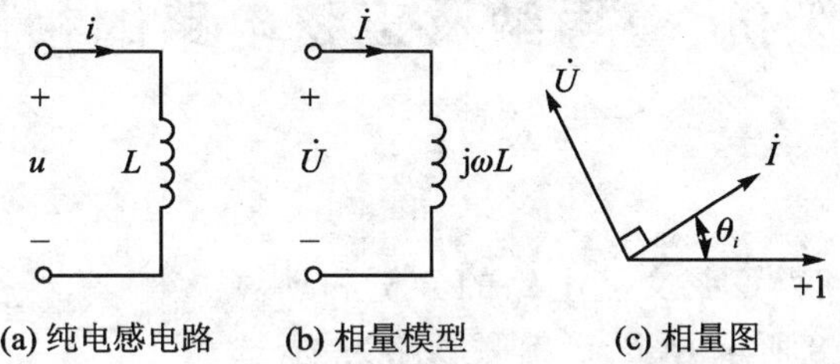

图 3-6　电感元件的相量模型及相量图

3.3.3　电容元件

1. 电压、电流关系

图 3-7(a)所示为纯电容电路，选取电容元件的电压、电流为关联方向，根据电容元件电压、电流的瞬时值关系式 $i=C\dfrac{\mathrm{d}u}{\mathrm{d}t}$ 不难推出电容元件电压 u 与电流 i 的关系为

(1) 电压与电流的频率关系：同频率。

(2) 电压与电流的大小关系：$U=\dfrac{1}{\omega C}I$。

(3) 电压与电流的相位关系：$\theta_u=\theta_i-90°$(电压滞后电流 90°或电流超前电压 90°)。

2. 容　抗

电容元件上电压是电流有效值的 $\dfrac{1}{\omega C}$ 倍，$\dfrac{1}{\omega C}$ 称为电容元件的容抗，用 X_C 表示。容抗的表达式为

$$X_C = \frac{1}{\omega C} = \frac{1}{2\pi fC} \tag{3-15}$$

容抗的单位是欧姆(Ω)，用来表征电容元件对正弦电流阻碍作用的大小。在电容 C 确定的条件下，X_C 与 ω 成反比，据此可知电容具有通高频、阻低频以及通交隔直的特点。

3. 电压、电流的相量关系式

根据正弦电路中电容元件上电压与电流的关系(指频率、大小和相位关系)可以推出

$$\dot{U}=U\angle\theta_u=\frac{1}{\omega C}I\angle\theta_i-90^\circ=\frac{1}{\omega C}I\angle\theta_i\cdot\angle-90^\circ=-\mathrm{j}\frac{1}{\omega C}\dot{I}=-\mathrm{j}X_C\dot{I} \quad (3-16)$$

式(3－16)即是电容元件电压与电流相量关系式。图3－7(b)、(c)所示分别为电容元件的相量模型和相量图。

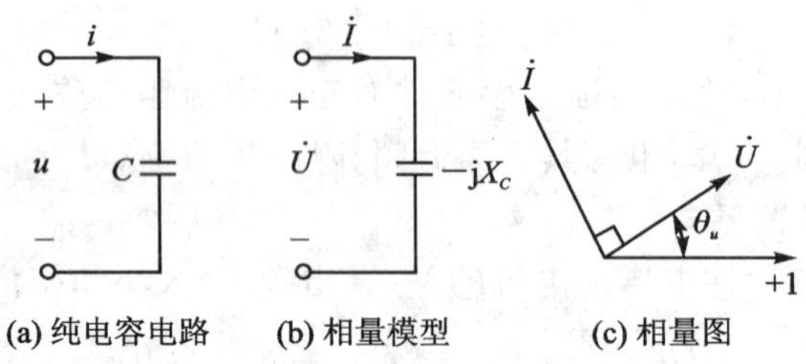

图3－7 电容元件的相量模型及相量图

3.4 复阻抗、复导纳及正弦电路的相量分析法

3.4.1 复阻抗

相量分析法的引入使得正弦交流电路的分析和计算变得相当简单。以图3－8所示R、L、C串联电路为例,选取各电压、电流的参考方向如图中所示。由于是串联电路,所以通过各元件的电流均为端电流i。设i的解析式为$i(t)=\sqrt{2}I\sin\omega t$,其对应的相量为$\dot{I}=I\angle0^\circ$,则各元件上的电压相量分别为

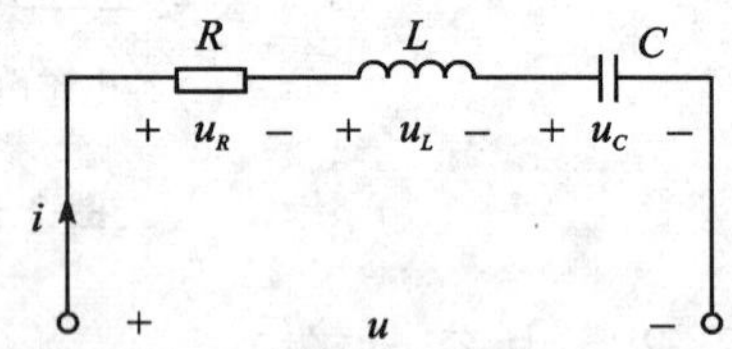

图3－8 *RLC*串联电路

$$\dot{U}_R=R\dot{I},\quad \dot{U}_L=\mathrm{j}X_L\dot{I},\quad \dot{U}_C=-\mathrm{j}X_C\dot{I}$$

根据相量形式的KVL[①]得

$$\dot{U}=\dot{U}_R+\dot{U}_L+\dot{U}_C=R\dot{I}+\mathrm{j}X_L\dot{I}-\mathrm{j}X_C\dot{I}=[R+\mathrm{j}(X_L-X_C)]\dot{I}=Z\dot{I} \quad (3-17)$$

式(3－17)$\dot{U}=Z\dot{I}$是在关联参考方向下,*RLC*串联电路端电压与电流的相量关系式,如果端电压与电流参考方向不一致,则$\dot{U}=-Z\dot{I}$。其中,Z是串联电路的复数阻抗,简称复阻抗,其表达式为

$$Z=\frac{\dot{U}}{\dot{I}}=R+\mathrm{j}(X_L-X_C)=R+\mathrm{j}X \quad (3-18)$$

复阻抗的单位是欧姆(Ω),它是一个复数,其实部为串联电路的电阻R,虚部为串联电路的电抗X,$X=X_L-X_C$,即电抗等于感抗与容抗之差,单位是欧姆(Ω)。X可正,可负,也可为

① 在正弦交流电路中,电压、电流的相量形式仍满足KVL和KCL,分别表示为$\sum\dot{U}=0$和$\sum\dot{I}=0$,称为相量形式的KVL和相量形式的KCL。它是相量法分析正弦电路的理论依据。

零，X 的正负体现了电路中电感和电容所起作用的大小，关系到电路的性质。

复阻抗的极坐标形式为

$$Z = |Z| \angle \varphi \tag{3-19}$$

其中

$$|Z| = \sqrt{R^2 + X^2} = \sqrt{R^2 + (X_L - X_C)^2} \tag{3-20}$$

$$\varphi = \arctan \frac{X}{R} = \arctan \frac{X_L - X_C}{R} \tag{3-21}$$

$|Z|$ 为复阻抗 Z 的模，也称电路的阻抗。它反映了 RLC 串联电路各元件对正弦电流总的阻碍作用大小。$|Z|$ 越大，对正弦电流的阻碍作用越大。$|Z|$ 只与元件的参数及频率有关，与电压、电流无关。

φ 为复阻抗的幅角，又称电路的阻抗角。它是在关联参考方向下，端电压 u 与端电流 i 的相位差，即 $\varphi = \theta_u - \theta_i$。当 $X_L > X_C$（即 $X > 0$）时，$\varphi > 0$，端电压超前端电流 φ 电角度，此时电路呈感性；当 $X_L < X_C$（即 $X < 0$）时，$\varphi < 0$，端电压滞后端电流 $|\varphi|$ 电角度，此时电路呈容性；当 $X_L = X_C$（即 $X = 0$）时，$\varphi = 0$，端电压与端电流同相，此时电路呈阻性。

RLC 串联电路推广到一般的情况就是多个复阻抗的串联。根据相量形式的 KVL 可以推得，当多个复阻抗串联时，等效复阻抗等于各个复阻抗之和。例如，R、L、C 串联组成的电路，其等效复阻抗为

$$Z = Z_R + Z_L + Z_C = R + \mathrm{j}\omega L - \mathrm{j}\frac{1}{\omega C} = R + \mathrm{j}(X_L - X_C) = R + \mathrm{j}X \tag{3-22}$$

复阻抗串联，分压公式仍然成立，以两个复阻抗串联为例，分压公式为

$$\dot{U}_1 = \frac{Z_1}{Z_1 + Z_2}\dot{U}, \qquad \dot{U}_2 = \frac{Z_2}{Z_1 + Z_2}\dot{U} \tag{3-23}$$

3.4.2　复导纳

复阻抗 Z 的倒数称为复导纳，用字母 Y 表示，单位是西门子(S)。有以下关系式

$$Y = \frac{\dot{I}}{\dot{U}} = \frac{1}{Z} \tag{3-24}$$

对于有多个（两个以上）复阻抗并联的电路，用复导纳分析较为方便。多个复阻抗并联，其等效复导纳等于各并联复导纳之和。

例 3-3　电路如图 3-9 所示，端口电压为 $\dot{U} = 127\angle 0°\mathrm{V}$，试求各支路电流及电压。

解：图 3-9 中注明的各段电路的复阻抗为

$$Z_0 = (0.5 + \mathrm{j}1.5)\Omega = 1.58\angle 7.1.6°\Omega, \qquad Z_1 = (8 - \mathrm{j}8)\Omega = 11.31\angle -45°\Omega$$

$$Z_2 = (8 + \mathrm{j}6.2)\Omega = 10.12\angle 37.8°\Omega$$

电路的等效复阻抗为

$$Z = Z_0 + \frac{Z_1 Z_2}{Z_1 + Z_2} = Z_0 + \frac{11.31\angle -45° \times 10.12\angle 37.8°}{8 - \mathrm{j}8 + 8 + \mathrm{j}6.2} = Z_0 + \frac{114.5\angle -7.2°}{16.1\angle -6.4°} =$$

$$Z_0 + 7.11\angle -0.8° = (0.5 + \mathrm{j}1.5 + 7.11 - \mathrm{j}0.1)\Omega = (7.61 + \mathrm{j}1.4)\Omega = 7.74\angle 10.4°\Omega$$

电路的总电流为

$$\dot{I} = \frac{\dot{U}}{Z} = \left(\frac{127\angle 0°}{7.74\angle 10.4°}\right)\mathrm{A} = 16.4\angle -10.4°\mathrm{A}$$

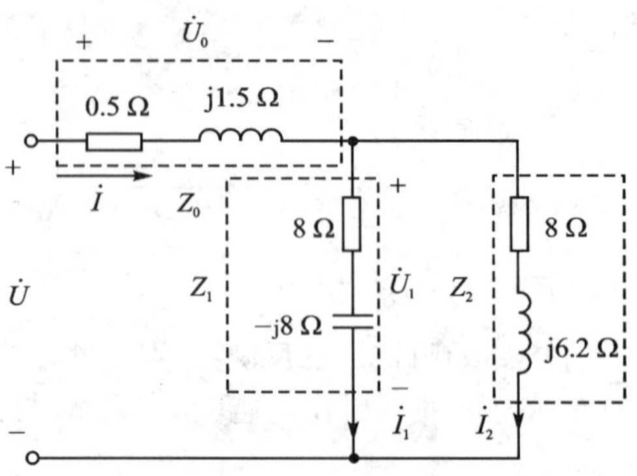

图 3-9 例 3-3 电路

各支路电流为

$$\dot{I}_1 = \frac{Z_2}{Z_1 + Z_2}\dot{I} = \left(\frac{10.12\angle 37.8^\circ}{16.1\angle -6.4^\circ} \times 16.4\angle -10.4^\circ\right)\mathrm{A} = 10.3\angle 33.8^\circ \mathrm{A}$$

$$\dot{I}_2 = \frac{Z_1}{Z_1 + Z_2}\dot{I} = \left(\frac{11.31\angle -45^\circ}{16.1\angle -6.4^\circ} \times 16.4\angle -10.4^\circ\right)\mathrm{A} = 11.5\angle -49^\circ \mathrm{A}$$

各支路电压

$$\dot{U}_0 = Z_0\dot{I} = (1.58\angle 71.6^\circ \times 16.4\angle -10.4^\circ)\mathrm{V} = 25.9\angle 61.2^\circ \mathrm{V}$$

$$\dot{U}_1 = Z_1\dot{I}_1 = (11.31\angle -45^\circ \times 10.3\angle 33.8^\circ)\mathrm{V} = 116.5\angle -11.2^\circ \mathrm{V}$$

3.5 正弦交流电路的功率

3.5.1 瞬时功率和平均功率

图 3-10 所示二端网络的端电压、端电流为同频率正弦量，其解析式为

$$u(t) = U_\mathrm{m}\sin(\omega t + \theta_u) = \sqrt{2}U\sin(\omega t + \theta_u)$$

$$i(t) = I_\mathrm{m}\sin(\omega t + \theta_i) = \sqrt{2}I\sin(\omega t + \theta_i)$$

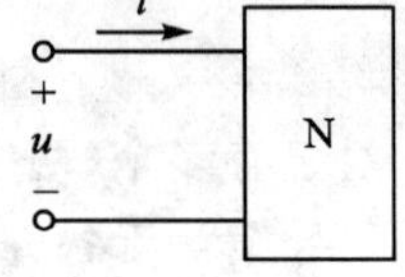

图 3-10 正弦二端网络

当 u、i 为关联方向时，可推出该二端网络的瞬时功率为

$$p(t) = u(t)i(t) = UI\cos\varphi - UI\cos(2\omega t + 2\theta_u - \varphi) \qquad (3-25)$$

其中，$\varphi = \theta_u - \theta_i$ 是二端网络端电压与端电流的相位差，即电路的阻抗角。

由式(3-25)可知，瞬时功率 $p(t)$ 做周期性变化，且有正有负，表明二端网络既消耗功率，也能发出功率。通常用平均功率来表征二端网络的能量消耗情况。平均功率是指周期性变化的瞬时功率在一个周期内的平均值，用 P 表示，单位为瓦特(W)，其表达式为

$$P = \frac{1}{T}\int_0^T p(t)\mathrm{d}t = \frac{1}{T}\int_0^T [UI\cos\varphi - UI\cos(2\omega t + \theta_u + \theta_i)]\mathrm{d}t = UI\cos\varphi \qquad (3-26)$$

平均功率是一个重要的概念，实际中得到广泛使用。通常所说某个家用电器消耗多少瓦的功率，就是指它的平均功率，简称功率。

下面讨论二端网络的几种特殊情况。

当二端网络是一个电阻，或其等效阻抗为一个电阻，此时二端网络的端电压、端电流为同相关系，即相位差 $\varphi=\theta_u-\theta_i=0$，则 $\cos\varphi=1$，$\sin\varphi=0$，式(3-25)变为

$$p(t)=UI-UI\cos 2(\omega t+\theta_u)$$

可见，瞬时功率在任何时刻均大于或等于零，表明电阻元件始终吸收功率。此时平均功率的表达式(3-26)变为

$$P=UI=I^2R=\frac{U^2}{R} \tag{3-27}$$

当二端网络是一个电感或电容，或其等效阻抗为一个电抗，此时二端网络电压与电流相位为正交关系，即 $\varphi=\theta_u-\theta_i=\pm 90°$，则 $\cos\varphi=0$，式(3-25)变为

$$p_L(t)=-UI\sin 2(\omega t+\theta_u)$$

$$p_C(t)=UI\sin 2(\omega t+\theta_u)$$

由上两式可以看出，电感或电容的瞬时功率随时间按正弦规律变化，正、负值交替，一段时间内 $p(t)>0$，电感或电容吸收功率；另一段时间内 $p(t)<0$，电感或电容发出功率。此时平均功率表达式(3-26)变为

$$P=UI\cos(\pm 90°)=0 \tag{3-28}$$

式(3-28)表明，在正弦稳态中，储能元件电感或电容的平均功率等于零，不消耗能量，和电源之间只是存在能量的交换作用，即在前半个周期吸收电源的功率并储存起来，后半个周期又将其全部释放，这种能量交换的速率用另外一种功率——无功功率来描述(见3.5.2节)。

3.5.2　复功率、视在功率和无功功率

为了便于用相量计算平均功率，引入复功率的概念。图3-10所示二端网络工作于正弦稳态，其电压、电流采用关联的参考方向，假设电压、电流的相量表达式分别为

$$\dot{U}=U\angle\theta_u,\qquad \dot{I}=I\angle\theta_i$$

电流相量的共轭复数为 $\dot{I}^*=I\angle-\theta_i$，则二端网络吸收的复功率为

$$\widetilde{S}=\dot{U}\dot{I}^*=UI\angle(\theta_u-\theta_i)=UI\angle\varphi=UI\cos\varphi+\mathrm{j}UI\sin\varphi=P+\mathrm{j}Q \tag{3-29}$$

复功率的实部 $P=UI\cos\varphi$ 称为有功功率，它是二端网络吸收的平均功率，单位为瓦(W)。复功率的虚部 $Q=UI\sin\varphi$ 称为无功功率，它反映了电源与单口网络内储能元件之间能量交换的速率，为与平均功率相区别，单位为乏(var)。复功率 $\widetilde{S}$ 的模 $|\widetilde{S}|=UI$ 称为视在功率，用 S 表示，即它表征一个电气设备的功率容量，为与其他功率相区别，用伏安(V·A)作单位。例如说某个发电机的容量为100 kV·A，而不说其容量是100 kW。显然，视在功率是二端网络所吸收平均功率的最大值。

3.5.3　功率因数的提高

在交流电路中，负载多为感性负载，例如常用的感应电动机、荧光灯等。感性负载在工作时，接上电源后，要建立磁场，所以除了需要从电源取得有功功率外，还要从电源取得建立磁场的能量，并与电源做周期性的能量交换，这从前面的理论分析中可以得知。

由式(3-26)可知，在二端网络电压、电流有效值乘积 UI 一定的情况下，二端网络吸收的

平均功率 P 与 $\cos\varphi$ 的大小密切相关，$\cos\varphi$ 表示功率的利用程度，称为功率因数，记为 λ，其表达式为

$$\lambda = \cos\varphi = \frac{P}{UI} \tag{3-30}$$

功率因数介于0和1之间，当功率因数不等于1时，电路中发生能量交换，出现无功功率，φ 越大，功率因数愈低，发电机发出的有功功率就愈小，而无功功率就愈大。无功功率愈大，即电路中能量交换的规模愈大，发电机发出的能量就不能充分为负载所吸收，其中一部分在发电机与负载之间进行交换，这样发电设备的容量就不能充分利用。例如，一台容量为100 kV·A的变压器，若负载的功率因数 $\lambda=0.9$，变压器能输出90 kW的有功功率(即平均功率)；若功率因数 $\lambda=0.6$，变压器就只能输出60 kW的有功功率。可见负载的功率因数低，电源设备的容量就不能得到充分利用。因此提高功率因数有很大的经济意义。

常用的交流感应电动机在额定负载时，功率因数约为0.8～0.85，轻载时只有0.4～0.5，而在空载时仅为0.2～0.3，因此选择与机械配套的电机容量时，不宜选得过大，并且应在额定情况下工作，避免或尽量减少电机的轻载或空载。不装电容器的日光灯，功率因数在0.45～0.6左右。

那么怎样提高电路的功率因数呢？常用的方法是用电容器与感性负载并联，这样可使电感的磁场能量与电容的电场能量进行部分交换，从而减少了电源与负载间能量的交换，即减少了电源提供给负载的无功功率，也就提高了功率因数。但是用电容来提高功率因数时，一般补偿到 $\lambda=0.9$ 左右，而不能补偿到更高，因为补偿到功率因数接近1时，所需的电容量大，反而不经济了。

3.6 谐振电路

3.6.1 RLC串联谐振电路

谐振是正弦交流电路中一种物理现象。谐振在电工和电子技术中得到广泛应用，但它也可能给电路系统造成危害。因此，研究电路的谐振现象，有着重要的实际意义。

1. 谐振及谐振条件

图3-11所示为 R、L、C 组成的串联正弦电路，电路的等效复阻抗为

$$Z = Z_R + Z_L + Z_C = R + \mathrm{j}\left(\omega L - \frac{1}{\omega C}\right)$$

由上式可知，当正弦电压的角频率 ω 变化时，电路的等效复阻抗 Z 随之变化。当 $\omega L = \frac{1}{\omega C}$ 时，复阻抗 $Z=R$，串联电路的等效复阻抗变成了纯电阻，端电压与端电流同相，这时就称电路发生了串联谐振。可见，串联电路的谐振条件是

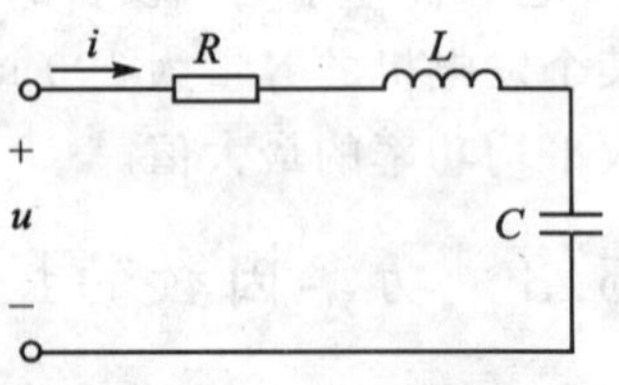

图3-11 RLC串联谐振电路

$$\omega = \omega_0 = \frac{1}{\sqrt{LC}} \tag{3-31}$$

其中，ω_0称为电路的固有谐振角频率，简称谐振角频率，它由元件参数 L 和 C 确定。用频率 f 表示的谐振条件为

$$f = f_0 = \frac{1}{2\pi\sqrt{LC}} \tag{3-32}$$

RLC 串联电路在谐振时的感抗和容抗相等，其值称为谐振电路的特性阻抗，用 ρ 表示，即

$$\rho = \omega_0 L = \frac{1}{\omega_0 C} = \sqrt{\frac{L}{C}} \tag{3-33}$$

2. 串联谐振的特点

串联谐振时，电路的复阻抗 $Z=R$，呈现纯电阻，阻抗$|Z|$达到最小值。假设电压源电压为 $\dot{U}_S$，则电路谐振时的电流相量为

$$\dot{I} = \frac{\dot{U}_S}{Z} = \frac{\dot{U}_S}{R} \qquad \left(\text{有效值 } I = \frac{U_S}{|Z|}\right) \tag{3-34}$$

可见谐振时电路中电流最大，且与电压源电压同相。此时 R、L、C 上的电压分别为

$$\dot{U}_R = R\dot{I} = \dot{U}_S \tag{3-35}$$

$$\dot{U}_L = \mathrm{j}\omega L\dot{I} = \mathrm{j}\,\frac{\omega_0 L}{R}\dot{U}_S = \mathrm{j}Q\dot{U}_S \tag{3-36}$$

$$\dot{U}_C = \frac{1}{\mathrm{j}\omega_0 C}\dot{I} = -\mathrm{j}\,\frac{1}{\omega_0 RC}\dot{U}_S = -\,\mathrm{j}Q\dot{U}_S \tag{3-37}$$

其中

$$Q = \frac{\omega_0 L}{R} = \frac{1}{\omega_0 RC} = \frac{\rho}{R} \tag{3-38}$$

可见谐振时，电感和电容两端的电压大小相等，都等于电源电压 U_S的 Q 倍。Q 称为串联谐振电路的品质因数，它是衡量电路特性的一个重要物理量，它取决于电路的参数。谐振电路的 Q 值一般在 50～200 之间，因此外加电源电压即使不很高，谐振时电感和电容上的电压仍可能很大。在无线电技术方面，正是利用串联谐振的这一特点，将微弱的信号电压输入到串联谐振回路后，在电感或电容两端可以得到一个比输入信号电压大许多倍的电压，这是十分有利的。但在电力系统中，由于电源电压比较高，如果电路在接近串联谐振的情况下工作，在电感或电容两端将出现过电压，引起电气设备的损坏。所以在电力系统中必须适当选择电路参数 L 和 C，以避免发生谐振现象。

谐振电路的通频带 Δf 与品质因数 Q 满足式 $Q=\dfrac{f_0}{\Delta f}$，即 Δf 与 Q 成反比，Q 越高，通频带越窄，选择性越好。所以说，品质因数 Q 是衡量谐振回路频率选择性的参数。

3.6.2　RLC 并联谐振电路

图 3-12 所示为 R、L、C 组成的并联正弦电路，是另一种典型的谐振电路，分析方法与 RLC 串联谐振电路相同（具有对偶性）。

并联谐振的定义与串联谐振的定义相同，即端口电压与端口电流同相时的工作状况称为谐振。由于发生在并联电路中，所以称为并联谐振。

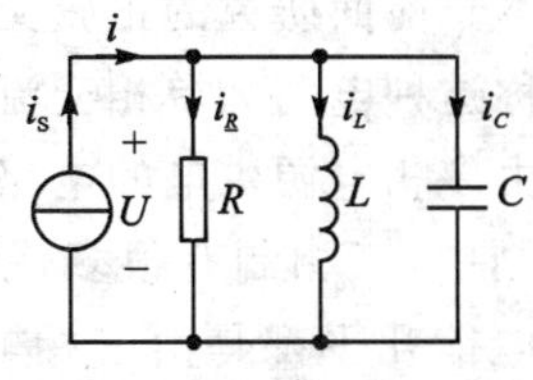

图 3-12　RLC 并联谐振电路

1. 谐振条件

在如图3-12所示的电路中,其等效复导纳为

$$Y=Y_R+Y_L+Y_C=\frac{1}{R}-\mathrm{j}\frac{1}{\omega L}+\mathrm{j}\omega C=G+\mathrm{j}\left(\omega C-\frac{1}{\omega L}\right)$$

当复导纳 Y 的虚部为零时,电路呈纯阻性,端电压与端电流同相,电路即发生了并联谐振,于是可得RLC并联电路的谐振条件为

$$\omega=\omega_0=\frac{1}{\sqrt{LC}}\qquad 或 \qquad f=f_0=\frac{1}{2\pi\sqrt{LC}}$$

该频率称为电路的固有频率。

2. 并联谐振的特点

并联谐振时,等效复导纳 Y 为最小,等于纯电导,即 $Y=G$。或者说等效复阻抗最大,$Z=R$,所以谐振时端电压达最大值

$$U=|Z|I_S=RI_S$$

可以根据这一现象判别并联电路谐振与否。

并联谐振时有 $\dot{I}_L+\dot{I}_C=0$(所以并联谐振又称电流谐振),则 $\dot{I}_L$,$\dot{I}_C$ 分别为

$$\dot{I}_L=-\mathrm{j}\frac{1}{\omega_0 L}\dot{U}=-\mathrm{j}\frac{1}{\omega_0 LG}\dot{I}_S=-\mathrm{j}Q\dot{I}_S \tag{3-39}$$

$$\dot{I}_C=\mathrm{j}\omega_0 C\dot{U}=\mathrm{j}\frac{\omega_0 C}{G}\dot{I}_S=\mathrm{j}Q\dot{I}_S \tag{3-40}$$

式中,Q 称为并联谐振电路的品质因数,即

$$Q=\frac{1}{\omega_0 LG}=\frac{\omega_0 C}{G}=\frac{1}{G}\sqrt{\frac{C}{L}} \tag{3-41}$$

如果 $Q\gg1$,则谐振时在电感和电容中会出现过电流,但从 L、C 两端看进去的等效电纳等于零,即阻抗为无穷大,相当于开路。

工程中采用的电感线圈和电容并联的谐振电路,即 $RL-C$ 并联谐振电路,如图3-13所示。其中,电感线圈用 R 和 L 串联组合表示。读者可以参照以上分析方法,分析该电路的谐振条件及谐振时的电压和电流,此处不再赘述。

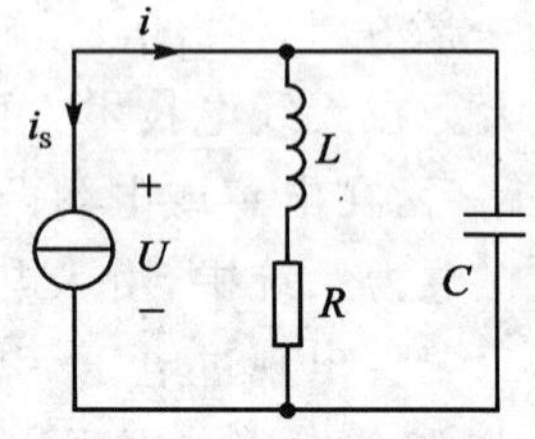

图3-13 *RL-C* 并联谐振电路

3.7 三相电路

本章前面研究的正弦交流电路,每个电源都只有两个输出端钮,输出一个电流或电压,习惯上称这种电路为单相交流电路。但在工农业生产中常会遇到多相制的交流电路,多相制电路是由多相电源供电的电路。多相制电路以相的数目来分,可分为两相、三相、六相等。在多相制中,三相制有很多优点,所以它的应用最为广泛。目前世界上工农业和民用电力系统的电能几乎都是由三相电源提供的,日常生活中所用的单相交流电也是取自三相交流电的一相。

3.7.1　三相电源

三相电路是指由三相电源供电的电路。那么什么是三相交流电源呢？概括地说，三相交流电源是三个单相交流电源按一定方式进行的组合。三相供电系统的三相电源是三相发电机。图 3－14 所示是三相发电机的结构示意图，它有定子和转子两大部分。定子铁心的内圆周的槽中对称地安放着三个绕组（线圈）AX、BY 和 CZ。A、B、C 为始端；X、Y、Z 为末端。三绕组在空间上彼此间隔 120°。转子是旋转的电磁铁。当转子恒速旋转时，AX、BY、CZ 三个绕组的两端将分别感应出振幅相等、频率相同的三个正弦电压 $u_a(t)$、$u_b(t)$、$u_c(t)$。如果指定它们的参考方向都由首端指向末端，则它们的初相彼此相差 120°。若以 $\dot{U}_a$ 作为参考相量，这三个电压相量为

$$\dot{U}_a = U\angle 0° \qquad \dot{U}_b = U\angle -120° \qquad \dot{U}_c = U\angle 120° \tag{3-42}$$

它们的相量图和波形图分别如图 3－15(a)、(b)所示。像这样由三个振幅相等、频率相同、相位彼此相差 120°的三个单相正弦电源组合而成的电源称为对称三相正弦电源。其中的每个单相正弦电源分别称为 A 相、B 相和 C 相电源。按照各相电压经过正峰值的先后次序，若它们的顺序是 A—B—C—A 时，称为正序；若为 A—C—B—A 时，称为负序。式(3－42)就是正序时三个单相电源电压的相量表达式。工程上通用的相序是正序，如果不加说明，都是指的这种相序。用户可以改变三相电源与三相电动机的连接方式来改变相序，从而改变三相电动机的旋转方向。

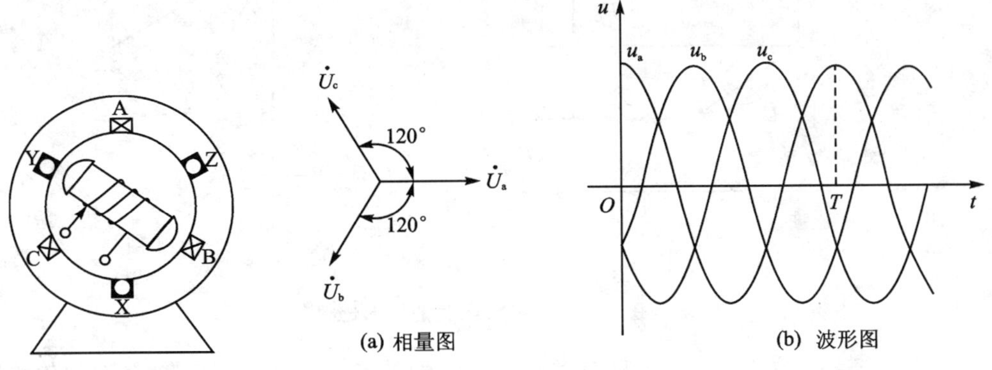

图 3－14　三相发电机　　　　图 3－15　对称三相电源的相量图和波形图

3.7.2　三相电源的连接

三相发电机的绕组共有 6 个端子，在实际应用中并不是分别引出和负载相连接的，而是连接成两种最基本的形式，即星形连接和三角形连接，从而以较少的出线为负载供电。

1. 星形连接

将三相电源中每一个绕组的末端 X、Y、Z 连在一起，组成一个公共点 N，对外形成 A、B、C、N 四个端子，这种连接形式称为三相电源的星形连接（也称 Y 形连接），如图 3－16(a)所示。

从三相电源的始端 A、B、C 引出的导线称为端线或火线；从中点 N 引出的导线称为中线或零线。流出端线的电流称为线电流，而每一相绕组中的电流称为相电流。显然，图 3－16(a)中

$\dot{I}_A$、$\dot{I}_B$、$\dot{I}_C$ 为线电流,而 $\dot{I}_a$、$\dot{I}_b$、$\dot{I}_c$ 为相电流。端线与端线间的电压称为线电压,依相序分别为 $\dot{U}_{AB}$、$\dot{U}_{BC}$、$\dot{U}_{CA}$;每相绕组两端的电压称为相电压,分别记为 $\dot{U}_a$、$\dot{U}_b$、$\dot{U}_c$。由图 3-16(a)可知,星形连接时,线电流与相电流相等,即

$$\dot{I}_A = \dot{I}_a, \quad \dot{I}_B = \dot{I}_b, \quad \dot{I}_C = \dot{I}_c \tag{3-43}$$

在图 3-16(a)所示电路中,根据相量形式的 KVL 得

$$\dot{U}_{AB} = \dot{U}_a - \dot{U}_b, \quad \dot{U}_{BC} = \dot{U}_b - \dot{U}_c, \quad \dot{U}_{CA} = \dot{U}_c - \dot{U}_a \tag{3-44}$$

若选相电压 $\dot{U}_a$ 为参考相量,则可做出对称三相电源线电压和相电压的相量图,如图 3-16(b)所示。从图中可以看出:三相电源做星形连接时,线电压是相电压的$\sqrt{3}$倍,相位超前对应的相电压 30°。若用 U_L 表示线电压的有效值,用 U_P表示相电压的有效值,则有

$$U_L = \sqrt{3}U_P \tag{3-45}$$

由图 3-16(b)所示相量图可以看出,三个线电压与相电压一样,也具有对称性。它们满足

$$\dot{U}_a + \dot{U}_b + \dot{U}_c = 0 \tag{3-46}$$

$$\dot{U}_{AB} + \dot{U}_{BC} + \dot{U}_{CA} = 0 \tag{3-47}$$

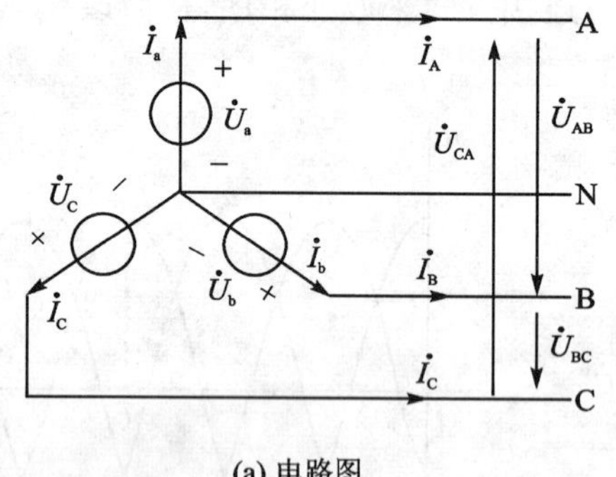

(a) 电路图

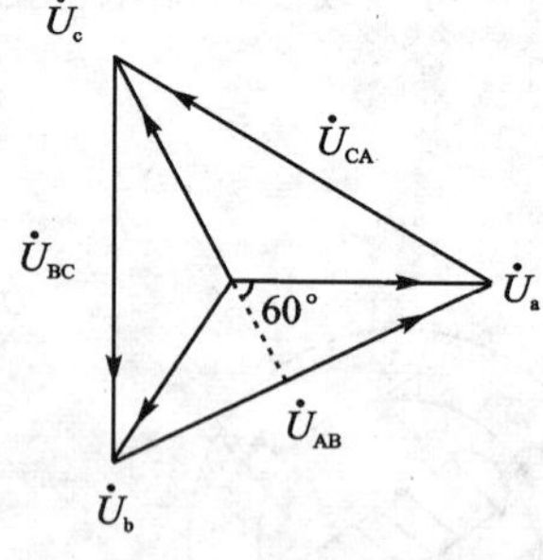

(b) 相量图

图 3-16 三相电源的星形连接

还需要强调一点,三个相电压只有在对称时它们的和才为零,不对称时它们的和不为零,而不论对称与否,三个线电压之和均为零,这是因为

$$u_{AB} + u_{BC} + u_{CA} = u_a - u_b + u_b - u_c + u_c - u_a = 0$$

因为三相电源的相电压对称,所以在三相四线制的低压配电系统中,可以得到两种不同数值的电压,即相电压 220 V 与线电压 380 V。一般家用电器及电子仪器用 220 V,动力及三相负载用 380 V。

2. 三角形连接

对称三相电源可以采用三角形连接(又称△连接),它是将三相电源各相的始端和末端依次相连,再由 A、B、C 引出三根端线与负载相连,如图 3-17 所示。

三相电源做三角形连接时,其线电压和相电压相等,线电流等于相电流的$\sqrt{3}$倍,相位滞后对应的相电流 30°。这些结论请读者参考星形连接自行证明。

需要注意的是，由于发电机每相绕组本身的阻抗较小，所以当三相电源接成三角形时，其闭合回路内的阻抗并不大。通常因回路内 $u_a+u_b+u_c=0$，所以在负载断开时电源绕组内并无电流。如果三相电压不对称，或者虽然对称，但有一相接反，则 $u_a+u_b+u_c\neq 0$，即使外部没有负载，闭合回路内仍有很大的电流，这将使绕组过热，甚至烧毁。所以三相电源做三角形连接时必须严格按照每一相的末端与次一相的始端连接。在判断不清时，应保留最后两端钮不接（如 Z 端与 A 端），成为开口三角形，用电压表测量开口处电压（如 u_{AZ}），如果读数为零，表示接法正确，再接成封闭三角形。

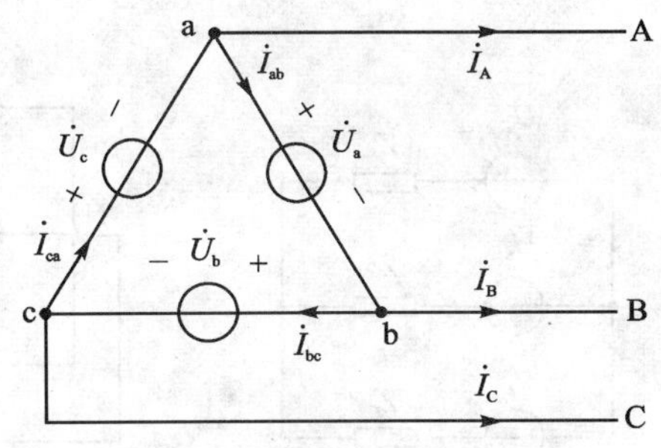

图 3-17　三相电源的三角形连接

3.7.3　三相电源和负载的连接

目前，我国电力系统的供电方式均采用三相三线制或三相四线制。用户用电实行统一的技术规定：额定功率为 50 Hz，额定线电压为 380 V，相电压为 220 V。电力负载可分为单相负载和三相负载，三相负载又有星形连接和三角形连接。结合电源系统，三相电路的连接主要有以下几种方式。

1. 单相负载

单相负载主要包括照明负载、生活用电负载及一些单相设备。单相负载常采用三相中引出一相的供电方式。为保证各个单相负载电压稳定，各单相负载均以并联形式接入电路。在单相负荷较大时，如大型居民楼供电，可将所有单相负载平分为三组，分别接入 A、B、C 三相电路，如图 3-18 所示，以保证三相负载尽可能平衡，提高安全供电质量及供电效率。

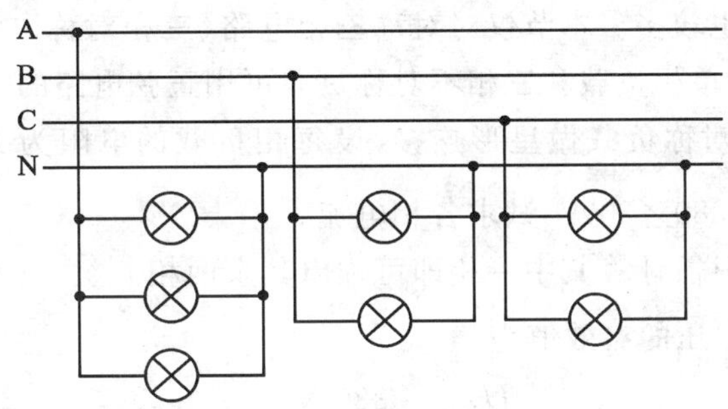

图 3-18　单相负载的连接

2. 三相负载

三相负载主要是一些电力负载及工业负载。三相负载的连接方式有 Y 形连接和△形连接。当三相负载中各相负载都相同，即 $Z_A=Z_B=Z_C=Z=|Z|\varphi$ 时，称为三相对称负载，否则，即为不对称负载。因为三相电源也有两种连接方式，所以它们可以组成以下几种三相电路：三相四线制的 Y-Y 连接、三相三线制的 Y-Y 连接、Y-△连接、△-Y 连接和△-△连接等，如图 3-19 所示。

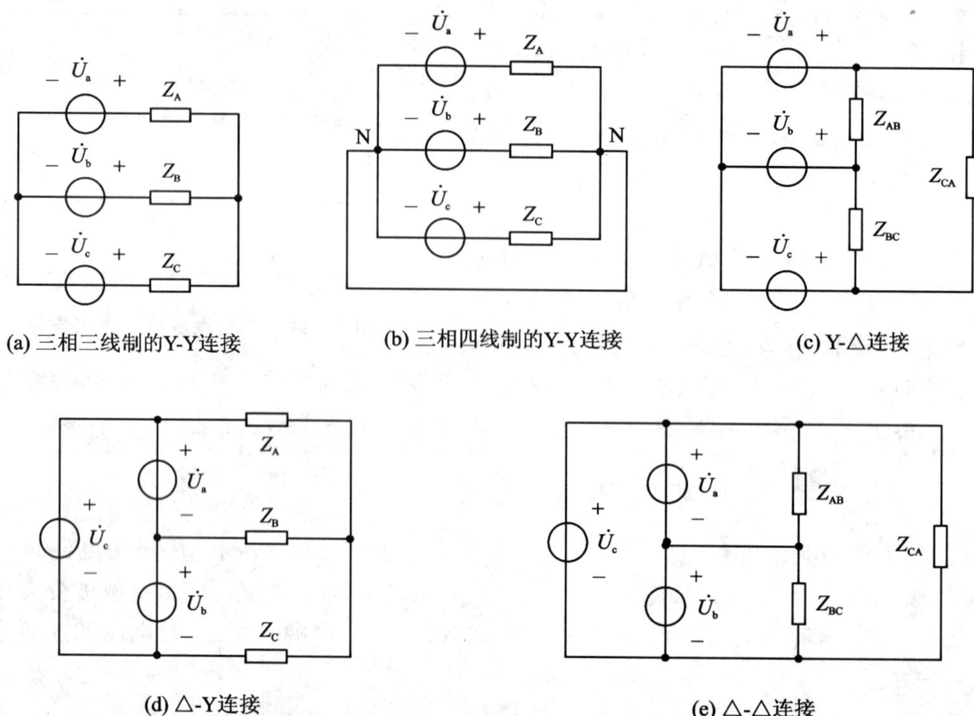

(a) 三相三线制的Y-Y连接　(b) 三相四线制的Y-Y连接　(c) Y-△连接

(d) △-Y连接　(e) △-△连接

图 3-19　三相电路的连接方式

3.7.4　三相电路的计算

由于三相电路电源和负载的连接方式较多,负载又分为单相、三相对称、三相不对称等,因而计算时需考虑的问题也较多。本节仅对对称三相电路(三相对称电源和三相对称负载相连组成的电路)进行分析。单相负载和三相不对称负载可用正弦电路的一般分析方法进行分析。

例 3-4　今有三相对称负载做星形连接,设每相负载的电阻为 $R=12\ \Omega$,感抗为 $X_L=16\ \Omega$,电源线电压 $\dot{U}_{AB}=380\angle 30°\text{V}$,试求各相电流。

解:由于负载对称,只需计算其中一相即可推出其余两相。

由 $U_L=\sqrt{3}U_P$ 得相电压的有效值为

$$U_a=\frac{U_{AB}}{\sqrt{3}}=\frac{380\ \text{V}}{\sqrt{3}}=220\ \text{V}$$

又因相电压 $\dot{U}_a$ 在相位上滞后于线电压 $\dot{U}_{AB}$ 30°,所以相电压为

$$\dot{U}_a=220\angle 0°\text{V}$$

又 $\dot{I}_a=\dfrac{\dot{U}_a}{Z_A}$,其中 $Z_A=R+\text{j}X_L=(12+\text{j}16)\Omega=20\angle 53.1°\Omega$,所以有

$$\dot{I}_a=\frac{\dot{U}_a}{Z_A}=\left(\frac{220\angle 0°}{20\angle 53.1°}\right)\text{A}=11\angle -53.1°\text{A}$$

由此可推出其余两相电流为

$$\dot{I}_b = (11\angle -53.1° - 120°)\ \text{A} = 11\angle -173.1°\text{A}$$

$$\dot{I}_c = (11\angle -53.1° + 120°)\text{A} = 11\angle 66.9°\text{A}$$

例3-5　图3-20电路中，已知线电压 $u_{AB}(t)=220\sqrt{2}\sin(314t)\text{V}$，$Z=10\sqrt{2}\angle 60°\Omega$，试求负载上的相电流和线电流。

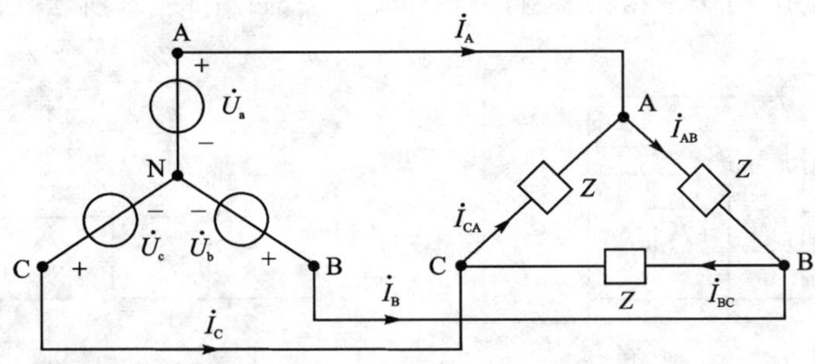

图3-20　对称Y-△三相电路

解：三个相电流为

$$\dot{I}_{AB} = \frac{\dot{U}_{AB}}{Z} = \left(\frac{220\angle 0°}{10\sqrt{2}\angle 60°}\right)\text{A} = 15.56\angle -60°\text{A}$$

$$\dot{I}_{BC} = \frac{\dot{U}_{BC}}{Z} = \left(\frac{220\angle -120°}{10\sqrt{2}\angle 60°}\right)\text{A} = 15.56\angle -180°\text{A}$$

$$\dot{I}_{CA} = \frac{\dot{U}_{CA}}{Z} = \left(\frac{220\angle 120°}{10\sqrt{2}\angle 60°}\right)\text{A} = 15.56\angle 60°\text{A}$$

此时三个线电流 $\dot{I}_A$、$\dot{I}_B$、$\dot{I}_C$ 为

$$\dot{I}_A = \dot{I}_{AB} - \dot{I}_{CA} = (15.56\angle -60° - 15.56\angle 60°)\text{A} = 15.56\sqrt{3}\angle -90°\text{A}$$

$$\dot{I}_B = \dot{I}_{BC} - \dot{I}_{AB} = (15.56\angle -180° - 15.56\angle -60°)\text{A} = 15.56\sqrt{3}\angle 150°\text{A}$$

$$\dot{I}_C = \dot{I}_{CA} - \dot{I}_{BC} = (15.56\angle 60° - 15.56\angle -180°)\text{A} = 15.56\sqrt{3}\angle 30°\text{A}$$

3.7.5　三相电路的功率

三相电路的总功率等于三相负载各相的功率之和，即

$$P = P_A + P_B + P_C \tag{3-48}$$

对于三相对称负载，各相电压、电流大小相等，阻抗角相同，故各相的有功功率是相等的，即

$$P = P_A + P_B + P_C = U_A I_A \cos\varphi_A + U_B I_B \cos\varphi_B + U_C I_C \cos\varphi_C = 3U_P I_P \cos\varphi$$

其中，U_P是相电压的有效值，I_P是相电流的有效值，φ 为 U_P与 I_P的相位差，$\cos\varphi$ 是功率因数。由于设备铭牌中给出的电压、电流均是指额定线电压 U_N和额定线电流 I_N，故无论是Y形连接还是△形连接，三相有功功率的常用计算公式都可表示为

$$P_N = 3U_P I_P \cos\varphi = 3\frac{U_N I_N}{\sqrt{3}}\cos\varphi = \sqrt{3}U_N I_N \cos\varphi \tag{3-49}$$

同理，三相电路的无功功率为

$$Q = Q_A + Q_B + Q_C = 3U_P I_P \sin\varphi = \sqrt{3}U_N I_N \sin\varphi \tag{3-50}$$

三相电路的视在功率为

$$S = \sqrt{P^2 + Q^2} = \sqrt{3}U_N I_N \tag{3-51}$$

测量三相电路的功率,对于三相四线制,应对各相分别测量,通过求和得到三相电路的总功率,如图 3-21 所示;对于三相三线制,可用两瓦计法,如图 3-22 所示。

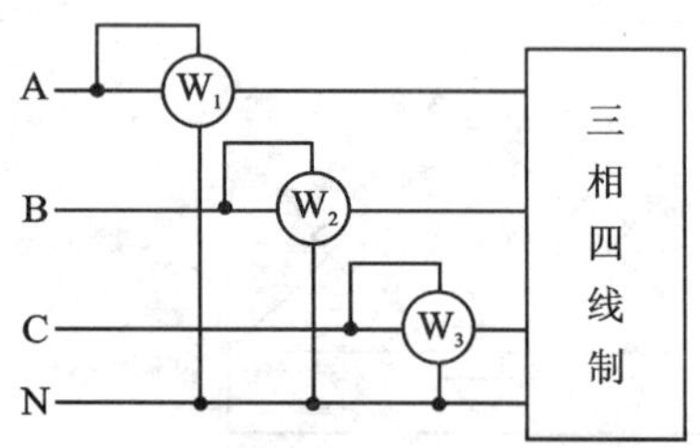

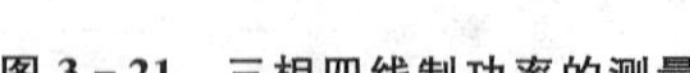
图 3-21 三相四线制功率的测量

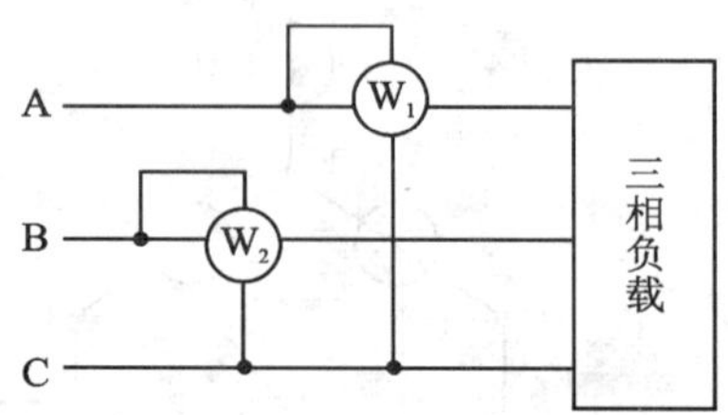

图 3-22 两瓦计法测量三相功率

两瓦计法是用两个功率表来测量三相功率。具体接线方法是:两个功率表的电流线圈分别接入任意两相,把电压线圈、电流线圈各自的同名端相连,两个电压线圈的异名端接在空相(即第三相)上,则两个功率表读数之和即为三相功率。

3.8 互感耦合电路

3.8.1 互感现象及同名端

1. 互感现象

由电磁理论可知,当线圈中通有变化的电流时,就会在线圈内建立起变化的磁场,产生变化的磁通,变化的磁通与线圈各匝交链而使线圈自身具有磁链,磁链的变化会在线圈两端产生感应电压,这种由于线圈自身磁链的变化而在其自身两端产生感应电压的现象叫做自感现象。此外,对于含有多个线圈的电路来说,还存在着互感现象,所谓互感现象,是指载流线圈之间通过彼此的磁场相互联系的物理现象,也称磁耦合。图 3-23(a)所示为两个有互感的载流线圈,载流线圈中的电流 i_1 和 i_2 称为施感电流,线圈的匝数分别为 N_1 和 N_2。根据两个线圈的绕向、施感电流的参考方向和两线圈的相对位置,按右手螺旋定则可以确定施感电流产生的磁通方向和彼此交链的情况。线圈 1 中的电流 i_1 产生的磁通设为 Ψ_{11},参考方向如图 3-23 所示,在穿越自身的线圈时,所产生的磁通链(简称磁链)设为 Ψ_{11},称为自感磁链;Ψ_{11} 中的一部分或全部交链线圈 2 时产生的磁链设为 Ψ_{21},称为互感磁链。同样,线圈 2 中的电流 i_2 也产生自感磁链 Ψ_{22} 和互感磁链 Ψ_{12}(图 3-23 中未画出),这就是两线圈彼此耦合的情况。把这两个靠近的载流线圈称为耦合线圈。

2. 互感线圈的同名端

具有互感的线圈,同一瞬间极性相同的端子叫做同极性端,又叫做同名端。由于线圈被同一磁通交链,故同名端是确定的。

对于相对位置和线圈绕向确定的互感线圈的同名端,可以借助右手螺旋法则来判断,即假

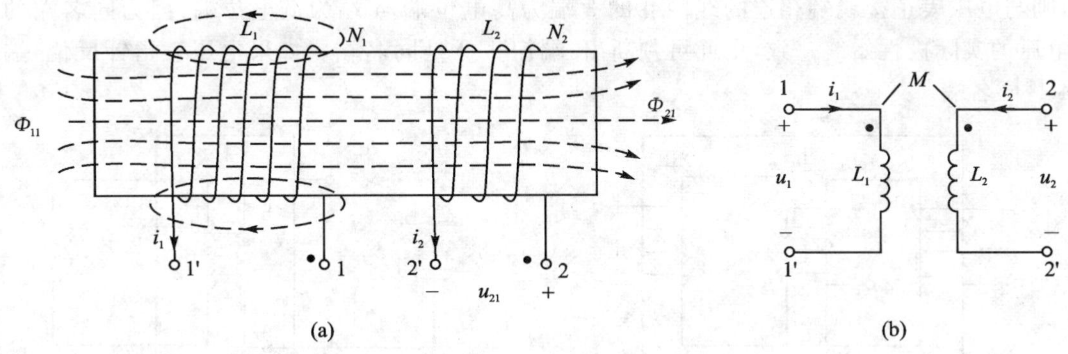

图 3－23　两个线圈的互感

定给互感线圈同时通以电流，且电流与磁通的方向符合右手螺旋定则，当各电流产生的磁通相互加强时(即方向相同时)，则电流流进或流出的端子为同名端。同名端可用相同的符号标记，如"·"或"＊"等。由此可判断出图 3－23(a)所示的两互感线圈，1、2 或 1′、2′为同名端，图中是用小圆点标出的，如图 3－23(b)所示，图中的 M 称为互感系数，简称互感，单位是亨利(H)。

图 3－24 画出了几组实际绕向和相对位置不同的互感线圈。利用上述同名端的定义可以判断出各组互感线圈的同名端。在图 3－24(a)中，若电流分别从 1 端和 3 端流入，它们产生的磁通相互加强，因此 1 端和 3 端是同名端，同理，图 3－24(b)中 1、4 端是同名端，图 3－24(c)中 1、4 是同名端。

比较图 3－24(a)、(b)可以看出，两线圈相对位置相同，实际绕向不同，因而同名端不同；图 3－24(a)、(c)中，两线圈绕向相同，但相互位置不同，其同名端也就不同。这说明同名端只取决于两线圈的实际绕向和相互位置。

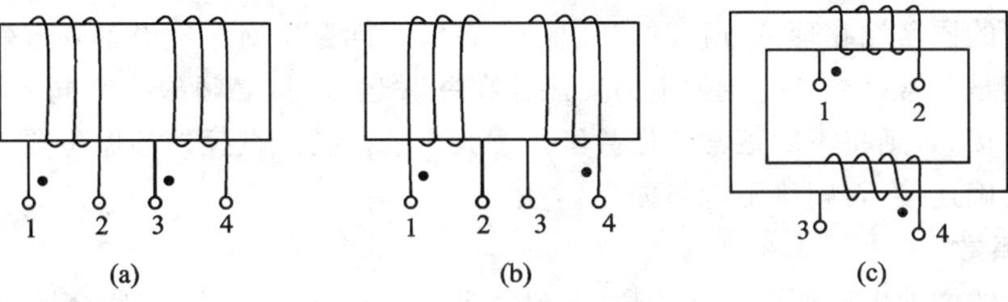

图 3－24　互感线圈的同名端

图 3－25 所示电路中，由于三个线圈没有一条磁感应线可以同时穿过它们，因此它们没有共同的一组同名端，只能每两个线圈之间具有同名端。利用上述定义可以得出，对线圈Ⅰ、Ⅱ来说，1、4 端是同名端，线圈Ⅱ、Ⅲ的同名端为 3 端和 5 端，线圈Ⅰ、Ⅲ的同名端为 1 端和 5 端，分别用"·"、"△"和"＊"标记。

对实际已绕制好的互感线圈，有时无法判别它们的实际绕向，例如线圈被封装在外壳里面，在这种情况下，可以采用实验的方法来测定两线圈的同名端。在图 3－26 所示电路中，直流电压源正负极通过开关 S 与线圈Ⅰ的 1、2 端连接，直流电压表(或电流表)接到线圈Ⅱ的 3、4 端。在开关 S 闭合瞬间，电流由电源正极流入线圈Ⅰ的 1 端且正在增大，即电流的变化率 $\frac{\mathrm{d}i}{\mathrm{d}t}>0$，则与电源正极相连的 1 端为高电位端，2 端为低电位端。此时若电压表指针正向偏转,则与电压表正接线端相连的线圈Ⅱ的3端为高电位端,4端为低电位端,因为同名端的感应电压的实际极性始终一致,由此可判断出,端钮1、3是同名端。如果电压表指针反偏,端钮1、4是同名端。

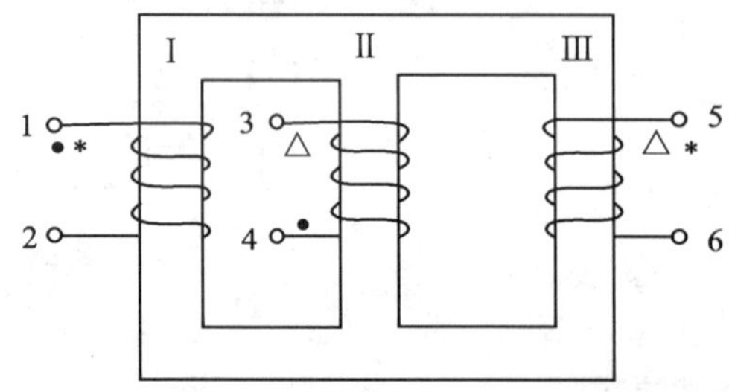

图3-25 三个互感线圈的同名端

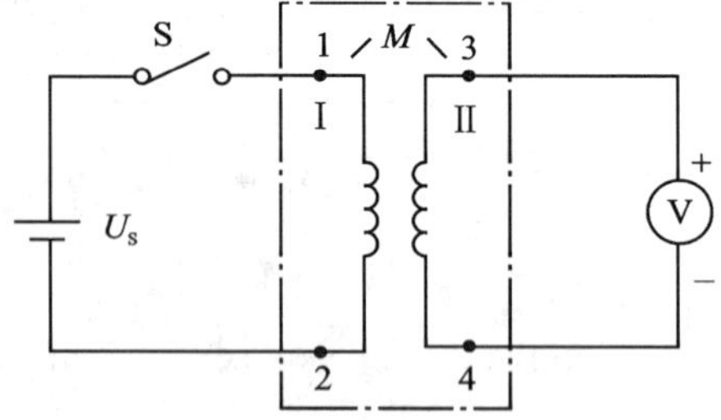

图3-26 实验方法测定同名端

在绘电路图时,为了简便起见,常常不绘出线圈的绕向,而用电感元件的符号代替,同时在相应端钮上标出同名端的标记即可,如图3-27所示。

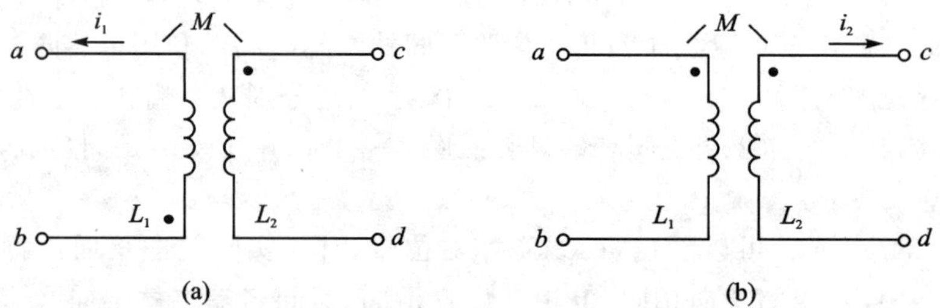

图3-27 互感线圈的同名端

互感线圈的同名端在理论分析时非常重要,在实际问题中对电气设备有磁耦合的线圈,正确判别同名端是非常必要的。例如电力变压器在并联运行时,必须根据其同名端按规定的接线组别正确连接,否则将不能正常工作甚至出重大事故。变压器反馈的振荡器,振荡线圈也必须按同名端正确连接,否则将不能起振。

3. 耦合系数

两个耦合线圈的电流所产生的磁通,一般情况下,只有部分磁通相互交链,彼此不交链的那部分磁通称为漏磁通。两耦合线圈相互交链的磁通越大,说明两个线圈耦合得越紧密。通常用耦合系数k来表示两个线圈耦合的紧密程度。

耦合系数k表达式为

$$k=\frac{M}{\sqrt{L_1L_2}} \tag{3-52}$$

由于漏磁通,耦合系数k总是小于1。k值大小取决于两个线圈的相对位置及磁介质的性质。k值越大,表明漏磁通越小,两线圈之间的耦合越紧密。$k=1$时,称为全耦合。

在电力变压器中,为了有效地传输功率,采用紧密耦合,k值接近于1,而在无线电和通信方面,要求适当的、较松的耦合时,就需要调节两个线圈的相互位置。有的时候为了避免耦合作用,就应合理布置线圈的位置,使之远离,或使两线圈的轴线相互垂直,或采用磁屏蔽方法等。

由式(3-52)可知，$M=k\sqrt{L_1L_2}$。对于两个几何尺寸及匝数均为一定的线圈来说，其电感 L_1 和 L_2 均为固定值。它们之间的互感系数 M 就取决于 k 的大小，改变两线圈的相互位置，就可以改变 k 的大小，也就改变了 M 的大小。

3.8.2　互感电压

由互感原理可知，对于发生互感的线圈，每个线圈中的电流除了在其自身两端产生自感电压外，同时还在与其发生互感的线圈中产生互感电压。以图 3-23(b)为例，线圈 L_1 中电流 i_1 产生的自感电压为 u_{L_1}，产生的互感电压为 u_{21}；线圈 L_2 中电流 i_2 产生的自感电压为 u_{L_2}，产生的互感电压为 u_{12}。因此，电感 L_1 和 L_2 的端电压 u_1 和 u_2 是自感电压与互感电压叠加的结果。自感电压前的"+"、"-"号可直接根据自感电压与产生它的电流是否为关联方向确定，关联时取"+"号，非关联时取"-"号。互感电压前的"+"、"-"号的正确选取是写出耦合电感端电压的关键，选取原则可简明地表述如下：如果互感电压的"+"极端子与产生它的电流流进的端子为一对同名端，则互感电压前取"+"号，反之取"-"号。

例 3-6　图 3-28 所示的互感电路中，同名端标记如图所示。已知 $L_1=L_2=0.05$ H，$M=0.025$ H，$i_1=2.82\sin(1\,000\,t)$A，试求自感电压 u_{L_1} 和互感电压 u_{21}。

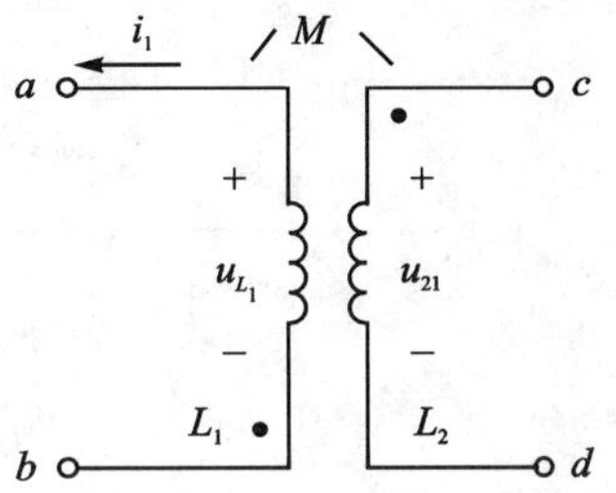

图 3-28　例 3-6 电路

解：选取自感电压 u_{L_1} 和互感电压 u_{21} 参考方向如图 3-28 所示。由于 u_{L_1} 与 i_1 参考方向相反，u_{21} 的"+"极端子与产生它的电流 i_1 流进的端子是同名端，所以可得

自感电压　$$u_{L_1}=-L_1\frac{\mathrm{d}i_1}{\mathrm{d}t}$$

互感电压　$$u_{21}=M\frac{\mathrm{d}i_1}{\mathrm{d}t}$$

其相量形式为

自感电压　$$\dot{U}_{L_1}=-\mathrm{j}\omega L_1\dot{I}_1$$

互感电压　$$\dot{U}_{21}=\mathrm{j}\omega M\dot{I}_1$$

由已知可得

$$\dot{I}_1=\left(\frac{2.82}{\sqrt{2}}\angle 0^\circ\right)\mathrm{A}=2\angle 0^\circ\ \mathrm{A}$$

自感抗　$$\omega L_1=(1\,000\times 0.05)\ \Omega=50\ \Omega$$

互感抗　$$\omega M=(1\,000\times 0.025)\ \Omega=25\ \Omega$$

则自感电压、互感电压的相量形式为

$$\dot{U}_{L_1}=-\mathrm{j}\omega L_1\dot{I}_1=(-\mathrm{j}50\times 2\angle 0^\circ)\ \mathrm{V}=100\angle -90^\circ\ \mathrm{V}$$

$$\dot{U}_{21}=\mathrm{j}\omega M\dot{I}_1=(\mathrm{j}25\times 2\angle 0^\circ)\ \mathrm{V}=50\angle 90^\circ\ \mathrm{V}$$

于是可得自感电压、互感电压的解析式为

$$u_{L_1}=100\sqrt{2}\sin(1\,000t-90^\circ)\ \mathrm{V},\qquad u_{21}=50\sqrt{2}\sin(1\,000t+90^\circ)\ \mathrm{V}$$

例 3-7 图 3-29(a)、(b)所示的电路中,同名端标记、端电压 u_1 和 u_2、电流 i_1 和 i_2 的参考方向均已标在图上,试写出线圈端电压 $\dot{U}_1$、$\dot{U}_2$ 的表达式。

解:图 3-29(a)中两线圈中均通有电流,所以端电压 u_1、u_2 各是由自感电压和互感电压组成。图中,电流 i_1、i_2 从同名端流入,按惯例(即自感电压与其释感电流为关联方向,互感电压的"+"极端子与产生它的电流流进的端子为一对同名端)选择 u_{L_1}、u_{L_2}、u_{12}、u_{21} 参考方向如图所示。u_{L_1}、u_{12} 与端电压 u_1 参考方向相反,u_{L_2}、u_{21} 与端电压 u_2 的参考方向相同,由此可写出端电压 u_1、u_2 的瞬时值表达式为

$$u_1 = -u_{L_1} - u_{12} = -L_1\frac{di_1}{dt} - M\frac{di_2}{dt}, \qquad u_2 = u_{L_2} + u_{21} = L_2\frac{di_2}{dt} + M\frac{di_1}{dt}$$

$\dot{U}_1$、$\dot{U}_2$ 的相量表达式为

$$\dot{U}_1 = j\omega L_1\dot{I}_1 - j\omega M\dot{I}_2, \qquad \dot{U}_2 = j\omega L_2\dot{I}_2 + j\omega M\dot{I}_1$$

图 3-29(b)中,电流 i_1、i_2 从异名端流入,同样按惯例选择 u_{L_1}、u_{L_2}、u_{12}、u_{21} 参考方向如图所示,得

$$\dot{U}_1 = j\omega L_1\dot{I}_1 - j\omega M\dot{I}_2, \qquad \dot{U}_2 = -j\omega L_2\dot{I}_2 + j\omega M\dot{I}_1$$

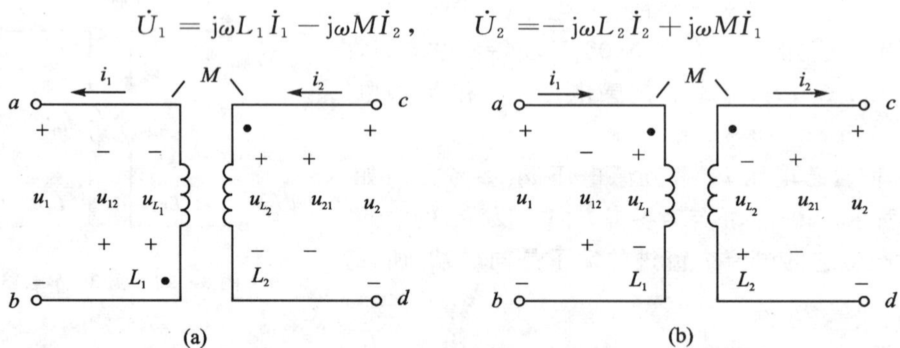

图 3-29 例 3-7 电路

3.8.3 理想变压器

理想变压器是从实际的变压器抽象出来的理想化模型,它是一种全耦合变压器,认为其耦合系数 k 等于 1。图 3-30 所示为理想变压器的电路模型。

理想变压器的电压、电流方程是一个仅与变比 n 有关的代数方程,即

$$\left.\begin{aligned}\frac{u_1}{u_2} &= \frac{N_1}{N_2} = n \qquad 或 \qquad u_1 = nu_2 \\ \frac{i_1}{i_2} &= \frac{N_2}{N_1} = \frac{1}{n} \qquad 或 \qquad i_1 = \frac{1}{n}i_2\end{aligned}\right\} \quad (3-53)$$

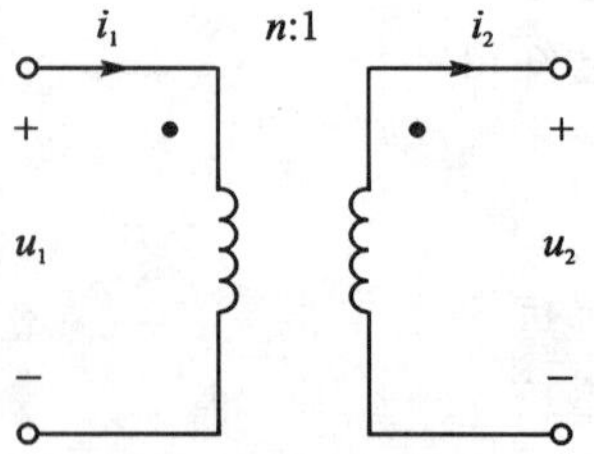

图 3-30 理想变压器的电路模型

其中,$n=N_1/N_2$ 为一个正实数,称为理想变压器的变比,N_1 和 N_2 分别为原边和副边的匝数。式(3-53)是根据图 3-30 中所示参考方向和同名端列出的。

将式(3-53)中理想变压器的两个方程相乘后得

$$u_1 i_1 - u_2 i_2 = 0$$

即输入理想变压器的瞬时功率等于零,所以它既不耗能也不储能,它将能量由原边全部传输到

副边输出，在传输过程中，仅仅将电压、电流按变比做数值变换。

此外，理想变压器还有阻抗变换的作用。如图 3-31(a)所示，在正弦稳态情况下，若在理想变压器的副边接有一阻抗 Z_L，则从原边 a、b 端看进去的输入阻抗为

$$Z_{ab}=\frac{\dot{U}_1}{\dot{I}_1}=\frac{n\dot{U}_2}{\frac{1}{n}\dot{I}_2}=n^2\left(\frac{\dot{U}_2}{\dot{I}_2}\right)=n^2 Z_L \tag{3-54}$$

这就是说，理想变压器原绕组端输入阻抗等于负载阻抗乘以 n^2 倍，或者说负载阻抗折合到原绕组端应乘以 n^2 倍，这就起到了阻抗变换的作用。

因为 n 是正实数，所以输入阻抗 Z_{ab} 与负载阻抗 Z_L之间，模不同，阻抗角相同。因此理想变压器变换阻抗时，只改变复数阻抗的模，而不改变阻抗角。根据式(3-54)，从理想变压器原绕组两端看进去，可得理想变压器初级的等效电路，如图 3-31(b)所示。

变压器的阻抗变换特性是很有用的。在晶体管收音机中把输出变压器介入扬声器和功率放大器之间，利用输出变压器变换阻抗，达到阻抗匹配的目的，从而使负载获得最大功率。

图 3-32 所示是晶体管收音机功率放大电路的等效二端网络，作为负载的扬声器电阻 R_L 一般不等于这个二端网络的等效内阻 R_o，为了使扬声器获得最大功率，可以利用输出变压器进行阻抗变换，当 $R_o=R_{ab}=n^2R_L$ 时，达到阻抗匹配，扬声器获得最大功率。此时变压器的变比为

$$n=\sqrt{\frac{R_{ab}}{R_L}}=\sqrt{\frac{R_o}{R_L}} \tag{3-55}$$

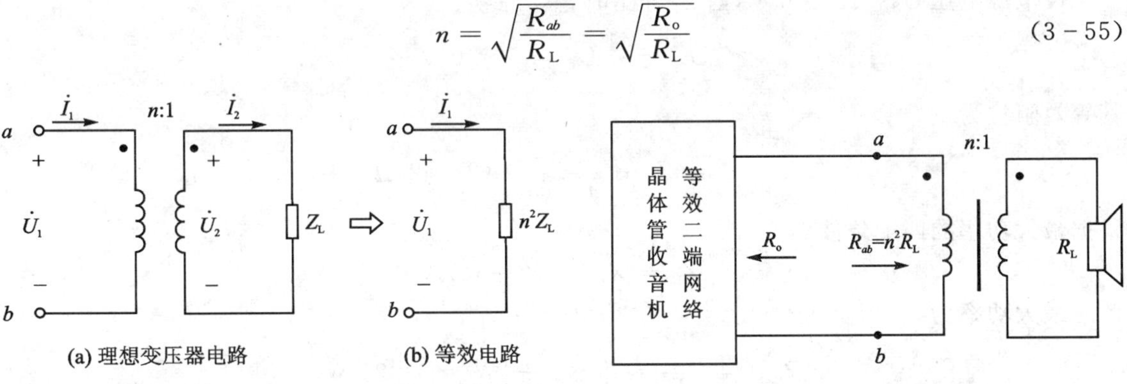

(a) 理想变压器电路　(b) 等效电路

图 3-31　理想变压器的等效电路　　**图 3-32　阻抗变换的应用**

例 3-8　图 3-33(a)所示理想变压器，匝数比为 1∶10，已知 $u_S=10\sin(10t)$ V，$R_1=1\ \Omega$，$R_2=100\ \Omega$。求 u_2。

解：由图 3-33(a)所示可以列出电路方程：

$$R_1 i_1+u_1=u_S,\qquad R_2 i_2+u_2=0$$

根据理想变压器的 VCR，有

$$u_1=-\frac{1}{10}u_2,\qquad i_1=10\ i_2$$

代入数据可解得

$$u_2=-5u_S=-50\ \sin(10t)\text{V}$$

另一种解法是先用初级等效电路求 u_1，再按电压方程求 u_2。初级绕组 a、b 端的等效电阻为

$$R_{ab}=n^2R_2=(0.1)^2R_2=(0.01\times 100)\Omega=1\ \Omega$$

等效电路如图 3-33(b)所示,求得

$$u_1=\frac{R_{ab}}{R_1+R_{ab}}u_S=\frac{1}{1+1}u_S=\frac{1}{2}u_S$$

$$u_2=-10u_1=-5u_S=-50\sin(10t)\text{V}$$

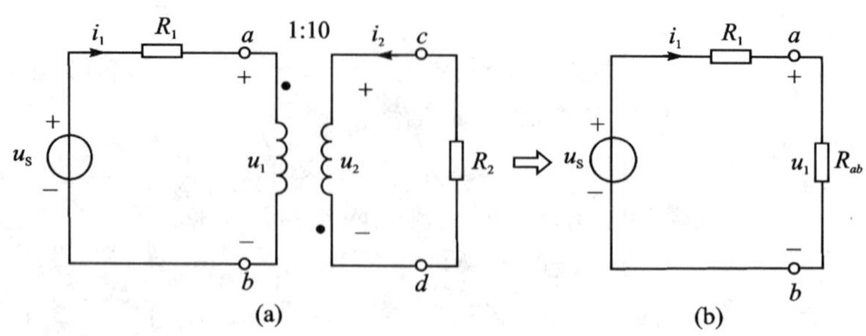

图 3-33 例 3-8 电路

例 3-9 图 3-34(a)所示电路中,正弦电源有效值为 100 V,$Z_1=(4-j4)\Omega$,$Z_2=(1-j1)\Omega$,试计算复阻抗 Z_L为多少时,其消耗的功率最大,并求最大功率。

解:可以先计算 a、b 左侧的戴维南等效电路,如图 3-34(b)所示。

设电源电压 $\dot{U}_S=100\angle 0°\text{V}$,当 Z_L开路时,其开路电压为

$$\dot{U}_{oc}=\frac{1}{2}\dot{U}_S=50\angle 0°\text{V}$$

其等效阻抗为

$$Z_{ab}=Z_2+\frac{1}{n^2}Z_1=(2-j2)\Omega$$

根据最大功率的匹配条件[①],则

$$Z_L=Z_{ab}^*=(2+j2)\Omega$$

此时最大功率为

$$P_{max}=\frac{U_{oc}^2}{4R}=\left(\frac{50^2}{4\times 2}\right)\text{W}=31.25\ \text{W}$$

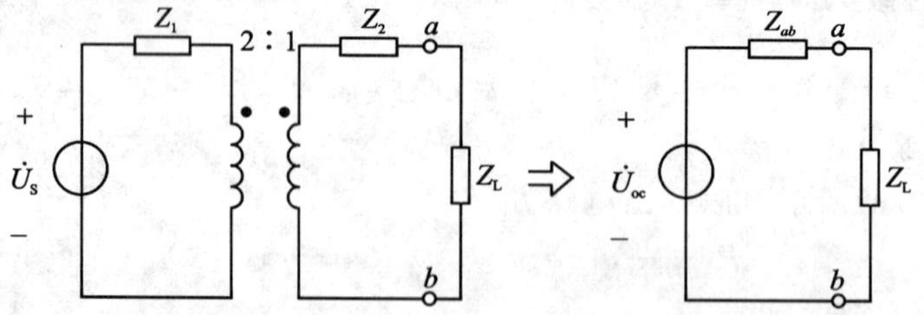

(a) 理想变压器电路　　(b) 戴维南等效电路

图 3-34 例 3-9 电路

---

①在交流电路中,若电源的内阻和负载均为阻抗,那么在内阻抗 Z_o 固定、负载阻抗 Z_L 可变的情况下,负载获得最大功率(平均功率)的条件是:当 Z_L 等于 Z_o 的共轭复数,即 $Z_L=Z_o^*$ 时,负载可获得最大功率,且最大功率为 $P_{max}=\frac{U_s^2}{4R_o}$。

3.9　应用实例

3.9.1　电容倍增器

图 3-35 所示的运算放大器电路称为电容倍增器，它常用于积分电路中，当积分电路需要一个大电容量时，该电路可以将一个小电容量等效于乘以若干倍，倍数可达 1 000。例如，一个 10 pF 的电容器通过该电路后，其作用相当于 100 nF 的电容器。

图 3-35 中的第一级运放是电压跟随器，而第二级则是反相放大器。电压跟随器将电路的电容与反相放大器负载隔离开来。因为运放的输入端没有电流流入，所以输入电流 I_i 是流过反馈电容器的，所以

在结点 1 处，有

$$I_i = \frac{U_i - U_o}{1/(j\omega C)} = j\omega C(U_i - U_o)$$

在结点 2 处，由 KCL，得到

$$\frac{U_i - 0}{R_1} = \frac{0 - U_o}{R_2}$$

或

$$U_o = \frac{R_2}{R_1} U_i$$

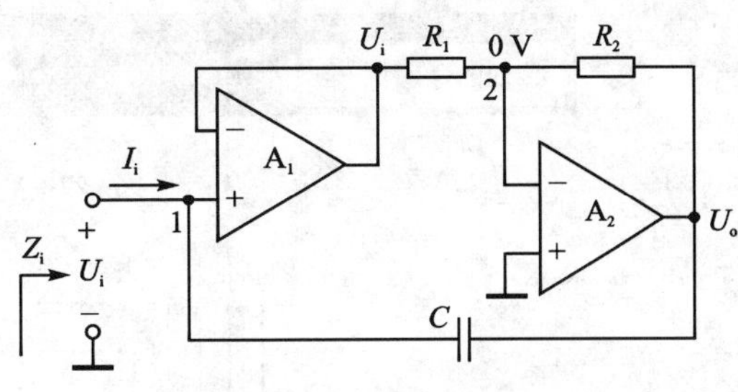

图 3-35　电容倍增器

由以上各式可得

$$I_i = j\omega C\left(1 + \frac{R_2}{R_1}\right) U_i$$

或

$$\frac{I_i}{U_i} = j\omega\left(1 + \frac{R_2}{R_1}\right) C$$

电路的输入阻抗为

$$Z_i = \frac{U_i}{I_i} = \frac{1}{j\omega C_{eq}}$$

式中，$C_{eq} = \left(1 + \frac{R_2}{R_1}\right) C$。

所以，适当选择 R_1 和 R_2 的阻值，图 3-35 的运放电路可以在输入端与地之间产生一个有效电容量，它是实际电容量 C 的倍数。有效电容量的大小受反相放大器输出电压的限制。若要使有效电容量越大，则允许的输入电压就要越小，这样才能避免运放趋于饱和。

3.9.2　住宅房屋的接线

中国绝大多数家庭照明的电气设备都用的是 220 V、50 Hz 的单相正弦交流电，当地供电公司对住家提供的是三线交流系统。图 3-36 所示为一种典型的配电情况，约 12 000 V 的线电压经变压器降到 220 V/380 V。变压器输出的三根线一般都用不同颜色加以区别：红色（火线），黑色（火线），白色（中线），如图 3-37 所示。图中，$\dot{U}_W = 0\angle 0°$，$\dot{U}_B = 220\angle 120°\text{V}$，$\dot{U}_R = 220\angle -120°\text{V}$，$\dot{U}_{BR} = \dot{U}_B - \dot{U}_R = 380\angle 90°\text{V}$。

多数电气设备的工作电压是 220 V，如图 3-38 所示，房间内的灯和其他电器是接到 220 V

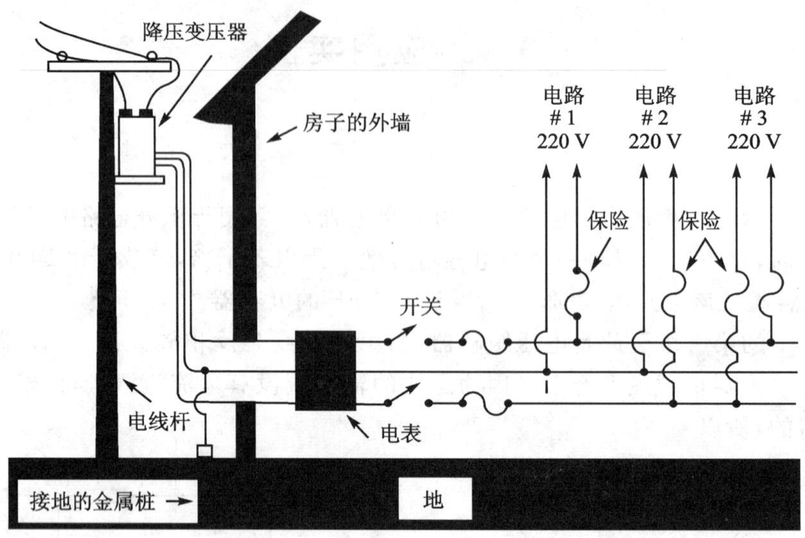

图 3-36 一个 220 V/380 V 家庭电源系统

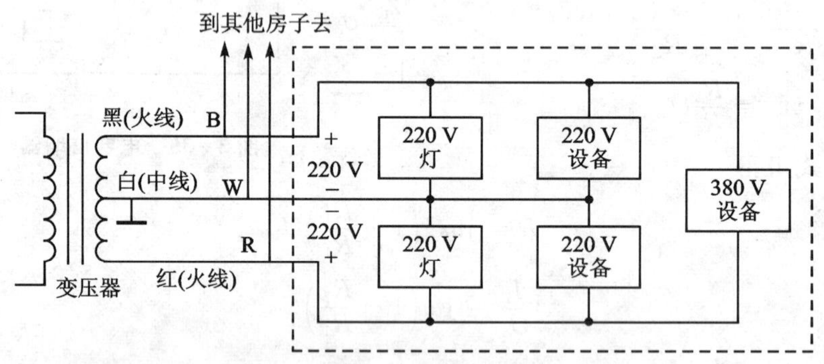

图 3-37 单相三线住家的接线

的电压线上的，各个负载都是并联连接的，用电量比较大的一些电器，如空调、洗衣机、电路和洗碗机等，都是接到 380 V 的电源线上的，如图 3-36 所示。

由于用电的危险性，房屋的用电接线要严格按照画好的接线规定操作，这些操作图要符合当地的法规和本国国家电气规则的要求。为了避免发生事故，接线中要用隔离器、接地装置、保险盒和电路断路器等，现代的接线规则要求是三线的，有单独的一根接地线。该地线与中线一样并不带电，但它允许设备有了分离的接地连接。图 3-39 所示为电源插座与 220 V 电源线和地线的连接情况，图中的中线在许多关键的地方都接到地(大地)。看起来插座上的地线是多余的，其实，这种接地的连接还是很重要的。这是因为：第一，这是电气规则规定的条款；第二，若电源线遇到雷击时，闪电可通过地线与大地相通；第三，该地线的连接可最大程度地避免触电。

电击现象是指电流由人体的某部分流过另一部分。人体呈现一个大电阻 R 的性质。若 U 是人体与地之间的电位差，则流过人体的电流根据欧姆定律表示为：$I=\dfrac{U}{R}$。

R 的值因人而异，也随人体的干燥和潮湿程度而不一样。电击严重与不严重取决于流过人体的电流量、流过人体的路径和人体触电时间的长短。若电流 $I<1$ mA，应该说对人体是无害的，但若大于 1 mA，则会有严重的电击后果。一个现代的安全设备叫做地线差错电路中断器(GFCI)，可以安装在室外或洗浴间的电路中，那里发生电击的可能性最大。它的最基本核心是一个电路断路器，当流过红、白、黑的电流之和不为零时，断路器就打开而将电路断开。

避免电击的最好办法是遵守有关电路系统和电气装置安全操作规则。

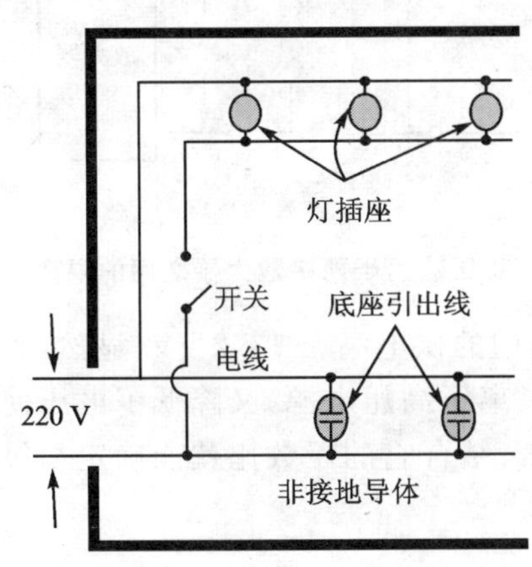

图 3-38　一个典型的室内接线图

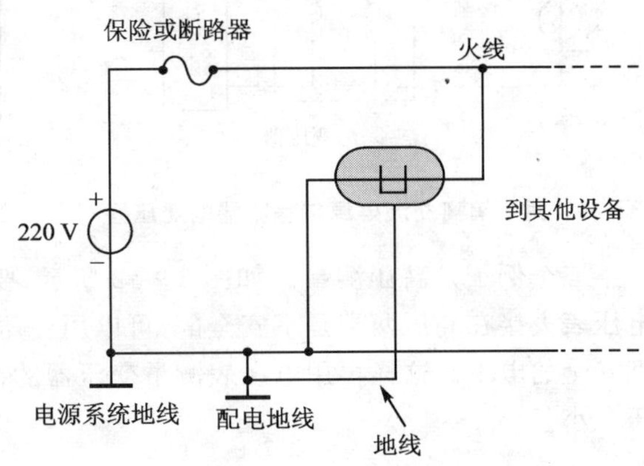

图 3-39　插座火线和地线的接法

3.9.3　变压器用作隔离装置

变压器可能是最大、最重，也常常是最贵的电路元件。但是，它却是电路中不可缺少的无源设备，在众多高效装置中，变压器的效率一般都为 95%，达到 99%也是可能的。变压器有许许多多的应用，例如：

- 提升或降低电压和电流，使变压器在电力输送和配电方面显得很有用。
- 将电路的一部分与另一部分隔离开来(在没有任何电连接的情况下传送功率)。
- 变压器用作阻抗匹配装置，以实现最大功率输送。
- 用于感应性响应的选频电路中。

由于变压器应用的多样性，所以有许多专用变压器，它们是：电压变压器、电流变换器、功率转换器、配电变压器、阻抗匹配变压器、声频变压器、单相变压器、三相变压器、整流变压器、反相变压器等。本节中，讨论变压器的其中一个重要应用——用作隔离装置。

两个装置之间没有实在的电连接时，称作是电隔离的。变压器的能量转换是靠初级和次级之间的磁耦合，它们之间没有电连接，所以变压器是电隔离的。下面举三个例子，说明如何应用变压器电隔离的优点。

图 3-40 是第一个例子。整流器电路将交流电源转换为直流电源，变压器用在电路中可以将交流电源耦合到整流器中。这里的变压器起两个作用：升压或降压，以及交流电源与整流器之间的电隔离。这样，在处理电路时减少了电击的危险性。

第二个例子是在放大器的级与级之间耦合常常会用到变压器，避免这一级的直流电压影响下一级的直流偏置，直流偏置是晶体管或电路按所要求模式工作的必要条件。放大器的每一级有其各自的偏置电压，而按一定的模式工作，要是没有变压器作直流隔离，工作就会遭到破坏。如图 3-41 所示，用了变压器后，直流电压是不存在磁耦合的，只有交流信号才由前级通过变压器耦合到后级,在无线电或电视接收机中的变压器常用于高频放大器各级之间的耦合。若变压器只作为隔离之用,其匝数比为1,即隔离变压器的变比 $n=1$。

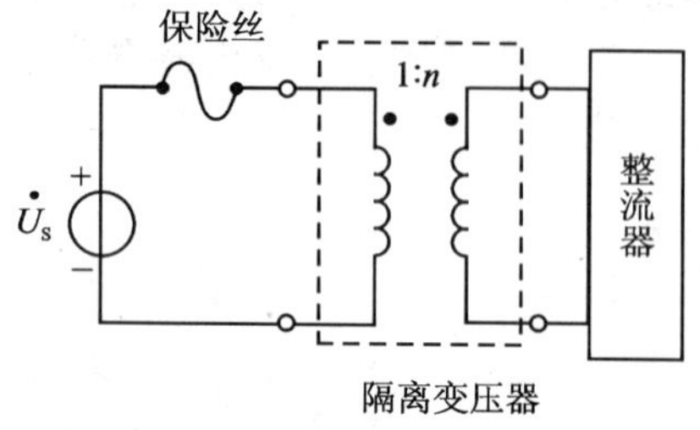

图 3-40 用于隔离交流电源与整流器的变压器

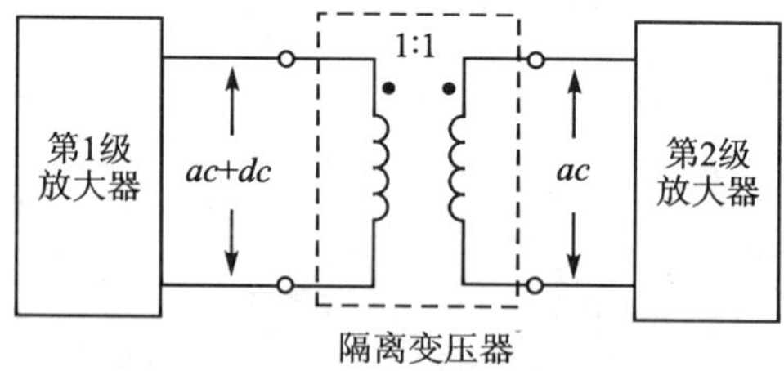

图 3-41 变压器用于两极放大器之间的隔离

第三个例子是高压测量。如图 3-42 所示,要测量图中的供电高压 13.2 kV,显然,直接用电压表去接在高压两端是不安全的,可以用变压器,既隔离了高压电源,又降低了电压使之达到安全的电平。这样再用电压表测量变压器的次级电压,结合它的匝数比就能确定初级的高压大小了。

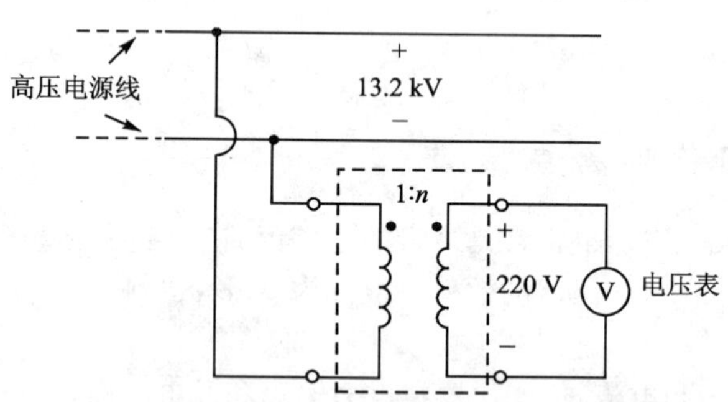

图 3-42 变压器用于隔离高压电流和电压表

本章小结

1. 正弦量有三个要素,振幅、角频率和初相。两个同频率正弦量的相位之差称相位差,通常用相位差来描述两同频率正弦量的位置关系。

2. 为便于正弦电路的计算,引入正弦量的相量表示法。相量表示法实际上是用一个复数表示该正弦量,但复数本身并不等于正弦量。相量图是将同频率正弦量画在同一复平面内的图形。

3. 正弦交流电路的计算采用相量分析法。所谓相量分析法,就是把电路中的电压、电流先表示成相量形式,然后用相量形式进行运算的方法。

4. 正弦交流电路中不同功率有不同含义,要搞清不同功率的物理意义及单位。

5. 谐振是正弦交流电路中一种物理现象,它在电工和电子技术中得到广泛应用,但它也可能给电路系统造成危害。谐振电路的谐振条件及谐振时电路的特征是本部分的重点。

6. 由三相电源供电的电路称为三相电路。对称三相电源的电压是频率和幅值相同、相位相差 120°的正弦电压。三相电源有 Y 形和△形两种连接方式，三相负载也有以上两种连接方式。由对称三相电源和对称三相负载组成的电路叫做对称三相电路。对称三相电路的计算依据的是单相正弦电路的相量分析法以及三相电路的对称性。

7. 线圈间电流变化在各自线圈中产生感应电压的现象称为互感现象。耦合系数 k 用来表征互感线圈耦合的紧密程度。同名端是在互感线圈中做出的一种标记，用以判断互感电压表达式前的“＋”、“－”。如果互感电压的“＋”极端子与产生它的电流流进的端子为一对同名端，则互感电压前取“＋”号，反之取“－”号。

8. 理想变压器是从实际的变压器抽象出来的理想化模型，它是一种全耦合变压器。理想变压器的变比 n 是非常重要的参数，其电压—电流方程仅与该参数有关。变压器的阻抗变换作用在电子线路中应用广泛。

习题三

3-1　已知正弦电压和电流为 $u(t)=311\sin\left(314t-\frac{\pi}{6}\right)\mathrm{V}$，$i(t)=-10\sqrt{2}\sin\left(50\pi t-\frac{3\pi}{4}\right)\mathrm{A}$。(1) 求正弦电压和电流的振幅、有效值、角频率、频率和初相；(2) 画出正弦电压和电流的波形。

3-2　已知正弦电压的振幅为 100 V，$t=0$ 时的瞬时值为 10 V，周期为 1 ms。试写出该电压的解析式。

3-3　频率为 50 Hz 的正弦电压的最大值为 14.14 V，初始值为 －10 V，试写出其解析式。

3-4　根据题图 3-4 所示正弦电压的波形，确定三要素并写出该电压的解析式。

3-5　题图 3-5 所示为同频率正弦电流 i 和正弦电压 u 的波形，问 i 和 u 的初相各为多少？两者的相位差为多少？i 和 u 哪个超前？超前多少？若将纵坐标(即计时起点)向右或向左移动 $\frac{\pi}{3}$，i 和 u 的初相将如何变化？相位差改变吗？

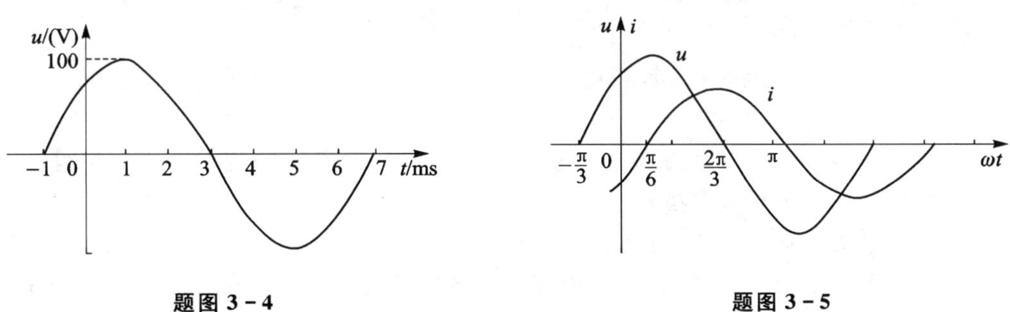

题图 3-4　　题图 3-5

3-6　将 5 只反向击穿电压为 50 V 的整流二极管串联接到 220 V 的市电上，可以经常使用吗？为什么？那么至少需要几只二极管串联才行？

3-7　写出下列各正弦量所对应的相量，并画出相量图。

(1) $u(t)=220\sqrt{2}\sin(\omega t)\mathrm{V}$；　(2) $i(t)=10\sin(\omega t+300°)\mathrm{A}$。

3-8 写出下列各正弦量相量所对应的解析式(f=100 Hz)。

(1) $\dot{I}_1=-\mathrm{j}1\,\mathrm{A}$;(2) $\dot{I}_2=(2-\mathrm{j}1)\,\mathrm{A}$;(3) $\dot{U}_1=220\angle 120^\circ\,\mathrm{V}$;(4) $\dot{U}_2=(-5+\mathrm{j}5)\,\mathrm{V}$。

3-9 已知某二端元件的电压电流采用关联参考方向,若其瞬时值表达式为

(1) $u(t)=15\sin(400t+30^\circ)\,\mathrm{V}$, $i(t)=3\sin(400t+30^\circ)\,\mathrm{A}$;

(2) $u(t)=8\sin(500t+50^\circ)\,\mathrm{V}$, $i(t)=2\sin(500t+140^\circ)\,\mathrm{A}$;

(3) $u(t)=8\sin(250t+60^\circ)\,\mathrm{V}$, $i(t)=5\sin(250t+150^\circ)\,\mathrm{A}$;

试确定该元件是电阻、电感、电容中的哪一种,并确定其元件参数。

3-10 题图3-10所示电路中,已知 $i(t)=5\sqrt{2}\sin(100t+20^\circ)\,\mathrm{A}$。求电压 $u_R(t)$、$u_L(t)$ 和 $u_S(t)$ 的相量。

3-11 题图3-11所示电路中,已知 $u(t)=5\sqrt{2}\sin(10\pi t+20^\circ)\,\mathrm{V}$,求电流 $i_R(t)$、$i_C(t)$ 和 $i_S(t)$ 的相量。

3-12 题图3-12所示电路中,已知电流 $i(t)=1\sin(10^7t+90^\circ)\,\mathrm{A}$,$R=100\,\Omega$,$L=1\,\mathrm{mH}$,$C=10\,\mathrm{pF}$ 求:(1) 电路的复阻抗 Z;(2) 电压 $u_R(t)$、$u_L(t)$、$u_C(t)$ 和 $u_S(t)$ 的解析式及相量式,并画出相量图;(3) 电路功率 P、Q、S。

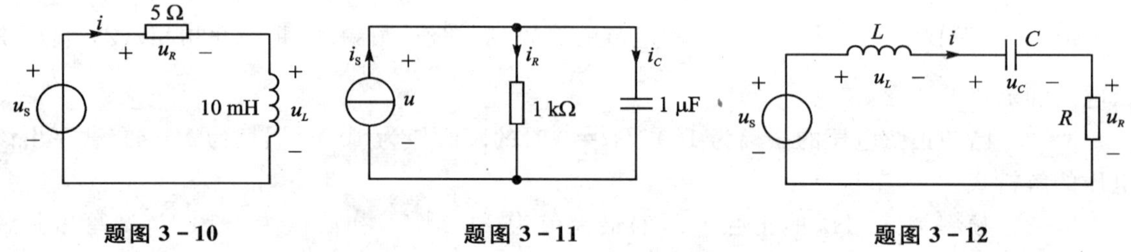

题图 3-10　　题图 3-11　　题图 3-12

3-13 在RLC串联的正弦电路中,已知 $R=1\,\mathrm{k}\Omega$,$L=10\,\mathrm{mH}$,$C=0.02\,\mu\mathrm{F}$,电容两端电压 $u_C(t)=20\sin(10^5t-40^\circ)\,\mathrm{V}$,如题图3-12所示,求电流 $\dot{I}$ 和电源电压 $\dot{U}_S$。

3-14 RLC串联电路中,已知 $R=20\,\Omega$,$L=0.1\,\mathrm{mH}$,$C=100\,\mathrm{pF}$,试求谐振频率 ω_0 和品质因数 Q。

3-15 RLC串联电路中,已知信号源电压 $u_S(t)=\sqrt{2}\sin(10^6t+40^\circ)\,\mathrm{V}$,电路谐振时电流 $I=0.1\,\mathrm{A}$,电容两端电压 $U_C=100\,\mathrm{V}$。试求 R、L、C、Q。

3-16 一对称三相电源,已知相电压 $\dot{U}_a=100\angle-150^\circ\,\mathrm{V}$,求相电压 $\dot{U}_b$、$\dot{U}_c$,并画出相量图。

3-17 星形连接的发电机的线电压为6 300 V,试求每相电压;当发电机的绕组连接成三角形时,问发电机的线电压是多少?

3-18 发电机是星形连接,负载也是星形连接,发电机的相电压 $U_P=1\,000\,\mathrm{V}$,负载每相均为 $R=50\,\Omega$,$X_L=25\,\Omega$。试求:(1) 相电流;(2) 线电压;(3) 线电流;(4) 画出负载电压、电流相量图。

3-19 三相四线制电路中,线电压 $\dot{U}_{AB}=380\angle 0^\circ\,\mathrm{V}$,三相负载对称,为 $Z=10\angle 60^\circ\,\Omega$,求各相电流。

3-20 连接成星形的对称负载,接在一对称的三相电压上,线电压为380 V,负载每相阻抗 $Z=(8+\mathrm{j}6)\,\Omega$,求每相负载两端电压和其电流、功率。

3-21　某建筑物有三层楼，每一层的照明由三相电源中的一相供电。电源电压为 380/220 V，每层楼装有 220 V、100 W 白炽灯 15 只。(1) 画出电灯接入电源的线路图；(2) 当三个楼层的白炽灯全部亮时，求线电流和中线电流；(3) 如一层楼白炽灯全部亮，二层楼只有 5 只灯亮，三层楼灯全灭，而电源中线又断开，这时一、二层楼电灯两端的电压为多少？

3-22　试确定题图 3-22 所示耦合线圈的同名端。

3-23　题图 3-23 所示电路为测定耦合电感同名端的一种实验电路。在开关 S 闭合瞬间，伏特表指针正向偏转，试确定两线圈的同名端。若电压表的指针反向呢？

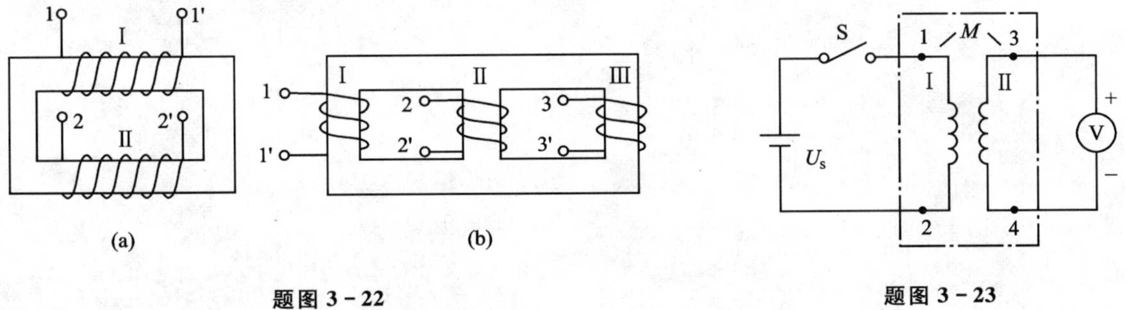

题图 3-22　　　　题图 3-23

3-24　求题图 3-24 所示二端网络的等效电阻 R_{ab}。

3-25　电路如题图 3-25 所示，欲使负载电阻 $R_L=8\ \Omega$ 获得最大功率，求理想变压器的变比 n 和负载电阻获得的最大功率。

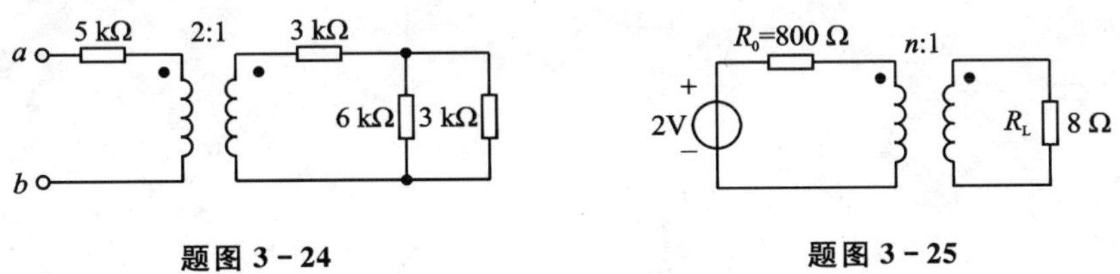

题图 3-24　　　　题图 3-25

3-26　某晶体管收音机的输出变压器的原绕组匝数 $N_1=240$ 匝，副绕组匝数 $N_2=80$ 匝，原接有电阻为 8 Ω 的扬声器，阻抗是匹配的。现在要改接 4 Ω 的扬声器，若输出变压器原绕组匝数不变，问副边绕组的匝数应如何变动？

3-27　理想变压器电路如题图 3-27 所示。已知 $U_S=30$ V，$R_S=200\ \Omega$，变压器的变比 $n=5$，负载电阻 $R_L=4\ \Omega$。(1) 原、副边绕组的电压 U_1、U_2 及电流 I_1、I_2，负载的功率 P_L。(2) 要使负载获得最大功率，此变压器的变比应为多少？此时负载的功率等于多少？

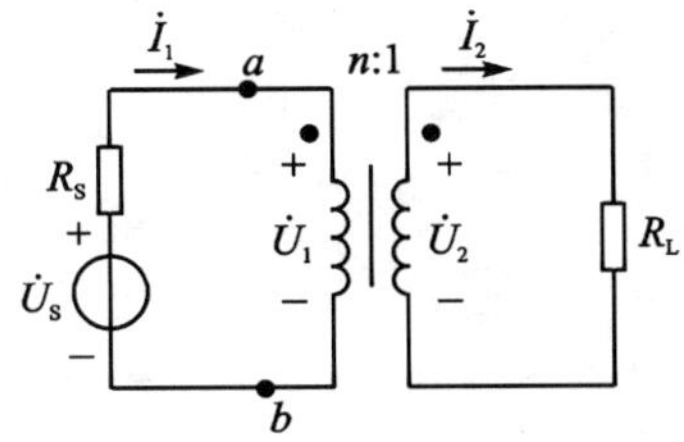

题图 3-27

第二篇

模拟电子技术

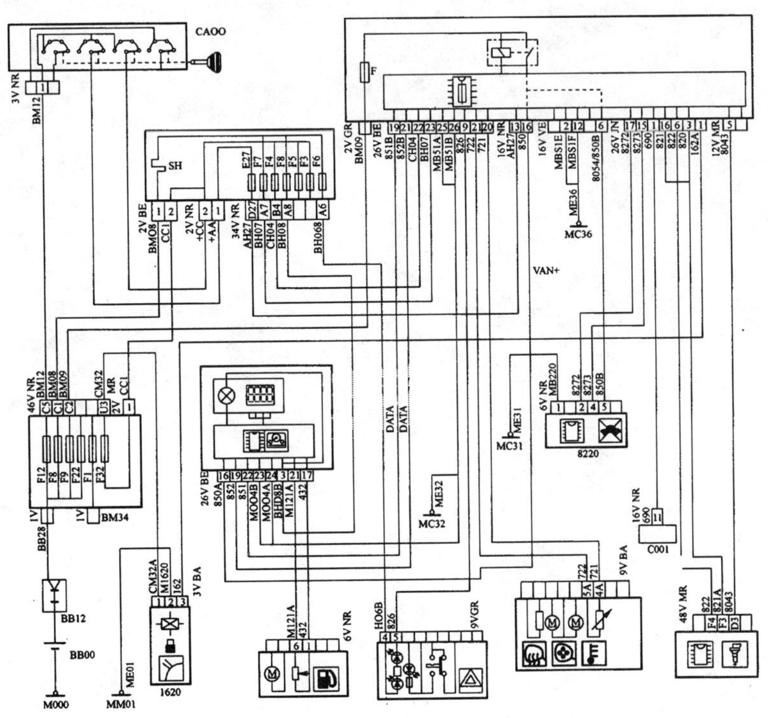
CA00
SH
VAN+
MC36
MC31
8220
C001
MC32
BM34
BB12
BB00
M000
MM01
1620

第 4 章　常用半导体器件

内容提要

- 半导体的特性及载流子的运动
- PN 结的单向导电性
- 半导体二极管的结构、工作原理、特性曲线、参数及应用
- 晶体三极管的结构、工作原理、特性曲线及主要参数
- 场效应管的结构、工作原理、特性曲线及主要参数
- 晶闸管的结构、工作原理、参数及应用

4.1　半导体基础知识

半导体器件是构成各种电力电子线路的基础。本章主要学习半导体二极管、三极管、场效应管及晶闸管，介绍它们的结构、工作原理、特性曲线和主要参数。

4.1.1　本征半导体

导电能力介于导体和绝缘体之间的物质称为半导体。一般来说，半导体的电阻率在 10^{-4} ~ 10^{10} Ω·m 的范围内。半导体是构成电子元器件的重要材料，最常用的半导体材料是硅(Si)和锗(Ge)两种元素。纯净的晶体结构的半导体称为本征半导体。

本征半导体是通过一定的工艺过程形成的单晶体，其中每个硅或锗原子最外层的 4 个价电子，均与它们相邻的 4 个原子的价电子共用，从而形成共价键。本征半导体中原子间的共价键具有较强的束缚力，每个原子都趋于稳定。它们能否有足够的能量挣脱共价键的束缚与热运动(即温度)紧密相关。在热力学温度零度(约 −273℃)时，价电子基本不能移动，因而在外电场作用下半导体中电流为零，此时它相当于绝缘体。但在常温下，由于热运动使价电子被激活，有些获得足够能量的价电子会挣脱共价键成为自由电子，与此同时共价键中就留下一个空位，称为空穴。这种现象称为本征激发。由于电子带负电荷，所以空穴表示缺少一个负电荷，即空穴具有正电荷粒子的特性。

在电子、空穴对产生的同时，运动中的自由电子也有可能去填补空穴，使电子和空穴成对消失，这种现象称为复合。在外电场作用下，一方面带负电荷的自由电子做定向移动，形成电子电流；另一方面价电子会按电场方向依次填补空穴，产生空穴的定向移动，形成空穴电流。把能够运动的、可以参与导电的带点粒子称为载流子，因而自由电子和空穴是半导体中的两种载流子。由于它们所带电荷极性相反，所以电子电流和空穴电流的方向相反。

在一定温度下，电子、空穴对的产生和复合都在不停地进行，最终处于一种动态平衡状态，使半导体中载流子的浓度一定。当温度升高时，本征半导体中载流子浓度将增大。由于导电能力决定于载流子数目，因此半导体的导电能力将随温度升高而增强。温度是影响半导体器

件性能的一个重要的外部因素,半导体材料的这种特性称为热敏性。此外,还有光敏性和掺杂性。

4.1.2　杂质半导体

在常温下,本征半导体中载流子浓度很低,因而导电能力很弱。为了改善导电性能并使其具有可控性,需在本征半导体中掺入微量的其他元素(称为杂质)。这种掺入杂质的半导体称为杂质半导体。因掺入杂质的性质不同,可分为N型半导体和P型半导体。

1. N型半导体

在本征半导体硅Si(或锗Ge,此处以硅为例)中掺入微量的5价元素磷(P),由于磷原子最外层的5个价电子中有4个与相邻硅原子组成共价键,多余一个价电子受磷原子核的束缚力很小,很容易成为自由电子,而磷原子本身因失去电子成为不能移动的杂质正离子。当然,在杂质半导体中,同本征半导体一样,由于热运动仍然产生自由电子——空穴对,但这种热运动产生的载流子浓度远小于掺杂而产生的自由电子数,所以在这种半导体中,自由电子数远超过空穴数,它是以电子导电为主的杂质型半导体,因为电子带负电(negative electricity),所以称为N型半导体。N型半导体中,自由电子是多数载流子(简称多子),空穴是少数载流子(简称少子)。杂质离子带正电。

2. P型半导体

在本征硅中掺入三价元素硼(B),由于硼有3个价电子,每个硼原子与相邻的4个硅原子组成共价键时,因缺少一个电子而产生一个空位。在室温或其他能量激发下,与硼原子相邻的硅原子共价键上的电子就可能填补这些空位,从而在电子原来所处的位置上形成带正电荷的空穴,硼原子本身则因获得电子而成为不能移动的杂质负离子。每个硼原子都能产生一个空穴,这种半导体的空穴数远大于自由电子数,它是以空穴导电为主的杂质型半导体,因为空穴带正电(positive electricity),所以称为P型半导体。P型半导体中,空穴是多数载流子(多子),自由电子是少数载流子(少子)。杂质离子带负电。

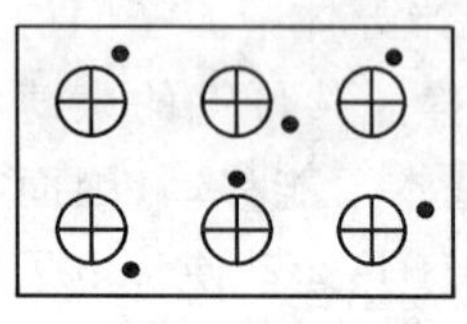

(a) N型半导体

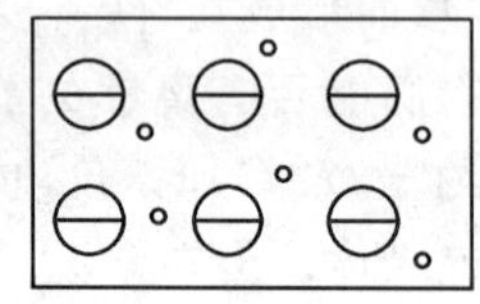

(b) P型半导体

图4-1　杂质半导体的简化画法

以后,为简单起见,通常只画出正离子和等量的自由电子来表示N型半导体;同样,只画出负离子和等量的空穴来表示P型半导体,分别如图4-1(a)和(b)所示。

综上所述,掺入杂质后,由于载流子的浓度提高,因而杂质半导体的导电性能将增强,而且掺入的杂质越多,多子浓度越高,导电性能也就越强,实现了导电性能的可控性。例如,在4价的硅中掺入1%的3价杂质硼后,在室温时的电阻率与本征半导体相比,将下降到五十万分之一,可见导电能力大大提高了。当然,仅仅提高导电能力不是最终目的,因为导体的导电能力更强。杂质半导体的奇妙之处在于,只要掺入不同性质、不同浓度的杂质,并使P型半导体和N型半导体采用不同的方式组合,就可以制造出形形色色、品种繁多、用途各异的半导体器件。

4.1.3　PN结

如果将一块半导体的一侧掺杂成为P型半导体,而另一侧掺杂成为N型半导体,则在二者的交界处将形成一个 PN 结。

1. PN 结的形成

将 P 型半导体和 N 型半导体制作在一起，在两种半导体的交界面就出现了电子和空穴的浓度差。P 区中的多子（即空穴）将向 N 区扩散，而 N 区中的多子（即自由电子）将向 P 区扩散，如图 4-2(a)所示。扩散运动的结果就使两种半导体交界面附近出现了不能移动的带电离子区，P 区出现负离子区，N 区出现正离子区，如图 4-2(b)所示。这些带电离子形成了一个很薄的空间电荷区，产生了内电场。

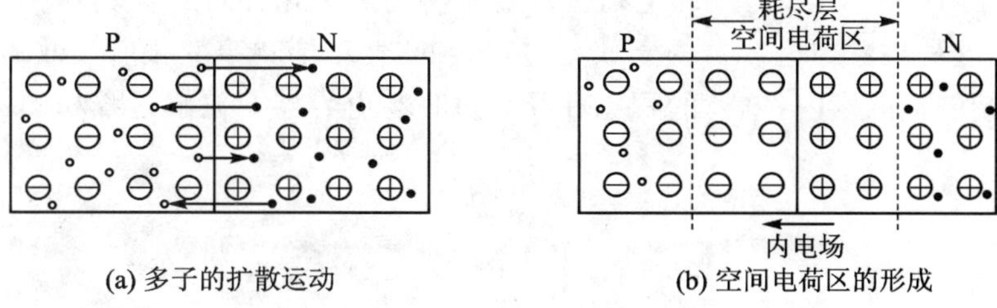

(a) 多子的扩散运动　　(b) 空间电荷区的形成

图 4-2　PN 结的形成

一方面，随着扩散运动的进行，空间电荷区加宽使内电场增强；另一方面，内电场又将阻止多子的扩散运动，促进少子的漂移运动，而少子的漂移运动方向正好与多子扩散运动的方向相反。电场力越大，漂移运动越强。最后，漂移运动与扩散运动达到动态平衡，使空间电荷区的载流子耗尽，成为耗尽层，这个耗尽层（空间电荷区）就是 PN 结。

2. PN 结的单向导电性

PN 结具有单向导电性，这种导电特性只有在外加电压时才能显示出来。

若在 PN 结上加以正向电压，即 P 区接电源正极，N 区接电源负极，称 PN 结处于正向偏置状态，简称正偏，如图 4-3(a)所示。这时外电场与内电场方向相反，削弱了内电场，空间电荷区变窄，正向电流 I 较大，PN 结在正向偏置时呈现较小电阻，PN 结变为导通状态。为了防止大的正向电流把 PN 结烧毁，实际电路都要串接限流电阻 R。

若在 PN 结上加以反向电压，即 P 区接电源负极，N 区接电源正极，称 PN 结处于反向偏置状态，简称反偏，如图 4-3(b)所示。这时外电场与内电场方向相同，空间电荷区变宽，内电场增强，因而有利于少子的漂移而不利于多子的扩散。由于电源的作用，少子的漂移形成了反

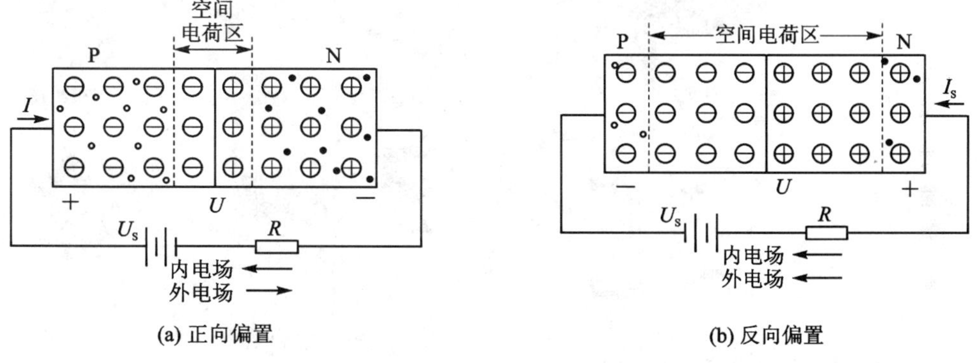

(a) 正向偏置　　(b) 反向偏置

图 4-3　PN 的单向导电性

向电流 I_S。但是,少子的浓度非常低,使得反向电流很小,一般为微安(μA)数量级。所以可以认为PN结反向偏置时基本不导电。

综上所述,PN结正偏时导通,表现出的正向电阻很小,正向电流 I 较大;反偏时截止,表现出的反向电阻很大,正向电流几乎为零,只有很小的反向饱和电流 I_S。这就是PN结最重要的特性——单向导电性。二极管、三极管及其他各种半导体器件的工作特性,都是以PN结的单向导电性为基础的。

此外,PN结在一定条件下还具有电容效应,根据产生原因不同分为势垒电容和扩散电容。当PN结外加电压变化时,空间电荷区的宽度将随之变化,即耗尽层的电荷量随外加电压而增大或减小,这种现象与电容器的充放电过程相同,耗尽层宽窄变化所等效的电容称为势垒电容 C_b。PN结的扩散区内,电荷的积累和释放过程与电容器充放电过程相同,这种电容效应称为扩散电容 C_d。

4.2　半导体二极管

4.2.1　二极管的结构及外形

在PN结的两端引出两个电极并将其封装在金属或塑料管壳内,就构成二极管(Diode)。二极管通常由管芯、管壳和电极三部分组成,管壳起保护管芯的作用,如图4-4(a)所示。从P区引出的电极称为正极或阳极,从N区引出的电极称为负极或阴极。图4-4(b)所示为二极管的电路符号。二极管一般用字母D表示。

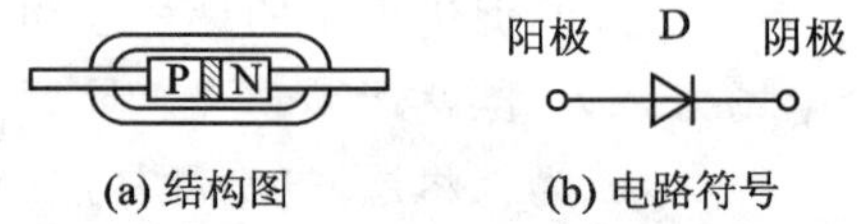

图4-4　二极管的结构示意图和电路符号

二极管的种类很多,分类方法也不同。按制造所用材料分类,主要有硅二极管和锗二极管;按用途分类,主要有普通二极管、整流二极管、开关二极管和稳压二极管;按其结构分类,有点接触型二极管和面接触型二极管。图4-5所示为几种常见二极管的实物外形图。

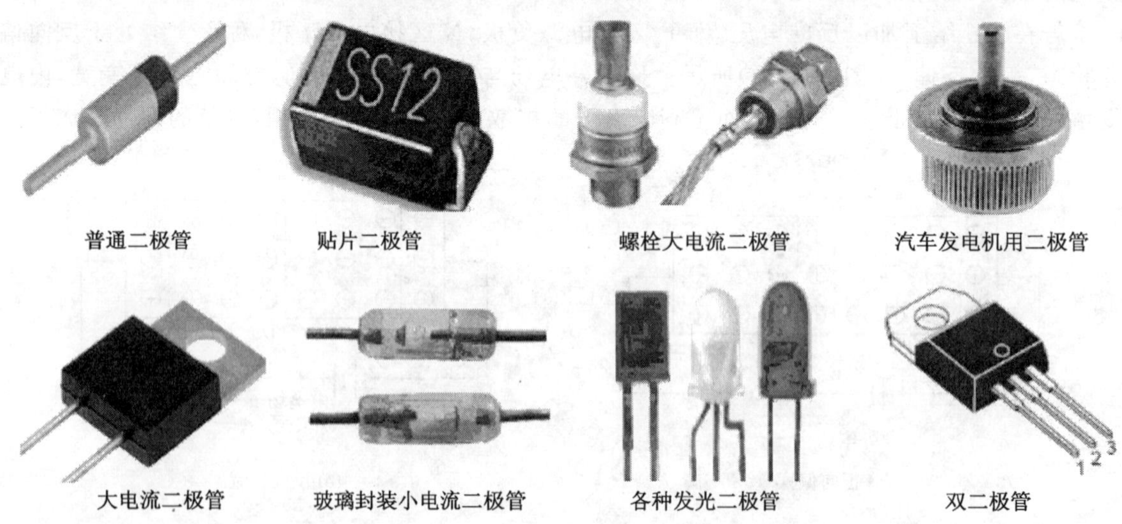

图4-5　实际二极管外形图

4.2.2　二极管的伏安特性

二极管的伏安特性是指二极管两端电压 u 和流过二极管的电流 i 之间的关系。将 u 和 i 的关系画成的曲线，称为二极管的伏安特性曲线。以硅管为例，其伏安特性如图 4－6 所示。

1. 正向特性

二极管两端不加电压时，其电流为零，故特性曲线从坐标原点开始，如图 4－6(a)所示。当外加正向电压时，若正向电压小于死区的开启电压 U_{on} 时，外电场不足以克服内电场，多数载流子的扩散运动仍受较大阻碍，二极管的正向电流很小。硅管的 U_{on} 约为 0.5 V，锗管约为 0.2 V。当正向电压超过 U_{on} 后，内电场被大大削弱，电流将随正向电压的增大按指数规律增大，二极管呈现出很小的电阻。硅管的正向导通电压为 0.6～0.8 V(常取 0.7 V)，锗管为 0.1～0.3 V。

2. 反向特性

反向电压增大时，反向电流随着稍有增加，当反向电压大到一定程度时，反向电流将基本不变，即达到饱和，因而称该反向电流为反向饱和电流，用 I_S 表示。通常硅管的 I_S 可达 10^{-9} A 数量级，锗管为 10^{-6} A 数量级。反向饱和电流越小，管子的单向导电性越好。

当反向电压增大到图 4－6 中的 U_{BR} 时，在外部强电场作用下，少子的数目会急剧增加，因而使得反向电流急剧增大。这种现象称为反向击穿，电压 U_{BR} 称为反向击穿电压。各类二极管的反向击穿电压大小不同，通常为几十到几百伏，最高可达 300 V 以上。PN 结被击穿后，常因温度过高、功耗过大而造成永久性的损坏。

前面已指出，半导体中少子的浓度受温度影响，因而二极管的伏安特性对温度很敏感。当温度升高时，正向特性曲线向左移，反向特性曲线向下移，如图 4－6(b)所示。

需要指出的是，有时为了分析方便，将二极管理想化，忽略其正向导通电压和反向饱和电流，于是得到图 4－7 所示的理想二极管的伏安特性。对于理想二极管，认为正偏导通时相当于开关闭合，反偏截止时相当于开关断开。

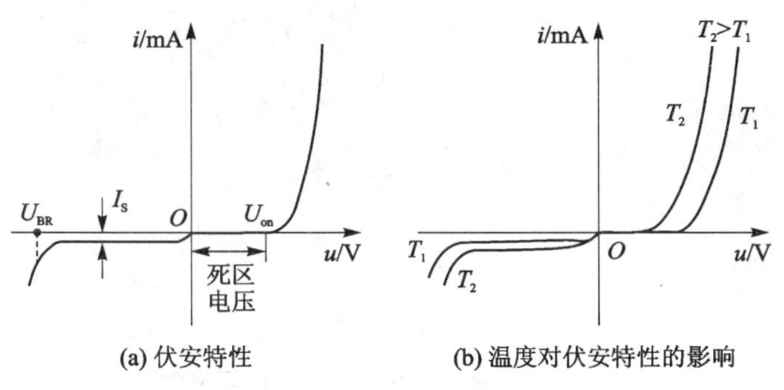

图 4－6　二极管的伏安特性

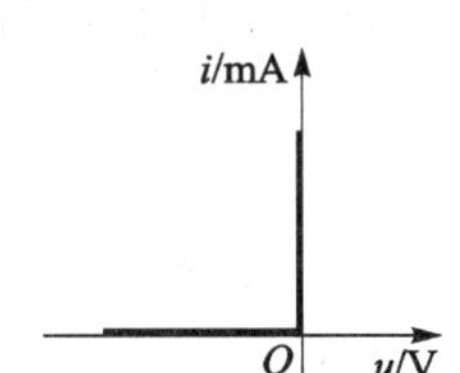

图 4－7　理想二极管的伏安特性

4.2.3　二极管的主要参数

每种半导体器件都有一系列表示其性能特点的参数，并汇集成器件手册，供使用者查找选择。半导体二极管的主要参数如下：

(1) 最大整流电流 I_F

指二极管长期运行时,允许通过管子的最大正向平均电流。使用时,管子的平均电流不得超过此值,否则可能使二极管过热而损坏。

(2) 最高反向工作电压 U_R

工作时加在二极管两端的反向电压不得超过此值,否则二极管可能被击穿。为了留有余地,通常将击穿电压 U_{BR} 的一半定为 U_R。

(3) 反向电流 I_R

I_R 是指在室温条件下,在二极管两端加上规定的反向电压时,流过管子的反向电流。通常希望 I_R 值愈小愈好。反向电流愈小,说明二极管的单向导电性愈好。此时,由于反向电流是由少数载流子形成,所以 I_R 受温度的影响很大。

(4) 最高工作频率 f_M

由于 PN 结存在结电容,它的存在限制了二极管的工作频率,因此如果通过二极管的信号频率超过管子的最高工作频率 f_M,则结电容的容抗变小,高频电流将直接从结电容上通过,管子的单向导电性变差。

4.2.4 其他类型的二极管

1. 稳压二极管

由二极管的特性曲线可知,如果二极管工作在反向击穿区,则当反向电流的变化量 ΔI 较大时,管子两端相应的电压变化量 ΔU 却很小,说明其具有"稳压"特性。利用这种特性可以做成稳压二极管,简称稳压管。所以,稳压管实质上就是一个二极管,但它通常工作在反向击穿区。只要击穿后的反向电流不超过允许范围,稳压管就不会发生热击穿损坏。为此,必须在电路中串接一个限流电阻。

反向击穿后,当流过稳压管的电流在很大范围内变化时,管子两端的电压几乎不变,从而可以获得一个稳定的电压。稳压管的伏安特性、电路符号分别如图 4-8(a)和(b)所示。

稳压二极管的主要参数如下:

(1) 稳定电压 U_Z

当稳压管反向击穿,且使流过的电流为规定的测试电流时,稳压管两端的电压值即为稳定电压 U_Z。对于同一种型号的稳压管,U_Z 有一定的分散性,因此一般都给出其范围。例如型号为 2CW14 的稳压管的 U_Z 为 6～7.5 V,但对于某一只稳压管,U_Z 为一个确定值。

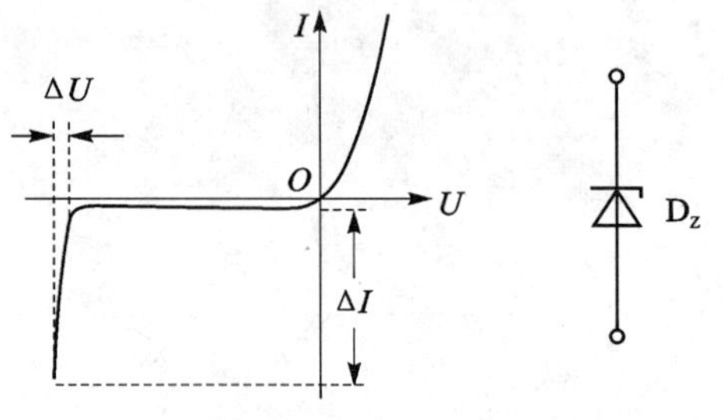

(a) 伏安特性 (b) 电路符号

图 4-8 稳压二极管

(2) 稳定电流 I_Z

稳定电流 I_Z 是保证稳压管正常稳压的最小工作电流,电流低于此值时稳压效果不好。I_Z 一般为毫安数量级,如 5 mA 或 10 mA。

(3) 最大耗散功率 P_{ZM} 和最大稳定电流 I_{ZM}

当稳压管工作在稳压状态时,管子消耗的功率等于稳定电压 U_Z 与流过稳压管电流的乘积,该功率将转化为 PN 结的温升。最大耗散功率 P_{ZM} 是在结温升允许的情况下的最大功率,一般为几十毫瓦至几百毫瓦。因 $P_{ZM}=U_Z I_{ZM}$,由此即可确定最大稳定电流 I_{ZM}。

此外，还有动态电阻 r_Z 和稳定电压的温度系数 a 等参数。

例 4-1　在图 4-9 所示电路中，已知输入电压 $U_i=12$ V，稳压管 D_Z 的稳定电压 $U_Z=6$ V，稳定电流 $I_Z=5$ mA，额定功耗 $P_{ZM}=90$ mW，试问输出电压 U_o 能否等于 6 V?

解：稳压管正常稳压时，其工作电流 I_{D_Z} 应满足 $I_Z<I_{D_Z}<I_{Z,max}$，而

$$I_{Z,max}=\frac{P_{ZM}}{U_Z}=\frac{90\ \text{mW}}{6\ \text{V}}=15\ \text{mA}$$

即　$$5\ \text{mA}<I_{D_Z}<15\ \text{mA}$$

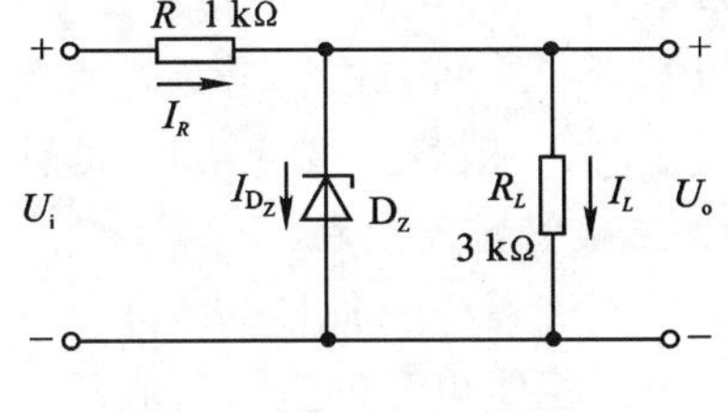

图 4-9　例 4-1 用图

设电路中 D_Z 能正常稳压，则 $U_o=U_Z=6$ V。由图 4-9 中可求出

$$I_{D_Z}=I_R-I_L=\frac{U_i-U_Z}{R}-\frac{U_Z}{R_L}=4\ \text{mA}$$

I_{D_Z} 不在 5～15 mA 的范围内，因此不能正常稳压，U_o 将小于 U_Z。若要电路能够稳压，则应减小 R 的阻值。

2. 发光二极管

发光二极管是一种将电能转换成光能的半导体器件。其基本结构是一个 PN 结，采用砷化镓、磷化镓等半导体材料制造而成。它的伏安特性与普通二极管类似，但由于材料特殊，其正向导通电压较大，约为 1～2 V。当管子正向导通时将会发光。发光二极管的外形图如图 4-5 所示。

发光二极管缩写为 LED(Light Emitting Diode)。发光二极管具有工作电压低、工作电流小(10～30 mA)、发光均匀稳定、响应速度快等优点，常用做显示器件，如指示灯、七段显示器、矩阵显示器等。常见的 LED 发光颜色有红、黄、绿等，还有发出不可见光的红外发光二极管。图 4-10(a)所示为发光二极管的电路符号。

3. 光电二极管

光电二极管又称光敏二极管，它是一种能将光信号转换为电信号的器件。光电二极管的基本结构也是一个 PN 结，但管壳上有一个窗口，使光线可以照射到 PN 结上。

光电二极管工作在反偏状态下，当无光照时，与普通二极管一样，反向电流很小，称为暗电流；当有光照时，其反向电流随光照强度的增加而增加，称为光电流。

光电二极管与发光二极管可用于构成红外线遥控电路。图 4-10(b)所示为光电二极管的电路符号。

4. 变容二极管

利用 PN 结的势垒电容随外加反向电压变化的特性可制成变容二极管。变容二极管工作在反偏状态下，此时，PN 结结电容的数值随外加电压的大小而变化。因此，变容二极管可做可变电容使用。图 4-10(c)所示为变容二极管的电路符号。

变容二极管在高频电路中得到广泛应用，可用于自动调谐、调频、调相等。

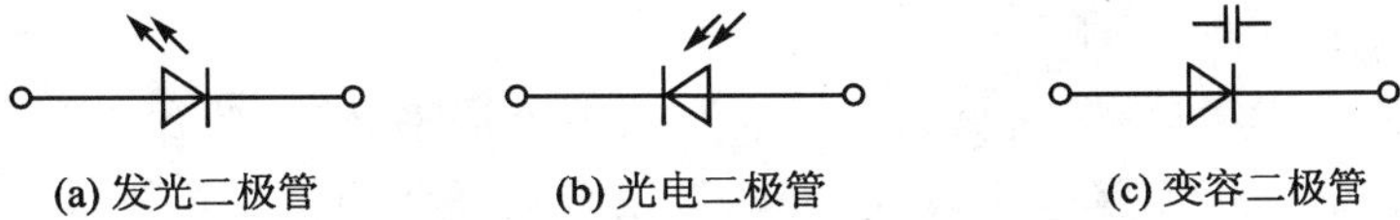

图 4-10　各类二极管的电路符号

4.2.5 二极管应用电路举例

在二极管的应用电路中,主要是利用二极管的单向导电性。在分析应用电路时,应当掌握一条基本原则,即判断二极管是处于正偏导通状态还是反偏截止状态,二极管导通时,一般用电压源U_D=0.7 V(硅管,若是锗管则用0.3 V)代替,或近似用短路线代替(理想二极管);二极管截止时,一般将二极管断开,即认为二极管反向电阻无穷大。

1. 二极管整流电路

所谓整流,就是利用二极管的单向导电性,将交流电压变成单方向的脉动直流电压。整流电路是直流稳压电源的重要组成部分。已知任何电子设备都需要用直流电源供电,获得直流电源的方法较多,如干电池、蓄电池、直流电机等。但比较经济实用的办法是将交流电网提供的50 Hz、220 V的正弦交流电经整流、滤波和稳压后变换成直流电。

小功率整流电路形式有单向半波整流电路、单向全波整流电路和单向桥式全波整流电路三种。

(1) 单向半波整流电路

图4-11(a)所示为单相半波整流电路图,它是最简单的整流电路,由变压器、二极管和负载电阻组成。u_1是变压器初级线圈的输入电压,即市电电压,u_2是变压器次级的输出电压(也称副边电压)。一般设

$$u_2 = U_{2m}\sin(\omega t) = \sqrt{2}U_2\sin(\omega t)$$

u_2波形如图4-11(b)所示。设二极管为理想二极管,在电压u_2的正半周,二极管D正偏导通,电流i_D经二极管流向负载R_L,在R_L上就得到一个上正下负的电压;在u_2的负半周,二极管D反偏截止,流过负载的电流为0,因而R_L上电压为0。这样一来,在u_2信号的一个周期内,R_L上只有半个周期有电流通过,结果在R_L两端得到的输出电压u_o就是单方向的,且近似为半个周期的正弦波,所以称为半波整流电路。半波整流电路中各段电压、电流的波形如图4-11(b)所示。

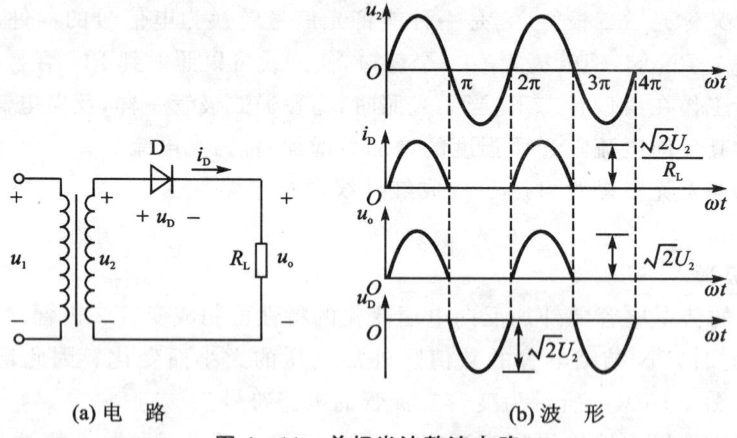

图4-11 单相半波整流电路

(2) 单向桥式全波整流电路

半波整流电路虽然简单,但它只利用了电源的半个周期,整流输出电压低,脉动幅度较大且变压器利用率低。为了克服这些缺点,可以采用全波整流电路,如图4-12(a)所示。电路中采用了D_1~D_4四只二极管,并且接成电桥形式,因此得名。

当 u_2 为正半周时，D_1、D_2 导通，D_3、D_4 截止；当 u_2 为负半周时，D_3、D_4 导通，D_1、D_2 截止，即在 u_2 的一个周期内，负载 R_L 上均能得到直流脉动电压 u_o，故称为全波整流电路。所有波形如图 4－12(d)所示。桥式整流电路还可以有其他画法，如图 4－12(b)、(c)所示。

显然，全波整流因为在整个周期里均有电流流过负载，所以它的输出电压要大于半波整流，并且脉动程度也小于半波整流。

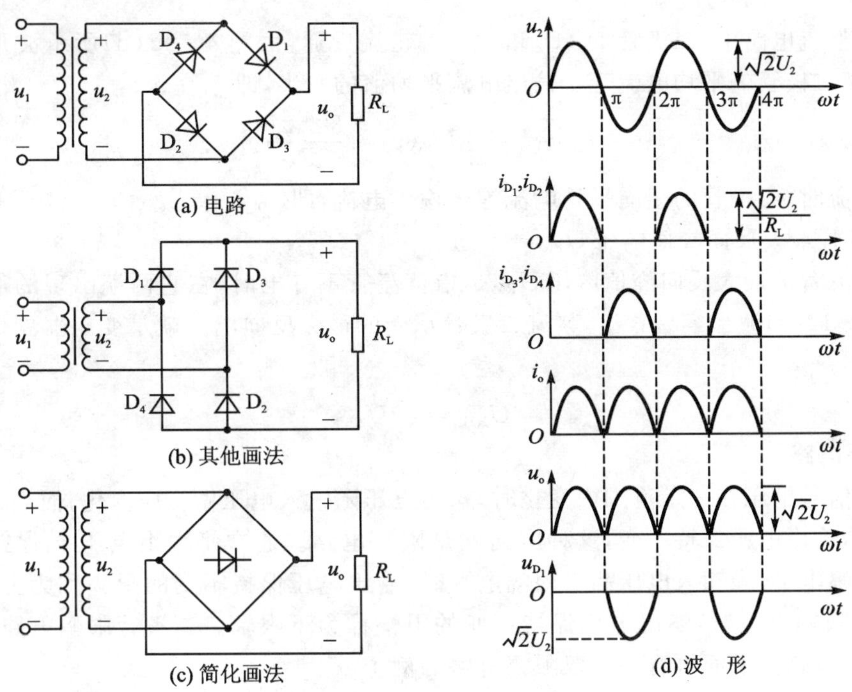

图 4－12　单相桥式全波整流电路

(3) 整流电路的主要参数

下面以应用较广泛的单相桥式全波整流电路为例，介绍各项主要参数。

1) 输出电压的平均值 $U_{o(AV)}$

输出直流电压 $U_{o(AV)}$ 是整流电路的输出电压瞬时值 u_o 在一个周期内的平均值，即

$$U_{o(AV)} = \frac{1}{2\pi}\int_0^{2\pi} u_o \mathrm{d}(\omega t)$$

由图 4－12(d)可见，在桥式整流电路中

$$U_{o(AV)} = \frac{1}{\pi}\int_0^{\pi} \sqrt{2}U_2 \sin(\omega t)\mathrm{d}(\omega t) = \frac{2\sqrt{2}}{\pi}U_2 = 0.9U_2$$

上式说明，在桥式整流电路中，负载上得到的直流电压约为变压器副边电压 u_2 有效值的 90%，而半波整流时仅为 $0.45U_2$。

2) 脉动系数 S

输出电压的脉动系数 S 表示输出电压的脉动程度，定义为输出电压基波的最大值 U_{o1m} 与其平均值 $U_{o(AV)}$ 之比，即 $S=\frac{U_{o1m}}{U_{o(AV)}}$，若用傅里叶级数将全波整流输出电压波形展开，可知其基波最大值为 $U_{o1m}=\frac{4\sqrt{2}}{3\pi}U_2$。因此全波整流输出电压的脉动系数为

$$S=\frac{\frac{4\sqrt{2}}{3\pi}U_2}{\frac{2\sqrt{2}}{\pi}U_2}=0.67$$

同理可求出,半波整流输出电压的脉动系数为1.57。

3) 二极管正向平均电流 $I_{D(AV)}$

在桥式整流电路中,二极管 D_1、D_2 和 D_3、D_4 轮流导通,由图4-12(d)所示波形图可以看出,每个整流二极管的平均电流等于输出电流平均值的一半,即

$$I_{D(AV)}=\frac{1}{2}I_{o(AV)}=\frac{U_{o(AV)}}{2R_L}$$

半波整流时,二极管的正向平均电流等于输出电流,即 $I_{D(AV)}=I_{o(AV)}$。

4) 二极管最大反向峰值电压 U_{RM}

每个整流管的最大反向峰值电压 U_{RM} 是指整流管不导电时,在它两端出现的最大反向电压。由图4-12(d)波形容易看出,整流二极管承受的最大反向电压就是变压器副边电压的最大值,即

$$U_{RM}=\sqrt{2}U_2$$

2. 限幅电路

当输入信号电压在一定范围内变化时,输出电压随输入电压做相应变化;而当输入电压超出该范围时,输出电压保持不变,这种电路就是限幅电路。通常将输出电压 u_o 保持不变的电压值称为限幅电平,当输入电压高于限幅电平时,输出电压保持不变的限幅称为上限幅;当输入电压低于限幅电平时,输出电压保持不变的限幅称为下限幅。二极管限幅电路有串联、并联、双向限幅电路。下面再看一个双限幅电路的例子。

例4-2 在图4-13(a)所示电路中,已知两只二极管的导通压降 U_{on} 均为0.7 V,试画出输出电压 u_o 与输入电压 u_i 的关系曲线(即电压传输特性)。

解:此题中二极管不能视为理想二极管。

图4-13(a)中两只二极管 D_1、D_2 方向相反,所以当 $u_i \geqslant 0.7$ V时,D_1 导通,D_2 截止,$u_o=U_{on}=0.7$ V;当 $u_i \leqslant -0.7$ V时,D_1 截止,D_2 导通,$u_o=-U_{on}=-0.7$ V;当 $-0.7\text{ V}<u_i<0.7$ V时,D_1、D_2 均截止,相当于开关断开,$u_o=u_i$,u_o 与 u_i 成正比例关系。

由以上分析可画出 u_o 与 u_i 的关系曲线,如图4-13(b)所示。该电路为一个双向限幅电路,D_1、D_2 的接法使 u_o 的大小限在 -0.7~0.7 V之内。

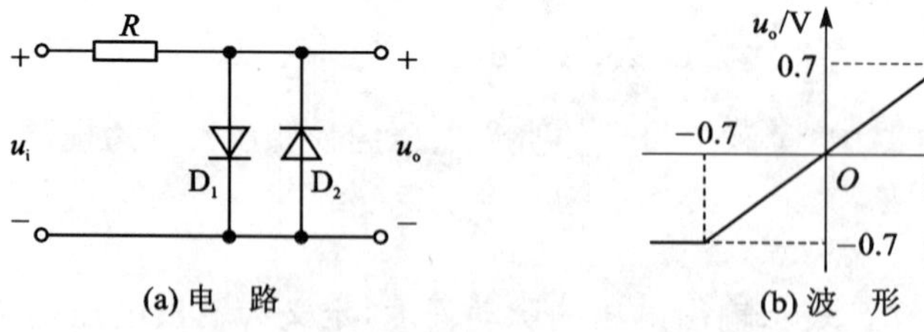

图4-13 例4-2用图

3. 检波电路

无线电技术中经常要进行信号的远距离输送,这就需要把低频信号(如声频信号)装载到

高频振荡信号上并由天线发射出去。电路分析中，将低频信号称为调制信号，高频振荡信号称为载波，受低频信号控制的高频振荡称为已调波，控制的过程称为调制。在接收地点，接收机天线接收到的已调波信号，经放大后再设法还原成原来的低频信号，这一过程称为解调或检波。图 4－14(a)所示为一已调波。图 4－14(b)为由二极管组成的检波器，其中，D 用于检波，称为检波二极管，一般为点接触型二极管；C 为检波器负载电容，用来滤除检波后的高频成分；R_L 为检波器负载，用来获取检波后所需的低频信号。

由于二极管的单向导电作用，已调波经二极管检波后，负半波被截去，如图 4－14(c)所示，检波器负载电容将高频成分旁路，在 R_L 两端得到的输出电压就是原来的低频信号，如图 4－14(d)所示。

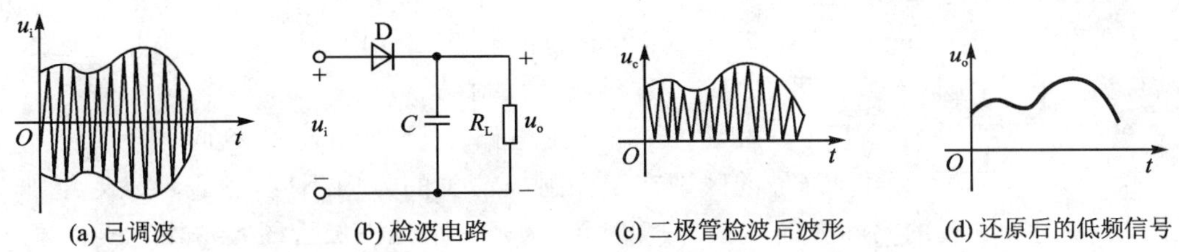

图 4－14　二极管检波电路

4. 二极管“续流”保护电路

二极管也可用做保护器件，如图 4－15 所示。当开关 S 闭合时，直流电压源 U_S 接通大电感 L，二极管 D 因反偏而截止，全部电流流过电感线圈。当开关 S 断开时，电感线圈中的电流将迅速降到零，大电感两端会产生很大的负瞬时电压。如果没有提供另外的电流通路，该暂态电压将在开关两端产生电弧，损坏开关。若在电路中接有如图 4－15 所示的二极管时，二极管为电感线圈的放电提供了通路，使 u_L 的负峰值限制在二极管的正向压降范围内，开关 S 两端的电弧被消除，同时电感线圈中的电流将平稳地减少。

5. 逻辑运算(开关)电路

在开关电路中，一般把二极管看成理想模型，即二极管导通时两端电压为零，截止时两端电阻为无穷大。在图 4－16(a)所示的电路中只要有一路输入信号为低电平，输出即为低电平，仅当全部输入为高电平时，输出才为高电平，这在逻辑运算中称为“与”逻辑运算。图 4－16(b)电路中，当只要有一路输入信号为高电平，输出即为高电平，仅当全部输入为低电平时，输出才为低电平，这种运算称为“或”逻辑运算。

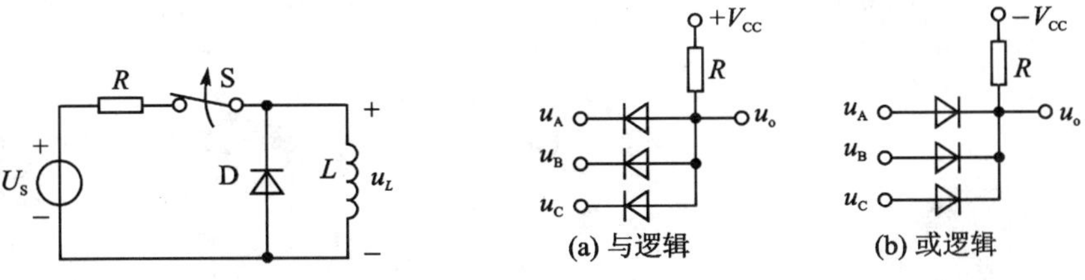

图 4－15　二极管续流电路　　图 4－16　逻辑电路

4.3 半导体三极管

半导体三极管又称晶体三极管、双极型晶体管,简称三极管或晶体管。它具有电流放大作用,是构成各种电子电路的基本元件。

4.3.1 三极管的基本结构及外形

在一块极薄的硅基片或锗基片上制作两个PN结,并从P区和N区引出接线,再封装在管壳里,就构成了三极管(Transistor),三极管常用字母T表示。三极管有三个区、三个电极和两个PN结:中间层称为基区,外面两层分别称为发射区和集电区;从三个区各引一个电极出来,分别称为基极b(base)、发射极e(emitter)和集电极c(collector);基区与集电区之间的PN结称为集电结,基区与发射区之间的PN结称为发射结。

三极管有两种类型:NPN型和PNP型。在电路中分别用两种不同的符号表示,如图4-17(a)和(b)所示。两种符号的区别在于发射极箭头的方向不同,它表示发射结加上正向电压时,发射极电流的实际方向。图4-18所示为几种常见三极管的实物外形图。

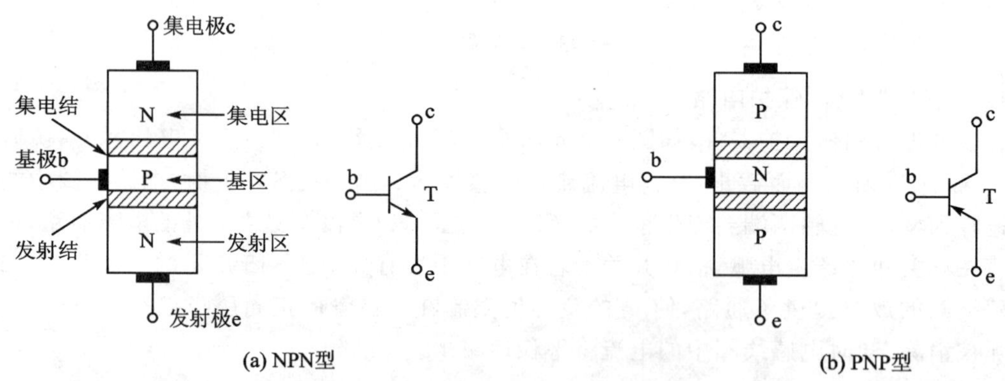

图4-17 三极管的结构示意图及电路符号

图4-18 实际三极管外形图

三极管的内部结构在制造工艺上的特点如下：

(1) 发射区的掺杂浓度远大于集电区的掺杂浓度；

(2) 基区很薄，一般为 1 μm 至几 μm；

(3) 集电结面积大于发射结面积。

三极管按材料不同分为硅管和锗管。目前我国制造的硅管多为 NPN 型，锗管多为 PNP 型。不论是硅管还是锗管，NPN 管还是 PNP 管，它们的基本工作原理是相同的。本节主要讨论 NPN 管。

4.3.2　三极管的电流放大原理

通过改变加在三极管三个极上的电压可以改变其两个 PN 结的偏置电压，从而使三极管有三种工作状态：

(1) 当发射结和集电结均反偏时，处于截止状态；

(2) 当发射结正偏、集电结反偏时，处于放大状态；

(3) 当发射结和集电结均正偏时，处于饱和状态。

当三极管处于放大状态时，能将输入的小电流放大为输出的大电流。下面以 NPN 型三极管为例分析其电流放大原理。

1. 三极管内部载流子的运动

图 4-19 所示电路中，当电源电压 $V_{CC}>V_{BB}$ 且 $R_B>R_C$ 时，能保证发射结正偏，集电结反偏，即保证三极管处于放大状态。三极管的电流放大作用是通过其内部载流子的运动形成的。载流子的运动有以下三个过程：

(1) 发射区向基区注入电子

由于发射结正向偏置，载流子的运动主要以多子的扩散运动为主。发射区的多子(电子)不断通过发射结扩散到基区，基区的多子(空穴)也通过发射结扩散到发射区，如图 4-19 所示。这两种多子的扩散运动形成的扩散电流，即为发射极电流 I_E。由于发射区的掺杂浓度远大于基区，因而 I_E 主要以电子电流为主，空穴电流可以忽略不计。

(2) 电子在基区的扩散和复合

发射区的电子注入基区后，靠近发射结附近浓度很高，离结越远浓度越低。由于浓度差电子将继续向集电结方向扩散，又由于基区很薄、杂质浓度低，电子在扩散过程中只有很少一部分与基区的空穴复合掉，形成基极电流 I_{Bn}。

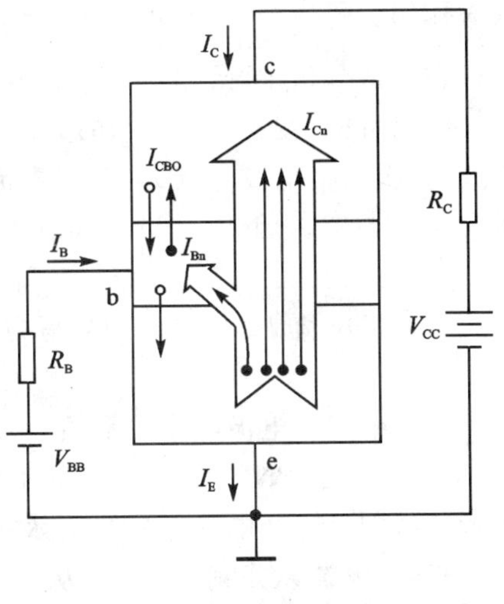

图 4-19　三极管内部载流子的运动

(3) 集电区收集电子

由于集电结反向偏置，有利于少子的漂移运动。从发射区注入基区的电子便成为了基区的少子，它们扩散到集电结附近后很容易在集电结电场作用下漂移到集电区，被集电区收集，形成集电极电流 I_{Cn}。与此同时，由于集电结反向偏置，基区本身的少子(电子)与集电区的少子(空穴)将在结电场的作用下形成漂移电流，即反向饱和电流，称为 I_{CBO}。I_{CBO} 数值很小，可以忽略不计,但由于它受温度影响大,将影响管子的性能。

2. 三极管各电极电流之间的关系

在图4-19所示电路中,I_B所在回路称为输入回路,I_C所在回路称为输出回路,而发射极是两个回路的公共端,因此该电路称为共发射极放大电路,简称共射电路。此外还有共基极电路,简称共基电路,共集电极电路,简称共集电路。

由以上分析可知,三极管内部有两种载流子参与导电,故称为双极型晶体管。三极管三个电极电流 I_B、I_C、I_E分别为

$$I_B = I_{Bn} - I_{CBO} \tag{4-1}$$

$$I_C = I_{Cn} + I_{CBO} \tag{4-2}$$

$$I_E = I_{Cn} + I_{Bn} = (I_{Cn} + I_{CBO}) + (I_{Bn} - I_{CBO}) = I_C + I_B \tag{4-3}$$

图4-19所示电路中,当管子制成以后,I_C与 I_B的比值是确定的,这个比值就称为共发射极直流电流放大系数 $\bar{\beta}$,即

$$\bar{\beta} = \frac{I_C}{I_B} \tag{4-4}$$

由于 I_B远小于 I_C,因此 $\bar{\beta} \gg 1$,一般 NPN 型三极管的 $\bar{\beta}$ 为几十倍至一百多倍。

实际电路中,三极管主要用于放大动态信号。当输入回路加上动态信号后,将引起发射结电压的变化,从而使发射极电流、基极电流变化,集电极电流也将随之变化。集电极电流的变化量 ΔI_C与基极电流变化量 ΔI_B的比值称为共发射极交流电流放大系数,用β表示,即满足

$$\beta = \frac{\Delta I_C}{\Delta I_B} \tag{4-5}$$

式(4-5)表明三极管具有将基极电流变化量 ΔI_B放大β倍的能力,这就是三极管的电流放大作用。

在近似分析中可认为 $\beta = \bar{\beta}$,故在实际应用中不再加以区分。

综上可得,图4-19所示的共射放大电路中,三个电极电流的大小关系为:集电极电流 I_E最大,其次是集电极电流 I_C,基极电流 I_B最小,且满足 $I_C \approx \beta I_B$。在放大电路的近似估算中,有时常将 I_B忽略。因此,三极管共射放大电路中的三个电极电流关系可完整表示为

$$I_E = I_B + I_C \approx I_B + \beta I_B = (1+\beta) I_B \tag{4-6}$$

当忽略基极电流 I_B时,式(4-6)写为

$$I_E = I_B + I_C \approx I_C \approx \beta I_B \tag{4-7}$$

式(4-6)中三个电极电流关系 $I_E = I_B + I_C$符合基尔霍夫电流定律(KCL)。

此外,对于 PNP 型三极管,其工作原理与 NPN 型近似,两者的区别是三个电极电流的实际方向正好相反:对于 PNP 型三极管,电流从发射极流入,从基极和集电极流出。外加电源的极性和 NPN 电路也相反,如图4-20所示。在 PNP 型三极管构成的放大电路中,发射极电位 V_E最高,基极电位 V_B次之,集电极电位 V_C最低。其他分析和 NPN 型三极管构成的放大电路相仿。

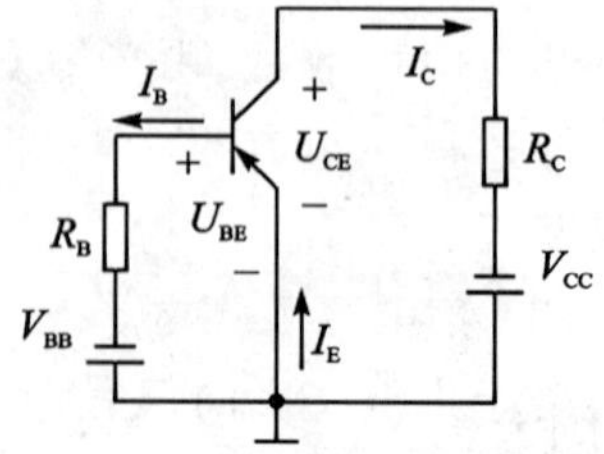

图4-20 PNP型三极管组成的放大电路

4.3.3　三极管的共射特性曲线

三极管的共射特性曲线是指三极管在共射接法情况下各电极电压与电流之间的关系曲线，分为输入特性曲线和输出特性曲线。本节主要介绍 NPN 型三极管的共射特性曲线。

1. 输入特性曲线

输入特性是指当U_{CE}一定时，I_B与U_{BE}之间的关系曲线，即 $I_B=f(U_{BE})\mid U_{CE}=$常数，如图 4-21 所示。当$U_{CE}=0$ 时，相当于两个 PN 结(发射结和集电结)并联，此时输入特性与二极管伏安特性相似。当U_{CE}增大时，输入特性曲线右移，但当 $U_{CE}\geqslant2$ V 后曲线重合。这是因为，当$U_{CE}>0$ 时，随着U_{CE}的增大，集电结电场对发射区注入基区的电子的吸引力增强，因而使基区内与空穴复合的电子数减少，表现为在相同U_{BE}下对应的I_B减小，故与$U_{CE}=0$ 时的曲线相比，输入曲线右移。但当U_{CE}大于某一数值以后，特性曲线右移很少。这是因为在一定的U_{BE}之下，集电结的反向偏置电压已足以将注入基区的电子基本上都收集到集电极，即使U_{CE}再增大，I_B也不会减小很多。所以，常用$U_{CE}>1$ V 的一条曲线(例如 $U_{CE}=2$ V)来代表U_{CE}更高的情况。

2. 输出特性曲线

输出特性是指当 I_B一定时，I_C与U_{CE}之间的关系曲线，即 $I_C=f(U_{CE})\mid I_B=$常数。由于三极管的基极输入电流 I_B对输出电流 I_C的控制作用，因此不同的 I_B将有不同的 I_C-U_{CE}关系，由此可得图 4-22 所示的一簇曲线，这就是三极管的输出特性曲线。

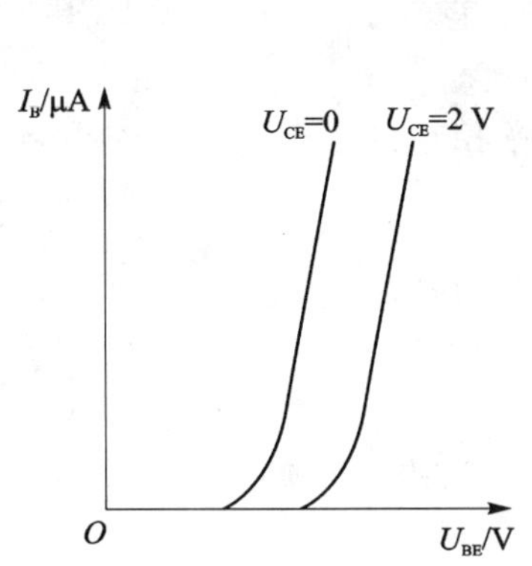

图 4-21　三极管的输入特性曲线

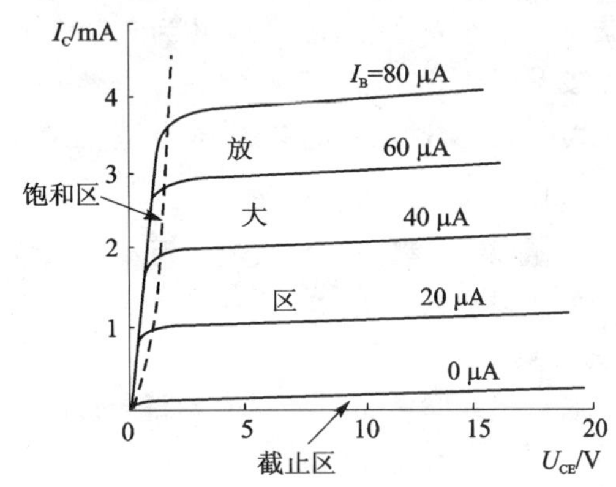

图 4-22　三极管的输出特性曲线

从输出特性曲线可以看出，三极管有三个不同的工作区域，截止区、放大区和饱和区，它们分别表示三极管的三种工作状态，即截止、放大和饱和状态。三极管工作在不同状态，特点也各不相同。

(1) 截止区

指曲线上 $I_B\leqslant0$ 的区域，此时集电结和发射结均反偏，三极管为截止状态，I_C很小，集电极与发射极之间相当于断开的开关。

(2) 放大区

指曲线上 $I_B>0$ 和 $U_{CE}>1$ V 之间的部分，此时三极管的发射结正偏、集电结反偏，三极管处于放大状态。此时，对于 NPN 型三极管来说，满足 $U_{BE}>0$，$U_{BC}<0$，即各电极电位为 $V_C>$

$V_B > V_E$;对于 PNP 型三极管来说,满足 $U_{BE} < 0$,$U_{BC} > 0$,各电极电位为 $V_C < V_B < V_E$。在放大区时,可以看出 I_B不变时 I_C也基本不变,即具有恒流特性;而当 I_B变化时,I_C也随之变化,且满足 $\Delta I_C = \beta \Delta I_B$,这就是三极管的电流放大作用。

(3) 饱和区

指曲线上 $U_{CE} \leqslant U_{BE}$的区域,此时 I_C不仅与 I_B有关,而且明显随 U_{CE}增大而增大,且 $\Delta I_C < \beta \Delta I_B$。集电结和发射结均正偏,三极管处于饱和状态。一般称 $U_{CE} = U_{BE}$时三极管的工作状态为临界状态,即临界饱和或临界放大状态。饱和时的 U_{CE}称为饱和管压降,记作 U_{CES},一般小功率硅三极管的 $U_{CES} < 0.4$ V,C-E 间相当于闭合的开关。

三极管的放大区可以近似看成线性工作区,饱和区和截止区是非线性工作区。模拟电路主要讨论各种放大电路,因此三极管工作在放大区;数字电路讨论输出变量与输入变量之间的逻辑关系,需要三极管充当开关使用,因此三极管工作在饱和区和截止区。

4.3.4 三极管的主要参数

1. 电流放大系数 β

三极管的电流放大系数是表征管子放大作用大小的参数。综合前面的讨论,有以下几个参数:共射交流电流放大系数 β 和共射直流电流放大系数 $\bar{\beta}$。

2. 极间反向饱和电流

(1) 集电极-基极反向饱和电流 I_{CBO}:I_{CBO}是指发射极 e 开路时集电极 c 和基极 b 之间的反向电流。一般小功率锗管的 I_{CBO}约为几微安至几十微安;硅三极管的 I_{CBO}要小得多,有的可以达到纳安数量级。

(2) 集电极-发射极间的穿透电流 I_{CEO}:I_{CEO}是指基极 b 开路时集电极 c 和发射 e 间加上一定电压时所产生的集电极电流。$I_{CEO} = (1 + \bar{\beta}) I_{CBO}$。

因为 I_{CBO}和 I_{CEO}都是少数载流子运动形成的,所以对温度非常敏感。I_{CBO}和 I_{CEO}愈小,表明三极管的质量愈高。

3. 极限参数

三极管的极限参数是指使用时不得超过的限度。主要有以下几项:

(1) 集电极最大允许电流 I_{CM}

当集电极电流过大,超过一定值时,三极管的 β 值就要减小,且三极管有损坏的危险,该电流值即为 I_{CM}。

(2) 集电极最大允许功耗 P_{CM}

三极管的功率损耗大部分消耗在反向偏置的集电结上,并表现为结温升高,P_{CM}是在管子温升允许的条件下集电极所消耗的最大功率。超过此值,管子将被烧毁。

(3) 反向击穿电压

三极管的两个结上所加反向电压超过一定值时都将被击穿,因此,必须了解三极管的反向击穿电压。极间反向击穿电压主要有以下几项:

$U_{(BR)CEO}$:基极开路时,集电极和发射极之间的反向击穿电压。

$U_{(BR)CBO}$:发射极开路时,集电极和基极之间的反向击穿电压。

例 4-3 现测得放大电路中两只三极管的电极电流及直流电位如图 4-23 所示。(1) 判断图 4－23(a)中，标有“?”的是三极管的哪个电极，电流大小等于多少，方向如何，是何种类型管，并求其 β 值。(2) 确定图 4－23(b)中三极管的类型、材料、各个电极。

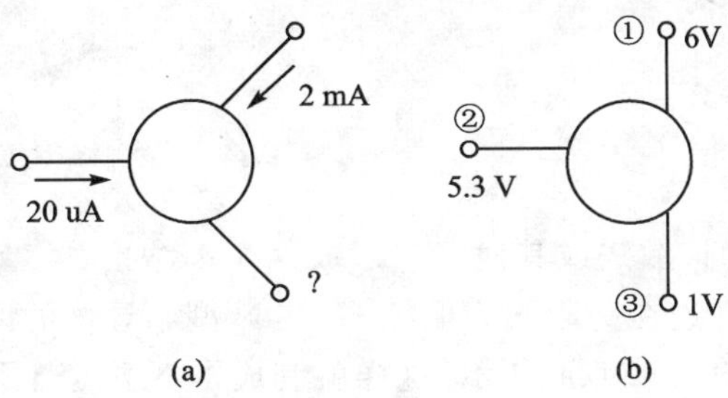

图 4－23　例 4－3 用图

解：(1) 图 4－23(a)中已知的两个电极电流数值相差较大，依此可判断它们是基极 b 和发射极 e 或者是基极 b 和集电极 c；又因其方向均为流入三极管，故可断定这两个电极是基极 b 和集电极 c，所以标有“?”的是三极管的发射极 e，故可求得 $I_E = I_B + I_C = 2.02$ mA，方向为流出三极管。根据电流方向可知，该管为 NPN 型三极管，其电流放大系数 $\beta \approx I_C / I_B = 2\,000\ \mu A / 20\ \mu A = 100$。

(2) 已知三极管工作在放大状态，所以其发射结(即 b－e 之间的 PN 结)正偏导通，导通电压 $|U_{BE}|$ 等于 0.6 V 左右(硅管)或 0.3 V 左右(锗管)。很明显，图 4－23(b)中①、②两电极的直流电位之差为 0.7 V，于是可判断③是集电极 c，又因集电极电位 V_c 最低，所以该管为 PNP 型三极管，继而可断定电位最高的①为发射极 e，②为基极 b，且发射结两端电压 $U_{BE} = V_b - V_e = 5.3\text{ V} - 6\text{ V} = -0.7$ V，所以该管为硅管。

例 4－4　已知由三极管构成的基本放大电路中，电源电压 $V_{CC} = 15$ V。今有三只管子，其参数列于表 4－1 中，请从中选用一只管子，并简述理由。

表 4－1　例 4－4 中各三极管的参数列表

三极管参数	T_1	T_2	T_3
β	100	20	100
$I_{CBO}(\mu A)$	0.1	0.01	0.02
$U_{(BR)CEO}$(V)	30	30	10

解：T_2 管 I_{CBO} 很小，表明其温度稳定性好，但其 β 值太小，放大能力差，故不宜选用。T_3 管虽然 I_{CBO} 较小且 β 值较大，但其 $U_{(BR)CEO}$ 只有 10 V，小于电源电压 15 V，工作中有被击穿的危险，所以也不能选用。T_1 管的 I_{CBO} 也不大，且 β 值较大，$U_{(BR)CEO}$ 等于 30 V，大于电源电压，所以选用 T_1 管最合适。

4.4　场效应管

场效应管(Field Effect Transistor，FET)是另一类晶体管，它也有三个电极，分别称为栅极(G)、源极(S)和漏极(D)。场效应管工作时，参与导电的是单一极性的载流子，所以它是单极型晶体管。

场效应管分为两大类：一类是结型场效应管 JFET(Junction FET)，另一类是绝缘栅型场效应管 IGFET(Insulated Gate FET)。而按导电沟道分，每一类场效应管都有 P 沟道和 N 沟道两种。

4.4.1 结型场效应管

1. 结　构

在 N 型半导体两边用扩散法或其他工艺形成两个高浓度的 P 型区(用 P^+ 表示)，将这两个 P^+ 区各引出一个电极并连在一起称为栅极 G，在 N 型半导体的两端各引出一个电极，分别称为源极 S 和漏极 D，如图 4-24(a)所示，这样就制成了 N 沟道 JFET。两个 P^+ 区与 N 型半导体之间形成了两个 PN 结，PN 结中间的 N 型区域称为导电沟道。用同样方法可制成 P 沟道的 JFET。

N 沟道 JFET 的电路符号如图 4-24(b)所示。其中，箭头表示栅结(PN 结)的方向，从 P 指向 N，P 沟道 JFET 的栅结方向与 N 沟道的相反。因而可根据箭头方向识别管子属于 N 沟道管还是 P 沟道管。

2. 工作原理

改变 JFET 栅极和源极之间的电压 U_{GS}，即可改变导电沟道的宽度，从而改变通过漏极和源极的电流 I_D 的大小。JFET 工作时常接成如图 4-25 所示的共源接法，以源极为公共端。

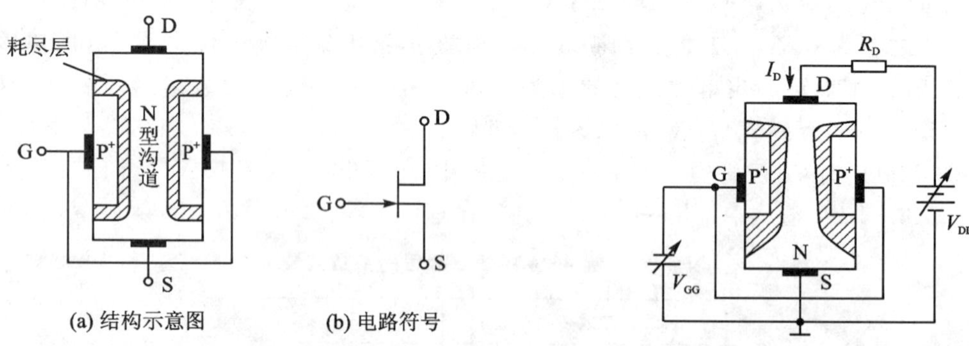

图 4-24　N 沟道结型场效应管

图 4-25　N 沟道结型场效应管的工作原理图

图 4-25 中 V_{DD} 为正电源，保证 D、S 间电压足够大，而 V_{GG} 应为负电源。当 $V_{GG}=0$ 时，$U_{GS}=0$，漏极与源极之间存在导电沟道，因而存在漏极电流 I_D。当 V_{GG} 逐渐增大时，U_{GS} 逐渐变负，由于两个 PN 结均反向偏置，耗尽层均变宽而向导电沟道内扩展，使导电沟道变窄，沟道电阻增大，因而电流 I_D 减小；当 V_{GG} 的数值继续增大到某一个值时，两个 PN 结的耗尽层将彼此相遇，使导电沟道被夹断，$I_D=0$，此时的栅-源电压称为夹断电压 U_P。可见，输出端漏极电流 I_D 是受输入电压 U_{GS} 的控制，因此，场效应管是一种电压控制型元件。

由于栅极为两个反向偏置的 PN 结，栅极几乎没有电流，因此 JFET 的输入电阻很高，可达 $10^6 \sim 10^9\,\Omega$。若 $U_{GS}>0$，则两个 PN 结处于正向偏置，将有较大的栅极电流，JFET 将失去输入阻抗很高的特点。

另外，当 U_{GS} 一定(即 V_{GG} 不变)，且 $|U_{GS}|<|U_P|$ 时，漏-源电压 U_{DS} 对 I_D 也有一定的控制作用。图 4-25 中由于电源 V_{DD} 与 V_{GG} 串联，因而在漏极附近的 PN 结上反向电压(约为 $V_{DD}+|V_{GG}|$)比源极附近(约为 $|V_{GG}|$)要高，所以在漏极附近的耗尽层最宽，导电沟道自上而下逐渐

变宽，如图 4-25 所示。当 U_{DS} 从零开始增加时，I_D 随之增加；但当 U_{DS} 增加到一定程度时，即 $U_{DS}-|U_{GS}|=|U_P|$ 时，耗尽层将互相靠拢，并且使漏极附近最先靠拢，导电沟道极窄。此时即使 U_{DS} 再增大，也无法使 I_D 继续增大，I_D 趋于恒定。

在使用中，结型管的漏极 D 和源极 S 可以互换。

3. 特性曲线

场效应管的伏安特性曲线有两种，一种是与三极管的输入特性曲线相对应的，称为转移特性曲线；另一种是与三极管的输出特性曲线相对应的，称为漏极特性曲线，也称输出特性曲线。

(1) 转移特性

转移特性是指当 U_{DS} 一定时，I_D 与 U_{GS} 之间的关系曲线。它反映栅-源电压 U_{GS} 对漏极电流 I_D 的控制作用，表示了 JFET 是一种电压控制电流的器件。

在图 4-26(a)所示的 N 沟道 JFET 的转移特性中，$U_{GS}\leqslant 0$，表明正常工作时栅-源电压不能为正；当 $U_P<U_{GS}<0$ 时，电流 I_D 随 $|U_{GS}|$ 减小而增大，当 $|U_{GS}|=0$ 时，I_D 称为饱和漏极电流，记作 I_{DSS}。近似计算时，可用

$$I_D = I_{DSS}\left(1-\frac{U_{GS}}{U_P}\right)^2 \qquad (U_P\leqslant U_{GS}\leqslant 0) \tag{4-8}$$

表示 I_D 与 U_{GS} 之间的关系。

(2) 漏极特性

漏极特性是指当 U_{GS} 一定时，I_D 与 U_{DS} 之间的关系曲线。图 4-26(b)所示为 N 沟道 JFET 的漏极特性曲线，与三极管的输出特性类似，也可分为三个工作区：

1) 可变电阻区

图 4-26(b)中虚线 $U_{DS}-|U_{GS}|=-U_P$（称为预夹断轨迹）左边部分即为可变电阻区。其特点是：I_D 随 U_{DS} 增大而线性增加，曲线的斜率表现为漏-源间的等效电阻 r_{DS}。对应不同的 U_{GS}，曲线斜率将不同，也就是说该区是一个由 U_{GS} 控制的可变电阻区。

2) 恒流区（也称饱和区）

图 4-26(b)中虚线右边曲线近似水平的部分为恒流区。其特点是：I_D 不随 U_{DS} 而改变，表现出恒流特性，因而称为恒流区。JFET 用于放大时应工作在该区域，此时 I_D 几乎仅仅决定于 U_{GS}。

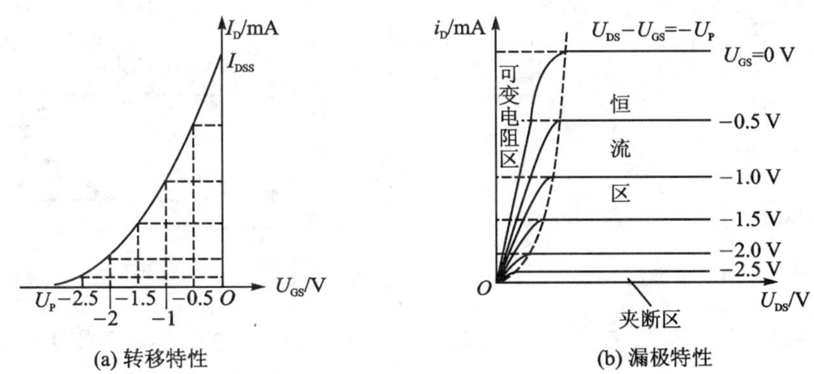

图 4-26　N 沟道结型场效应管的特性曲线

3) 夹断区

图 4-26(b)中靠近横轴的部分称为夹断区,此时 $U_{GS}<U_P$,导电沟道被夹断,$I_D=0$,此时 JFET 的三个电极均相当于开路。

4.4.2 绝缘栅场效应管

绝缘栅型场效应管由金属、氧化物和半导体构成,一般称为 MOS(Metal Oxide Semiconductor)管,目前在大规模和超大规模集成电路中使用非常广泛。绝缘栅型场效应管也分为 N 沟道型和 P 沟道型,每种沟道型又有增强型和耗尽型之分。下面以 N 沟道型 MOS 管为例,介绍场效应管的基本结构和工作原理。

1. N 沟道增强型 MOS 管

(1) 结 构

图 4-27(a)所示为 N 沟道增强型 MOS 管的结构图。它是用一块掺杂浓度较低的 P 型硅片作为衬底,在其上扩散出两个高掺杂的 N 型区(称为 N^+ 区),然后在半导体表面覆盖一层很薄的二氧化硅绝缘层。从两个 N^+ 区表面及它们之间的二氧化硅表面分别引出三个铝电极:源极 S、漏极 D 和栅极 G。因为栅极是和衬底完全绝缘的,所以称作绝缘栅型场效应管。衬底 B 也有引极,通常在管子内部和源极相连。图 4-27(b)所示为 N 沟道增强型 MOS 管的电路符号。

(2) 工作原理

增强型 MOS 管的两个 N^+ 区和 P 型衬底形成两个背靠背的 PN 结,不加栅-源电压时,源-漏两极之间没有原始的导电沟道。当栅极和源极之间施加正向电压 U_{GS}时,将产生一个作用于衬底的电场,在该电场的作用下,可将 P 型衬底中的少数载流子自由电子吸引到绝缘层下方,感生出一个 N 型电荷层(称为反型层),如图 4-28 所示,该电路是共源接法。当电压 U_{GS}超过一定值时,这个 N 型电荷层将会将两个 N^+ 区联结起来,从而在漏-源两极之间形成一个导电沟道。刚开始产生导电沟道的栅-源电压 U_{GS}称为开启电压 U_T。由于该导电沟道是由自由电子构成的,所以称为 N 沟道。

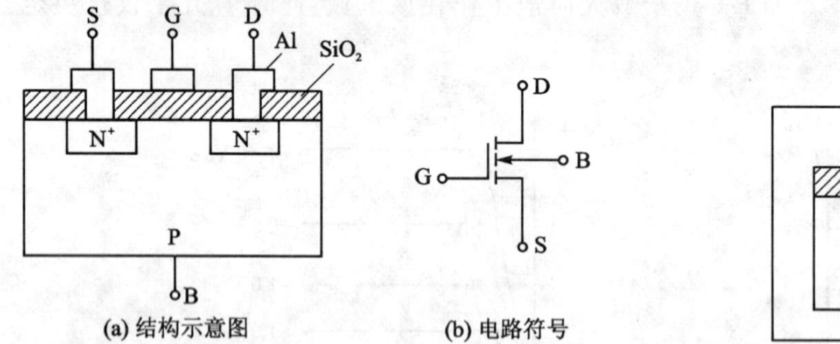

(a) 结构示意图 (b) 电路符号

图 4-27 N 沟道增强型 MOS 管

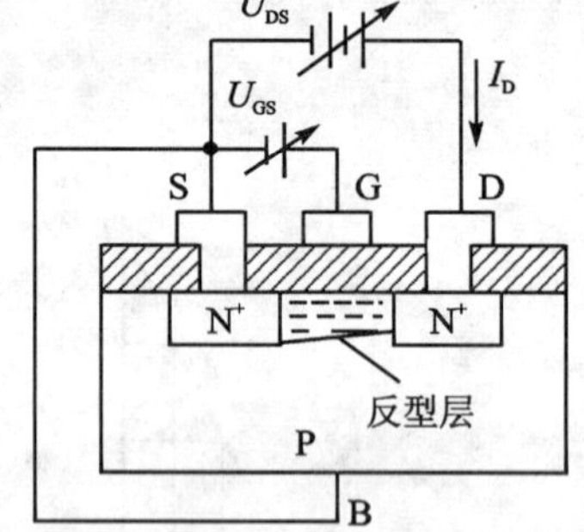

图 4-28 N 沟道增强型 MOS 管的工作原理图

当漏-源两极间加上电压 U_{DS}时,自由电子定向运动,就会形成漏极电流 I_D,如图 4-28 所示。当 U_{DS}一定时,改变 U_{GS}的大小,可以改变导电沟道的宽度,从而改变漏极电流 I_D的大小。另外,当加上电压 U_{DS}时,沿沟道有一个电位梯度,靠近漏极处电位最高,该处栅-漏电压($U_{GD}=U_{GS}-U_{DS}$)最小,因此感生出的导电沟道最窄,而靠近源极处电位最低,该处栅-源电压最大,因此感生出的导电沟道最宽，所以实际的导电沟道呈契形，如图 4－28 所示。

图 4－29 所示为 N 沟道增强型 MOS 管的伏安特性曲线，读者可参照 N 沟道结型场效应管的特性曲线自行分析。

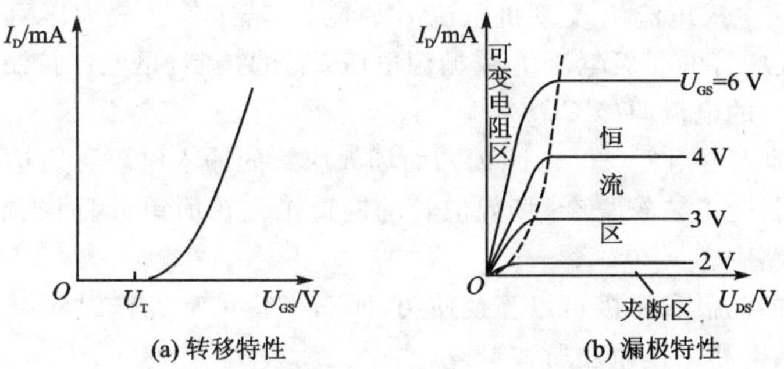

图 4－29　N 沟道增强型 MOS 管的特性曲线

衡量栅-源电压 U_{GS} 对漏极电流 I_D 的控制作用的参数称作低频跨导，用 g_m 表示。定义为：当 U_{DS} 一定时，I_D 与 U_{GS} 的变化量之比，即

$$g_m = \left.\frac{\Delta I_D}{\Delta U_{GS}}\right|_{U_{DS}=\text{常数}} \tag{4-9}$$

若 I_D 的单位为毫安(mA)，U_{GS} 的单位为伏(V)，则 g_m 的单位为毫西门子(mS)。

2. N 沟道耗尽型 MOS 管

耗尽型 MOS 管和增强型 MOS 管的区别是：前者具有原始的导电沟道，而后者没有原始的导电沟道。如果在 MOS 的制作过程中，在二氧化硅里掺入大量的正离子，那么即使栅-源电压 $U_{GS}=0$，在这些正离子的作用下，也能在 P 型衬底中感生出原始的导电沟道，将两个高浓度的 N^+ 区相连。这就是 N 沟道耗尽型 MOS 管。

N 沟道耗尽型 MOS 管在使用中，栅-源电压 U_{GS} 可正可负。$U_{GS}>0$ 时，工作过程与增强型 MOS 管相仿，U_{GS} 增大，导电沟道变宽，使 I_D 增大；$U_{GS}<0$ 时，其产生的电场将削弱正离子的作用，使导电沟道变窄，从而使 I_D 减小。当负的 U_{GS} 大到一定程度时，将使导电沟道消失，$I_D=0$，此时的 U_{GS} 就是夹断电压 U_P。

各种 MOS 管的电路符号如图 4－30 所示。

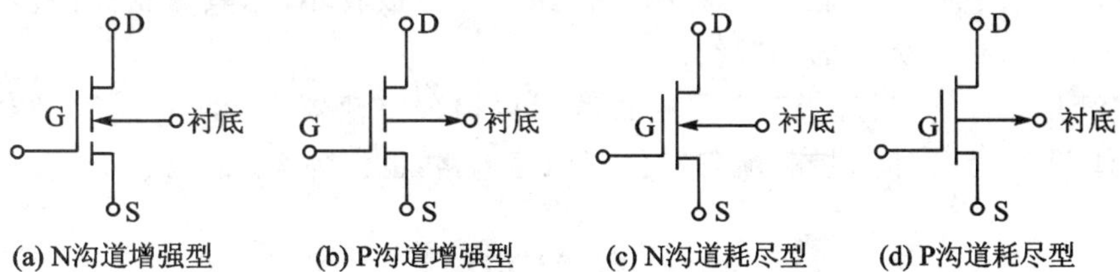

图 4－30　各种 MOS 管的电路符号

4.4.3　场效应管和三极管比较

场效应管的栅极 G、源极 S、漏极 D 分别对应于三极管的基极 B、发射极 E、集电极 C，它们的作用相类似，但也由区别。现比较如下：

(1) 三极管是两种载流子(多子和少子)参与导电,故称双极型晶体管。而场效应管是由一种载流子(多子)参与导电,N沟道管是电子,P沟道管是空穴,故称单极型晶体管。所以场效应管的温度稳定性好,因此,若使用条件恶劣,宜选用场效应管。

(2) 三极管的集电极电流 I_C受基极电流 I_B的控制,若工作在放大区可视为电流控制的电流源(CCCS)。场效应管的漏极电流 I_D受栅源电压 U_{GS}的控制,是电压控制元件。若工作在放大区可视为电压控制的电流源(VCCS)。

(3) 三极管的输入电阻低($10^2 \sim 10^4\ \Omega$),而场效应管的输入电阻可高达 $10^6 \sim 10^{15}\ \Omega$。

(4) 三极管的制造工艺较复杂,场效应管的制造工艺较简单,因而成本低,适用于大规模和超大规模集成电路中。

有些场效应管的漏极和源极可以互换使用,而三极管正常工作时集电极和发射极不能互换使用,这是基于结构和工作原理所致。

场效应管产生的电噪声比三极管小,所以低噪声放大器的前级常选用场效应管。

(5) 三极管分 NPN 型和 PNP 型两种,有硅管和锗管之分。场效应管分结型和绝缘栅型两大类,每类场效应管又可分为 N 沟道和 P 沟道两种,都是由硅片制成。

本章小结

1. 半导体材料是制造半导体器件的物理基础,利用半导体的掺杂性,控制其导电能力,从而把无用的本征半导体变成有用的 P 型和 N 型两种杂质半导体。

2. PN 结是制造半导体器件的基础,它的最主要的特性是单向导电性。因此,正确地理解它的特性对于了解和使用各种半导体器件有着十分重要的意义。

3. 半导体二极管由一个 PN 结构成。它的伏安特性形象地反映了二极管的单向导电性和反向击穿特性。普通二极管工作在正向导通区,而稳压管工作在反向击穿区。

4. 三极管由两个 PN 结构成,当发射结正偏、集电结反偏时,三极管的基极电流对集电极电流具有控制作用,即电流放大作用。三个电极电流具有以下关系:$I_C \approx \beta I_B$,$I_E = I_B + I_C \approx (1+\beta) I_B$。

三极管有截止、放大、饱和三种工作状态。但要注意其不同的外部偏置条件。

5. 场效应管是一种新型晶体管,它的工作原理与三极管不同,具有很高的输入电阻和较低的噪声系数,适合做放大器的前置级。

6. 晶闸管是晶体闸流管的简称,最初被称做可控硅整流器,是由 3 个 PN 结构成的一种大功率半导体器件,多用于可控整流、逆变、调压等电路,也作为无触点开关。

习题四

4-1 已知在题图 4-1(a)中,$u_i = 10\sin(\omega t)$ V,$R_L = 1$ kΩ,试对应地画出二极管的电流 i_D、电压 u_D以及输出电压 u_o 的波形,要求在波形上标出信号幅值。设二极管为理想二极管。

4-2 题图 4-2 所示电路中,D_1、D_2都是理想二极管,求电阻 R 中的电流和电压 U。已知 $R = 6$ kΩ,$U_1 = 6$ V,$U_2 = 12$ V。

4-3 题图 4-3 所示电路中,D_1、D_2都是理想二极管,直流电压 $U_1 > U_2$,u_i、u_o 是交流电

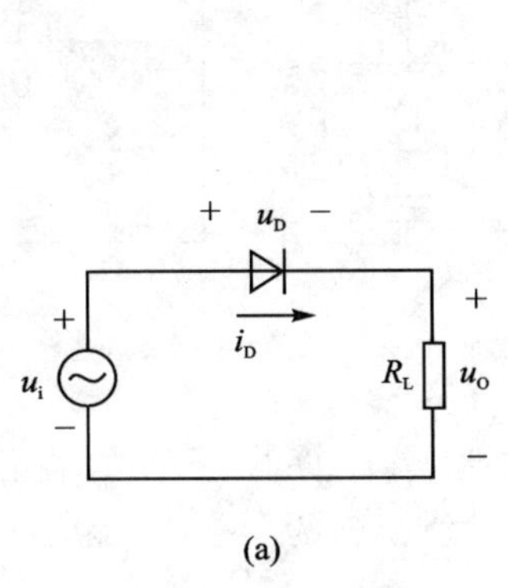

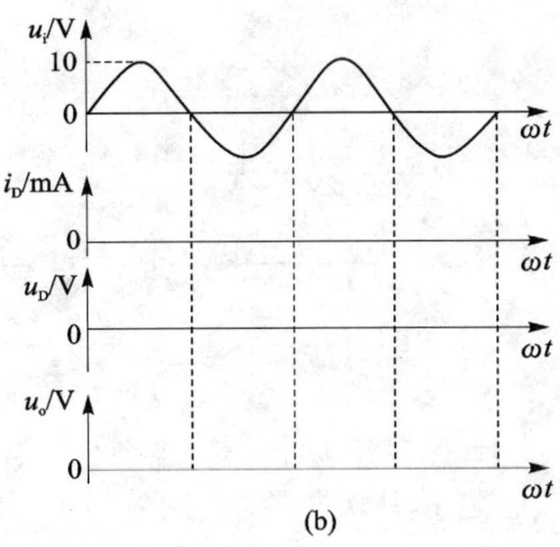

题图 4－1

压信号的瞬时值。试求：(1) 当 $u_i > U_1$ 时，u_o 的值；(2) 当 $u_i < U_2$ 时，u_o 的值。

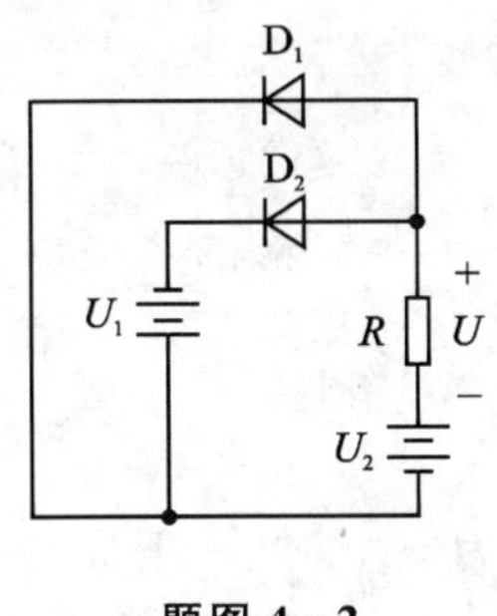

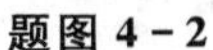

题图 4－2

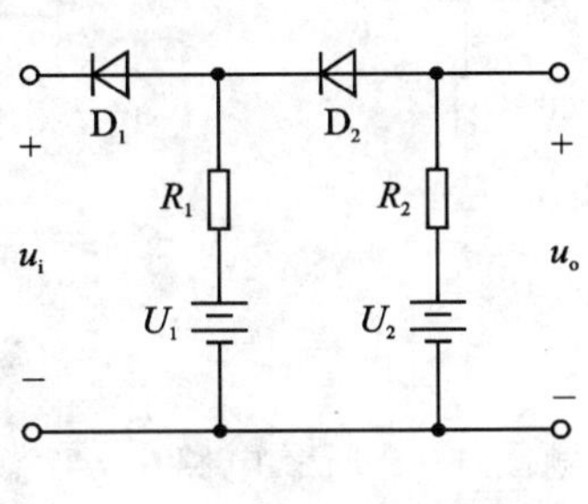

题图 4－3

4－4　题图 4－4 中二极管均为理想二极管，请判断它们是否导通，并求出 u_o。

4－5　题图 4－5 所示电路中，已知二极管为理想二极管，u_i 为峰值 $U_{i,m}=5$ V 的正弦波。试画出电压 u_o 的波形，并标明幅值。

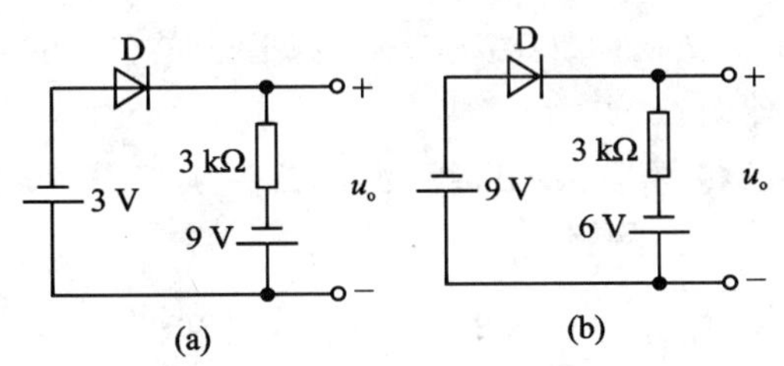

题图 4－4

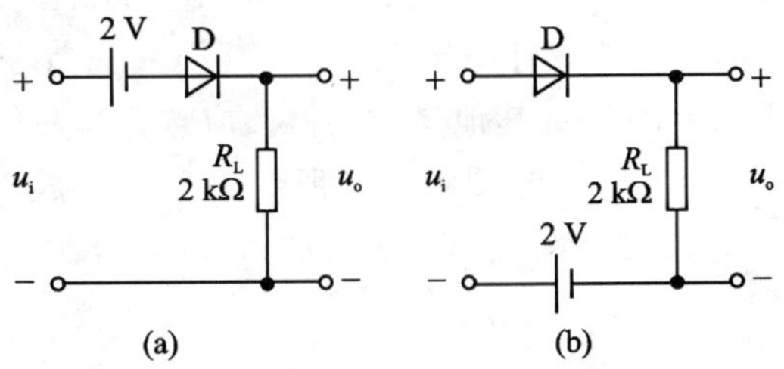

题图 4－5

4－6　现有两只稳压管，它们的稳定电压分别为 6 V 和 8 V，正向导通电压均为 0.7 V。试问：(1) 将它们串联相接，可得到几种稳压值？各为多少？(2) 将它们并联相接，又可得到几种稳压值？各为多少？

4－7　在题图 4－7 中，试判断图中三极管是导通还是截止，并求出 AO 两端电压 U_{AO}。设二极管为理想二极管。

4－8　设题图 4－8 所示电路中，二极管为理想器件，输入电压 u_i 由 0 V 变化到 140 V。试画出电路的电压传输特性。

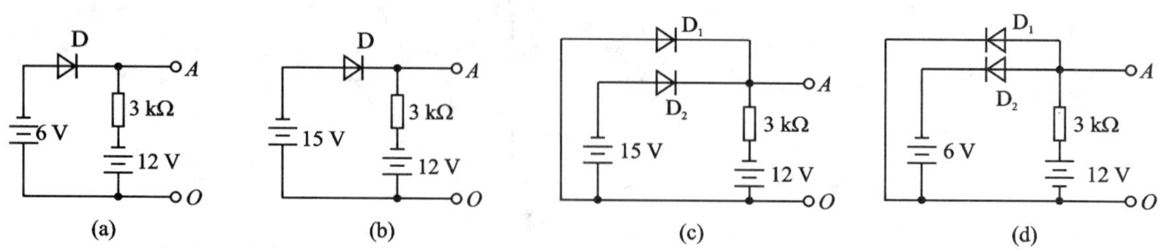

题图 4-7

4-9 稳压管接成题图 4-9 所示电路。(1) 近似计算稳压管的耗散功率 P_Z;(2) 计算负载电阻 R_2 所吸收的功率 P_{R_2};(3) 限流电阻 R_1 所消耗的功率 P_{R_1} 为多少?

4-10 电路如题图 4-10 所示,$\beta=100$,$U_{BE}=0.7$ V。试问:(1) $R_B=50$ kΩ 时,u_o 等于多少?(2) 若 T 临界饱和,则 $R_B\approx$?

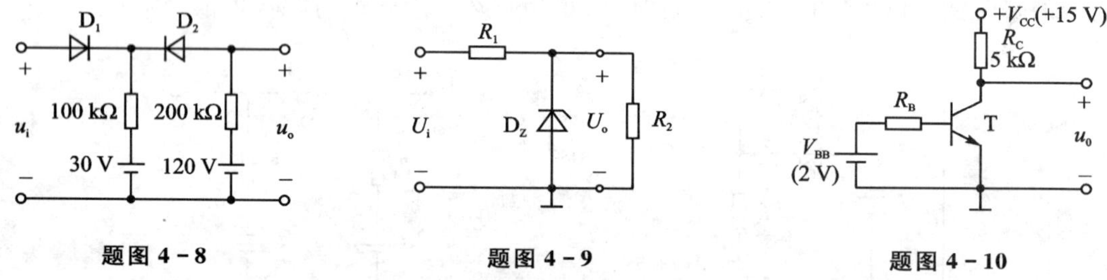

题图 4-8　　题图 4-9　　题图 4-10

4-11 在题图 4-9 所示电路中,当稳压管的稳压值为 6 V 时,在下面 4 种情况下,分别求出输出电压 U_o。

(1) $U_i=12$ V,$R_1=4$ kΩ,$R_2=8$ kΩ;

(2) $U_i=12$ V,$R_1=4$ kΩ,$R_2=4$ kΩ;

(3) $U_i=24$ V,$R_1=4$ kΩ,$R_2=2$ kΩ;

(4) $U_i=24$ V,$R_1=4$ kΩ,$R_2=1$ kΩ。

4-12 有两个三极管,其中一只管子的 $\beta=150$,$I_{CBO}=200\ \mu$A,另一只管子的 $\beta=50$,$I_{CBO}=10\ \mu$A,其他参数一样。应选择哪只管子?为什么?

4-13 题图 4-13 所示为工作于放大状态的三极管,其各电极直流电位分别如图中所示。试在图中画出三极管的符号,并分别说明它们是硅管还是锗管。

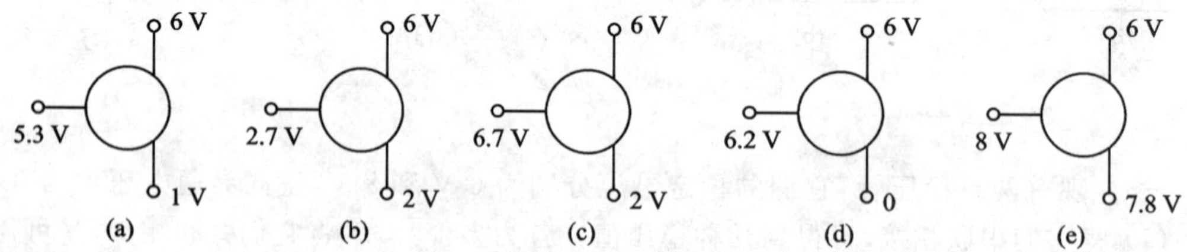

题图 4-13

4-14 测得某电路中几个三极管的各电极直流电位如题表 4-14 所列,试判断各三极管分别工作在截止区、放大区还是饱和区。

4-15 已知一个 N 沟道增强型 MOS 管的漏极特性曲线如题图 4-15(a)所示,试在图 4-15(b)中做出 $U_{DS}=15$ V 时的转移特性曲线,并由特性曲线求出该场效应管的开启电压

U_T，以及当 $U_{DS}=15$ V，$U_{GS}=4$ V 时的跨导 g_m。

题表 4-14

	T_1	T_2	T_3	T_4	T_5	T_6	T_7	T_8
基极电位 V_b/V	0.7	2	−5.3	10.75	0.3	4.7	−1.3	11.7
发射极电位 V_e/V	0	12	−6	10	0	5	−1	12
集电极电位 V_c/V	5	12	0	10.3	−5	4.7	−10	8
工作区域								

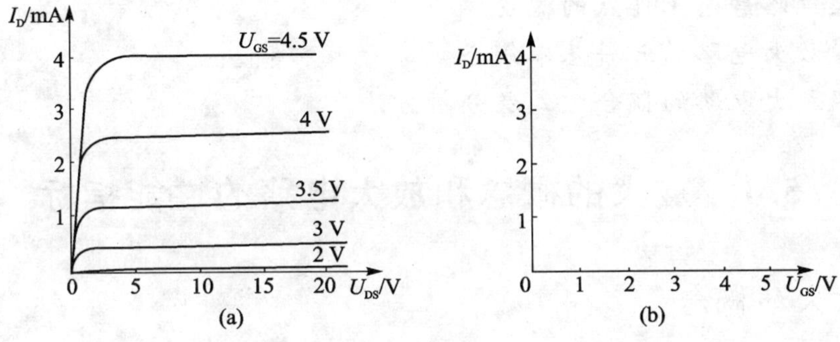

题图 4-15

4-16　分别测得两个放大电路中三极管的各电极电位如题图 4-16(a)和(b)所示，试判别它们的管脚，并标上 e、b、c，并判断这两个三极管是 NPN 型，还是 PNP 型，是硅管还是锗管。

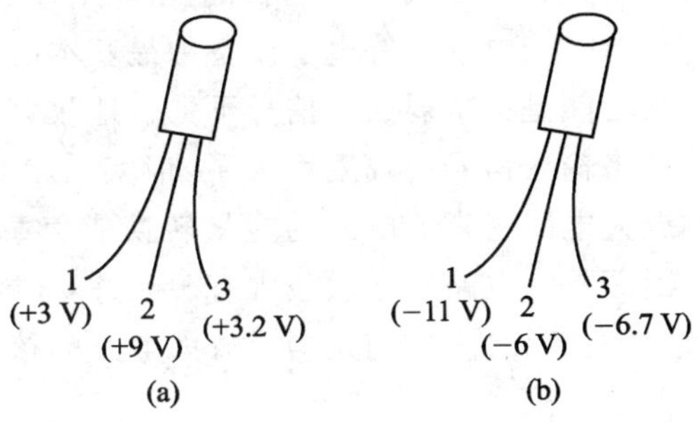

题图 4-16

第5章 放大电路基础

内容提要

- 放大的概念及放大电路的性能指标
- 基本共射放大电路的组成、工作原理及分析方法
- 放大电路静态工作点的稳定
- 单管放大电路的三种基本组态
- 多级放大电路的耦合方式及分析方法

5.1 放大的概念和放大电路的性能指标

5.1.1 放大的概念

在电子设备中,经常要把微弱的电信号放大,以便推动执行元件工作。例如,在测量或自动控制的过程中,常常需要检测和控制一些与设备运行有关的非电量,如温度、湿度、流量、转速、声、光、力和机械位移等,虽然这些非电量的变化可以用传感器转换成相应的电信号,但这样获得的电信号一般都比较微弱,必须经过放大电路放大以后,才能驱动继电器、控制电机、显示仪表或其他执行机构动作,以达到测量或控制的目的。所以说,放大电路是自动控制、检测装置、通信设备、计算机以及扩音机、电视机等电子设备中最基本的组成部分。

放大电路又称放大器,其功能是把微弱的电信号不失真地放大到所需要的数值。

所谓放大,从表面上看是将输入信号的幅度增大了,但实质上是实现能量的控制和转换。即在输入信号作用下,通过放大电路将直流电源的能量转换成负载所获得的能量。能够控制能量的元件称为有源元件,因而放大电路中必须包含有源元件,才能实现信号的放大作用。晶体三极管和场效应管就是这种有源元件,它们是构成放大电路的核心元件。

5.1.2 放大电路的性能指标

一个放大电路质量的优劣需要用若干项性能指标来衡量。测试指标时,一般在放大电路的输入端加上一个正弦测试电压,如图5-1所示。放大电路的主要技术指标有以下几项:

1. 放大倍数

放大倍数是衡量一个放大电路放大能力的指标。放大倍数愈大,则放大电路的放大能力愈强。

放大倍数定义为输出信号与输入信号的变化量之比。根据输入、输出端所取的是电压信号还是电流信号,放大倍数又分为电压放大倍数、电流放大倍数等。

(1) 电压放大倍数

测试电压放大倍数指标时,通常在放大电路的输入端加上一个正弦波电压信号,假设其相

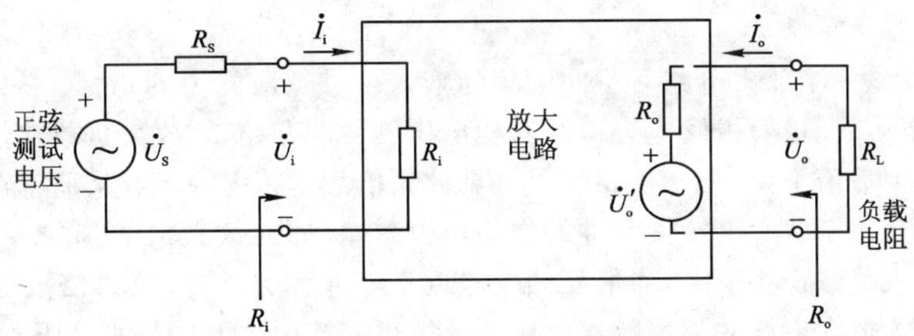

图 5-1　放大电路性能指标测试电路

量为 $\dot{U}_i$，然后在输出端测得输出电压的相量为 $\dot{U}_o$，此时可用 $\dot{U}_o$ 与 $\dot{U}_i$ 之比表示放大电路的电压放大倍数 $\dot{A}_u$，即

$$\dot{A}_u = \frac{\dot{U}_o}{\dot{U}_i} \tag{5-1}$$

一般情况下，放大电路中输入与输出信号近似为同相，因此可用电压有效值之比表示电压放大倍数，即 $A_u = U_o/U_i$。

(2) 电流放大倍数

同理，可用输出电流与输入电流相量之比表示电流放大倍数，即

$$\dot{A}_i = \frac{\dot{I}_o}{\dot{I}_i} \tag{5-2}$$

也可用有效值之比 $A_i = I_o/I_i$ 表示电流放大倍数。

放大倍数是无量纲的常数。以上两式中，最常用的是电压放大倍数 A_u。

2. 输入电阻

输入电阻衡量一个放大电路向信号源索取信号大小的能力。输入电阻愈大，放大电路向信号源索取电压信号的能力愈强，也就是放大电路输入端得到的电压 U_i 与信号源电压 U_S 的数值愈接近。

放大电路的输入电阻是指从输入端看进去的等效电阻，用 R_i 表示。R_i 是输入电压有效值 U_i 与输入电流有效值 I_i 之比，即

$$R_i = \frac{U_i}{I_i} \tag{5-3}$$

3. 输出电阻

输出电阻是衡量一个放大电路带负载能力的指标，用 R_o 表示。输出电阻愈小，则放大电路的带负载能力愈强。

任何放大电路的输出回路均可等效成一个有内阻的电压源，如图 5-1 所示，从放大电路输出端看进去的等效内阻就是输出电阻。输出电阻定义为：信号源 U_S 置零，输出端开路（即 $R_L=\infty$）时，在输出端外加一个端口电压 $\dot{U}_o$，得到相应端口电流 $\dot{I}_o$，两者之比就是输出电阻。

实验中常用公式(5-4)求放大器的输出电阻。

$$R_o = \left(\frac{U_o'}{U_o} - 1\right) R_L \tag{5-4}$$

式中，U_o' 为空载时的输出电压；U_o 为接上负载时的输出电压。

4. 通频带

通频带是衡量一个放大电路对不同频率的输入信号适应能力的指标。一般来说,由于放大电路中耦合电容、三极管极间电容以及其他电抗元件的存在,使放大倍数在信号频率比较低或比较高时,不但数值下降,还产生相移。可见放大倍数是频率的函数。通常在中间一段频率范围内(中频段),由于各种电抗性元件的作用可以忽略,因此放大倍数基本不变,而当频率过高或过低时,放大倍数都将下降,当信号频率趋近于零或无穷大时,放大倍数的数值将趋近于零,这种特性称为放大电路的频率特性。频率特性可直接用放大电路的电压放大倍数 A_u 与频率 f 的关系来描述,如图 5-2 所示。

把放大倍数下降到中频放大倍数 $A_{u,\mathrm{m}}$ 的 0.707 倍的两个点所限定的频率范围定义为放大电路的通频带,用符号 f_{BW} 表示,如图 5-2 所示。其中,f_{L} 称为下限频率,f_{H} 称为上限频率,f_{L} 与 f_{H} 之间的频率范围即为通频带。

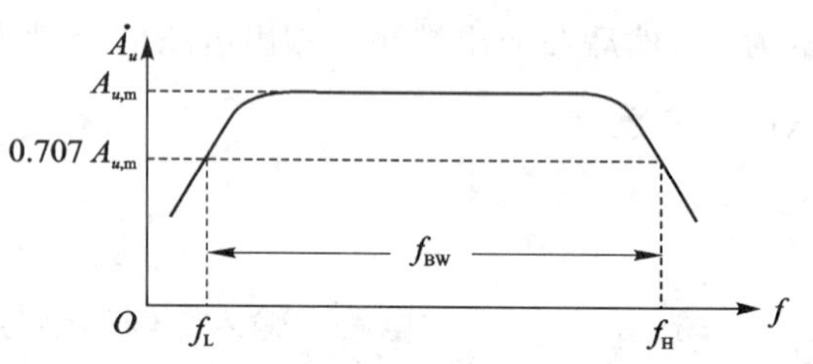

图 5-2 放大电路通频带

放大电路的性能指标还有最大输出幅度、最大输出功率与效率、抗干扰能力、信号噪声比、允许工作温度范围等。

5.2 基本放大电路的组成及工作原理

基本放大电路是指由一只放大管构成的简单放大电路,又称为单管放大电路,它是构成多级放大电路的基础。本节将以 NPN 型三极管构成的单管共射放大电路为例,阐明放大电路的组成原则及工作原理。

5.2.1 单管共射放大电路的组成及各元件的作用

为保证放大电路具备正常的信号放大作用,在组成上必须满足以下条件:

(1) 三极管必须工作在放大区(即发射结正偏,集电结反偏);

(2) 输入信号能够送至放大电路的输入端(即三极管的发射结);

(3) 放大后的信号电压能够输出至负载。

根据以上条件,可得单管共射放大电路的电路原理图如图 5-3 所示。其中图 5-3(a)是完整画法,图 5-3(b)是简化画法。输入电压 u_{i} 是有待放大的微弱信号,输出电压 u_{o} 是负载所获得的放大后的电压信号。

电路中各元件的作用为:

(1) 三极管 T:起电流放大作用,是放大电路的核心元件。

(2) 直流电源 V_{CC}:有两个作用,一方面与 R_{b}、R_{c} 相配合,为三极管提供合适的直流偏置电压,保证三极管工作在放大状态;另一方面为输出提供所需能量,V_{CC} 的数值一般为几伏至十几伏。

(3) 基极偏置电阻 R_{b}:基极偏置电阻 R_{b} 与 V_{CC} 配合,决定了放大电路基极静态偏置电流的大小,这个电流的大小直接影响三极管的工作状况,因此必须大小合适。R_{b} 的阻值一般为几十至几百千欧。

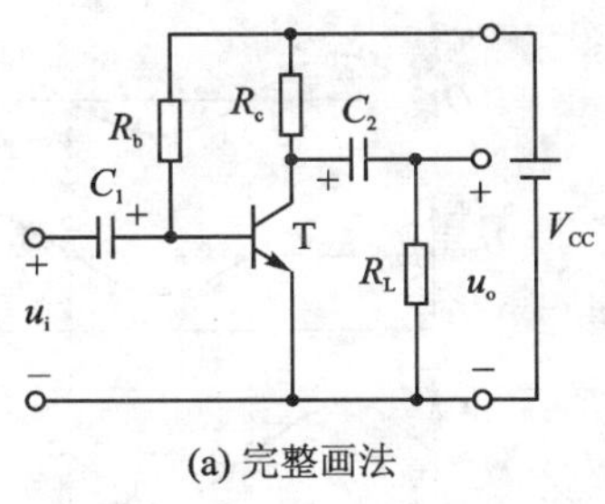

(a) 完整画法

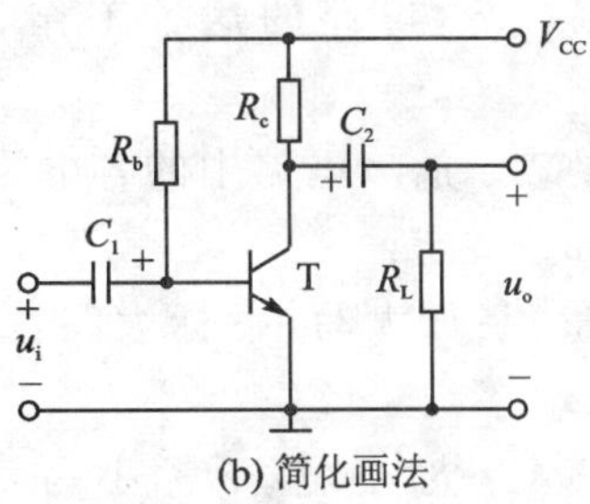

(b) 简化画法

图 5-3　单管共射放大电路结构原理图

(4) 集电极负载电阻 R_c：集电极负载电阻 R_c 的主要作用是将三极管集电极电流的变化量转换为电压的变化量，反映到输出端，从而实现电压放大。R_c 的阻值一般为几欧至几十千欧。

(5) 耦合电容 C_1 和 C_2：耦合电容 C_1 和 C_2 起"隔直通交"的作用：一方面隔离放大电路与信号源和与负载之间的直流通路；另一方面把输入信号中的直流隔断，只把交流成分送到输入回路；同理，把输出中的直流电压隔断，仅把交流电压送出去。C_1、C_2 一般为几微法至几十微法的电解电容。

5.2.2　单管共射放大电路的工作原理

放大电路在正常放大信号时，电路中既有直流电源 V_{CC}，也有动态信号源 u_i(这里以正弦交流信号源为例)，也就是说，电路中的电压、电流是"交、直流并存"的。直流是基础，交流是被放大的对象。为了便于分析，通常将直流和交流分开讨论，即放大电路的静态分析和动态分析。

1. 放大电路的静态

当放大电路的输入信号 $u_i=0$ 时，电路中只有直流电压和直流电流的状态称为静态。电路参数确定后，直流电压 U_{BE}、U_{CE} 和直流电流 I_B、I_C 的数值便唯一地确定下来。静态电流和静态电压的数值将在三极管的特性曲线上确定一点，这一点称为静态工作点，用 Q 表示。所以静态工作点可以用 I_{BQ}、U_{BEQ}、I_{CQ} 和 U_{CEQ} 四个物理量来表示。

为了不失真(或基本不失真)地放大信号，必须首先给放大电路设置合适的静态工作点，否则就会出现非线性失真。这里包括两方面含义，一是必须设置静态工作点，即给电路加上直流量；二是静态工作点要合适，即所加直流量的大小要适中。如果设置了静态工作点，但大小不合适，在特性曲线上表现为工作点 Q 的位置太高或太低。若点 Q 太高，u_i 中幅值较大的部分将进入饱和区；点 Q 太低，u_i 中幅值较小的部分将进入截止区。无论是饱和区还是截止区，对信号没有放大作用，最终都会使信号发生失真。以上两种情况下所发生的失真分别称为饱和失真和截止失真，统称为非线性失真。所以必须设置合适的静态工作点，以保证交流信号叠加在大小合适的直流量上，处于三极管的近似线性区。

2. 放大电路的动态

当放大电路加上交流信号 u_i 后，信号电量叠加在原静态值上，此时电路中的电流、电压既有直流成分，也有交流成分。图 5-4 所示为单管共射放大电路中电压、电流的工作波形。由波形可见，除 u_i 和 u_o 外，其他电压电流波形都是交直流并存的。为了分析方便，通常将直流和交流分开考虑(仅是一种分析方法)。现只考虑交流的情况，此时电路中的电压、电流是纯交流信号,没有直流成分,电路的这种工作状态称为动态。

为了清楚地表示放大电路中的各电量,对其表示的符号进行如下规定:

(1) 直流量:字母大写,下标大写,如 I_B、I_C、U_{BE}、U_{CE}。

(2) 交流量:字母小写,下标小写,如 i_b、i_c、u_{be}、u_{ce}。

(3) 交、直流叠加量:字母小写,下标大写,如 i_B、i_C、u_{BE}、u_{CE}。

(4) 交流量的有效值:字母大写,下标小写,如 I_b、I_c、U_{be}、U_{ce}。

3. 直流通路与交流通路

从单管共射放大电路工作原理的分析可知,直流量与交流量共存于放大电路之中,前者是直流电源 V_{CC} 作用的结果,后者是输入交流电压 u_i 作用的结果;而且由于电容、电感等电抗元件的存在,使直流量与交流量所流经的通路有所不同。因此,为了研究问题的方便,将放大电路分为直流通路和交流通路。

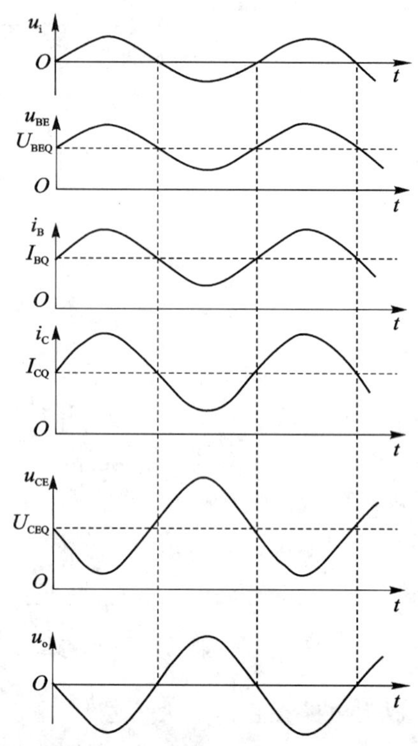

图 5-4 单管共射放大电路中的信号波形

所谓直流通路,就是直流电源 V_{CC} 作用形成的电流通路。直流通路是将放大电路中电容视为开路,电感视为短路而得到的。采用直流通路分析放大电路又称为静态分析。

所谓交流通路,就是交流信号源 u_i 作用所形成的电流通路。交流通路是将放大电路中电容视为短路,电感视为开路,直流电源视为短路而得到的。采用交流通路分析放大电路又称为动态分析。

图 5-3 所示单管共射放大电路的直流通路和交流通路分别如图 5-5(a)、(b)和(c)所示,其中图 5-3(c)是将图 5-3(b)交流通路整理后得到的。

对于放大电路,在画出直流通路和交流通路后,就可以分别对它进行静态分析和动态分析。

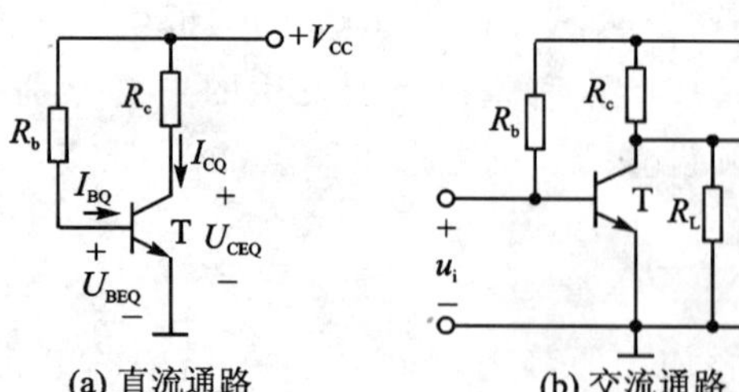

(a) 直流通路 (b) 交流通路

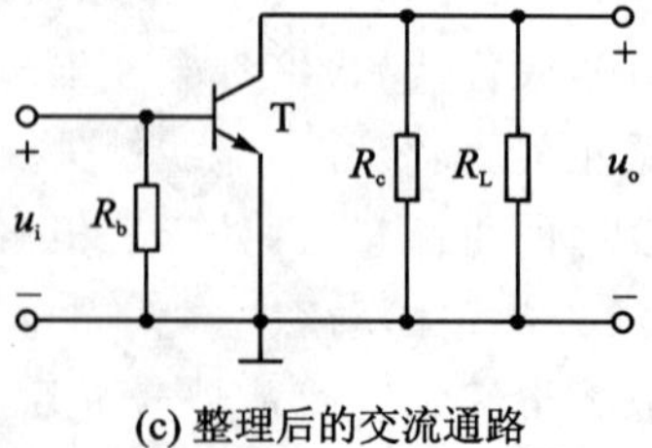

(c) 整理后的交流通路

图 5-5 单管共射放大电路的直流通路和交流通路

5.3　放大电路的分析方法

分析放大电路就是在理解放大电路组成原则、工作原理的基础上求解放大电路的静态工作点和各项动态参数。求解静态工作点的过程称为静态分析，静态分析在直流通路中进行；求解各项动态参数的过程称为动态分析，动态分析需在交流通路中进行。下面以图 5-3(b)所示单管共射放大电路为例对其进行分析。

5.3.1　静态分析

放大电路静态分析的目的是求静态工作点 Q，实际是求 4 个直流量：I_{BQ}、U_{BEQ}、I_{CQ}和U_{CEQ}，如图 5-5(a)中所示。通常 U_{BEQ}作为已知量，因此只需求 I_{BQ}、I_{CQ}和 U_{CEQ}三个物理量。静态分析通常可以采用公式法(也称近似估算法)和图解法两种。

1. 用公式法计算点 Q

图 5-5(a)所示单管共射放大电路的直流通路中，各直流量及其参考方向已标出，由图可以估算出 I_{BQ}、I_{CQ}和 U_{CEQ}，其公式为

$$I_{BQ}=\frac{V_{CC}-U_{BEQ}}{R_b} \tag{5-5}$$

$$I_{CQ}\approx\beta I_{BQ} \tag{5-6}$$

$$U_{CEQ}=V_{CC}-I_{CQ}R_c \tag{5-7}$$

三极管导通时，U_{BEQ}的变化很小，可视为常数。一般认为：硅管为 0.7 V，锗管为 0.2 V。

例 5-1　图 5-3(b)所示单管共射放大电路中，已知 $V_{CC}=12$ V，$R_c=3$ kΩ，$R_b=280$ kΩ，NPN 型硅管的 β 等于 50，试估算电路的静态工作点。

解：由于是硅三极管，可取 $U_{BEQ}=0.7$ V，因此

$$I_{BQ}=\frac{V_{CC}-U_{BEQ}}{R_b}=\left(\frac{12-0.7}{280}\right)\ \text{mA}=0.04\ \text{mA}=40\ \mu\text{A}$$

$$I_{CQ}=\beta I_{BQ}=(50\times0.04)\ \text{mA}=2\ \text{mA}$$

$$U_{CEQ}=V_{CC}-I_{CQ}R_c=(12-2\times3)\ \text{V}=6\ \text{V}$$

2. 用图解法计算点 Q

图解法是利用三极管的特性曲线，用做图的方法来分析放大电路的基本性能，图解法能直观地反映放大器的工作原理。用图解法确定静态工作点的方法如下：

(1) 根据公式 $I_{BQ}=\dfrac{V_{CC}-U_{BEQ}}{R_b}$求出 I_{BQ}，并在三极管的输出特性曲线上找出对应 I_{BQ}的那条曲线。

(2) 根据 $U_{CEQ}=V_{CC}-I_{CQ}R_c$，画出与之对应的线段，该线段称为直流负载线。

(3) 在输出曲线上找出直流负载线与 I_{BQ}那条曲线的交点，此交点就是需要确定的静态工作点，然后根据点 Q 找出 I_{CQ}和 U_{CEQ}的值。

例 5-2　图 5-6(a)所示的单管共射放大电路中，已知 $R_b=280$ kΩ，$R_c=3$ kΩ，$U_{BEQ}=0.7$ V，直流电源 $V_{CC}=12$ V，三极管的输出特性曲线如图 5-6(b)所示。试用图解法确定静态

工作点。

解:首先利用近似估算法估算出 I_{BQ}

$$I_{BQ}=\frac{V_{CC}-U_{BEQ}}{R_b}=\left(\frac{12-0.7}{280}\right)\text{ mA}=0.04\text{ mA}=40\ \mu\text{A}$$

然后在输出特性曲线上作直流负载线,如图 5-6(b)所示。直流负载线上两个特殊点为:当 $I_C=0$ 时,$U_{CE}=12$ V;当 $U_{CE}=0$ 时,$I_C=4$ mA。连接以上两点,即为直流负载线。

直流负载线与输出特性曲线中 $I_B=40\ \mu$A 的那条曲线的交点就是静态工作点 Q。此时由图 5-6(b)可得在静态工作点 Q 处,$I_{CQ}=2$ mA,$U_{CEQ}=6$ V。

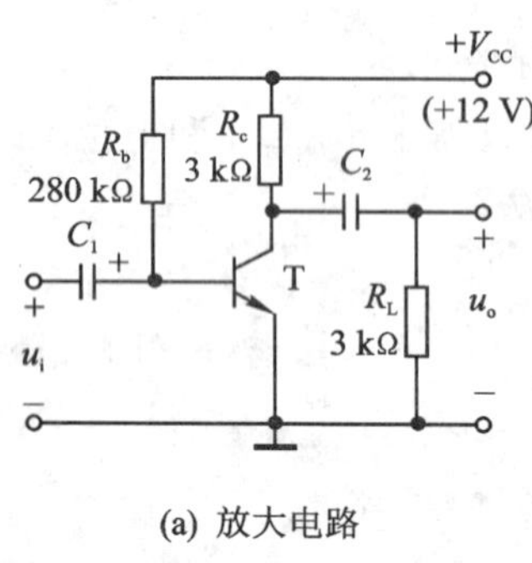

(a) 放大电路

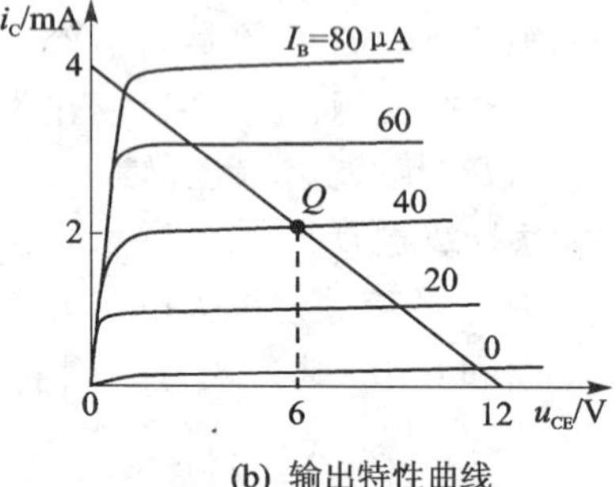

(b) 输出特性曲线

图 5-6 例 5-1 用图

3. 用图解法分析电路参数对静态工作点的影响

利用图解法并借助三极管的输出特性曲线,还可以直观地看出当放大电路的元件参数变化时,静态工作点的位置的变化情况。

(1) R_b变化对 Q 点的影响

R_b增大时,I_{BQ}相应减小,由于 V_{CC}、R_c不变,直流负载线不变,静态工作点 Q 沿直流负载线向截止区移动(见图 5-7(a)),I_{CQ}减小,U_{CEQ}增大;反之,R_b减小时,I_{BQ}相应增大,静态工作点 Q 沿直流负载线向饱和区移动,I_{CQ}增大,U_{CEQ}减小。

(2) V_{CC}变化对 Q 点的影响

V_{CC}增大,因为 R_c不变,负载线斜率不变,所以负载线向右平移。而 I_{BQ}增大,则点 Q 向右上方移动(见图 5-7(b)),I_{CQ}增大,U_{CEQ}也增大。

(3) R_c变化对 Q 点的影响

R_c增大,根据直流负载线方程式 $U_{CEQ}=V_{CC}-I_{CQ}R_c$,直流负载线与横轴的交点 V_{CC}不变,与纵轴的交点 V_{CC}/R_c下降,因此直流负载线比原来的平坦,静态工作点 Q 沿 I_{BQ}向左移动(见图 5-7(c)),I_{CQ}基本不变,U_{CEQ}减小;反之 R_c减小,直流负载线变陡,Q 点沿 I_{BQ}向右移动,I_{CQ}基本不变,U_{CEQ}增大。

(4) β变化对点 Q 的影响

β变化主要是因为更换管子或温度变化引起的 β 增大,伏安特性间距加大,如图 5-7(d)中虚线所示。如果 I_{BQ}不变,则 Q 点向饱和区移动,I_{CQ}增大,U_{CEQ}减小。

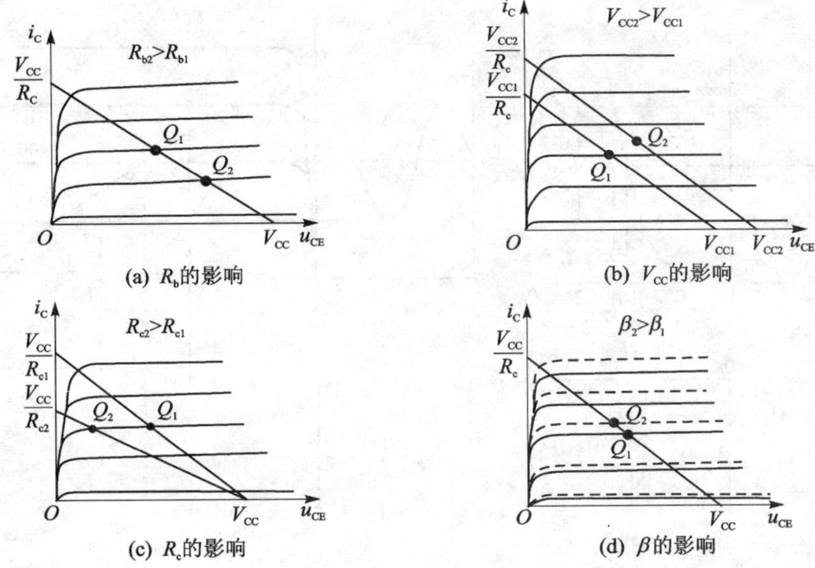

图 5-7　元件参数对静态工作点的影响

5.3.2　动态分析

放大电路动态分析的目的是求解放大电路的各项动态参数，如电压放大倍数 A_u、输入电阻 R_i、输出电阻 R_o。动态分析也可采用图解法，此外还有微变等效电路法。

1. 用图解法分析动态

交流通路的外电路伏安特性称为交流负载线。交流通路的外电阻有两个，R_c和 R_L，两者相并联，用 R'_L表示，即 $R'_L=R_c//R_L$。因此交流负载线与直流负载线的不同是，其斜率不是 $-1/R_c$，而是 $-1/R'_L$，因为 $R'_L=R_c//R_L<R_c$，所以交流负载线比直流负载线更陡。

画交流负载线时，一方面交流负载线一定经过静态工作点 Q。这是因为输入电压 $u_i=0$ 时，放大电路相当于静态的情况，所以交流负载线和直流负载线都过静态工作点 Q。另一方面，又知其斜率是 $-1/R'_L$，因此，只要过点 Q 做斜率是 $-1/R'_L$的直线，即可得到交流负载线。

需要指出的是，当放大电路外加一个正弦输入信号 u_i时，工作点将沿交流负载线运动。所以只有交流负载线才能描述动态时 Δi_C和 Δu_{CE}的关系，而直流负载线只能用以确定静态工作点 Q。

在放大电路外加一个正弦输入信号 u_i时，在线性范围内，三极管的 u_{BE}、i_B、i_C和 u_{CE}都将围绕其静态值按正弦规律变化。放大电路基极回路和集电极回路的动态工作情况分别如图 5-8(a)和(b)所示。

可利用图解法求放大电路电压放大倍数。其过程是：先假设基极电流在静态值附近有一个变化量 Δi_B，在输入特性上找到相应的 Δu_{BE}。然后再根据 Δi_B，在输出特性的交流负载线上找到 Δu_{CE}，如图 5-8(b)所示，则电压放大倍数(增益)为 $A_u=\dfrac{\Delta u_o}{\Delta u_i}=\dfrac{\Delta u_{CE}}{\Delta u_{BE}}$。

2. 用微变等效电路法分析动态

如果放大电路的输入信号较小，就可以保证三极管工作在输入特性曲线和输出特性曲线

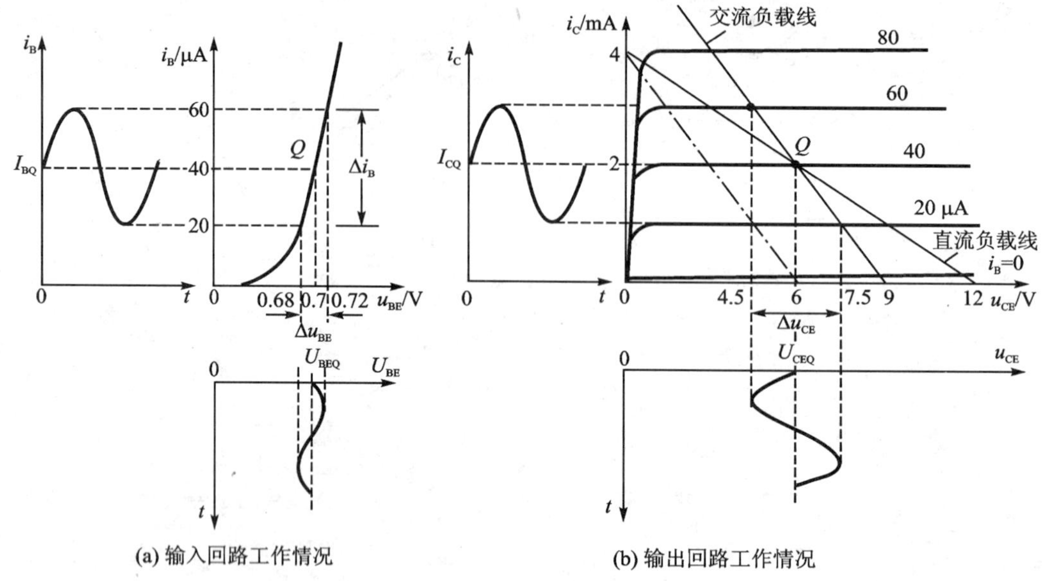

(a) 输入回路工作情况 (b) 输出回路工作情况

图 5-8 加正弦输入信号时放大电路的工作情况

的线性放大区(严格说,应该是近似线性区)。因此,对于微变量(小信号)来说,三极管可以近似看成是一个线性元件,可以用一个与之等效的线性电路来表示。这样,放大电路的交流通路就可以转换为一个线性电路。此时,可以用线性电路的分析方法来分析放大电路。这种分析方法得出的结果与实际测量结果基本一致,此法称为微变等效电路法。

(1) 三极管的近似线性等效电路

三极管特性曲线的局部线性化如图 5-9 所示。当三极管工作在放大区时,在静态工作点 Q 附近,输入特性曲线基本上是一条直线,如图 5-9(a)所示。即 Δi_B 与 Δu_{BE} 成正比,因而可以用一个等效电阻 r_{be} 来代表输入电压和输入电流之间的关系,即 $r_{be}=\dfrac{\Delta u_{BE}}{\Delta i_B}$。

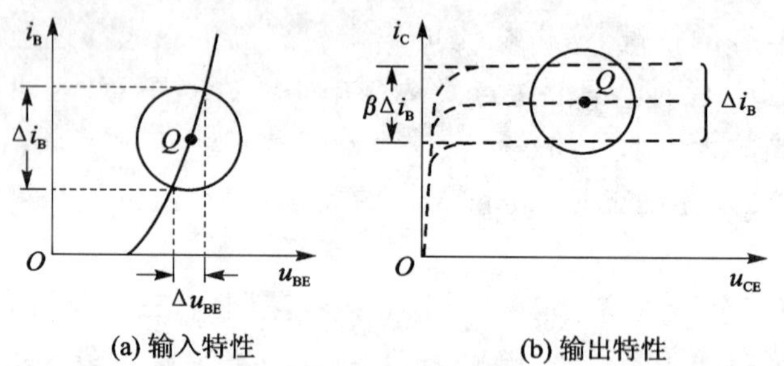

(a) 输入特性 (b) 输出特性

图 5-9 三极管特性曲线的局部线性化

从图 5-9(b)所示输出特性曲线可以看出,在点 Q 附近一个微小范围内,特性曲线基本上是水平的,而且相互之间平行等距,即 Δi_C 仅由 Δi_B 决定,而与 u_{CE} 无关,满足 $\Delta i_C=\beta\Delta i_B$。所以三极管的 c、e 间可以等效为一个线性的受控电流源,其电流大小为 $\beta\Delta i_B$。于是,得到三极管的线性等效电路如图 5-10 所示。由于该等效电路忽略了 u_{CE} 对 i_B、i_C 的影响,因此又称为简化的微变等效电路。

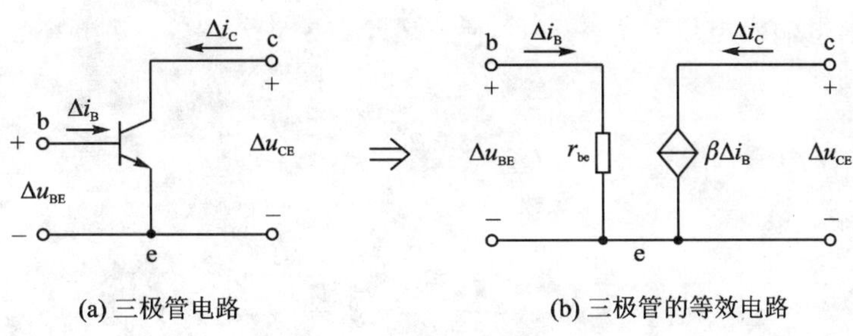

(a) 三极管电路　　(b) 三极管的等效电路

图 5-10　三极管线性等效电路

(2) r_{be}的计算

由于输入特性曲线往往手册上不给出，而且也较难测准。对于 r_{be}，一般可用下面的简便公式进行计算。

$$r_{be} = r_{bb'} + (1+\beta)\frac{26\ \mathrm{mV}}{I_{EQ}\ \mathrm{mA}} \tag{5-8}$$

式(5-8)中，I_{EQ}是发射极静态电流，$r_{bb'}$是三极管的基区体电阻。三极管的三个区对载流子的运动呈现一定的电阻，称为半导体的体电阻，阻值较小。$r_{bb'}$是其中的一个体电阻。对于小功率管，$r_{bb'}\approx 300\ \Omega$。今后如无特别说明，$r_{bb'}$均取 300 Ω。

(3) 用微变等效电路法分析单管共射放大电路

微变等效电路法是进行动态分析常用的方法。动态分析的目的是求解放大电路的几个主要性能参数，如电压放大倍数 $\dot{A}_u$、输入电阻 R_i、输出电阻 R_o。

用微变等效电路法分析放大电路时，首先需要画出交流通路的微变等效电路，在微变等效电路中进行几个动态指标的求解。由交流通路画微变等效电路时，只需将交流通路中的三极管用其线性等效电路代替，其余部分按照交流通路原样画上即可。所以，关键还是画对交流通路。

单管共射放大电路如图 5-11(a)所示。根据以上分析可画出其微变等效电路如图 5-11(b)所示。现将输入端加上一个正弦输入电压 $\dot{U}_i$，图中 $\dot{U}_i$、$\dot{U}_o$、$\dot{I}_b$ 和 $\dot{I}_c$ 等分别表示相关电压和电流的正弦相量。

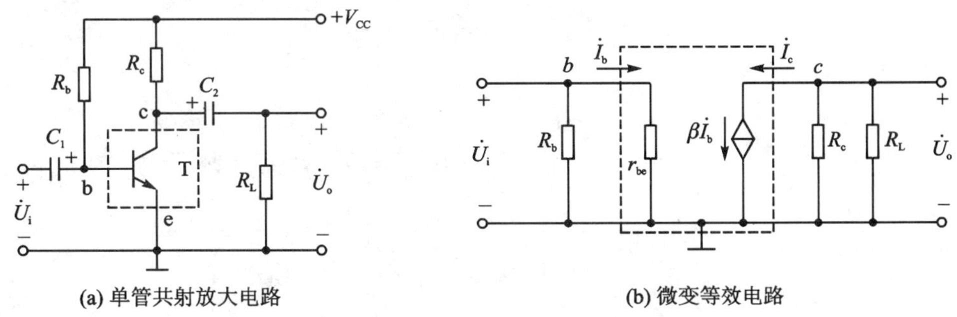

(a) 单管共射放大电路　　(b) 微变等效电路

图 5-11　单管共射放大电路的交流微变等效电路

根据图 5-11(b)所示微变等效电路，对放大电路进行动态分析如下。

由输入回路求得输入电压　　$\dot{U}_i = \dot{I}_b r_{be}$

由输出回路求得输出电压 $\dot{U}_o = -\dot{I}_c R'_L$

其中，$R'_L = R_c /\!/ R_L$。

则输出电压 $\dot{U}_o = -\frac{\beta \dot{U}_i}{r_{be}} R'_L$

所以电压放大倍数

$$\dot{A}_u = \frac{\dot{U}_o}{\dot{U}_i} = -\beta \frac{R'_L}{r_{be}} \tag{5-9}$$

式(5-9)中的负号表明输出电压与输入电压反相，由此可知，单管共射放大电路具有倒相作用。

单管共射放大电路的输入电阻 R_i 为

$$R_i = r_{be} /\!/ R_b \tag{5-10}$$

若不考虑三极管的 r_{ce}[①]，则输出电阻为

$$R_o = R_c \tag{5-11}$$

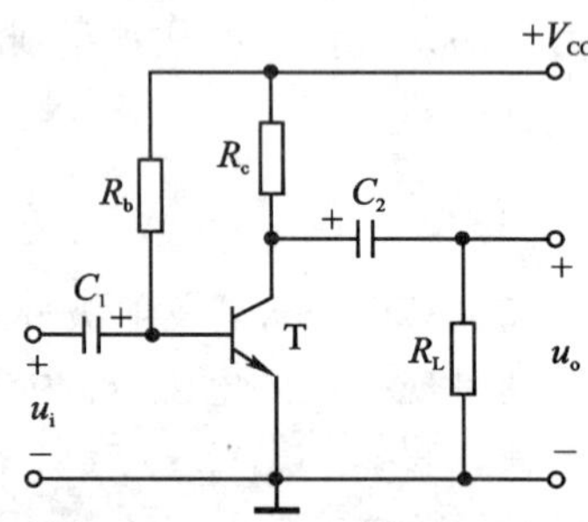

图5-12　例5-2用图

例5-3　在图5-12所示的放大电路中，已知 $R_b = 280\ \text{k}\Omega$，$R_c = 3\ \text{k}\Omega$，$U_{BEQ} = 0.7\ \text{V}$，$V_{CC} = 12\ \text{V}$，$R_L = 3\ \text{k}\Omega$，试估算三极管的 r_{be} 以及 $\dot{A}_u$、R_i 和 R_o。如欲提高电路的 $|\dot{A}_u|$，可采取什么措施，应调整电路中的哪些参数？

解：用静态工作点的近似估算法不难求出：$I_{EQ} \approx I_{CQ} = 2\ \text{mA}$。则

$$r_{be} = 300\ \Omega + (1+\beta)\frac{26\ \text{mV}}{I_{EQ}} = 300\ \Omega + 51 \times \frac{26\ \text{mV}}{2\ \text{mA}} = 963\ \Omega$$

$$R'_L = R_c /\!/ R_L = \left(\frac{3 \times 3}{3+3}\right)\text{k}\Omega = 1.5\ \text{k}\Omega$$

由式(5-9)求得电压放大倍数

$$\dot{A}_u = \frac{\dot{U}_o}{\dot{U}_i} = -\beta \frac{R'_L}{r_{be}} = -\frac{50 \times 1.5 \times 10^3\ \Omega}{963\ \Omega} = -78$$

由式(5-10)求得输入电阻

$$R_i = r_{be} /\!/ R_b \approx r_{be} = 963\ \Omega$$

由式(5-11)求得输出电阻

$$R_o = R_c = 3\ \text{k}\Omega$$

如欲提高电路的 $|\dot{A}_u|$，可调整 Q 点使 I_{EQ} 增大，r_{be} 减小，从而提高 $|\dot{A}_u|$。比如将 I_{EQ} 增大至3 mA，则此时

$$r_{be} = \left(300 + 51 \times \frac{26}{3}\right)\Omega = 742\ \Omega$$

$$\dot{A}_u = -\beta \frac{R'_L}{r_{be}} = -\frac{50 \times 1.5 \times 10^3\ \Omega}{0.742 \times 10^3\ \Omega} = -101$$

---

① r_{ce}是三极管c-e之间的等效电阻。当三极管工作在放大区时，u_{ce}变化，i_c 几乎不变，因此 Δu_{ce} 与 Δi_c 的比值，即c-e之间的等效电阻 $r_{ce} \approx \infty$。所以 r_{ce}与 R_c 并联时可以忽略。

为了增大 I_{EQ}，在 V_{CC}、R_c 等电路参数不变的情况下，减小基极电阻 R_b，则 I_{BQ}、I_{CQ}、I_{EQ} 将随之增大。但应注意，在调节 $|\dot{A}_u|$ 大小的同时，要考虑到 Q 点的位置（Q 点应在放大区的中心区域），二者应兼顾。

例 5-4 图 5-13(a) 所示放大电路中，已知 $\beta=50$，$U_{BEQ}=0.6\ \text{V}$，$R_b=470\ \text{k}\Omega$，$R_e=1\ \text{k}\Omega$，$R_c=3.9\ \text{k}\Omega$，$R_L=3.9\ \text{k}\Omega$，$V_{CC}=12\ \text{V}$。(1) 画出其直流通路和微变等效电路；(2) 用估算法求静态工作点；(3) 求电压放大倍数 $\dot{A}_u$、输入电阻 R_i、输出电阻 R_o。

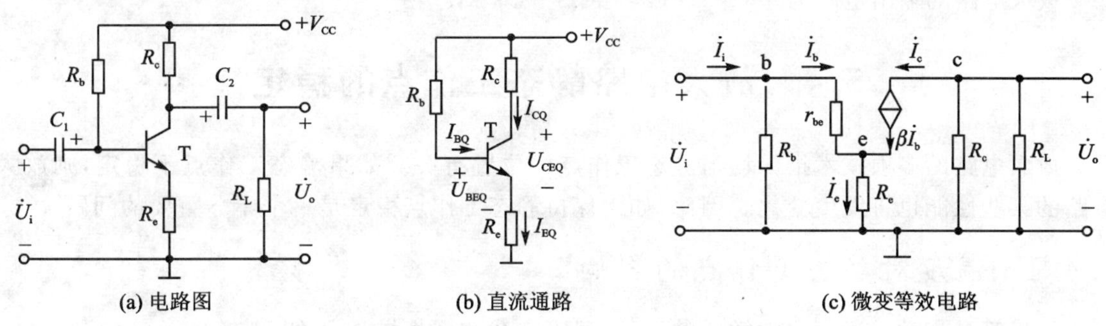

图 5-13 例 5-3 用图

解：(1) 直流通路和微变等效电路分别如图 5-13(b) 和 (c) 所示。

(2) 根据直流通路可得下列方程

$$V_{CC}=I_{BQ}R_b+U_{BEQ}+I_{EQ}R_e$$

而 $I_{EQ}=(1+\beta)I_{BQ}$，所以可解出 I_{BQ}，即

$$I_{BQ}=\frac{V_{CC}-U_{BEQ}}{R_b+(1+\beta)R_e}=\left(\frac{12-0.6}{470+51\times 1}\right)\text{mA}\approx\left(\frac{12}{521}\right)\text{mA}=0.023\ \text{mA}$$

$$I_{CQ}=\beta I_{BQ}=(50\times 0.023)\ \text{mA}=1.15\ \text{mA}\approx I_{EQ}$$

根据直流通路又可得到下列方程

$$V_{CC}=I_{CQ}R_c+U_{CEQ}+I_{EQ}R_e$$

所以 $$U_{CEQ}\approx V_{CC}-I_{CQ}(R_c+R_e)=[12-1.15\times(3.9+1)]\ \text{V}=6.4\ \text{V}$$

所以，静态工作点 Q 为

$$I_{BQ}=23\ \mu\text{A},\quad U_{BEQ}=0.6\ \text{V},\quad I_{CQ}=1.15\ \text{mA},\quad U_{CEQ}=6.4\ \text{V}$$

(3) 由图 5-13(c) 可以列出以下关系式

$$\dot{U}_i=\dot{I}_b r_{be}+\dot{I}_e R_e$$

其中，$\dot{I}_e=(1+\beta)\dot{I}_b$。

所以 $$\dot{U}_i=[r_{be}+(1+\beta)R_e]\dot{I}_b$$

式中 $$r_{be}=300+(1+\beta)\frac{26\ \text{mV}}{I_{EQ}}=\left(300+51\times\frac{26\ \text{mV}}{1.15\ \text{mA}}\right)\Omega=1.5\ \text{k}\Omega$$

而 $$\dot{U}_o=-\dot{I}_c R'_L=-\beta\dot{I}_b R'_L$$

式中 $$R'_L=R_c\ /\!/\ R_L=\left(\frac{1}{2}\times 3.9\right)\text{k}\Omega=1.95\ \text{k}\Omega$$

则电压放大倍数为

$$\dot{A}_u=\frac{\dot{U}_o}{\dot{U}_i}=-\beta\frac{R'_L}{r_{be}+(1+\beta)R_e}=-\frac{50\times1.95\times10^3\ \Omega}{1.5\times10^3\ \Omega+51\times1\times10^3\ \Omega}=-1.86$$

可见,引入发射极电阻 R_e之后,电压放大倍数下降了。但改善了放大电路其他一些性能。

放大电路的输入电阻为

$$R_i=[r_{be}+(1+\beta)R_e]\ //\ R_b=[470\ //\ (1.5+51\times1)]\ \text{k}\Omega=47.2\ \text{k}\Omega$$

由计算结果可知,引入 R_e之后,输入电阻增大了。

放大电路的输出电阻为 $R_o=R_c=3.9\ \text{k}\Omega$

5.4 放大电路静态工作点的稳定

放大电路的多项技术指标均与静态工作点的位置有关。如果静态工作点不稳定,则放大电路的某些性能也将发生变化。因此,如何保持静态工作点稳定是一个十分重要的问题。

5.4.1 温度对静态工作点的影响

三极管是一种对温度非常敏感的元件,温度变化主要影响管子的 U_{BE}、I_B、I_{CBO}、β 等参数,而这些参数的变化最终都表现为使静态电流 I_{CQ}变化。温度升高,I_{CQ}增加,工作点上移;温度降低,I_{CQ}减小,工作点下移。当工作点变动太大时,有可能使输出信号出现失真。所以,在实际工作中,必须采取措施稳定静态工作点。根据上面的分析,只要能设法使 I_{CQ}近似维持稳定,问题就可以得到解决。

5.4.2 静态工作点稳定电路

1. 电路组成

图 5-14(a)所示电路便是实现上面设想的电路,图 5-14(b)、(c)分别是它的直流通路和交流微变等效电路。在图 5-14(a)所示电路中,发射极接有电阻 R_e和电容 C_e;直流电源 V_{CC}经电阻 R_{b1}、R_{b2}分压接到三极管的基极,所以图 5-14(a)所示电路通常称为分压式工作点稳定电路。

由于三极管的基极电位 U_{BQ}是由 V_{CC}分压后得到,因此它不受温度变化的影响,基本是恒定的。当集电极电流 I_{CQ}随温度的升高而增大时,发射极电流 I_{EQ}也相应增大,此电流流过 R_e,使发射极电位 U_{EQ}升高,则三极管的发射结电压 $U_{BEQ}=U_{BQ}-U_{EQ}$将降低,从而使静态基极电流 I_{BQ}减小,于是 I_{CQ}也随之减小,结果使静态工作点 Q 稳定。简述上面过程如下:

$T\uparrow\rightarrow I_{CQ}\ (I_{EQ})\ \uparrow\rightarrow U_{EQ}\uparrow$ (因为U_{BQ}基本不变) $\rightarrow U_{BEQ}\downarrow\rightarrow I_{BQ}\downarrow$

$I_{CQ}\downarrow\leftarrow$

同理可分析出,当温度降低时,各物理量与上述过程变化相反,即

$T\downarrow\rightarrow I_{CQ}\ (I_{EQ})\downarrow\rightarrow U_{EQ}\downarrow$ (因为U_{BQ}基本不变) $\rightarrow U_{BEQ}\uparrow\rightarrow I_{BQ}\uparrow$

$I_{CQ}\uparrow\leftarrow$

上述过程是通过发射极电阻 R_e的负反馈作用牵制集电极电流的变化的,使静态工作点 Q 稳定。所以此电路也称为电流反馈式工作点稳定电路。

另外,接入 R_e后,使电压放大倍数大大下降,为此,在 R_e两端并联一个大电容 C_e,此时电阻 R_e和电容 C_e的接入对电压放大倍数基本没有影响。C_e称为旁路电容。

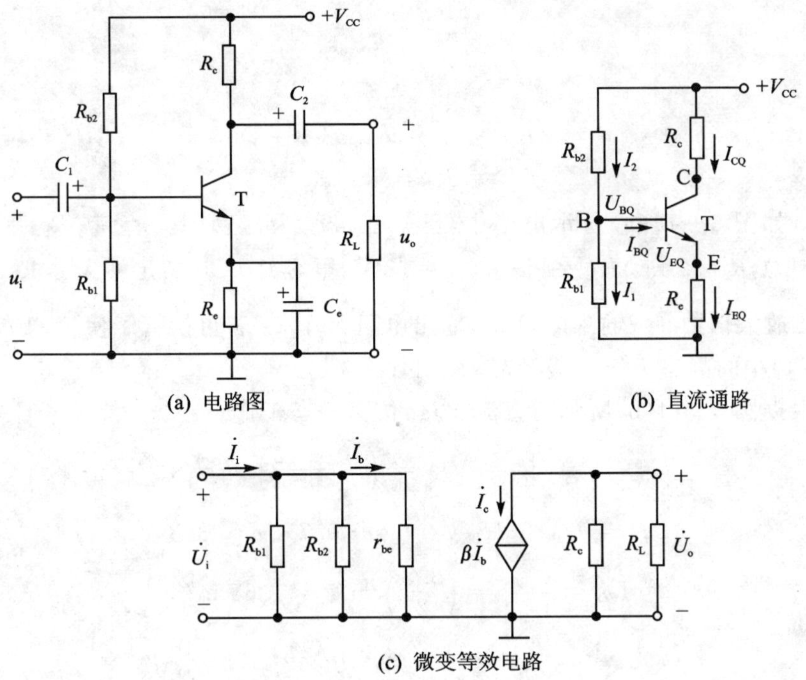

图 5-14　分压式工作点稳定电路

2. 电路的分析

(1) 静态分析

由图 5-14(b)所示直流通路，可进行分压式电路的静态分析。首先可先从估算 U_{BQ} 入手。由于电路设计使 I_{BQ} 很小，可以忽略，所以 $I_1 \approx I_2$，R_{b1}、R_{b2} 近似为串联，根据串联分压，可得

$$U_{BQ} \approx \frac{R_{b1}}{R_{b1}+R_{b2}} V_{CC} \tag{5-12}$$

静态发射极电流

$$I_{EQ} = \frac{U_{EQ}}{R_e} = \frac{U_{BQ}-U_{BEQ}}{R_e} \tag{5-13}$$

静态集电极电流

$$I_{CQ} \approx I_{EQ} = \frac{U_{BQ}-U_{BEQ}}{R_e} \tag{5-14}$$

三极管 c、e 之间的静态电压为

$$U_{CEQ} = V_{CC} - I_{CQ}R_c - I_{EQ}R_e \approx V_{CC} - I_{CQ}(R_c+R_e) \tag{5-15}$$

三极管静态基极电流

$$I_{BQ} \approx \frac{I_{CQ}}{\beta} \tag{5-16}$$

(2) 动态分析

由于旁路电容 C_e 足够大，使发射极对地交流短路，这样分压式工作点稳定电路实际上也是一个共射放大电路，通过利用图 5-14(c)所示微变等效电路法分析，可知电压放大倍数与共射放大电路电压放大倍数相同，即

$$\dot{A}_u = -\beta \frac{R'_L}{r_{be}} \tag{5-17}$$

式中,$R'_L = R_c /\!/ R_L$。

输入电阻为
$$R_i = r_{be} /\!/ R_{b1} /\!/ R_{b2} \tag{5-18}$$

输出电阻为
$$R_o = R_c \tag{5-19}$$

例 5-5 如图 5-14(a)所示电路中,已知三极管为硅管,其 $\beta=50$,$R_{b1}=10\ \text{k}\Omega$,$R_{b2}=20\ \text{k}\Omega$,$R_c=2\ \text{k}\Omega$,$R_e=2\ \text{k}\Omega$,$R_L=4\ \text{k}\Omega$,$V_{CC}=12\ \text{V}$,电容 C_1、C_2、C_e足够大。求:(1) 静态工作点 Q;(2) 电压放大倍数 $\dot{A}_u$、输入电阻 R_i、输出电阻 R_o;(3) 若更换管子使 $\beta=100$,计算静态工作点,与问题(1)中的静态工作点 Q 比较,说明什么?

解:(1) 根据图 5-14(b)所示的直流通路,估算静态工作点:

$$U_{BQ} = \frac{R_{b1}}{R_{b1}+R_{b2}}V_{CC} = \left(\frac{10\times 12}{10+20}\right)\ \text{V} = 4\ \text{V}$$

$$U_{EQ} = U_{BQ} - U_{BEQ} = (4-0.7)\ \text{V} \approx 3.3\ \text{V}$$

$$I_{EQ} = \frac{U_{EQ}}{R_e} = \left(\frac{3.3}{2}\right)\ \text{mA} = 1.65\ \text{mA}$$

$$I_{BQ} = I_{EQ}/(1+\beta) = 1.65\ \text{mA}/51 = 32.3\ \mu\text{A}$$

$$I_{CQ} = \beta I_{BQ} = 50\times 32.3\ \mu\text{A} = 1.62\ \text{mA}$$

$$U_{CEQ} \approx V_{CC} - I_{CQ}(R_c+R_e) = (12-1.62\times 4)\ \text{V} = 5.5\ \text{V}$$

(2) 求 $\dot{A}_u$、R_i、R_o。

$$r_{be} = 300 + (1+\beta)\frac{26\ \text{mV}}{I_{EQ}} = 300\ \Omega + 51\times\frac{26\ \text{mV}}{1.65\ \text{mA}} = 1.1\ \text{k}\Omega$$

$$R'_L = R_c /\!/ R_L = (2 /\!/ 4)\text{k}\Omega = 1.33\ \text{k}\Omega$$

$$\dot{A}_u = -\beta\frac{R'_L}{r_{be}} = -\frac{50\times 1.33\ \text{k}\Omega}{1.1\ \text{k}\Omega} = -60.4$$

$$R_i = r_{be} /\!/ R_{b1} /\!/ R_{b2} \approx 0.94\ \text{k}\Omega$$

$$R_o = R_c = 2\ \text{k}\Omega$$

(3) 当 $\beta=100$ 时

$$U_{BQ} = \frac{R_{b1}}{R_{b1}+R_{b2}}V_{CC} = \left(\frac{10\times 12}{10+20}\right)\ \text{V} = 4\ \text{V}$$

$$U_{EQ} = U_{BQ} - U_{BEQ} = (4-0.7)\ \text{V} = 3.3\ \text{V}$$

$$I_{EQ} = \frac{U_{EQ}}{R_e} = \left(\frac{3.3}{2}\right)\ \text{mA} = 1.65\ \text{mA}$$

$$I_{BQ} = I_{EQ}/(1+\beta) = 1.65\ \text{mA}/101\ \text{mA} = 16.3\ \mu\text{A}$$

$$I_{CQ} = \beta I_{BQ} = 100\times 16.3\ \mu\text{A} = 1.63\ \text{mA}$$

$$U_{CEQ} \approx V_{CC} - I_{CQ}(R_c+R_e) = (12-6.52)\ \text{V} = 5.48\ \text{V}$$

与问题(1)的结果比较,说明该电路达到了稳定工作点的目的,稳定效果的取得是由于 I_{BQ}自动调节的结果。当 $\beta=50$ 时,$I_{CQ}=1.62\ \text{mA}$ 。当 $\beta=100$ 时,根据三极管的性能,I_{CQ}应增大,但 R_e的作用使 I_{BQ}由 32.3 μA 降到 16.3 μA,其结果使 I_{CQ}基本保持不变。

5.5　单管放大电路的三种基本组态

三极管的三个电极均可作为输入回路和输出回路的公共端。前面介绍的共射电路是以发射极为公共端;如果以基极或集电极为公共端,则称为共基极电路和共集电极电路。这三种放大电路也称为放大电路的三种组态,其简单示意图如图 5－15 所示。判断放大电路以哪个电极为公共端主要是看交流信号的通路。

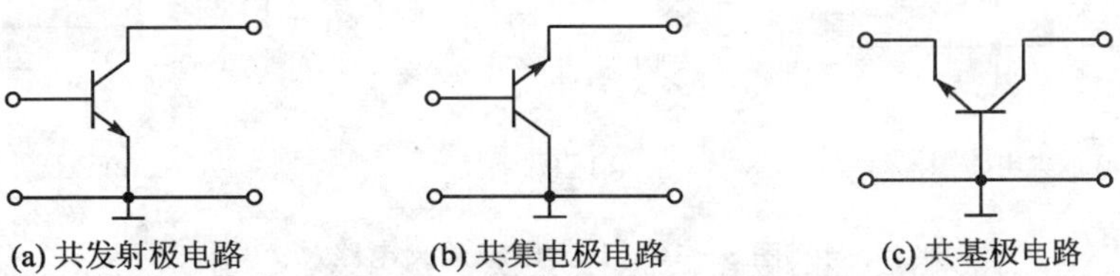

(a) 共发射极电路　(b) 共集电极电路　(c) 共基极电路

图 5－15　三极管放大电路的三种组态

5.5.1　基本共集电极放大电路

共集电极放大电路的基本结构如图 5－16(a)所示。可以看出,对交流信号而言,集电极是输入和输出的公共端,所以称为共集电极电路。另外,信号是通过发射极输出到负载的,因此它又称为射极输出器。

1. 静态分析

图 5－16(a)所示共集电极放大电路的直流通路如图 5－16(b)所示。由该电路可求得基极静态电流为

$$I_{BQ}=\frac{V_{CC}-U_{BEQ}}{R_b+(1+\beta)R_e} \tag{5-20}$$

集电极静态电流为

$$I_{CQ}\approx\beta I_{BQ} \tag{5-21}$$

射极电压为

$$U_{CEQ}=V_{CC}-I_{EQ}R_e\approx V_{CC}-I_{CQ}R_e \tag{5-22}$$

2. 动态分析

图 5－16(c)所示为共集电极放大电路的交流微变等效电路。由该等效电路对放大器进行动态分析如下:

(1) 电压放大倍数

由图 5－16(c)可得

$$\dot{U}_o=\dot{I}_eR'_L=(1+\beta)\dot{I}_bR'_L$$

$$\dot{U}_i=\dot{I}_br_{be}+\dot{I}_eR'_L=\dot{I}_br_{be}+(1+\beta)\dot{I}_bR'_L$$

因此,电压放大倍数为

$$\dot{A}_u=\frac{\dot{U}_o}{\dot{U}_i}=\frac{(1+\beta)R'_L}{r_{be}+(1+\beta)R'_L} \tag{5-23}$$

式中,$R'_L=R_e/\!/R_L$。

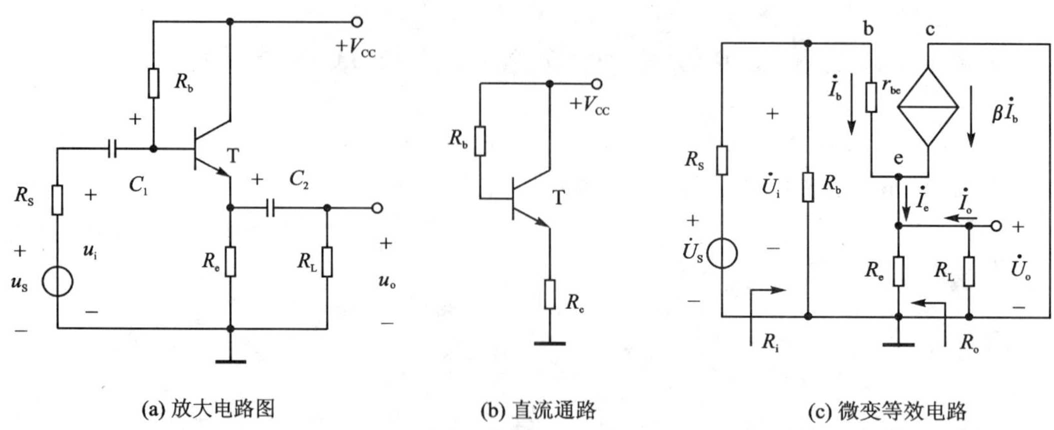

(a) 放大电路图　　(b) 直流通路　　(c) 微变等效电路

图 5-16　共集电极放大电路

从式(5-23)可以看出,共集电极放大电路的电压放大倍数 $\dot{A}_u$ 大于 0 且小于 1,即 $\dot{U}_o$ 与 $\dot{U}_i$ 同相且 $U_o<U_i$。当$(1+\beta)R'_L\gg r_{be}$时,$A_u\approx1$,即 $\dot{U}_o\approx\dot{U}_i$,而且输出电压和输入电压同相。因此,共集电极放大电路也被称为射极跟随器或电压跟随器。

(2) 输入电阻

由图 5-16(c)可得输入电阻为

$$R_i = R_b \mathbin{/\!/} [r_{be} + (1+\beta)R'_L] \tag{5-24}$$

由于 R_b和$(1+\beta)R'_L$值都较大,因此,共集电极放大电路的输入电阻很高,可达几十千欧到几百千欧。

(3) 输出电阻

根据输出电阻的定义可得共集电极放大电路的输出电阻为

$$R_o = \frac{\dot{U}_o}{\dot{I}_o} = \frac{r_{be}+R'_S}{1+\beta} \tag{5-25}$$

式中,$R'_S=R_b/\!/R_S$。

由上式可知,射极输出器的输出电阻等于基极回路的总电阻$(r_{be}+R_b)$除以$(1+\beta)$,因此,输出电阻低,带负载能力强。

通过以上对共集放大电路的分析可知,共集放大电路输入电阻大,输出电阻小,因而从信号源索取的电流小且带负载能力强,所以常用于多级放大电路的输入级和输出级;也可用它连接两个电路,以减少电路间直接相连所带来的影响,起缓冲作用。

例 5-6　在图 5-16(a)所示的共集电极放大电路中,已知 $V_{CC}=12$ V,$U_{BEQ}=0.7$ V,$\beta=80$,$R_b=300$ kΩ,$R_e=5$ kΩ,$R_L=0.5$ kΩ,$R_S=1$ kΩ。电容 C_1、C_2、C_e足够大。求:(1) 静态工作点 Q;(2) 输入电阻 R_i、输出电阻 R_o、电压放大倍数 $\dot{A}_u$;(3) 如果信号源电压 $U_S=2$ V,求输出电压 U_o。

解:(1) 静态分析如下:

$$I_{BQ} = \frac{V_{CC}-U_{BE}}{R_b+(1+\beta)R_e} = \left[\frac{12-0.7}{300+(1+80)\times5}\right]\text{mA} = 0.016\ \text{mA}$$

$$I_{EQ} = (1+\beta)I_{BQ} = [(1+80)\times0.016]\text{mA} = 1.3\ \text{mA}$$

$$U_{CEQ}=V_{CC}-I_{EQ}R_e=(12-1.3\times5)\text{V}=5.5\text{ V}$$

(2) 先求 r_{be}

$$r_{be}=r_{bb'}+(1+\beta)\frac{26\text{ mV}}{I_{EQ}}=\left[300+(1+80)\frac{26\text{ mV}}{1.3\text{ mA}}\right]\Omega=1.92\text{ k}\Omega$$

由式(5-24)可求得输入电阻为

$$R_i=R_b\,/\!/\,[r_{be}+(1+\beta)R'_L]\approx r_{be}+(1+\beta)R'_L=$$
$$\left[1.92+(1+80)\times\frac{5\times0.5}{5+0.5}\right]\text{k}\Omega\approx38.37\text{ k}\Omega$$

由式(5-25)求得输出电阻为

$$R_o=\frac{\dot{U}_o}{\dot{I}_o}=\frac{r_{be}+R'_S}{1+\beta}=\frac{1.92+(R_S\,/\!/\,R_b)}{1+80}=36\ \Omega$$

由式(5-23)得电压放大倍数为

$$\dot{A}_u=\frac{\dot{U}_o}{\dot{U}_i}=\frac{(1+\beta)R'_L}{r_{be}+(1+\beta)R'_L}=\frac{(1+80)\times(5\,/\!/\,0.5)}{1.92+(1+80)\times(5\,/\!/\,0.5)}=0.95$$

(3) 根据 $\dot{A}_{uS}$的定义可得

$$\dot{A}_{uS}=\frac{\dot{U}_o}{\dot{U}_S}=\frac{\dot{U}_i}{\dot{U}_S}\cdot\frac{\dot{U}_o}{\dot{U}_i}=\frac{R_i}{R_S+R_i}\cdot\dot{A}_u=\frac{38.37}{1+38.37}\times0.95\approx0.926$$

当信号源电压 $U_S=2$ V 时,可求得输出电压 U_o 的值为

$$U_o=U_S\cdot A_{uS}=(2\times0.926)\text{ V}=1.852\text{ V}$$

5.5.2　基本共基极放大电路

图 5-17(a)所示是共基极放大电路的原理性电路图。发射极电源 V_{EE}的极性保证三极管的发射结正向偏置,集电极电源 V_{CC}的极性保证三极管的集电结反向偏置,因而可以使三极工作在放大区。因输入信号与输出信号的公共端是基极,因此是共基极放大电路。

图 5-17(b)是共基极放大电路的实际电路。用单电源 V_{CC}取代 V_{EE},保证电路能够正常工作。

1. 静态分析

由图 5-17(b)得

$$I_{EQ}=\frac{U_{BQ}-U_{BEQ}}{R_e}\approx\frac{1}{R_e}\left(\frac{R_{b1}}{R_{b1}+R_{b2}}V_{CC}-U_{BEQ}\right)\approx I_{CQ}\qquad(5-26)$$

$$I_{BQ}=\frac{I_{EQ}}{1+\beta}\qquad(5-27)$$

$$U_{CEQ}=V_{CC}-I_{CQ}R_c-I_{EQ}R_e\approx V_{CC}-I_{CQ}(R_c+R_e)\qquad(5-28)$$

2. 动态分析

(1) 电流放大倍数

图 5-17(b)所示共基极放大电路的微变等效电路如图 5-17(c)所示。

由图 5-17(c)可得输入电流、输出电流分别为

$$\dot{I}_i=-\dot{I}_e,\qquad \dot{I}_o=\dot{I}_c$$

所以得到电流放大倍数

$$\dot{A}_i = \frac{\dot{I}_o}{\dot{I}_i} = -\frac{\dot{I}_c}{\dot{I}_e} = -\alpha \tag{5-29}$$

α是三极管的共基电流放大系数，由于α小于1而近似等于1，所以共基极放大电路没有电流放大作用。

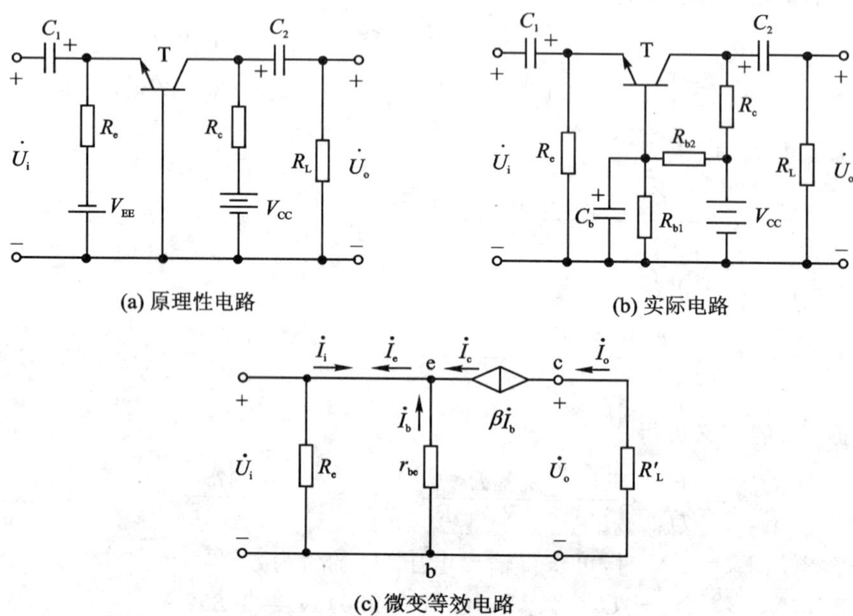

(a) 原理性电路　(b) 实际电路

(c) 微变等效电路

图 5-17　共基极放大电路

(2) 电压放大倍数

$$\dot{U}_i = -\dot{I}_b r_{be}$$

由于

$$\dot{U}_o = -\beta\dot{I}_b R'_L (R'_L = R_c \ /\!/ \ R_L)$$

所以电压放大倍数

$$\dot{A}_u = \frac{\dot{U}_o}{\dot{U}_i} = \beta\frac{R'_L}{r_{be}} \tag{5-30}$$

式(5-30)表明，共基极放大电路的电压放大倍数与共射极电路电压放大倍数数值相等，但没有负号，表明共基极放大电路的输出电压与输入电压相位一致，为同相放大。

(3) 输入电阻

$$R_i = \frac{\dot{U}_i}{\dot{I}_i} = \frac{-\dot{I}_b r_{be}}{-(1+\beta)\dot{I}_b} = \frac{r_{be}}{1+\beta} \tag{5-31}$$

式(5-31)说明共基极接法的输入电阻比共射极接法的低，是其$\frac{1}{1+\beta}$。

(4) 输出电阻

由于三极管的r_{cb}非常大，满足$r_{cb} \gg R_c$，所以输出电阻

$$R_o = R_c \ /\!/ \ r_{cb} \approx R_c \tag{5-32}$$

例5-7　图5-17(b)所示共基极放大电路中，已知 $R_c=5.1\ \text{k}\Omega$，$R_e=2\ \text{k}\Omega$，$R_{b1}=3\ \text{k}\Omega$，$R_{b2}=10\ \text{k}\Omega$，$R_L=5.1\ \text{k}\Omega$，$V_{CC}=12\ \text{V}$，三极管的 $\beta=50$，$U_{BEQ}=0.7\ \text{V}$。试估算静态工作点以及 $\dot{A}_i$、$\dot{A}_u$、R_i 和 R_o。

解：由式(5-26)～式(5-28)可知

$$I_{EQ}=\frac{U_{BQ}-U_{BEQ}}{R_e}\approx\frac{1}{R_e}\left(\frac{R_{b1}}{R_{b1}+R_{b2}}V_{CC}-U_{BEQ}\right)=$$

$$\left[\frac{1}{2}\left(\frac{3}{3+10}\times 12-0.7\right)\right]\text{mA}=1.03\ \text{mA}\approx I_{CQ}$$

$$I_{BQ}=\frac{I_{EQ}}{1+\beta}=\left(\frac{1.03}{1+50}\right)\text{mA}\approx 0.02\ \text{mA}=20\ \mu\text{A}$$

$$U_{CEQ}=V_{CC}-I_{CQ}R_c-I_{EQ}R_e\approx V_{CC}-I_{CQ}(R_c+R_e)=$$

$$[12-1.03\times(5.1+2)]\ \text{V}=4.7\ \text{V}$$

根据式(5-29)～式(5-32)可估算出电流放大倍数、电压放大倍数、输入电阻和输出电阻。

$$\dot{A}_i=-\alpha=-\frac{\beta}{1+\beta}=-\frac{50}{51}=-0.98$$

为了计算 $\dot{A}_u$，需要首先计算出 R'_L 和 r_{be}，其中

$$R'_L=R_c\,/\!/\,R_L=\left(\frac{5.1\times 5.1}{5.1+5.1}\right)\text{k}\Omega=2.55\ \text{k}\Omega$$

$$r_{be}=r'_{bb}+(1+\beta)\frac{26\ \text{mV}}{I_{EQ}}=\left[300+(1+50)\frac{26\ \text{mV}}{1.03\ \text{mA}}\right]\Omega=1\ 587\ \Omega\approx 1.6\ \text{k}\Omega$$

则

$$\dot{A}_u=\beta\frac{R'_L}{r_{be}}=50\times\frac{2.55\ \text{k}\Omega}{1.6\ \text{k}\Omega}=79.7$$

$$R_i=\frac{-\dot{I}_b r_{be}}{-(1+\beta)\dot{I}_b}=\frac{r_{be}}{1+\beta}=\frac{1.6\ \text{k}\Omega}{1+50}\approx 0.03\ \text{k}\Omega=30\ \Omega$$

$$R_o=R_c\,/\!/\,r_{cb}\approx R_c=5.1\ \text{k}\Omega$$

5.5.3　基本放大电路三种组态的性能比较

根据前面的分析，现对共射、共集和共基三种基本组态的放大电路进行性能比较，并列于表5-1中。

表5-1　基本放大电路三种组态的性能比较

不同组态	共射电路	共集电路	共基电路
电路图	图5-3(b)	图5-16(a)	图5-17(b)
$\dot{A}_u$	大(几十至一百以上)	小(小于1)	大(几十至一百以上)
$\dot{A}_i$	大(β)	大($1+\beta$)	小(小于1)
R_i	中(几百欧至几千欧)	大(几十千欧至百千欧以上)	小(几十欧)
R_o	大(几千欧至十几千欧)	小(几十至几百欧)	大(几千欧至十几千欧)
通频带	窄	较宽	宽

由表5-1可知，共射电路既放大电流，又放大电压；共集电路只放大电流，不放大电压；共基

电路只放大电压,不放大电流。三种电路中输入电阻最大的是共集电路,最小的是共基电路;输出电阻最小的是共集电路;通频带最宽的是共基电路。使用时,应根据需求选择合适的接法。

5.6　多级放大电路

在实际应用中,有时需要放大非常微弱的信号,单级放大电路的电压放大倍数往往不够高,因此常采取多级放大电路。将第一级的输出接到第二级的输入,第二级的输出作为第三级的输入……这样使信号逐级放大,以得到所需要的输出信号。不仅是电压放大倍数,对于放大电路的其他性能指标,如输入电阻、输出电阻等,通过采用多级放大电路,也能达到所需要求。

5.6.1　多级放大电路的耦合方式

在多级放大电路中,级与级之间的连接方式称为耦合。多级放大电路的耦合方式共有三种,分别是阻容耦合、直接耦合和变压器耦合。

1. 阻容耦合

图5-18所示是一个两级阻容耦合放大器。两级之间用电容C_2连接起来,C_2称为耦合电容。前一级的输出电压经C_2接到下一级的输入端。耦合电容的取值较大,一般为数微法到数十微法。对交流信号而言,电容相当于短路,信号可以畅通流过;对直流信号而言,电容相当于开路,从而使前后两级的工作点相互独立,互不影响,给分析、设计和调试带来很大方便。但它也有局限性,因为作为耦合元件的电容对缓慢变化的信号容抗很大,不利于流畅传输。所以,它不能放大缓慢变化的信号,更不能反映直流成分的变化,而只能放大交流信号。另外,耦合电容不易集成化。

2. 直接耦合

图5-19所示是一个两级直接耦合放大器。为了避免耦合电容对低频信号的影响,把前一级的输出信号直接接到下一级的输入端。直接耦合的优点是:既能放大交流信号,也能放大缓慢变化的信号乃至直流信号;同时还便于集成化。但直接耦合前后级之间存在直流通路,造成各级静态工作点相互影响,分析、设计和调试比较烦琐。另外,直接耦合带来的第二个问题是零点漂移问题,这是直接耦合电路最突出的问题。如果将一个直接耦合放大电路的输入端对地短路,即令输入电压$u_i=0$,并调整电路使输出电压u_o等于零。从理论上讲,输出电压u_o应一直为零并保持不变,但实际上输出电压将离开零点,缓慢地发生不规则的变化,如图5-20所示。这种现象称为零点漂移,简称零漂。零漂现象的产生主要是由于温度变化引起的,因此零漂现象中常见的是温漂。当温度变化时,放大器件的参数受温度的影响而发生波动,导致放大电路静态工作点不稳定。而放大级之间又采用直接耦合方式,使静态工作点的变化逐级传递并放大。因此,一般说来,直接耦合放大电路的级数越多,放大倍数越高,零漂问题就越严重。零漂对放大电路的影响主要有两个方面:① 零漂使静态工作点偏离原设计值,使放大器无法正常工作;② 零漂信号在输出端叠加在被放大的信号上,干扰有效信号甚至"淹没"有效信号,使有效信号无法判别,这时放大器已经没有使用价值了。可见,控制多级直接耦合放大电路中第一级的零漂是至关重要的问题。通常采取抑制零漂的措施有:① 采用分压式放大电路;② 利用热敏元件补偿;③ 将两个参数对称的单管放大电路接成差动放大电路的结构形式,使输出端的零漂互相抵消。这种措施十分有效而且比较容易实现,实际上,集成运算

放大电路的输入级基本上都采用差动放大电路的结构形式。

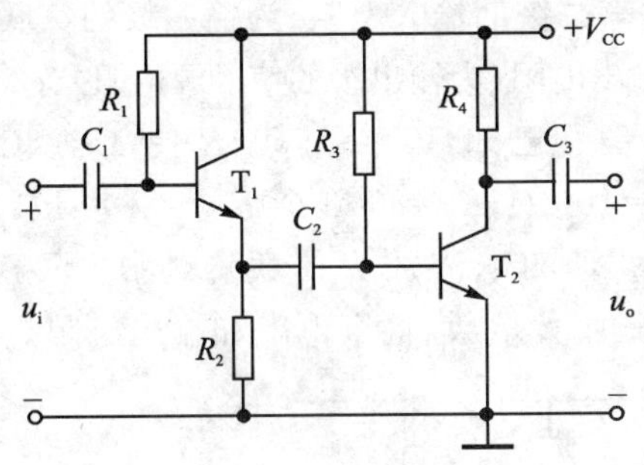

图 5-18　阻容耦合放大电路

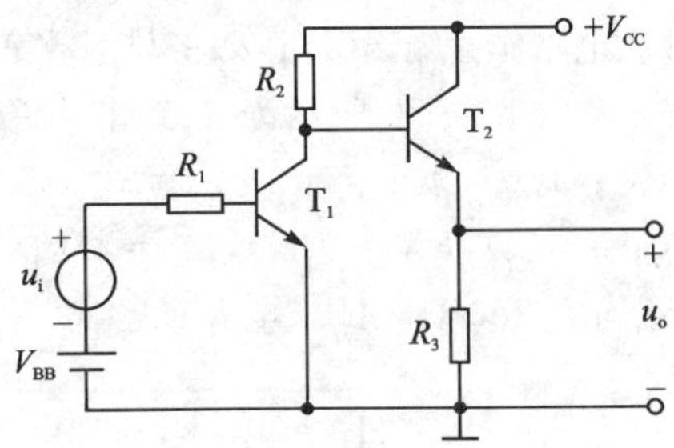

图 5-19　直接耦合放大电路

3. 变压器耦合

因为变压器能够通过磁路的耦合将原边的交流信号传送到副边，所以也可以作为多级放大电路的耦合元件。图 5-21 所示为变压器耦合放大电路的一个实例。变压器 Tr_1 将第一级的输出信号传送到第二级，Tr_2 将第二级的输出信号传送给负载并进行阻抗变换。在第二级，三极管 T_2 和 T_3 组成推挽式放大电路。

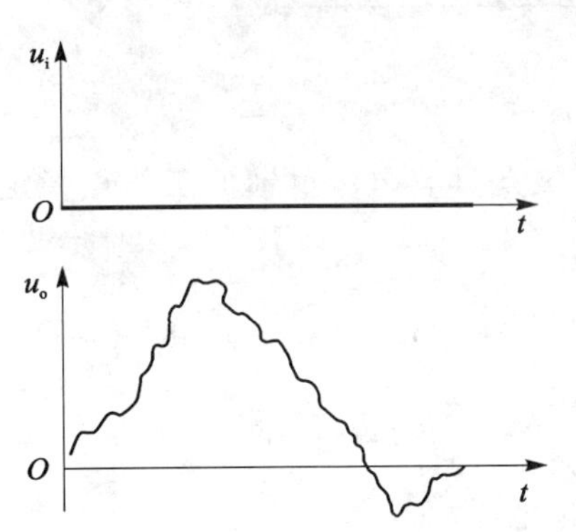

图 5-20　零点漂移现象

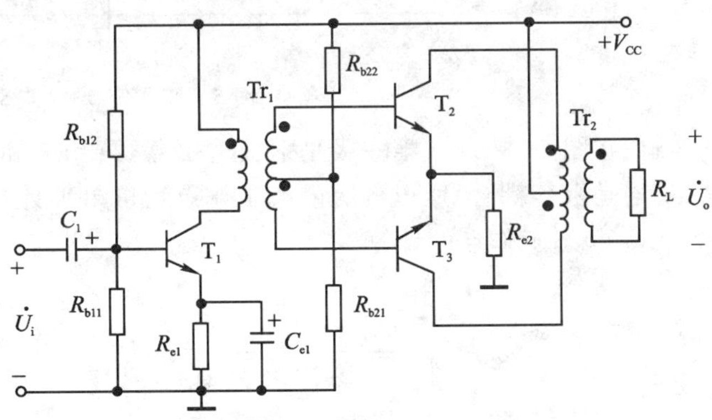

图 5-21　变压器耦合放大电路

变压器耦合方式的优点为：具有阻抗变换作用，能使交流信号通畅传输，还具有各级静态工作点相互独立的特点。其主要缺点是：体大笨重，有些性能较差，不易集成化，而且与阻容耦合一样，只能放大交流信号，不能放大缓慢变化的信号，因此一般很少使用。

5.6.2　多级放大电路的动态分析

多级放大电路的动态性能指标与单级放大电路相同，有电压放大倍数、输入电阻和输出电阻。分析交流性能时，各级间是相互联系的，第一级的输出电压是第二级的输入电压，而第二级的输入电阻又是第一级的负载电阻。对于一个 n 级放大电路，其电压放大倍数为

$$\dot{A}_u = \dot{A}_{u1} \cdot \dot{A}_{u2} \cdot \dot{A}_{u3} \cdot \cdots \cdot \dot{A}_{un} \tag{5-33}$$

根据输入电阻、输出电阻的定义，多级放大电路的输入电阻等于第一级（即输入级）的输入电阻，输出电阻等于最后一级（即输出级）的输出电阻，即

$$R_i = R_{i1} \tag{5-34}$$

$$R_o = R_{on} \tag{5-35}$$

应当指出,当共集放大电路作为输入级时,R_i将与第二级的输入电阻(为输入级的负载)有关;当共集放大电路作为输出级时,R_o将与倒数第二级的输出电阻(为输出级的信号源内阻)有关。

例 5-8 图 5-22 所示为三级阻容耦合放大电路。已知:$V_{CC}=15\ \text{V}$,$R_{b1}=150\ \text{k}\Omega$,$R_{e1}=20\ \text{k}\Omega$,$R_{b22}=100\ \text{k}\Omega$,$R_{b21}=15\ \text{k}\Omega$,$R_{c2}=5\ \text{k}\Omega$,$R'_{e2}=100\ \Omega$,$R_{e2}=750\ \Omega$,$R_{b32}=100\ \text{k}\Omega$,$R_{b31}=22\ \text{k}\Omega$,$R_{c3}=3\ \text{k}\Omega$,$R_{e3}=1\ \text{k}\Omega$,$R_L=1\ \text{k}\Omega$,3 个三极管的电流放大倍数均为 $\beta=50$,$U_{BEQ}=0.7\ \text{V}$,r'_{bb}均为 200 Ω。试求电路的静态工作点、电压放大倍数、输入电阻和输出电阻。

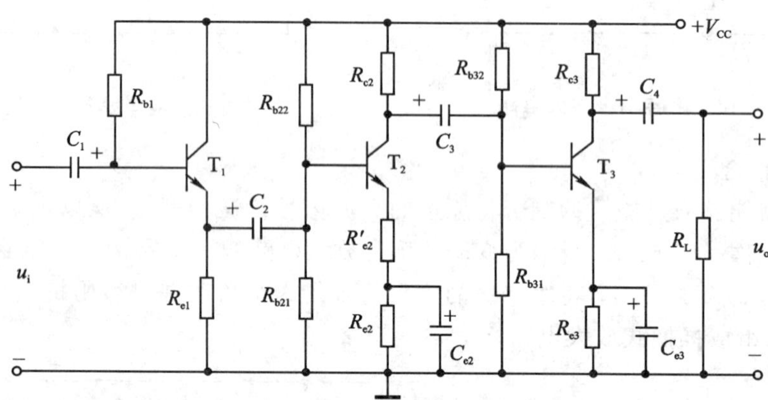

图 5-22 例 5-7 电路图

解:在图 5-22 中,第一级是射极输出器,第二级和第三级是具有电流反馈的工作点稳定电路,均是阻容耦合,所以各级静态工作点均可单独计算。

(1) 静态工作点的计算

第一级:

$$I_{BQ1}=\frac{V_{CC}-U_{BEQ}}{R_{b1}+(1+\beta)R_{e1}}=\frac{(15-0.7)\ \text{V}}{[150+(1+50)\times 20]\ \text{k}\Omega}\approx 12\ \mu\text{A}$$

$$I_{CQ1}=\beta I_{BQ1}=(50\times 12)\ \mu\text{A}=0.6\ \text{mA}$$

$$U_{CEQ1}=V_{CC}-I_{CQ1}R_{e1}=(15-0.6\times 20)\ \text{V}=3\ \text{V}$$

第二级:

$$U_{B2}=\frac{R_{b21}}{R_{b21}+R_{b22}}V_{CC}=\left(\frac{15}{15+100}\times 15\right)\ \text{V}\approx 1.96\ \text{V}$$

$$U_{E2}=U_{B2}-U_{BEQ2}=(1.96-0.7)\ \text{V}=1.26\ \text{V}$$

$$I_{CQ2}\approx I_{EQ2}=\frac{U_{E2}}{R_{e2}+R'_{e2}}=\frac{1.26\ \text{V}}{(750+100)\ \Omega}=1.48\ \text{mA}$$

$$I_{BQ2}=I_{CQ2}/\beta=1.48\ \text{mA}/50\approx 30\ \mu\text{A}$$

$$U_{CEQ2}=V_{CC}-I_{CQ2}(R_{c2}+R'_{e2}+R_{e2})=15\ \text{V}-[1.48(5+0.1+0.75)]\ \text{V}=6.3\ \text{V}$$

第三级:

$$U_{B3}=\frac{R_{b31}}{R_{b31}+R_{b32}}V_{CC}=\left(\frac{22}{22+100}\times 15\right)\ \text{V}\approx 2.7\ \text{V}$$

$$U_{E3}=U_{B3}-U_{BEQ3}=(2.7-0.7)\ \text{V}=2\ \text{V}$$

$$I_{CQ3}\approx I_{EQ3}=\frac{U_{E3}}{R_{e3}}=\left(\frac{2}{1}\right)\ \text{mA}=2\ \text{mA}$$

$$I_{BQ3}=I_{CQ3}/\beta=2\ mA/50=40\ \mu A$$

$$U_{CEQ3}=V_{CC}-I_{CQ3}(R_{c3}+R_{e3})=[15-2\times(3+1)]\ V=7\ V$$

(2) 电压放大倍数的计算

第一级：第一级是射极输出级，其电压放大倍数

$$A_{u1}=\frac{(1+\beta)R'_{e1}}{r_{be1}+(1+\beta)R'_{e1}}\approx 1$$

第二级：

$$r_{be2}=200+(1+\beta)\frac{26\ mV}{I_{EQ2}}=\left[200+(1+50)\frac{26\ mV}{1.48\ mA}\right]\Omega\approx 1.1\ k\Omega$$

$$r_{be3}=200\ \Omega+(1+\beta)\frac{26\ mV}{I_{EQ3}}=\left[200+(1+50)\frac{26\ mV}{2\ mA}\right]\Omega\approx 0.86\ k\Omega$$

$$R_{i3}=R_{b31}\ /\!/\ R_{b32}\ /\!/\ r_{be3}=22\ k\Omega\ /\!/\ 100\ k\Omega\ /\!/\ 0.86\ k\Omega\approx 0.86\ k\Omega$$

$$A_{u2}=\frac{(1+\beta)(R_{c2}\ /\!/\ R_{i3})}{r_{be2}+(1+\beta)R'_{e2}}=-\frac{51\times(5\ /\!/\ 0.86)}{1.1+51\times 0.1}=-6.1$$

第三级：

$$A_{u3}=-\frac{\beta(R_{c1}\ /\!/\ R_{L})}{r_{be3}}=-\frac{50\times(3\ /\!/\ 1)}{0.86}=-43.6$$

所以多级放大电路总电压放大倍数为

$$A_u=A_{u1}\cdot A_{u2}\cdot A_{u3}=1\times(-6.1)\times(-43.6)\approx 266$$

(3) 输入电阻和输出电阻的计算

输入电阻即为第一级的输入电阻

$$r_{be1}=200+(1+\beta)\frac{26}{I_{EQ1}}=\left[200+(1+50)\frac{26}{0.61}\right]\Omega\approx 2.37\ k\Omega$$

$$R_{i2}=R_{b21}\ /\!/\ R_{b22}\ /\!/\ [r_{be2}+(1+\beta)R'_{e2}]=$$

$$15\ k\Omega\ /\!/\ 100\ k\Omega\ /\!/\ [1.1\ k\Omega+(1+50)\times 0.1\ k\Omega]\}\approx 4.2\ k\Omega$$

$$R'_{e1}=R_{e1}\ /\!/\ R_{i2}=(20\ /\!/\ 4.2)\ k\Omega=3.47\ k\Omega$$

$$R'_{i1}=r_{be1}+(1+\beta)R_{e1}=[2.37+(1+50)\times 3.47]\ k\Omega=179\ k\Omega$$

$$R_i=R_{i1}=R_{b1}\ /\!/\ R'_{i1}=150\ k\Omega\ /\!/\ 179\ k\Omega=81.6\ k\Omega$$

输出电阻即为最后一级即第三级的输出电阻

$$R_o=R_{o3}=R_{c3}=3\ k\Omega$$

本章小结

1. 基本共射放大电路、分压式工作点稳定电路和基本共集电极放大电路是常用的单管放大电路。它们的组成原则是：直流通路必须保证三极管有合适的静态工作点；交流通路必须保证输入信号能传送到放大电路的输入回路，同时保证放大后的信号传送到放大电路的输出端。

2. 由于放大电路中交、直流信号并存，含有非线性器件，出现受控电流源，因此增加了分析电路的难度。一般分析放大电路的方法是：先静态，后动态。静态分析是为确定静态工作点 Q，即 I_{BQ}、I_{CQ}、I_{EQ}和 U_{CEQ}；动态分析包括波形和动态指标，即 A_u、R_i和 R_o。

3. 图解分析法主要是利用在三极管的特性曲线上做图的方法求解 Q 点，分析信号的动态

范围和失真情况。这种方法直观、形象、很容易分析波形失真、输出幅度以及电路参数对 Q 点的影响等。但是,做图过程比较烦琐、容易产生做图误差,电路稍一复杂就无法用图解法直接求 A_u,也不能分析频率特性等。

4. 微变等效电路法是在小信号的条件下,把三极管等效成线性电路的分析方法。该方法只能分析动态,不能分析静态,也不能分析失真和动态范围等。

5. 由三极管组成的单管放大电路有共射、共集、共基三种组态,不同组态放大器具有不同的动态参数,在使用时应根据需求选择合适的接法。

6. 多级放大电路有三种耦合方式,即阻容耦合、直接耦合、变压器耦合。多级放大电路的电压放大倍数等于各级放大倍数之积;输入电阻为第一级电路的输入电阻;输出电阻等于末级电路的输出电阻。

习题五

5-1 判断对错,对者打"√",错这打"×"。

(1) 只有电路既放大电流又放大电压,才称其有放大作用。( )

(2) 由三极管组成的三种组态的放大电路都有功率放大作用。( )

(3) 三极管的放大区是线性工作区。( )

(4) 放大电路必须加上合适的直流电源才能正常工作。( )

(5) 只要是共射放大电路,输出电压的底部失真都是饱和失真。( )

5-2 试根据放大电路的组成原则,判断题图 5-2 所示各电路是否具有放大作用,并简述理由。设图中所有电容对交流信号均可视为短路。

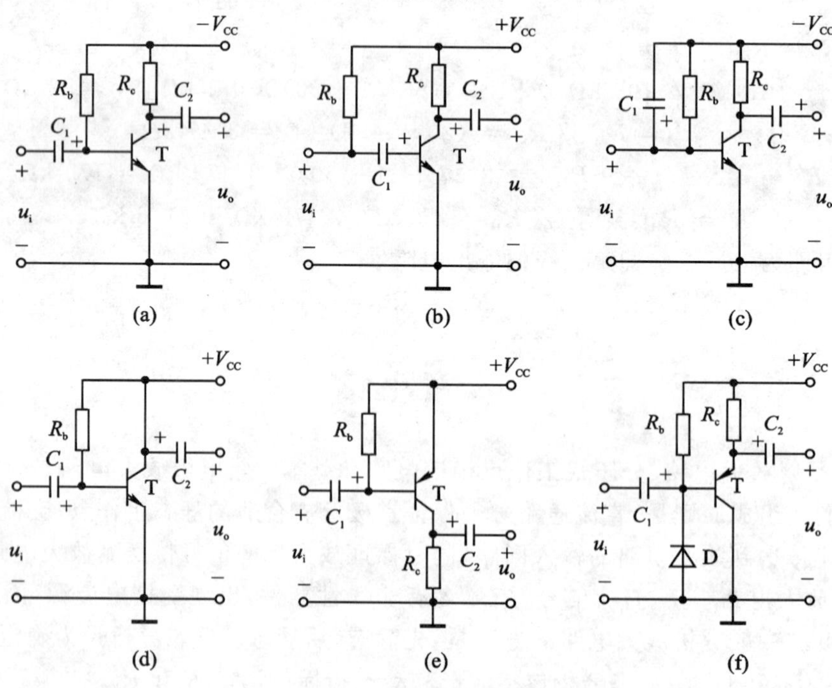

题图 5-2

5-3　分别改正题图 5-3 所示各电路中的错误，使它们有可能放大正弦波信号。要求保留电路原来的共射接法和耦合方式。

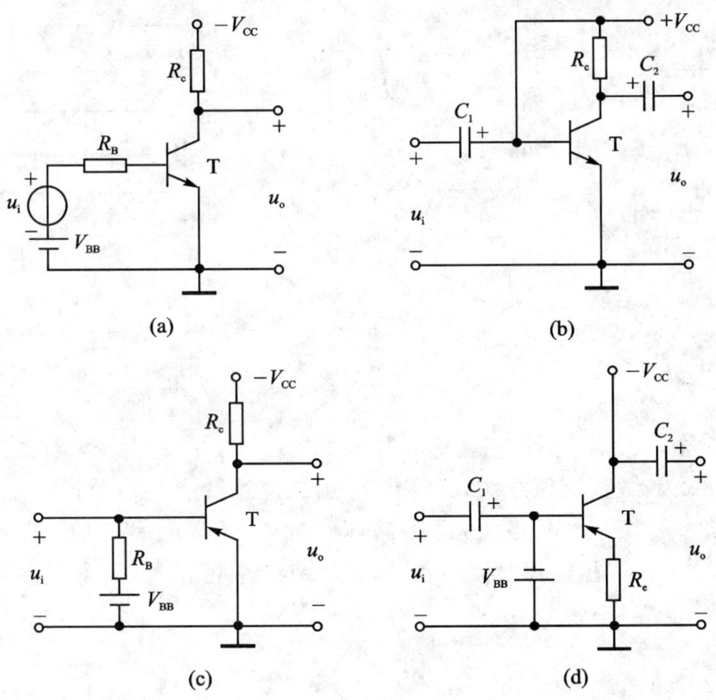

题图 5-3

5-4　在图 5-14(a)所示分压式静态工作点稳定电路中，假设电路其他参数不变，分别改变以下某一项参数时，试定性说明放大电路的 I_{BQ}、I_{CQ}、U_{CEQ}、r_{be} 和 $|\dot{A}_u|$ 将增大、减小还是基本不变。(1) 增大 R_{b1}；(2) 增大 R_{b2}；(3) 增大 R_e；(4) 增大 β。

5-5　电路如题图 5-5(a)所示，题图 5-5(b)是晶体管的输出特性，静态时 $U_{BEQ}=0.7$ V。利用图解法分别求出 $R_L=\infty$ 和 $R_L=3$ kΩ 时的静态工作点和最大不失真输出电压 U_{om}(有效值)。

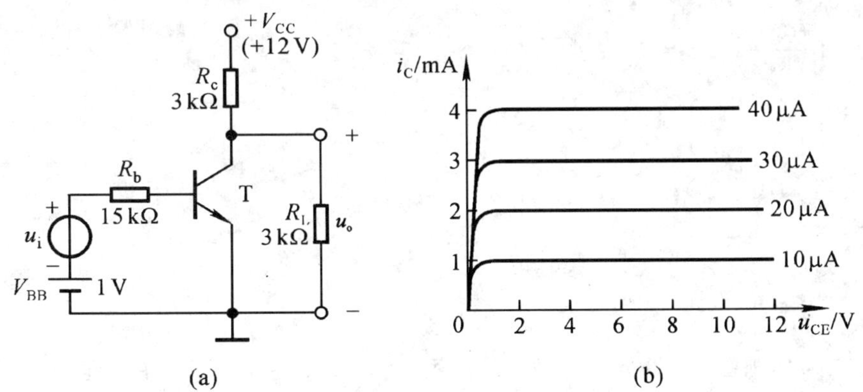

题图 5-5

5-6　电路如题图 5-6(a)所示，三极管的特性曲线如题图 5-6(b)和(c)所示。已知 $V_{CC}=18$ V，$R_b=238$ kΩ，$R_c=700$ Ω，$R_e=500$ Ω。

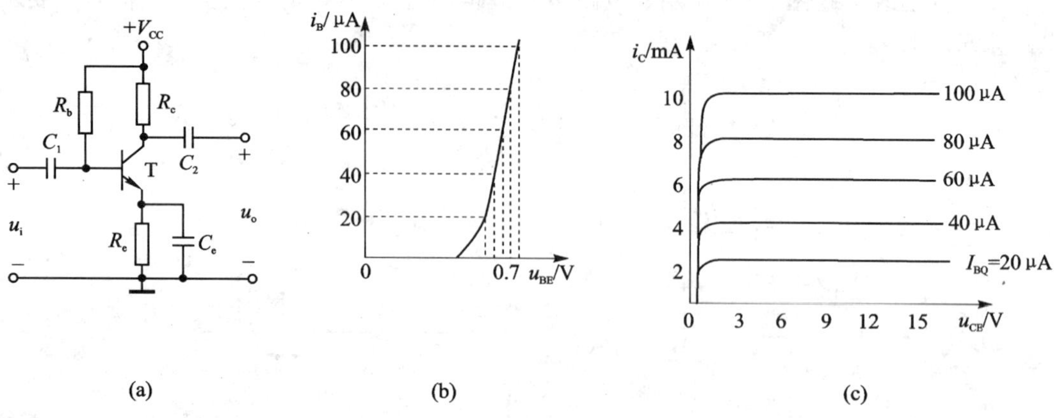

题图 5-6

(1) 求电路的静态工作点,设 $U_{BEQ}=0.7$ V;

(2) 在特性曲线上做直流负载线,并标出 Q 点的位置及有关参数。

5-7　在题图 5-7 所示电路中,已知晶体管的 $\beta=80$,$r_{be}=1$ kΩ,$U_i=20$ mV;静态时 $U_{BEQ}=0.7$ V,$U_{CEQ}=4$ V,$I_{BQ}=20$ μA。判断下列结论是否正确,凡对的在括号内打"√",否则打"×"。

(1) $\dot{A}_u=-\dfrac{4}{20\times10^{-3}}=-200$(　　);

(2) $\dot{A}_u=-\dfrac{4}{0.7}\approx-5.71$(　　);

(3) $\dot{A}_u=-\dfrac{80\times5}{1}=-400$(　　);

(4) $\dot{A}_u=-\dfrac{80\times2.5}{1}=-200$(　　);

(5) $R_i=\left(\dfrac{20}{20}\right)$kΩ$=1$ kΩ(　　);

(6) $R_i=\left(\dfrac{0.7}{0.02}\right)$kΩ$=35$ kΩ(　　);

(7) $R_i\approx3$ kΩ(　　);

(8) $R_i\approx1$ kΩ(　　);

(9) $R_o\approx5$ kΩ(　　);

(10) $R_o\approx2.5$ kΩ(　　);

(11) $\dot{U}_S\approx20$ mV (　　);

(12) $\dot{U}_S\approx60$ mV (　　)。

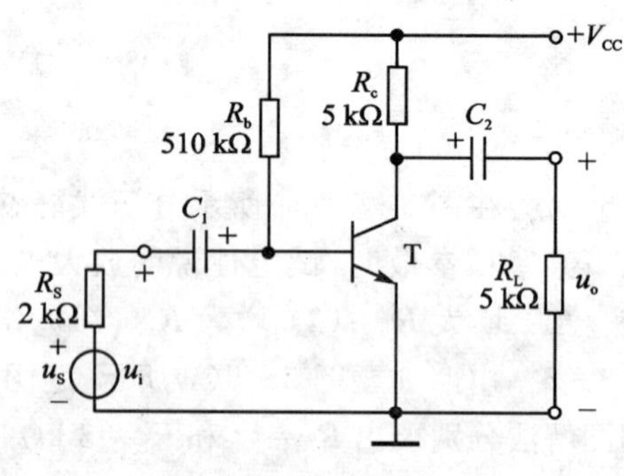

题图 5-7

5-8　电路如题图 5-8 所示,已知晶体管 $\beta=50$,$U_{BEQ}=0.7$ V,在下列情况下,用直流电压表测晶体管的集电极电位,应分别为多少?设 $V_{CC}=12$ V,晶体管饱和管压降 $U_{CES}=0.5$ V。(1) 正常情况;(2) R_{b1} 短路;(3) R_{b1} 开路;(4) R_{b2} 开路;(5) R_c 短路。

5-9　电路如题图 5-9 所示,晶体管的 $\beta=80$,$U_{BEQ}=0.7$ V,$r_{bb'}=100$ Ω。计算 $R_L=\infty$ 时的 Q 点及 $\dot{A}_u$、R_i 和 R_o。

5-10　在题图 5-10 所示电路中，由于电路参数不同，在信号源电压为正弦波时，测得输出波形如题图 5-10(a)、(b)、(c)所示，试说明电路分别产生了什么失真，如何消除。

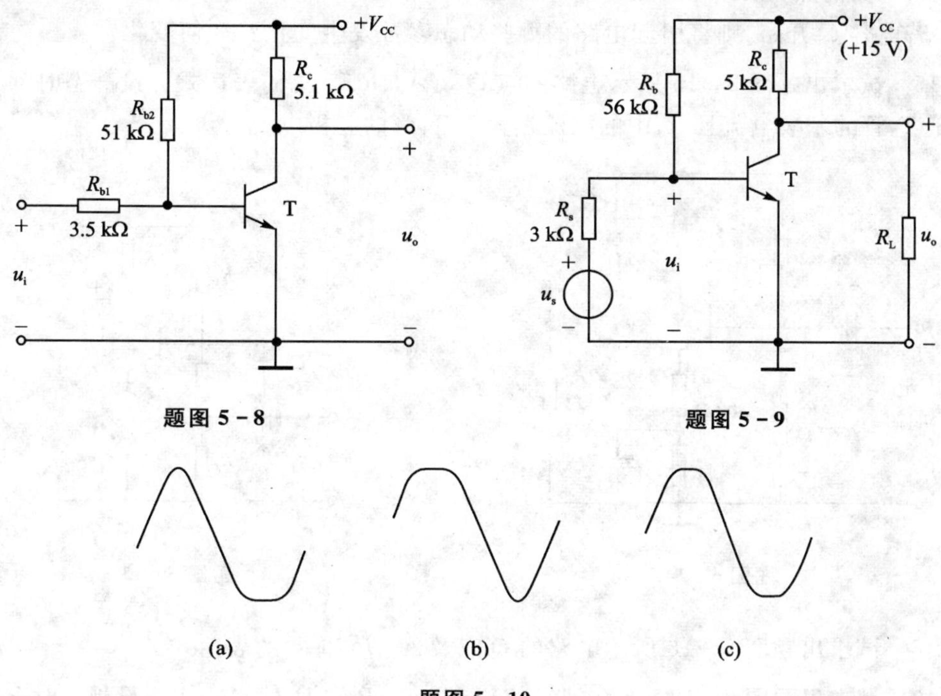

题图 5-10

5-11　在题图 5-11 所示电路中，设电容 C_1、C_2、C_3 对交流信号可视为短路。(1) 写出静态电流 I_{CQ} 及电压 U_{CEQ} 的表达式；(2) 写出电压放大倍数 A_u、输入电阻 R_i、输出电阻 R_o 的表达式；(3) 若将电容 C_3 开路，对电路将会产生什么影响？

5-12　共射电路如题图 5-12 所示。已知 $U_{BEQ}=0.7$ V，$\beta=100$，$r_{bb'}=300\ \Omega$，$U_{CES}=0.7$ V。试计算：(1) 电位器 R_P 处在什么位置时，电压放大倍数 $|A_u|$ 最大？(2) R_b 取什么值时，电路可得到最大的输出幅度，此时 $U_{o,max}=$？(3) 当 $R_b=715$ kΩ 时，要保证输出电压信号不失真，则输入正弦信号 U_S 的最大幅值应为多少？

5-13　已知题图 5-13 所示电路中晶体管的 $\beta=100$，$U_{BEQ}=0.7$ V，$r_{be}=1$ kΩ。

(1) 现已测得静态管压降 $U_{CEQ}=6$ V，估算 R_b 约为多少千欧；

(2) 若测得 $\dot{U}_i$ 和 $\dot{U}_o$ 的有效值分别为 1 mV 和 100 mV，则负载电阻 R_L 为多少千欧？

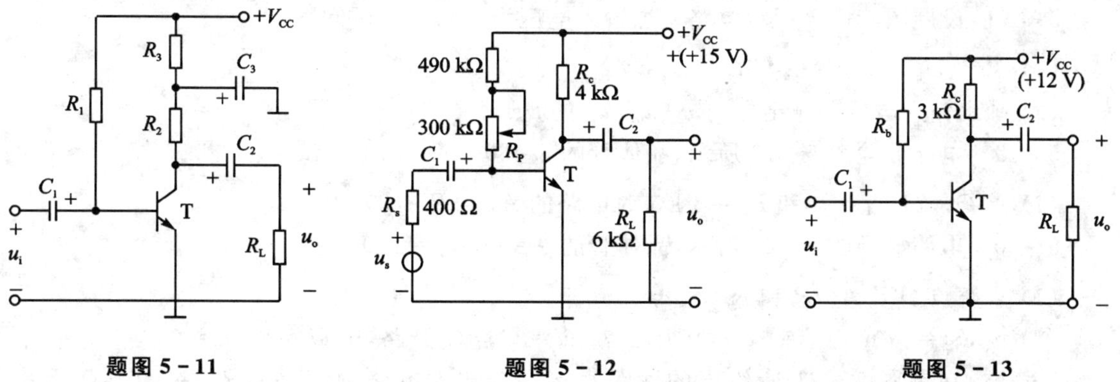

5-14　电路如题图 5-14 所示,晶体管的 $\beta=100$,$r_{bb'}=100\ \Omega$。

(1) 求电路的点 Q 及 $\dot{A}_u$、R_i 和 R_o;

(2) 若电容 C_e 开路,则将引起电路的哪些动态参数发生变化?如何变化?

5-15　试求出题图 5-15 所示电路的点 Q 及 $\dot{A}_u$、R_i 和 R_o 的表达式。设静态时 R_2 中的电流远大于 T_2 管的基极电流且 R_3 中的电流远大于 T_1 管的基极电流。

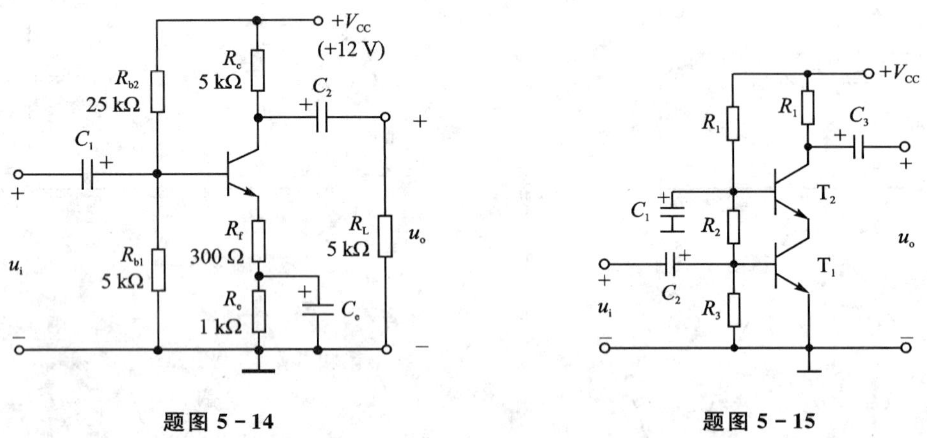

题图 5-14　　题图 5-15

5-16　试求出题图 5-16 所示电路的 Q 点及 $\dot{A}_u$、R_i 和 R_o 的表达式。

5-17　试求出题图 5-17 所示电路的 Q 点及 $\dot{A}_u$、R_i 和 R_o 的表达式。设静态时 R_2 中的电流远大于 T 的基极电流。

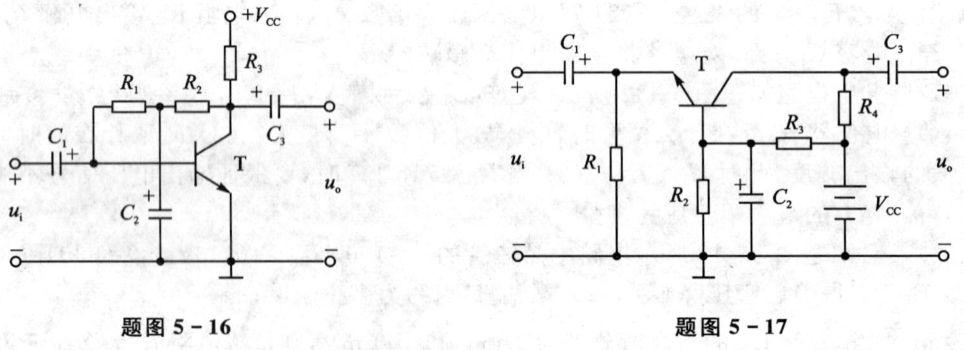

题图 5-16　　题图 5-17

5-18　设题图 5-18 所示电路所加输入电压为正弦波。试问:

(1) $\dot{A}_{u1}=\dot{U}_{o1}/\dot{U}_i\approx$? $\dot{A}_{u2}=\dot{U}_{o2}/\dot{U}_i\approx$?

(2) 画出输入电压和输出电压 u_i、u_{o1}、u_{o2} 的波形。

5-19　电路如题图 5-19 所示,晶体管的 $\beta=80$,$r_{be}=1\ k\Omega$。试求:

(1) 点 Q;(2) $R_L=\infty$ 和 $R_L=3\ k\Omega$ 时电路的 $\dot{A}_u$ 和 R_i;(3) R_o。

5-20　电路如题图 5-20 所示,晶体管的 $\beta=60$,$r_{bb'}=100\ \Omega$。

(1) 求解点 Q 及 $\dot{A}_u$、R_i 和 R_o;

(2) 设 $U_S=10$ mV(有效值),问 $U_i=$? $U_o=$? 若 C_3 开路,则 $U_i=$? $U_o=$?

5-21　在题图 5-21 所给出的两级直接耦合放大电路中,已知:$R_{b1}=240\ k\Omega$,$R_{c1}=$

3.9 kΩ,R_{c1}=500 Ω,稳压管 D_Z的工作电压 U_Z=4 V,三极 T_1的 β_1=45,T_2的 β_2=40,V_{CC}=24 V,试计算各级的静态工作点。如果 I_{CQ1}由于温度的升高而增加 1%,试计算输出电压的变化是多少。

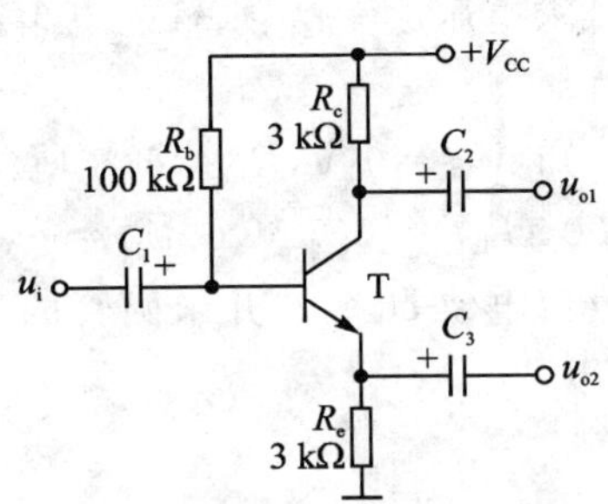

题图 5-18

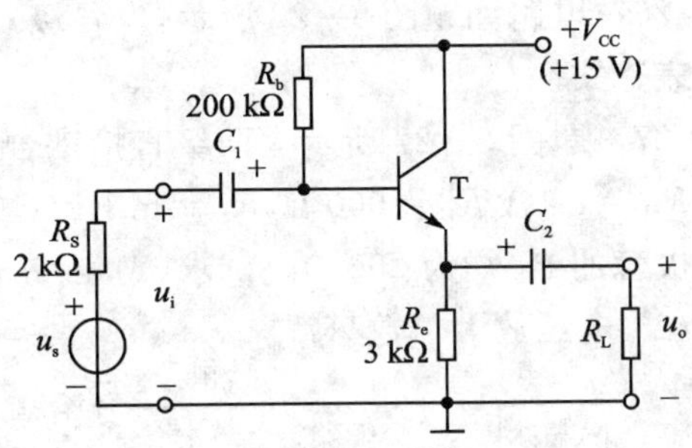

题图 5-19

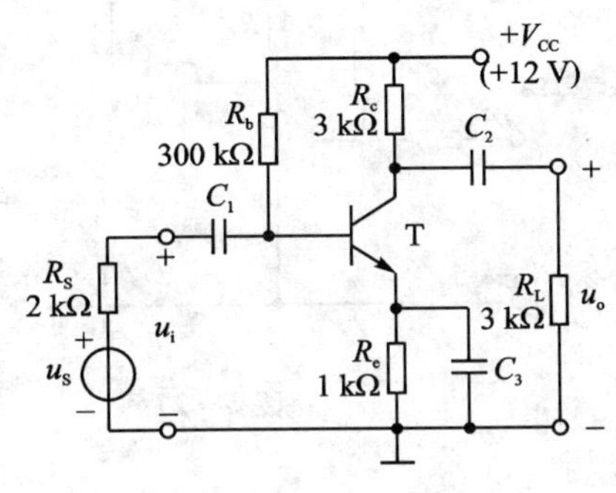

题图 5-20

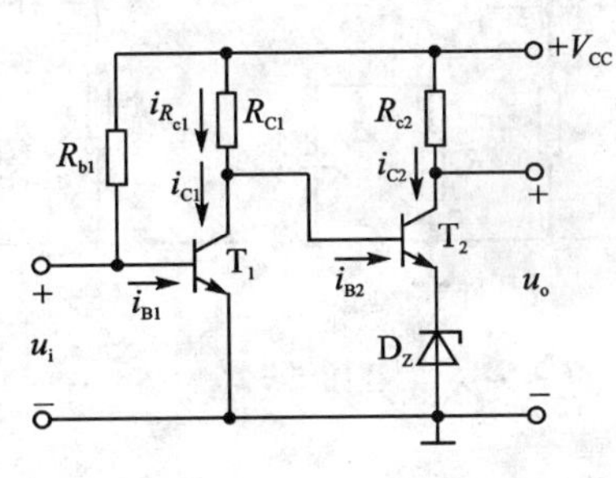

题图 5-21

5-22　现有直接耦合基本放大电路如下：

A. 共射电路　　B. 共集电路　　C. 共基电路

选择正确答案填入空内,只需填 A、B、C。

(1) 输入电阻最小的电路是________,最大的是________；

(2) 输出电阻最小的电路是________；

(3) 有电压放大作用的电路是________；

(4) 有电流放大作用的电路是________；

(5) 输入电压与输出电压同相的电路是________;反相的电路是________。

5-23　现有基本放大电路:① 共射电路,② 共集电路,③ 共源电路。分别按下列要求选择合适电路形式组成两级放大电路。

(1) 电压放大倍数$|\dot{A}_u|\geqslant 4\ 000$；

(2) 输入电阻 $R_i\geqslant 5$ MΩ,电压放大倍数$|\dot{A}_u|\geqslant 400$；

(3) 输入电阻 $R_i\geqslant 5$ MΩ,输出电阻 $R_o\leqslant 200$ Ω,电压放大倍数$|\dot{A}_u|\geqslant 10$；

(4) 输入电阻 $R_i\geqslant 100$ kΩ,电压放大倍数$|\dot{A}_u|\geqslant 100$；

5-24　有两个放大倍数相同的放大电路 A 和 B,分别对同一电压信号进行放大,其输出电压分别为 U_{OA}=5.2 V,U_{OB}=5 V。由此可得出放大电路________优于放大电路________。

其原因是它的________。[A. 放大倍数大;B. 输入电阻大;C. 输出电阻小。]

5-25 ________耦合放大电路各级 Q 点相互独立，________耦合放大电路温漂小，________耦合放大电路能放大直流信号。

5-26 电路如题图 5-26 所示，设各级 Q 点均合适，试求电压放大倍数、输入电阻和输出电阻的表达式。

5-27 题图 5-27 所示为两级直接耦合放大电路。已知：$V_{CC}=9\ \text{V}$，$R_{b1}=5.8\ \text{k}\Omega$，$R_{b2}=500\ \Omega$，$R_{c1}=1\ \text{k}\Omega$，$R_{e2}=500\ \Omega$，$R_{c2}=5.1\ \text{k}\Omega$，$\beta_1=25$，$\beta_2=100$，$U_{BEQ1}=0.7\ \text{V}$，$U_{BEQ2}=-0.3\ \text{V}$，两只三极管的 $r_{bb'}$ 均为 200 Ω。试求(1) 当 $u_i=0$ 时，输出直流电位 $U_o=$? 并求两管的静态工作点。(2) 电压放大倍数 A_u。

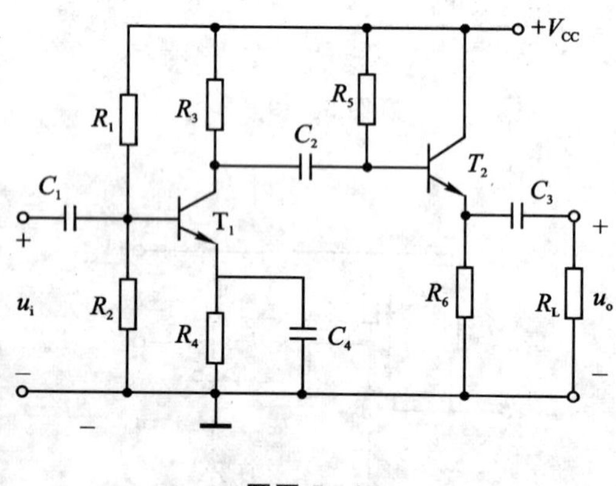

题图 5-26

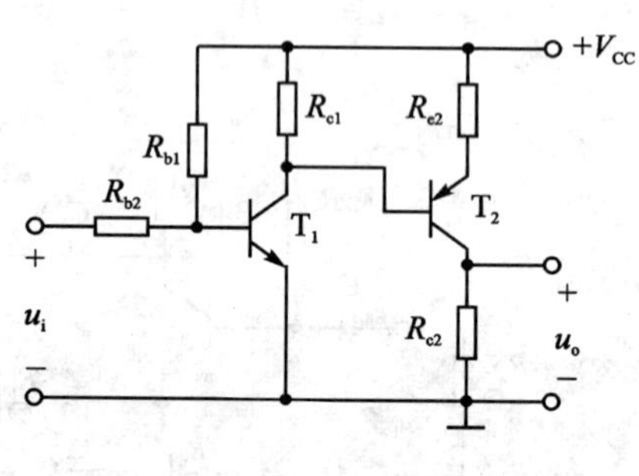

题图 5-27

第 6 章　集成运算放大电路及其应用

内容提要

- 集成电路的基本知识
- 集成运放的内部组成及各部分的作用
- 理想运放的性能指标及工作特点
- 放大电路中的反馈，包括反馈的类别、判断方法和负反馈对放大电路的影响
- 集成运放应用电路举例

6.1　集成电路概述

前面几章介绍的都是分立元件电路。所谓分立元件电路是指由单个电阻、电容、二极管、三极管等元件连接起来组成的电路。由于分立元件电路中的元器件都裸露在外，因此体积大，工作可靠性差。

电子技术发展的一个重要方向和趋势就是实现集成化，因此，集成放大电路是本书讨论的重点内容之一。本章首先介绍集成电路的一些基本知识，然后着重讨论模拟集成电路中发展最早、应用最广泛的集成运算放大器(简称集成运放)及其应用电路。

6.1.1　集成电路及其发展

集成电路简称 IC(Integrated Circuits)，是 20 世纪 60 年代初期发展起来的一种半导体器件。它是在半导体制造工艺的基础上，将电路的有源器件(三极管、场效应管等)、无源器件(电阻、电感、电容)及其布线集中制作在同一块半导体基片上，形成紧密联系的一个整体电路。

人们经常以电子器件的每一次重大变革作为衡量电子技术发展的标志。1904 年出现的半导体器件(如真空三极管)称为第一代器件，1948 年出现的半导体器件(如半导体三极管)称为第二代器件，1959 年出现的集成电路称为第三代器件，而 1974 年出现的大规模集成电路，则称为第四代器件。可以预料，随着集成工艺的发展，电子技术将日益广泛地应用于人类社会的各个方面。

6.1.2　集成电路的特点及分类

与分立元件电路相比，集成电路具有突出特点：体积小，重量轻；可靠性高，寿命长；速度高，功耗低；成本低。

按照不同的标准可将集成电路分成不同种类。

(1) 按制造工艺分类。按照制造工艺不同，集成电路可分为半导体集成电路(又分双极型集成电路和 MOS 集成电路)、薄膜集成电路和混合集成电路。

(2) 按功能分类。集成电路按其功能的不同,可分为数字集成电路、模拟集成电路和微波集成电路。

(3) 按集成规模分类。集成规模又称集成度,是指集成电路内所含元器件的个数。按集成度的大小,集成电路可分为小规模集成电路(SSI),内含元器件数小于100;中规模集成电路(MSI),内含元器件数为100～1 000个;大规模集成电路(LSI),元器件数为1 000～10 000个;超大规模集成电路(VLSI),元器件数目在10 000至100 000之间。集成电路的集成化程度仍在不断地提高,目前,已经出现了内含上亿个元器件的集成电路。

6.1.3 集成电路制造工艺简介

在集成电路的生产过程中,在直径为3～10 mm的硅片上,同时制造几百甚至几千个电路。人们称这个硅晶片为基片,称每一块电路为管芯,如图6-1所示。

基片制成后,再经划片、压焊、测试、封装后成为产品。图6-2(a)、(b)所示分别为圆壳式、双列直插式集成电路的外形及其剖面图。

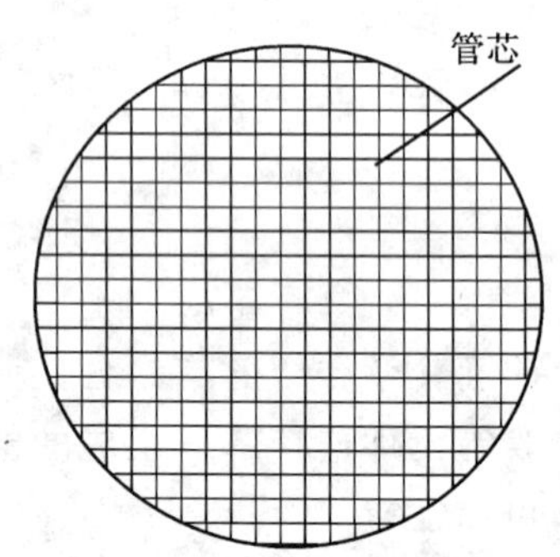

图6-1　基片与管芯图

1. 几个工艺名词

集成电路的制造工艺较为复杂,在制造过程中需要很多道工序,现将制造过程中的几个主要工艺名词介绍如下:

(1) 氧化:在温度为800～1 200℃的氧气中使半导体表面形成SiO_2薄层,以防止外界杂质的污染。

(2) 光刻与掩模:制作过程中所需的版图称为掩模,利用照相制版技术将掩模刻在硅片上称为光刻。

(3) 扩散:在1 000℃左右的炉温下,将磷、砷或硼等元素的气体引入扩散炉,经一定时间形成杂质浓度一定的N型半导体或P型半导体。每次扩散完毕都要进行一次氧化,以保护硅片的表面。

(4) 外延:在半导体基片上形成一个与基片结晶轴同晶向的半导体薄层,称为外延生长技术。所形成的薄层称为外延层,其作用是保证半导体表面性能均匀。

(5)蒸铝:在真空中将铝蒸发,沉积在硅片表面,为制造连线或引线做准备。

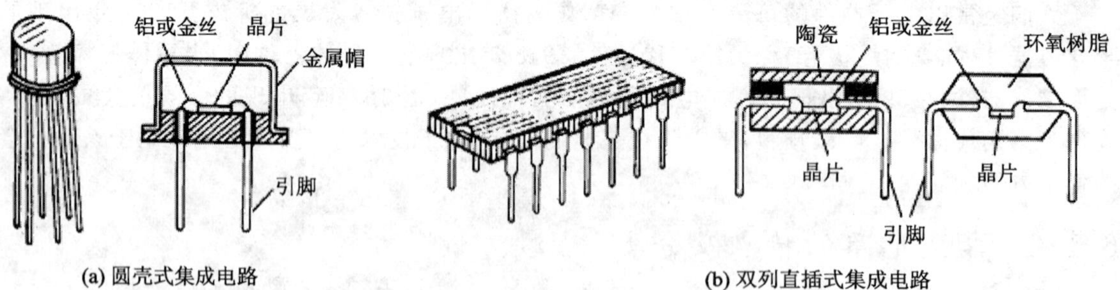

图6-2　集成电路的外形及剖面图

2. 集成电路中元件的特点

与分立元件相比,集成电路中的元件有如下特点:

(1) 具有良好的对称性。由于元件在同一硅片上用相同的工艺制造,且因元件很密集而环境温度差别很小，所以元件的性能比较一致，而且同类元件温度对称性也较好。

(2) 电阻与电容的数值有一定的限制。由于集成电路中电阻和电容要占用硅片的面积，且数值愈大，占用面积也愈大，因而不易制造大电阻和大电容。电阻阻值范围为几十欧至几千欧，电容容量一般小于 100 pF。

(3) 用有源元件取代无源元件。由于纵向 NPN 管占用硅片面积小且性能好，而电阻和电容占用硅片面积大且取值范围窄，因此，在集成电路的设计中尽量多采用 NPN 型管，而少用电阻和电容。用 NPN 型管的发射结作为二极管和稳压管，用 NPN 型管基区体电阻作为电阻，用 PN 结势垒电容或 MOS 管栅极与沟道间等效电容作为电容等。

6.2　集成运放的基本组成及各部分的作用

从原理上说，集成运放的内部实质上是一个高放大倍数的直接耦合的多级放大电路。它通常包含 4 个基本组成部分，即输入级、中间级、输出级和偏置电路，如图 6-3 所示。输入级的作用是提供与输出端成同相和反相关系的两个输入端，通常采用差动放大电路，对其要求是温漂要小，输入电阻要大。中间级主要是完成电压放大任务，要求有较高的电压增益，一般采用带有源负载的共射电压放大电路。输出级是向负载提供一定的功率，属于功率放大，一般采用互补对称的功率放大器。偏置电路是向各级提供稳定的静态工作电流，一般采用电流源。下面分别介绍。

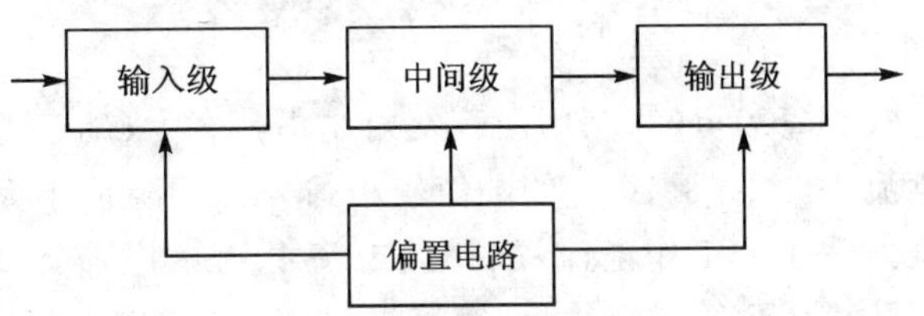

图 6-3　集成运放的基本组成部分

6.2.1　偏置电路——电流源

在电子电路中，特别是模拟集成电路中，广泛使用不同类型的电流源。它的用途之一是为各种基本放大电路提供稳定的偏置电流；第二个用途是用做放大电路的有源负载。下面讨论几种常见的电流源。

1. 镜像电流源

图 6-4 所示为镜像电流源的结构原理图。图中 T_1 管和 T_2 管具有完全相同的输入特性和输出特性，且由于两管的 b、e 极分别相连，$U_{BE1}=U_{BE2}$，$I_{B1}=I_{B2}$，因而就像照镜子一样，T_2 管的集电极电流和 T_1 管的相等，所以该电路称为镜像电流源。由图可知，T_1 管的 b、c 极相连，T_1 管处于临界放大状态，电阻 R 中电流 I_R 为基准电流，表达式为

$$I_R = \frac{V_{CC} - U_{BEQ}}{R} \tag{6-1}$$

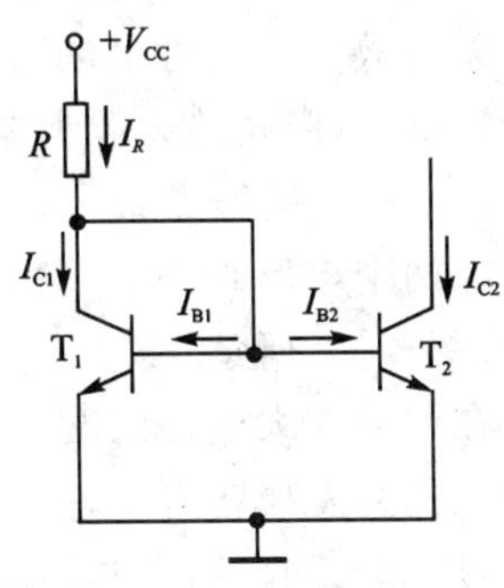

图 6-4　镜像电流源

且 $I_R = I_{C1} + I_{B1} + I_{B2} = I_{C2} + 2I_{B2} = (1+2/\beta)I_{C2}$，所以当 $\beta \gg 2$ 时，有

$$I_{C2} \approx I_R = \frac{V_{CC} - U_{BEQ}}{R} \tag{6-2}$$

可见，只要电源 V_{CC} 和电阻 R 确定，则 I_{C2} 就确定。恒定的 I_{C2} 可作为提供给某个放大级的静态偏置电流。另外，在镜像电流源中，T_1 管的发射结对 T_2 管具有温度补偿作用，可有效地抑制 I_{C2} 的温漂。例如当温度升高使 T_2 管的 I_{C2} 增大的同时，也使 T_1 管的 I_{C1} 增大，从而使 U_{BE1} (U_{BE2})减小，致使 I_{B2} 减小，从而抑制了 I_{C2} 的增大。

2. 微电流源

图 6-5 所示是模拟集成电路中常用的一种电流源。与镜像电流源相比，在 T_2 管的射极电路接入电阻 R_E，当基准电流 I_R 一定时，I_{C2} 可确定如下：因为

$$U_{BE1} - U_{BE2} = \Delta U_{BE} = I_{E2} R_E$$

所以

$$I_{C2} \approx I_{E2} = \frac{\Delta U_{BE}}{R_E} \tag{6-3}$$

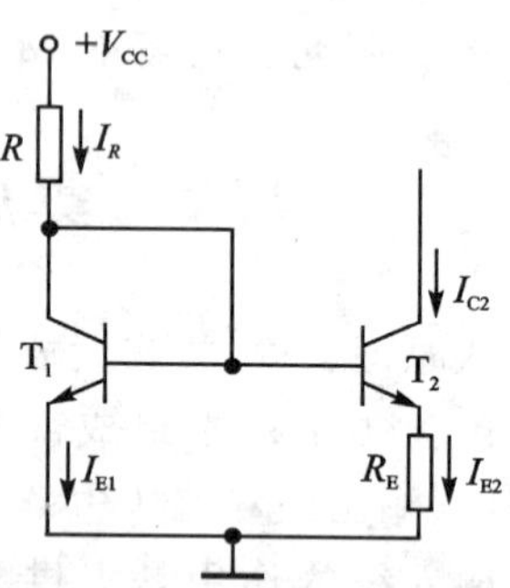

图 6-5 微电流源

由式(6-3)可知，利用两管发射结电压差 ΔU_{BE} 可以控制输出电流 I_{C2}。由于 ΔU_{BE} 的数值较小，这样，用阻值不大的 R_E 即可获得微小的工作电流，故称此电流源为微电流源。该电路由于 T_1 管、T_2 管是对管，两管基极又连在一起，当 V_{CC}、R 和 R_E 为已知时，基准电流 $I_R \approx V_{CC}/R$，在 U_{BE1}、U_{BE2} 为一定时，I_{C2} 也就确定了；在电路中，当电源电压 V_{CC} 发生变化时，I_R 以及 ΔU_{BE} 也将发生变化，由于 R_E 的值一般为数千欧，使 $U_{BE2} \ll U_{BE1}$，以致 T_2 管的 U_{BE2} 值很小而工作在输入特性的弯曲部分，则 I_{C2} 的变化远小于 I_R 的变化，故电源电压波动对工作电流 I_{C2} 的影响不大。

6.2.2 输入级——差分放大电路

集成运放的输入级采用差分放大电路(也称差动放大电路)，就其功能来说，是放大两个输入信号之差。

由于集成运放的内部实质上是一个高放大倍数的直接耦合的多级放大电路，因此必须解决零漂问题，电路才能实用。虽然集成电路中元器件参数分散性大，但是相邻元器件参数的对称性却比较好。差分放大电路就是利用这一特点，采用参数相同的三极管来进行补偿，从而有效地抑制零漂。在集成运放中多以差分放大电路作为输入级。

差分放大电路常见的形式有三种：基本形式、长尾式和恒流源式。

1. 基本形式差分放大电路

(1) 输入信号类型

将两个电路结构、参数均相同的单管放大电路组合在一起，就成为差分放大电路的基本形式，如图 6-6 所示。

在差分放大电路的两个输入端分别输入大小相等、极性相反的信号，即 $u_{i1} = -u_{i2}$，这种输入方式称为差模输入。差模输入方式下，差动放大电路两输入端总的输入信号称为差模输入信号，用 u_{id} 表示，u_{id} 为两输入端输入信号之差，即

$$u_{id} = u_{i1} - u_{i2} \tag{6-4}$$

或者

$$u_{i1} = - u_{i2} = \frac{1}{2} u_{id} \tag{6-5}$$

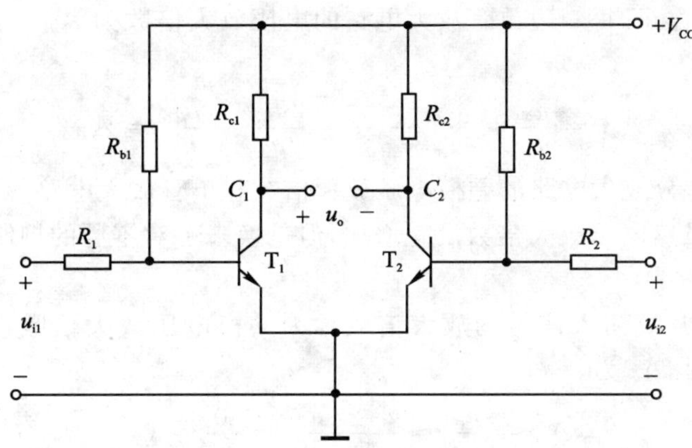

图 6-6　基本差分放大电路

差模输入电路如图 6-7 所示。

在差分放大电路的两个输入端分别输入大小相等、极性相同的信号，即 $u_{i1}=u_{i2}$，这种输入方式称为共模输入，所输入的信号称为共模输入信号，用 u_{ic} 表示。u_{ic} 与两输入端的输入信号有以下关系

$$u_{ic}=u_{i1}=u_{i2} \tag{6-6}$$

共模输入电路如图 6-8 所示。

当差分放大电路的两个输入端输入的信号大小不等时，可将其分解为差模信号和共模信号。信号的输入方式如图 6-6 所示。由于差模输入信号 $u_{id}=u_{i1}-u_{i2}$，共模输入信号 u_{ic} 可以写为

$$u_{ic}=\frac{u_{i1}+u_{i2}}{2} \tag{6-7}$$

于是，加在两输入端上的信号可分解为

$$u_{i1}=u_{ic}+\frac{u_{id}}{2},\qquad u_{i2}=u_{ic}-\frac{u_{id}}{2} \tag{6-8}$$

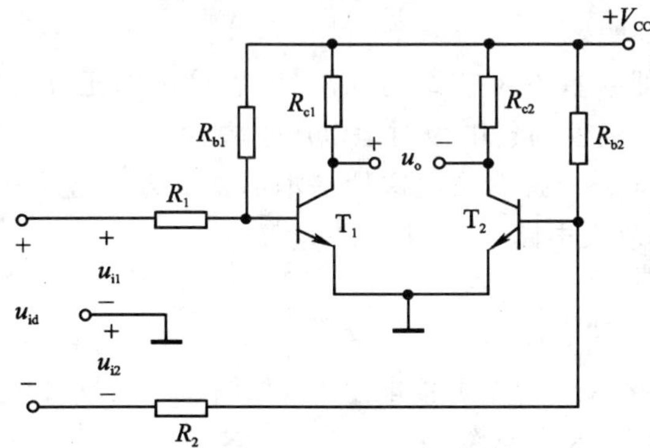

图 6-7　差模输入电路

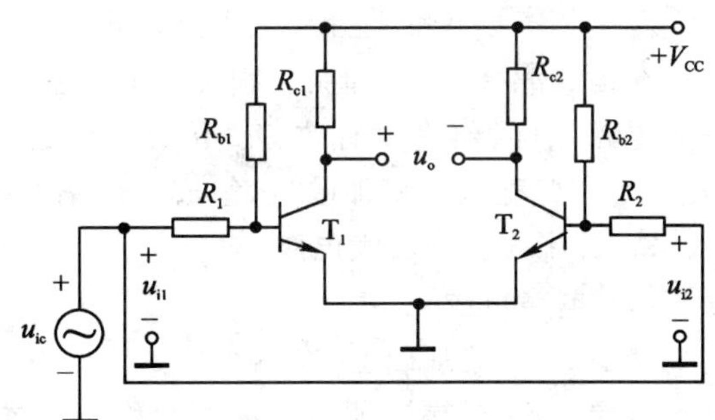

图 6-8　共模输入电路

(2) 电压放大倍数

差分放大电路对差模输入信号的放大倍数称为差模电压放大倍数，用 A_{ud} 表示，假设两边

单管放大电路完全对称，且每一边单管放大电路的电压放大倍数为 A_{u1}，可以推出当输入差模信号时，A_{ud}为

$$A_{ud}=\frac{u_o}{u_{id}}=\frac{u_{C1}-u_{C2}}{u_{i1}-u_{i2}}=\frac{2u_{C1}}{2u_{i1}}=\frac{u_{C1}}{u_{i1}}=A_{u1} \tag{6-9}$$

式(6-9)表明，差分放大电路的差模电压放大倍数和单管放大电路的电压放大倍数相同。多用一个放大管后，虽然电压放大倍数没有增加，但是换来了对零漂的抑制。这正是差分放大电路的优点。

差分放大电路对共模输入信号的放大倍数称为共模电压放大倍数，用 A_{uc}表示，可以推出，当输入共模信号时，A_{uc}为

$$A_{uc}=\frac{u_o}{u_{ic}}=\frac{u_{C1}-u_{C2}}{u_{i1}}=\frac{0}{u_{i1}}=0 \tag{6-10}$$

式(6-10)表明，差分放大电路对共模信号没有放大作用。

(3) 工作原理

由电压放大倍数可以看出，差分放大电路只对差模信号有放大作用，而对共模信号没有放大作用，这正是希望得到的结果。因为共模信号是由于外界干扰而产生的有害信号，如零漂信号，必须加以抑制。这里可以这样解释：差分放大电路具有对称结构，当有外界干扰时，例如温度变化，对两只管子的影响完全相同，因此在两输入端产生的输入信号也完全相同，这就是共模输入信号。

综上所述，差分放大电路要想放大输入信号，必须使两输入端的信号有差别，正所谓“输入有差别，输出才有变动”，差分放大电路由此得名。

(4) 共模抑制比

差分放大电路的共模抑制比用符号 K_{CMR}表示，它定义为差模电压放大倍数与共模电压放大倍数之比，一般用对数表示，单位为分贝(dB)，即

$$K_{CMR}=20\lg\left|\frac{A_{ud}}{A_{uc}}\right| \tag{6-11}$$

共模抑制比描述差分放大电路对共模信号(即零漂)的抑制能力。K_{CMR}愈大，说明抑制零漂的能力愈强。在理想情况下，差分放大电路两侧的参数完全对称，两管输出端的零漂完全抵消，则共模电压放大倍数 $A_{uc}=0$，共模抑制比 $K_{CMR}=\infty$。

对于基本形式的差分放大电路而言，由于内部参数不可能绝对匹配，所以输出电压 u_o仍然存在零点漂移，共模抑制比很低。而且从每个三极管的集电极对地电压来看，其零漂与单管放大电路相同，丝毫没有改善。因此，在实际工作中一般不采用这种基本形式的差分放大电路，而是在此基础上稍加改进，组成了长尾式差分放大电路。

2. 长尾式差分放大电路

(1) 电路组成

在图6-6的基础上，在两个放大管的发射极接入一个发射极电阻 R_e，如图6-9所示。这个电阻像一条“长尾”，所以这种电路称为长尾式差分放大电路。

长尾电阻 R_e对共模信号具有抑制作用。假设在电路输入端加上正的共模信号，则两个管子的集电极电流 i_{C1}、i_{C2}同时增加，使流过发射极电阻 R_e的电流 i_E增加，于是发射极电位 u_E升高，从而两管的 u_{BE1}、u_{BE2}降低，进而限制了 i_{C1}、i_{C2}的增加。

但是对于差模输入信号，由于两管的输入信号幅度相等而极性相反，所以 i_{C1}增加多少，i_{C2}

就减少同样的数量，因而流过 R_e 的电流总量保持不变，即 $\Delta u_E=0$，所以 R_e 对差模输入信号无影响。

由以上分析可知，长尾电阻 R_e 的接入使共模放大倍数减小，降低了每个管子的零点漂移，但对差模放大倍数没有影响，因此提高了电路的共模抑制比。R_e 愈大，抑制零漂的效果愈好。但是，随着 R_e 的增大，R_e 上的直流压降将愈来愈大。为此，在电路中引入一个负电源 V_{EE} 来补偿 R_e 上的直流压降，以免输出电压变化范围太小。引入 V_{EE} 后，静态基极电流可由 V_{EE} 提供，因此可以不接基极电阻 R_b，如图 6－9 所示。

(2) 静态分析

当输入电压等于零时，由于电路结构对称，故设 $I_{BQ1}=I_{BQ2}=I_{BQ}$，$I_{CQ1}=I_{CQ2}=I_{CQ}$，$U_{BEQ1}=U_{BEQ2}=U_{BEQ}$，$U_{CQ1}=U_{CQ2}=U_{CQ}$，$\beta_1=\beta_2=\beta$。由三极管的基极回路可得

$$I_{BQ}R+U_{BEQ}+2\,I_{EQ}R_e=V_{EE}$$

则静态基极电流为

$$I_{BQ}=\frac{V_{EE}-U_{BEQ}}{R+2(1+\beta)R_e} \tag{6-12}$$

静态集电极电流和电位为

$$I_{CQ}\approx\beta I_{BQ} \tag{6-13}$$

$$U_{CQ}=V_{CC}-I_{CQ}R_c\quad（对地） \tag{6-14}$$

静态基极电位为

$$U_{BQ}=-\,I_{BQ}R\quad（对地） \tag{6-15}$$

(3) 动态分析

当输入差模信号时，由于两管的输入电压大小相等、方向相反，流过两管的电流也大小相等、方向相反，结果使得长尾电阻 R_e 上的电流变化为零，则 $u_E=0$。可以认为：R_e 对差模信号呈短路状态。交流通路如图 6－10 所示。

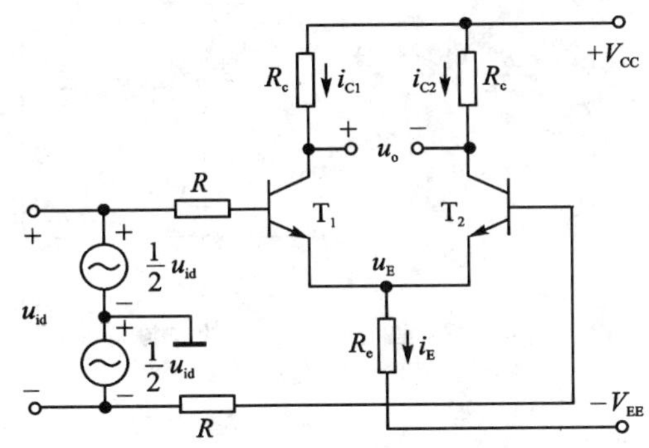

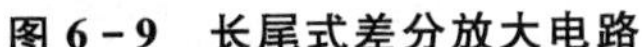
图 6－9　长尾式差分放大电路

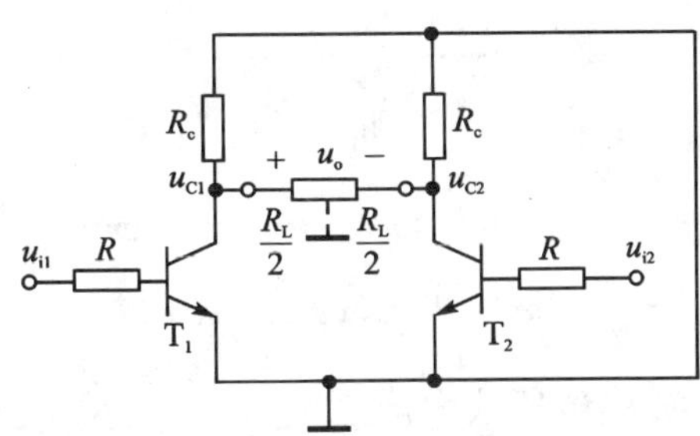

图 6－10　长尾式差分放大电路的交流通路

图 6－10 中，R_L 为接在两个三极管集电极之间的负载电阻。当输入差模信号时，一管集电极电位降低，另一管集电极电位升高，而且升高与降低的数值相等，于是可以认为 R_L 中点处的电位为零。也就是说，在 $R_L/2$ 处相当于交流接地。

根据交流通路可得差模电压放大倍数为

$$A_{ud}=\frac{u_o}{u_{id}}=\frac{u_{C1}-u_{C2}}{u_{i1}-u_{i2}}=\frac{2u_{C1}}{2u_{i1}}A_{a1}=-\frac{\beta R_L'}{r_{be}+R} \tag{6-16}$$

其中，$R'_L = R_c // (R_L/2)$。

从两管输入端向里看，差模输入电阻为

$$R_{id} = 2(R + r_{be}) \tag{6-17}$$

两管集电极之间的输出电阻为

$$R_o = 2R_c \tag{6-18}$$

在长尾式差分放大电路中，为了在两参数不完全对称的情况下能使静态时的 u_o 为零，常常接入调零电位器 R_P，如图 6-11 所示。

例 6-1　在图 6-11 所示的差分放大电路中，已知 $V_{CC} = V_{EE} = 12$ V，三极管的 $\beta = 50$，$U_{BEQ} = 0.7$ V，$R_c = 30$ kΩ，$R_e = 27$ kΩ，$R = 10$ kΩ，$R_P = 500$ Ω，设电位器 R_P 的活动端调在中间位置，负载电阻 $R_L = 20$ kΩ。试估算放大电路的静态工作点 Q、差模电压放大倍数 A_{ud}、差模输入电阻 R_{id} 和输出电阻 R_o。

解：由三极管的基极回路可知

$$I_{BQ} = \frac{V_{EE} - U_{BEQ}}{R + (1+\beta)(2R_e + 0.5R_P)} = \left[\frac{12 - 0.7}{10 + 51 \times (2 \times 27 + 0.5 \times 0.5)}\right] \text{mA} \approx 0.004 \text{ mA} = 4\ \mu\text{A}$$

则

$$I_{CQ} \approx \beta I_{BQ} = (50 \times 0.004)\ \text{mA} = 0.2\ \text{mA}$$

$$U_{CQ} = V_{CC} - I_{CQ}R_c = (12 - 0.2 \times 30)\ \text{V} = 6\ \text{V}$$

$$U_{BQ} = -I_{BQ}R = (-0.004 \times 10)\ \text{V} = -0.04\ \text{V} = -40\ \text{mV}$$

放大电路中引入 R_e 对差模电压放大倍数没有影响，但调零电位器只流过一个管子的电流，因此将使差模电压放大倍数降低。放大电路的交流通路如图 6-12 所示。

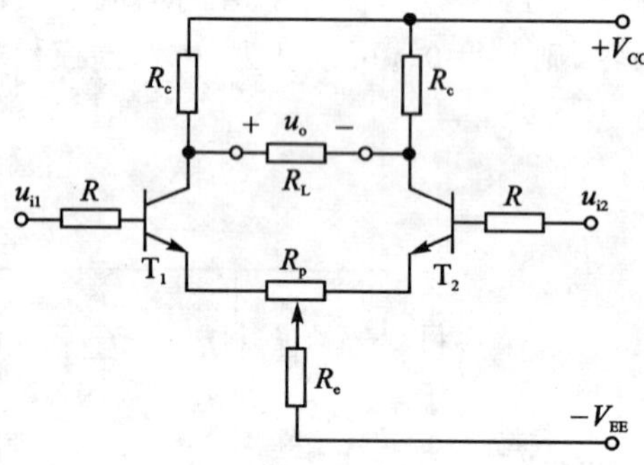

图 6-11　接有调零电位器的长尾式差动放大电路

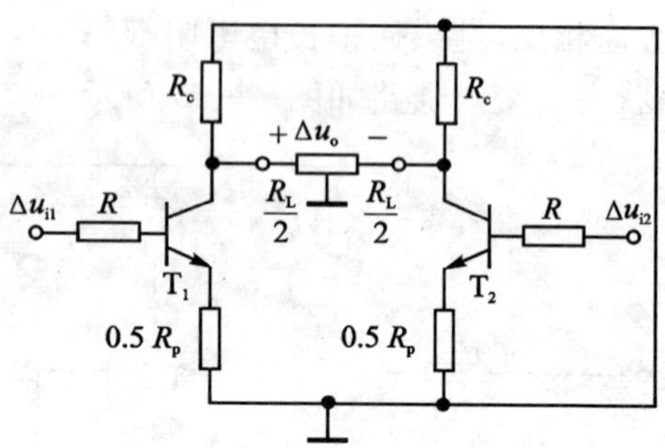

图 6-12　图 6-11 电路的交流通路

差模电压放大倍数为

$$A_{ud} = -\frac{\beta R'_L}{R + r_{be} + (1+\beta)\dfrac{R_P}{2}}$$

式中

$$R'_L = R_c // \frac{R_L}{2} = \left[\frac{30 \times (20/2)}{30 + (20/2)}\right] \text{k}\Omega = 7.5\ \text{k}\Omega$$

$$r_{be} = r_{bb'} + (1+\beta)\frac{26\ \text{mV}}{I_{EQ}} = \left(300 + 51 \times \frac{26\ \text{mV}}{0.2\ \text{mA}}\right) \Omega = 6\,930\ \Omega = 6.93\ \text{k}\Omega$$

则

$$A_{ud} = -\frac{50 \times 7.5}{10 + 6.93 + 51 \times 0.5 \times 0.5} = -12.6$$

输入电阻
$$R_{id}=2\left[R+r_{be}+(1+\beta)\frac{R_P}{2}\right]=$$
$$[2\times(10+6.93+51\times0.5\times0.5)]\ \mathrm{k\Omega}\approx59\ \mathrm{k\Omega}$$

输出电阻
$$R_o=2R_c=(2\times30)\ \mathrm{k\Omega}=60\ \mathrm{k\Omega}$$

3. 恒流源式差分放大电路

在长尾式差分放大电路中，R_e越大，抑制零漂的能力越强。但 R_e的增大是有限的，原因有两个：一是在集成电路中难于制作大电阻；二是在同样的工作电流下 R_e越大，所需 V_{EE}将越高。为此，可以考虑采用一个三极管代替原来的长尾电阻 R_e。

在三极管输出特性的恒流区，当集电极电压有一个较大的变化量 Δu_{CE}时，集电极电流 i_C基本不变。此时三极管 C－E 之间的等效电阻 $r_{CE}=\dfrac{\Delta u_{CE}}{\Delta i_C}$的值很大。用恒流三极管充当一个阻值很大的长尾电阻 R_e，既可在不用大电阻的条件下有效地抑制零漂，又适合集成电路制造工艺中用三极管代替大电阻的特点，因此，这种方法在集成运放中被广泛采用。

恒流源式差分放大电路如图 6－13 所示，由图可见，恒流管 T_3的基极电位由 R_{b1}、R_{b2}分压后得到，可认为基本不受温度变化的影响，则当温度变化时 T_3管的发射极电位和发射极电流也基本保持稳定，而两个放大管的集电极电流 i_{C1}和 i_{C2}之和近似等于 i_{C3}，所以 i_{C1}和 i_{C2}将不会因温度的变化而同时增大或减小，可见，接入恒流三极管后，抑制了共模信号的变化。

有时为了简化起见，常常不把恒流源式差分放大电路中恒流管 T_3的具体电路画出，而采用一个简化的恒流源符号来表示，如图 6－14 所示。

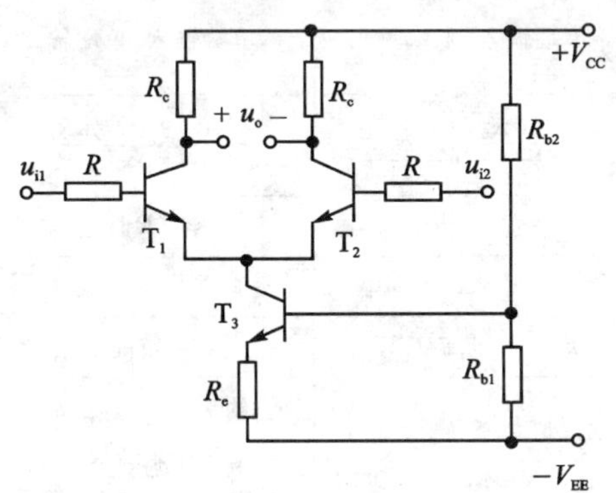

图 6－13　恒流源式差动放大电路

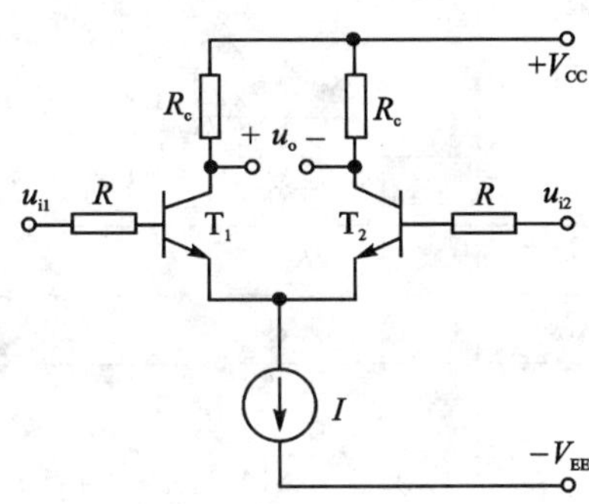

图 6－14　图 6－13 的简化画法

4. 差分放大电路的四种输入、输出接法

差分放大电路有两个放大三极管，它们的基极和集电极分别是放大电路的两个输入端和两个输出端。差分放大电路的输入、输出端可以有 4 种不同的接法，即双端输入、双端输出，双端输入、单端输出，单端输入、双端输出，单端输入、单端输出，如图 6－15 所示。

根据前面对双端输入、双端输出差分放大电路的分析，读者可自行分析其他三种接法的差分电路。当输入、输出的接法不同时，放大电路的性能、特点也不尽相同。其性能比较如表 6－1 所列。

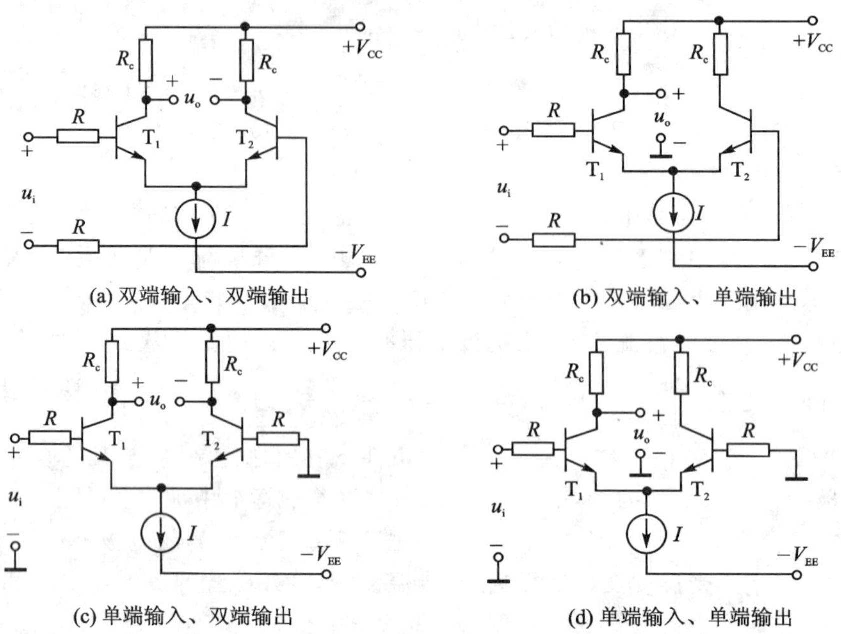

(a) 双端输入、双端输出　(b) 双端输入、单端输出

(c) 单端输入、双端输出　(d) 单端输入、单端输出

图 6-15　差分放大电路的 4 种接法

表 6-1　差分放大电路四种接法之性能比较

接法 性能	双端输入、双端输出	双端输入、单端输出	单端输入、双端输出	单端输入、单端输出
A_{ud}	$-\dfrac{\beta\left(R_c /\!/ \dfrac{R_L}{2}\right)}{r_{be}+R}$	$-\dfrac{1}{2}\dfrac{\beta(R_c /\!/ R_L)}{r_{be}+R}$	$-\dfrac{\beta\left(R_c /\!/ \dfrac{R_L}{2}\right)}{r_{be}+R}$	$-\dfrac{1}{2}\dfrac{\beta(R_c /\!/ R_L)}{r_{be}+R}$
R_{id}	$2(R+r_{be})$	$2(R+r_{be})$	$\approx 2(R+r_{be})$	$\approx 2(R+r_{be})$
R_o	$2R_c$	R_c	$2R_c$	R_c
K_{CMR}	很高	较高	很高	较高
特点	A_{ud}与单管放大电路的A_u基本相同;适用于输入信号和负载的两端均不接地的情况	A_{ud}约为双端输出时的一半;适用于将双端输入转换为单端输出	A_{ud}与单管放大电路的A_u基本相同;适用于将单端输入转换为双端输出	A_{ud}约为双端输出时的一半;适用于输入、输出均要求接地的情况;选择从不同的管子输出,可使输出、输入电压反相或同相

6.2.3　中间级——采用有源负载的共射放大电路

中间级的主要任务是提供足够大的电压放大倍数,为此,不仅要求中间级本身具有较高的电压增益,同时为了减少对前级的影响,还应具有较高的输入电阻。共射放大电路(或共源放大电路,此处以共射放大电路为例)具有较高的电压放大倍数,而且为了提高电压放大倍数,比较有效地方法是增大集电极电阻 R_c。然而,一方面集成电路的工艺不便于制造大电阻;另一方面,为了维持放大管的静态电流不变,在增大 R_c 的同时必须提高电源电压,当电源电压增大到一定程度时,电路的设计就变得不合理了。由前面对恒流源式差分放大电路的介绍可知,当

三极管工作在放大区(也称恒流区)时,c-e 之间的等效电阻 r_{ce} 的值很大。因此,在集成运放中,常采用由三极管构成的电流源取代 R_c,这样在电源电压不变的情况下,既可获得合适的静态电流,对于交流信号,又可得到很大的等效 R_c。由于三极管和场效应管均为有源器件,而上述电路中又以它们作为负载,故称之为有源负载。

另外,中间级的放大管有时采用复合管的结构形式,这样不仅可以得到很高的电流放大系数 β,以便提高本级的电压放大倍数,而且能够大大提高本级的输入电阻,以免对前级放大倍数产生不良的影响,特别是在前级采用有源负载时,其效果是提高了集成运放总的电压放大倍数。

1. 复合管的接法及其 $\boldsymbol{\beta}$ 和 $\boldsymbol{r_{be}}$

复合管可由两个或两个以上三极管组合而成。复合管的接法有多种,它们可以由相同类型的三极管组成,也可以由不同类型的三极管组成。例如在图 6 - 16 中,图(a)和(b)分别由两个同为 NPN 型或同为 PNP 型的三极管组成,但图(c)和(d)中的复合管却由不同类型的三极管组成。

无论由相同或不同类型的三极管组成复合管,首先,在前后两个三极管的连接关系上,应保证前级三极管的输出电流与后级三极管的输入电流的实际方向一致,以便形成适当的电流通路,否则电路不能形成通路,复合管无法正常工作。其次,为了实现电流放大,应将前级管的集电极电流或发射极电流作为后级管的基极电流,外加电压的极性应保证前后两个三极管均为发射结正向偏置,集电结反向偏置,使两管都工作在放大区。

例如在图 6 - 16(a)和(b)中,前级的 i_{E1} 就是后级的 i_{B2},二者的实际方向一致。而在图 6 - 16(c)和(d)中,前级的 i_{C1} 就是后级的 i_{B2},二者的实际方向也一致。至于基极回路和集电极回路的外加电压,应为图 6 - 16 括号内所示的正、负极性,则前后两个三极管均工作在放大区。

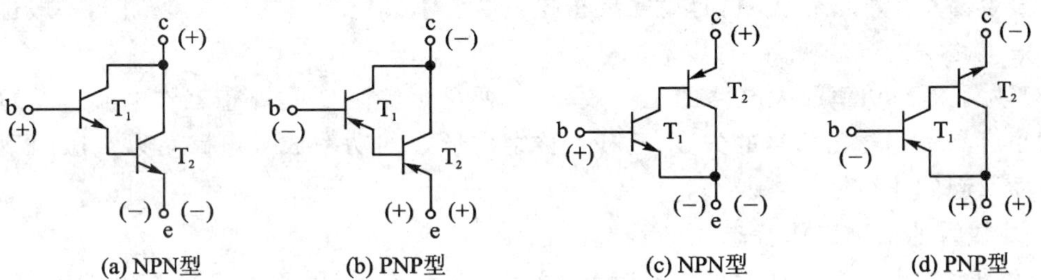

图 6 - 16　复合管的接法

综合图 6 - 16 所示的几种复合管,可以得出以下结论:

(1) 由两个相同类型的三极管组成的复合管,其类型与原来相同。复合管的 $\beta \approx \beta_1\beta_2$,复合管的 $r_{be}=r_{be1}+(1+\beta_1)r_{be2}$。

(2) 由两个不同类型的三极管组成的复合管,其类型与前级三极管相同。复合管的 $\beta=\beta_1(1+\beta_2)\approx\beta_1\beta_2$,复合管的 $r_{be}=r_{be1}$。

通过介绍可以看出,复合管与单个三极管相比,其电流放大系数 β 大大提高,因此,复合管常用于运放的中间级,以提高整个电路的电压放大倍数,不仅如此,复合管也常常用于输入级和输出级。

2. 由复合管构成的有源负载共射放大电路

图6-17所示为利用复合管构成的有源负载共射放大电路。其中三极管 T_1 和 T_2 组成的NPN型复合管是放大管，T_3 管是复合管的有源负载。T_3 与 T_4 组成镜像电流源，作为偏置电路，负责为放大管提供合适的集电极直流偏置电流 I_{CQ}。由图6-17可得，基准电流 I_{REF} 由 V_{CC}、T_4 和 R 支路产生，其表达式为

$$I_{REF} = \frac{V_{CC} - U_{BE4}}{R}$$

根据基准电流 I_{REF}，即可确定放大管的集电极静态电流 I_{CQ}。当 $\beta \gg 2$ 时，$I_{CQ} \approx I_{REF}$。

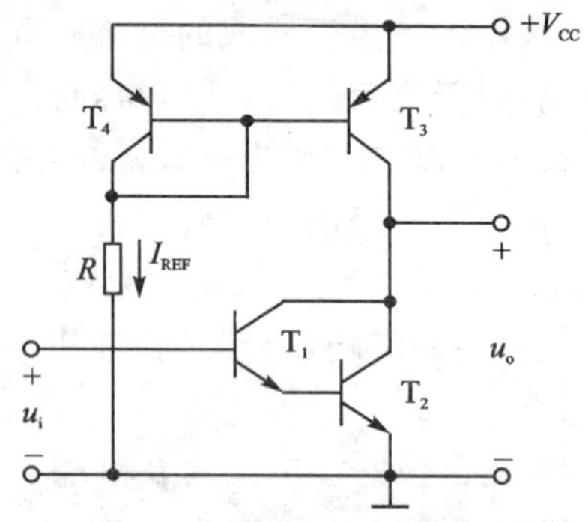

图6-17　由复合管构成的有源负载共射放大电路

6.2.4　输出级——功率放大电路

集成运放的输出级是向负载提供一定的功率，属于功率放大，一般采用互补对称的功率放大电路。

1. 功率放大电路的特点

(1) 因为信号的幅度放大在前置电路中已经完成，所以功率放大电路对电压放大倍数并无要求。由于射极输出器的输出电流较大，能使负载获得较大输出功率，并且它的输出电阻小，带负载能力强，因此通常采用射极输出器作为基本的功率放大电路。不过单个的射极输出器对信号正负半周的跟随能力不同，在实用的功率放大电路中大多采用双管的互补对称电路形式。

(2) 为了能获得足够大的不失真输出功率，功率放大电路中的电压、电流幅度都很大，使输出信号容易产生非线性失真，这就需要根据负载要求规定允许的失真度范围，一般也不采用微变等效电路法进行分析。

(3) 为了提高功率放大电路的工作效率，需要尽可能降低其静态工作电流。但静态工作电流太小容易引起输出信号的失真，互补对称结构形式的功率放大电路可以克服因不适合的工作点而引起的非线性失真。

2. 功放管的三种工作状态

低频功率输出级按功放管的工作状态可分为甲类、乙类、甲乙类三种，它们各有特点。

甲类放大电路的工作点设置在放大区的中间，这种电路的优点是在输入信号的整个周期内三极管都处于导通状态，输出信号失真小(前面讨论的电压放大电路都工作在这种状态)。其缺点是三极管有较大的静态电流 I_{CQ}，这时管耗 P_C 大，而且甲类放大时，不管有无输入信号，电源供给的功率是不变的。可以证明，即使在理想条件下，甲类放大电路的效率最高也只有50%，那些对于输出功率及效率要求不高的功率放大电路可以采用甲类。

如果在甲类的基础上，把静态工作点 Q 向下移动，使静态电流 I_{CQ} 等于零，这样就能改变甲类放大时效率低的状况，这种工作方式下的电路称为乙类放大电路。乙类放大电路的工作点设置在截止区。乙类放大电路提高了能量的转换效率，在理想情况下效率可达78.5%，但此时却出现了严重的波形失真，在输入信号的整个周期，仅在半个周期内三极管导通，有电流流过，只能对半个周期的输入信号进行放大。

如果将工作点 Q 设在放大区但接近截止区，使三极管的导通时间大于信号的半个周期，且小于一个周期，这类工作方式下的电路称为甲乙类放大电路。目前常用的音频功率放大电路中，功放管多数是工作在甲乙类放大状态。这种电路的效率略低于乙类放大，但它克服了乙类放大电路的失真问题，目前使用较广泛。

3. OCL 互补对称功率放大电路

(1) 乙类 OCL 电路

图 6-18 所示是双电源乙类互补功率放大电路。它由两个不同类型的管子构成的射极输出器组合而成。T_1是 NPN 型管，T_2是 PNP 型管，T_1和 T_2管的基极连在一起作为信号输入端，发射极连在一起作为信号输出端，R_L为负载。电路中正、负电源对称，两管参数对称。

电路的工作原理可简述如下：由于两管都没有偏置电阻，故静态($u_i=0$)时，两管都截止，此时 I_{BQ}、I_{CQ}、I_{EQ}均为零，负载上无电流通过，输出电压 $u_o=0$。动态时，当输入信号 u_i为正半周时，$u_i>0$，两管的基极电位为正，故 T_1管导通，T_2管截止，电流 i_{C1}从$+V_{CC}$流出，经 T_1后流过负载电阻 R_L，在负载 R_L上形成正半周输出电压 $u_o>0$。当输入信号 u_i为负半周时，$u_i<0$，两管的基极电位为负，故 T_2管导通，T_1管截止，i_{C2}从$-V_{CC}$通过 T_2流过负载 R_L，在 R_L上形成负半周输出电压 $u_o<0$。

不难看出，在输入信号 u_i的一个周期内，T_1、T_2管轮流导通，而且 i_{C1}、i_{C2}流过负载的方向相反，从而形成完整的正弦波。由于静态时两管的静态偏置电流均为零，这种工作方式称为乙类放大电路。这种电路中的三极管交替工作，组成推挽式电路，两个管子互补对方缺少的另一个半周，且互相对称，故称为互补对称功率放大电路。这种电路又称为无输出电容的功率放大电路，即 OCL(Output Capacitorless)。

乙类电路由于静态电流为零，因此效率较高。但是它会产生严重的波形失真，这是因为当输入电压 u_i小于管子的死区电压时，两个管子均是截止的，这段范围里的输出电压 $u_o=0$，从而在输出电压的交越处产生不连续的间断点，这种失真称为交越失真，如图 6-19 所示。交越失真是由于管子工作在乙类状态引起的，为了克服这个缺点，实用电路都采用甲乙类互补对称电路。

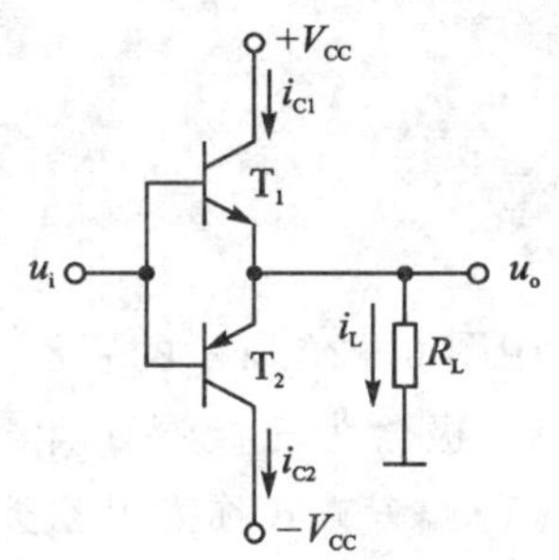

图 6-18　OCL 乙类互补对称功率放大电路

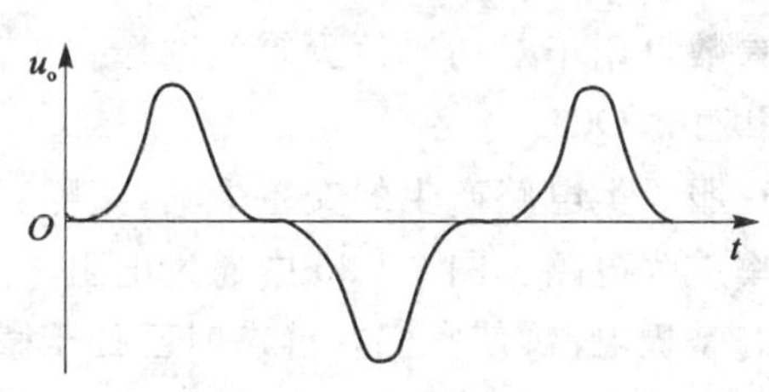

图 6-19　交越失真

乙类 OCL 互补对称功率放大电路的主要工作指标如下：

① 最大输出功率：当输入信号足够大时，可使负载获得最大输出功率。负载电压为正弦波形，若忽略管子的饱和压降，其幅值(最大值)为

$$U_{om}=V_{CC} \tag{6-19}$$

负载电流幅值为

$$I_{om}=\frac{U_{om}}{R_L}=\frac{V_{CC}}{R_L} \tag{6-20}$$

则OCL电路的最大输出功率为

$$P_{om}=\frac{U_{om}}{\sqrt{2}}\times\frac{I_{om}}{\sqrt{2}}=\frac{1}{2}\frac{V_{CC}^2}{R_L} \tag{6-21}$$

如果考虑管子的饱和压降U_{CES},则最大输出功率为

$$P_{om}=\frac{1}{2R_L}(V_{CC}-U_{CES})^2 \tag{6-22}$$

② 电源提供功率:直流电源的电压为V_{CC},电流即为管子中的集电极电流。因此,在一个周期里两个电源提供的平均功率为

$$P_{Vm}=2\times\frac{1}{2\pi}\int_0^{\pi}V_{CC}I_{Cm}\sin(wt)\mathrm{d}(wt)\approx\frac{2}{\pi}\cdot\frac{V_{CC}^2}{R_L} \tag{6-23}$$

这是在输入信号足够大时得到的电源功率。

③ 效率:放大电路的输出能量是由直流电源提供的,因此电路的工作效率是指输出功率和电源提供功率的比值,即

$$\eta=\frac{P_o}{P_V}\times 100\% \tag{6-24}$$

当输入信号足够大,并忽略管子的饱和压降U_{CES}时,其效率为

$$\eta=\frac{P_{om}}{P_{Vm}}\times 100\%=\frac{\pi}{4}\times 100\%=78.5\% \tag{6-25}$$

这是理想状态的效率,实际效率要比这个数值小。

④ 每个管子的最大管耗:直流电源提供的功率与输出功率之差就是消耗在三极管的功率,即管耗P_T。可求得当$U_{om}=\frac{2}{\pi}V_{CC}\approx 0.63V_{CC}$时,三极管的管耗最大,此时,每只三极管的最大管耗为

$$P_{T1m}=P_{T2m}=0.2P_{om} \tag{6-26}$$

⑤ 管子c-e间承受的最大电压:为$2V_{CC}$。

以上参数可用于对功率放大管的选择。

(2) 甲乙类OCL电路

为了克服乙类电路产生的交越失真,实际工作时广泛采用图6-20所示的甲乙类OCL互补对称功率放大电路。图6-20中通过电阻R_1和R_2及两个二极管为三极管T_1和T_2建立了较小的静态基极电流,使它们在静态时已处于微导通状态,这种偏置方式称为甲乙类电路。由于三极管已经导通,当加入输入信号u_i后,立即会有输出电流流过负载,在负载上得到的输出电压,在正负交替处比较平滑,因此输出波形将是较为理想的正弦波。

在甲乙类电路中为了减小静态损耗,提高效率,通常工作点选得很低。因此,甲乙类电路的工作状况和乙类基本相似,各项技术指标可按乙类电路方式估算。

4. OTL互补对称功率放大电路

图6-20所示电路中,由于静态时T_1、T_2两管的发射极电位为零,故负载可直接连接到发射极,而不必采用耦合电容,因此称为OCL电路。其特点是低频效应好,便于集成,但需要两个独立电源,使用很不方便。为了简化电路,可采用单电源供电的互补对称功率放大电路,如

图 6－21 所示。与图 6－20 相比省去了一个负电源（$-V_{CC}$），在两管的发射极与负载之间增加了电容 C，这种电路通常称为无输出变压器的功率放大电路，即 OTL（Output Transformless）功率放大电路。

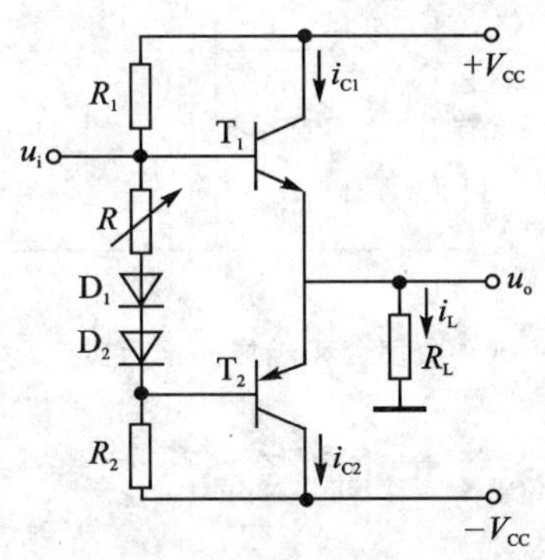

图 6－20　OCL 甲乙类互补对称功率放大电路

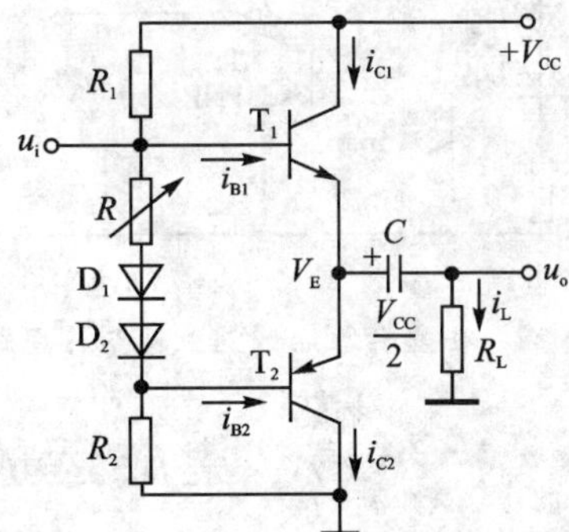

图 6－21　OTL 甲乙类互补对称功率放大电路

OTL 电路与 OCL 电路的区别除了是用单电源方式外，它在电路的输出端是通过较大的耦合电容 C 与负载相连。该电容一方面传递信号，另一方面起到了在信号负半周时向负载供电的作用。

图 6－21 所示电路中 R_1、R_2 为偏置电阻，适当选择 R_1、R_2 阻值，可使两管静态时发射极电位 V_E 为 $V_{CC}/2$，电容两端电压也稳定在 $V_{CC}/2$，这样 T_1、T_2 两管的 c－e 之间如同分别加上了 $+V_{CC}/2$ 和 $-V_{CC}/2$ 的电源电压。

在输入信号正半周，T_1 管导通，T_2 管截止，T_1 管以射极输出器形式将正信号传送给负载，同时对电容 C 充电；在输入信号负半周，T_1 管截止，T_2 管导通，电容 C 放电，相当于 T_2 管的直流工作电源，此时 T_2 管也以射极输出器的形式将负向信号传送给负载。这样，负载 R_L 上得到一个完整的信号波形。

OTL 电路的计算，可对前述 OCL 电路的各个公式用 $V_{CC}/2$ 代替式中的 V_{CC} 即可。

OTL 电路和负载的连接是阻容耦合，因此它不能放大频率较低的信号。而 OCL 电路和负载是直接耦合，对信号频率没有限制，且易于集成化，因此获得广泛应用。

5. 由复合管组成的互补对称功率放大电路

如果集成运放输出端的负载电流比较大，必须要求互补对称管 T_1 和 T_2 是能输出大电流的三极管。但是，大电流的三极管一般 β 值较低，因此就需要中间级输出大的推动电流提供给输出级。在集成运放电路中，中间级一般是电压放大，很难输出大的电流。为了解决这一矛盾，一般输出级采用由复合管构成的互补对称电路，如图 6－22 所示。这种互补对称电路有一个缺点，大功率三极管 T_3 是 NPN 型，而 T_4 管是 PNP 型，它们类型不同，很难做到特性互补对称。

为了克服这个缺点，可使 T_3 管和 T_4 管采用同一类型甚至同一型号的三极管，例如二者均为 NPN 型，而 T_2 管则用另一类型的三极管，如 PNP 型，如图 6－23 所示。此时 T_2 管与 T_4 管组成的复合管为 PNP 型，可与 T_1 管、T_3 管组成的 NPN 型复合管实现互补。这种电路称为准互补对称电路。图 6－23 中接入电阻 R_{e1} 和 R_{e2} 是为了调整功率管 T_3 和 T_4 的静态工作点。

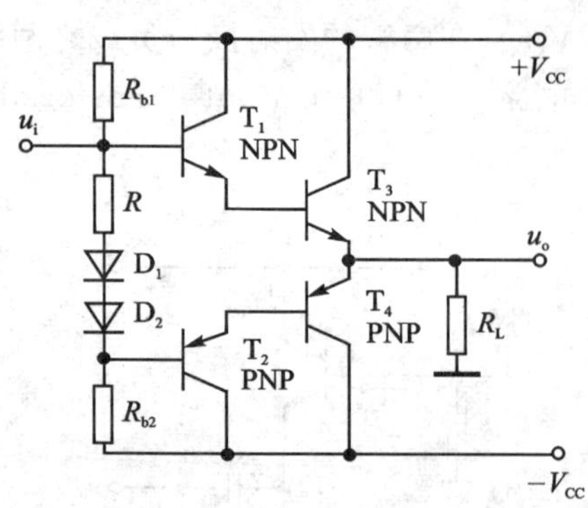

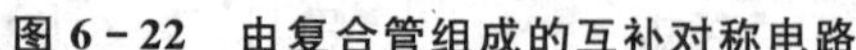

图 6-22 由复合管组成的互补对称电路

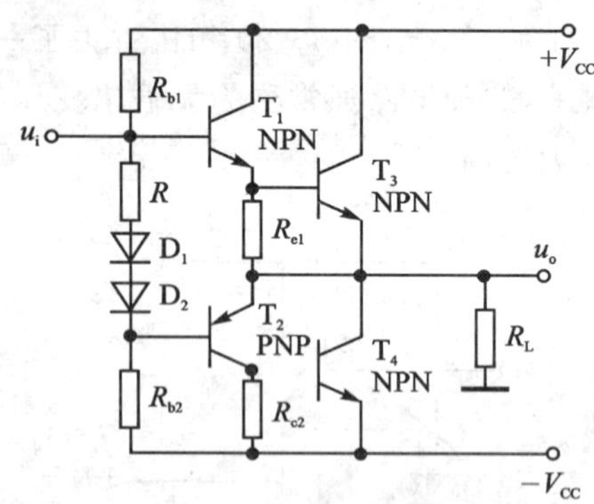

图 6-23 由复合管组成的准互补对称电路

6.3 集成运放的典型电路及性能指标

在了解集成运放基本组成部分的基础上,本节将简要地介绍一种典型的集成运放电路,即双极型集成运放 F007。

6.3.1 双极型集成运放 F007

F007 属于第二代通用型集成运放,目前应用比较广泛。常见的 F007 的外形为圆壳式,共有 12 个引脚,图 6-24 所示为 F007 的电路原理图。由图可见,电路包括 4 个组成部分:偏置电路、差动放大输入级、中间级以及输出级和过载保护电路。

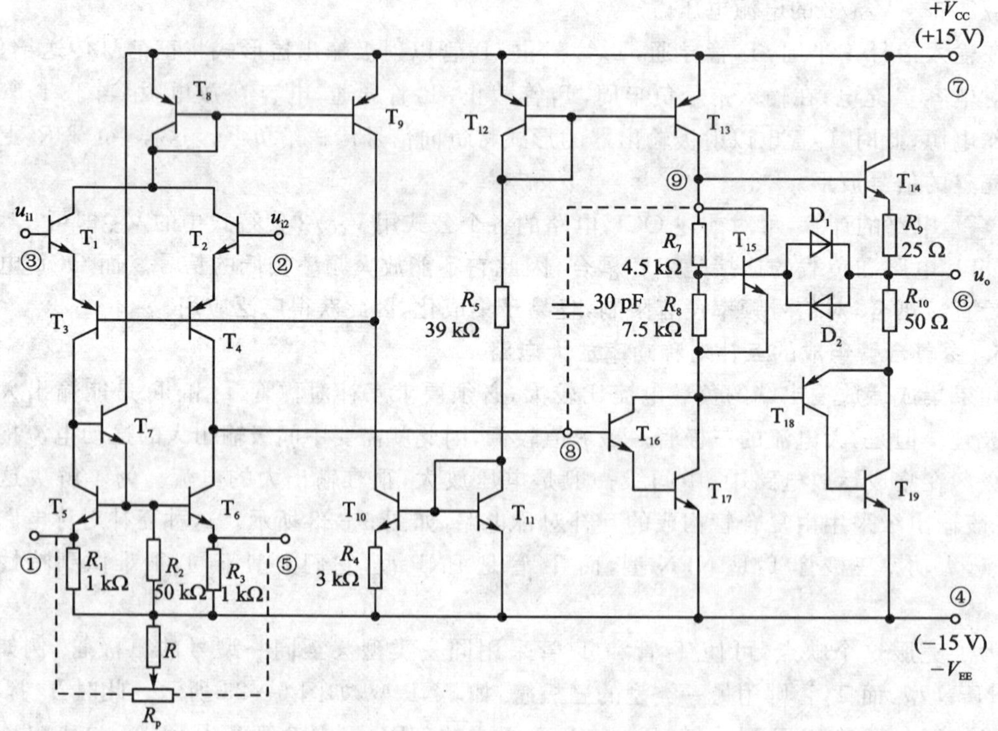

图 6-24 F007 电路原理图

(1) 偏置电路

F007 的偏置电路由图 6-24 中的 $T_8 \sim T_{13}$ 以及电阻 R_4、R_5 等元件组成。其作用是为各级放大器设置合适的静态工作点。

(2) 输入级

F007 的输入级由 T_1、T_2、T_3 和 T_4 组成共集-共基差动放大电路，T_5 和 T_6 构成有源负载，代替负载电阻 R_c。差动输入信号由 T_1、T_2 的基极送入，从 T_4 的集电极送出单端输出信号至中间级。输入级的主要作用是减小零漂，提高共模抑制比。

(3) 中间级

F007 中间级的放大管是由 T_{16}、T_{17} 组成的复合管，T_{13} 作为其有源负载。所以中间级不仅能提供很高的电压放大倍数，而且具有很高的输入电阻，避免降低前级的电压放大倍数。

(4) 输出级

F007 的输出级由 T_{14}、T_{18} 和 T_{19} 组成。NPN 型三极管 T_{14} 和 T_{18}、T_{19} 组成的 PNP 型复合管构成准互补对称电路。其中 T_{14} 与 T_{19} 同为 NPN 型管，特性比较容易匹配。输出级采用这种准互补对称结构，主要是为了提高运放的输出功率和带负载能力。

6.3.2　集成运放的主要性能指标

集成运放性能的好坏，可用其性能指标来衡量。为了合理正确地选择和使用运放，必须明确其性能指标的意义。

1. 开环差模电压增益 A_{od}

A_{od} 是指运放在无外加反馈情况下的直流差模增益，一般用对数表示，单位为分贝(dB)。它是频率的函数，也是影响运算精度的重要参数。一般运放的 A_{od} 为 60～120 dB，性能较好的运放 $A_{od}>140$ dB。

2. 共模抑制比

共模抑制比是指运放的差模电压增益 A_{ud} 与共模电压增益 A_{uc} 之比，一般也用对数表示。一般运放的 K_{CMR} 为 80～160 dB。该指标用以衡量集成运放抑制零漂的能力。

3. 差模输入电阻 R_{id}

该指标是指开环情况下，输入差模信号时运放的输入电阻。其定义为差模输入电压 U_{id} 与相应的输入电流 I_{id} 的变化量之比。R_{id} 用以衡量集成运放向信号源索取电流的大小。该指标越大越好，一般运放的 R_{id} 为 10 kΩ～3 MΩ。

4. 输入失调电压 U_{iO}

它的定义是，为了使运放在零输入时零输出，在输入端所需要加的补偿电压。U_{iO} 实际上就是输出失调电压折合到输入端电压的负值，其大小反映了运放电路的对称程度。U_{iO} 越小越好，一般为±(0.1～10)mV。

5. 最大差模输入电压 $U_{id,m}$

这是集成运放反相输入端与同相输入端之间能够承受的最大电压。若超过这个限度，输入级差分对管中的一个管子的发射结可能被反向击穿。若输入级由 NPN 管构成，则其 $U_{id,m}$ 约为±5 V，若输入级含有横向 PNP 管，则 $U_{id,m}$ 可达±30 V 以上。

6. 单位增益带宽 BW_G 和开环带宽 BW_{Hf}

BW_G 指开环差模电压增益 A_{od} 下降到 0 dB(即 $A_{od}=1$)时的信号频率，它与三极管的特征频率相类似。BW_G用来衡量运放的一项重要品质因素——增益带宽积的大小。BW_{Hf}则指A_{od}下降3 dB时的信号频率。BW_{Hf}一般不高,约几十赫兹至几百千赫兹,低的只有几赫兹。

除上述指标外,还有转换速率S_R、输入偏置电流I_{iB}、静态功耗P_C、最大输出电压$U_{o,max}$等,这里不再一一介绍。

6.4 放大电路中的反馈

在集成运放的各种应用电路中,几乎无一例外地引用了反馈。反馈不仅是改善放大电路性能的重要手段,也是电子技术和自动调节原理中一个基本概念。在介绍反馈之前,首先介绍理想运放的概念和特点。

6.4.1 理想运放的概念及工作特点

1. 什么是理想运放

在分析集成运放的各种应用电路时,常常将其中的集成运放看成是一个理想的运算放大器。所谓理想运放就是将集成运放的各项技术指标理想化,即认为集成运放的各项指标为:

开环差模电压增益$A_{od}=\infty$;

差模输入电阻$R_{id}=\infty$;

输出电阻$R_o=0$;

共模抑制比$K_{CMR}=\infty$;

输入失调电压、失调电流以及它们的零漂均为零。

实际的集成运放当然达不到上述理想化的技术指标。但由于集成运放工艺水平的不断提高,集成运放产品的各项性能指标愈来愈好。因此,一般情况下,在分析估算集成运放的应用电路时,将实际运放看成理想运放所造成的误差,在工程上是允许的。后面的分析中,如无特别说明,均将集成运放作为理想运放进行讨论。

2. 理想运放的两种工作状态

在各种应用电路中,集成运放的工作状态有线性和非线性两种状态,在其传输特性曲线上对应两个区域,即线性区和非线性区。集成运放的电路符号和电压传输特性分别如图6-25(a)和(b)所示。由图6-25(a)所示电路符号可以看出,运放有同相和反相两个输入端,分别对应其内部差动输入级的两个输入端,u_+代表同相输入端电压,u_-代表反相输入端电压,输出电压u_o与u_+具有同相关系,与u_-具有反相关系。运放的差模输入电压$u_{id}=u_+-u_-$。图6-25(b)中,虚线代表实际运放的传输特性,实线代表理想运放。可以看出,线性工作区非常窄,当输入端电压的幅度稍有增加,则运放的工作范围将超出线性放大区而到达非线性区。运放工作在不同状态,其表现出的特性也不同,下面分别讨论。

(1) 线性工作状态

当运放工作在线性状态时,运放的输出电压与两个输入端电压之间存在着线性放大关系,即

$$u_o = A_{od}u_{id} = A_{od}(u_+ - u_-) \tag{6-27}$$

理想运放工作在线性状态时有两个重要特点:

① 理想运放的差模输入电压u_{id}很小,约等于零,即$u_+\approx u_-$。由于运放工作在线性区,故

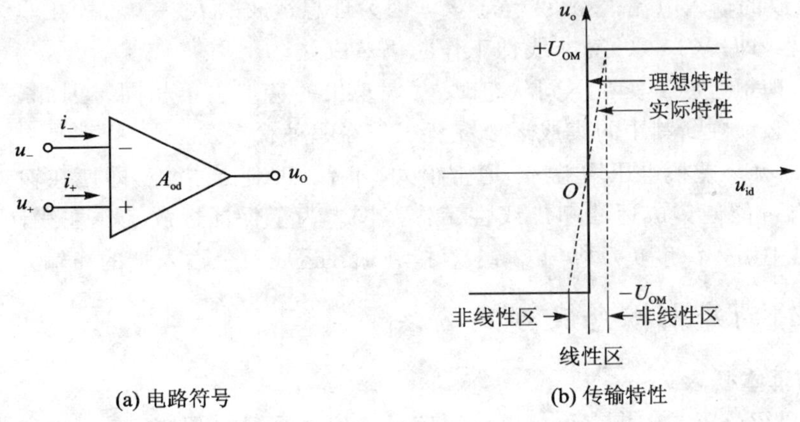

(a) 电路符号　　(b) 传输特性

图 6-25　集成运放的电路符号及电压传输特性

输出、输入电压之间符合式(6-27)。而且,因理想运放的 $A_{od}=\infty$,所以由式(6-27)可得

$$u_{id}=u_+-u_-=u_o/A_{od}\approx 0$$

即
$$u_{id}\approx 0 \quad 或 \quad u_+\approx u_- \tag{6-28}$$

式(6-28)表明,同相输入端与反相输入端的电位相等,如同将该两点短路一样,但实际上该两点并未真正被短路,因此常将此特点简称为“虚短”。

实际集成运放的 $A_{od}\neq\infty$,因此 u_+ 与 u_- 不可能完全相等。但是当 A_{od} 足够大时,集成运放的差模输入电压(u_+-u_-)的值很小,可以忽略。例如,在线性区内,当 $u_o=10$ V 时,若 $A_{od}=10^5$,则 $u_+-u_-=0.1$ mV;若 $A_{od}=10^7$,则 $u_+-u_-=1\mu$V。可见,在一定的 u_o值下,集成运放的 A_{od}愈大,则 u_+ 与 u_- 的差值愈小,将两点视为短路所带来的误差也愈小。

② 理想运放的输入电流很小,约等于零。由于理想运放的差模输入电阻 $R_{id}=\infty$,因此在其两个输入端均没有电流,即在图 6-25(a)中,有

$$i_+=i_-\approx 0 \tag{6-29}$$

此时运放的同相输入端和反相输入端的电流都等于零,如同该两点被断开一样,将此特点简称为“虚断”。

“虚短”和“虚断”是理想运放工作在线性区时的两个重要特点。这两个特点常常作为今后分析运放应用电路的出发点,因此必须牢固掌握。

(2) 非线性工作状态

如果运放的工作信号超出了线性放大的范围,则输出电压与输入电压不再满足式(6-27),即 u_o不再随差模输入电压 u_{id}线性增长,u_o将达到饱和,如图 6-25(b)所示的非线性工作区。

理想运放工作在非线性状态时,也有两个重要特点:

① 理想运放的输出电压 u_o只有两种取值:或等于运放的正向最大输出电压 $+U_{OM}$,或等于其负向最大输出电压 $-U_{OM}$,如图 6-25(b)中的实线所示。

$$\left.\begin{aligned}当\ u_+>u_-时,u_o&=+U_{OM}\\ 当\ u_+<u_-时,u_o&=-U_{OM}\end{aligned}\right\} \tag{6-30}$$

在非线性工作状态内,运放的差模输入电压 u_{id}可能很大,即 $u_+\neq u_-$。也就是说,此时“虚短”现象不复存在。

② 理想运放的输入电流很小，约等于零。因为理想运放的 $R_{id}=\infty$，故在非线性区仍满足输入电流等于零，即式(6-29)对非线性工作区仍然成立。

如上所述，理想运放工作在不同状态时，其表现出的特点也不相同。因此，在分析各种应用电路时，首先必须判断其中的集成运放究竟工作在哪种状态。

集成运放的开环差模电压增益 A_{od} 通常很大，如不采取适当措施，即使在输入端加一个很小的电压，仍有可能使集成运放超出线性工作范围。为了保证运放工作在线性区，一般情况下，必须在电路中引入深度负反馈，以减小直接施加在运放两个输入端的净输入电压。

6.4.2 反馈的基本概念及判别方法

1. 反馈的基本概念

在第 5 章介绍分压式工作点稳定电路时曾经提出过反馈的概念。在该电路中引入反馈起到稳定静态工作点的作用。

所谓反馈就是将放大电路的输出量(电压或电流)的一部分或全部，通过一定的电路形式(反馈网络)引回到它的输入端来影响输入量(电压或电流)的连接方式。

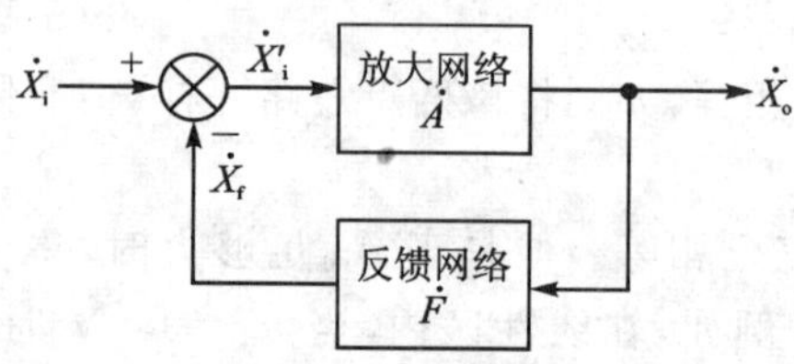

图 6-26 反馈放大电路的方框图

为了更好地理解反馈的概念，将引入反馈的放大电路用一个方框图表示，如图 6-26 所示。为了表示一般情况，图 6-26 所示方框图中的输入信号、输出信号和反馈信号都用正弦相量表示，它们可能是电压量，也可能是电流量。其中，上面一个方框表示放大网络，无反馈时放大网络的放大倍数为 $\dot{A}$，下面一个方框表示能够把输出信号的一部分或者全部送回到输入端的电路，称为反馈网络，反馈系数用 $\dot{F}$ 表示；箭头线表示信号传输方向，信号在放大网络中为正向传递，在反馈网络中为反向传递；符号⊗表示信号叠加，输入信号 $\dot{X}_i$ 由前级电路提供；反馈信号 $\dot{X}_f$ 是反馈网络从输出端取样后送回到输入端的信号；$\dot{X}'_i$是输入信号 $\dot{X}_i$ 与反馈信号 $\dot{X}_f$ 在输入端叠加后的净输入信号，“+”和“−”表示 $\dot{X}_i$ 和 $\dot{X}_f$ 参与叠加时的规定正方向，即 $\dot{X}_i-\dot{X}_f=\dot{X}'_i$；$\dot{X}_o$ 为输出信号。通常，从输出端取出信号的过程称为取样；把 $\dot{X}_i$ 与 $\dot{X}_f$ 的叠加过程称为比较。

引入反馈后，放大电路与反馈网络构成一个闭合环路，所以有时把引入了反馈的放大电路称为闭环放大电路(或称闭环系统)，而未引入反馈的放大电路称为开环放大电路(或称开环系统)。

2. 反馈的分类及判别方法

介绍反馈的分类之前，首先应搞清如何判断电路中是否引入了反馈。

若放大电路中存在将输出回路与输入回路相连接的通路，即反馈电路，并由此影响了放大电路的净输入量，则表明电路中引入了反馈；否则电路中便没有反馈。

在图 6-27(a)所示电路中，集成运放的输出端与同相输入端、反向输入端均无通路，故电路中没有反馈。在图 6-27(b)所示电路中，电阻 R_2 将集成运放的输出端与反相输入端相连接，因而集成运放的净输入量不仅决定于输入信号，还与输出信号有关，所以该电路中引入了反馈。在图 6-27(c)所示电路中，虽然电阻 R 跨接在集成运放的输出端与同相输入端之间，但是由于同相输入端接地，所以 R 只不过是集成运放的负载，而不会使 u_o 作用于输入回路，可见电路中没有引入反馈。

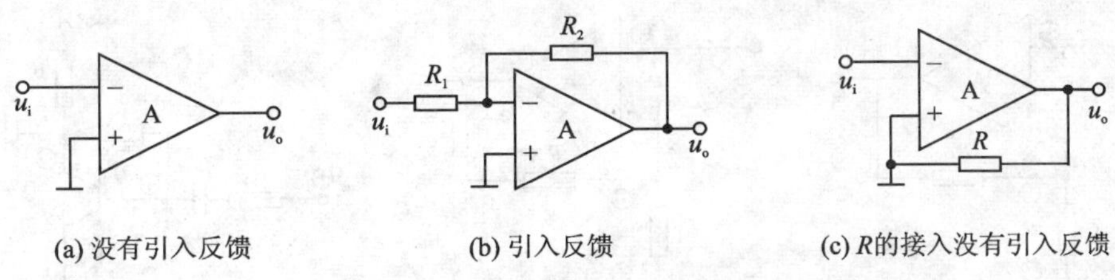

(a) 没有引入反馈　(b) 引入反馈　(c) R的接入没有引入反馈

图 6-27　有无反馈的判断

由以上分析可知，寻找电路中有无反馈通路是判断电路中是否引入反馈的主要方法。只有首先判断出电路中存在反馈，继而才能进一步分析反馈的类型。

(1) 正反馈和负反馈

按照反馈量极性分类，有正反馈和负反馈。以图 6-26 为例，如果反馈量 X_f 增强了净输入量 X_i'，使输出量有所增大，称为正反馈。反之，如果反馈量 X_f 削弱了净输入量 X_i'，使输出量有所减小，则称为负反馈。

判断正、负反馈，一般用瞬时极性法。具体方法如下：

① 首先假设输入信号某一时刻的瞬时极性为正(用"+"表示)或负(用"−"表示)，"+"号表示该瞬间信号有增大的趋势，"−"则表示有减小的趋势。

② 根据输入信号与输出信号的相位关系，逐步推断电路有关各点此时的极性，最终确定输出信号和反馈信号的瞬时极性。

③ 再根据反馈信号与输入信号的连接情况，分析净输入量的变化，如果反馈信号使净输入量增强，即为正反馈，反之为负反馈。

例 6-2　试判断图 6-28 所示电路中引入的是正反馈还是负反馈。

解：图 6-28(a)所示电路中，假设集成运放同相输入端输入信号 u_i 瞬时极性为"+"，因而输出电压 u_o 的极性对地为"+"，u_o 通过电阻 R_2 在电阻 R_1 上产生的反馈电压 u_F 的极性对地也为"+"，所以净输入电压 u_i' 等于输入电压 u_i 减去反馈电压 u_F，即 $u_i'=u_i-u_F$，显然反馈的结果使净输入电压减小。说明该电路引入的反馈是负反馈。

图 6-28(b)所示电路中，假设集成运放反相输入端输入信号 u_i 瞬时极性为"+"，因而输出电压 u_o 的极性对地为"−"，u_o 通过电阻 R_2 在电阻 R_1 上产生的反馈电压 u_F 的极性对地为"−"，所以净输入电压 u_i' 等于输入电压 u_i 加上反馈电压 u_F，即 $u_i'=u_i+u_F$，反馈的结果使净输入电压增加。说明此电路引入的反馈极性是正反馈。

通过以上两例可知，对于单个集成运放，若通过纯电阻网络将反馈引到反相输入端，则为负反馈；引到同相输入端，则为正反馈。

图 6-28(c)所示电路中，假设交流信号源 u_S 瞬时极性为"+"，则基极电位也瞬时为"+"，i_b 电流如图中虚线所示，集电极电位对地瞬时为"−"，所以 u_o 在电阻 R_f 上产生的电流 i_f 有增大的趋势，而净输入电流 $i_b=i_i-i_f$，显然反馈的结果使净输入电流减小，所以此电路引入的是负反馈。

(2) 直流反馈和交流反馈

按照反馈量中包含交、直流的成分的不同，有直流反馈和交流反馈之分。如果反馈量中只含有直流成分，称为直流反馈。如果反馈量中只含交流成分，称为交流反馈。在集成运放反馈电路中，往往是两者兼有。直流负反馈的主要作用是稳定静态工作点；交流负反馈则改善电路

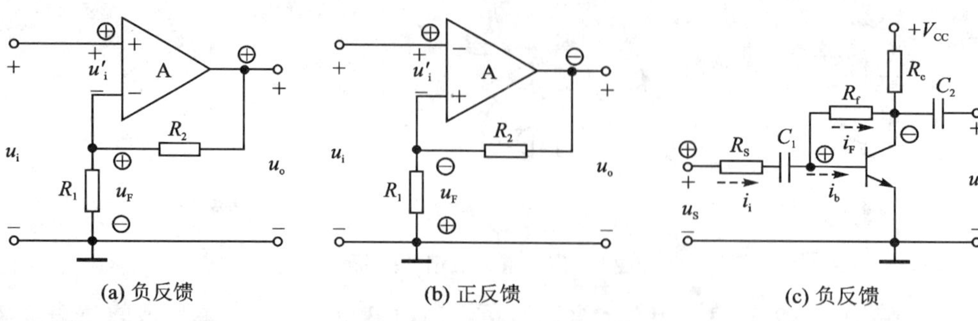

图 6-28 例 6-2 电路图

的动态性能。

关于交、直流反馈的判断方法，主要看交流通路或直流通路中有无反馈通路，若存在反馈通路，必有对应的反馈。

(3) 电压反馈和电流反馈

按照反馈量在放大电路输出端取样方式的不同，可分为电压反馈和电流反馈。如果反馈量取自输出电压，和输出电压成正比，则称为电压反馈；如果反馈量取自输出电流，和输出电流成正比，则称为电流反馈。

对于电路中引入的是电压反馈还是电流反馈，可以用这样的方法判断：首先假设输出电压u_o等于零，即将放大电路的负载短路，然后看反馈信号是否依然存在，如果短路后反馈信号消失，则为电压反馈；否则，反馈信号依然存在，就是电流反馈。原因很简单，因为输出端和地短路后输出电压 $u_o=0$，如果反馈信号消失，表示它与输出电压有关，所以是电压反馈；如果反馈信号依然存在，表示它与输出电压无关，因而是电流反馈。

按上述方法可以判定，图 6-29(a)所示放大电路中引入的是电压反馈，图(b)中引入的是电流反馈。

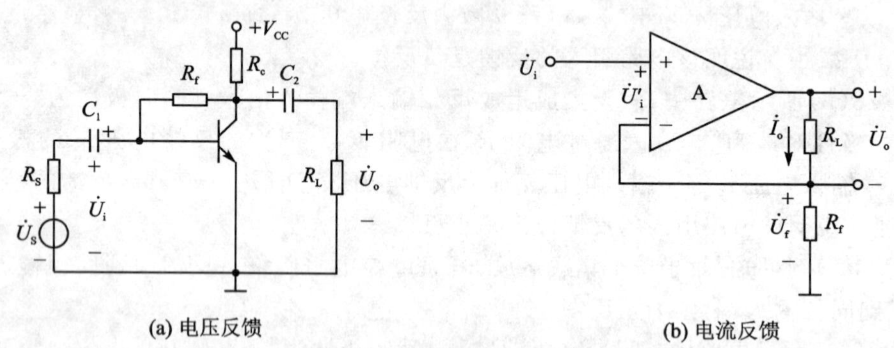

图 6-29 反馈电路举例

(4) 串联反馈和并联反馈

串联反馈和并联反馈是指反馈信号在放大电路的输入回路和输入信号的连接形式。

反馈信号可以是电压形式或电流形式，输入信号也可以是电压形式或电流形式。如果反馈信号和输入信号都是以电压形式出现，那么它们在输入回路必定以串联的方式连接，这就是串联反馈；如果反馈信号和输入信号都是以电流形式出现，那么它们在输入回路必定以并联的方式连接，这就是并联反馈。

判断串、并联反馈的方法是：对于交流分量而言，如果输入信号和反馈信号分别接到同一放大器件的同一个电极上，则为并联反馈；如果两个信号接到不同电极上，则为串联反馈。按此方法可以判定图 6-29(a)放大电路中引入的是并联反馈，图 6-29(b)中引入的是串联反馈。

以上提出了几种常见的反馈分类方法。除此之外，反馈还可以按其他方式分类。例如，在多级放大电路中，可以分为局部反馈(本级反馈)和级间反馈；又如在差动放大电路中，可以分为差模反馈和共模反馈等等，此处不再一一列举。

根据以上分析可知，实际放大电路中的反馈形式是多种多样的，本章将着重分析各种形式的交流负反馈。对于交流负反馈来说，根据反馈信号在输出端取样方式以及在输入回路中叠加形式的不同，共有 4 种组态，分别是电压串联负反馈、电压并联负反馈、电流串联负反馈及电流并联负反馈。

6.4.3　负反馈对放大电路性能的影响

负反馈对放大电路性能的影响，主要表现在以下几个方面：

1. 降低放大倍数

若 A_f 为引入负反馈后的闭环放大倍数(此处只考虑相量 $\dot{A}_f$ 的大小，以下各量同)，A 为开环放大倍数，F 为反馈系数，可以得到

$$A_f = \frac{A}{1+AF} \tag{6-31}$$

式(6-31)即为反馈放大电路的一般表达式。其中，$1+AF$ 称为反馈深度，表示引入反馈后放大电路的放大倍数与无反馈时相比所变化的倍数。反馈深度是一个非常重要的参数，通过后面的分析将会看到，放大电路引入负反馈后，其中各项性能的改善程度皆与 $1+AF$ 的大小有关。下面针对式(6-31)分三种情况进行讨论：

(1) 若$(1+AF)>1$，则 $A_f<A$，说明引入反馈后使放大倍数减小，这种反馈称为负反馈。负反馈虽然降低了放大倍数，但却换来了放大电路性能的稳定，可以说，负反馈放大电路是以牺牲放大倍数作为代价换来整个电路性能的稳定。

在负反馈情况下，如果反馈深度$(1+AF)\gg 1$，则式(6-31)可简化为 $A_f\approx\frac{1}{F}$，这表明，当反馈深度$(1+AF)\gg 1$ 时，闭环放大倍数 A_f 基本上等于反馈系数 F 的倒数，而与放大电路的放大倍数 A 无关。因而，即使由于温度等因素变化而导致放大网络的放大倍数 A 发生变化，只要 F 的值一定，就能保证闭环放大倍数 A_f 稳定，这是深度负反馈放大电路的一个突出优点。实际的反馈网络常由电阻等原件组成，反馈系数 F 通常决定于某些电阻值之比，基本上不受温度的影响。实际在设计放大电路时，为了提高稳定性，往往选用开环电压增益 A_{od} 很高的集成运放，以便引入深度负反馈。

(2) 若$(1+AF)<1$，则 $A_f>A$，即引入反馈后放大倍数比原来增大，因此这种反馈称为正反馈。正反馈虽然可以提高增益，但使放大电路的性能不稳定，所以很少使用。

(3) 若$(1+AF)=0$，即 $AF=-1$，则 $A_f\to\infty$。说明当 $X_i=0$ 时，$X_o\neq 0$，此时放大电路虽然没有外加输入信号，但有一定的输出信号。放大电路的这种状态称为自激振荡。当反馈放大电路发生自激振荡时，输出信号将不受输入信号的控制，也就是说，放大电路失去了放大作

用,这是人们所不希望的。但是,有时为了产生正弦波或其他波形信号,有意识地在放大电路中引入一个正反馈,并使之满足自激振荡的条件。

2. 提高放大倍数的稳定性

A_f的稳定性是A的$(1+AF)$倍。例如,当A变化10%时,若$1+AF=100$,则A_f仅变化0.1%。

应当指出,A_f的稳定性是以损失放大倍数作为代价的,即A_f减小到A的$1/(1+AF)$,才使其稳定性提高到A的$(1+AF)$倍。

3. 改善非线性失真

可以证明,在输出信号基本不变的情况下,引入负反馈后,电路的非线性失真减小到原来的$1/(1+AF)$。例如,在图6-30(a)所示电路中,放大电路无反馈,当输入信号为正弦波时,由于放大电路的非线性,使输出信号幅值出现上大下小、正半周与负半周不对称的失真波形。但是,当电路中引入负反馈后,由于反馈信号取自输出信号,所以也呈上大下小的波形,这样,净输入信号就会呈现上小下大的波形(因为净输入信号$X_i'=X_i-X_f$),如图6-30(b)所示;经过放大电路非线性的校正,使得输出信号幅值正、负半周趋于对称,近似为正弦波,即改善了输出波形。

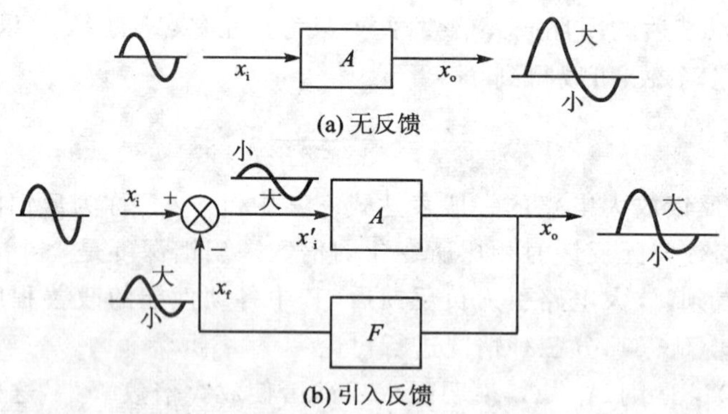

图6-30 利用负反馈减小非线性失真

4. 展宽频带

引入负反馈后,电压放大倍数下降几分之一,通频带就展宽几倍。可见,引入负反馈可以展宽通频带,但这也是以降低放大倍数作为代价的。

5. 负反馈可以改变输入、输出电阻

(1) 串联负反馈使输入电阻增大。在串联负反馈中,由于在放大电路的输入端反馈网络和基本放大电路是串联的,输入电阻的增加是不难理解的。通过分析可知,串联负反馈放大电路的输入电阻

$$R_{if}=(1+AF)R_i \tag{6-32}$$

式中,R_i为基本放大电路的输入电阻。因此,串联负反馈放大电路与基本放大电路相比,输入电阻增大为原来的$(1+AF)$倍。

(2) 并联负反馈使输入电阻减小。在并联负反馈中,由于在放大电路的输入端反馈网络和基本放大电路是并联的,因而势必造成输入电阻的减小。通过分析可得,并联负反馈放大电路的输入电阻

$$R_{\mathrm{if}} = \frac{1}{1+AF}R_{\mathrm{i}} \tag{6-33}$$

因此，并联负反馈放大电路与基本放大电路相比，输入电阻减为原来的 $1/(1+AF)$ 倍。

(3) 电压负反馈使输出电阻减小。电压负反馈具有稳定输出电压的作用，即当负载变化时，输出电压的变化很小，这意味着电压负反馈放大电路的输出电阻减小了。若基本放大电路的输出电阻为 R_{o}，可以证明，电压负反馈放大电路的输出电阻

$$R_{\mathrm{of}} = \frac{R_{\mathrm{o}}}{1+AF} \tag{6-34}$$

因此，电压负反馈放大电路与基本放大电路相比，输出电阻减为原来的 $1/(1+AF)$。

(4) 电流负反馈使输出电阻增大。电流负反馈具有稳定输出电流的作用，即当负载变化时，输出电流的变化很小，这意味着电流负反馈放大电路的输出电阻增大了。若基本放大电路的输出电阻为 R_{o}，可以证明，电流负反馈放大电路的输出电阻

$$R_{\mathrm{of}} = (1+AF)R_{\mathrm{o}} \tag{6-35}$$

因此，电流负反馈放大电路与基本放大电路相比，输出电阻增为原来的 $(1+AF)$ 倍。

6.5　集成运放的应用

集成运放作为通用性的器件，它的应用十分广泛，如模拟信号的产生、放大、滤波、比较等。其优越性在于，以集成运放为核心，在其外围接上由不同的元件组成的不同结构的电路，就能实现不同功能的电子电路，而且电路的主要功能参数仅取决于外围元件，这一点是十分方便的。

运放有线性和非线性两种工作状态，在以运放为核心构成的各种功能电路中，有些电路中运放工作在线性状态，有些则工作在非线性状态。一般而言，判断运放工作状态的最直接的方法是看电路中引入反馈的极性，若为负反馈，则工作在线性状态；若为正反馈或者没有引入反馈（开环状态），则运放工作在非线性状态。在分析运放构成的不同功能电路时，根据运放的不同工作状态，分别应用运放线性及非线性状态时的特点，写出输出电压的表达式，即可对电路的功能进行分析。

6.5.1　运算电路

1. 比例运算电路

集成运算放大器加入负反馈，可以实现比例、加法、减法、积分、微分等数学运算功能，实现这些运算功能的电路统称为运算电路。在运算电路中，运放工作在线性区，在分析各种运算电路时，要注意输入方式，利用“虚短”和“虚断”的特点。

(1) 反相比例运算电路

图 6-31 所示为反相比例运算电路。输入电压 u_{i} 通过电阻 R_1 接入运放的反相输入端。R_{F} 为反馈电阻，引入了电压并联负反馈。同相输入端电阻 R_2 接地，为保证运放输入级差分放大电路的对称性，要求 $R_2=R_1//R_{\mathrm{F}}$。

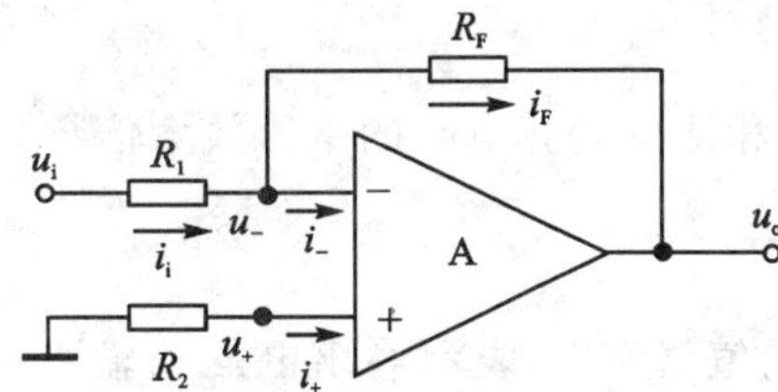

图 6-31　反相比例运算电路

根据前面的分析,该电路的运放工作在线性区,并具有虚短和虚断的特点。由于虚断,故 $i_+=0$,即 R_2上没有压降,则 $u_+=0$;又因虚短,可得 $u_+=u_-=0$,这说明在反相比例运算电路中,集成运放的反相输入端与同相输入端的电位不仅相等,而且均等于零,如同该两点接地一样,这种现象称为虚地。虚地是反相比例运算电路的一个重要特点,由于虚地,使得加在运放输入端的共模输入电压很小。

由于 $i_-=0$,则由图 6-31 可知,$i_i=i_F$,即

$$\frac{u_i-u_-}{R_1}=\frac{u_--u_o}{R_F}$$

则输出电压与输入电压的关系为

$$u_o=-\frac{R_F}{R_1}u_i \tag{6-36}$$

则反相比例运算电路的电压放大倍数为

$$A_{uf}=\frac{u_o}{u_i}=-\frac{R_F}{R_1} \tag{6-37}$$

式(6-37)中的负号表示输出电压与输入电压反相。若 $R_F=R_1$,则 $u_o=-u_i$,输出电压与输入电压大小相等,相位相反。这时,反相比例电路只起反相作用,称为反相器。

由于反相输入端虚地,故该电路的输入电阻为

$$R_{if}=R_1$$

可以看出,反相比例电路的输入电阻不高,这是由于电路中接入了电压并联负反馈的缘故。并联负反馈将降低输入电阻。

反相比例运算电路中引入了深度的电压并联负反馈,该电路输出电阻很小,具有很强的带负载能力。

(2) 同相比例运算电路

图 6-32 所示是同相比例运算电路,运放的反相输入端通过电阻 R_1接地,同相输入端则通过补偿电阻 R_2接输入信号,$R_2=R_1 /\!/ R_F$。电路通过电阻 R_F引入了电压串联负反馈,运放工作在线性区。同样根据虚短和虚断的特点可知,$i_+=i_-=0$,故

$$u_-=\frac{R_1}{R_1+R_F}u_o$$

而且

$$u_+=u_-=u_i$$

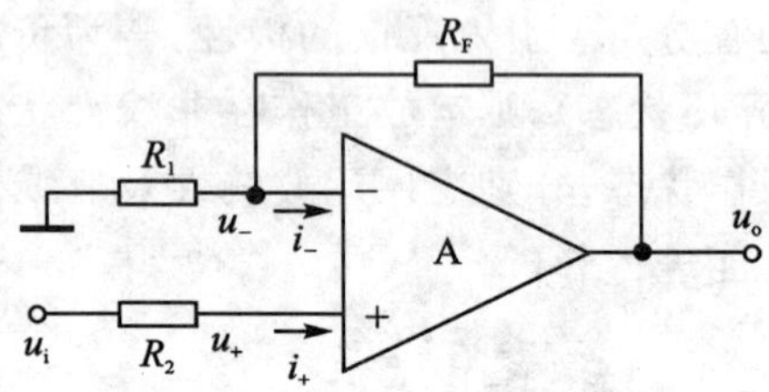

图 6-32 同相比例运算电路

由以上两式可得同相比例运算电路输出电压与输入电压的关系为

$$u_o=\left(1+\frac{R_F}{R_1}\right)u_i \tag{6-38}$$

则同相比例运算电路的电压放大倍数为

$$A_{uf}=\frac{u_o}{u_i}=1+\frac{R_F}{R_1} \tag{6-39}$$

A_{uf}的值总为正,表示输出电压与输入电压同相。另外,该比值总是大于或等于 1,不可能小于 1。

如果同相比例运算电路中的 $R_F=0$,由式(6-38)可知,输入电压 u_i等于输出电压 u_o,而且

相位相同,故称这一电路为电压跟随器。理想运放的开环差模增益为无穷大,因而电压跟随器具有比射极输出器好得多的跟随特性。

集成电压跟随器具有多方面的优良性能。例如型号为 AD9620 的芯片,电压增益为 0.994,输入电阻为 0.8 MΩ,输出电阻为 40 Ω,带宽为 600 MHz,转换速率为 2 000 V/μs。

同相比例运算电路引入的是电压串联负反馈,具有较高的输入电阻和很低的输出电阻,这是这种电路的主要优点。

(3) 差分比例运算电路

前面介绍的反相和同相比例运算电路都是单端输入放大电路,差分比例运算电路属于双端输入放大电路,其电路如图 6-33 所示。为了保证运放两个输入端对地的电阻平衡,同时为了避免降低共模抑制比,通常要求 $R_1=R_1'$,$R_F=R_F'$。

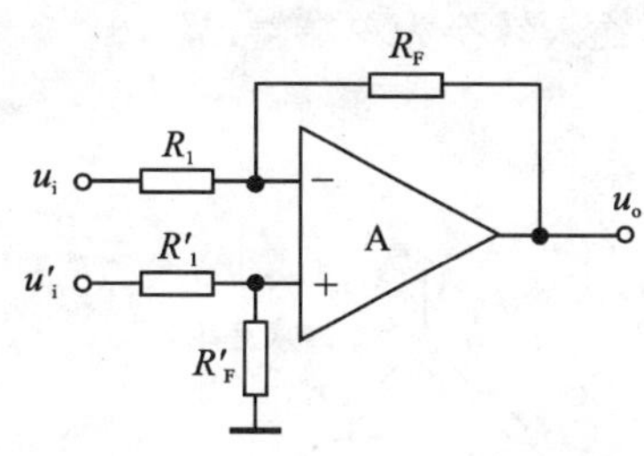

图 6-33　差分比例运算电路

在理想条件下,由于虚断,$i_+=i_-=0$,利用叠加定理可求得反相输入端的电位为

$$u_-=\frac{R_F}{R_1+R_F}u_i+\frac{R_1}{R_1+R_F}u_o$$

而同相输入端电位为

$$u_+=\frac{R_F'}{R_1'+R_F'}u_i'$$

因为虚短,即 $u_+=u_-$,所以得到

$$\frac{R_F}{R_1+R_F}u_i+\frac{R_1}{R_1+R_F}u_o=\frac{R_F'}{R_1'+R_F'}u_i'$$

当满足 $R_1=R_1'$,$R_F=R_F'$时,整理上式,可求得输出电压与输入电压关系式为

$$u_o=-\frac{R_F}{R_1}(u_i'-u_i) \tag{6-40}$$

所以,差分比例运算电路的电压放大倍数为

$$A_{uf}=\frac{u_o}{u_i'-u_i}=-\frac{R_F}{R_1} \tag{6-41}$$

在电路元件参数对称的条件下,差分比例运算电路的差模输入电阻为

$$R_{if}=2R_1$$

由以上分析可见,差分比例运算电路的输出电压与两个输入电压之差成正比,实现了差分比例运算。

比例运算电路是一种基本的运放应用电路,以它为基础可以组成具有各种用途的实际电路。例如,可以组成应用十分广泛的数据放大器等。

数据放大器是一种高增益、高输入电阻和高共模抑制比的直接耦合放大器,一般具有差动输入、单端输出的形式。它通常用在数据采集、工业自动控制、精密测量以及生物工程等系统中,对各种传感器送来的缓慢变化信号加以放大,然后输出给系统。数据放大器质量的优劣常常是决定整个系统精密的关键。

当应变、温度等物理量通过传感器转换成电量时,获得的信号电压变化量常常很小,而共模电压却很高。图 6-34 所示检测材料应变的电路中,当材料不产生应变时,电桥四个臂的电阻相等(R 的典型值为 350 Ω),没有输出信号。当材料产生应变时,贴附在材料表面的电阻(传感器元件)阻值不变,破坏了电桥的平衡,于是有一个信号送到放大器的输入端。一般典型值为当电源电压$U_S=10$ V时,电桥输出的差动信号最大约30 mV。由图6-34可知,a、b两端的共模电压高达5 V,所以传感器后面的数据放大器必须具有很高的共模抑制比,同时要求有较高的输入电阻,以免对传感器产生影响。为了提高精度,数据放大器还应有较高的开环增益,较低的失调电压、失调电流、噪声以及漂移等。

为了达到上述要求,除了选用高质量的集成运放,主要电路元件采用高精度的电阻并加以严格选配以外,还可以在电路结构上采取措施。例如,图6-35中的三运放数据放大器即是目前应用比较广泛的电路之一。

图6-35是由三个集成运放组成的通用数据放大器,其中每个集成运放接成比例运算电路形式。电路包含两个放大级,A_1、A_2组成第一级,二者均接成同相输入方式,因此输入电阻很高。由于电路结构对称,它们的漂移和失调都有互相抵消的作用。A_3组成差动放大级,将差动输入转换为单端输出。

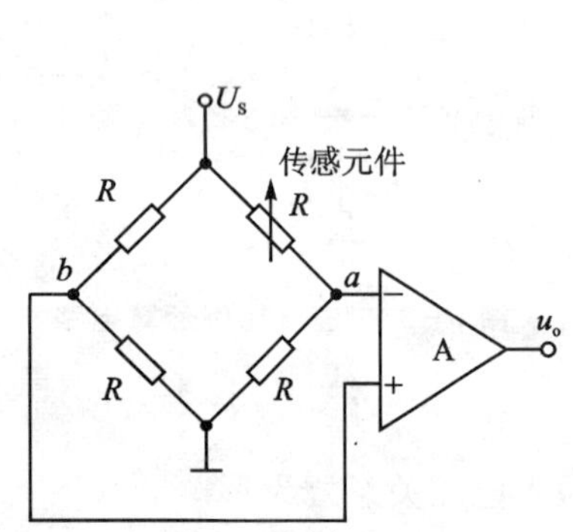

图6-34 应变仪电阻桥

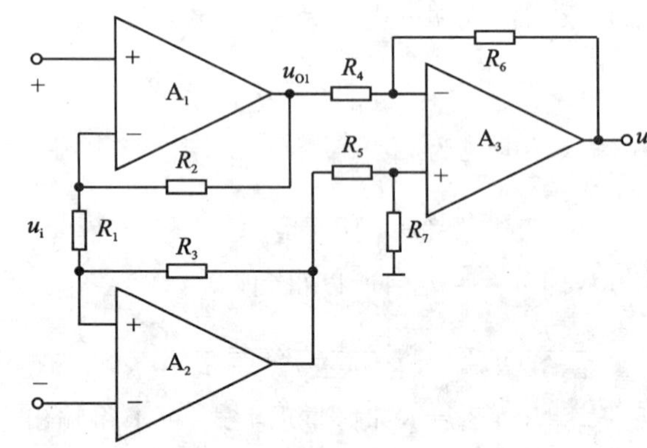

图6-35 三运放数据放大器原理图

2. 加减运算电路

实现多个输入信号按各自不同的比例求和或求差的电路统称为加减运算电路。若所有输入信号均作用于集成运放的同一个输入端,则实现加法运算;若一部分输入信号作用于集成运放的同相输入端,而另一部分输入信号作用于反相输入端,则实现加减运算。

(1) 加法运算电路

加法运算电路的输出信号反映多个模拟输入信号相加的结果。用运放实现加法运算时,可以采用反相输入方式,也可采用同相输入方式。

① 反相加法运算电路。图6-36所示为反相加法运算电路。由虚短和虚断的概念可得

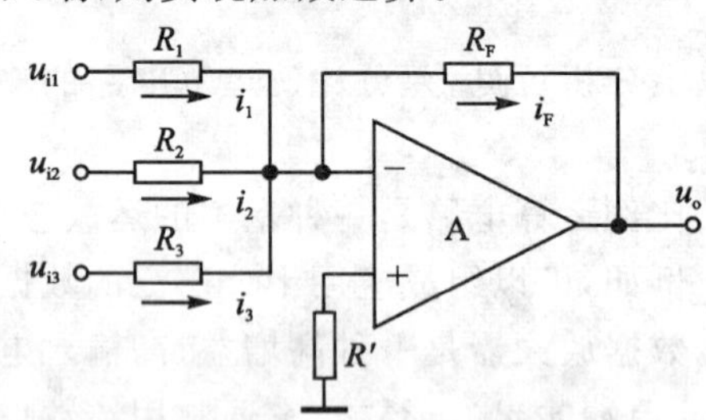

图6-36 反相加法运算电路

$$i_1=\frac{u_{i1}}{R_1},\qquad i_2=\frac{u_{i2}}{R_2},\qquad i_3=\frac{u_{i3}}{R_3}$$

而$i_F=i_1+i_2+i_3$。又因运放的反相输入端虚地,故有

$$u_o=-i_FR_F=-\left(\frac{R_F}{R_1}u_{i1}+\frac{R_F}{R_2}u_{i2}+\frac{R_F}{R_3}u_{i3}\right)\tag{6-42}$$

图6-36中,$R'=R_1/\!/R_2/\!/R_3/\!/R_F$。当$R_1=R_2=R_3=R$时,上式变为

$$u_o = -\frac{R_F}{R}(u_{i1} + u_{i2} + u_{i3}) \tag{6-43}$$

图 6-36 所示反相输入加法运算电路的优点是：当改变某一输入回路的电阻时，仅仅改变输出电压与该路输入电压之间的比例关系，而对其他各路没有影响，因此调节比较灵活方便。另外，由于虚地，使得加在集成运放输入端的共模电压很小。在实际工作中，反相输入方式的加法电路应用比较广泛。

② 同相加法运算电路。图 6-37 所示为同相加法运算电路，各输入电压加在集成运放的同相输入端。同样利用理想运放线性工作区的两个特点，可以推出输出电压与各输入电压之间的关系为

$$u_o = \left(1 + \frac{R_F}{R_1}\right)\left(\frac{R_+}{R_1'}u_{i1} + \frac{R_+}{R_2'}u_{i2} + \frac{R_+}{R_3'}u_{i3}\right) \tag{6-44}$$

式(6-44)中，$R_+ = R_1' /\!/ R_2' /\!/ R_3' /\!/ R'$。也就是说，$R_+$ 与接在运放同相输入端所有各路的输入电阻以及反馈电阻有关，如欲改变某一路输入电压与输出电压的比例关系，则当调节该路输入端电阻时，同时也将改变其他各路的比例关系，故常常需要反复调整，才能最后确定电路的参数，因此估算和调整的过程不太方便。另外，由于集成运放两个输入端不虚地，所以对集成运放的最大共模输入电压的要求比较高。在实际工作中，同相加法不如反相加法电路应用广泛。

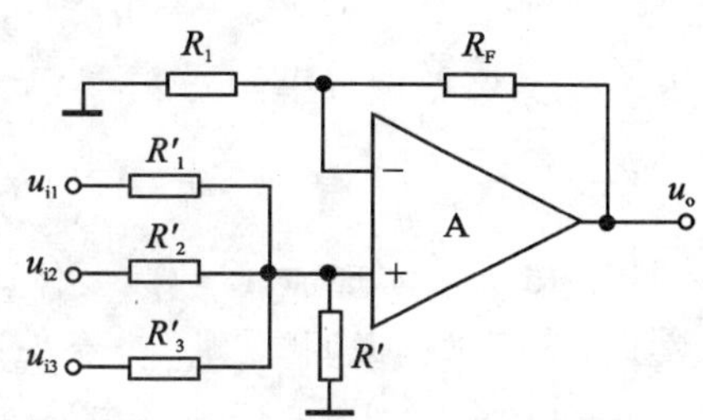

图 6-37　同相加法运算电路

另外，同相加法电路也可由反相加法电路与反相比例电路共同实现。通过前面的分析可以看出，反相与同相加法电路的 u_o表达式只差一个负号，因此，若在图 6-36 所示反相加法电路的基础上再加一级反相器，则可消除负号，变为同相加法电路。

例 6-3　假设一个控制系统中的温度、压力和速度等物理量经传感器后分别转换成为模拟电压量 u_{i1}、u_{i2}、u_{i3}，要求该系统的输出电压与上述各物理量之间的关系为

$$u_o = -3u_{i1} - 10u_{i2} - 0.53u_{i3}$$

现采用图 6-36 所示的加法运算电路，试选择电路中的参数以满足以上要求。

解：将以上给定的关系式与式(6-42)比较，可得$\frac{R_F}{R_1}=3$，$\frac{R_F}{R_2}=10$，$\frac{R_F}{R_3}=0.53$。为了避免电路中的电阻值过大或过小，可先选 $R_F = 100\ \text{k}\Omega$，则

$$R_1 = \frac{R_F}{3} = \left(\frac{100}{3}\right)\text{k}\Omega = 33.3\ \text{k}\Omega, \qquad R_2 = \frac{R_F}{10} = \left(\frac{100}{10}\right)\text{k}\Omega = 10\ \text{k}\Omega$$

$$R_3 = \frac{R_F}{0.53} = \left(\frac{100}{0.53}\right)\text{k}\Omega = 188.7\ \text{k}\Omega, \qquad R' = R_1 /\!/ R_2 /\!/ R_3 /\!/ R_F$$

为了保证精度，以上电阻应选用精密电阻。

(2) 加减运算电路

前面介绍的差分比例运算电路实际上就是一个简单的加减运算电路。如果在差动比例运算电路的同相输入端和反相输入端各输入多个信号，就变成了一般的加减运算电路，如图 6-38 所示，它综合了反相加法运算电路和同相加法运算电路的特点，所以也可称为双端输入求和运算电路。令 $R_N = R_1 /\!/ R_2 /\!/ R_F$，$R_P = R_3 /\!/ R_4 /\!/ R_5$，取 $R_N = R_P$，使电路参数对称。利用叠加定理

可方便地得到这个电路的运算关系。

当 $u_{i3}=u_{i4}=0$ 时，$u_+=u_-=0$，电路为反相加法运算电路。设此时的输出电压为 u_{o1}，根据式(6-42)得

$$u_{o1}=-\left(\frac{R_F}{R_1}u_{i1}+\frac{R_F}{R_2}u_{i2}\right)$$

当 $u_{i1}=u_{i2}=0$ 时，电路为同相求和运算电路，设此时的输出电压为 u_{o2}，根据式(6-44)得

$$u_{o2}=\left(1+\frac{R_F}{R_1 /\!/ R_2}\right)\left(\frac{R_P}{R_3}u_{i3}+\frac{R_P}{R_4}u_{i4}\right)$$

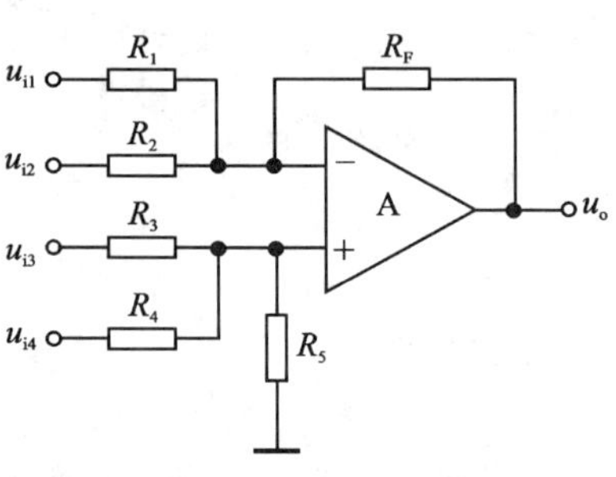

图 6-38 加减运算电路

根据叠加定理，输出电压为

$$u_o=u_{o1}+u_{o2}=-\left(\frac{R_F}{R_1}u_{i1}+\frac{R_F}{R_2}u_{i2}\right)+\left(1+\frac{R_F}{R_1 /\!/ R_2}\right)\left(\frac{R_P}{R_3}u_{i3}+\frac{R_P}{R_4}u_{i4}\right)$$

利用 $R_N=R_P$，经整理可得

$$u_o=\frac{R_F}{R_3}u_{i3}+\frac{R_F}{R_4}u_{i4}-\frac{R_F}{R_1}u_{i1}-\frac{R_F}{R_2}u_{i2} \tag{6-45}$$

利用图6-38实现加减运算，要保证 $R_N=R_P$，有时选择参数比较困难，这时可考虑用两级电路实现，下面举例说明。

例 6-4 求解图6-39所示电路 u_o 和 u_{i1}、u_{i2}、u_{i3} 的运算关系。

解：图6-39所示为由两个反相加法电路组成的加减运算电路。图中

$$u_{o1}=-\left(\frac{R_{F1}}{R_1}u_{i1}+\frac{R_{F1}}{R_2}u_{i2}\right)$$

$$u_o=-\left(\frac{R_{F2}}{R_4}u_{o1}+\frac{R_{F2}}{R_3}u_{i3}\right)$$

将 u_{o1} 代入 u_o，可得

$$u_o=\frac{R_{F2}}{R_4}\left(\frac{R_{F1}}{R_1}u_{i1}+\frac{R_{F1}}{R_2}u_{i2}\right)-\frac{R_{F2}}{R_3}u_{i3}$$

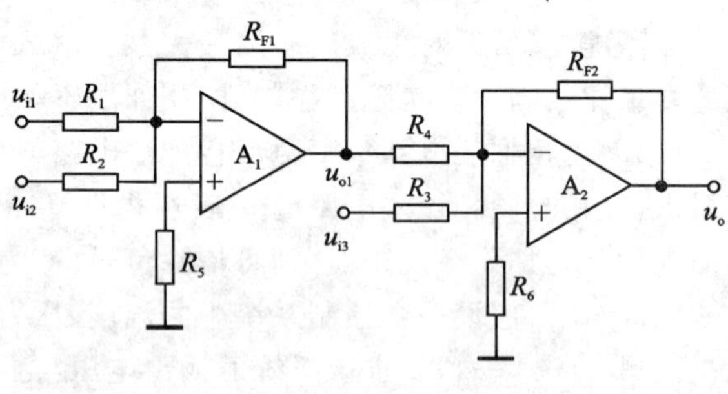

图 6-39 例 6-4 用图

3. 积分和微分运算电路

电容的电压和电流之间有微分和积分关系，可以利用它来构成积分和微分运算电路。

(1) 积分运算电路

积分电路如图6-40所示，由虚断和虚短的概念可得 $i_i=i_C=u_i/R$，所以输出电压 u_o 为

$$u_o=-u_C=-\frac{1}{C}\int i_C\,dt=-\frac{1}{RC}\int u_i\,dt \tag{6-46}$$

从而实现了输入电压与输出电压之间的积分运算。通常将式(6-46)中电阻 R 与电容 C 的乘积称为积分时间常数，用符号 τ 表示。

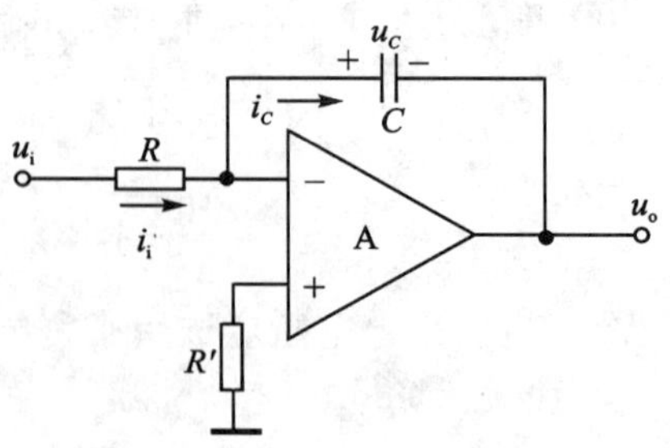

图 6-40 基本积分电路

积分运算电路的用途很多，例如，在自动控制系统中用以延缓过渡过程的冲击，使被控制的电动机外加电压缓慢上升，避免其机械转矩猛增，造成传动机械的损坏。此外，积分电路还可用作波形变换，如图6-41所示。当输入为阶

跃信号时，若 t_0 时刻电容上的电压为零，则输出电压波形如图 6－41(a)所示。当输入为方波和正弦波时，输出电压分别如图 6－41(b)和(c)所示。

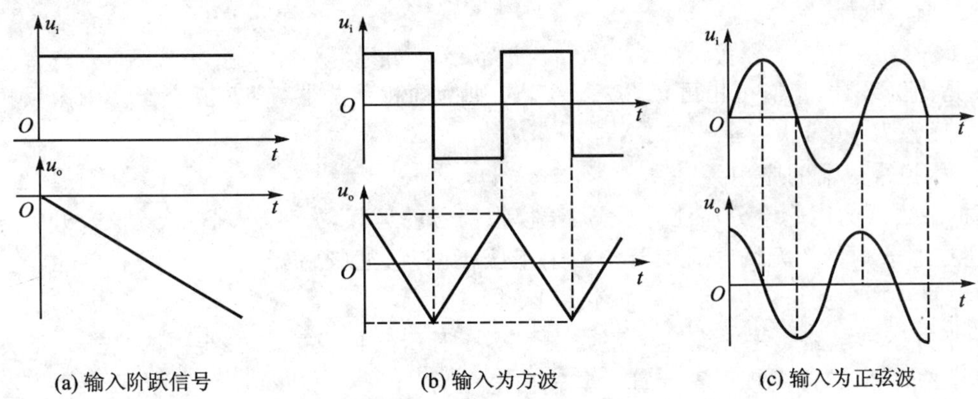

图 6－41　积分电路的波形变换作用

(2) 微分运算电路

微分是积分的逆运算。将积分电路中 R 和 C 的位置互换，即可组成基本微分电路，如图 6－42 所示。由虚断和虚短的概念可得 $i_C = i_R$，则输出电压为

$$u_o = -i_R R = -i_C R = -RC\frac{\mathrm{d}u_C}{\mathrm{d}t} = -RC\frac{\mathrm{d}u_i}{\mathrm{d}t} \tag{6-47}$$

可见，输出电压正比于输入电压的微分。

微分电路的波形变换作用如图 6－43 所示，可将矩形波变成尖脉冲输出。微分电路在自动控制系统中可用作加速环节，例如电动机出现短路故障时，起加速保护作用，迅速降低其供电电压。

工程上，常把比例(Proportion)、积分(Integration)和微分(Differentiation)电路结合起来构成 PID 校正电路，用作自动控制系统中的信号调节，如图 6－44 所示。PID 校正电路也称为 PID 调节器，它实际上是一个运算控制器，在自动控制系统中实现对输入信号进行比例(P)、积分(I)和微分(D)的控制运算，比例积分运算用来提高调节精度，微分运算用来加速过渡过程。

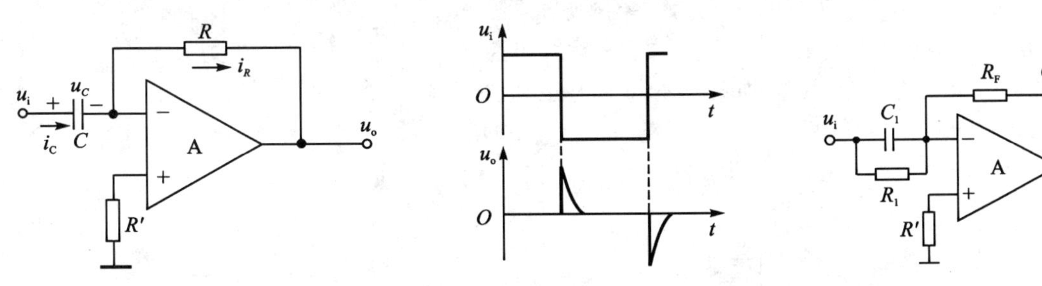

图 6－42　基本微分电路　**图 6－43　微分电路的波形变换作用**　**图 6－44　PID 校正电路**

4. 模拟乘法器及其应用

模拟乘法器是一种完成两个模拟信号相乘的电子器件。近年来，单片的集成模拟乘法器发展十分迅速，由于其技术性能不断提高，而价格比较低廉，使用比较方便，所以应用十分广泛，不仅用于模拟信号的运算，而且已经扩展到电子测量仪表、无线电通信等各个领域。

(1) 模拟乘法器的电路符号和运算关系

模拟乘法器的电路符号如图6-45所示,它有两个输入电压信号 u_X、u_Y 和一个输出电压信号 u_o。输出电压

$$u_o = ku_Xu_Y \tag{6-48}$$

其中,k 是比例系数,其值可正可负,若 k 大于0则为同相乘法器,若 k 值小于0则为反相乘法器。k 值通常为 $+0.1\ V^{-1}$ 或 $-0.1\ V^{-1}$。

(2) 模拟乘法器的应用

模拟乘法器的用途十分广泛,除了用于模拟信号的运算,如乘法、平方、除法及开方等运算以外,还在电子测量及无线电通信等领域用于振幅调制、混频、倍频、同步检测、鉴相、鉴频、自动增益控制及功率测量等方面。下面举几个例子。

① 平方运算电路。平方运算电路如图6-46所示。将模拟乘法器的两个输入端并联后输入相同的信号,就可实现平方运算。其输出电压为

$$u_o = ku_i^2 \tag{6-49}$$

以此类推,当多个模拟乘法器串联使用时,可以实现 u_i 的任意次方运算。

图6-45 模拟乘法器的电路符号

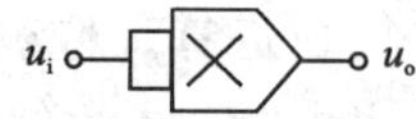

图6-46 平方运算电路

② 除法运算电路。图6-47所示为除法运算电路,模拟乘法器放在反馈回路中,并形成深度负反馈。根据乘法规律可得 $u_{o1}=ku_{i2}u_o$。再由虚短和虚断得到 $u_-=u_+=0$,$i_1=i_2$,于是有 $\frac{u_{i1}}{R_1}=\frac{-u_{o1}}{R_2}$。将 u_{o1} 代入,整理可得

$$u_o = -\frac{R_2}{kR_1}\cdot\frac{u_{i1}}{u_{i2}} \tag{6-50}$$

从而实现了 u_{i1} 对 u_{i2} 的除法运算,$-\frac{1}{k}$ 是其比例系数。

必须指出,u_{i1} 和 u_{o1} 极性必须相反,才能保证运放工作于深度负反馈状态,因此要求 u_{i2} 必须为正,u_{i1} 的极性可以是任意的。此为二象限除法器。

③ 开方运算电路。在图6-47所示除法运算电路中,如果将 u_{i2} 端也接到 u_o 端,则除法运算电路变成了平方根运算电路,如图6-48所示。由图可得

$$u_i = -u_{o1} = -ku_o^2$$

所以

$$u_o = \sqrt{-\frac{u_i}{k}} \tag{6-51}$$

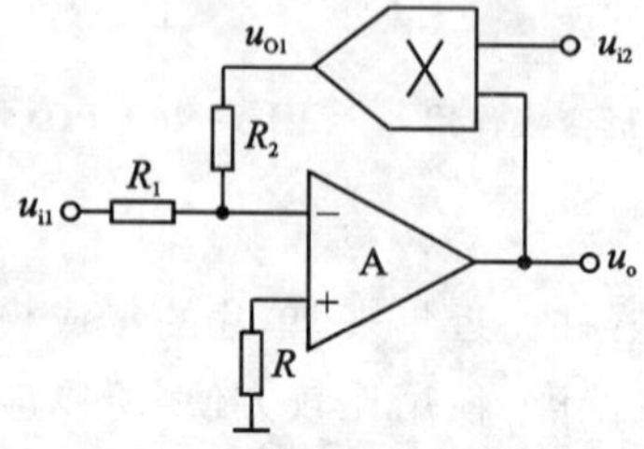

图6-47 除法运算电路

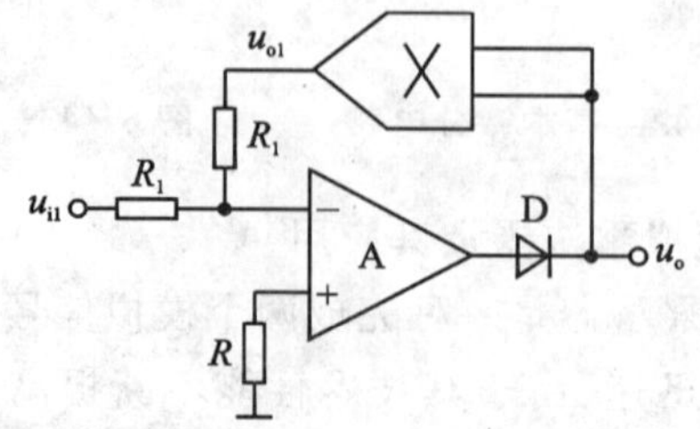

图6-48 平方根运算电路

显然，信号 u_i 的极性必须和比例常数 k 的符号相反，电路才能正常工作。图 6-48 中二极管的作用是防止出现当 u_i 因受干扰等原因变为正值时，u_o 为负值的情况，而且 u_{o1} 与 u_i 都为正值，运算放大电路变为正反馈，电路不能正常工作，电路将出现锁定现象，加了二极管后，即可避免锁定现象的发生。

以上是模拟乘法器在信号运算方面的应用举例。下面再举几个例子简单说明模拟乘法器在电子测量和无线通信等领域的应用。

④ 倍频电路。如果将一个正弦波电压同时接到乘法器的两个输入端，即

$$u_X = u_Y = U_m \sin(\omega t)$$

则乘法器的输出电压为

$$u_o = K u_X u_Y = K[U_m \sin(\omega t)]^2 = \frac{1}{2}U_m^2[1 - \cos(2\omega t)]$$

输出电压中包含两部分，一部分是直流成分，另一部分是角频率为 2ω 的余弦电压。可在输出端接一个隔直电容将直流成分隔离，则可得到二倍频的余弦输出电压，实现了倍频作用。

⑤ 功率测量电路。功率等于相应的电压与电流的乘积，因此，可将被测电路的电压信号和电流信号分别接到乘法器的两个输入端，则其输出电压即反映了被测电路的功率。

⑥ 自动增益控制电路。为了实现自动增益控制，常常利用一个直流电压来控制电路的增益，所以也称为压控增益。可将信号电压和直流控制电压分别接到乘法器的两个输入端，则电路的增益将随着直流控制电压的大小而变化。

6.5.2 有源滤波器

有源滤波器是一种信号处理电路，在有源滤波器中集成运放工作在线性工作状态。

1. 滤波的概念及滤波器的分类

在电子电路传输的信号中，往往包含多种频率的信号分量，其中除有用频率分量外，还有无用的甚至是对电子电路工作有害的频率分量，如高频干扰和噪声。滤波器的作用就是，允许一定频率范围内的信号顺利通过，而抑制或阻止其他频率信号，即滤波。

仅仅由无源元件（电阻、电容、电感）组成的滤波器称为无源滤波器。由无源元件和有源元件（三极管、场效应管、集成运放）共同组成的滤波器称为有源滤波器。

根据滤波器输出信号中所保留的频率段的不同，可将滤波器分为低通滤波器（LPF）、高通滤波器（HPF）、带通滤波器（BPF）和带阻滤波器（BEF）四大类。它们的幅频特性如图 6-49 所示，被保留的频段称为“通带”，被抑制的频段称为“阻带”。A_u 为各频率的增益，A_{um} 为通带的最大增益，图 6-49 中虚线所示为实际滤波特性，实线为理想滤波特性。

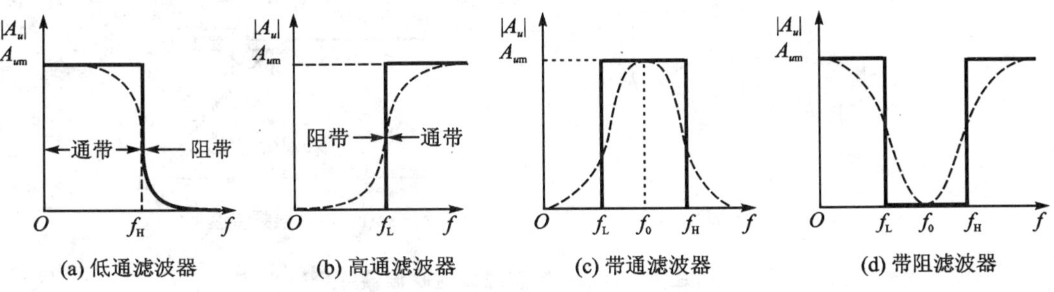

图 6-49　滤波器的幅频特性

滤波电路的理想特性是：

(1) 通带范围内信号无衰减地通过，阻带范围内无信号输出；

(2) 通带与阻带之间的过渡为零。

2. 各种有源滤波器

图 6-50 所示 RC 电路就是一个简单的无源滤波器。图 6-50(a)电路中，电容 C 上的电压为输出电压，对输入信号中的高频信号，电容的容抗 X_C 很小，则输出电压中的高频信号幅值很小，受到抑制，为低通滤波电路。图 6-50(b)电路中，电阻 R 上的电压为输出电压，由于高频时容抗很小，则高频信号能顺利通过，而低频信号被抑制，因此为高通滤波电路。其幅频特性如图 6-49(a)、(b)所示。

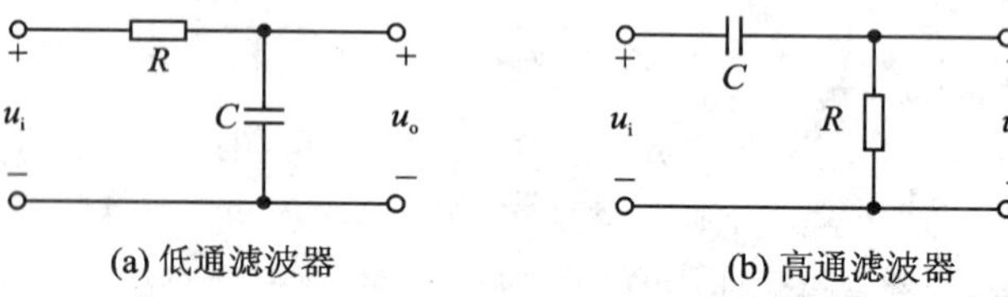

图 6-50 无源滤波器

无源滤波电路结构简单，但存在诸多缺点，如通带电压放大倍数低；带负载能力差，滤波特性受负载影响；过滤带较宽，幅频特性不理想等。

为了克服无源滤波器的缺点，可将 RC 无源滤波器接到集成运放的同相输入端。因为集成运放为有源元件，故称这种滤波电路为有源滤波器。

(1) 有源低通滤波器

图 6-51(a)所示电路为有源低通滤波器，RC 为无源低通滤波电路，输入信号通过它加到同相比例运算电路的输入端，即集成运放的同相输入端，因而电路中引入了深度电压负反馈。

图 6-51(a)所示电路的电压放大倍数为

$$\dot{A}_u = \frac{\dot{U}_o}{\dot{U}_i} = \left(1+\frac{R_F}{R_1}\right)\frac{\dot{U}_+}{\dot{U}_i} = \frac{1+\dfrac{R_F}{R_1}}{1+\mathrm{j}\dfrac{f}{f_0}} = \frac{A_{up}}{1+\mathrm{j}\dfrac{f}{f_0}} \tag{6-52}$$

式中

$$A_{up} = 1+\frac{R_F}{R_1} \tag{6-53}$$

$$f_0 = \frac{1}{2\pi RC} \tag{6-54}$$

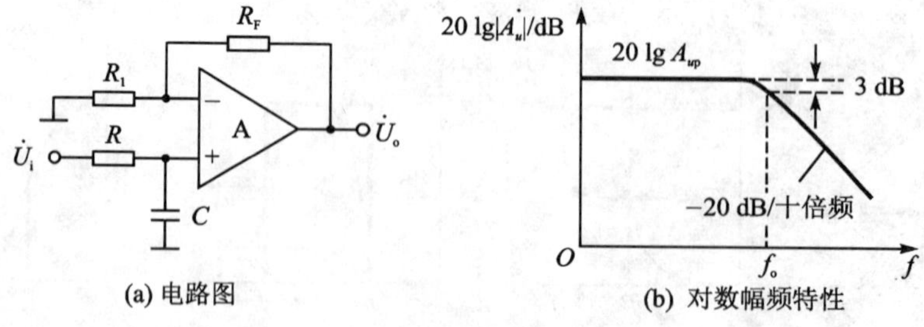

图 6-51 一阶有源低通滤波器

在图 6－51(a)所示电路中，当 $f=0$ 时，电容 C 相当于开路，此时的电压放大倍数 A_{up} 即为同相比例运算电路的电压放大倍数。一般情况下，$A_{up}>1$，所以与无源滤波器相比，合理选择 R_1 和 R_F 就可得到所需的放大倍数。由于电路引入了深度电压负反馈，输出电阻近似为零，因此电路带负载后，$\dot{U}_o$ 与 $\dot{U}_i$ 关系不变，即 R_L 不影响电路的频率特性。当信号频率 f 为通带截止频率 f_0 时，$|\dot{A}_u|=A_{up}/\sqrt{2}$，因此在图 6－51(b)所示的对数幅频特性中，当 $f=f_0$ 时的增益比通带增益 $20\lg A_{up}$ 下降 3 dB。当 $f>f_0$ 时，增益以 －20 dB/十倍频的斜率下降，这是一阶低通滤波器的特点。而理想的低通滤波器则在 $f>f_0$ 时，增益立刻降到 0。

为了改善一阶低通滤波器的特性，使之更接近于理想情况，可利用多个 RC 环节构成多阶低通滤波器。具有两个 RC 环节的电路称为二阶低通滤波器；具有三个 RC 环节的电路称为三阶低通滤波器电路；依此类推，阶数愈多，$f>f_0$ 时，$|\dot{A}_u|$ 下降愈快，$\dot{A}_u$ 的频率特性愈接近理想情况。图 6－52(a)所示电路就是一种二阶低通滤波器，图 6－52(b)所示是其不同 Q(品质因数)值下的幅频特性。由图 6－52 可以看出，二阶低通滤波器的幅频特性比一阶的好。

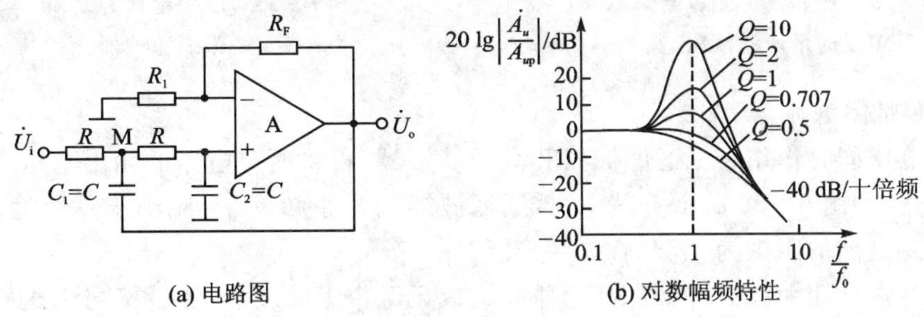

图 6－52　二阶有源低通滤波器

(2) 有源高通滤波器

将图 6－51(a)所示一阶有源低通滤波器中 R 和 C 的位置调换，就成为一阶有源高通滤波器，如图 6－53(a)所示。在图 6－53(a)中，滤波电容接在集成运放输入端，它将阻隔、衰减低频信号，而让高频信号顺利通过。

同低通滤波器的分析类似，可以得出高通滤波器的下限截止频率为 $f_0=1/(2\pi RC)$，对于低于截止频率的低频信号，$|A_u|<0.707|A_{um}|$。

一阶有源高通滤波器的带负载能力强，并能补偿 RC 网络上压降对通带增益的损失，但存在过渡带较宽，滤波性能较差的特点。采用二阶高通滤波，可以明显改善滤波性能。将图 6－52(a)所示二阶有源低通滤波器中 R 和 C 的位置调换，就成为二阶有源高通滤波电路，如图 6－53(b)所示。

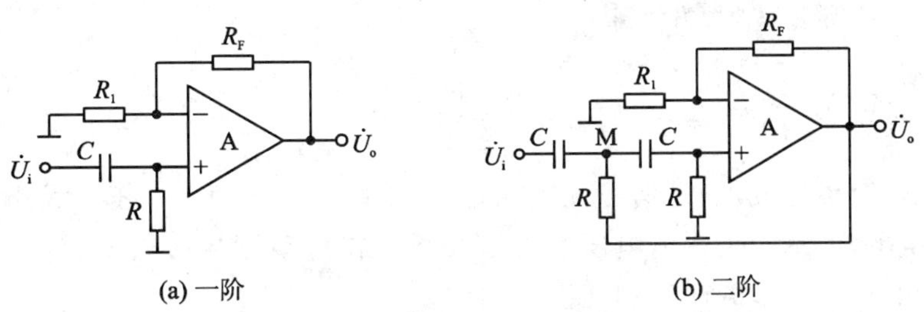

图 6－53　有源高通滤波器

(3) 有源带通滤波器

将低通滤波器和高通滤波器串联,如图6-54所示,就可得到带通滤波器。设前者的截止频率为f_{01},后者的截止频率为f_{02},f_{02}应小于f_{01},则通频带为$f_{01}-f_{02}$。实用电路中也常采用单个集成运放构成压控电压源二阶带通滤波电路,如图6-55(a)所示,图6-55(b)所示是它的幅频特性。Q值愈大,通带放大倍数数值愈大,频带愈窄,选频特性愈好。调整电路的A_{up}能够改变频带宽度。

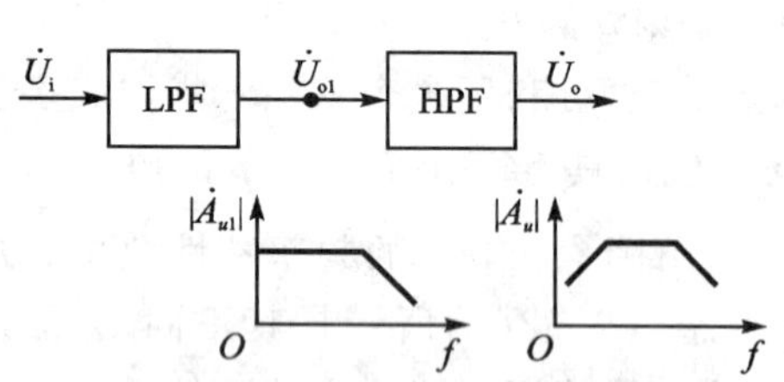

图6-54 由低通和高通滤波器串联组成的带通滤波器

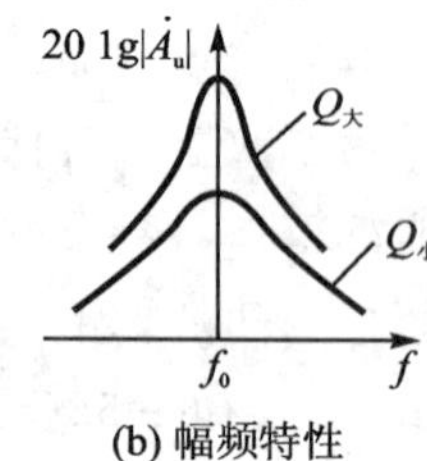

图6-55 压控电压源二阶带通滤波器

(4) 有源带阻滤波器

将输入电压同时作用于低通滤波器和高通滤波器,再将两个电路的输出电压求和,就可得到带阻滤波器,如图6-56所示。其中,低通滤波器的截止频率f_{01}应小于高通滤波器的截止频率f_{02},因此电路的阻带为$f_{02}-f_{01}$。

实用电路常利用无源LPF和HPF并联构成无源带阻滤波器,然后接同相比例运算电路,从而得到有源带阻滤波器,如图6-57所示。由于两个无源滤波器均由三个元件构成英文字母T,故称之为双T网络。

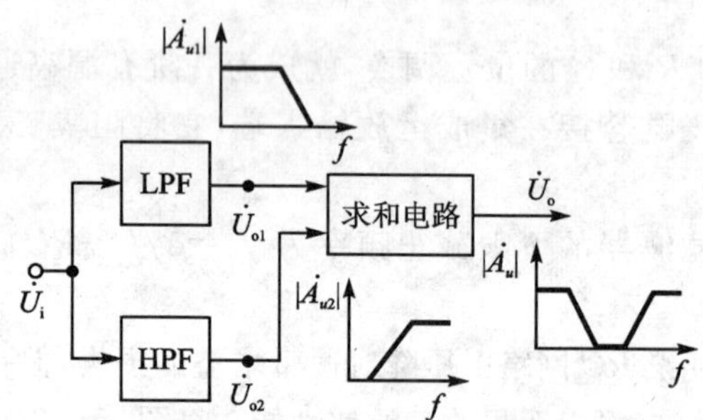

图6-56 由低通和高通滤波器并联组成的带阻滤波器方框图

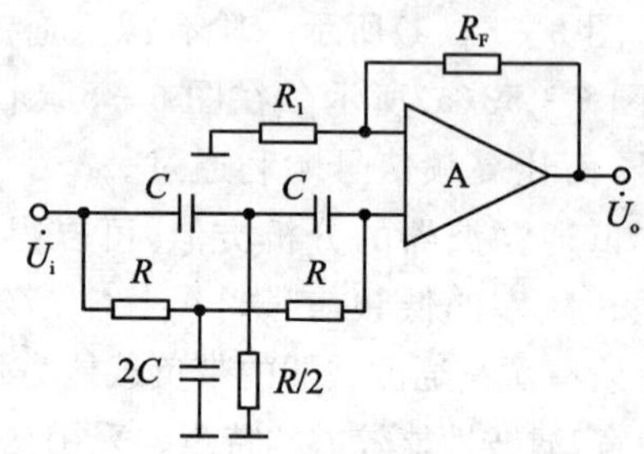

图6-57 有源带阻滤波器

6.5.3 电压比较器

电压比较器(简称比较器)是信号处理电路,其功能是比较两个电压的大小,通过输出电压的高电平或低电平,表示两个输入电压的大小关系。在自动控制和电子测量中,常用于鉴幅、模数转换、各种非正弦波形的产生和变换电路中。

电压比较器的输入信号通常是两个模拟量,一般情况下,其中一个输入信号是固定不变的参考电压U_{REF},另一个输入信号则是变化的信号u_i。输出只有两种可能的状态:正饱和值

$+U_{OM}$或负饱和值$-U_{OM}$。可以认为，比较器的输入信号是连续变化的模拟量，而输出信号则是数字量，即 **0** 或 **1**。

电压比较器中集成运放通常工作在非线性区，即满足：当 $u_-<u_+$时，$U_o=+U_{OM}$，正向饱和；当 $u_->u_+$时，$U_o=-U_{OM}$，负向饱和；当 $u_-=u_+$时，$-U_{OM}<U_o<+U_{OM}$，状态不定。

上述关系表明，工作在非线性区的运放，当 $u_-<u_+$ 或 $u_->u_+$ 时，其输出状态都保持不变；只有当 $u_-=u_+$时，输出状态才能够发生跳变。反之，若输出状态发生跳变，必定发生在 $u_-=u_+$的时刻。这是分析比较器的重要依据。通常把比较器的输出状态发生跳变的时刻所对应的输入电压值称为比较器的阈值电压，简称阈值或门限电压，也可简称为门限，记作 U_{TH}。

1. 单限电压比较器

单限比较器只有一个阈值电压，输入电压变化（增大或减小）经过阈值电压时，输出电压发生跃变。单限电压比较器的基本电路如图 6－58(a)所示，集成运放处于开环状态，工作在非线性区，输入信号 u_i加在反相端，参考电压 U_{REF}接在同相端。当 $u_i>U_{REF}$，即 $u_->u_+$时，$U_o=-U_{OM}$；当 $u_i<U_{REF}$，即 $u_-<u_+$时，$U_o=+U_{OM}$。传输特性如图 6－58(b)所示。

若希望当 $u_i>U_{REF}$时，$U_o=+U_{OM}$，只需将 u_i输入端与 U_{REF}输入端调换即可，如图 6－58(c)所示。其传输特性如图 6－58(d)所示。如果输入电压过零时，输出电压发生跳变，就称为过零电压比较器，如图 6－58(e)所示，特性曲线如图 6－58(f)所示。过零电压比较器可将正弦波转换为方波。

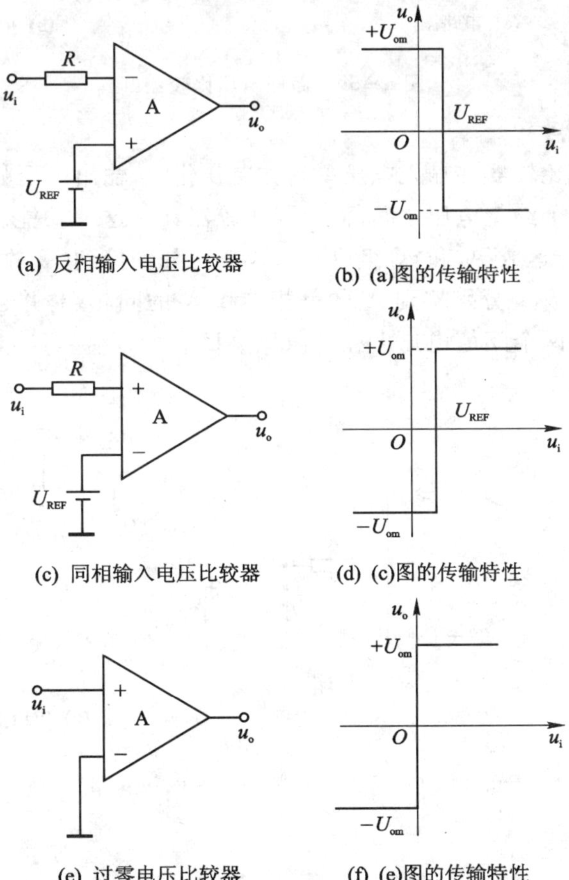

(a) 反相输入电压比较器　(b) (a)图的传输特性

(c) 同相输入电压比较器　(d) (c)图的传输特性

(e) 过零电压比较器　(f) (e)图的传输特性

图 6－58　单限电压比较器

2. 滞回电压比较器

单限电压比较器只有一个阈值电压,只要输入电压经过阈值电压,输出电压就产生跃变。若输入电压受到干扰或噪声的影响在阈值电压上下波动,即使其幅值很小,输出电压也会在正、负饱和值之间反复跃变。若发生在自动控制系统中,这种过分灵敏的动作将会对执行机构产生不利的影响,甚至干扰其他设备,使之不能正常工作。为了克服这个缺点,可将比较器的输出端与输入端之间引入由 R_1 和 R_2 构成的电压串联正反馈,使得运放同相输入端的电压随着输出电压而改变;输入电压接在运放的反相输入端,参考电压经 R_2 接在运放的同相输入端,构成滞回电压比较器,电路如图 6-59(a)所示,图 6-59(b)是其电压传输特性。

滞回比较器有两个阈值电压 U_{TH1} 和 U_{TH2},且 $U_{TH1}>U_{TH2}$。它与单限比较器的相同之处在于,在输入电压向单一方向的变化过程中,输出电压只跃变一次,根据这一特点可以将滞回比较器视为两个不同的单限比较器的组合。

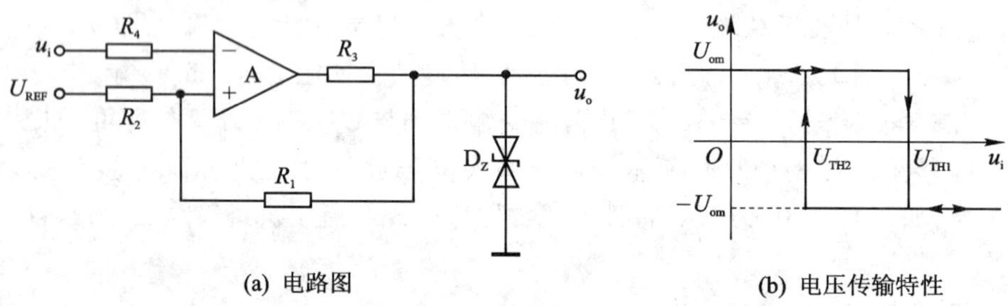

(a) 电路图　　(b) 电压传输特性

图 6-59 滞回电压比较器

3. 双限电压比较器

单限比较器和滞回比较器在输入电压单一方向变化时,输出电压只跃变一次,因而不能检测出输入电压是否在两个给定电压之间,而双限比较器具有这一功能。图 6-60(a)所示为一种双限比较器,它由两个运放 A_1 和 A_2 组成。输入电压分别接到 A_1 的同相端和 A_2 的反相端,两个参考电压 U_{REFH} 和 U_{REFL} 分别接到 A_1 的反相端和 A_2 的同相端,并且 $U_{REFH}>U_{REFL}$,这两个参考电压就是比较器的两个阈值电压 U_{TH1} 和 U_{TH2},$U_{TH1}=U_{REFH}$,$U_{TH2}=U_{REFL}$。电阻 R 和稳压管 D_Z 构成限幅电路。

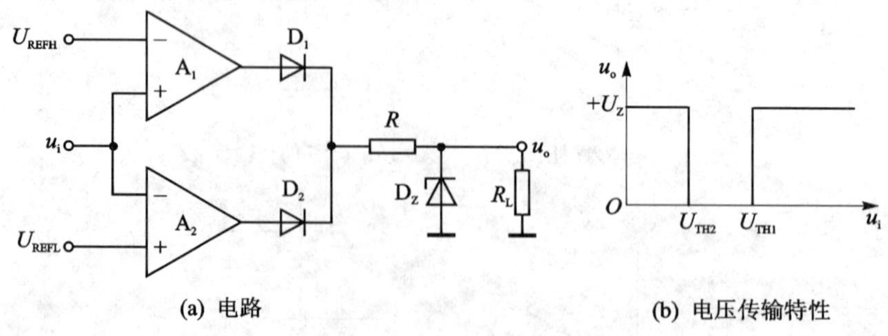

(a) 电路　　(b) 电压传输特性

图 6-60 双限电压比较器

6.5.4 集成稳压电路

在第4章介绍过稳压管构成的稳压电路,稳压管稳压电路的优点是电路简单,稳压性能较好，内阻较小(一般为几欧至几十欧)，适合于负载电流较小的场合。其缺点是输出电压仅取决于稳压二极管的型号，不能随意调节，只能用在负载电流变化不大的电路中。串联型稳压电路可以克服这些缺点，目前具有广泛的应用前景。

1. 串联型稳压电路

串联型稳压电路是目前较为通用的一种稳压电路。图 6－61 所示是串联型稳压电路的结构图。它由基准电压源、比较放大电路、调整电路和采样电路四部分组成。三极管 T 接成射极输出器形式，主要起调整作用。因为它与负载 R_L 相串联，所以这种电路称为串联型直流稳压电源。

稳压管 D_Z 和限流电阻 R 组成基准电压源，提供基准电压 U_Z。电阻 R_1、R_P 和 R_2 组成采样电路。当输出电压变化时，采样电阻将其变化量的一部分 U_F 送到比较放大电路。运算放大器 A 组成比较放大电路。采样电压 U_F 和基准电压 U_Z 分别送至运算放大器 A 的反相输入端和同相输入端进行比较放大，其输出端与调整管的基极相接，以控制调整管的基极电位。

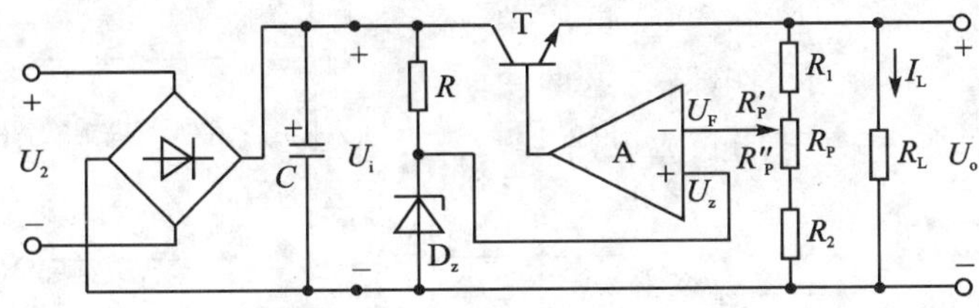

图 6－61　串联型直流稳压电路结构

2. 集成稳压电路

集成稳压电路的工作原理与分立元件的稳压电路是相同的。它的内部结构同样包括有基准电压源、比较放大器、调整电路、采样电路和保护电路等部分。集成稳压电路的类型很多，按其内部的工作方式可分为串联型、并联型、开关型；按其外部特性可分为三端固定式、三端可调式、多端固定式、多端可调式、正电压输出式、负电压输出式。现主要介绍三端集成稳压电路。三个端子分别是输入端、稳定输出端和公共接地端。三端集成稳压电路的通用产品有 W7800 系列(正电压输出)和 W7900 系列(负电压输出)。具体型号后面的两位数字代表输出电压值，可为±5 V、±6 V、±8 V、±12 V、±15 V、±18 V 和±24 V 七个等级。这个系列的产品，输出的最大电流可达 1.5 A。例如 W7805 表示输出电压为＋5 V，输出电流为 1.5 A；W7905 表示输出电压为－5 V，输出电流为 0.5 A。

三端固定 W7800 系列稳压器属于一种串联型稳压器，其应用电路有以下几种。

(1) 固定输出电压电路

图 6－62(a)所示电路是 W7800 系列作为固定输出时的典型接线图。为了保证稳压器正常工作，最小输入输出电压差至少为 2～3 V；输入端的电容 C_i 一般取 0.1～1 μF，其作用是在输入线较长时抵消其感应效应，防止产生自激振荡；输出端的 C_o 是为了消除电路的高频噪声，改善负载瞬态响应，一般取 0.1 μF。如果需要负电源时，可采用图 6－62(b)所示的应用电路。

(2) 提高输出电压的电路

目前，三端稳压器的最高输出电压是 24 V。当需要大于 24 V 的输出电压时，可采用图 6－63 所示的电路提高输出电压。图中 V_{XX} 是三端稳压器的标称输出电压；I_Z 是组件的稳态电流，约为几毫安；外接电阻 R_1 上的电压是 V_{XX}；R_2 接在稳压器公共端 3 和电源公共端之间。

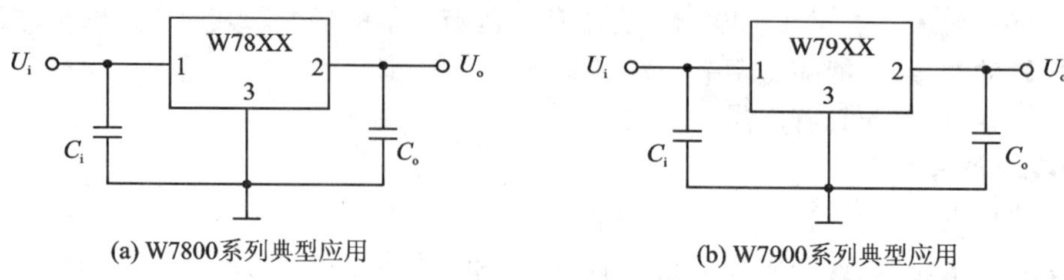

图 6-62 固定输出电压电路

按图 6-63 所示接法的输出电压为

$$U_o = V_{XX}\left(1+\frac{R_2}{R_1}\right)+I_Z R_2$$

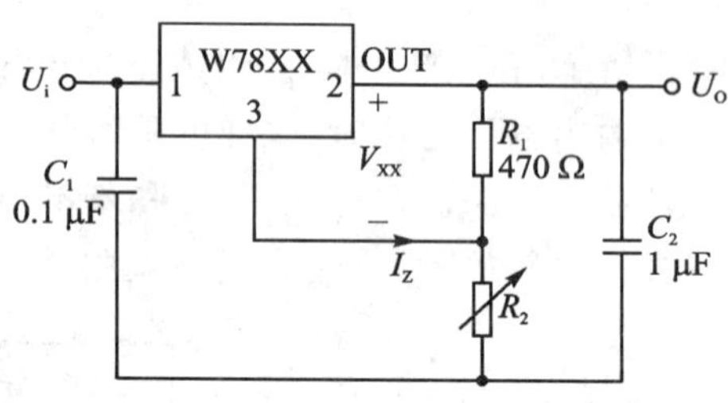

图 6-63 提高输出电压的电路

(3) 具有正负电压输出的稳压电源

当需要正负电压同时输出时,可用一块 W7800 正压单片稳压器和一块 W7900 负压单片稳压器连接成图 6-64 所示的电路。这两块稳压器有一个公共接地端,并共用整流电路。

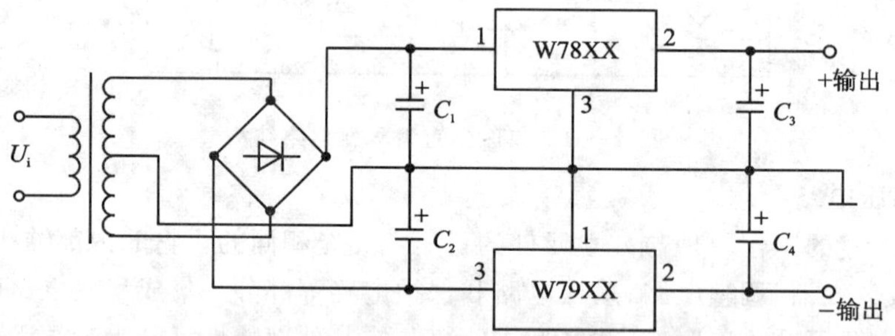

图 6-64 具有正负输出电压的稳压电源

6.5.5 非正弦波发生电路

在实用中除了常见的正弦波外,还有矩形波、三角波、锯齿波、尖顶波和阶梯波等。

1. 矩形波发生电路

矩形波发生电路是其他非正弦波发生电路的基础。例如,若方波电压加在积分运算电路的输入端,则输出就获得三角波电压;若改变积分电路正向积分和反向积分的时间常数,使某一方向的积分常数趋于零,就可得到锯齿波。

图 6-65(a)所示是一种能产生矩形波的基本电路。由图可见,它是在滞回电压比较器的基础上,增加一条 RC 充、放电负反馈支路构成的。图中集成运放工作在非线性区,输出只有两个值:$+U_{OM}$和$-U_{OM}$。电容 C 上的电压加在集成运放的反相端,用以控制滞回比较器的工作状态。

设在刚接通电源时,电容 C 上的电压为零,输出为正饱和电压$+U_{OM}$,同相端的电压为 $u_+=\dfrac{R_2}{R_1+R_2}U_{OM}$。电容 C 在输出电压$+U_{OM}$的作用下开始充电,充电电流 i_C经过电阻 R_F,如图 6-65(a)中实线所示。当充电电压 u_C 升至 u_+ 时,由于运放输入端 $u_- > u_+$,于是电路翻转,

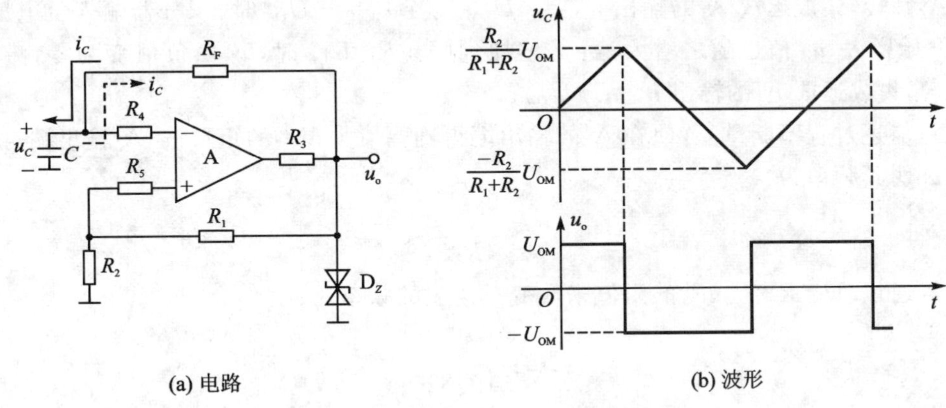

(a) 电路　　(b) 波形

图 6-65　矩形波发生电路及其波形

输出电压由 $+U_{OM}$ 翻至 $-U_{OM}$，同相端电压变为 $u'_+=-\dfrac{R_2}{R_1+R_2}U_{OM}$。电容 C 开始放电，u_C 开始下降，放电电流 i_C 如图 6-65(a)中虚线所示。当电容电压 u_C 降至 u'_+ 时，由于 $u_-<u_+$，于是输出电压又翻转到 $u_o=+U_{OM}$。如此周而复始，在集成运放的输出端便得到了图 6-65(b)所示的输出电压波形。

图 6-65(a)所示电路输出矩形波电压的周期取决于充、放电的时间常数 RC。可以证明其周期为 $T=2.2RC$，则振荡频率为

$$f=\frac{1}{2.2RC} \tag{6-55}$$

改变 RC 即可调节矩形波的周期和频率。

2. 三角波发生电路

三角波发生电路的基本结构如图 6-66(a)所示。集成运放 A_2 构成一个积分电路，集成运放 A_1 构成滞回电压比较器，其反相端接地，集成运放 A_1 同相端的电压由 u_o 和 u_{o1} 共同决定。当 $u_+>0$ 时，$u_{o1}=+U_{OM}$；当 $u_+<0$ 时，$u_{o1}=-U_{OM}$。在电源刚接通时，假设电容器初始电压为零，集成运放 A_1 输出电压为正饱和电压值 $+U_{OM}$，积分器输入为 $+U_{OM}$，电容 C 开始充电，输出电压 u_o 开始减小，u_+ 值也随之减小，当 u_o 减小到 $-(R_2/R_1)U_{OM}$ 时，u_+ 由正值变为零，滞回

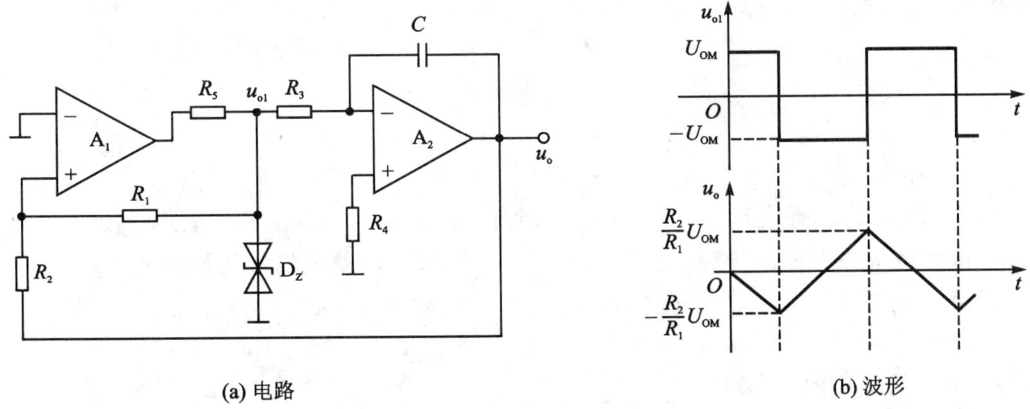

(a) 电路　　(b) 波形

图 6-66　三角波发生电路及其波形

比较器 A_1 翻转,集成运放 A_1 的输出 $u_{o1}=-U_{OM}$。当 $u_{o1}=-U_{OM}$ 时,积分器输入负电压,输出电压 u_o 开始增大,u_+ 值也随之增大,当 u_o 增加到 $(R_2/R_1)U_{OM}$ 时,u_+ 由负值变为零,滞回比较器 A_1 翻转,集成运放 A_1 的输出 $u_{o1}=+U_{OM}$。

此后,前述过程不断重复,便在 A_1 的输出端得到幅值为 U_{OM} 的矩形波,A_2 输出端得到三角波,可以证明其频率为

$$f=\frac{R_1}{4R_2R_3}C \tag{6-56}$$

显然,可以通过改变 R_1、R_2、R_3 的阻值来改变三角波的频率。

本章小结

1. 利用半导体工艺将各种元器件集成在同一硅片上组成的电路就是集成电路。集成电路具有体积小、成本低、可靠性高等优点,是现代电子系统中常见的器件之一。

2. 集成运放的内部实质上是一个高放大倍数的多级直接耦合放大电路。它的内部通常包含4个基本组成部分,即输入级、中间级、输出级和偏置电路。为了有效地抑制零漂,运放的输入级常采用差分放大电路。集成运放的输出级基本上都采用各种形式的互补对称电路,以降低输出电阻,提高电路的带负载能力。同时,也希望有较高的输入电阻,以免影响中间级共射电路的电压放大倍数。

3. 在各种放大电路中普遍采用了负反馈。按照不同的分类标准,反馈可分为正、负反馈,交、直流反馈,串、并联反馈和电压、电流反馈。负反馈有4种组态。负反馈虽然降低了放大电路的增益,但却提高了放大电路增益的稳定性,展宽了通频带,减小了非线性失真,改变了放大电路的输入、输出电阻。

4. 在分析集成运放的各种应用电路时,常常将其中的集成运放看成是一个理想的运算放大器。理想运放有两种工作状态,即线性和非线性工作状态,在其传输特性曲线上对应两个工作区域。当运放工作在线性区时,满足虚短和虚断特点。

5. 集成运放作为通用性的器件,应用十分广泛。其优越性在于,以集成运放为核心,在其外围接上由不同的元件组成的不同结构的电路,就能实现不同功能的电子电路。例如,模拟信号的运算、产生、放大、滤波等电路。

习题六

6-1 选择填空

(1) 电路的 A_d 越大表示________,A_c 越大表示________,K_{CMR} 越大表示________。

A. 温漂越大　　B. 抑制温漂能力越强　　C. 对差模信号的放大能力越强

(2) 集成运放有________个输入端和________个输出端。

A. 1　　B. 2　　C. 3

(3) 复合管组成的电路可以________。

A. 展宽频带　　B. 提高电流放大系数　　C. 减小温漂　　D. 改变管子类型

(4) ① 为了稳定输出电压,应在放大电路中引入________。

② 为了稳定输出电流，应在放大电路中引入________。

③ 为了减小输出电阻，应在放大电路中引入________。

④ 为了增大输出电阻，应在放大电路中引入________。

⑤ 为了展宽频带，应在放大电路中引入________。

⑥ 为了稳定静态工作点，应在放大电路中引入________。

A. 直流负反馈　　B. 交流负反馈　　C. 电压负反馈

D. 电流负反馈　　E. 串联负反馈　　F. 并联负反馈

(5) 集成运放引入正反馈后将工作在________区，若 $U_+ < U_-$，则 $U_o =$ __________；若 $U_+ > U_-$，则 $U_o =$ ________。

A. 线性　　B. 非线性　　C. $+U_{OM}$　　D. $-U_{OM}$

6-2　题图 6-2 所示电路中，已知三极管的 $\beta=100$，$r_{be}=10.3\ k\Omega$，$V_{EE}=V_{CC}=15\ V$，$R_c=36\ k\Omega$，$R_e=56\ k\Omega$，$R=2.7\ k\Omega$，$R_p=100\ \Omega$，R_P的滑动端处于中点，$R_L=18\ k\Omega$。(1) 估算电路的静态工作点；(2) 求电路的差模电压放大倍数 A_{ud}；(3) 求电路的差模输入电阻 R_{id}。

6-3　在题图 6-3 所示的放大电路中，已知 $V_{EE}=V_{CC}=9\ V$，$R_c=47\ k\Omega$，$R_e=13\ k\Omega$，$R_{b1}=3.6\ k\Omega$，$R_{b2}=16\ k\Omega$，$R=10\ k\Omega$，$R_L=20\ k\Omega$，$\beta=30$，$U_{BEQ}=0.7\ V$。(1) 估算静态工作点；(2) 估算差模电压放大倍数 A_{ud}。

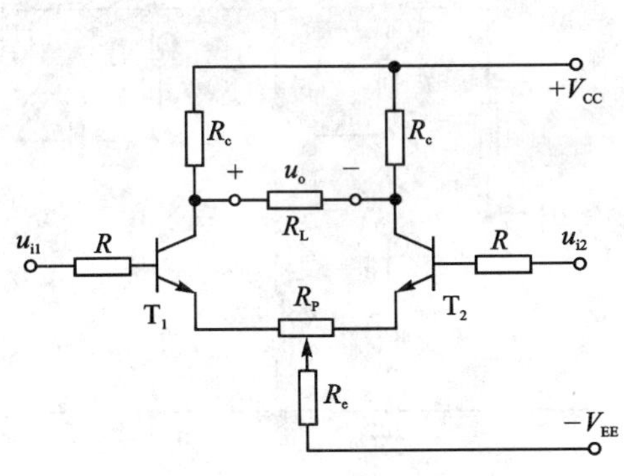

题图 6-2

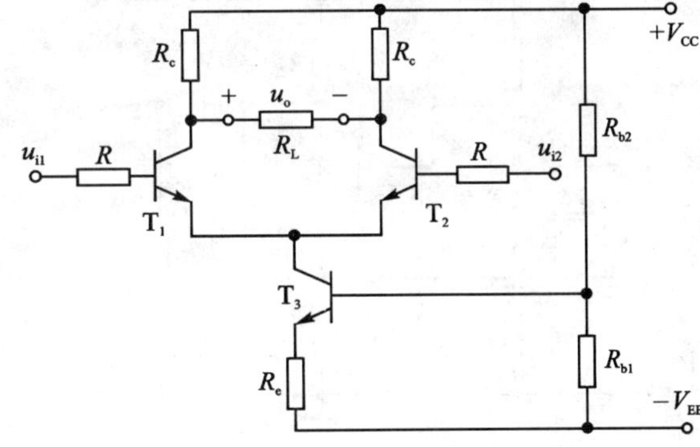

题图 6-3

6-4　在题图 6-4 所示电路中，试说明存在哪些反馈支路，并判断哪些是正反馈，哪些是负反馈，哪些是直流反馈，哪些是交流反馈。如为交流负反馈，请判断反馈的组态。

6-5　在题图 6-5 电路中：

(1) 电路中共有哪些反馈(包括级间反馈和局部反馈)，分别说明它们的极性和组态。

(2) 如果要求 R_{F1} 只引入交流反馈，R_{F2} 只引入直流反馈，应该如何改变？请画在图上。

(3) 在第(2)小题情况下，上述两路反馈各对电路产生什么影响？

6-6　在题图 6-6 电路中要求达到以下效果，应该引入什么反馈？

(1) 提高从 b_1 端看进去的输入电阻：应接 R_F 从________到________；

(2) 减小输出电阻：应接 R_F 从________到________；

(3) 希望 R_{c3} 改变时，其上的 I_o(在给定 U_i 情况下的输出交流电流有效值)基本不变：应接 R_F 从________到________；

(4) 希望各级静态工作点基本稳定：应接 R_F 从________到________；

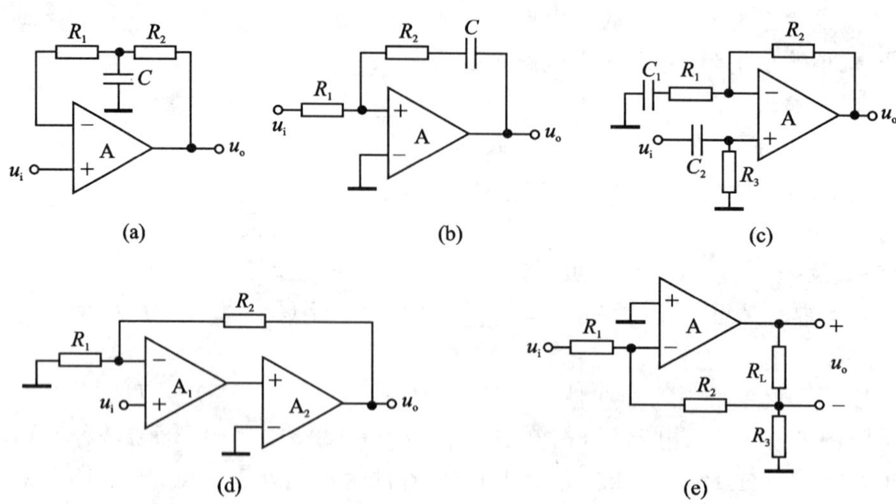

题图 6-4

(5) 希望在输出端接上负载电阻 R_L 后，U_o(在给定 U_i 情况下的输出交流电压有效值)基本不变，应接 R_F 从________到________。

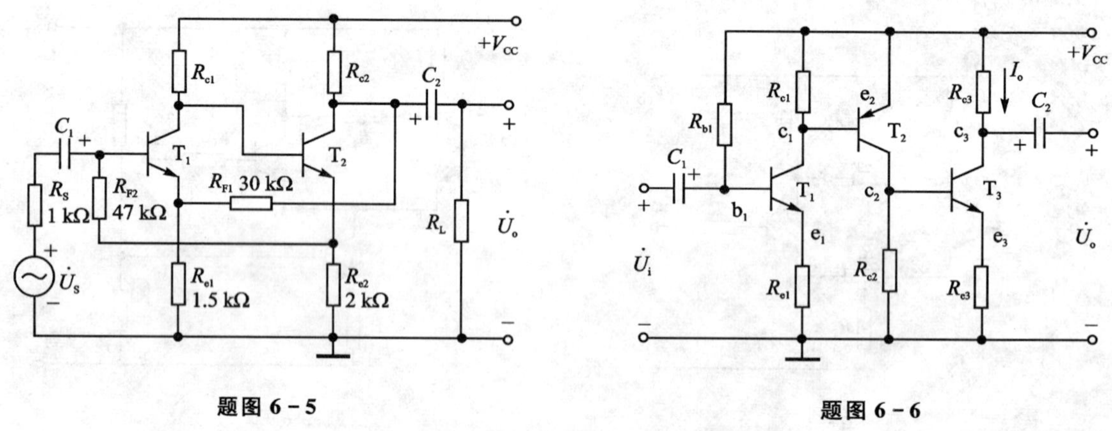

题图 6-5　　　　题图 6-6

6-7　电路如题图 6-7 所示，已知集成运放输出电压的最大幅值为 ±14 V，试填题表 6-7。

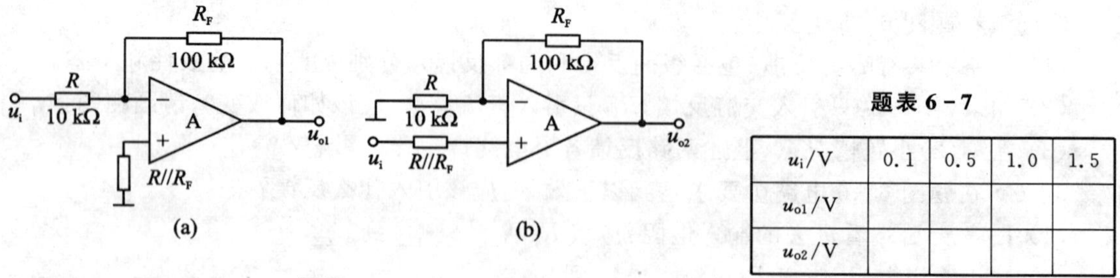

题图 6-7

题表 6-7

u_i/V	0.1	0.5	1.0	1.5
u_{o1}/V				
u_{o2}/V				

6-8　题图 6-8 所示放大电路，已知 $R_1=R_2=R_5=R_7=R_8=10\ \text{k}\Omega$，$R_6=R_9=R_{10}=20\ \text{k}\Omega$。(1) R_3 和 R_4 分别应选用多大电阻？(2) 写出 u_{o1}、u_{o2} 和 u_o 的表达式；(3) 设 $u_{i1}=$

0.3 V，$u_{i2}=0.1$ V，则输出电压 $u_o=$？

6-9　电路如题图 6-9 所示。(1) 写出 u_o 与 u_{i1}、u_{i2} 的运算关系式；(2) 当 R_P 滑动端在最上端时，若 $u_{i1}=10$ mV，$u_{i2}=20$ mV，则 $u_o=$？(3) 若 u_o 的最大幅值为 ±14 V，输入电压最大值 $u_{i1,max}=10$ mV，$u_{i2,max}=20$ mV，最小值均为 0 V，则为了保证集成运放工作在线性区，R_2 的最大值为多少？

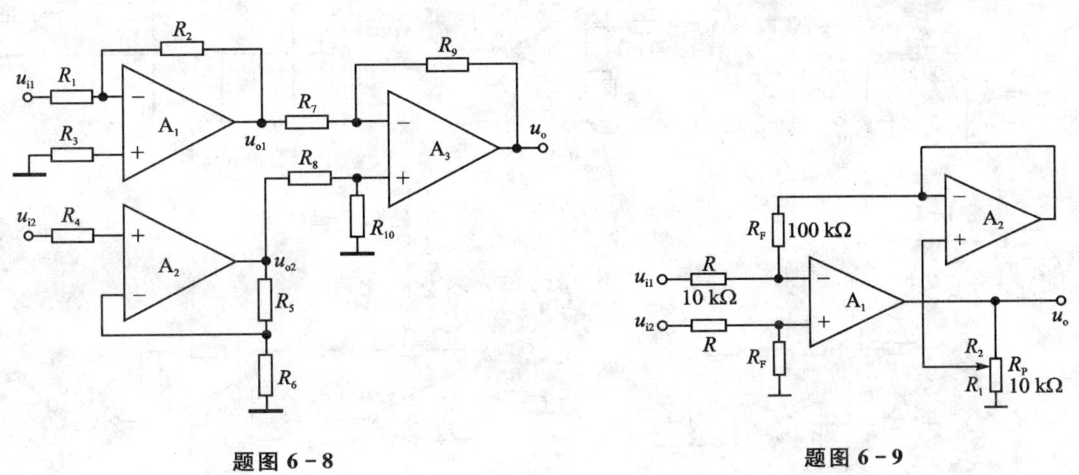

题图 6-8　　　　题图 6-9

6-10　试求题图 6-10 所示各电路输出电压与输入电压的运算关系式。

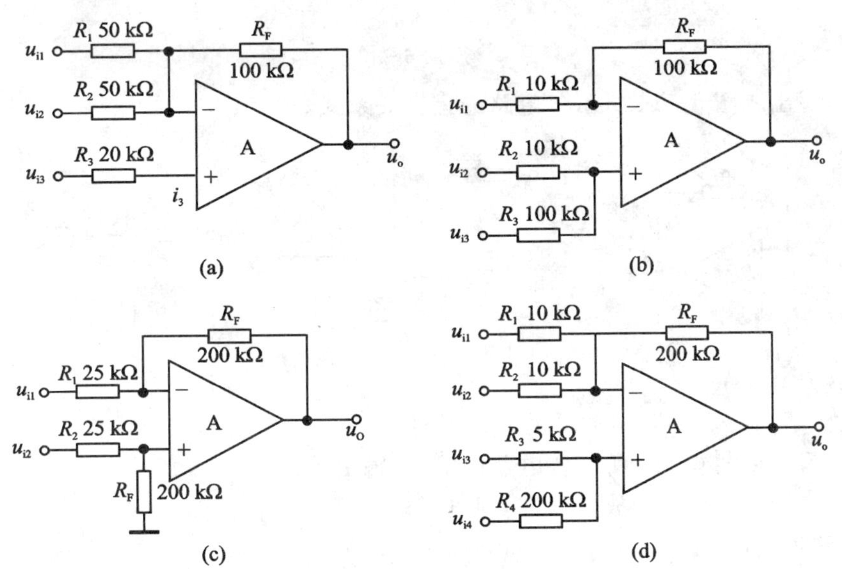

题图 6-10

6-11　电路如题图 6-11 所示，已知集成运放为理想运放，最大输出电压幅值为 ±14 V。填空：

电路引入了________(填反馈组态)交流负反馈，电路的输入电阻趋近于________，电压放大倍数 $A_{uf}=\Delta u_o/\Delta u_i=$________。设 $u_i=1$ V，则 $u_o=$________V；若 R_1 开路，则 u_o 变为________V；若 R_1 短路，则 u_o 变为________V；若 R_2 开路，则 u_o 变为________V；若 R_2 短路，则

u_o变为________ V。

6－12 在题图 6－12(a)所示电路中,已知输入电压 u_i 的波形如题图 6－12(b)所示,当 $t=0$ 时,$u_o=0$。试画出输出电压 u_o的波形。

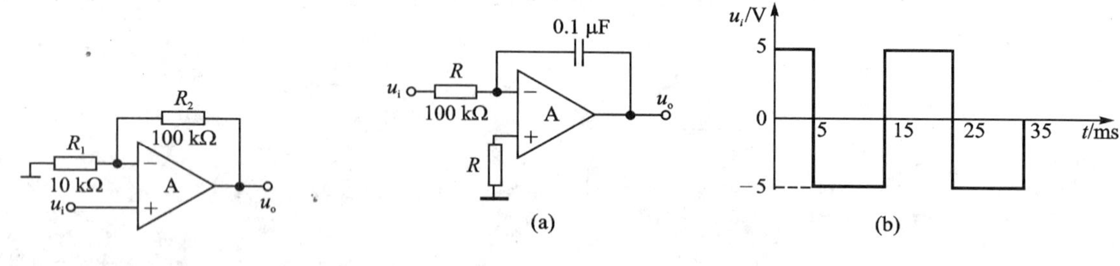

题图 6－11

题图 6－12

6－13 分别求解题图 6－13 所示各电路的运算关系。

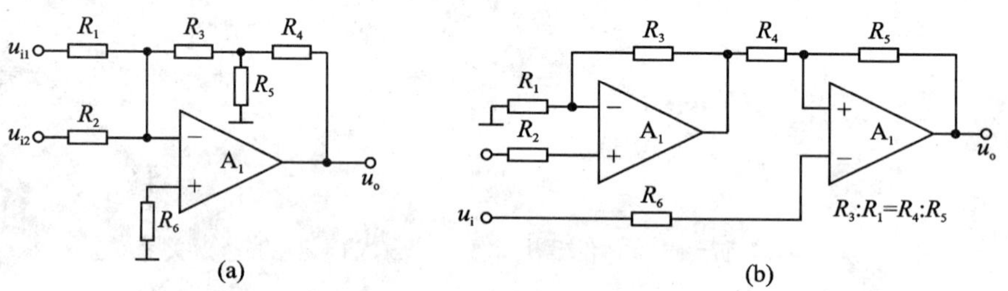

题图 6－13

6－14 写出题图 6－14 所示各电路的运算关系式。

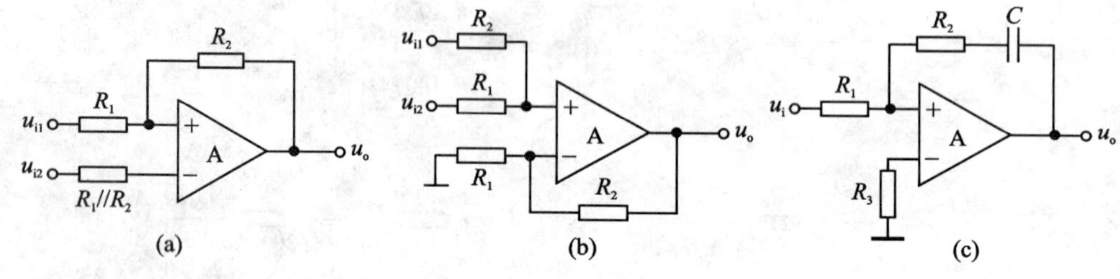

题图 6－14

6－15 写出题图 6－15 所示各电路的输入、输出关系。

6－16 试设计一个比例放大器,实现以下运算关系:

$$A_{uf}=\frac{u_o}{u_i}=0.5$$

6－17 试用集成运放组成一个运算电路,要求实现以下运算关系:

$$u_o=2u_{i1}-5u_{i2}+0.1u_{i3}$$

6－18 试证明题图 6－18 中,输出电压 $u_o=\left(1+\frac{R_1}{R_2}\right)(u_{i2}-u_{i1})$。

6－19 在下列各种情况下,应分别采用哪种类型(低通、高通、带通、带阻)的滤波器。

(1) 抑制 50 Hz 交流电源的干扰;

(2) 处理具有 1 Hz 固定频率的有用信号;

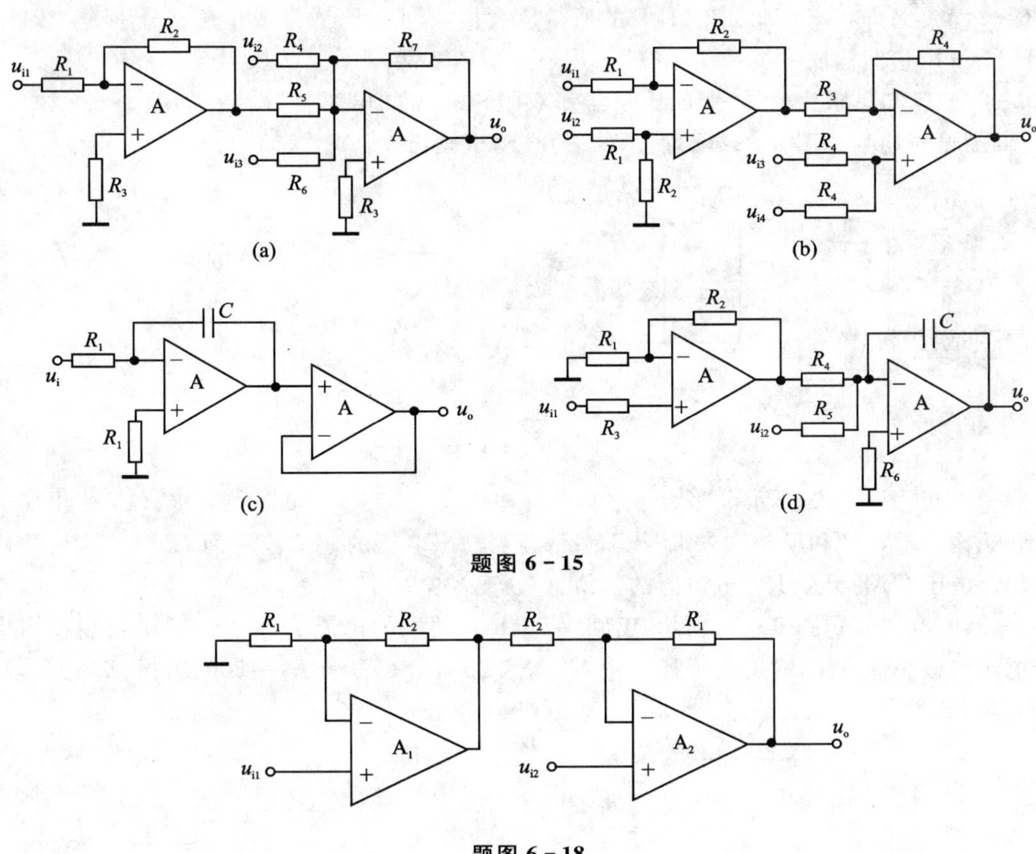

题图 6－15

题图 6－18

(3) 从输入信号中取出低于 2 kHz 的信号；

(4) 抑制频率为 100 kHz 以上的高频干扰。

6－20　试说明题图 6－20 所示各电路属于哪种类型的滤波电路，是几阶滤波电路？

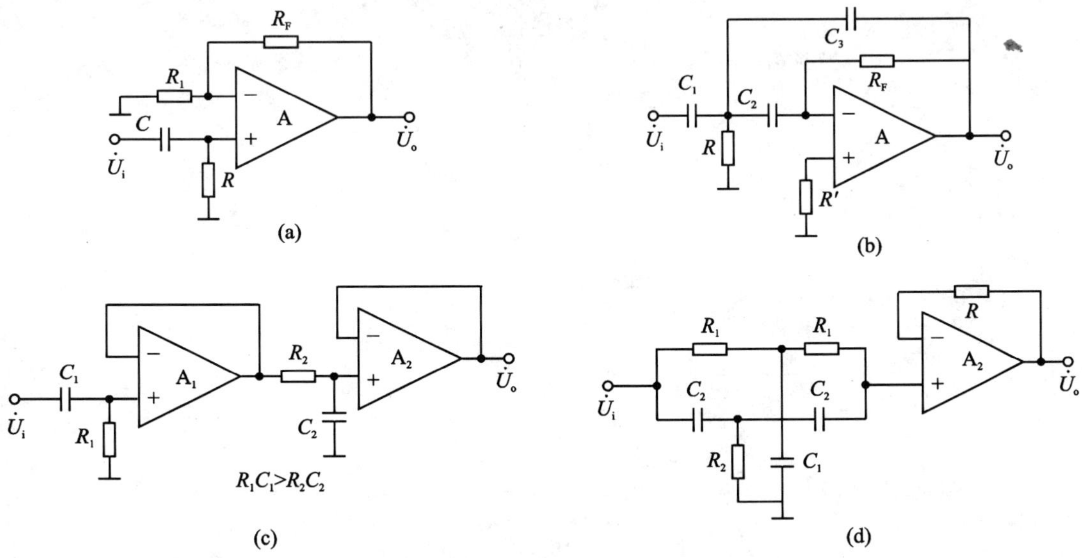

题图 6－20

6-21　设一阶LPF和二阶HPF的通带放大倍数均为2,通带截止频率分别为2 kHz和100 Hz。试用它们构成一个带通滤波器,并画出幅频特性。

6-22　已知单限比较器、滞回比较器和双限比较器的电压传输特性如题图6-22(a)所示,它们的输入均为题图6-22(b)所示的三角波,试画出u_{o1}、u_{o2}、u_{o3}的波形。

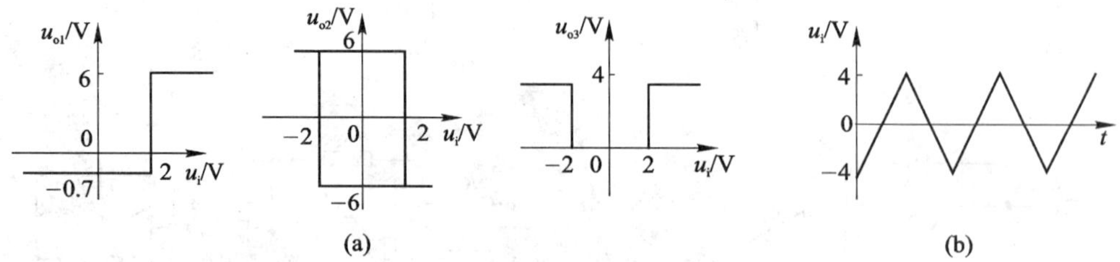

题图6-22

6-23　题图6-23所示电路为串联型稳压电源。$R_1=R_3=300\Omega$。要求:(1) 标出集成运放的同相输入端"+"和反相输入端"-";(2) 若要输出电压的调节范围为7.5~15 V,则稳压管的稳定电压U_Z等于多少?电位器的阻值R_2等于多少?

6-24　电路如题图6-24所示,已知W7805公共端的电流$I_W=8$ mA,输入端和输出端之间电压的最小值3 V,输出电压最大值$U_{o,max}=25$ V。(1) 若$R_2=200$ Ω,求R_1应为多少?(2) U_i至少应取多少?

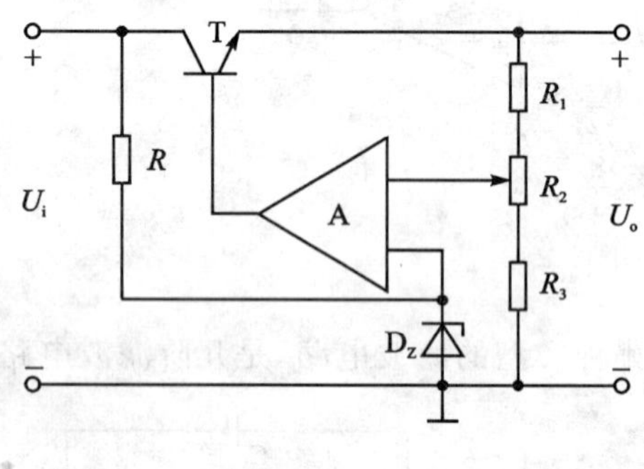

题图6-23

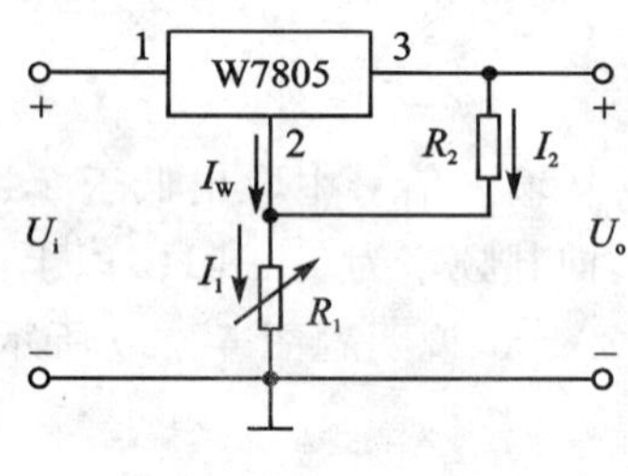

题图6-24

第三篇

数字电子技术

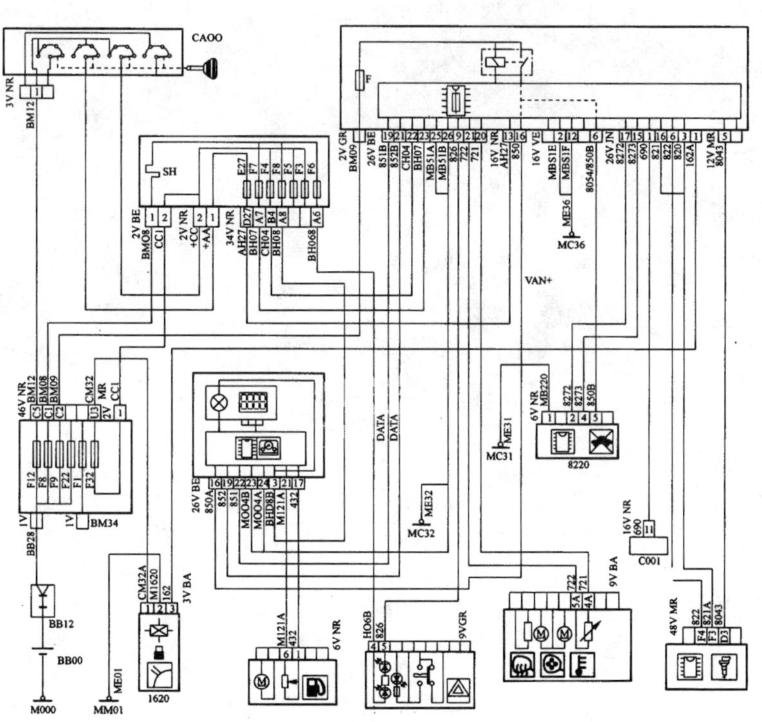

第 7 章　逻辑代数基础

内容提要

- 常用数制及其转换
- 码制及常用代码
- 逻辑门电路
- 逻辑代数的基本公式及逻辑函数的化简

7.1　数字电路概述

7.1.1　模拟信号和数字信号

在自然界中有形形色色的物理量，尽管它们的性质各异，但就其变化规律的特点而言，不外乎有两大类：模拟信号和数字信号。

1. 模拟信号

模拟信号是指时间和数值上都是连续变化的信号，它具有无穷多的数值，其数学表达式也较复杂，例如正弦函数、指数函数等。图 7-1(a)所示为典型的模拟信号。

人们从自然界感知的许多物理量均属于模拟性质的，如速度、压力、声音、温度等。在工程技术上，为了便于分析，常用传感器将模拟量转换为电流、电压或电阻等电量，以便用电路进行分析和处理。传输、处理模拟信号的电路称为模拟电子线路，简称模拟电路。在模拟电路中主要关心输入、输出信号间的大小、相位、失真等方面的问题。

2. 数字信号

电子系统中一般均含有模拟和数字两种构件。模拟电路是系统中必需的组成部分。但是，为了便于存储、分析或传输信号，数字电路更具优越性。

数字信号是指时间和数值上都是不连续变化的信号，即数字信号具有离散性，如图 7-1(b)所示。交通信号灯控制电路、智力竞赛抢答电路以及计算机键盘输入电路中的信号，都是数字信号。对数字信号进行传输、处理的电子线路称为数字电子线路，简称数字电路。在数字电路中主要关心输入、输出之间的逻辑关系。

7.1.2　数字电路的特点

(1) 数字电路中的工作信号是不连续的数字信号，反映在电路上只有高电平和低电平两种状态，因此在分析数字电路时采用二进制数码 **0** 和 **1** 来表示电路中的高、低两种电平状态。

(2) 与模拟电路相同，数字电路也是由半导体器件(如二极管、三极管、场效应管)组成，但不同电路中器件的工作状态不同。数字电路在稳态情况下，半导体器件工作于开、关状态，这种开关状态是利用器件的导通和截止来实现的，器件的导通和截止反映在电路上就是电流的

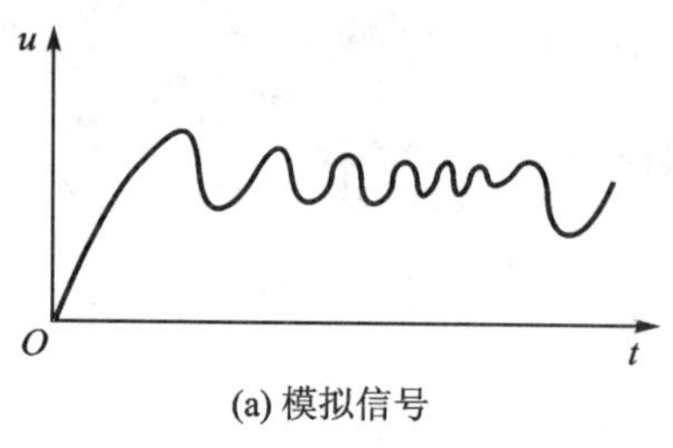

(a) 模拟信号

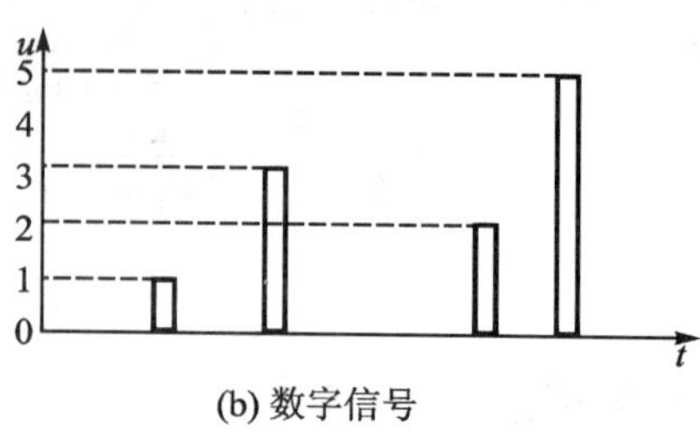

(b) 数字信号

图 7-1 模拟信号与数字信号

有无、电压的高低,这种有和无、高和低相对立的两种状态正好可用二进制数码 **0** 和 **1** 来表示。因此,数字电路中的信号采用的是二进制表示,二进制数码 **0** 和 **1** 在此只代表两种不同的状态,没有数量的大小。例如,用 **0** 和 **1** 分别表示一件事的是与非、真与假,一盏灯的亮与灭,一个开关的开通与断开等。

(3) 数字电路对元件的精度要求不高,允许有较大的误差,只要在工作时能够可靠地区分 **0** 和 **1** 两种状态就可以了。因此,数字电路便于集成化、系列化生产。它具有使用方便、可靠性高、价格低廉等特点。

(4) 与模拟电路不同,数字电路讨论的是输入与输出之间抽象的逻辑关系,使用的主要方法是逻辑分析和逻辑设计,主要工具是逻辑代数,所以数字电路又称逻辑代数。

(5) 数字电路能够对数字信号进行各种逻辑运算和算术运算,因此广泛应用于数控装置、智能仪表以及计算机中。

7.1.3 数字电路的应用

数字电路较模拟电路具有更多的优点,如有较强的稳定性、可靠性和抗干扰能力,精确度较高,具有算术运算和逻辑运算能力,可进行逻辑推理和逻辑判断,电路结构简单,便于制造和集成等。因此,数字电路的应用领域越来越广泛。

在数字通信系统中,可以用若干个 **0** 和 **1** 编成各种代码,分别代表不同的含义,用以实现信息的传送。

利用数字电路的逻辑推理和判断功能,可以设计出各式各样的数控装置,用来实现对生产和过程的自动控制。其工作过程是:首先用传感器在现场采集受控对象的数据,求出它们与设定数据的偏差,接着由数字电路进行计算、判断,然后产生相应的控制信号,驱动伺服装置对受控对象进行控制或调整。这样不仅能通过连续监控提高生产的安全性和自动化水平,同时也提高了产品的质量,降低了成本,减轻了劳动强度。

在数字电子技术基础上发展起来的数字电子计算机是当代科学技术最杰出的成就之一。今天,电子计算机不仅成了近代自动控制系统中不可缺少的一个重要组成部分,而且已经渗透到了国民经济和人民生活的各个领域,成为人们工作、生活、学习不可或缺的重要组成部分,并在许多方面产生了根本性的变革。尤其是计算机网络技术的飞速发展,使人们获取信息、享受网络服务更为便捷。

然而,数字电路的应用也具有它的局限性。前面已提到,在自动控制和测量系统中,被控制和被测量的对象往往是一些连续变化的物理量,即模拟信号,而模拟信号不能直接为数字电路所接收,这就给数字电路的使用带来很大的不便。为了用数字电路处理这些模拟信号,必须用专门的电路将它们转换为数字信号(称为模-数转换)；而经数字电路分析、处理输出的数字量往往还要通过专门的电路转换成相应的模拟信号(称为数-模转换)才能为执行机构所接收。这样以来，不但导致了整个设备的复杂化，而且也使信号的精度受到影响，数字电路本身可以达到的高精度也因此失去了意义。因此，在使用数字电路时，应具体情况具体分析，以便于操作、提高生产效率为目的。

7.2 数制与编码

7.2.1 数制及其转换

1. 各种数制

数制即计数体制，它是按照一定规则表示数值大小的计数方法。日常生活中最常用的计数体制是十进制(Decimal)，数字电路中常用的是二进制(Binary)，有时也采用八进制(Octal)和十六进制(Hexadecimal)。对于任何一个数，可以用不同的进制来表示。

在数字电路中，应用最广的是二进制。二进制数中只有 **0**、**1** 两个数字符号，所以运算规则是"逢二进一，借一当二"，各位的权为 2^{i-1}。将二进制数转换为十进制数时，只要将二进制数的各位按权展开，然后相加即可。例如二进制数 101.11 转换为十进制数的方法是

$$(101.11)_2 = 1\times 2^2 + 0\times 2^1 + 1\times 2^0 + 1\times 2^{-1} + 1\times 2^{-2} = (5.75)_{10}$$

计算机内采用的是二进制表示，采用二进制具有以下优点：

(1) 二进制只有 **0** 和 **1** 两个代码，因此，在数字系统中，可用电子器件的两种不同状态来表示这两个代码，实现起来非常方便。所以，二进制数的物理实现简单、易行、可靠，并且存储和传送也方便。

(2) 二进制运算规则简单，有利于简化计算机的内部结构，提高运算速度。

二进制数的缺点是书写位数太多，不便记忆。为此数字系统通常用八进制和十六进制。

八进制有 0,1,2,3,4,5,6,7 八个数码，基数为 8，它的运算规则是"逢八进一，借一当八"。十六进制数采用十六个数码，而且"逢十六进一，借一当十六"。这 16 个数码是 0,1,2,3,4,5,6,7,8,9,A(对应于十进制数中的 10),B(11),C(12),D(13),E(14),F(15)。十六进制数的基数是 16。

2. 各种数制之间的转换

(1) 非十进制数转换为十进制数

二进制、八进制、十六进制数转换为十进制时，先按权展开为多项式，然后按十进制数进行计算，结果便是十进制数。在转换过程中要注意各位权的幂不要写错，系数为 0 的那些项可以不写。

(2) 十进制数转换成非十进制数

十进制数转换成非十进制数的方法是：

整数部分：用"除基数取余"的方法进行转换，转换结果为"先余为低，后余为高"；

小数部分：用"乘基数取整"的方法进行转换，转换结果为"先整为高，后整为低"。

需要注意的是，从二进制、八进制、十六进制转换为十进制，或十进制转换为二进制整数，都能做到完全准确。但把十进制小数转换为其他进制小数时，除少数可以完全准确外，大多数

存在误差,这时就要根据精度的要求进行“四舍五入”,请看下面例题。

例 7-1 把十进制小数 0.39 转换成二进制小数。

① 要求误差不大于 2^{-7};

② 要求误差不大于 0.2%。

解: ① 要求误差不大于 2^{-7},只需保留至小数点后 7 位,计算过程如下:

$$0.39 \times 2 = 0.78 \cdots\cdots \mathbf{0}$$
$$0.78 \times 2 = 1.56 \cdots\cdots \mathbf{1}$$
$$0.56 \times 2 = 1.12 \cdots\cdots \mathbf{1}$$
$$0.12 \times 2 = 0.24 \cdots\cdots \mathbf{0}$$
$$0.24 \times 2 = 0.48 \cdots\cdots \mathbf{0}$$
$$0.48 \times 2 = 0.96 \cdots\cdots \mathbf{0}$$
$$0.96 \times 2 = 1.92 \cdots\cdots \mathbf{1}$$

因此,$(0.39)_{10} \approx (\mathbf{0.0110001})_2$

② 由于 $\frac{1}{2^9} = \frac{1}{512} < 0.2\%$,因此要求误差不大于 0.2%,只需保留至小数点后 9 位。接①的计算过程有

$$0.92 \times 2 = 1.84 \cdots\cdots \mathbf{1}$$
$$0.84 \times 2 = 1.68 \cdots\cdots \mathbf{1}$$

因此,$(0.39)_{10} \approx (\mathbf{0.011000111})_2$

(3) 二进制数与八进制、十六进制数的相互转换

由于 1 位八进制数有 0~7 八个数码,3 位二进制数正好有 **000**~**111** 八种组合,它们之间有以下简单的对应关系

八进制数	0	1	2	3	4	5	6	7
二进制数	**000**	**001**	**010**	**011**	**100**	**101**	**110**	**111**

利用这种对应关系,可以很方便地在八进制数与二进制数之间进行转换。

将二进制数转换为八进制数的方法是:以小数点为界,将二进制数的整数部分从低位开始,小数部分从高位开始,每 3 位分成一组,头尾不足 3 位的补 **0**,然后将每组 3 位二进制数转换为 1 位八进制数。反之,将八进制数转换为二进制数时,只需将每一位八进制数码用相应的 3 位二进制数表示即可。

同理,由于 1 位十六进制数有 16 个代码,而 4 位二进制数正好有 **0000**~**11111** 十六种组合,它们之间也存在简单的对应关系。利用这种对应关系,可以很方便地在十六进制数与二进制数之间进行转换。转换方法与二、八进制数的转换类似,只是将二进制数中 3 位一组改为 4 位一组。

7.2.2 二进制正、负数的表示法

在十进制数中,可以在数字前面加上“+”、“-”号来表示正、负数,显然数字电路不能直接识别“+”、“-”号。因此,在数字电路中把一个数的最高位作为符号位,并用 **0** 表示“+”号,用 **1** 表示“-”号,像这样符号也数码化的二进制数称为机器数。原来带有“+”、“-”号的数称为真值。例如:

十进制数	+67	−67
二进制数(真值)	+**1000011**	−**1000011**
计算机内(机器数)	**01000011**	**11000011**

通常，二进制正、负数(机器数)有 3 种表示方法：原码、反码和补码。

1. 原　码

用首位表示数的符号，**0** 表示正，**1** 表示负，其他位则为数的真值的绝对值，这样表示的数就是数的原码。

例 7-2　求$(+105)_{10}$和$(-105)_{10}$的原码。

解：$[(+105)_{10}]_{原}=[(+\mathbf{1101001})_2]_{原}=(\mathbf{01101001})_2$

$[(-105)_{10}]_{原}=[(-\mathbf{1101001})_2]_{原}=(\mathbf{11101001})_2$

0 的原码有两种，即

$$[+0]_{原}=(\mathbf{00000000})_2$$

$$[-0]_{原}=(\mathbf{10000000})_2$$

原码简单易懂，与真值转换起来很方便。但若是两个异号的数相加或两个同号的数相减就要做减法，做减法就必须判别这两个数哪一个绝对值大，用绝对值大的数减去绝对值小的数，运算结果的符号就是绝对值大的那个数的符号，这样操作比较麻烦，运算的逻辑电路也较难实现。于是，为了将加法和减法运算统一成只做加法运算，就引入了反码和补码表示。

2. 反　码

反码用得较少，它只是求补码的一种过渡。

正数的反码与其原码相同，负数的反码是这样求的：先求出该负数的原码，然后原码的符号位不变，其余各位按位取反，即 **0** 变 **1**，**1** 变 **0**。

例 7-3　求$(+65)_{10}$和$(-65)_{10}$的反码。

解：$[(+65)_{10}]_{原}=(\mathbf{01000001})_2$　　$[(-65)_{10}]_{原}=(\mathbf{11000001})_2$

则　$[(+65)_{10}]_{反}=(\mathbf{01000001})_2$　　$[(-65)_{10}]_{反}=(\mathbf{10111110})_2$

很容易验证：一个数反码的反码就是这个数本身。

3. 补　码

正数的补码与其原码相同，负数的补码是它的反码加 **1**。

例 7-4　求$(+63)_{10}$和$(-63)_{10}$的补码。

解：$[(+63)_{10}]_{原}=(\mathbf{00111111})_2$　　$[(+63)_{10}]_{反}=(\mathbf{00111111})_2$

则　$[(+63)_{10}]_{补}=(\mathbf{00111111})_2$

$[(-63)_{10}]_{原}=(\mathbf{10111111})_2$　　$[(-63)_{10}]_{反}=(\mathbf{11000000})_2$

则　$[(-63)_{10}]_{补}=(\mathbf{11000001})_2$

同样可以验证：一个数的补码的补码就是其原码。

引入了补码以后，两个数的加减法运算就可以统一用加法运算来实现，此时两数的符号位也当成数值直接参加运算，并且有这样一个结论：两数和的补码等于两数补码的和。所以在数字系统中一般用补码来表示带符号的数。

例 7-5　用二进制补码运算求出 14+10、14−10、−14+10 和−14−10。

解：由于 14+10 和−14−10 的绝对值为 24，所以必须用有效数字为 5 位的二进制数才能表示，再加上一位符号位，就得到 6 位的二进制补码。

根据前述计算补码的方法可知，＋14 的二进制补码应为 **001110**(最高位为符号位)，－14 的二进制补码为 **110010**，＋10 的二进制补码为 **001010**，－10 的二进制补码为 **110110**。计算结果分别为

＋14	**0 01110**	＋14	**0 01110**
＋10	**0 01010**	－10	**1 10110**
＋24	**0 11000**	＋4	**(1)0 00100**
－14	**1 10010**	－14	**1 10010**
＋10	**0 01010**	－10	**1 10110**
－4	**1 11100**	－24	**(1)1 01000**

从例 7－5 可以看出，若将两个加数的符号位和来自最高有效数字位的进位相加，得到的结果(舍弃产生的进位)就是和的符号。

需要指出的是，在两个同符号数相加时，它们的绝对值之和不可超过有效数字位所能表示的最大值，否则会得出错误的计算结果。

7.2.3 编 码

1. 二-十进制编码

在数字设备中，任何数据和信息都要用二进制代码表示。二进制中只有 **0** 和 **1** 两个符号。n 位二进制数有 2^n 种不同的组合，即可以代表 2^n 种不同的信息，指定用其中某一种二进制代码组合去代表某一信息的过程称为编码。由于这种指定是任意的，所以存在多种多样的编码方案。

二-十进制编码是一种用 4 位二进制代码表示 1 位十进制数的编码，简称 BCD(Binary Coded Decimal)码。1 位十进制数有 0～9 十个数码，而 4 位二进制数有 16 种组态，指定其中的任意 10 种组态来表示十进制的 10 个数，因此 BCD 编码方案有很多，常用的有 8421 码、余 3 码、2421 码、5421 码、格雷码等，如表 7－1 所列。

8421BCD 码是最常用的一种 BCD 码，它和自然二进制码的组成相似，4 位的权值从高到低依次是 8，4，2，1。但不同的是，它只选取了 4 位自然二进制码 16 个组合中的前 10 个组合，即 **0000**～**1001**，分别用来表示 0～9 十个十进制数，称为有效码，剩下的 6 个组合 **1010**～**1111** 没有采用，称为无效码。8421BCD 码与十进制数之间的转换只要直接按位转换即可。例如：

$$(509.37)_{10}=(\mathbf{0101\quad 0000\quad 1001.0011\quad 0111})_{8421BCD}$$

$$(\mathbf{0111\quad 0100\quad 1000.0001\quad 0110})_{8421BCD}=(748.16)_{10}$$

余 3 码由 8421 码加 3(**0011**)得到。或者说是选取了 4 位自然二进制码 16 个组合中的中间 10 个，而舍弃头、尾 3 个组合而形成。

2421BCD 码和 5421BCD 码都是有权码，从高位到低位的权值依次为 2，4，2，1 和 5，4，2，1，这两种码的编码方案都不是唯一的，表 7－1 中给出的是其中一种方案。

2421BCD 码在进行运算时，也具有和余 3 码类似的特点。

5421BCD 码较明显的一个特点是：最高位连续 5 个 **0** 后又连续 **5** 个 **1**。若计数器采用该种代码进行编码，在最高位可产生对称方波输出。

格雷码有多种编码形式，但所有格雷码都有两个显著的特点：一是相邻性，二是循环性。相邻性是指任意两个相邻的代码间仅有 1 位的状态不同；循环性是指首尾的两个代码也具有相邻性。因此，格雷码也称循环码。

表 7-1　几种常见的 BCD 代码

编码种类 十进制数	8421 码	余 3 码	2421 码	5421 码	格雷码
0	0 0 0 0	0 0 1 1	0 0 0 0	0 0 0 0	0 0 0 0
1	0 0 0 1	0 1 0 0	0 0 0 1	0 0 0 1	0 0 0 1
2	0 0 1 0	0 1 0 1	0 0 1 0	0 0 1 0	0 0 1 1
3	0 0 1 1	0 1 1 0	0 0 1 1	0 0 1 1	0 0 1 0
4	0 1 0 0	0 1 1 1	0 1 0 0	0 1 0 0	0 1 1 0
5	0 1 0 1	1 0 0 0	1 0 1 1	1 0 0 0	0 1 1 1
6	0 1 1 0	1 0 0 1	1 1 0 0	1 0 0 1	0 1 0 1
7	0 1 1 1	1 0 1 0	1 1 0 1	1 0 1 0	0 1 0 0
8	1 0 0 0	1 0 1 1	1 1 1 0	1 0 1 1	1 1 0 0
9	1 0 0 1	1 1 0 0	1 1 1 1	1 1 0 0	1 1 0 1
权	8421		2421	5421	

2. 字符码

字符码是对字母、符号等编码的代码。目前使用比较广泛的是 ASCII 码，它是美国信息交换标准码(American Standard Code for Information Interchange)的简称。ASCII 码用 7 位二进制数编码，可以表示 2^7(128 个)字符，其中 95 个可打印字符，33 个不可打印和显示的控制字符，如表 7-2 所列。

表 7-2　标准 ASCII 编码表

$B_6B_5B_4$ / $B_3B_2B_1B_0$		0	1	2	3	4	5	6	7
		000	**001**	**010**	**011**	**100**	**101**	**110**	**111**
0	**0000**	NUL	DLE	SP	0	@	P	`	p
1	**0001**	SOH	DC1	!	1	A	Q	a	q
2	**0010**	STX	DC2	"	2	B	R	b	r
3	**0011**	ETX	DC3	#	3	C	S	c	s
4	**0100**	EOT	DC4	$	4	D	T	d	t
5	**0101**	ENG	NAK	%	5	E	U	e	u
6	**0110**	ACK	SYN	&	6	F	V	f	v
7	**0111**	BEL	ETB	′	7	G	W	g	w
8	**1000**	BS	CAN	(	8	H	X	h	x
9	**1001**	HT	EM	)	9	I	Y	i	y
A	**1010**	LF	SUB	*	:	J	Z	j	z
B	**1011**	VT	ESC	+	;	K	[	k	{
C	**1100**	FF	FS	,	<	L	\	l	|
D	**1101**	CR	GS	—	=	M	]	m	}
E	**1110**	SO	RS	、	>	N	↑	n	~
F	**1111**	SI	VS	/	?	O	←	o	DEL

由表7-2可以看出,数字和英文字母都是按顺序排列的,只要知道其中一个数字或字母的ASCII码,就可以求出其他数字或字母的ASCII码。具体特点为:数字0～9的ASCII码表示成十六进制数为30H～39H,即任一数字字符的ASCII码等于该数字值加上+30H;字母的ASCII码中,小写字母a～z的ASCII码表示成十六进制数为61H～7AH,而大写字母A～Z的ASCII码表示成十六进制数为41H～5AH,同一字母的大小写其ASCII码不同,且小写字母的ASCII码比大写字母的ASCII码大20H。

为了使用更多的字符,大部分系统采用扩充的ASCII码。扩充ASCII码用8位二进制数编码。共可表示256($2^8=256$)个符号。其中,范围在**00000000**～**01111111**之间编码所对应的符号与标准ASCII码相同,而**10000000**～**11111111**之间的编码定义了另外128个图形符号。

7.3 逻辑门电路

门电路是一种具有一定逻辑关系的开关电路,它是通过具有开关元件(二极管、三极管、场效应管)的电路得到的。数字门电路按其组成的结构不同可分为分立元件门电路和集成数字电路两大类。分立元件门电路是最基本的电路,它是由二极管、三极管、电阻、电容等元器件组成,并且所有元件都裸露在外,没有封装。随着集成电路的飞速发展,分立元件电路已逐步被取代。

当门电路的输入信号满足某种条件时,才有信号输出。如果把输入信号看做条件,把输出信号看做结果,那么当条件具备时,结果就会发生。也就是说在门电路的输入信号与输出信号之间存在着一定的因果关系,即逻辑关系。

为了便于分析,数字电路中常将输入、输出电压信号用字母变量表示,称为逻辑变量。逻辑变量的取值只有**0**和**1**两个,这里的**0**和**1**不再表示数量的大小,只表示两种不同的逻辑状态,如是和非、开和关、高和低等。

研究逻辑变量之间关系的数学工具称为逻辑代数,也称布尔代数。逻辑代数与数学中的普通代数是不同的,尽管有些运算在形式上是一样的,但其含义不同,在学习过程中,一定要加以区别。

逻辑代数中有3种基本的逻辑关系,即**与**逻辑关系、**或**逻辑关系和**非**逻辑关系。与之相对应,有三种基本的逻辑运算,即**与**、**或**、**非**逻辑运算。用以实现各种逻辑运算的电子电路称为门电路。

7.3.1 基本逻辑关系及其门电路

1. 与逻辑和与门电路

当决定一件事的几个条件全部具备时,这件事才会发生,这种因果关系称为**与**逻辑。实现**与**逻辑关系的电路称为**与**门。由二极管构成的双输入**与**门电路及其逻辑符号如图7-2所示。图7-2(a)中的输入电压信号u_A、u_B的高电平取值为5 V,低电平为0 V。二极管可视为理想二极管。

当输入电压u_A、u_B均为低电平0 V时,二极管D_1、D_2均导通,则输出电压u_Y为低电平0 V。当输入电压u_A、u_B中有一个为低电平0 V时,设u_A为低电平0 V,u_B为高电平5 V,则二极管

D_1抢先导通，D_2因此而截止，输出电压 u_Y 为低电平 0 V。当输入电压 u_A、u_B 均为高电平 5 V 时，二极管 D_1、D_2 均导通，输出电压 u_Y 为高电平 5 V。可见，图 7-2(a)电路实现的是**与**逻辑关系。

把高电平用 **1** 表示，低电平用 **0** 表示，输入电压 u_A、u_B 用逻辑变量 A、B 表示，输出电压 u_Y 用逻辑变量 Y 表示，根据以上分析结果，可得到表 7-3 所列的逻辑真值表。

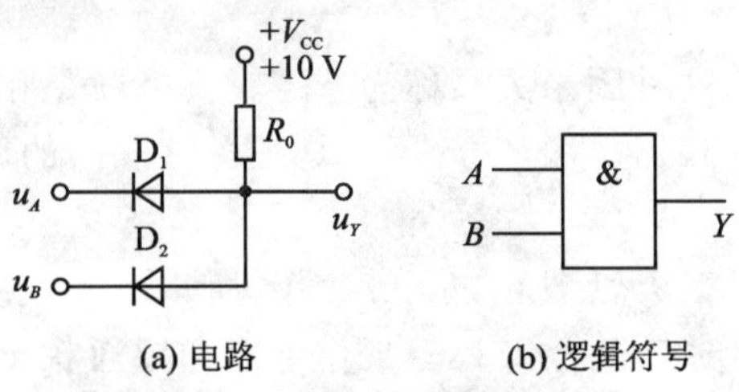

(a) 电路　(b) 逻辑符号

图 7-2　二极管与门

表 7-3　与关系真值表

A	B	Y
0	**0**	**0**
0	**1**	**0**
1	**0**	**0**
1	**1**	**1**

由表 7-3 可知，输出变量 Y 与两个输入变量 A、B 之间的关系是：只有当 A、B 均为 **1** 时，Y 才为 **1**，否则 Y 为 **0**，满足与逻辑关系，可用逻辑表达式表示为

$$Y = A \cdot B \tag{7-1}$$

上式中"·"表示 A 和 B 的**与**运算，读作"**与**"，也称为逻辑乘。在不致引起混淆的前提下，"·"可省略。

与门的输入端可以多于两个，但其逻辑功能完全相同。如有 3 个输入端 A、B、C 的**与**门，其逻辑表达式为 $Y=ABC$。若已知输入变量 A、B、C 的波形，根据**与**门的逻辑功能，可画出输出 Y 的波形，如图 7-3 所示。

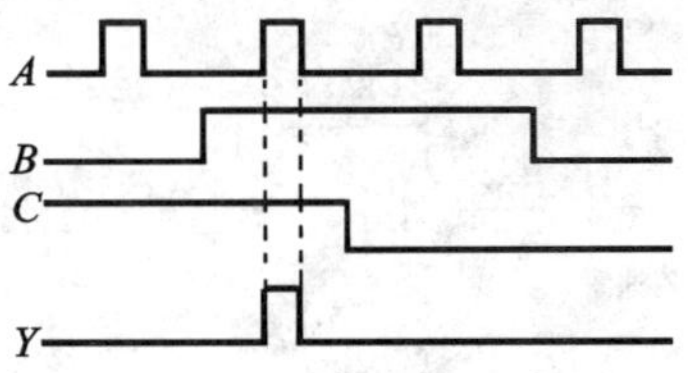

图 7-3　与门的输入、输出信号波形

图 7-3 所示波形图称为时序图，它是由输入变量的所有可能取值组合的高、低电平及其对应的输出变量的高、低电平所构成的图形。在计算机硬件课程中，通常用波形图来分析计算机内部各部件之间的工作关系。

2. 或逻辑和或门电路

当决定一件事情的几个条件中只要有一个条件得到满足，这件事就会发生，这种因果关系称为**或**逻辑。实现**或**逻辑关系的电路称为**或**门。由二极管构成的双输入**或**门电路及其逻辑符号如图 7-4 所示。**或**门工作原理的分析和**与**门类似，这里不再赘述，请读者自行分析。

图 7-4 所示**或**逻辑关系的真值表如表 7-4 所列。

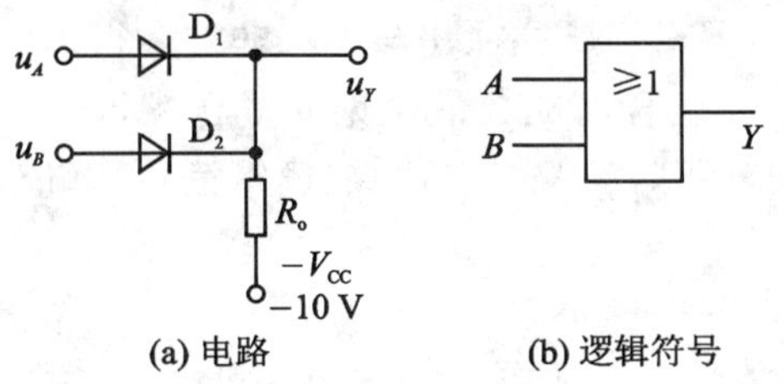

(a) 电路　(b) 逻辑符号

图 7-4　二极管或门

表 7-4　或关系真值表

A	B	Y
0	**0**	**0**
0	**1**	**1**
1	**0**	**1**
1	**1**	**1**

由表7-4可知,Y与A、B之间的关系是:A、B中只要有一个或一个以上是**1**时,Y就为**1**,只有当A、B全为**0**时Y才为**0**,满足**或**逻辑关系,可用逻辑表达式表示为

$$Y = A + B \tag{7-2}$$

式(7-2)中符号"+"表示A和B的**或**运算,读作**或**,也称为逻辑加。

或门的输入端也可以多于两个,但其逻辑功能完全相同。

3. 非逻辑和非门电路

决定一件事情的发生是以其相反的条件为依据,这种因果关系称为非逻辑。**非**就是相反,就是否定。实现**非**逻辑关系的电路称为**非**门,也称反相器。图7-5所示是三极管**非**门的原理电路图及其逻辑符号。

图7-5(a)中,当输入电压当$u_i = U_{iL} = 0$ V时,三极管截止,$i_B = i_C \approx 0$,所以$u_o = V_{CC} = 5$ V,为高电平。当$u_i = U_{iH} = 5$ V时,发射结正偏,此时三极管T是否工作于饱和导通状态,需要进行如下判断

基极电流 $$i_B = \frac{U_{iH} - U_{BE}}{R_b} = \left(\frac{5 - 0.7}{4.3}\right)\text{mA} = 1\ \text{mA}$$

基极临界饱和电流 $$I_{BS} \approx \frac{V_{CC}}{\beta R_c} = \left(\frac{5}{30 \times 1}\right)\text{mA} \approx 0.17\ \text{mA}$$

由于$i_B > I_{BS}$,所以T饱和导通,故有$u_o = U_{CES} \leqslant 0.3$ V为低电平。因此,图7-5(a)所示电路实现的是**非**逻辑运算。**非**逻辑关系的真值表如表7-5所列。

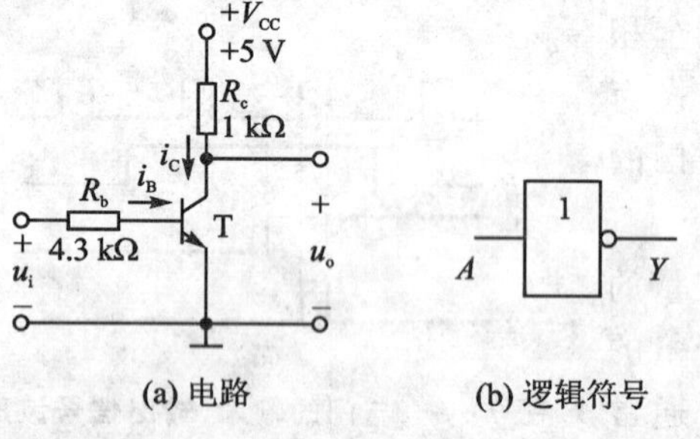

(a) 电路　　(b) 逻辑符号

图7-5　三极管非门

表7-5　非关系真值表

A	Y
0	**1**
1	**0**

非逻辑关系的表达式可写为

$$Y = \overline{A} \tag{7-3}$$

式(7-3)中,字母上方的"—"表示**非**运算,读做**非**或**反**。

7.3.2　复合门电路

与、**或**、**非**是逻辑代数中的3种基本运算,实际的逻辑问题往往比**与**、**或**、**非**复杂得多,不过这些复杂的逻辑运算都可以通过3种基本的逻辑运算组合而成。最常见的复合逻辑运算有:**与非**运算、**或非**运算、**异或**运算、**同或**运算以及**与或非**运算,其逻辑表达式、逻辑符号、真值表如表7-6和表7-7所列。

说明两点:

(1) 逻辑**非**的运算符号尚无统一的标准。除了本书中采用"—"表示**非**运算以外,目前在国内外的某些电子技术教材和EDA软件中,也有采用A'、$\sim A$、$\neg A$表示A的**非**运算。

表 7-6　几种常见的复合运算

逻辑关系		与非	或非	异或	同或	与或非
逻辑表达式		$Y=\overline{A\cdot B}$	$Y=\overline{A+B}$	$Y=\overline{A}B+A\overline{B}=A\oplus B$	$Y=AB+\overline{A}\,\overline{B}=A\odot B$	$Y=\overline{AB+CD}$
逻辑符号		A, B — & — Y	A, B — ≥1 — Y	A, B — =1 — Y	A, B — = — Y	A, B — &; C, D — &; ≥1 — Y
真值表	输入 A B	输出 Y	输出 Y	输出 Y	输出 Y	
	0 0	1	1	0	1	
	0 1	1	0	1	0	
	1 0	1	0	1	0	
	1 1	0	0	0	1	

表 7-7　与或非运算真值表

A B C D	Y	A B C D	Y
0 0 0 0	1	1 0 0 0	1
0 0 0 1	1	1 0 0 1	1
0 0 1 0	1	1 0 1 0	1
0 0 1 1	0	1 0 1 1	0
0 1 0 0	1	1 1 0 0	0
0 1 0 1	1	1 1 0 1	0
0 1 1 0	1	1 1 1 0	0
0 1 1 1	0	1 1 1 1	0

(2) 关于**与**、**或**、**非**三种基本逻辑门电路以及几种复合逻辑门电路的逻辑符号，以上给出的是国标符号。此外，还有一种符号是目前国外教材和 EDA 软件中使用比较多的特定逻辑符号(见图 7-6)，在此一并列出，以便对照和学习。

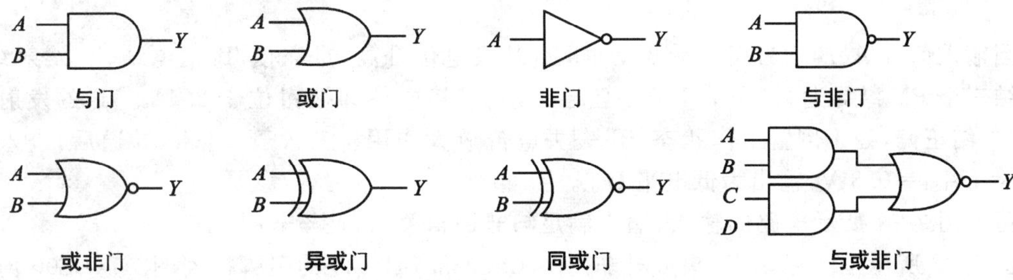

图 7-6　逻辑门电路的另一种符号

7.3.3 集成门电路

现代数字电路广泛采用了集成电路。根据半导体器件的类型,数字集成门电路分为MOS集成门电路和双极型(晶体三极管)集成门电路。MOS集成门电路中,使用最多的是CMOS集成门电路。双极型集成门电路中,使用最多的是TTL集成门电路。TTL门电路的输入、输出都是由晶体三极管组成,所以人们称它为晶体管-晶体管逻辑门电路(Transistor Transistor Logic),简称TTL门。

1. TTL集成门电路

(1) TTL **与非**门

图7-7所示为TTL**与非**门的电路结构。电路内部分为三级:

输入级:由多发射极三极管T_1和电阻R_1组成,多发射极三极管T_1有多个发射极,作为门电路的输入端。D_1、D_2是输入端保护二极管,为抑制输入电压负向过低而设置的。

中间放大级:由T_2、R_2、R_3组成,T_2集电极输出驱动T_3,发射极输出驱动T_4。

输出级:由T_3、T_4、D_3和R_4组成。

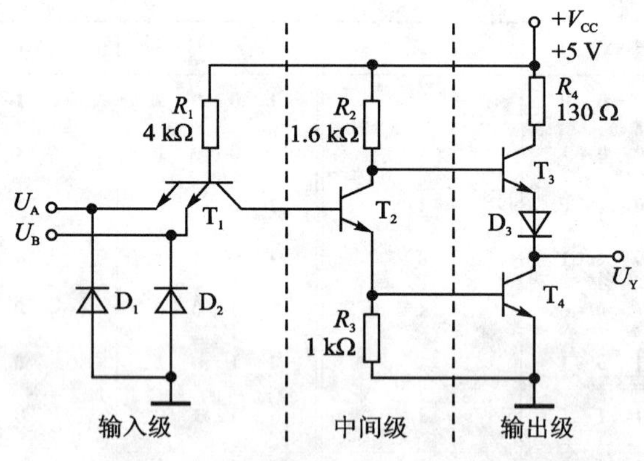

图7-7 TTL与非门

图7-7所示**与非**门的工作原理如下:

若输入端至少有一个是低电平0 V,则T_1管基极电位$u_{B1}=0.7$ V,这0.7 V电压不能使T_1集电结、T_2发射结、T_4发射结三个PN结导通,所以T_2、T_4截止。此时,V_{CC}通过R_2使T_3导通,$u_o=V_{CC}-I_{B3}R_2-u_{BE3}-u_{D3}\approx V_{CC}-u_{BE3}-u_{D3}\approx(5-0.7-0.7)\ V=3.6\ V$,输出为高电平$U_{oH}$。

当输入信号A、B均为高电平3 V时,T_1基极电位升高,足以使T_1集电结、T_2发射结、T_4发射结三个PN结导通,三个PN结一旦导通,T_1基极电位即被钳位于2.1V。T_1的发射结反偏,集电结正偏,处于倒置工作状态,T_1失去电流放大作用。三极管T_2、T_4导通后,进入饱和区,$u_o=U_{CES4}=0.3$ V,输出为低电平U_{oL}。

可见图7-7所示电路的输入、输出满足**与非**逻辑关系,是**与非**门。

图7-8所示是两种TTL集成**与非**门74LS00和74LS20的引脚排列图。74LS00内部集成了四个完全相同的2输入**与非**门,故简称为四-2输入**与非**门;74LS20为二-4输入**与非**门,图中“NC”表示没有用的空引脚。

为便于今后应用,结合上述TTL**与非**门,介绍几个反映门电路性能的主要特性参数。

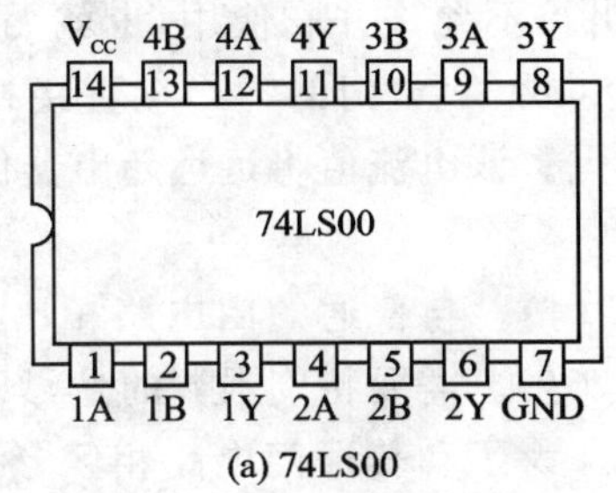

(a) 74LS00

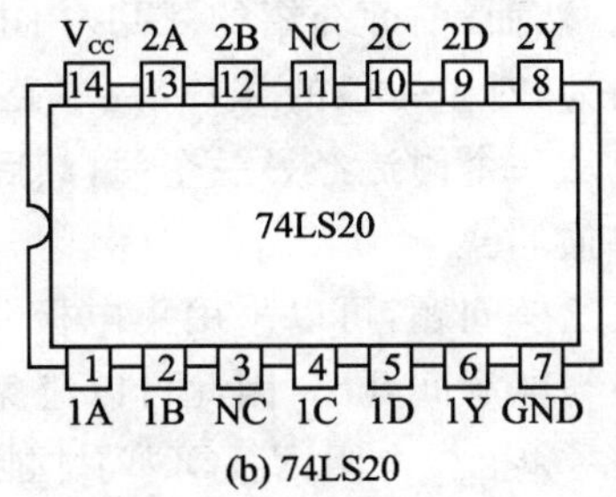

(b) 74LS20

图 7-8 集成 TTL 与非门的外引脚排列图

① 输入、输出的高低电平

集成 TTL **与非**门输入和输出高、低电平的数值为：输出高电平 $U_{oH}\approx 3.6$ V，输出低电平 $U_{oL}=U_{CES}=0.2$ V，输入低电平 $U_{iL}=0.4$ V，输入高电平 $U_{iH}=1.2$ V。

以上电平值是一种较理想的情况。对于 TTL 门电路（如 74 系列）来说，高、低电平的标准电压值为：$U_{oL}=0.4$ V，$U_{oH}=2.4$ V，$U_{iL}=0.8$ V，$U_{iH}=2$ V。

② 电压传输特性

反映输入电压 U_i 和输出电压 U_o 之间关系的曲线称为电压传输特性，图 7-9 所示即为 TTL **与非**门电压传输特性曲线。输出由高电平转为低电平时所对应的输入电压称为阈值电压或门槛电压 U_T，图 7-9 中 U_T 约为 1.4 V。

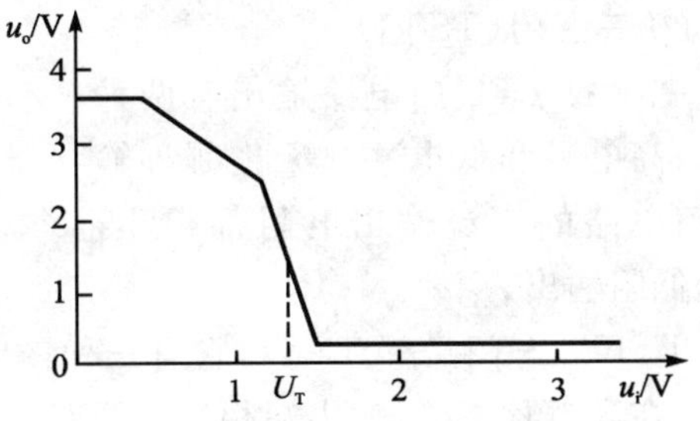

图 7-9 TTL 与非门的电压传输特性

③ 噪声容限

当输入电压受到的干扰超过一定值时，会引起输出电平转换，产生逻辑错误。电路的抗干扰能力是指保持输出电平在规定范围内，允许输入干扰电压的最大范围，用噪声容限来表示。由于输入低电平和高电平时，其抗干扰能力不同，故有低电平噪声容限和高电平噪声容限。一般低电平噪声容限为 0.3 V 左右，高电平噪声容限为 1 V 左右。

噪声容限电压值越大，说明抗干扰能力越强。

④ 传输延迟时间

传输延迟时间是表征门电路开关速度的参数。由于门电路中的开关元件（二极管、三极管、场效应管）在状态转换过程中都需要一定的时间，且电路中有寄生电容的影响，因此，门电路从接收信号到输出响应会有一定的延迟。

传输延迟时间是决定开关速度的重要参数。通常根据 t_{pd} 的大小将门电路划分为低速门、中速门、高速门几种。普通 TTL **与非**门 t_{pd} 为 6～15 ns。

⑤ 扇出系数

扇出系数是指一个门电路能带同类门的最大数目，它表示带负载能力。对 TTL 门而言，扇出系数 $N_o\geqslant 8$。

(2) TTL 集电极开路门（OC 门）和三态门（TS 门）

① TTL 集电极开路门（OC 门）

在工程实践中，往往需要将两个或多个逻辑门的输出端并联，以实现输出信号**与**的逻辑功能,称为**线与**。然而,前面介绍的TTL门电路,其输出端不允许并联使用,也就无法实现**线与**功能。这是因为,对于一般的TTL门电路,若将两个(或多个)门的输出端直接相连,将会产生较大的电流从一个门流经另一个门,然后流入参考点。该电流值将远远超出器件的额定值,很容易将器件损坏。

为了解决这一问题,可以采用集电极开路门(OC门)。与普通的门电路相比,OC门中输出管的集电极与电源间开路,因此可以避免大电流的产生。需要特别强调的是,只有输出端外接电源电压V_{CC}和上拉电阻R_L,OC门才能正常工作。为了和普通门电路相区分,OC门的逻辑符号如图7-10(a)所示(此处以OC**与非**门为例),图7-10(b)所示的是两个OC**与非**门**线与**连接起来的逻辑图,其输出为

$$Y = Y_1 \cdot Y_2 = \overline{A \cdot B} \cdot \overline{C \cdot D} = \overline{AB + CD}$$

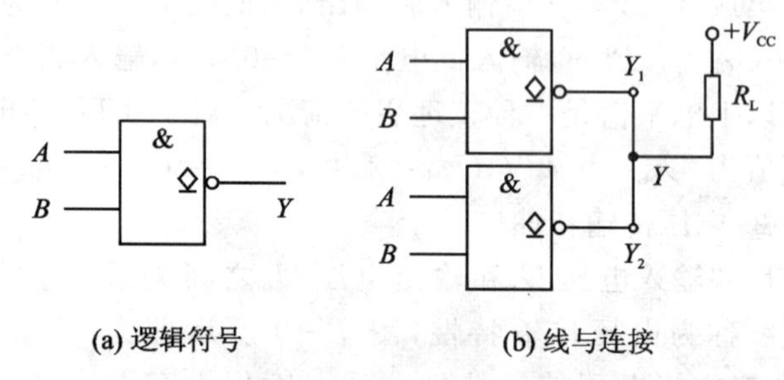

(a) 逻辑符号 (b) 线与连接

图7-10 TTL OC与非门

在图7-10(b)所示电路中,只要R_L选得合适,就不会因电流过大而烧坏芯片。因此,实际应用中,必须要合理选取上拉电阻的阻值。

② 三态门(TS门)

基本的TTL门电路输出有两种状态:高电平和低电平。无论哪种输出,门电路的直流输出电阻都很小,都是低阻输出。

TTL三态门又称TS门,它有三种输出状态,分别是:高电平、低电平和高阻态(禁止态)。其中,在高阻状态下,输出端相当于开路。三态门是在普通门的基础上,加上使能控制信号和控制电路构成的。图7-11(a)所示是使能端EN低电平有效的三态**与非**门的电路图及逻辑符号,"EN低电平有效"是指当使能控制端信号EN为低电平时,电路才实现**与非**逻辑功能,输出高电平及低电平,而当EN为高电平时,输出为高阻无效状态。图7-11(b)是使能端EN高电平有效的三态**与非**门的电路图及逻辑符号,其EN的有效电平与图7-11(a)正好相反。

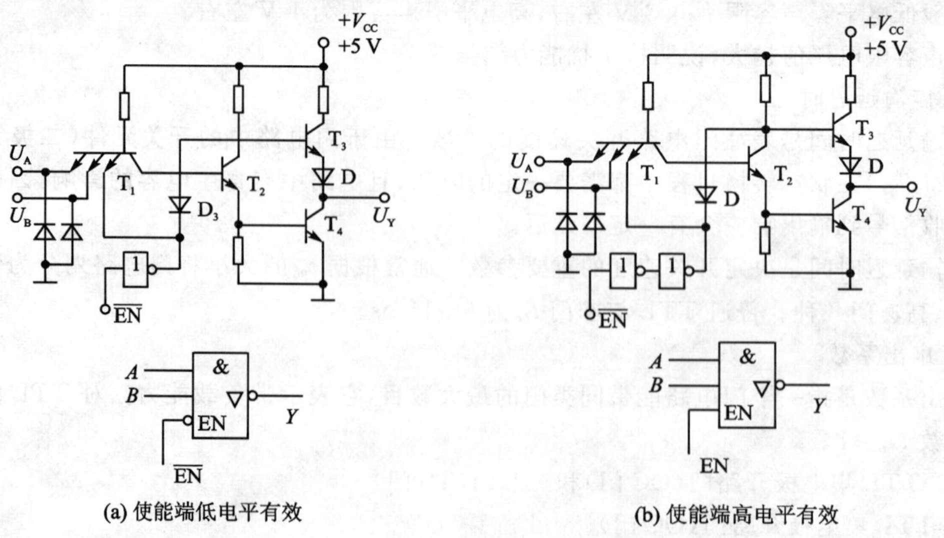

(a) 使能端低电平有效 (b) 使能端高电平有效

图7-11 三态与非门的电路图及逻辑符号

三态门在数字系统中有着广泛的应用。其中最重要的一个用途是实现多路数据的分时传送，即用一根传输线分时传送不同的数据，如图 7-12 所示。图中，n 个三态输出反相器的输出端都连到数据总线上。只要让各门的使能端轮流处于低电平，即任何时刻只让一个三态门处于工作状态，而其余三态门均处于高阻状态，这样，总线就会分时（轮流）传输各门的输出信号。这种用总线来传送数据的方法，在计算机中被广泛采用。

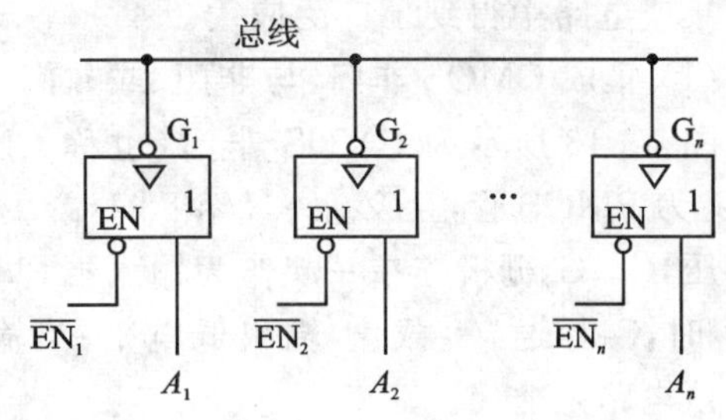

图 7-12　三态门在数据总线中的应用

(3) 使用 TTL 集成门电路的注意事项

① 电源电压范围

TTL 集成电路对电源的要求比较严格，当电源电压超过 5.5 V 时，将损坏器件；若电源电压低于 4.5 V，器件的逻辑功能将不正常。因此在以 TTL 门电路为基本器件的系统中，电源电压应满足 5 V±0.5 V。

② 对输入信号的要求

输入信号的电平不能高于+5.5 V 和低于0 V。

③ 消除动态尖峰电流

尖峰电流要干扰门电路的正常工作，严重时会造成逻辑错误。降低尖峰电流应注意布线时尽量减小分布电容，并降低电源内阻。常用的方法是在电源与地线之间接入 0.01～0.1μF 的高频滤波电容。同时，为了保证系统正常工作，必须保证电路良好接地。

④ 电路外引线脚的连接

正确判别电路的电源端和接地端，不能接反，否则会使集成电路烧坏。输出端应通过电阻与低内阻电源连接。除 OC 门和三态门外，其他门电路的输出端不允许直接并联使用。

⑤ 门电路多余输入端的处理

与系列门包括**与**门、**与非**门、**与或非**门等。TTL **与**系列门的多余输入端可以直接悬空处理，从理论上分析相当于接高电平输入，但这样容易使电路受到外界干扰而产生错误动作。因此对**与**这类电路，其多余输入端最好接一个固定高电平，例如接电源 V_{CC} 的方法。**或**系列门包括**或**门、**或非**门等。TTL **或**系列门的多余输入端不可以悬空，应采取直接接地的方法，以保证电路逻辑功能的正确性。

此外，在使用门电路时，还应注意功耗与散热问题。正常工作时，门电路的功耗不可超过其最大功耗，否则会出现热失控而引起逻辑功能紊乱，甚至还会导致集成电路损坏。

2. CMOS 集成门电路

集成 MOS 电路是数字集成电路的一个重要系列，它具有低功耗、抗干扰性强、制造工艺简单、易于大规模集成等优点，因此得到广泛应用。MOS 集成电路有 NMOS 集成电路、PMOS 集成电路以及 NMOS 管和 PMOS 管共同组成的 CMOS 集成电路。CMOS 是 Complementary Metal Oxide Semiconductor（互补金属-氧化物-半导体）的英文缩写。由于 CMOS 电路中巧妙地利用了 N 沟道增强型 MOS 管和 P 沟道增强型 MOS 管特性的互补性，因而不仅电路结构简单，而且在电气特性上也有突出的优点。正因为如此，CMOS 电路的制作工艺在数字集成电路中得到了广泛应用。

(1) 集成 CMOS **非门**、**与非门**、**或非门**

图 7-13 所示为 CMOS **非门**(也称 CMOS 反相器)的内部结构图。其中,G_1 为 NMOS 管,G_2 为 PMOS 管,且 $V_{DD}>|U_{TP}|+U_{TN}$,U_{TP} 为 PMOS 管的阈值电压,U_{TN} 为 NMOS 管的阈值电压,G_1、G_2 栅极连在一起作为输入端,漏极连在一起作为输出端。当输入电压 $u_A=V_{DD}=10$ V 时,G_1 导通,G_2 截止,输出低电平;当输入 $u_A=0$ V 时,G_1 截止,G_2 导通,输出为高电平。因此该电路是**非门**。

图 7-14 所示是 CMOS **与非门**电路。图中,T_{N1}、T_{N2} 是串联的驱动管,T_{P1}、T_{P2} 是并联的负载管。当输入端 A、B 同时为高电平时,T_{N1}、T_{N2} 导通,T_{P1}、T_{P2} 截止,输出端 Y 为低电平;当输入端 A、B 中有一个为低电平时,T_{N1}、T_{N2} 中必有一个截止,T_{P1}、T_{P2} 中必有一个导通,输出 Y 为高电平。因此该电路实现了**与非**逻辑功能。

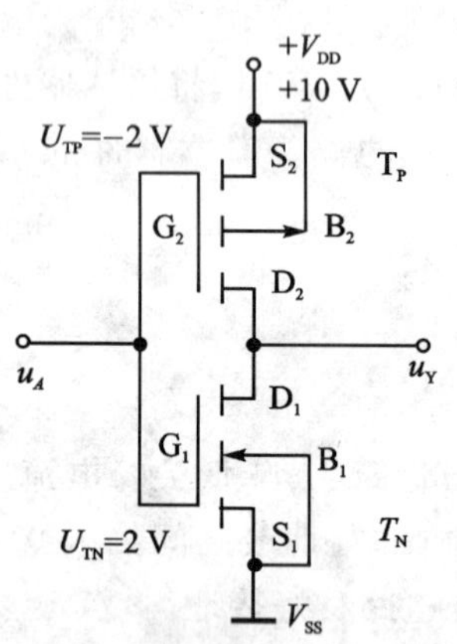

图 7-13 CMOS 反相器

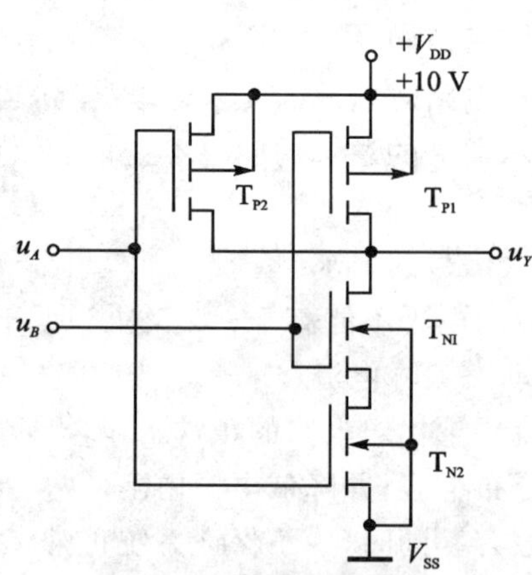

图 7-14 CMOS 与非门

图 7-15 所示是 CMOS **或非门**电路,T_{N1}、T_{N2} 是并联的驱动管,T_{P1}、T_{P2} 是串联的负载管。当输入端 A、B 中有一个为高电平时,T_{N1}、T_{N2} 中必有一个导通,相应的 T_{P1}、T_{P2} 中必有一个截止,输出端 Y 为低电平;当输入端 A、B 全为低电平时,T_{N1}、T_{N2} 截止,T_{P1}、T_{P2} 导通,输出 Y 为高电平。电路实现了**或非**逻辑功能。

(2) 集成 CMOS 传输门

图 7-16(a)所示是 CMOS 传输门电路,图 7-16(b)是它的逻辑符号。图中 T_1、T_2 分别是 NMOS 管和 PMOS 管,它们的结构和参数均对称。两管的栅极引出端分别接高、低电平不同的控制信号 C 和 $\overline{C}$,源极相连作输入端,漏极相连作输出端。

设控制信号的高、低电平分别为 V_{DD} 和 0 V,$U_{TN}=|U_{TP}|$,且 $V_{DD}>2U_{TN}$。

当控制信号 $U_C=0$、$U_{\overline{C}}=V_{DD}$(即 $C=\mathbf{0}$,$\overline{C}=\mathbf{1}$)时,在输入信号 u_i 为 0 V~V_{DD} 的范围内,$U_{GSN}<U_{TN}$,$U_{GSP}>U_{TP}$,两管均截止,输入和输出之间是断开的。

当控制信号 $U_C=V_{DD}$、$U_{\overline{C}}=0$(即 $C=\mathbf{1}$,$\overline{C}=\mathbf{0}$)时,在输入信号 u_i 为 0 V~V_{DD} 的范围内,至少有一只管子导通。即当 u_i 在 0 V~($V_{DD}-U_{TN}$)间变化时,NMOS 管导通,当 u_i 在 $|U_{TP}|$~V_{DD} 间变化时,PMOS 管导通。因此,当 $C=\mathbf{1}$,$\overline{C}=\mathbf{0}$ 时,输入电压在 0 V~V_{DD} 范围内变化,都将传输到输出端,即 $U_o=u_i|_{C=1}$。

综上所述,通过控制 C、$\overline{C}$ 端的电平值,即可控制传输门的通断。另外,由于 MOS 管具有对称结构，源极和漏极可以互换，所以 CMOS 传输门的输入端、输出端可以互换，因此传输门是一个双向开关。

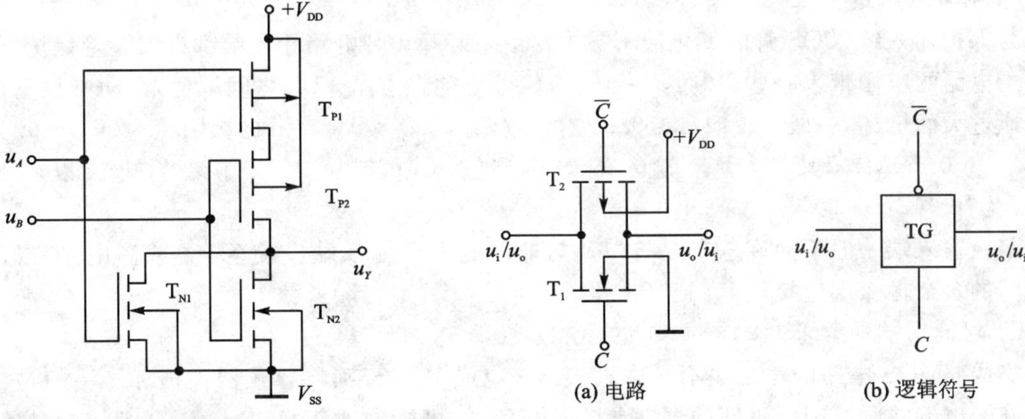

图 7-15　CMOS 或非门

(a) 电路　(b) 逻辑符号

图 7-16　CMOS 传输门

顺便指出，图 7-16(a)中 u_i和 u_o可以是模拟信号，这时 CMOS 传输门作为模拟开关。

例 7-6　由 CMOS 传输门构成的电路如图 7-17 所示，试列出其真值表，说明该电路的逻辑功能。

解：当 CS=**1** 时，4 个传输门均为断开状态，输出处于高阻状态。当 CS=**0** 时，依次分析电路可以列出真值表，如表 7-8 所列，根据真值表可得 $L=\overline{A+B}$。该电路实现三态输出的 2 输入**或非**逻辑功能。

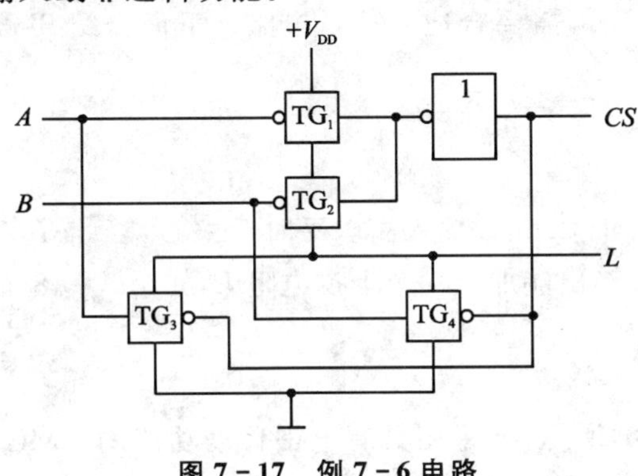

图 7-17　例 7-6 电路

表 7-8　例 7-6 真值表

CS	A	B	L
1	×	×	高阻态
0	0	0	1
0	0	1	0
0	1	0	0
0	1	1	0

(3) 使用 CMOS 集成门电路的注意事项

国产 CMOS 系列数字集成电路主要有 C000 和 CC4000 两个系列。C000 系列是我国早期的 CMOS 集成电路产品，工作电压为 7～15 V。CC4000(CC14000)系列与国际上 CD4000(MC14000)系列对应工作电压为 3～18 V，能与 TTL 电路共用电源，也便于连接，是目前发展较快、应用较普遍的 CMOS 器件。高速 CMOS 电路 CC74HC××系列与国际上 MM74××系列相对应。

CMOS 集成门电路在使用时应注意以下问题：

① 对电源的要求

CMOS 电路可以在很宽的电源电压范围内提供正常的逻辑功能，如 C000 系列为 7～

15 V,CC4000 系列为 3～18 V。V_{DD}与V_{SS}(接地端)绝对不允许接反,否则无论是保护电路或内部电路都可能因过大电流而损坏。

② 对输入端的要求

为保护输入级 MOS 管的氧化层不被击穿,一般 CMOS 电路输入端都有二极管保护网络,这就给电路的应用带来一些限制:其一,输入信号必须在V_{DD}～V_{SS}之间取值,以防二极管因正偏电流过大而烧坏,一般$V_{SS} \leqslant U_{iL} \leqslant 0.3V_{DD}$,$0.7V_{DD} \leqslant U_{iH} \leqslant V_{DD}$。$u_i$的极限值为($V_{SS}-0.5$ V)～($V_{DD}+0.5$ V)。其二,每个输入端的典型输入电流为 10 pA。输入电流以不超过 1 mA 为佳。

多余输入端一般不允许悬空。**与**门及**与非**门的多余输入端应接至V_{DD}或高电平,**或**门和**或非**门的多余输入端应接至V_{SS}或低电平。

③ 对输出端的要求

集成 CMOS 电路的输出端不允许直接接V_{DD}或V_{SS},否则将导致器件损坏。一般情况下不允许输出端并联。因为不同的器件参数不一致,有可能导致 NMOS 和 PMOS 同时导通,形成大电流。但为了增加驱动能力,可以将同一芯片上相同门电路的输入端、输出端分别并联使用。

3. TTL 与 MOS 门电路之间的接口技术

集成 CMOS 电路与集成 TTL 电路相比,CMOS 电路比 TTL 电路功耗低,抗干扰能力强,电源电压适用范围宽,扇出能力强;TTL 电路比 CMOS 电路延迟时间短,工作频率高。在使用时,可根据电路的要求及门电路的特点进行选用。

在数字系统中,常遇到不同类型集成电路混合使用的情况。由于输入/输出电平、带负载能力等参数的不同,不同类型的集成电路相互连接时,需要合适的接口电路。下面介绍 TTL 与 MOS 门电路之间的接口技术。

(1) TTL 门电路驱动 MOS 门电路

① 当$V_{CC}=V_{DD}=+5$ V 时

TTL 电路一般可以直接驱动 CMOS 电路。由于 CMOS 输入高电平时要求$U_{iH}>3.5$ V,而 TTL 输出高电平下限$U_{oH(min)}=2$ V,通常在 TTL 输出端加上一个上拉电阻R,如图 7-18(a)所示。

② 当$V_{DD}=+3$～18 V 时

可采用将 TTL 电路改用 OC 门,如图 7-18(b)所示,或采用具有电平移动功能的 CMOS 电路作为接口电路的方法,如图 7-18(c)所示。

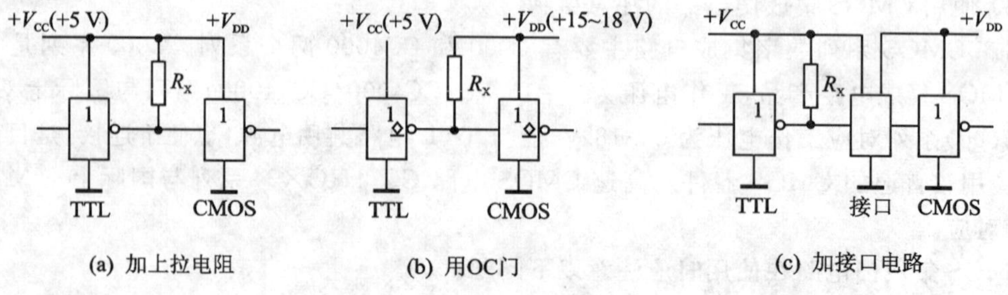

图 7-18　TTL 驱动 CMOS

（2）CMOS 门电路驱动 TTL 门电路

① 当 $V_{DD}=V_{CC}=+5$ V 时

CMOS 电路一般可以直接驱动一个 TTL 门，当被驱动的门数量较多时，由于 CMOS 输出低电平吸收负载电流的能力较小，而 TTL 输入低电平时 $|I_{iL}|$ 较大，可以采用以下方法，如图 7-19 所示。图 7-19(a)所示是在同一芯片上将 CMOS 门并接使用，以提高驱动电路的带负载能力；图 7-19(b)所示是增加了一级 CMOS 驱动电路。另外，还有采用增加漏极开路门驱动的方法。

② 当 $V_{DD}=+3\sim18$ V 时

宜采用 CMOS 缓冲器驱动作接口电路，如图 7-19(c)所示。

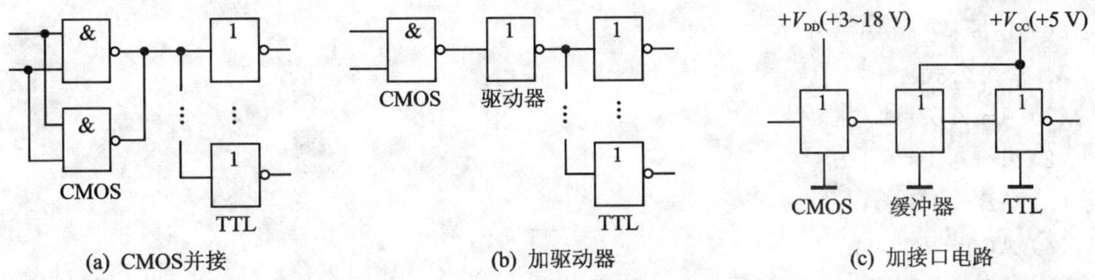

图 7-19　CMOS 电路驱动 TTL 电路

应该指出，TTL 与 CMOS 门电路之间的接口电路形式多种多样，实用中应根据情况进行选择。

7.4　逻辑函数的化简

利用三种基本逻辑门电路可组成具有各种逻辑功能的逻辑电路。但如何使组合后的逻辑电路不但能满足预定逻辑功能，而且又使电路的连线尽量少，这就需要利用逻辑代数对逻辑电路的组合规律进行分析，对每一个给定的逻辑函数进行化简与交换。

7.4.1　逻辑代数的公式和定理

根据逻辑变量的取值只有 **0** 和 **1**，以及逻辑变量的**与**、**或**、**非**三种基本运算法则，可以推导出逻辑运算的基本公式和定理。这些公式的证明，最直接的方法是列出等号两边函数的真值表，看看是否完全相同。也可利用已知的公式来证明其他公式。

1. 基本公式

（1）常量之间的关系

$$\mathbf{0\cdot 0=0} \qquad \mathbf{1+1=1}$$
$$\mathbf{0\cdot 1=0} \qquad \mathbf{1+0=1}$$
$$\mathbf{1\cdot 1=1} \qquad \mathbf{0+0=0}$$
$$\overline{\mathbf{0}}=\mathbf{1} \qquad \overline{\mathbf{1}}=\mathbf{0}$$

（2）常量和变量的关系

$$A \cdot \mathbf{1} = A \qquad A + \mathbf{0} = A$$
$$A \cdot \mathbf{0} = \mathbf{0} \qquad A + \mathbf{1} = \mathbf{1}$$
$$A \cdot \overline{A} = \mathbf{0} \qquad A + \overline{A} = \mathbf{1}$$

2. 基本定律

(1) 交换律　$A+B=B+A$　　$A \cdot B=B \cdot A$

(2) 结合律　$(A+B)+C=A+(B+C)$　　$(A \cdot B) \cdot C=A \cdot (B \cdot C)$

(3) 分配律　$A+BC=(A+B)(A+C)$　　$A \cdot (B+C)=A \cdot B+A \cdot C$

(4) 同一律　$A+A=A$　　$A \cdot A=A$

(5) 反演律(又称摩根定律)

$$\overline{A+B} = \overline{A} \cdot \overline{B} \qquad \overline{A \cdot B} = \overline{A} + \overline{B}$$

(6) 还原律　$\overline{\overline{A}}=A$

3. 常用公式

(1) $A+AB=A$

(2) $A+\overline{A}B=A+B$

(3) $AB+A\overline{B}=A$

(4) $A(A+B)=A$

(5) $AB+\overline{A}C+BC=AB+\overline{A}C$

4. 有关异或运算的一些公式

(1) 交换律　$A \oplus B=B \oplus A$

(2) 结合律　$(A \oplus B) \oplus C=A \oplus (B \oplus C)$

(3) 分配律　$A \cdot (B \oplus C)=A \cdot B \oplus A \cdot C$

(4) 常量和变量的异或运算

$$A \oplus \mathbf{1} = \overline{A} \qquad A \oplus \mathbf{0} = A$$
$$A \oplus A = \mathbf{0} \qquad A \oplus \overline{A} = \mathbf{1}$$

7.4.2 逻辑函数的化简

根据逻辑表达式可以画出相应的逻辑图(也称为逻辑电路图,是指用门电路的逻辑符号表示逻辑关系的图形),但是直接根据逻辑要求而归纳出来的逻辑表达式及其对应的逻辑电路图往往不是最简单的形式,这就需要对逻辑表达式进行化简。用化简后的逻辑表达式构成的逻辑图所需门电路的数目最少,而且每个门电路的输入端数目也最少。

1. 逻辑函数式的几种形式

需要注意的是,一个逻辑函数的最简表达式,按照式中变量之间运算关系的不同有不同的形式,常见的有最简**与或**式、最简**与非-与非**式、最简**或与**式、最间**或非-或非**式、最简**与或非**式。例如,某一逻辑函数Y,其最简表达式可表示为

(1) **与或**表达式:　$Y = A\overline{B} + BC$

(2) **与非-与非**式:　$Y = \overline{\overline{A\overline{B}} \cdot \overline{BC}}$

(3) **或与**表达式:　$Y = (A + B) \cdot (\overline{B} + C)$

(4) **或非-或非**表达式:　$Y = \overline{\overline{A + B} + \overline{\overline{B} + C}}$

(5) **与或非表达式**：　　$Y=\overline{\bar{A}\bar{B}+B\bar{C}}$

不同的表达式将用不同的门电路来实现，而且各种表达形式之间可以相互转换。应当指出，最简**与或**表达式是最基本的表达形式，由最简**与或**表达式可以转换成其他各种形式。例如，已知**与或**式 $Y=A\bar{B}+BC$，将其转换成**与非-与非**式的方法是

$$Y=\overline{\overline{Y}}=\overline{\overline{A\bar{B}+BC}}=\overline{\overline{A\bar{B}}\cdot\overline{BC}}$$

2. 逻辑函数式的公式化简法

逻辑函数的化简有公式法和卡诺图法等。公式化简法实际上就是应用逻辑代数的公式、定律，对逻辑函数进行运算和变换，以求得逻辑函数的最简形式，常用的方法如下：

(1) 并项法

根据 $AB+A\bar{B}=A$ 可以把两项合并为一项，保留相同因子，消去互为相反的因子。例如：

$$Y=AB+ACD+\bar{A}B+\bar{A}CD=(A+\bar{A})B+(A+\bar{A})CD=B+CD$$

(2) 吸收法

根据 $A+AB=A$ 可将 AB 项消去。A 和 B 可代表任何复杂的逻辑式。例如：

$$Y=AB+AB\bar{C}+ABD=AB$$

(3) 消项法

根据 $AB+\bar{A}C+BC=AB+AC$ 可将 BC 项消去。A、B 和 C 可代表任何复杂的逻辑式。例如：

$$Y=A\bar{C}+\bar{A}\,\bar{B}+\bar{B}\,\bar{C}=A\bar{C}+\bar{A}\bar{B}$$

(4) 消因子法

根据 $A+\bar{A}B=A+B$ 可将 $\bar{A}B$ 中的因子 $\bar{A}$ 消去。A 和 B 可代表任何复杂的逻辑式。例如：

$$Y=AC+\bar{A}B+B\bar{C}=AC+B\,\overline{AC}=AC+B$$

(5) 配项法

根据 $A+A+\cdots+A=A$ 可以在逻辑函数式中重复写入某一项，以获得更加简单的化简结果。例如：

$$Y=\bar{A}B\bar{C}+\bar{A}BC+ABC=\bar{A}B\bar{C}+\bar{A}BC+(ABC+\bar{A}BC)=$$
$$\bar{A}B(\bar{C}+C)+BC(\bar{A}+A)=\bar{A}B+BC$$

例 7-7　用公式法化简下列逻辑函数。

(1) $F=A(B+\bar{C})+A\bar{C}+\bar{B}C+B\bar{C}+B\bar{D}+\bar{B}D+ADE$

(2) $F=(A\oplus B)C+ABC+\bar{A}\cdot\bar{B}C$

(3) $F=AC+\bar{B}C+B\bar{D}+C\bar{D}+A(B+\bar{C})+\bar{A}BC\bar{D}+A\bar{B}DE$

解：(1) $F=A(B+\bar{C})+A\bar{C}+\bar{B}C+B\bar{C}+B\bar{D}+\bar{B}D+ADE=$

$(\overline{A\bar{B}\bar{C}}+\bar{B}C)+B\bar{C}+B\bar{D}+\bar{B}D+ADE=A+\bar{B}C+B\bar{C}+B\bar{D}+\bar{B}D+ADE=$

$(A+ADE)+\bar{B}C+B\bar{D}+B\bar{C}+\bar{B}D=A+\bar{B}C+B\bar{D}+B\bar{C}+\bar{B}D=A+B\bar{C}+\bar{B}D+\bar{D}C$

(2) $F=(A\oplus B)C+ABC+\bar{A}\cdot\bar{B}C=(A\oplus B)C+(AB+\bar{A}\cdot\bar{B})C=C[(A\oplus B)+\overline{A\oplus B}]=C$

(3) $F=AC+\bar{B}C+B\bar{D}+C\bar{D}+A(B+\bar{C})+\bar{A}BC\bar{D}+A\bar{B}DE=$

$AC+\bar{B}C+B\bar{D}+C\bar{D}+\overline{A\bar{B}C}+A\bar{B}DE=AC+\bar{B}C+B\bar{D}+C\bar{D}+A+A\bar{B}DE=$

$A+\bar{B}C+B\bar{D}+C\bar{D}=A+\bar{B}C+B\bar{D}$

用公式法化简逻辑函数，需要对逻辑代数的基本公式和常用公式比较熟悉，它没有固定的

规律，适于化简变量比较多的逻辑函数。

3. 逻辑函数式的卡诺图化简法

(1) 最小项的概念

最小项是逻辑代数中一个重要的概念。一个 n 变量的逻辑函数共有 2^n 种取值组合，对于每一种取值组合，将其中变量值为 **1** 的写成原变量(字母上无非号的变量)，为 **0** 的写成反变量(字母上带非号的变量)，这样对每一种变量取值组合，都可写出唯一的乘积项(也称为**与**项)，这个乘积项就称为逻辑函数的最小项。例如，对于两变量函数的 4 种取值组合 **00**、**01**、**10** 和 **11**，其对应的 4 个最小项分别为 $\overline{A}\overline{B}$、$\overline{A}B$、$A\overline{B}$ 和 AB。同样，对于三变量逻辑函数，共有 8 种取值组合 **000**、**001**、**010**、**011**、**100**、**101**、**110**、**111**，与之对应的 8 个最小项是 $\overline{A}\overline{B}\overline{C}$、$\overline{A}\overline{B}C$、$\overline{A}B\overline{C}$、$\overline{A}BC$、$A\overline{B}\overline{C}$、$A\overline{B}C$、$AB\overline{C}$、$ABC$。

很显然，一个 n 变量的逻辑函数共有 2^n 种取值组合，也就有 2^n 个最小项。

通常，对于两个最小项，若它们只有 1 个因子不同，则称其为逻辑相邻的最小项，简称逻辑相邻项。如 $\overline{A}B\overline{C}$ 和 $AB\overline{C}$ 是逻辑相邻项，$\overline{A}BC$ 和 ABC 也是逻辑相邻项。两个逻辑相邻项可以合并成 1 项，并且消去 1 个因子，例如，$\overline{A}B\overline{C}+AB\overline{C}=B\overline{C}$。这一特性正是卡诺图化简逻辑函数的依据。

今后，为了叙述方便，给每个最小项编上号，用 m_i 表示。$\overline{A}\overline{B}\overline{C}$、$\overline{A}\overline{B}C$、$\overline{A}B\overline{C}$、…、$ABC$ 分别用 m_0、m_1、m_2、…、m_7 表示。最小项的序号就是其对应变量取值组合当成二进制数时所对应的十进制数。

任一逻辑函数都能化成唯一的最小项之和形式(也称标准**与或**式)。方法是：首先将给定的逻辑函数式化为若干乘积项之和的**与或**形式，然后再利用基本公式 $A+\overline{A}=1$ 将每个乘积项中缺少的因子补全，这样就可以将**与或**的形式化为最小项之和的标准形式。这种标准形式在逻辑函数的化简以及计算机辅助分析和设计中得到了广泛的应用。

例 7-8 写出函数 $Y=(A+\overline{B})(\overline{A}+C)$ 的最小项之和形式(标准**与或**式)。

解：

$$\begin{aligned}Y&=(A+\overline{B})(\overline{A}+C)=AC+\overline{A}\overline{B}+\overline{B}C=\\&AC(B+\overline{B})+\overline{A}\overline{B}(C+\overline{C})+\overline{B}C(A+\overline{A})=\\&ABC+A\overline{B}C+\overline{A}\overline{B}C+\overline{A}\overline{B}\overline{C}+A\overline{B}C+\overline{A}\overline{B}C=\\&ABC+A\overline{B}C+\overline{A}\overline{B}C+\overline{A}\overline{B}\overline{C}=\\&m_7+m_5+m_1+m_0=\sum\nolimits_m(0,1,5,7)\end{aligned}$$

顺便指出，如果把真值表中使函数值为 **0** 的那些变量取值组合所对应的最小项加起来，则可得到逻辑函数的反函数的标准**与或**式。

(2) 逻辑函数的卡诺图

卡诺图是一种最小项方格图，它是由美国工程师卡诺(Karnaugh)设计的，每一个小方格对应一个最小项，n 变量逻辑函数有 2^n 个最小项，因此 n 变量卡诺图中共有 2^n 个小方格。另外，小方格在排列时，应保证几何位置相邻的小方格，在逻辑上也相邻。所谓几何相邻，是指空间位置上的相邻，包括紧挨着的以及相对的(卡诺图中某一行或某一列的两头)。

画卡诺图时，根据函数中变量数目 n，将图形分成 2^n 个方格，方格的编号和最小项的编号相同，由方格外面行变量和列变量的取值决定。图 7-20(a)、(b)、(c)分别是三变量、四变量和五变量的卡诺图，图中，A 和 B 是行变量，C 和 D 是列变量。约定：

① 写方格编号时，以行变量为高位组，列变量为低位组(当然也可用相反的约定)。例如，

图 7-20(b)中，AB=**10**，CD=**01** 的方格对应编号为 m_9(**1001**=9)的最小项，那么就可以在对应的方格中填上 m_9，或只简单地填上序号 9。

② 行、列变量取值顺序一定按循环码排列，例如图 7-20(b)中 AB 和 CD 都是按照 **00**，**01**，**11**，**10** 的顺序排列的。这样标注可以保证几何相邻的最小项必定也是逻辑相邻的最小项。循环码可由二进制数码推导出来。若设 $B_3B_2B_1B_0$ 是一组 4 位二进制数码，则对应的 4 位循环码 $G_3G_2G_1G_0$ 可用公式 $G_i = B_{i+1} \oplus B_i$ 求出。

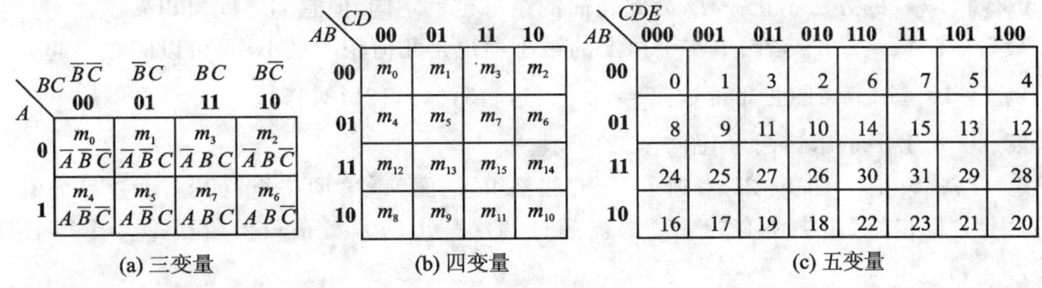

(a) 三变量

A \ BC	00 ($\bar{B}\bar{C}$)	01 ($\bar{B}C$)	11 (BC)	10 ($B\bar{C}$)
0	m_0 $\bar{A}\bar{B}\bar{C}$	m_1 $\bar{A}\bar{B}C$	m_3 $\bar{A}BC$	m_2 $\bar{A}B\bar{C}$
1	m_4 $A\bar{B}\bar{C}$	m_5 $A\bar{B}C$	m_7 ABC	m_6 $AB\bar{C}$

(b) 四变量

AB \ CD	00	01	11	10
00	m_0	m_1	m_3	m_2
01	m_4	m_5	m_7	m_6
11	m_{12}	m_{13}	m_{15}	m_{14}
10	m_8	m_9	m_{11}	m_{10}

(c) 五变量

AB \ CDE	000	001	011	010	110	111	101	100
00	0	1	3	2	6	7	5	4
01	8	9	11	10	14	15	13	12
11	24	25	27	26	30	31	29	28
10	16	17	19	18	22	23	21	20

图 7-20　变量卡诺图

③ 用卡诺图表示逻辑函数

根据逻辑函数最小项表达式画卡诺图时，式中有哪些最小项，就在相应的方格中填 **1**，而其余的方格填 **0**(**0** 也可以省略不填)。若不是最小项之和形式，可先化成最小项之和形式。

例 7-9　画出逻辑函数 $Y = A\bar{B}C + \bar{A}BC + AB$ 的卡诺图。

解：式中 $A\bar{B}C$、$\bar{A}BC$ 已是最小项。含有**与**项 AB 的最小项有两个：ABC 和 $AB\bar{C}$。故在 m_3、m_5、m_6、m_7 相应的小方格填 **1**，如图 7-21 所示。

若逻辑函数不是**与或**式，应先变换成**与或**式(不必变换成最小项表达式)，然后把含有各个**与**项的最小项在对应小方格内填 **1**，即得函数的卡诺图。

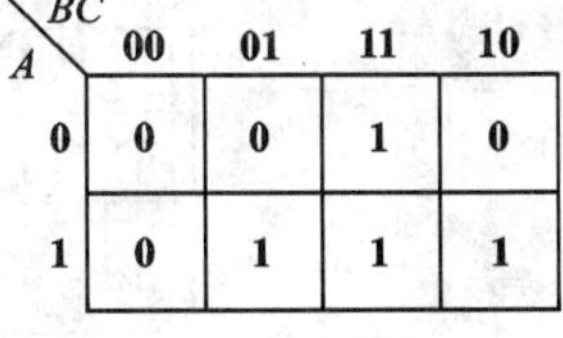

A \ BC	00	01	11	10
0	0	0	1	0
1	0	1	1	1

图 7-21　例 7-9 用图

(3) 用卡诺图化简逻辑函数

由于卡诺图中几何位置相邻的最小项也具有逻辑相邻性，而逻辑函数化简的实质就是合并逻辑相邻的最小项，因此，直接在卡诺图中合并几何相邻的最小项即可，合并的具体方法是：将所有几何相邻的最小项圈在一起进行合并。这里所说的几何相邻有两方面的含义，一是指紧挨着，二是指卡诺图中某一行或某一列两头。

卡诺图化简逻辑函数的一般步骤：

① 画出逻辑函数的卡诺图。画逻辑函数的卡诺图就是在卡诺图中将函数所包含的最小项方格内填 **1**，其余方格填 **0**(**0** 也可不填)。

② 合并几何相邻的最小项。实际上是将几何相邻的填有 **1** 的方格(简称"**1** 格")圈在一起进行合并，保留相同的变量，消去不同的变量。每圈一个圈，就得到一个**与**项。

③ 将所有的**与**项相加，即可得到函数的最简**与或**表达式。

以上三步中，第一步是基础，第二步是难点，为了正确化简逻辑函数，圈出几何相邻的"**1** 格"最关键。

圈"**1** 格"的注意事项：

① 每个圈中只能包含 2^n 个"**1** 格",并且可消掉 n 个变量,被合并的"**1** 格"应该排成正方或矩形;

② 圈的个数应尽量少,圈越少,**与**项越少;

③ 圈应尽量大,圈越大,消去的变量越多;

④ 有些"**1** 格"可以多次被圈,但每个圈中应至少有一个"**1** 格"只被圈过一次;

⑤ 要保证所有"**1** 格"全部圈完,无几何相邻项的"1 格"独立构成一个圈;

⑥ 圈"**1** 格"的方法不止一种,因此化简的结果也就不同,但它们之间可以转换。

最后需注意一点:卡诺图中 4 个角上的最小项也是几何相邻最小项,可以圈在一起合并。

例 7-10 用卡诺图化简函数 $Y=\sum_m(1,4,5,6,8,12,13,15)$。

解:① 画出 Y 的卡诺图,如图 7-22 所示。

② 合并"**1** 格"。图 7-22 中画了 1 个"四格组"的圈,4 个"两格组"的圈,但这种方案是错误的,因为"四格组"圈中所有"**1** 格"都被圈过两次。正确方案是只保留图中 4 个"两格组"的圈。

③ 写出最简**与或**表达式

$$Y=\overline{A}\overline{C}D+\overline{A}B\overline{D}+A\overline{C}\overline{D}+ABD$$

例 7-11 利用卡诺图化简函数 $Y=\overline{A}\overline{C}+AC+A\overline{B}\overline{C}\overline{D}+\overline{A}\overline{B}C\overline{D}$。

解:① 画出 Y 的卡诺图,如图 7-23 所示。

② 合并"**1** 格"。注意 4 个角上的"**1** 格"应圈在一起进行合并。

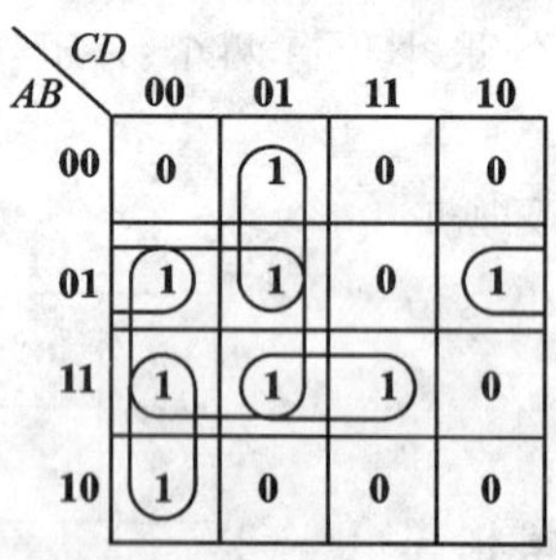

图 7-22 例 7-10Y 的卡诺图

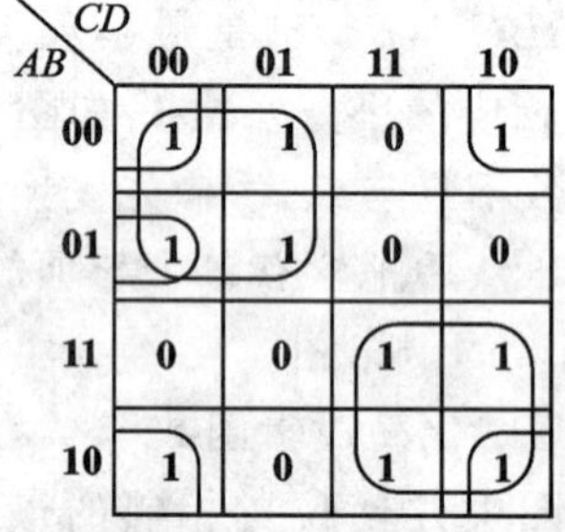

图 7-23 例 7-11Y 的卡诺图

③ 写出最简**与或**表达式

$$Y=\overline{A}\overline{C}+AC+\overline{B}\overline{D}$$

注意:在卡诺图中合并"**0** 格",将得到反函数的最简**与或**式。

例 7-12 函数 $Y=AB+BC+CA$,用卡诺图求出 $\overline{Y}$ 的最简**与或**表达式。

解:① 画出 Y 的卡诺图,如图 7-24 所示。

② 合并"**0** 格"。

③ 写出 $\overline{Y}$ 的最简**与或**表达式

$$\overline{Y}=\overline{A}\overline{B}+\overline{B}\overline{C}+\overline{A}\overline{C}$$

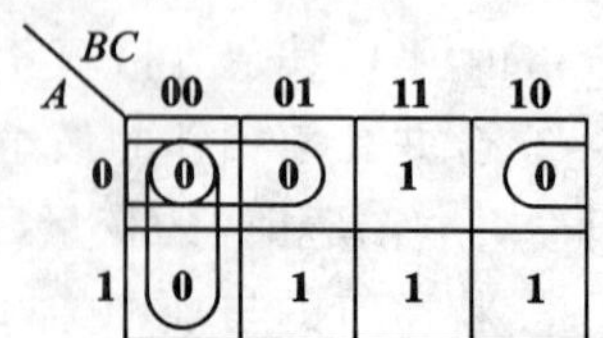

图 7-24 例 7-12Y 的卡诺图

与公式化简法相比,卡诺图化简逻辑函数具有直观、简便、易于掌握化简结果的准确程度等优点,因而广泛应用于数字电路的分析和设计过程中。

本章小结

1. 数字电路研究的主要问题是输入变量与输出函数间的逻辑关系，它的工作信号在时间和数值上是离散的，用二值量 **0**、**1** 表示。

2. 二进制是数字电路的基本计数体制；十六进制有 16 个数字符号，4 位二进制数可表示 1 位十六进制数。常用的码制为 8421BCD 码。

3. 逻辑代数有 3 种基本的逻辑运算(关系)——**与**、**或**、**非**，由它们可组合或演变成几种复合逻辑运算——**与非**、**或非**、**异或**、**同或**和**与或非**等。实现各种逻辑运算的电子电路称为门电路。分立元件门电路是组成逻辑门的基本形式。集成门电路分为 TTL 和 CMOS 两大类，是目前广泛采用的两种集成电路。

4. 逻辑函数的化简是分析、设计数字电路的重要环节。实现同样的功能，电路越简单，成本就越低，且工作越可靠。化简逻辑函数有两种方法，公式法和卡诺图法各有所长，又各有不足，应熟练掌握。

习题七

7-1　填空题

(1) $(174)_{10}=(\qquad\qquad\qquad)_2=(\qquad\qquad\qquad)_{8421BCD}$

(2) $(37.483)_{10}=(\qquad\qquad\qquad)_2=(\qquad\qquad)_{16}$

(3) $(\mathbf{101110.011})_2=(\qquad\qquad)_{10}$

(4) $(254.76)_{10}=(\qquad\qquad)_8$

(5) $(4DE.C8)_{16}=(\qquad\qquad)_{10}$

(6) $(23F.45)_{16}=(\qquad\qquad\qquad\qquad)_2$

(7) 数字集成电路中的晶体三极管常工作在________和________状态。

(8) TTL 门电路输入端悬空时，应视为________。此时如果用指针式万用表测量其电压，读数约为________。

(9) TTL **与非**门的额定高电平 $U_{OH}=$________ V；额定低电平 $U_{OL}=$________ V。(设电源电压为 5 V)

7-2　选择题

(1) 同模拟信号相比，数字信号的特点是它的________。一个数字信号只有________种取值，分别表示为________和________。

A. 连续性，2，**0**，**1**　　B. 数字性，2，**0**，**1**

C. 对偶性，2，**0**，**1**　　D. 离散性，2，**0**，**1**

(2) 以下说法正确的是(　　)。

A. 数字信号在大小上不连续，时间上连续，模拟信号则相反

B. 数字信号在大小上连续，时间上不连续，模拟信号则相反

C. 数字信号在大小和时间上均连续，模拟信号则相反

D. 数字信号在大小和时间上均不连续，模拟信号则相反

(3) 若将一异或门(输入端为 A,B)当做反相器使用,则 A,B 端应按(　　)连接。

A. A 或 B 中有一个接 **1**　　　　B. A 或 B 中有一个接 **0**

C. A 和 B 并联使用　　　　D. 不能实现

(4) 已知逻辑门电路的输入信号 A,B 和输出信号 Y 的波形如题图 7-2-(4)所示,则该电路实现(　　)逻辑功能。

A. 与非　　B. 异或　　C. 或　　D. 无法判断

(5) 已知逻辑门电路的输入信号 A,B 和输出信号 Y 的波形如题图 7-2-(5)所示,则该电路实现(　　)逻辑功能。

A. 与非　　B. 异或　　C. 或　　D. 无法判断

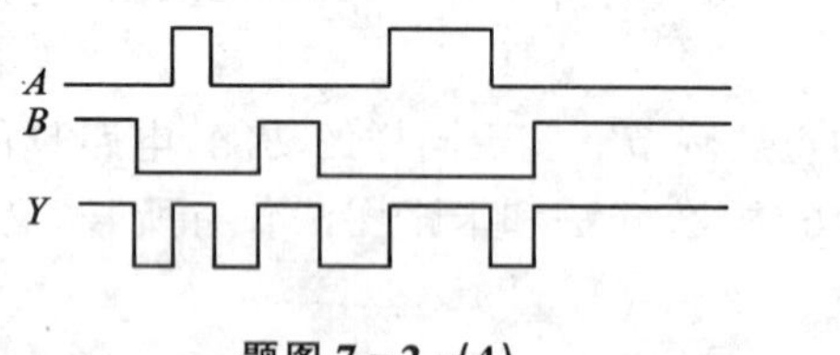

题图 7-2-(4)

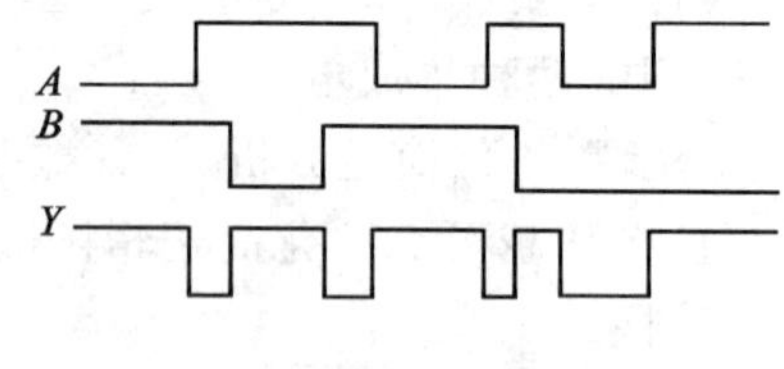

题图 7-2-(5)

(6) 下列一组数中的最大数为(　　)。

A. $(11)_{10}$　　B. $(\mathbf{10110})_2$　　C. $(\mathbf{10010001})_{8421BCD}$　　D. $(110)_8$

(7) 题图 7-2-(7)所示为各 CC4000 系列 CMOS 门电路,则其输出分别为________。

A. Y_1为高电平,Y_2为高电平,Y_3为低电平,Y_4为高电平

B. Y_1为低电平,Y_2为低电平,Y_3为高电平,Y_4为低电平

C. Y_1为低电平,Y_2为低电平,Y_3为低电平,Y_4为高电平

D. Y_1为高电平,Y_2为低电平,Y_3为低电平,Y_4为低电平

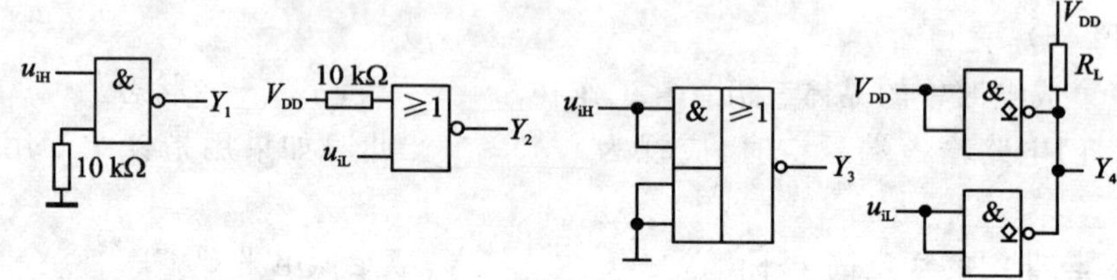

题图 7-2-(7)

7-3　写出下列二进制数的原码、反码和补码。

(1) $(+\mathbf{1110})_2$　　(2) $(+\mathbf{10110})_2$　　(3) $(-\mathbf{1110})_2$　　(4) $(-\mathbf{10110})_2$

7-4　列出下列各函数的真值表。

(1) $Y(A,B,C)=AC+A\overline{B}$　　　　(2) $Y(A,B,C)=A\oplus B\oplus C$

7-5　试用真值表证明下列等式成立。

(1) $(A+B)(\overline{A}+C)(B+C)=(A+B)(\overline{A}+C)$　　　　(2) $AB(A\oplus B\oplus C)=ABC$

7-6　电路如题图 7-6 所示。设开关闭合表示为 **1**,断开表示为 **0**;灯亮表示为 **1**,灯灭表示为 **0**。试分别列出(a)、(b)、(c)各电路中灯泡 Y 与开关 A,B,C 关系的真值表,写出函数表达式,并画出逻辑图。

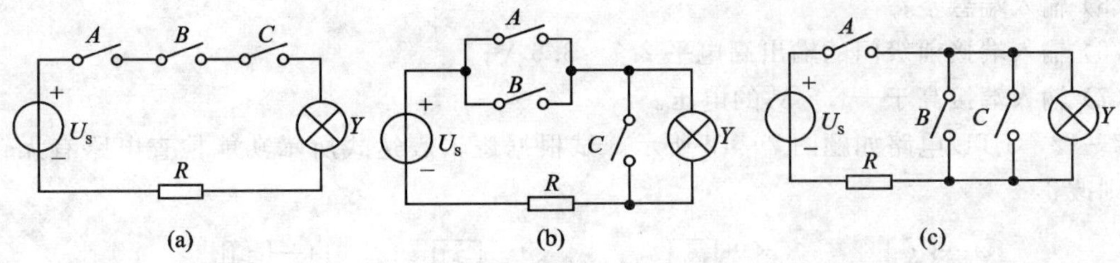

题图 7-6

7-7　将下列各式展开成最小项之和的形式。

(1) $F=A+B\overline{C}+\overline{A}C$　　　　(2) $F=B(A+\overline{C})(A+\overline{B}+C)$

7-8　根据题图 7-8 中所给的输入变量 A,B,C 的波形，分别画出输出 $Y_1\sim Y_4$ 的波形。

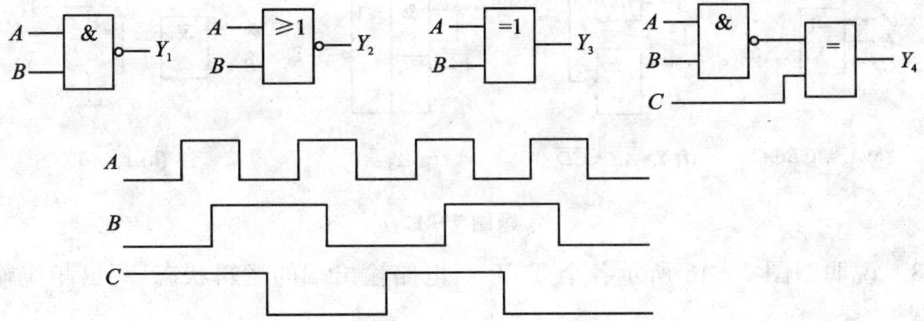

题图 7-8

7-9　将逻辑函数 $F=A\oplus B$ 变换为以下形式，并分别画出对应的逻辑电路图。

(1) 与或式；　(2) 与非式；　(3) 或与式；　(4) 或非式；　(5) 与或非式。

7-10　试写出题图 7-10 所示各逻辑图输出变量的逻辑表达式。

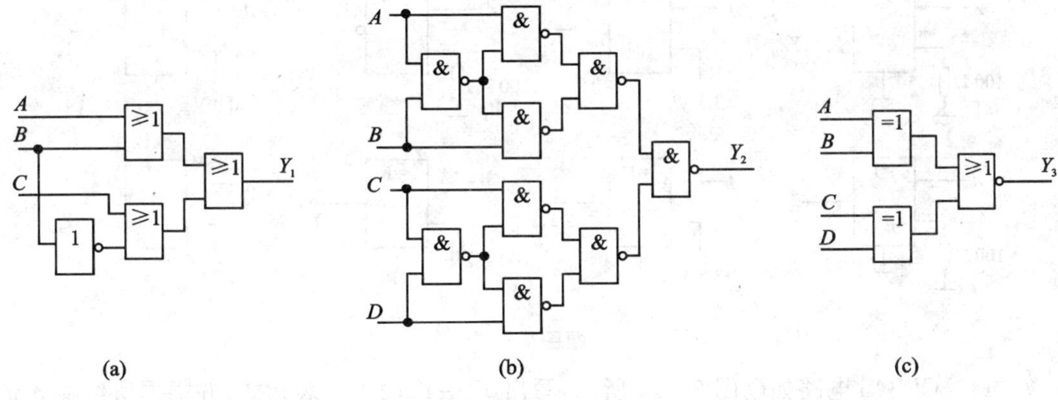

题图 7-10

7-11　指出下列情况下，TTL 与非门输入端的逻辑状态。

(1) 输入端接地；

(2) 输入端接电压低于+0.8 V 的电源；

(3) 输入端接前级门的输出低电平+0.3 V；

(4) 输入端接电源电压 $V_{CC}=+5$ V；

(5) 输入端悬空；

(6) 输入端接前级门的输出高电平 2.7～3.6 V；

(7) 输入端接高于+1.8 V 的电压。

7-12　TTL 电路如题图 7-12 所示。试根据逻辑表达式所示功能检查电路有无错误，若有则改正。

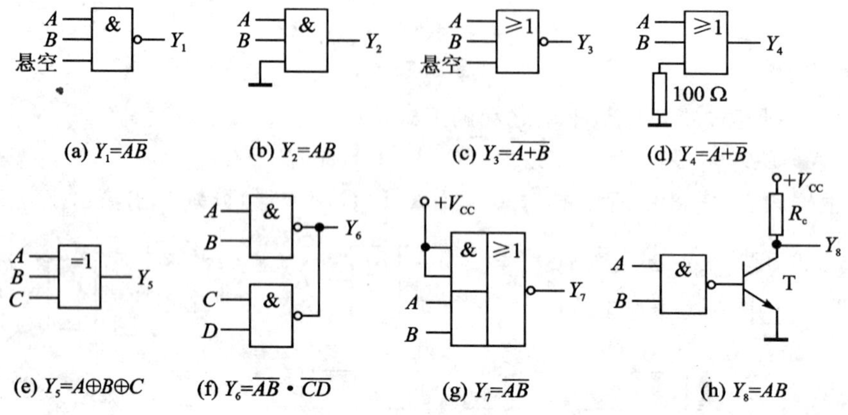

题图 7-12

7-13　说明题图 7-13 所示各个 TTL 门电路输出端的逻辑状态，写出相应输出信号的逻辑表达式。

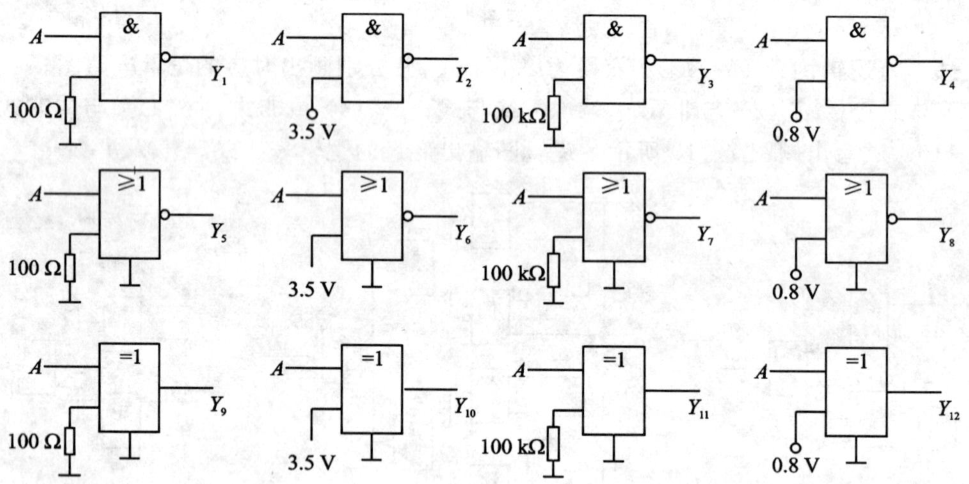

题图 7-13

7-14　CMOS 电路如题图 7-14 所示，写出 Y_1～Y_5 的逻辑表达式，并根据所给输入信号 A,B,C 的波形画出输出信号 Y_1～Y_5 的波形。

7-15　现有一片四-2 输入**与非**门(74LS00)，欲实现 $Y=\overline{AB+CD}$，电路应如何连接？画出逻辑图及芯片引脚连线图。

7-16　题图 7-16 示出了一个由 TTL **与非**门组合而成的**与或非**电路，若只用了 A、B 及 C、D 四个输入端，那么 E、F 端应如何处理，可以悬空吗？若只用了 A、B 及 C、D 和 E 端，那么 F 端应如何处理？

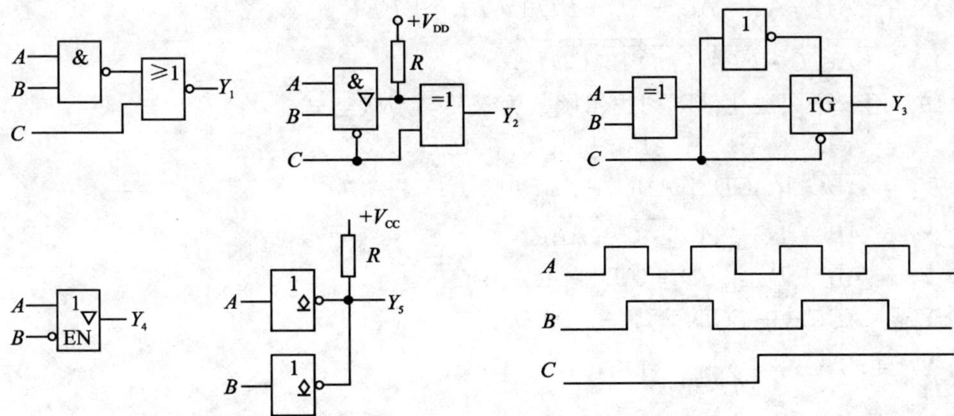

题图 7-14

7-17　**与非**门电路如题图 7-17 所示。A 为控制端，B 为信号输入端，输入信号为一串矩形脉冲，当 6 个脉冲过后，**与非**门就关闭，问控制端 A 的信号应如何连接？并画出用**与**门、**或**门、**或非**门代替**与非**门作门控电路时的波形图。

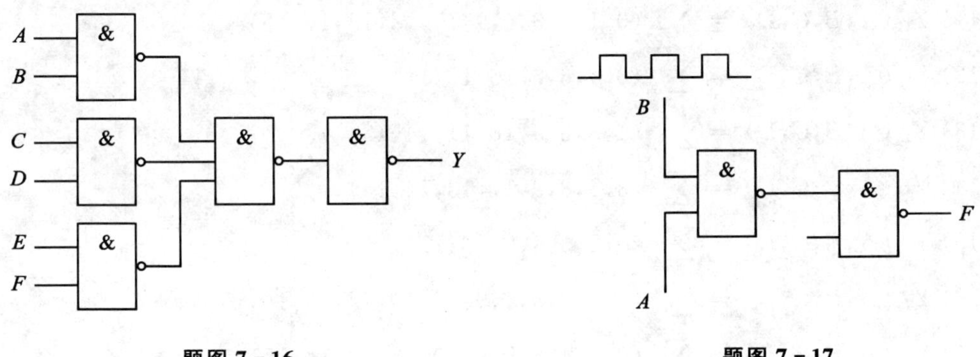

题图 7-16　　题图 7-17

7-18　用公式法化简下列逻辑函数为最简**与或**表达式。

(1) $Y_1 = A\overline{B}(C+\overline{D})+B\overline{C}+\overline{A}\cdot\overline{B}+\overline{A}C+BC+\overline{B}\cdot\overline{C}\cdot\overline{D}$

(2) $Y_2 = A(\overline{B}+C+D)(B+\overline{D})$

(3) $Y_3 = A+A\overline{B}\overline{C}+\overline{A}CD+\overline{C}E+\overline{D}E$

(4) $Y_4 = AB\overline{C}\overline{D}+A\overline{B}\overline{D}+B\overline{C}D+AB\overline{C}+\overline{B}\overline{D}+B\overline{C}$

(5) $Y_5 = A\,\overline{B\overline{C}}+AB\overline{C}$

(6) $Y_6 = A+B+C+\overline{A}\overline{B}\overline{C}$

(7) $Y_7 = (B+\overline{B}C)(A+AD+B)$

(8) $Y_8 = (A+B+C)(\overline{A}+\overline{B}+\overline{C})$

(9) $Y_9 = A\overline{D}+A\overline{C}+C\overline{D}+AD$

(10) $Y_{10} = \overline{A\overline{C}}B+\overline{A\overline{C}+B}+BC$

(11) $Y_{11} = A\overline{B}+B\overline{C}+\overline{A}B+AC$

(12) $Y_{12} = A\overline{B}+\overline{A}+B+\overline{C}+AC$

(13) $Y_{13} = AB(C+D)+(\overline{A}+\overline{B})\cdot\overline{\overline{C}\cdot\overline{D}}+\overline{C\oplus D}\cdot\overline{D}$

(14) $Y_{14}=AD+AB+\overline{A}C+A\overline{D}+BD+A\overline{B}EF+\overline{B}EF$

(15) $Y_{15}=\overline{A\oplus C\cdot\overline{\overline{B}(\overline{A}\,\overline{C}\cdot\overline{D}+\overline{A}C\overline{D})}}$

7-19 用卡诺图法化简下列逻辑函数为最简**与或**表达式。

(1) $Y_1=A\overline{B}D+\overline{A}BD+\overline{A}\,\overline{B}\,\overline{C}+\overline{A}CD+\overline{A}\,\overline{B}\,\overline{D}$

(2) $Y_2=\overline{A}\,\overline{B}\,\overline{C}+\overline{A}\,\overline{C}\,\overline{D}+\overline{A}BC+ABD+\overline{A}C\overline{D}+AC\overline{D}$

(3) $Y_3=A\overline{B}+B\overline{C}+\overline{A}\,\overline{\overline{B}\cdot\overline{C}}+\overline{A}BC$

(4) $Y_4=A\overline{B}+B\overline{C}+C\overline{D}+\overline{A}D+AC+A\overline{C}$

(5) $Y_5=A\overline{B}CD+\overline{B}\,\overline{C}D+(A+C)B\overline{D}$

(6) $Y_6(A,B,C)=\sum_m(0,1,2,5)$

(7) $Y_7(A,B,C)=\sum_m(0,2,4,6,7)$

(8) $Y_8(A,B,C)=\sum_m(0,1,2,3,4,5,6)$

(9) $Y_9(A,B,C)=\sum_m(0,1,2,3,6,7)$

(10) $Y_{10}(A,B,C,D)=\sum_m(0,1,8,9,10)$

(11) $Y_{11}(A,B,C,D)=\sum_m(0,1,2,3,4,9,10,12,13,14,15)$

(12) $Y_{12}(A,B,C,D)=\sum_m(0,4,6,8,10,12,14)$

(13) $Y_{13}(A,B,C,D)=\sum_m(1,3,8,9,10,11,14,15)$

(14) $Y_{14}(A,B,C,D)=\sum_m(3,5,8,9,11,13,14,15)$

(15) $Y_{15}(A,B,C,D)=\sum_m(0,2,3,4,8,10,11)$

(16) $Y_{16}(A,B,C,D)=\sum_m(0,1,2,3,4,9,10,11,12,13,14,15)$

(17) $Y_{17}(A,B,C,D)=\sum_m(0,1,4,6,8,9,10,12,13,14,15)$

(18) $Y_{18}(A,B,C,D)=\sum_m(2,4,5,6,7,11,12,14,15)$

7-20 已知某逻辑函数 $F=A\overline{B}+B\overline{C}+C\overline{A}$,试用真值表、卡诺图和逻辑图表示该函数。

7-21 写出题图 7-21 所示各逻辑图的函数表达式,并化简成最简**与或**式。

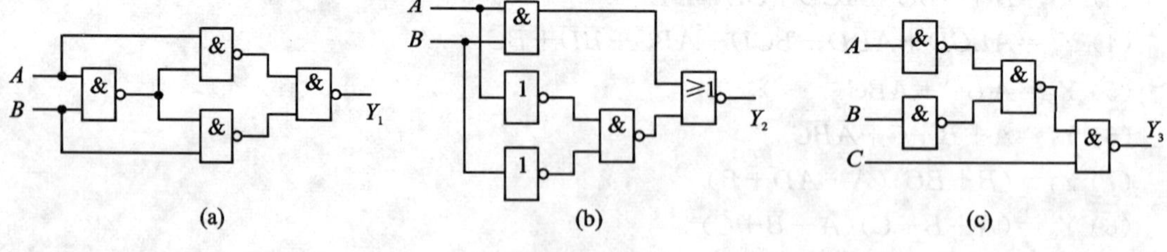

题图 7-21

7-22 某工厂有四个股东,分别拥有 40%、30%、20%和 10%的股份。一个议案要获得通过,必须至少有超过一半股权的股东投赞成票。试列出该厂股东对议案进行表决的电路的真值表,并求出最简**与或**式。

7-23　已知有 4 个运动员参加拳击比赛，举行拳击比赛的条件有：

(1) 只有在有其他运动员在场的条件下，A 才可与任何运动员比赛；

(2) B 只与 C 比赛，而且是在无其他运动员在场的情况下；

(3) C 可与任何运动员比赛，但只要 D 在场则拒绝比赛；

(4) D 宣布不与任何运动员比赛。

试求出举行一次拳击比赛的逻辑表达式，并用逻辑语言解释之。

第8章 组合逻辑电路

内容提要

- 组合逻辑电路的结构特点及功能特点
- 组合逻辑电路的分析方法与设计方法
- 编码器、译码器、加法器、数据选择器、数据分配器的工作原理及使用方法
- 组合电路中的竞争–冒险现象及消除方法

数字电路按照逻辑功能的不同分为两大类:一类是组合逻辑电路,简称组合电路;一类是时序逻辑电路,简称时序电路。本章讨论组合电路,首先介绍组合电路的结构和功能特点、一般分析方法和设计方法,然后以编码器、译码器、加法器、数值比较器、数据选择器和数据分配器为例重点讲述常用中规模集成组合电路的功能、使用方法及典型应用。

8.1 组合逻辑电路的特点及分析设计方法

8.1.1 组合电路的特点

1. 功能特点

组合电路在任意时刻的输出仅仅取决于该时刻输入信号的状态,而与该时刻之前电路的状态无关。简而言之,组合电路"无记忆性"。

图8-1所示是一个有多输入端和多输出端的组合电路框图,其中,A_1、A_2、…、A_m为输入逻辑变量,Y_1、Y_2、…、Y_n为输出逻辑变量,输出与输入之间的关系表示为

$$\left.\begin{aligned} Y_1 &= f_1(A_1、A_2、\cdots、A_m) \\ Y_2 &= f_2(A_1、A_2、\cdots、A_m) \\ &\vdots \\ Y_n &= f_n(A_1、A_2、\cdots、A_m) \end{aligned}\right\} \tag{8-1}$$

图8-1 组合电路框图

2. 结构特点

组合电路之所以具有以上功能特点,归根结底是由于结构上满足以下特点:

(1) 不包含记忆(存储)元件;

(2) 不存在输出到输入的反馈回路。

需要指出的是,在第7章介绍的各种门电路均属于组合电路,它们是构成复杂组合电路的单元电路。

8.1.2　组合电路的一般分析方法

分析组合电路，就是根据已知的逻辑图，找出输出变量与输入变量之间的逻辑关系，从而确定电路的逻辑功能。分析组合电路，通常遵循以下步骤：

(1) 根据给定逻辑图写出输出变量的逻辑表达式；

(2) 用公式法或卡诺图法化简逻辑表达式；

(3) 根据化简后的表达式列出真值表；

(4) 根据真值表所反映的输出与输入变量的取值对应关系，说明电路的逻辑功能。

例 8-1　试分析图 8-2 所示电路的逻辑功能。

解：(1) 从输入端依次写出各门电路输出信号的逻辑表达式：

$$L_1 = \overline{AB}, \qquad L_2 = A + B, \qquad L_3 = \overline{L_2 \cdot C}$$

$$F = \overline{L_1 \cdot L_3} = \overline{\overline{AB} \cdot \overline{(A+B) \cdot C}}$$

(2) 列出逻辑函数真值表，如表 8-1 所列。

(3) 分析逻辑功能。

由真值表可知，当 A、B、C 中有多数个为 **1** 时，F 即为 **1**。因此，图 8-2 所示电路具有多数表决的功能，是一个多数表决电路。

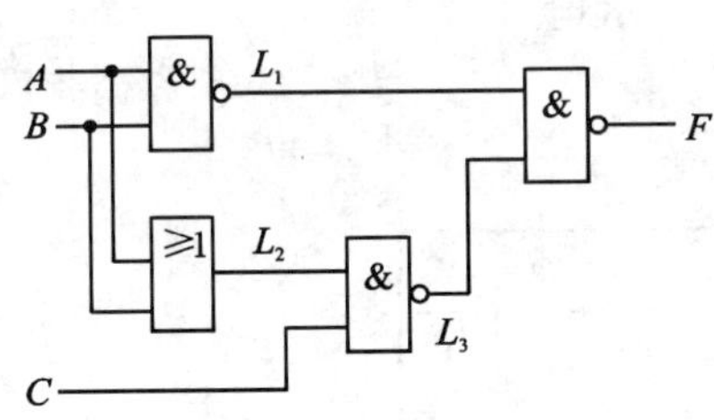

图 8-2　例 8-1 电路

表 8-1　例 8-1 真值表

A	B	C	Y
0	**0**	**0**	**0**
0	**0**	**1**	**0**
0	**1**	**0**	**0**
0	**1**	**1**	**1**
1	**0**	**0**	**0**
1	**0**	**1**	**1**
1	**1**	**0**	**1**
1	**1**	**1**	**1**

例 8-2　分析图 8-3 所示电路的逻辑功能。

解：(1) 写逻辑表达式。

$$L = \overline{A \cdot \overline{ABC}}, \qquad M = \overline{B \cdot \overline{ABC}}$$

$$N = \overline{C \cdot \overline{ABC}}, \qquad Y = \overline{LMN} = \overline{L} + \overline{M} + \overline{N}$$

(2) 化简。

$$Y = \overline{LMN} = \overline{L} + \overline{M} + \overline{N} = A(\overline{A} + \overline{B} + \overline{C}) + B(\overline{A} + \overline{B} + \overline{C}) + C(\overline{A} + \overline{B} + \overline{C}) =$$

$$A\overline{B} + A\overline{C} + B\overline{A} + B\overline{C} + \overline{A}C + \overline{B}C = \overline{A}B + \overline{B}C + \overline{C}A\text{（或} = A\overline{B} + B\overline{C} + C\overline{A}\text{）}$$

(3) 由化简后的表达式列出真值表，如表 8-2 所列。

(4) 分析逻辑功能。

由真值表可知，只要 A、B、C 的取值不一样，输出 Y 就为 **1**；否则，当 A、B、C 取值一样时，Y 为 **0**。所以，这是一个三变量的非一致电路。

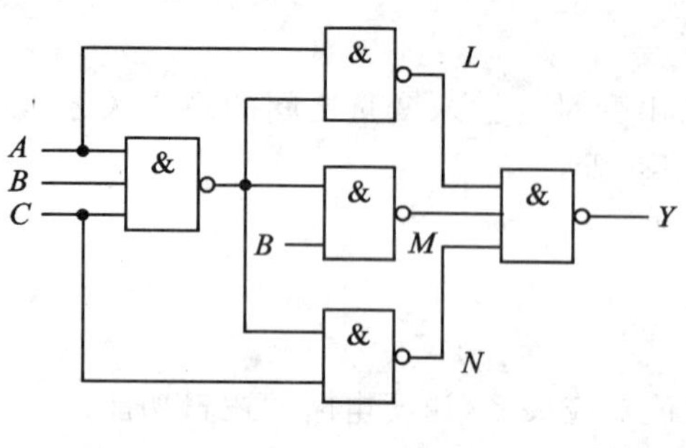

图 8-3 例 8-2 电路

表 8-2 例 8-2 真值表

A	B	C	Y
0	0	0	0
0	0	1	1
0	1	0	1
0	1	1	1
1	0	0	1
1	0	1	1
1	1	0	1
1	1	1	0

例 8-3 试分析图 8-4 所示电路的逻辑功能。

解:(1) 写出图 8-4 的逻辑表达式

$$Y = A \oplus B \oplus C \oplus D$$

(2) 由逻辑表达式得真值表,如表 8-3 所列。

(3) 分析逻辑功能。

由真值表可知,当 4 个输入变量中有奇数个 **1** 时,输出为 **1**;否则,输入变量中有偶数个 **1** 时,输出为 **0**,这样根据输出结果就可以校验输入 **1** 的个数是否为奇数,因此图 8-4 所示电路是一个 4 输入变量的奇校验电路。

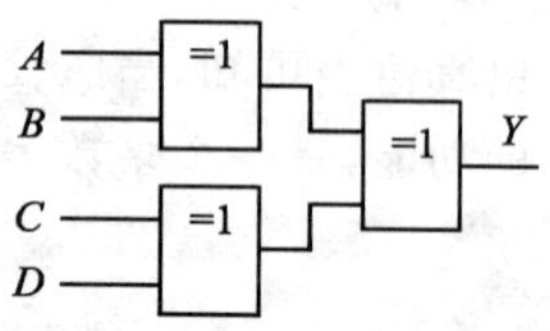

图 8-4 例 8-3 电路

表 8-3 例 8-3 真值表

A	B	C	D	Y	A	B	C	D	Y
0	0	0	0	0	1	0	0	0	1
0	0	0	1	1	1	0	0	1	0
0	0	1	0	1	1	0	1	0	0
0	0	1	1	0	1	0	1	1	1
0	1	0	0	1	1	1	0	0	0
0	1	0	1	0	1	1	0	1	1
0	1	1	0	0	1	1	1	0	1
0	1	1	1	1	1	1	1	1	0

8.1.3 组合电路的一般设计方法

组合电路的设计与分析过程相反,它是根据已知的逻辑问题,首先列出真值表,然后求出逻辑函数的最简表达式,继而画出逻辑图。组合电路的设计通常以电路简单、所用器件最少为目标。前面介绍的用公式法和卡诺图法化简逻辑函数,就是为了获得最简表达式,以便使用最少的门电路组合成逻辑电路。但是由于在设计中普遍采用中、小规模集成电路,一片集成电路包括几个至几十个同一类型的门电路,因此应根据具体情况,尽可能减少所用器件的数目和种类,这样可以使组装好的电路结构紧凑,达到工作可靠的目的。

组合电路的设计可遵循以下步骤：

(1) 设定输入、输出变量并进行逻辑赋值；

(2) 根据功能要求列出真值表；

(3) 根据真值表写出逻辑表达式并化成最简；

(4) 根据最简表达式画出逻辑图。

例 8-4　设计一个三人表决电路，要求实现：大多数人同意时，结果才能通过。

解：(1) 设定变量并进行逻辑赋值。用 A、B、C 表示三个人，即输入变量；用 Y 代表结果，即输出变量。且采用正逻辑赋值，A、B、C 为 **1** 表示同意，为 **0** 表示不同意；Y 为 **1** 表示结果通过，为 **0** 表示不通过。这种用字母表示特定事物的过程称为设定变量，用二进制代码 **0** 和 **1** 表示事物两种相反状态的过程称为逻辑赋值。如果没有特别说明，一般均采用正逻辑进行赋值。

(2) 根据题目要求列真值表，如表 8-4 所列。

(3) 由真值表写出逻辑表达式并化简，即

$$Y = \overline{A}BC + A\overline{B}C + AB\overline{C} + ABC = AB + BC + AC$$

(4) 画逻辑图。

若用**与非门**实现，则先求最简**与非-与非**表达式

$$Y = \overline{\overline{AB + BC + AC}} = \overline{\overline{AB} \cdot \overline{BC} \cdot \overline{AC}}$$

逻辑图如图 8-5 所示。

表 8-4　例 8-4 真值表

A	B	C	Y
0	**0**	**0**	**0**
0	**0**	**1**	**0**
0	**1**	**0**	**0**
0	**1**	**1**	**1**
1	**0**	**0**	**0**
1	**0**	**1**	**1**
1	**1**	**0**	**1**
1	**1**	**1**	**1**

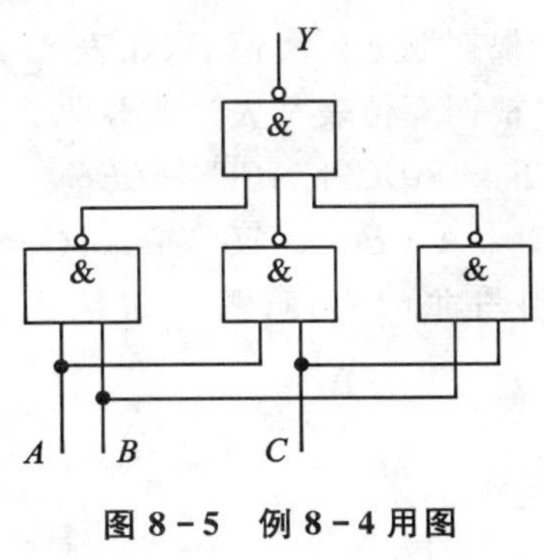

图 8-5　例 8-4 用图

例 8-5　设计一个燃油锅炉自动报警器。要求燃油喷嘴在开启状态下，如锅炉水温或压力过高则发出报警信号。要求用**与非门**实现。

解：(1) 设定变量并进行逻辑赋值。将喷嘴开关、锅炉水温、压力分别用 A、B、C 表示。A=**1** 表示喷嘴开关打开，A=**0** 表示喷嘴开关关闭；B、C 为 **1** 表示温度、压力过高，为 **0** 表示温度、压力正常。报警信号作为输出变量用 F 表示，F=**0** 表示正常，F=**1** 报警。

(2) 根据题意列真值表，如表 8-5 所列。

(3) 根据真值表写表达式并化为最简，即

$$F = A\overline{B}C + AB\overline{C} + ABC = AB + AC$$

由于要求用**与非门**实现，所以需将表达式变换成**与非-与非**式，即

$$F = AB + AC = \overline{\overline{AB + AC}} = \overline{\overline{AB} \cdot \overline{AC}}$$

(4) 画逻辑图。用**与非门**实现的逻辑图如图 8-6 所示。

表 8-5 例 8-5 真值表

A	B	C	F
0	0	0	0
0	0	1	0
0	1	0	0
0	1	1	0
1	0	0	0
1	0	1	1
1	1	0	1
1	1	1	1

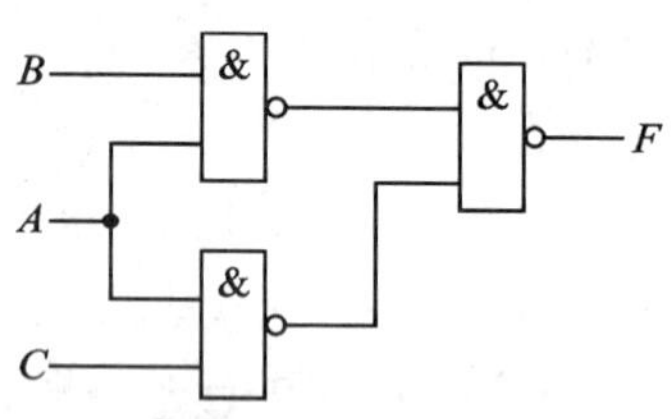

图 8-6 例 8-5 电路

例 8-6 设 A、B、C 为某保密锁的 3 个按键,当 A 键单独按下时,锁既不打开也不报警;只有当 A、B、C 或者 A、B 或者 A、C 分别同时按下时,锁才能被打开;当不符合上述组合状态时,将发出报警信息。试分别用**与非门**和**或非门**设计此保密锁的逻辑电路。

解:(1) 设定变量并进行状态赋值。设 A、B、C 为三个按键,按下为 **1**,不按为 **0**。设 F 和 G 分别为开锁信号和报警信号,开锁为 **1**,不开锁为 **0**,报警为 **1**,不报警为 **0**。

表 8-6 例 8-6 真值表

A	B	C	F	G
0	0	0	0	0
0	0	1	0	1
0	1	0	0	1
0	1	1	0	1
1	0	0	0	0
1	0	1	1	0
1	1	0	1	0
1	1	1	1	0

(2) 根据题意列真值表,如表 8-6 所列。

(3) 根据真值表写表达式并化为最简,即

$$F = A\overline{B}C + AB\overline{C} + ABC = AB + AC$$

$$G = \overline{A} \cdot \overline{B}C + \overline{A}B\overline{C} + \overline{A}BC = \overline{A}B + \overline{A}C$$

若用**与非**门实现,需将表达式变换成**与非-与非**式,即

$$F = AB + AC = \overline{\overline{AB + AC}} = \overline{\overline{AB} \cdot \overline{AC}}$$

$$G = \overline{A}B + \overline{A}C = \overline{\overline{\overline{A}B + \overline{A}C}} = \overline{\overline{\overline{A}B} \cdot \overline{\overline{A}C}}$$

若用**或非**门实现,需将表达式变换成**或非-或非**式。可得

$$F = AB + AC = \overline{\overline{A} + \overline{B + C}}, \qquad G = \overline{A}B + \overline{A}C = \overline{A + \overline{B + C}}$$

(4) 画逻辑图。用**与非**门和**或非**门实现的逻辑图分别如图 8-7 和图 8-8 所示。

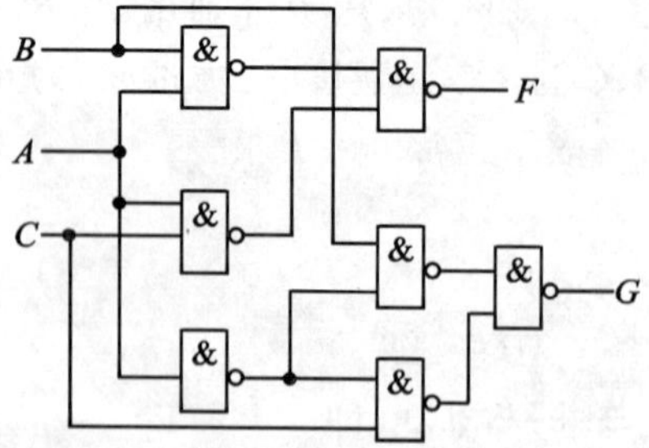

图 8-7 例 8-6 用与非门实现的电路

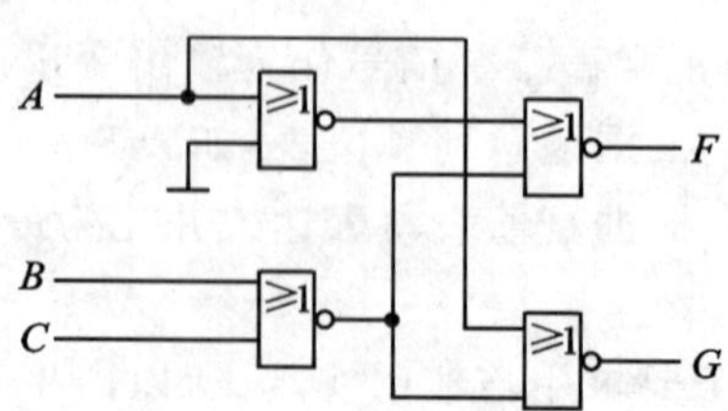

图 8-8 例 8-6 用或非门实现的电路

8.2　常用组合逻辑电路介绍

编码器、译码器、加法器、数据选择器、数值比较器、数据分配器、函数发生器等电路是常用的组合逻辑电路,它们经常、大量地出现在各种数字系统中。为了使用方便,已经将这些逻辑电路制成了中、小规模集成电路产品。在设计大规模集成电路时,也经常调用这些模块,作为所设计电路的组成部分。下面就分别介绍这些电路的工作原理及使用方法。

8.2.1　编码器

1. 什么是编码

一般地说,用文字、符号或者数字表示特定事物的过程都可以称为编码。例如,人一出生就要起名字,入学后被编上学号,运动员身上带的号码布等,都属于编码。而数字电路中的编码是指用二进制代码表示不同的事物。能够实现编码功能的电路称为编码器。

n 位二进制代码可以组成 2^n 种不同的状态,也就可以表示 2^n 个不同的信息。若要对 N 个输入信息进行编码,则满足

$$N \leqslant 2^n \qquad (8-2)$$

n 为二进制代码的位数,也即输入变量的个数。当 $N=2^n$ 时,是利用了 n 个输入变量的全部组合进行的编码,称为全编码,实现全编码的电路称为全编码器(或称二进制编码器);当 $N<2^n$ 时,是利用了 n 个输入变量的部分状态进行的编码,称为部分编码。

2. 二进制编码器

二进制编码器也叫做全编码器,其框图如图 8-9 所示。框图中,输入信号 I_1、$I_2 \cdots I_{2^n}$ 为 2^n 个有待于编码的信息,输出信号 Y_n、$Y_{n-1} \cdots Y_1$ 为 n 位二进制代码,其中 Y_n 为代码的最高位,Y_1 为最低位。例如,当 $n=3$ 时,称为 3 位二进制编码器;当 $n=4$ 时,称为 4 位二进制编码器。

对于编码器而言,在编码过程中,一次只能有一个输入信号被编码,被编码的信号必须是有效电平输入,有效电平可能是高电平,也有可能是低电平,这与电路设计有关,不同编码器,其有效电平可能不同。例如,某个编码器的输入有效电平是高电平,表明只有当输入信号为高电平时才能被编码,而输入为低电平时不能被编码。对于输出的二进制代码来说,可能是原码,也有可能是反码,这也取决于电路设计中所选取的门电路的种类。例如,十进制数“9”的 4 位原码是 **1001**,而反码是 **0110**。

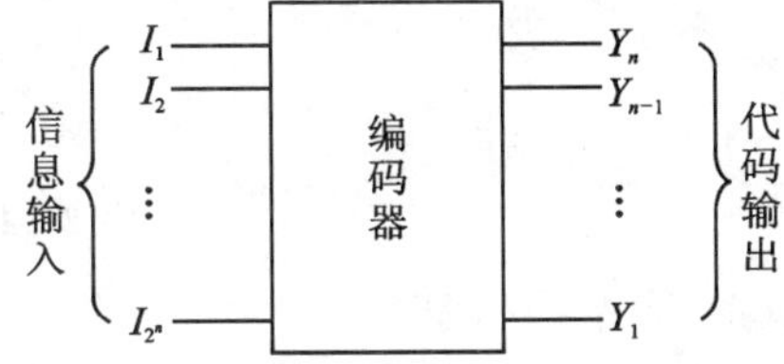

图 8-9　二进制编码器

二进制编码器又分为普通编码器和优先编码器。

(1) 普通编码器

以 3 位二进制普通编码器为例。表 8-7 是该编码器的真值表,由表可以看出:

① 输入信号为低电平有效,因此输入信号“I”上面带有反号;

② 输入信号之间互相排斥,即不允许有两个或两个以上输入信号同时为有效电平,因此,这种普通编码器又称为互斥编码器。

③ 输出信号为原码,所以“Y”上面没有反号,这种二进制编码器又可称为 8 线-3 线(8/3

线)编码器。

表 8-7　3位二进制编码器真值表

$\bar{I}_7$	$\bar{I}_6$	$\bar{I}_5$	$\bar{I}_4$	$\bar{I}_3$	$\bar{I}_2$	$\bar{I}_1$	$\bar{I}_0$	Y_2	Y_1	Y_0
0	1	1	1	1	1	1	1	1	1	1
1	0	1	1	1	1	1	1	1	1	0
1	1	0	1	1	1	1	1	1	0	1
1	1	1	0	1	1	1	1	1	0	0
1	1	1	1	0	1	1	1	0	1	1
1	1	1	1	1	0	1	1	0	1	0
1	1	1	1	1	1	0	1	0	0	1
1	1	1	1	1	1	1	0	0	0	0

根据真值表可以写出输出变量 Y_2、Y_1、Y_0 的表达式为

$$Y_2=\overline{\bar{I}_7\cdot\bar{I}_6\cdot\bar{I}_5\cdot\bar{I}_4},\qquad Y_1=\overline{\bar{I}_7\cdot\bar{I}_6\cdot\bar{I}_3\cdot\bar{I}_2},\qquad Y_0=\overline{\bar{I}_7\cdot\bar{I}_5\cdot\bar{I}_3\cdot\bar{I}_1}$$

由表达式画出逻辑电路图如图 8-10(a)所示,图 8-10(b)是该8线-3线互斥编码器的逻辑符号。

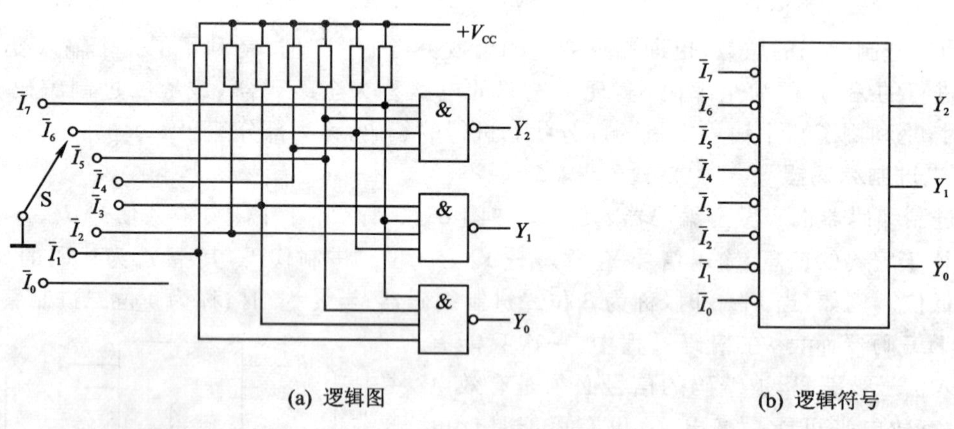

(a) 逻辑图　　　　(b) 逻辑符号

图 8-10　8线-3线普通编码器

(2) 优先编码器

与普通编码器不同,优先编码器允许同时有几个输入信号为有效电平,但电路只能对其中优先级别最高的信号进行编码。

同样以8/3线优先编码器为例,设输入信号 $I_7\sim I_0$ 为高电平有效("I"上不带反号),输出为原码(Y_2、Y_1、Y_0 上也没有反号)。若输入信号的优先级别由高到低依次为 I_7、I_6、…、I_1、I_0,则可以得到表 8-8 所列的真值表(表中"×"表示取 **0** 取 **1** 均可)。显然,表中输入信号允许同时有多个为有效电平 **1**。

由表 8-8 可分别写出 Y_2、Y_1、Y_0 的表达式如下:

$$Y_2=I_7+\bar{I}_7I_6+\bar{I}_7\bar{I}_6I_5+\bar{I}_7\bar{I}_6\bar{I}_5I_4=I_7+I_6+I_5+I_4$$

$$Y_1=I_7+\bar{I}_7I_6+\bar{I}_7\bar{I}_6\bar{I}_5\bar{I}_4I_3+\bar{I}_7\bar{I}_6\bar{I}_5\bar{I}_4\bar{I}_3I_2=I_7+I_6+\bar{I}_5\bar{I}_4I_3+\bar{I}_5\bar{I}_4I_2$$

$$Y_0=I_7+\bar{I}_7\bar{I}_6I_5+\bar{I}_7\bar{I}_6\bar{I}_5\bar{I}_4I_3+\bar{I}_7\bar{I}_6\bar{I}_5\bar{I}_4\bar{I}_3\bar{I}_2I_1=$$
$$I_7+\bar{I}_6I_5+\bar{I}_6\bar{I}_4I_3+\bar{I}_6\bar{I}_4\bar{I}_2I_1$$

表 8-8　8 线-3 线优先编码器真值表

I_7	I_6	I_5	I_4	I_3	I_2	I_1	I_0	Y_2	Y_1	Y_0
1	×	×	×	×	×	×	×	1	1	1
0	1	×	×	×	×	×	×	1	1	0
0	0	1	×	×	×	×	×	1	0	1
0	0	0	1	×	×	×	×	1	0	0
0	0	0	0	1	×	×	×	0	1	1
0	0	0	0	0	1	×	×	0	1	0
0	0	0	0	0	0	1	×	0	0	1
0	0	0	0	0	0	0	1	0	0	0

若用**与或非**门实现且反码输出，即输出为 $\overline{Y}_2$、$\overline{Y}_1$、$\overline{Y}_0$，则上面的式子可写为

$$\overline{Y}_2 = \overline{I_7 + I_6 + I_5 + I_4}$$

$$\overline{Y}_1 = \overline{I_7 + I_6 + \overline{I}_5\overline{I}_4 I_3 + \overline{I}_5\overline{I}_4 I_2}$$

$$\overline{Y}_0 = \overline{I_7 + \overline{I}_6 I_5 + \overline{I}_6\overline{I}_4 I_3 + \overline{I}_6\overline{I}_4\overline{I}_2 I_1}$$

如果输入为低电平有效，即 $\overline{I}_7 \sim \overline{I}_0$ 以反变量输入，则根据 $\overline{Y}_2$、$\overline{Y}_1$、$\overline{Y}_0$ 的表达式可画出 8/3 线优先编码器的逻辑图，如图 8-11 所示。特别地，当输入低电平有效时，常将反相器的“o”画在输入端，如图 8-11 中 $G_1 \sim G_7$。另外注意，图 8-11 中 $\overline{I}_0$ 为隐含码，即当输入信号 $\overline{I}_7 \sim \overline{I}_1$ 均为无效电平时（即 $\overline{I}_7 \sim \overline{I}_1$ 均为 **1**），此时，$\overline{Y}_2$、$\overline{Y}_1$、$\overline{Y}_0$ 均为 **1**，此即 $\overline{I}_0$ 的编码。

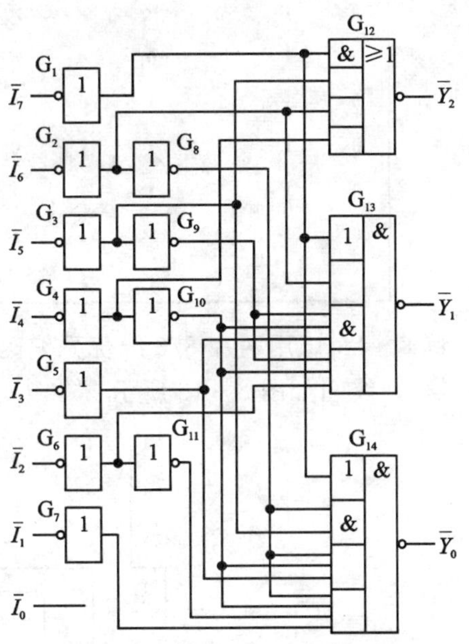

图 8-11　8 线-3 线优先编码器逻辑图

(3) 集成 8/3 线优先编码器

图 8-12(a)是集成 TTL 8/3 线优先编码器 74LS148 的引脚排列图，图 8-12(b)所示是其逻辑符号，在理论分析中，采用的都是集成电路的逻辑符号。而集成电路的外部引脚排列图多用于实际连线中。表 8-9 是它的真值表。74LS148 除了具备表 8-8 所列的 8/3 线优先编码器的功能外，还增加了一些功能端 $\overline{ST}$、$\overline{Y}_S$ 和 $\overline{Y}_{EX}$。

$\overline{ST}$ 为使能端，低电平有效，即当 $\overline{ST}=\mathbf{0}$ 时，电路才处于工作状态，对输入信号进行编码。否则，当 $\overline{ST}=\mathbf{1}$ 时，编码被禁止，输出为无效的高阻态，用 **1** 表示。

$\overline{Y}_S$ 和 $\overline{Y}_{EX}$ 分别称为选通输出端和扩展输出端，它们均用于编码器的级联扩展。级联应用时将高位片的 $\overline{Y}_S$ 端与低位片的 $\overline{ST}$ 端连接起来，可以扩展编码器的功能，并且要使 $\overline{Y}_S=\mathbf{0}$，必须 $\overline{I}_7 \sim \overline{I}_0$ 均为无效电平 **1**。$\overline{Y}_{EX}$ 在级联应用时可做输出位的扩展端。

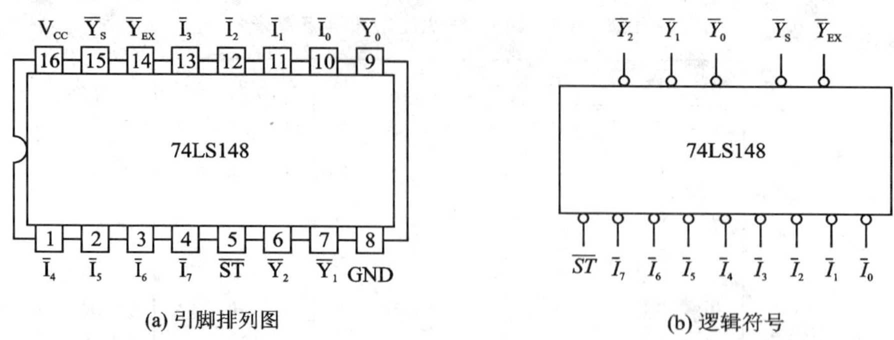

(a) 引脚排列图　　(b) 逻辑符号

图 8-12　8 线-3 线编码器 74LS148

表 8-9　74LS148 的真值表

输入									输出				
$\overline{ST}$	$\overline{I}_7$	$\overline{I}_6$	$\overline{I}_5$	$\overline{I}_4$	$\overline{I}_3$	$\overline{I}_2$	$\overline{I}_1$	$\overline{I}_0$	$\overline{Y}_2$	$\overline{Y}_1$	$\overline{Y}_0$	$\overline{Y}_{EX}$	$\overline{Y}_S$
1	×	×	×	×	×	×	×	×	1	1	1	1	1
0	1	1	1	1	1	1	1	1	1	1	1	1	0
0	0	×	×	×	×	×	×	×	0	0	0	0	1
0	1	0	×	×	×	×	×	×	0	0	1	0	1
0	1	1	0	×	×	×	×	×	0	1	0	0	1
0	1	1	1	0	×	×	×	×	0	1	1	0	1
0	1	1	1	1	0	×	×	×	1	0	0	0	1
0	1	1	1	1	1	0	×	×	1	0	1	0	1
0	1	1	1	1	1	1	0	×	1	1	0	0	1
0	1	1	1	1	1	1	1	0	1	1	1	0	1

例 8-7　试用两片 8/3 线优先编码器 74LS148 级联,构成 16/4 线编码器。

解:连线图如图 8-13 所示。

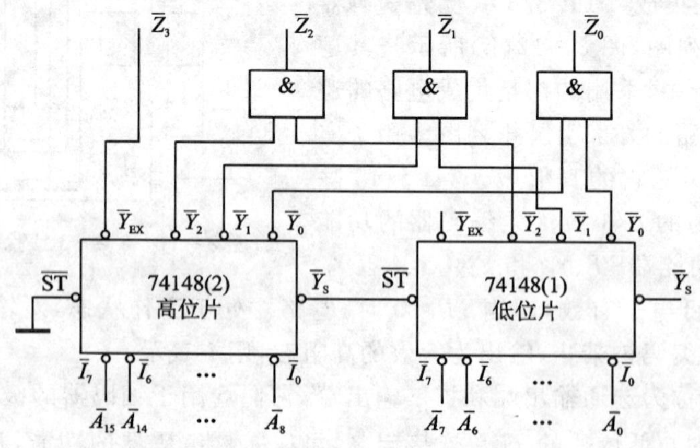

图 8-13　例 8-7 的连线图

$\overline{A}_{15}\sim\overline{A}_0$ 是编码输入信号,低电平有效,$\overline{A}_{15}$ 优先级别最高,$\overline{A}_0$ 优先级别最低;$\overline{Z}_3\sim\overline{Z}_0$ 组成

4 位二进制反码做输出信号。当高位片无输入而低位片有输入时(即 $\overline{A}_{15} \sim \overline{A}_8$ 全为 **1**,$\overline{A}_7 \sim \overline{A}_0$ 中至少有一个为 **0** 时),高位片的 $\overline{Y}_S = \mathbf{0}$,低位片工作,$\overline{Z}_3 = \mathbf{1}$,输出为 $\overline{A}_7 \sim \overline{A}_0$ 的编码 **1000～1111**(反码)。当高位片有输入时(即 $\overline{A}_{15} \sim \overline{A}_8$ 中至少有一个为低电平时),高位片的 $\overline{Y}_S = \mathbf{1}$,低位片停止工作,$\overline{Z}_3 = \mathbf{0}$,输出为 $\overline{A}_{15} \sim \overline{A}_8$ 的编码 **0000～0111**(反码)。

3. 十进制编码器

将 10 个输入信号 $I_9 \sim I_0$ 分别编成对应的 8421BCD 码的电路称为十进制编码器,也称为二-十进制编码器或 8421BCD 码编码器。

计算机的键盘输入逻辑电路就是由编码器组成。图 8－14 所示是用 10 个按键和门电路组成的 8421BCD 码编码器,其中,$\overline{I}_0 \sim \overline{I}_9$ 代表 10 个按键,即对应十进制数 0～9 的输入键,低电平有效;A、B、C、D 为输出代码,组成 4 位 8421BCD 码,且为原码,A 为代码的最高位,D 为最低位。GS 为控制使能标志,高电平有效,GS 为高电平时,表明有信号输入,编码器工作;否则,GS 为低电平时,无信号输入,编码器不工作。

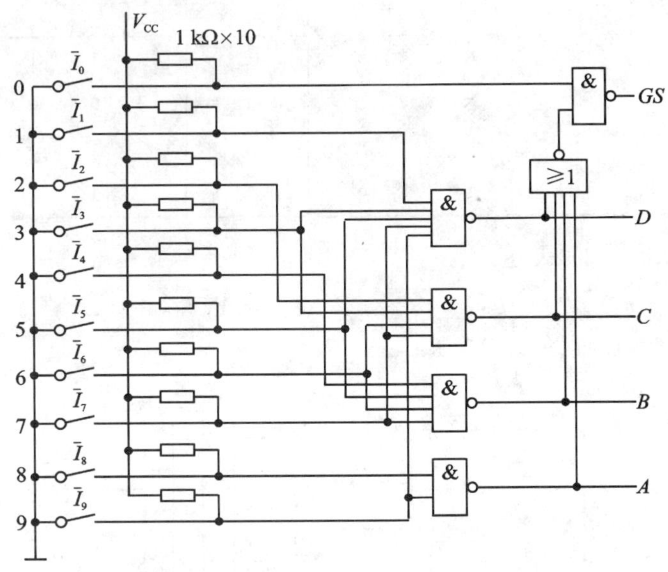

图 8－14　8421BCD 码编码器的逻辑图

集成十进制编码器中,常见的是 10 线－4 线优先编码器 74LS147,图 8－15(a)所示为 74LS147 的引脚排列图,图 8－15(b)是它的逻辑符号。74LS147 的输入端为 $\overline{I}_0 \sim \overline{I}_9$,低电平有效,优先权从 $\overline{I}_9$ 到 $\overline{I}_0$ 依次降低;输出端为 $\overline{Y}_3$、$\overline{Y}_2$、$\overline{Y}_1$、$\overline{Y}_0$,组成 4 位 8421BCD 码,$\overline{Y}_3$ 为最高位,$\overline{Y}_0$ 为最低位,且输出为反码。

例 8－8　某医院有一、二、三、四号病室,每室设有呼叫按钮,同时在护士值班室内对应地装有一、二、三、四号指示灯。现在的情况是,4 个病室的按钮可以同时按下,但值班室一次只有一盏灯亮,一号病室的优先权最高,四号病室的优先权最低。试用优先编码器 74LS148 和门电路设计满足上述要求的控制电路。

解:选取输入变量 B_1、B_2、B_3、B_4 分别表示一、二、三、四号病室的按钮,按下时变量为 **0**,否则为 **1**。用输出变量 L_1、L_2、L_3、L_4 分别表示一、二、三、四号指示灯,变量为 **0** 表示灯亮,否则表示灯灭。因为只要控制 4 盏灯,故用二位输出即可。选用 74LS148 的低 4 位输入端 $\overline{I}_0 \sim \overline{I}_3$

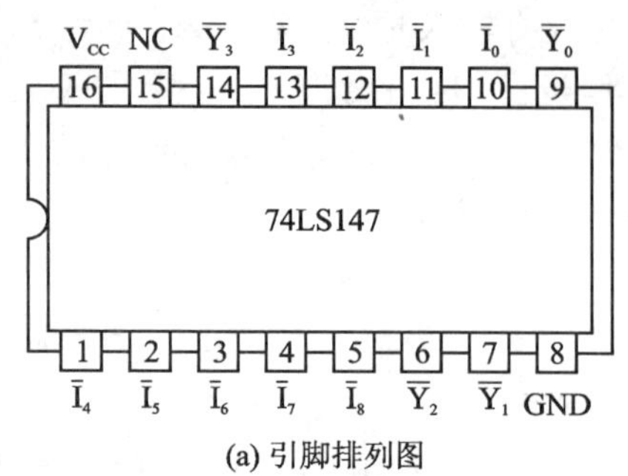

(a) 引脚排列图

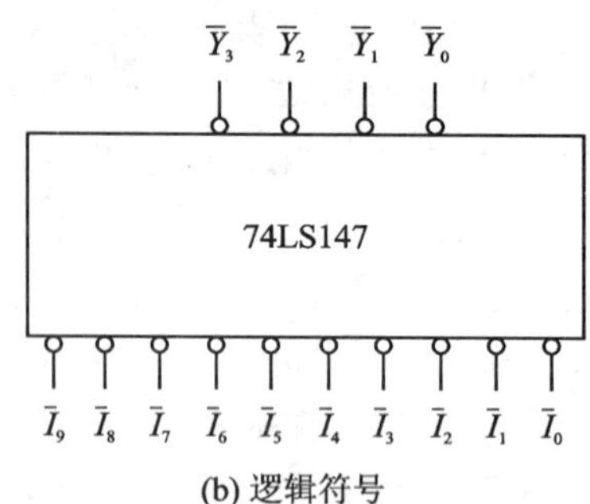

(b) 逻辑符号

图 8-15 10 线-4 线优先编码器 74LS147

和低二位输出端 $\overline{Y}_1$、$\overline{Y}_0$ 即可。控制电路的功能可用表 8-10 来描述。

表 8-10 控制电路功能表

$B_1(\overline{I}_3)$	$B_2(\overline{I}_2)$	$B_3(\overline{I}_1)$	$B_4(\overline{I}_0)$	$\overline{Y}_1$	$\overline{Y}_0$	L_1	L_2	L_3	L_4
0	×	×	×	0	0	0	1	1	1
1	0	×	×	0	1	1	0	1	1
1	1	0	×	1	0	1	1	0	1
1	1	1	0	1	1	1	1	1	0

由功能表可得 $L_1 \sim L_4$ 的表达式为

$$L_1 = \overline{Y_1 Y_0}, \quad L_2 = \overline{Y_1 \overline{Y}_0}, \quad L_3 = \overline{\overline{Y}_1 Y_0}, \quad L_4 = \overline{\overline{Y}_1 \overline{Y}_0}$$

由表达式画出逻辑图如图 8-16 所示。

图 8-16 例 8-8 电路图

8.2.2 译码器

1. 什么是译码

译码是指将输入的二进制代码译成对应的输出高、低电平信号或另外一个代码的过程。能够实现译码功能的电路称为译码器。译码是编码的逆过程。

编码器是将 N 个输入信号用 n 变量的不同二进制组合表示出来,而译码器则是将 n 变量的不同二进制组合所表示的状态一一反映出来。若译码器有 n 个输入信号，N 个输出信号，则应有 $N \leqslant 2^n$。当 $N=2^n$ 时，称为全译码器，也称为二进制译码器；当 $N<2^n$ 时，称为部分译码器。

常用的译码器有二进制译码器、十进制译码器和显示译码器。

2. 二进制译码器

图 8-17 是二进制译码器的框图。图中 $A_1 \sim A_n$ 是 n 个输入信号，组成 n 位二进制代码，A_n 是代码的最高位，A_1 是代码的最低位，代码可能是原码，也可能是反码，若为反码，则“A”字母上面要带反号；$Y_1 \sim Y_{2^n}$ 是输出信号，可能是高电平有效，也可能是低电平有效，若为低电平有效，则“Y”字母上要带反号。

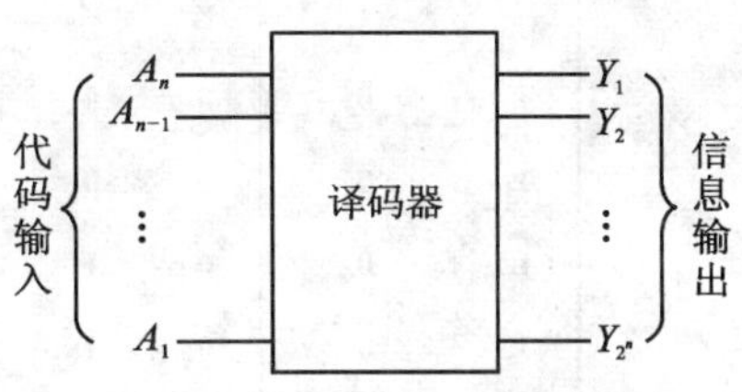

图 8-17　二进制译码器

图 8-18 所示是集成 3/8 线译码器 74LS138 的逻辑图和引脚排列图，其中 S_1、$\overline{S_2}$、$\overline{S_3}$ 是使能端，只有当 $S_1=\mathbf{1}$ 且 $\overline{S_2}=\overline{S_3}=\mathbf{0}$ 时，译码器才工作；否则，译码器处于非工作状态。

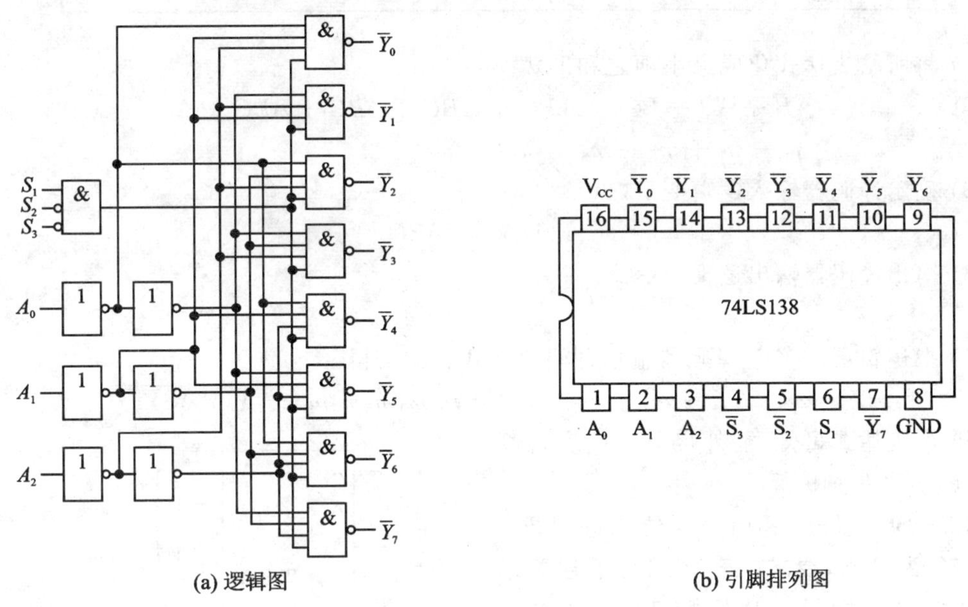

(a) 逻辑图　　(b) 引脚排列图

图 8-18　3 线-8 线译码器 74LS138

表 8-11 列出了 74LS138 的真值表。真值表能够全面清楚地反映电路的工作原理。由 74LS138 的真值表可以看出，其输入信号为原码，A_2 是最高位；输出为低电平有效，译码过程中，根据 $A_2A_1A_0$ 的取值组合，$\overline{Y}_0 \sim \overline{Y}_7$ 中的某一个输出为低电平，且 $\overline{Y}_i=\overline{m_i}(i=0,1,2,\cdots,7)$，$m_i$ 为最小项。这一特点是全译码器所共有的。据此，可以用集成译码器实现组合逻辑函数。

例 8-9　用集成译码器并辅以适当门电路实现下列组合逻辑函数：

$$Y=\overline{A}\overline{B}+AB+\overline{B}C$$

解：要实现的是一个 3 变量的逻辑函数，因此应选用 3/8 线译码器，用 74LS138。

表 8-11　74LS138 真值表

输入					输出							
S_1	$\overline{S}_2+\overline{S}_3$	A_2	A_1	A_0	$\overline{Y}_0$	$\overline{Y}_1$	$\overline{Y}_2$	$\overline{Y}_3$	$\overline{Y}_4$	$\overline{Y}_5$	$\overline{Y}_6$	$\overline{Y}_7$
0	×	×	×	×	1	1	1	1	1	1	1	1
×	1	×	×	×	1	1	1	1	1	1	1	1
1	0	0	0	0	0	1	1	1	1	1	1	1
1	0	0	0	1	1	0	1	1	1	1	1	1
1	0	0	1	0	1	1	0	1	1	1	1	1
1	0	0	1	1	1	1	1	0	1	1	1	1
1	0	1	0	0	1	1	1	1	0	1	1	1
1	0	1	0	1	1	1	1	1	1	0	1	1
1	0	1	1	0	1	1	1	1	1	1	0	1
1	0	1	1	1	1	1	1	1	1	1	1	0

(1) 将所给表达式化成最小项之和形式。

$$Y=\overline{A}\overline{B}+AB+\overline{B}C=\overline{A}\overline{B}\overline{C}+\overline{A}\overline{B}C+A\overline{B}C+AB\overline{C}+ABC=m_0+m_1+m_5+m_6+m_7$$

(2) 确定译码器输入逻辑变量。

令

$$A_2A_1A_0=ABC$$

(3) 写出译码器输出逻辑表达式。

$$\overline{Y}_i=\overline{m}_i$$

(4) 把逻辑函数 Y 与译码器输出逻辑表达式相比较得

$$Y=m_0+m_1+m_5+m_6+m_7=\overline{\overline{m}_0\overline{m}_1\overline{m}_5\overline{m}_6\overline{m}_7}=\overline{\overline{Y}_0\overline{Y}_1\overline{Y}_5\overline{Y}_6\overline{Y}_7}$$

(5) 由表达式可知，需外接与非门实现，画出逻辑图如图 8-19 所示。

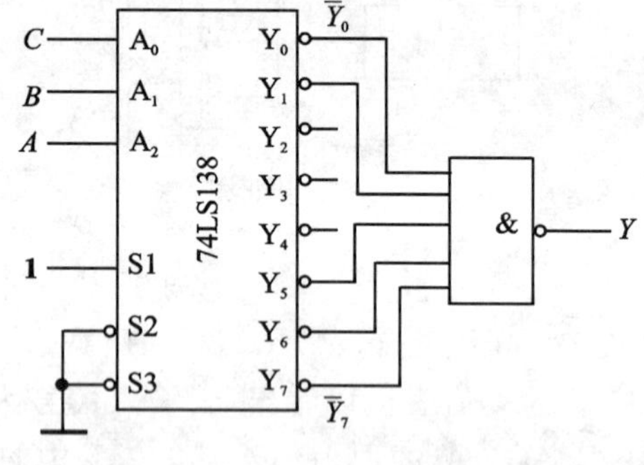

图 8-19　例 8-9 的连线图

例 8-10　设 X、Z 均为 3 位二进制数，X 为输入，Z 为输出，要求二者之间有下述关系：当 $3\leqslant X\leqslant 6$ 时，$Z=X+1$；$X<3$ 时，$Z=0$；$X>6$ 时，$Z=3$。试用一片 3/8 线译码器构成实现上述要求的逻辑电路。

解：(1) 按题意列出真值表，如表 8-12 所列。

(2) 由真值表写出输出 Z 的表达式。

$$Z_2=\overline{X}_2X_1X_0+X_2\overline{X}_1\cdot\overline{X}_0+X_2\overline{X}_1X_0+X_2X_1\overline{X}_0=m_3+m_4+m_5+m_6$$

$$Z_1=X_2\overline{X}_1X_0+X_2X_1\overline{X}_0+X_2X_1X_0=m_5+m_6+m_7$$

$$Z_0=X_2\overline{X}_1\cdot\overline{X}_0+X_2X_1\overline{X}_0+X_2X_1X_0=m_4+m_6+m_7$$

(3) 确定译码器输入逻辑变量。

令

$$A_2A_1A_0 = X_2X_1X_0$$

(4) 写出译码器输出逻辑表达式(从略)。

(5) 把 Z_2、Z_1、Z_0 与译码器输出逻辑表达式相比较得

$$Z_2 = m_3 + m_4 + m_5 + m_6 = \overline{\overline{m_3} \cdot \overline{m_4} \cdot \overline{m_5} \cdot \overline{m_6}} = \overline{\overline{Y}_3 \cdot \overline{Y}_4 \cdot \overline{Y}_5 \cdot \overline{Y}_6}$$

$$Z_1 = m_5 + m_6 + m_7 = \overline{\overline{m_5} \cdot \overline{m_6} \cdot \overline{m_7}} = \overline{\overline{Y}_5 \cdot \overline{Y}_6 \cdot \overline{Y}_7}$$

$$Z_0 = m_4 + m_6 + m_7 = \overline{\overline{m_4} \cdot \overline{m_6} \cdot \overline{m_7}} = \overline{\overline{Y}_4 \cdot \overline{Y}_6 \cdot \overline{Y}_7}$$

(6) 画出逻辑图如图 8-20 所示。

表 8-12 例 8-10 真值表

X_2	X_1	X_0	Z_2	Z_1	Z_0
0	0	0	0	0	0
0	0	1	0	0	0
0	1	0	0	0	0
0	1	1	1	0	0
1	0	0	1	0	1
1	0	1	1	1	0
1	1	0	1	1	1
1	1	1	0	1	1

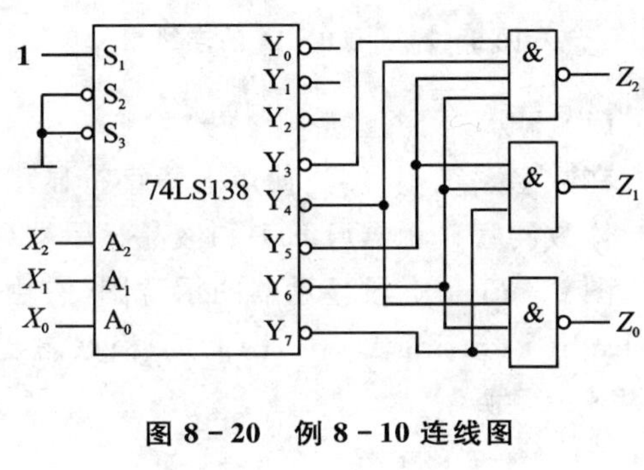

图 8-20 例 8-10 连线图

用多片集成译码器同样可以实现功能扩展。

例 8-11 试用两片 3/8 线译码器 74LS138 构成 4/16 线译码器。

解:级联图如图 8-21 所示。其中,$D_3D_2D_1D_0$ 为 4 位代码输入端,D_3 是最高位,当 $D_3=\mathbf{0}$ 时,译码器(Ⅰ)工作;$D_3=\mathbf{1}$ 时,译码器(Ⅱ)工作。因此,可用 D_3 作为选通信号,分别控制两个译码器轮流工作。

74LS138 是计算机微处理器电路中最常用的地址译码器。典型的 8 位微处理器 Intel8085A 或 Motorola6809 有 16 根地址线($A_0 \sim A_{15}$),微处理器通过地址线 $A_0 \sim A_{15}$ 确定存储器的存储单元或外部设备,以达到交换数据的目的。

3. 十进制译码器

将 8421BCD 码翻译成 10 个对应的十进制数码的电路称为十进制译码器,也称二-十进制译码器,它属于 4/10 线译码器。

图 8-22 示出了集成 4/10 线译码器 74LS42 的引脚排列图。它的输入为 4 位二进制代码 $A_3A_2A_1A_0$,A_3 为最高位,A_0 为最低位,并且是原码输入;输出信号是 $\overline{Y}_0 \sim \overline{Y}_9$,共 10 个信号输出端,低电平有效。

4. 显示译码器

在实际中,被译出的信号经常需要直观地显示出来,这就需要显示译码器。显示译码器通常由译码电路、驱动电路和显示器等组成。常用的显示译码器将译码电路与驱动电路合于一身。

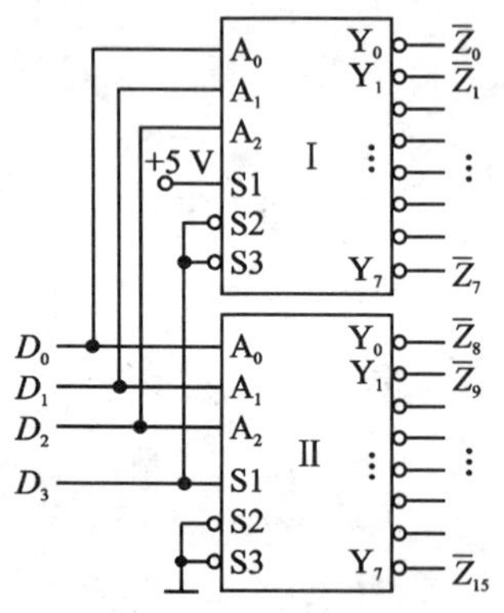

图 8-21 例 8-11 的连线图

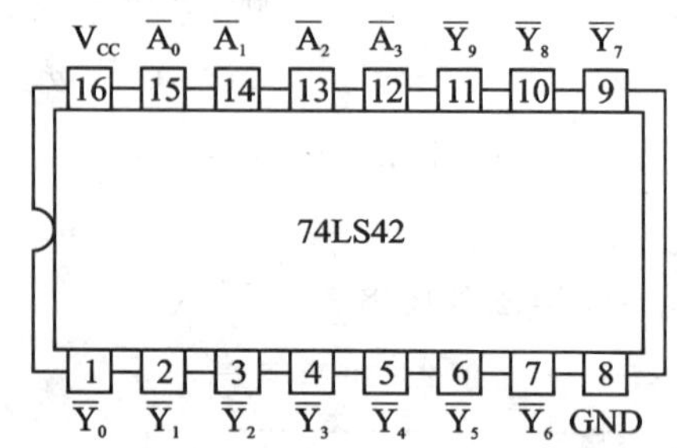

图 8-22 十进制译码器 74LS42 的引脚排列图

(1) 显示器

在数字系统中，广泛使用七段字符显示器，或称七段数码管显示器。常用的七段显示器有半导体数码管显示器(LED)和液晶显示器(LCD)，这里仅介绍半导体七段显示器。

图 8-23 是七段显示器的示意图，它由 a～g 7 个光段组成，每个光段都是一个发光二极管(Light Emitting Diode，LED)。根据需要，可让其中的某些段发光，即可显示出数字 0～15，如图 8-24 所示。

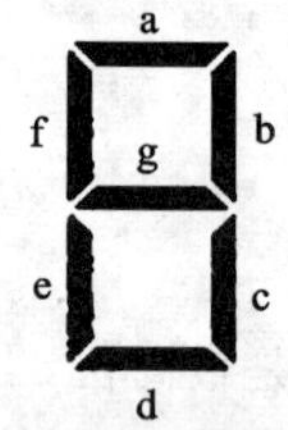

图 8-23 七段显示器

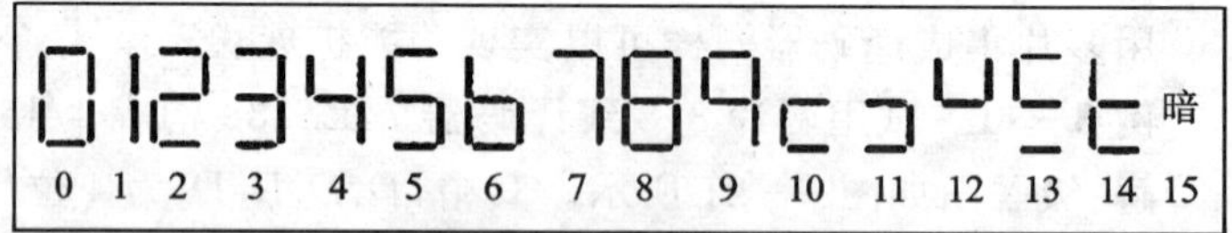

图 8-24 字符显示

七段显示器分共阴极接法和共阳极接法。当共阴极接法时，若需某段发光，则需使该段(a、b、…、g)为高电平；当共阳极接法时，若需某段发光，则需使该段(a、b、…、g)为低电平。

(2) 集成 4 线-7 段译码器

4 线-7 段集成译码器 74LS247 的输入是 8421BCD 码 $A_3A_2A_1A_0$，并且是原码；输出是 $\overline{Y}_a$、$\overline{Y}_b$、$\overline{Y}_c$、$\overline{Y}_d$、$\overline{Y}_e$、$\overline{Y}_f$、$\overline{Y}_g$，低电平有效，它要与共阳极接法的显示器配合使用。表 8-13 和图 8-25 分别是 74LS247 的功能表(真值表)和引脚排列图。下面对其中的几个功能端做一下介绍：

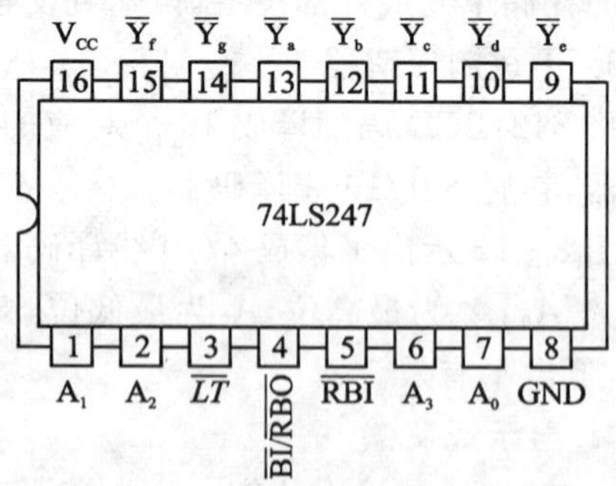

图 8-25 74LS247 引脚排列图

$\overline{LT}$为灯测试输入端，低电平有效。当$\overline{LT}=\mathbf{0}$时，无论 $A_3\sim A_0$ 为何种输入组合，$\overline{Y}_a\sim\overline{Y}_g$ 的状态均为 **0**，七段数码管全部发光，用以检查七段显示器各字段是否能正常发光。

表 8-13　74LS247 功能表

输入							输出							字形
$\overline{LT}$	$\overline{RBI}$	A_3	A_2	A_1	A_0	$\overline{BI}/\overline{RBO}$	$\overline{Y}_a$	$\overline{Y}_b$	$\overline{Y}_c$	$\overline{Y}_d$	$\overline{Y}_e$	$\overline{Y}_f$	$\overline{Y}_g$	
1	1	0	0	0	0	1	0	0	0	0	0	0	1	0
1	×	0	0	0	1	1	1	0	0	1	1	1	1	1
1	×	0	0	1	0	1	0	0	1	0	0	1	0	2
1	×	0	0	1	1	1	0	0	0	0	1	1	0	3
1	×	0	1	0	0	1	1	0	0	1	1	0	0	4
1	×	0	1	0	1	1	0	1	0	0	1	0	0	5
1	×	0	1	1	0	1	1	1	0	0	0	0	0	6
1	×	0	1	1	1	1	0	0	0	1	1	1	1	7
1	×	1	0	0	0	1	0	0	0	0	0	0	0	8
1	×	1	0	0	1	1	0	0	0	1	1	0	0	9
1	×	1	0	1	0	1	1	1	1	0	0	1	0	⊏
1	×	1	0	1	1	1	1	0	0	0	1	1	0	⊐
1	×	1	1	0	0	1	1	0	1	1	1	0	0	⊔
1	×	1	1	0	1	1	0	1	1	0	1	0	0	⊑
1	×	1	1	1	0	1	1	1	1	0	0	0	0	Ŀ
1	×	1	1	1	1	1	1	1	1	1	1	1	1	全灭
×	×	×	×	×	×	0	1	1	1	1	1	1	1	全灭
1	0	0	0	0	0	0	1	1	1	1	1	1	1	全灭
0	×	×	×	×	×	1	0	0	0	0	0	0	0	全亮

$\overline{RBI}$为灭零输入端，当$\overline{RBI}=\mathbf{0}$时，若 $A_3A_2A_1A_0=\mathbf{0000}$，则所有光段均灭，用以熄灭不必要的零，以提高视读的清晰度。例如 03.20，前后的两个零是多余的，可以通过在对应位加灭零信号($\overline{RBI}=\mathbf{0}$)的方法去掉多余的零。

$\overline{BI}/\overline{RBO}$为消隐输入/灭零输出端(一般共用一个引脚)。$\overline{BI}$为消隐输入端，它是为了降低显示系统的功耗而设置的，当$\overline{BI}=\mathbf{0}$时，无论$\overline{LT}$、$\overline{RBI}$及数码输入 $A_3\sim A_0$ 状态如何，输出 $\overline{Y}_a\sim\overline{Y}_g$ 状态均为 **1**，七段数码管全灭，不显示数字；当$\overline{BI}=\mathbf{1}$时，显示译码器正常工作。正常显示情况下，$\overline{BI}$必须接高电平或开路，$\overline{BI}$是级别最高的控制信号。

$\overline{RBO}$为灭零输出端，它主要用做灭零指示，当该片输入 $A_3A_2A_1A_0=\mathbf{0000}$ 并熄灭时，$\overline{RBO}=\mathbf{0}$，将其引向低位片的灭零输入$\overline{RBI}$端，允许低一位灭零。反之，$\overline{RBO}=\mathbf{1}$，说明本位处于显示状态，就不允许低一位灭零。

将灭零输入端$\overline{RBI}$和灭零输出端$\overline{RBO}$配合使用，即可实现多位十进制数码显示系统的整数前和小数后的灭零控制。图 8-26 示出了灭零控制的连接方法，其整数部分是将高位的$\overline{RBO}$与后一位的$\overline{RBI}$相连，而小数部分是将低位的$\overline{RBO}$与前一位的$\overline{RBI}$相连。

在图 8-26 所示电路的整数显示部分中，最高位译码器的$\overline{RBI}$接地，$\overline{RBI}$端始终处于有效电平，一旦此位的输入为 **0**，就将进行灭零操作，并通过$\overline{RBO}$端将灭零输出的低电平向后一位传递，开启后一位的灭零功能。同样，在小数显示部分，最低位译码器的灭零输入端$\overline{RBI}$端始终处于有效电平，一旦此位的输入为 **0**，就将进行灭零操作，并通过$\overline{RBO}$将灭零输出的低电平

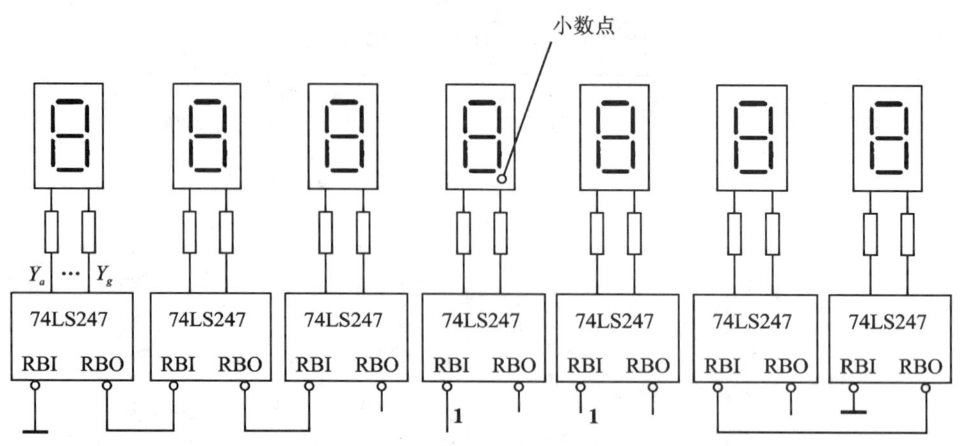

图 8-26 有灭零功能的数码显示系统

向前传递，开启前一位的灭零功能。依此方法，就可把整数前和小数后的多余的零灭掉。例如，若七位数为0042.300，则显示42.3；若为9113.101则显示9113.101；若为0513.072则显示513.072；若为6103.140则显示6103.14。

8.2.3 加法器

在数字电路中，常需要进行加、减、乘、除等算术运算，而减法和乘、除运算均可化作若干步加法运算来实现。因此，加法器是构成算术运算的基本单元。

1. 半加器和全加器

加法器分半加器和全加器。所谓半加，是指两个1位二进制数相加，没有低位来的进位的加法运算，实现半加运算的电路称半加器。全加是指两个同位的加数和来自低位的进位3个数相加的运算，实现全加的电路称为全加器。例如，两个4位二进制数 $A=A_3A_2A_1A_0=\mathbf{1011}$，$B=B_3B_2B_1B_0=\mathbf{1110}$ 相加，A、B 两数的最低位(最右边一位)进行的是半加运算，即只有 A_0 和 B_0 两个数相加，没有低位来的进位；而高三位都是带进位的加法运算，都是三个数相加，是全加运算。

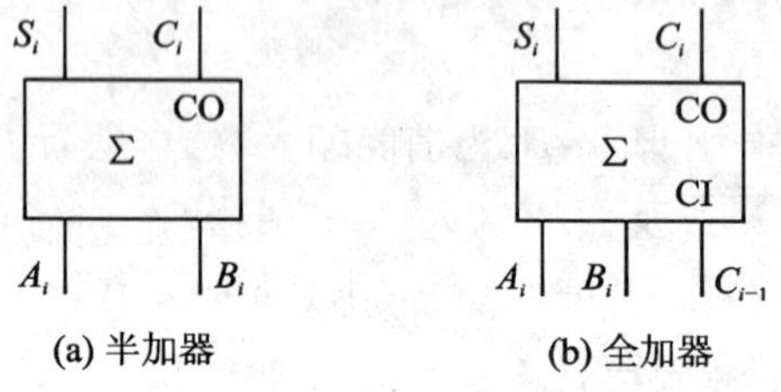

图 8-27 加法器的逻辑符号

半加器和全加器的逻辑符号分别如图8-27(a)、(b)所示。

若用 A_i、B_i 表示 A、B 两个数的第 i 位，用 C_{i-1} 表示来自低位的进位，用 S_i 表示全加和，用 C_i 表示送给高位(第 i+1 位)的进位，那么根据全加运算的规则便可以列出全加器的真值表，如表8-14所列。

表 8-14 全加真值表

A_i	B_i	C_{i-1}	S_i	C_i	A_i	B_i	C_{i-1}	S_i	C_i
0	0	0	0	0	1	0	0	1	0
0	0	1	1	0	1	0	1	0	1
0	1	0	1	0	1	1	0	0	1
0	1	1	0	1	1	1	1	1	1

根据真值表可得

$$S_i=\overline{A}_i\overline{B}_iC_{i-1}+\overline{A}_iB_i\overline{C}_{i-1}+A_i\overline{B}_i\overline{C}_{i-1}+A_iB_iC_{i-1}$$

$$C_i=\overline{A}_iB_iC_{i-1}+A_i\overline{B}_iC_i+A_iB_i\overline{C}_{i-1}+A_iB_iC_{i-1}=A_iB_i+A_iC_{i-1}+B_iC_{i-1}$$

若用**与**门、**或**门实现，则可根据上述 S_i 和 C_i 的表达式直接画出如图 8-28 所示的逻辑电路图。

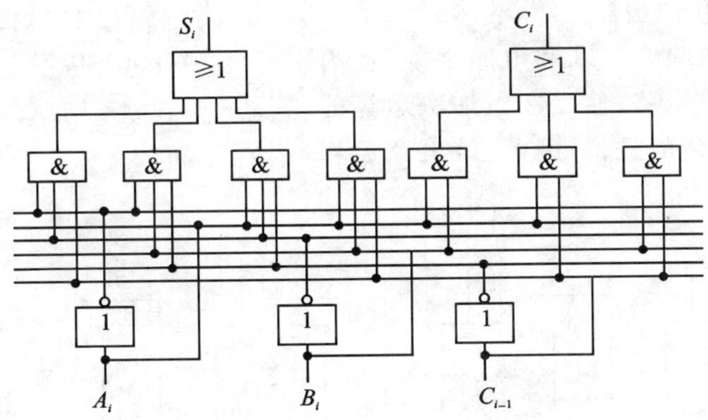

图 8-28　用与门、或门构成的全加器

若要用**与或非**门实现，则需先求出 $\overline{S}_i$ 和 $\overline{C}_i$ 的最简**与或**表达式，再取反得到最简**与或非**表达式，然后画出逻辑电路图。在表 8-14 中，合并函数值为 **0** 的项并化简即可得到 $\overline{S}_i$ 和 $\overline{C}_i$ 的最简**与或**表达式

$$S_i=\overline{A}_i\overline{B}_i\overline{C}_{i-1}+\overline{A}_iB_i\overline{C}_{i-1}+A_iB_i\overline{C}_{i-1}+A_i\overline{B}_iC_{i-1}$$

$$C_i=\overline{A}_iB_i+\overline{A}_i\overline{C}_{i-1}+\overline{B}_i\overline{C}_{i-1}$$

再取反后，得

$$S_i=\overline{\overline{A}_i\overline{B}_i\overline{C}_{i-1}+\overline{A}_iB_i\overline{C}_{i-1}+A_iB_i\overline{C}_{i-1}+A_i\overline{B}_iC_{i-1}}$$

$$C_i=\overline{\overline{A}_iB_i+\overline{A}_i\overline{C}_{i-1}+\overline{B}_i\overline{C}_{i-1}}$$

用**与或非**门实现的逻辑电路图如图 8-29 所示。

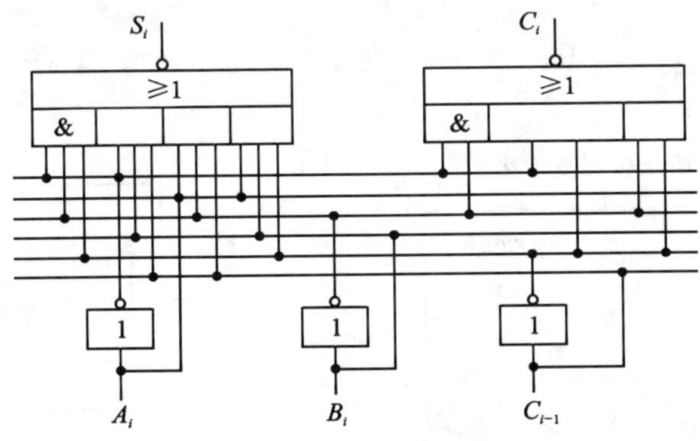

图 8-29　用与或非门和非门构成的全加器

2. 集成全加器及其应用

74H183、74LS183 是集成双全加器，它是在 1 个芯片中封装了两个功能相同且相互独立的全加器，功能表同表 8-14，引脚排列图如图 8-30 所示，图中“NC”表示没有用的“空引脚”。

把4个全加器(例如两片74LS183)依次级联起来,便可构成4位串行进位加法器,如图8-31所示。

串行进位加法器电路结构简单,工作过程的分析一目了然,但工作速度较低。为了提高工作速度,出现了超前进位加法器。

超前进位加法器除含有求和电路之外,在内部还增加了超前进位电路,使之在做加法运算的同时,快速求出向高位的进位,因此,该电路运算速度较快。

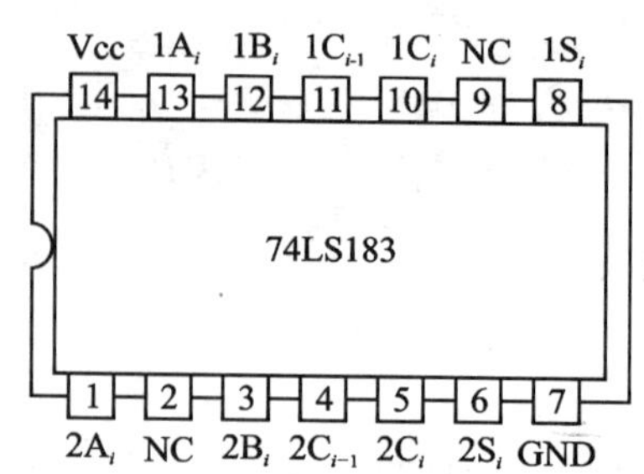

图8-30 全加器74LS183的引脚排列图

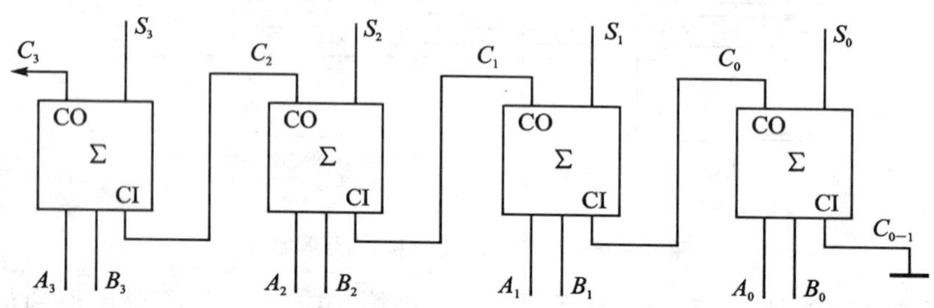

图8-31 4位串行进位加法器

8.2.4 数值比较器

比较两个二进制数A和B大小关系的电路称为数值比较器。比较的结果有3种情况,$A>B$、$A=B$、$A<B$,分别通过3个输出端给以指示。

1. 1位数值比较器

1位数值比较器是比较两个1位二进制数大小关系的电路。它有两个输入端A和B,3个输出端$Y_0(A>B)$、$Y_1(A=B)$和$Y_2(A<B)$。根据1位数值比较器的定义,可列出真值表如表8-15所列。根据表8-15可得

$$Y_0 = A\overline{B}, \quad Y_1 = \overline{A}\overline{B} + AB, \quad Y_2 = \overline{A}B$$

画出逻辑图,如图8-32所示。

表8-15 1位数值比较器真值表

A	B	$Y_{0(A>B)}$	$Y_{1(A=B)}$	$Y_{2(A<B)}$
0	0	0	1	0
0	1	0	0	1
1	0	1	0	0
1	1	0	1	0

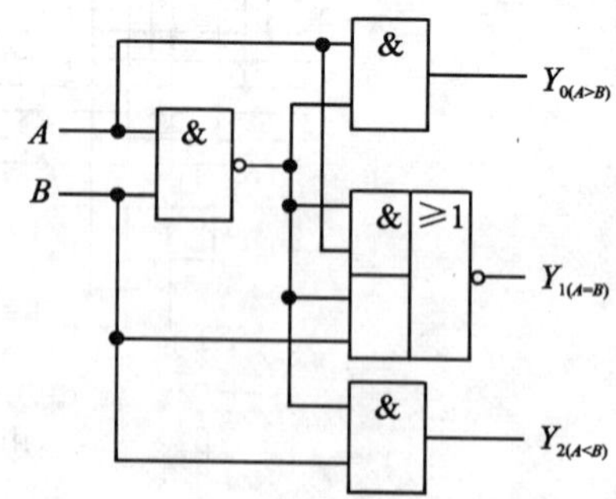

图8-32 1位数值比较器逻辑图

2. 4位数值比较器

4位数值比较器是比较两个4位二进制数大小关系的电路,一般由4个1位数值比较器

组合而成。输入是两个相比较的 4 位二进制数 $A=A_3A_2A_1A_0$、$B=B_3B_2B_1B_0$，输出同 1 位数值比较器，也是 3 个输出端。其真值表如表 8－16 所列。由真值表可以看出：

(1) 4 位数值比较器实现比较运算是依照“高位数大则该数大，高位数小则该数小，高位相等看低位”的原则，从高位到低位依次进行比较而得到的。

(2) $I_{(A>B)}$、$I_{(A=B)}$、$I_{(A<B)}$ 是级联输入端，应用级联输入端可以扩展比较器的位数，方法是将低位片的输出 $Y_{0(A>B)}$、$Y_{1(A=B)}$ 和 $Y_{2(A<B)}$ 分别与高位片的级联输入端 $I_{(A>B)}$、$I_{(A=B)}$、$I_{(A<B)}$ 相连。不难理解，只有当高位数相等，低 4 位比较的结果才对输出起决定性的作用。

表 8－16　4 位集成数值比较器的真值表

比较输入				级联输入			输　出		
A_3　B_3	A_2　B_2	A_1　B_1	A_0　B_0	$I_{(A<B)}$	$I_{(A=B)}$	$I_{(A>B)}$	$Y_{2(A<B)}$	$Y_{1(A=B)}$	$Y_{0(A>B)}$
$A_3>B_3$	×	×	×	×	×	×	0	0	1
$A_3=B_3$	$A_2>B_2$	×	×	×	×	×	0	0	1
$A_3=B_3$	$A_2=B_2$	$A_1>B_1$	×	×	×	×	0	0	1
$A_3=B_3$	$A_2=B_2$	$A_1=B_1$	$A_0>B_0$	×	×	×	0	0	1
$A_3=B_3$	$A_2=B_2$	$A_1=B_1$	$A_0=B_0$	0	0	1	0	0	1
$A_3=B_3$	$A_2=B_2$	$A_1=B_1$	$A_0=B_0$	0	1	0	0	1	0
$A_3=B_3$	$A_2=B_2$	$A_1=B_1$	$A_0=B_0$	1	0	0	1	0	0
$A_3<B_3$	×	×	×	×	×	×	1	0	0
$A_3=B_3$	$A_2<B_2$	×	×	×	×	×	1	0	0
$A_3=B_3$	$A_2=B_2$	$A_1<B_1$	×	×	×	×	1	0	0
$A_3=B_3$	$A_2=B_2$	$A_1=B_1$	$A_0<B_0$	×	×	×	1	0	0

3. 集成数值比较器及其应用

74LS85(74HC85)是集成 4 位数值比较器，图 8－33 是它的引脚排列图。用多片数值比较器级联，可以实现更多位数的数值比较器，即实现功能扩展。

例 8－12　试用两片 4 位数值比较器 74LS85 组成 8 位数值比较器。

解：根据以上分析，两片数值比较器级联，只要将低位片的输出 $Y_{0(A>B)}$、$Y_{1(A=B)}$ 和 $Y_{2(A<B)}$ 分别与高位片的级联输入端 $I_{(A>B)}$、$I_{(A=B)}$、$I_{(A<B)}$ 相连，再将低位片的 $I_{(A>B)}$、$I_{(A<B)}$ 接地，$I_{(A=B)}$ 接高电平即可，如图 8－34 所示。

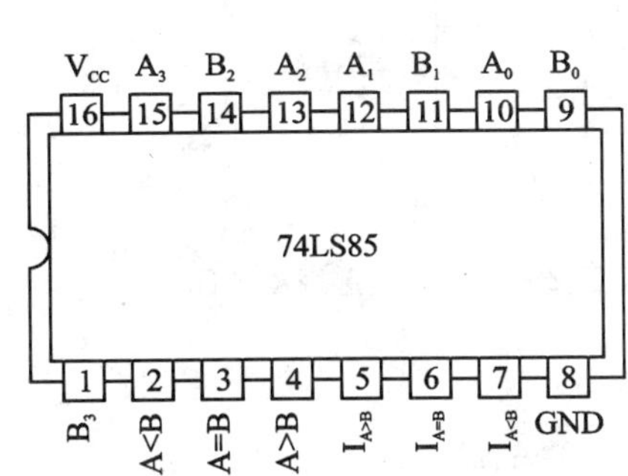

图 8－33　74LS85 的引脚排列图

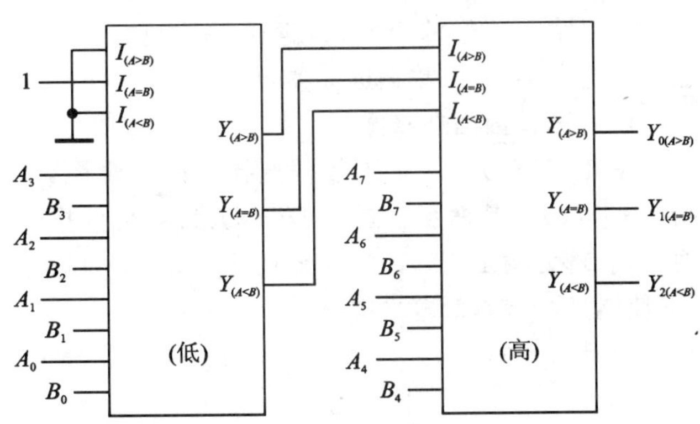

图 8－34　数值比较器级联图

例8-12实际是采用串联方式扩展数值比较器的位数,当位数较多且要满足一定的速度要求时,可以采取并联方式。图8-35所示为16位数值比较器的原理图。比较方法是:采用两级比较方式,将16位数按高低位次序分成4组,每组4位,各组的比较是并行进行的。将每组的比较结果再经4位比较器进行比较后得出结果。显然,从数据输入到稳定输出只需2倍的4位比较器的延迟时间,若用串联方式,则16位的数值比较器从输入到稳定输出需要4倍的4位比较器的延迟时间。

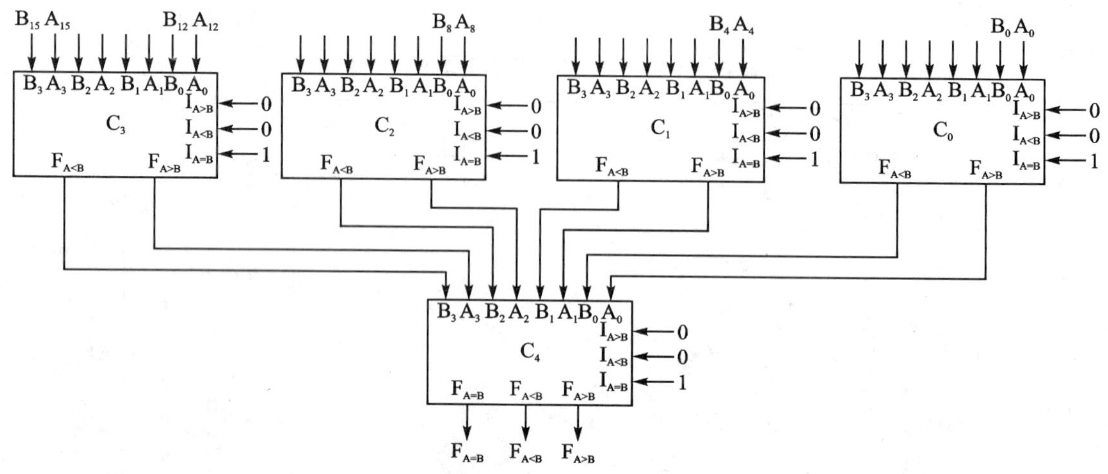

图8-35 并联方式扩展数值比较器的位数

8.2.5 数据选择器

根据输入地址码的不同,从多路输入数据中选择一路进行输出的电路称为数据选择器,又称多路开关。在数字系统中,常利用数据选择器将多条传输线上的不同数字信号按要求选择其中之一送到公共数据线上。

图8-36是数据选择器的结构框图。设地址输入端有 n 个,这 n 个地址输入端组成 n 位二进制代码,则输入端最多可有 2^n 个输入信号,但输出端却只有一个。

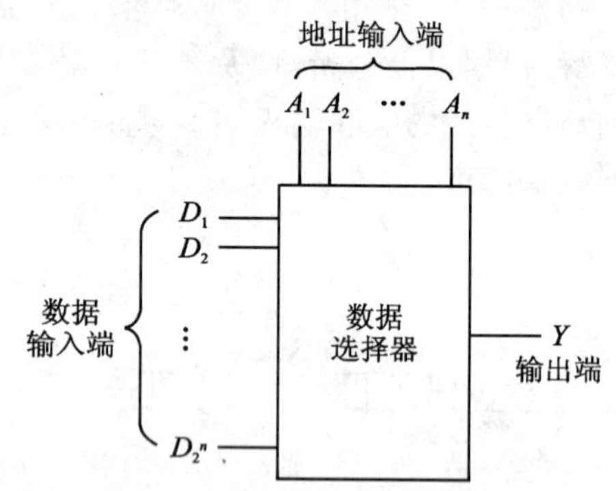

图8-36 数据选择器框图

根据输入信号的个数,数据选择器可分为4选1、8选1、16选1数据选择器等。

1. 4选1数据选择器

图8-37(a)是4选1数据选择器的逻辑图,图8-37(b)是其框图。图中 $D_0 \sim D_3$ 为4个数据输入端,Y 为输出端,A_1A_0 为地址输入端,$\overline{S}$ 为选通(使能)输入端,低电平有效。

分析图8-37(a)所示电路,可写出输出信号 Y 的表达式

$$Y = (\overline{A}_1\overline{A}_0D_0 + \overline{A}_1A_0D_1 + A_1\overline{A}_0D_2 + A_1A_0D_3)\overline{S}$$

当 $\overline{S}=\mathbf{1}$ 时,$Y=\mathbf{0}$,数据选择器不工作;当 $\overline{S}=\mathbf{0}$ 时,$Y=\overline{A}_1\overline{A}_0D_0+\overline{A}_1A_0D_1+A_1\overline{A}_0D_2+A_1A_0D_3$,此时,根据地址码 A_1A_0 的不同,将从 $D_0 \sim D_3$ 中选出1个数据输出。如果地址码

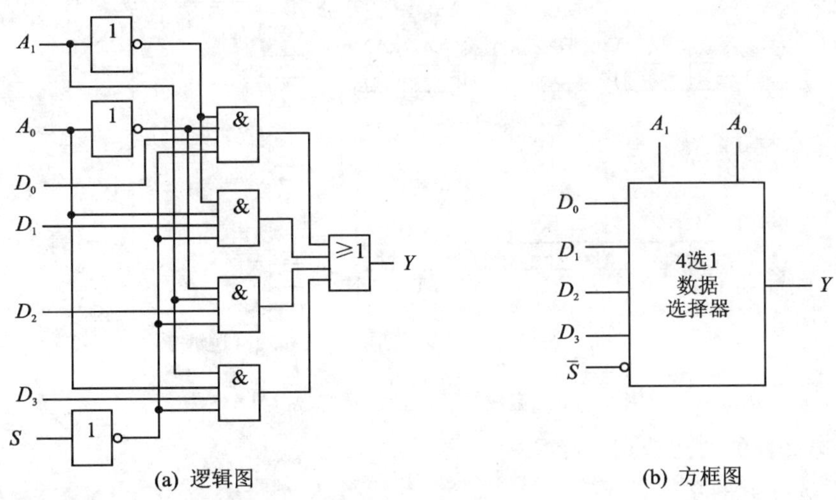

图 8-37　4 选 1 数据选择器

A_1A_0 依次改变，由 **00→01→10→11**，则输出端将依次输出 D_0、D_1、D_2、D_3，这样就可以将并行输入的代码变为串行输出的代码了。

4 选 1 数据选择器的典型电路是 74LS153。74LS153 实际上是双 4 选 1 数据选择器，其内部有两片功能完全相同的 4 选 1 数据选择器，表 8-17 是它的真值表。$\overline{ST}$是选通输入端，低电平有效。

74LS153 的引脚排列图和逻辑符号分别如图 8-38(a)、(b)所示。

表 8-17　74LS153 真值表

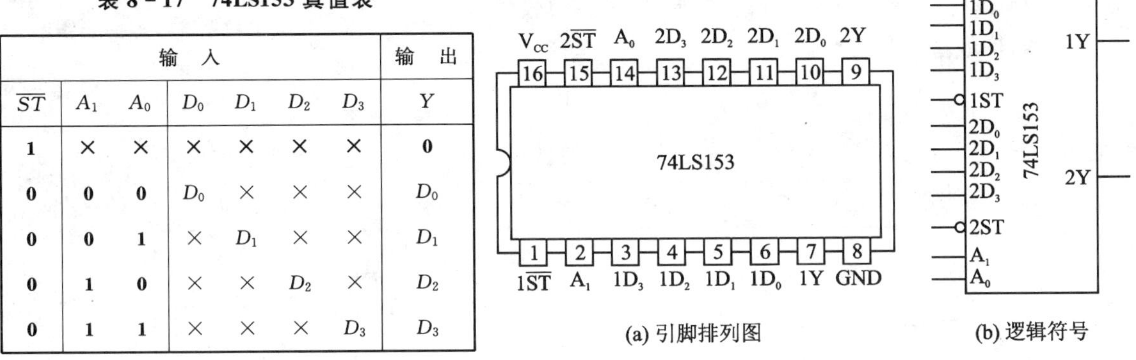

输入							输出
$\overline{ST}$	A_1	A_0	D_0	D_1	D_2	D_3	Y
1	×	×	×	×	×	×	**0**
0	**0**	**0**	D_0	×	×	×	D_0
0	**0**	**1**	×	D_1	×	×	D_1
0	**1**	**0**	×	×	D_2	×	D_2
0	**1**	**1**	×	×	×	D_3	D_3

(a) 引脚排列图　　(b) 逻辑符号

图 8-38　集成双 4 选 1 数据选择器 74LS153

2. 8 选 1 数据选择器

集成 8 选 1 数据选择器 74LS151 也有一个使能端$\overline{ST}$，低电平有效；两个互补输出端 Y 和 $\overline{W}$，其输出信号相反。其表达式可写为

$$Y=(\overline{A}_2\overline{A}_1\overline{A}_0D_0+\overline{A}_2\overline{A}_1A_0D_1+\overline{A}_2A_1\overline{A}_0D_2+\overline{A}_2A_1A_0D_3+$$
$$A_2\overline{A}_1\overline{A}_0D_4+A_2\overline{A}_1A_0D_5+A_2A_1\overline{A}_0D_6+A_2A_1A_0D_7)\overline{\overline{ST}}$$

当$\overline{ST}=\mathbf{1}$ 时，$Y=\mathbf{0}$，数据选择器不工作；当$\overline{ST}=\mathbf{0}$ 时，根据地址码 $A_2A_1A_0$ 的不同，将从 $D_0\sim D_7$ 中选出一个数据输出。图 8-39 所示为 74LS151 的引脚排列图和逻辑符号。

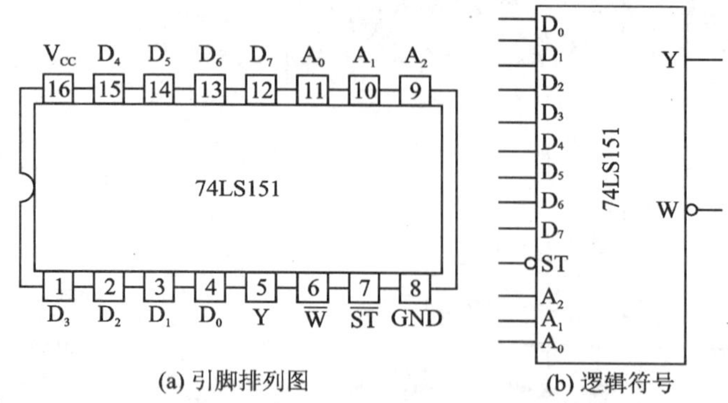

图 8-39 集成8选1数据选择器 74LS151

3. 数据选择器的典型应用

(1) 数据选择器的功能扩展

利用选通端及外加辅助门电路可以实现数据选择器的功能扩展,以达到扩展通道的目的。例如,用两个4选1数据选择器(可选1片74LS153)通过级联,构成8选1数据选择器,其连线图如图8-40所示。当 $A=\mathbf{0}$ 时,选中第一块4选1数据选择器,根据地址码 BC 的组合,从 $D_0 \sim D_3$ 中选一路数据输出;当 $A=\mathbf{1}$ 时,选中第二块,根据 BC 的组合,从 $D_4 \sim D_7$ 中选一路数据输出。再如,用两片8选1数据选择器(74LS151)通过级联,可以扩展成16选1数据选择器,连线图如图8-41所示。

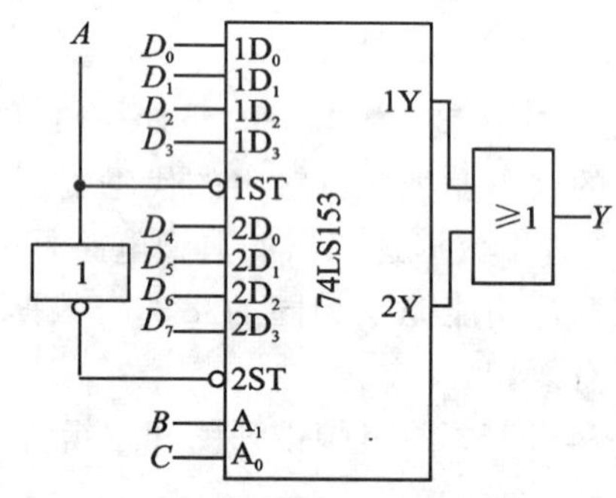

图 8-40 8选1数据选择器的连线图

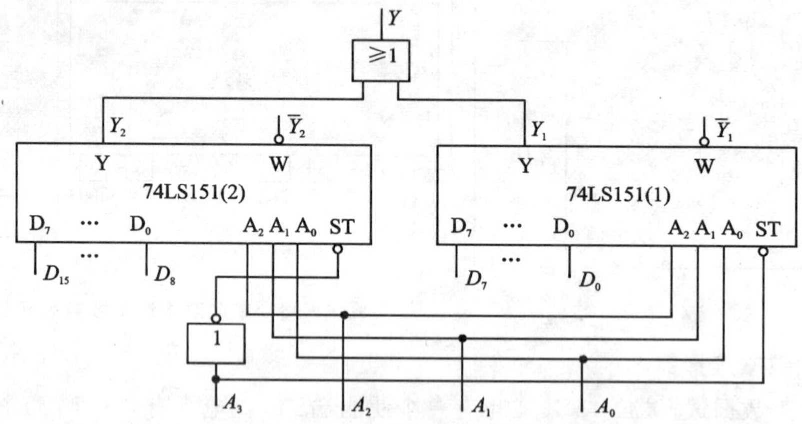

图 8-41 16选1数据选择器连线图

(2) 实现逻辑函数

用数据选择器也可以实现逻辑函数,这是因为数据选择器输出信号逻辑表达式具有以下特点:① 具有标准**与或**表达式的形式;② 提供了地址变量的全部最小项;③ 一般情况下,输入信号 D_i 可以当成一个变量处理。而且已知任何组合逻辑函数都可以写成唯一的最小项表达式的形式，因此，从原理上讲，应用对照比较的方法，用数据选择器可以不受限制地实现任何组合逻辑函数。如果函数的变量数为 k，那么应选用地址变量数为 $n=k$ 或 $n=k-1$ 的数据选择器。

例 8-13　用数据选择器实现下列函数：

$$F=\overline{A}\overline{B}\overline{C}\overline{D}+\overline{A}\overline{B}CD+\overline{A}B\overline{C}\overline{D}+\overline{A}B\overline{C}D+A\overline{B}\overline{C}D+A\overline{B}C\overline{D}+AB\overline{C}\overline{D}+AB\overline{C}D$$

解：函数变量个数为 4，则可选用地址变量为 3 的 8 选 1 数据选择器实现，这里选用 74LS151。将函数 F 的前三个变量 A、B、C 作为 8 选 1 数据选择器的地址码 $A_2A_1A_0$，剩下一个变量 D 作为数据选择器的输入数据。已知 8 选 1 数据选择器的逻辑表达式为

$$Y=\overline{A}_2\overline{A}_1\overline{A}_0D_0+\overline{A}_2\overline{A}_1A_0D_1+\overline{A}_2A_1\overline{A}_0D_2+\overline{A}_2A_1A_0D_3+A_2\overline{A}_1\overline{A}_0D_4+A_2\overline{A}_1A_0D_5+A_2A_1\overline{A}_0D_6+A_2A_1A_0D_7$$

比较 Y 与 F 的表达式可知：

$$D_0=\overline{D},\quad D_1=D,\quad D_2=1,\quad D_3=0,\quad D_4=D,\quad D_5=\overline{D},\quad D_6=1,\quad D_7=0$$

根据以上结果画出连线图，如图 8-42 所示。

用 74LS151 也可实现 3 变量逻辑函数。

例 8-14　试用数据选择器实现逻辑函数 $F=AB+BC+AC$。

解：将函数表达式 Y 整理成最小项之和形式

$$F=AB+BC+AC=AB(C+\overline{C})+BC(A+\overline{A})+AC(B+\overline{B})=\overline{A}BC+A\overline{B}C+AB\overline{C}+ABC$$

比较逻辑表达式 F 和 8 选 1 数据选择器的逻辑表达式 Y，最小项的对应关系为 $F=Y$，则 $A=A_2$，$B=A_1$，$C=A_0$，Y 中包含 F 的最小项时，函数 $D_n=\mathbf{1}$，未包含最小项时，$D_n=\mathbf{0}$。于是可得

$$D_0=D_1=D_2=D_4=\mathbf{0},\qquad D_3=D_5=D_6=D_7=\mathbf{1}$$

根据上面分析的结果，画出连线图，如图 8-43 所示。

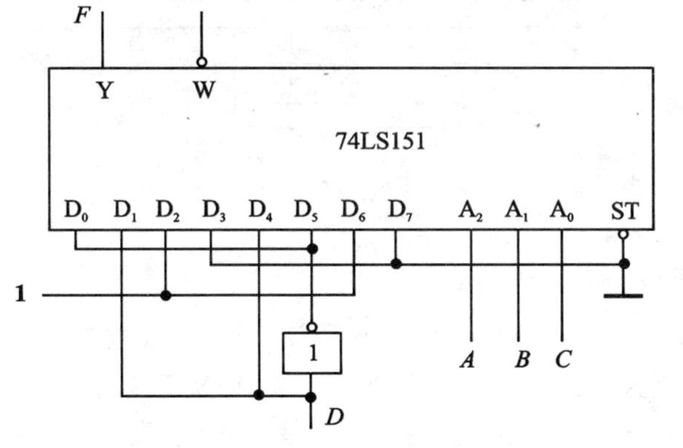

图 8-42　例 8-13 的连线图

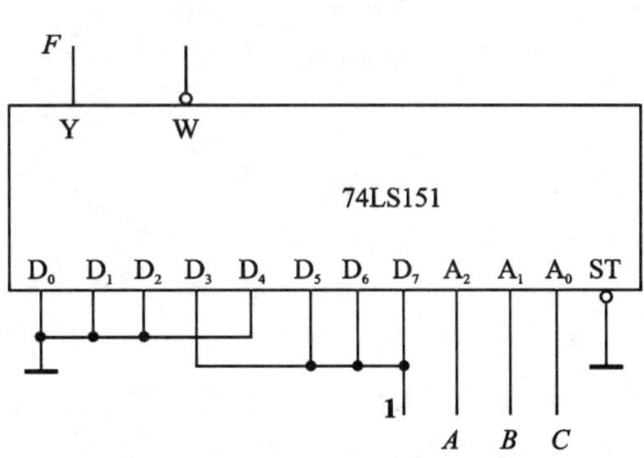

图 8-43　例 8-14 的连线图

8.2.6　数据分配器

根据输入地址码的不同，将一个数据源输入的数据传送到多个不同输出通道的电路称为数据分配器，又称为多路分配器。如一台计算机的数据要分时传送到打印机、绘图仪和监控终

端中去,就要用到数据分配器。

根据输出端的个数,数据分配器可分为1路-4路、1路-8路、1路-16路数据分配器等。下面以1路-4路数据分配器为例介绍。

图8-44(a)所示为1路-4路数据分配器示意框图。其中,1个输入数据用D表示;两个地址输入端用A_1A_0表示;4个数据输出端用Y_0、Y_1、Y_2、Y_3表示。

令$A_1A_0=\mathbf{00}$时,选中输出端Y_0,即$Y_0=D$;$A_1A_0=\mathbf{01}$时,选中输出端Y_1,即$Y_1=D$;$A_1A_0=\mathbf{10}$时,选中输出端Y_2,即$Y_2=D$;$A_1A_0=\mathbf{11}$时,选中输出端Y_3,即$Y_3=D$。根据此约定,可列出真值表如表8-18所列。

表8-18 1路-4路数据分配器的真值表

输入			输出			
	A_1	A_0	Y_0	Y_1	Y_2	Y_3
D	**0**	**0**	D	**0**	**0**	**0**
	0	**1**	**0**	D	**0**	**0**
	1	**0**	**0**	**0**	D	**0**
	1	**1**	**0**	**0**	**0**	D

由表8-18所列真值表可直接得到

$$Y_0=D\overline{A}_1\overline{A}_0,\qquad Y_1=D\overline{A}_1A_0,\qquad Y_2=DA_1\overline{A}_0,\qquad Y_3=DA_1A_0$$

根据上式可画出如图8-44(b)所示的逻辑电路图。

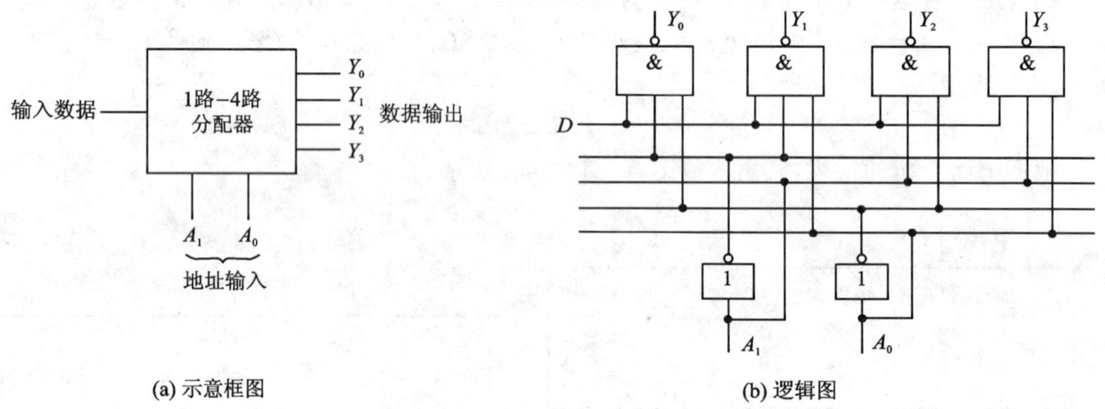

(a) 示意框图 (b) 逻辑图

图8-44 1路-4路数据分配器

数据分配器可以用唯一地址译码器实现。例如,用3/8线译码器74LS138做数据分配器,可以根据输入端$A_2A_1A_0$的不同状态,把数据分配到8个不同的通道上去,即实现1路-8路数据分配器的作用。用74LS138作为数据分配器的逻辑原理图如图8-45所示。图中,将S_3接低电平,S_1作为使能端,高电平有效,A_2、A_1和A_0作为选择通道地址输入,S_2作为数据输入端。例如,当$S_1=\mathbf{1}$,$A_2A_1A_0=\mathbf{010}$时,由74LS138的功能表可得

$$Y_2=\overline{(S_1\cdot\overline{S_2}\cdot\overline{S_3})\cdot\overline{A_2}\cdot A_1\cdot\overline{A_0}}=S_2$$

而其他输出端均为无效电平**1**。因此,当地址$A_2A_1A_0=\mathbf{010}$时,只有输出端Y_2得到与输入端相同的数据波形。

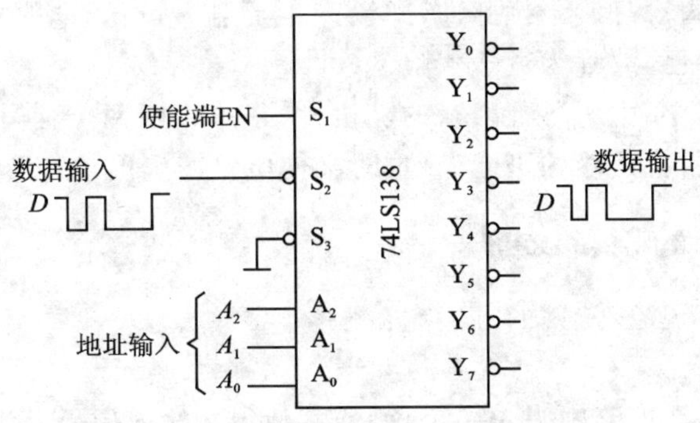

图 8-45　用 74LS138 作为数据分配器

8.3　组合电路中的竞争冒险

在前面各节讨论组合电路时，没有考虑门电路的传输延迟时间。但实际中，由于门电路传输延迟的影响会导致电路在某些情况下在输出端产生错误信号。

8.3.1　竞争冒险的概念及产生原因

在图 8-46(a)所示电路中，若输入信号 A、B 的波形分别如图(b)和(c)所示，理想情况下，输出 Y 的波形分别如图(b)和(c)所示，$Y=\mathbf{0}$。

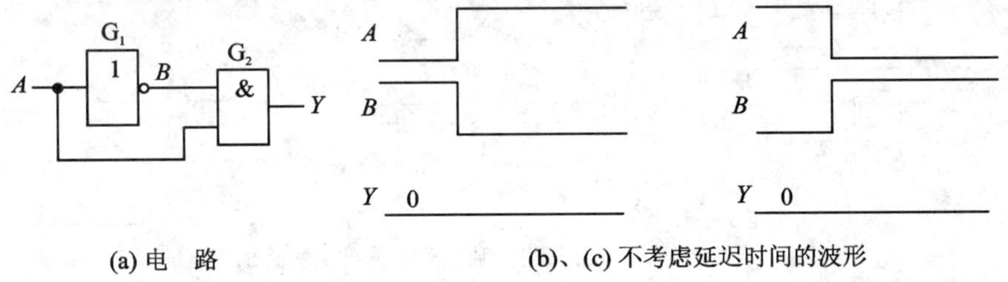

图 8-46　电路及波形

实际门电路是有延迟的。当输入信号 A 经反相器 G_1 成为 B 信号时，这个过程需要经过 G_1 的传输延迟时间，B 信号的变化落后于 A 信号的变化，当 A 由低电平变为高电平时，B 还处于高电平状态，这一瞬间，Y 出现了过渡干扰脉冲（又称毛刺），如图 8-47(a)所示。一般来说，当有关门的输入有两个或两个以上信号发生改变时，由于这些信号是经过不同路径传输来的，使得它们状态改变的时刻有先有后，这种时差引起的现象称为竞争。

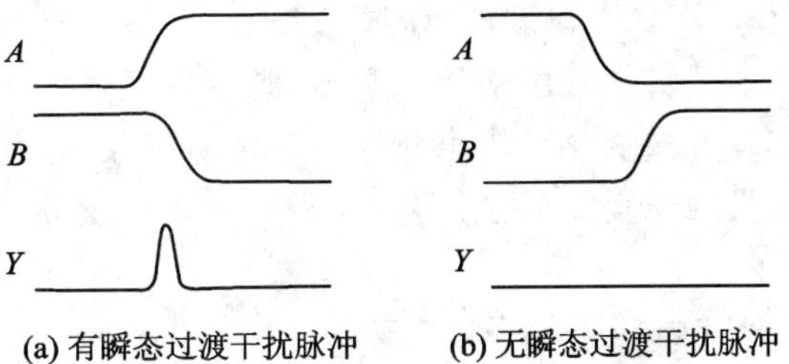

图 8-47　图 8-46(a)电路考虑延迟的输入输出波形

但是，有竞争现象的电路不一定产生毛刺。仍是图 8-46(a)所示电路，若信号 A、B 的变化如图 8-47(b)所示，虽然两个信号同时向相反方向变化了、门 G_1、G_2 具有同样的延迟时间、B 信号的变化同样落后于 A 信号的变化，但由图 8-47(b)

可以看出,并没有产生瞬态过渡干扰脉冲,即没产生毛刺。可见,电路中有竞争现象只是存在产生干扰脉冲的危险而已,故称为竞争冒险。

在复杂的数字系统中,由于各种因素的随机性,很难判断两个信号的先后次序,所以只要有竞争现象,就有产生干扰信号的可能,严重时会使电路产生误动作造成逻辑上的错误。

8.3.2 竞争冒险的消除方法

为了消除竞争冒险现象,常用的方法有:

1. 引入封锁脉冲

引入封锁脉冲就是在电路中引入一个负脉冲,使得在输入信号发生竞争的时间内,把可能产生干扰脉冲的门封住,图 8-48(a)中的负脉冲 P_1 就是这样的封锁脉冲。当 A、B 同时变化时,$P_1=\mathbf{0}$,封住与门 G_2,因而消除了干扰脉冲,如图 8-48(b)波形所示。值得注意,封锁脉冲 P_1 必须要与信号转换时间同步且脉冲宽度大于电路状态转换过程的过渡时间。

2. 引入选通脉冲

图 8-48(a)中的正脉冲 P_2 即是引入的选通脉冲。在一般情况下使 $P_2=\mathbf{0}$,与门 G_2 处于封闭状态,将可能产生竞争冒险现象出现干扰脉冲的时间控制在此范围内;只有当 $P_2=\mathbf{1}$ 时,电路才处于使能(选通)状态,才按输入信号输出,从而抑制了干扰脉冲,如图 8-48(c)波形所示。需要注意,引入选通脉冲后的组合电路,输出信号在 $P_2=\mathbf{1}$ 时有效,因此要注意加入选通脉冲的时间。

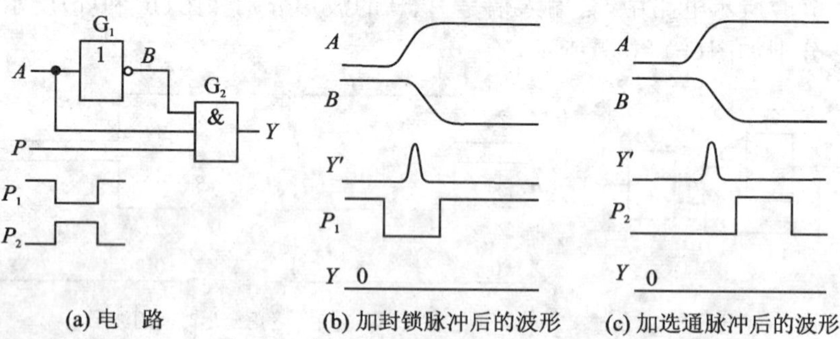

(a) 电 路　(b) 加封锁脉冲后的波形　(c) 加选通脉冲后的波形

图 8-48 加封锁脉冲或选通脉冲

3. 接入滤波电容

在干扰脉冲比较窄且负载对尖峰脉冲不很敏感的条件下,可采用在输出端并接滤波电容的方法来解决。接入滤波电容后,由于电容 C 充放电需要一定的时间,因而必然影响电路的工作速度,所以 C 的取值应尽可能小。

4. 修改逻辑设计,增加冗余项

在逻辑函数中增加冗余项,既可使函数的逻辑关系不变,又保证了在两个输入信号的状态向相反方向变化可能出现的竞争冒险现象。因增加的冗余项的状态是确定的,由此抑制了干扰信号的产生。例如,在图 8-49(a)所示 2 选 1 时数据选择器中,输出信号为

$$Y = AD_1 + \overline{A}D_0$$

当 $D_1=D_0=\mathbf{1}$ 时,$Y=A+\overline{A}$,易产生竞争冒险现象。若将上式加上冗余项 D_1D_0,则

$$Y = AD_1 + \overline{A}D_0 + D_1D_0$$

当 $D_1=D_0=\mathbf{1}$ 时,$Y=\mathbf{1}$,电路如图 8-49(b)所示。

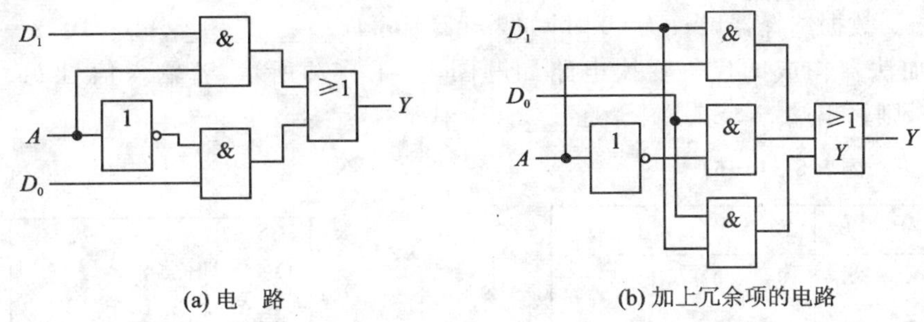

图 8-49　修改逻辑设计

本章小结

1. 组合电路是数字电路的两大分支之一，本章涉及的内容是本课程的重点。组合电路的输出仅仅取决于该时刻输入信号的状态，而与该时刻之前电路的状态无关。因此电路中不包含具有记忆功能的电路，它是以门电路作为基本单元组成的电路。

2. 组合电路的分析是根据已知的逻辑图，找出输出变量与输入变量的逻辑关系，从而确定出电路的逻辑功能。

3. 组合电路的设计是分析的逆过程，它是根据已知逻辑功能设计出能够实现该逻辑功能的逻辑图。

4. 组合逻辑电路的种类很多，常见的有编码器、译码器、加法器、数值比较器、数据选择器和数据分配器等。本章对以上各类组合电路的功能、特点、用途进行了讨论，并介绍了一些常见的集成电路芯片，学习时要注意掌握各控制端的作用、逻辑功能及用途。

5. 组合电路存在竞争冒险现象，要掌握其产生的原因及消除方法。

习题八

8-1　填空题

(1) 一个 4 输入端的**或非**门，使其输出为 1 的输入变量取值组合有________种。

(2) 组合逻辑电路的输出只与当时的________状态有关，而与电路________的状态无关。它的基本电路单元是________。

(3) 同一个逻辑门电路，如果在正逻辑定义下实现**与非**功能，那么，在负逻辑定义下却实现________功能。如果在负逻辑定义下实现同或功能，那么，在正逻辑定义下则实现________功能。

(4) 题图 8-1-(4)所示电路，F_1 的表达式是________，F_2 的表达式是________。

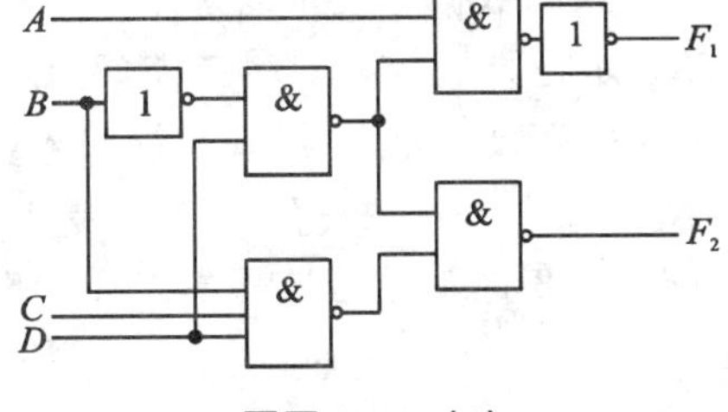

题图 8-1-(4)

(5) 2 线-4 线二进制译码器的功能如题表 8-1-(5)所列，欲将其改为四路分配器使用，应将使能端$\overline{EI}$接________，而数据输入端 A、B 作为________端。

(6) 4 选 1 数据选择器，当$\overline{EI}=\mathbf{0}$时，如果$AB=\mathbf{00}$，$Y=$________；$AB=\mathbf{10}$，$Y=$________。

(7) 由加法器构成的代码变换电路如题图 8-1-(7)所示，若输入信号b_3、b_2、b_1、b_0为 8421BCD 码，则输出端S_3、S_2、S_1、S_0是________代码。

题表 8-1-(5)

$\overline{EI}$	A	B	Y_0	Y_1	Y_2	Y_3
1	×	×	0	0	0	0
0	0	0	1	0	0	0
0	0	1	0	1	0	0
0	1	0	0	0	1	0
0	1	1	0	0	0	1

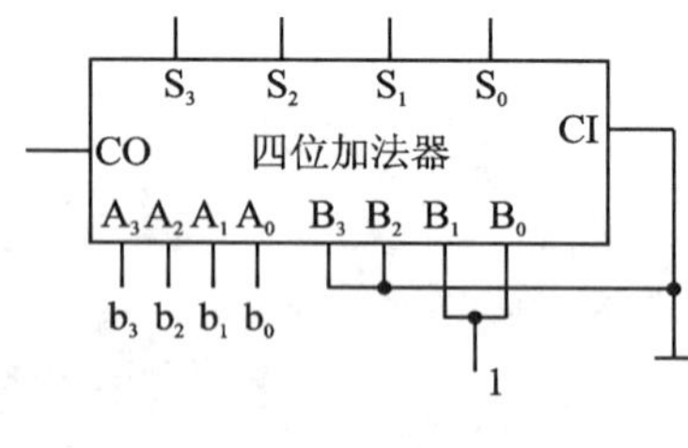

题图 8-1-(7)

(8) 为了使 3/8 线译码器 74LS138 的输出端$\overline{Y}_5=\mathbf{0}$，则要求使能输入端$S_1\overline{S}_2\cdot\overline{S}_3=$________，代码输入端$CBA=$________。

(9) 3/8 线译码器 74LS138 有________个代码输入端，________个输出端，输入的二进制代码为________码，输出信号为________电平有效。

(10) 实现将输入信号编成一个对应的二进制代码的逻辑功能是________。

8-2　选择题

(1) 在题图 8-2-(1)所示组合电路中，其函数表达式为________。

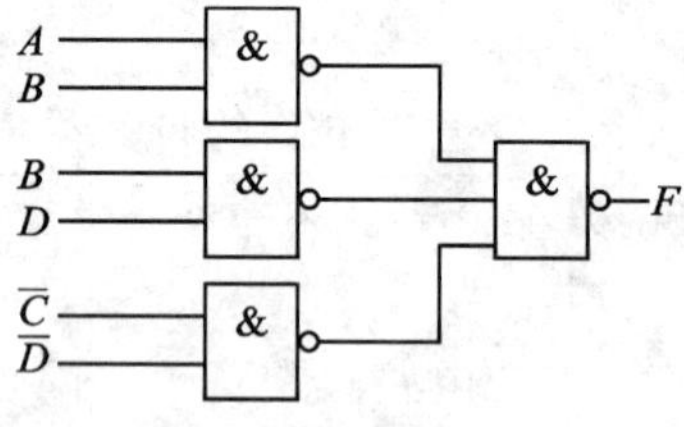

题图 8-2-(1)

A. $F=\sum_m(0,4,5,7,8,12,13,14,15)$

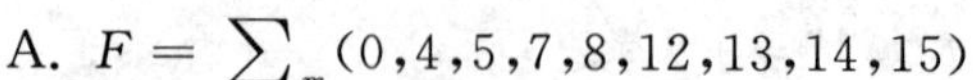

B. $F=\sum_m(1,2,3,6,9,10,11)$

C. $F=\sum_m(0,8,12,14,15)$

D. $F=AB+BD+\overline{C}\cdot\overline{D}$

(2) 已知 MSI 优先编码器 74148 的输入$\overline{I}_1=\overline{I}_2=\overline{I}_3=\mathbf{0}$，则输出端$\overline{Y}_2\cdot\overline{Y}_1\cdot\overline{Y}_0$的值是________。

A. **000**　　B. **100**　　C. **101**　　D. **111**

(3) 要使 3/8 线译码器 74LS138 工作，使能控制端$S_1\,\overline{S_2}\cdot\overline{S_3}$的电平信号是________。

A. **100**　　B. **111**　　C. **011**　　D. **001**

(4) 双向数据总线可以采用________构成。

A. 译码器　　B. 三态门　　C. 与非门　　D. 多路选择器

(5) 8 路数据分配器，其地址输入(选择控制端)有________个。

A. 1　　B. 2　　C. 3　　D. 8

(6) 由 8 选 1 数据选择器 74LS151 组成的电路如题图 8-2-(6)所示，则该电路的输出为________。

A. $Y=A\overline{B}\cdot\overline{C}+A\overline{B}C+\overline{A}\cdot\overline{B}C$　　B. $Y=\sum_m(6,7,9,13)$

C. $Y=\sum_m(6,7,13,14)$　　D. $Y=\sum_m(6,7,8,9,13,14)$

(7) 下列电路中，属于组合逻辑电路的是________。

A. 计数器　　B. 寄存器　　C. 数据选择器　　D. 触发器

(8) 在编码器中，输入的是________，输出的是________。

A. 代码　　B. 某个特定的字符或信息　　C. 二进制数

(9) 指出题图 8-2-(9)所用**与非**门组成的电路的逻辑关系是________。

A. **与非**关系　　B. **或非**关系　　C. **同或**关系　　D. **异或**关系

题图 8-2-(6)

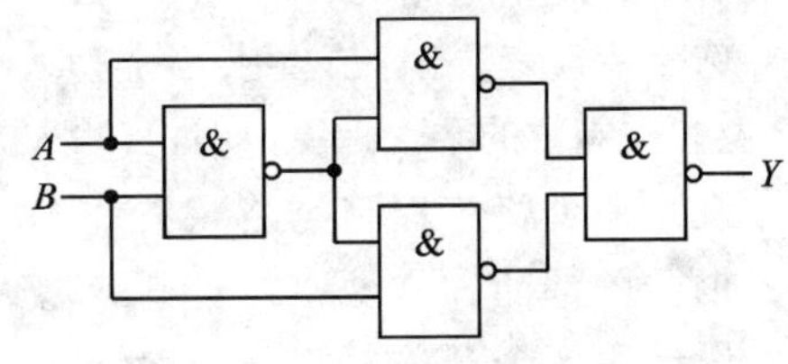

题图 8-2-(9)

(10) 组合逻辑电路主要是由________组成的。

A. 触发器　　B. 门电路　　C. 计数器　　D. 寄存器

8-3　电路如题图 8-3 所示，试写出输出变量 Y 的表达式，列出真值表，并说明各电路的逻辑功能。

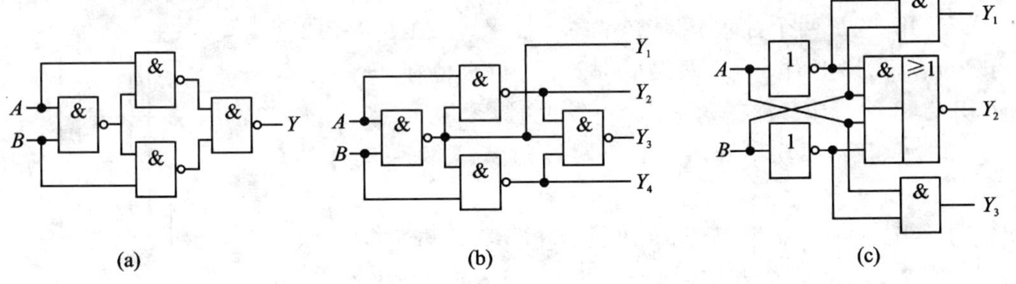

题图 8-3

8-4　某同学设计的代码转换电路如题图 8-4 所示。当 $K=\mathbf{1}$ 时，输入二进制码转换成循环码；当 $K=\mathbf{0}$ 时，输入循环码转换成二进制码。二进制码和循环码关系如题表 8-4 所列。(1) 分别求解两种情况下输出函数的逻辑表达式；(2) 检查电路有无错误，若有则改正。

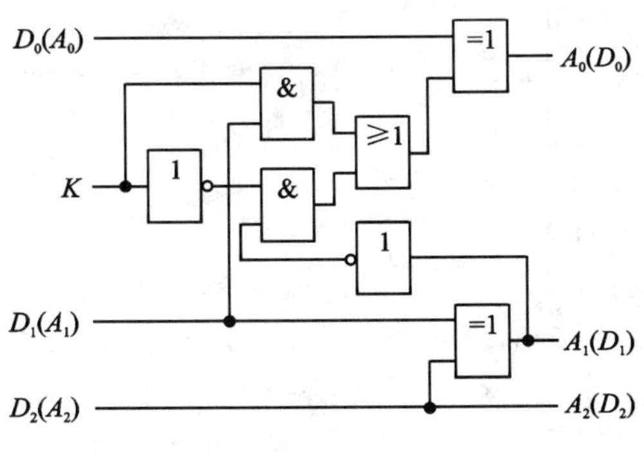

题图 8-4

题表 8-4　二进制码和循环码的对应关系

二进制码			循环码		
D_2	D_1	D_0	A_2	A_1	A_0
0	0	0	0	0	0
0	0	1	0	0	1
0	1	0	0	1	1
0	1	1	0	1	0
1	0	0	1	1	0
1	0	1	1	1	1
1	1	0	1	0	1
1	1	1	1	0	0

8-5 化简下列逻辑函数,并用最少的**与非**门实现它们。

(1) $Y_1 = A\bar{B} + A\bar{C}D + \bar{A}C$　　(2) $Y_2 = A\bar{B} + \bar{A}C + B\bar{C}\bar{D} + ABD$

(3) $Y_3 = \sum_m(0,2,3,4,6)$　　(4) $Y_4 = \sum_m(0,2,8,10,12,14,15)$

8-6 试分别设计一个用全**与非**门和全**或非**门实现异或逻辑的逻辑电路。

8-7 试用门电路设计如下功能的组合逻辑电路:

(1) 三变量的判奇电路,要求3个输入变量中有奇数个为**1**时输出为**1**,否则为**0**;

(2) 四变量多数表决电路,要求4个输入变量中有多数个为**1**时输出为**1**,否则为**0**;

(3) 2位二进制数的乘法运算电路,其输入为A_1、A_0,B_1、B_0,输出为四位二进制数$D_3D_2D_1D_0$。

8-8 设计一个路灯控制电路,要求实现的功能是:当总电源开关闭合时,安装在三个不同地方的三个开关都能独立地将灯打开或熄灭;当总电源开关断开时,路灯不亮。

8-9 设计用3个开关控制一个电灯的电路,要求改变任何一个开关的状态都能控制电灯由亮变灭或由灭变亮,并用数据选择器来实现。

8-10 设计一个组合电路,其输入是4位二进制数$D=D_3D_2D_1D_0$,要求能判断下列三种情况:(1) D中没有一个**1**;(2) D中有两个**1**;(3) D中有奇数个**1**。

8-11 试用门电路实现一个优先编码器,对4种电话进行控制。优先顺序由高到低为:火警电话(**11**)、急救电话(**10**)、工作电话(**01**)、生活电话(**00**)。编码如括号内所示,输入低电平有效。

8-12 用A、B两个抽水泵对矿井进行抽水,如题图8-12所示。当水位在H以上时,A、B两泵同时开启;当水位在H以下M以上时,开启A泵;当水位在M以下L以上时,开启B泵;而水位在L以下时,A、B两泵均不开启。试列写控制A、B两泵动作的真值表。

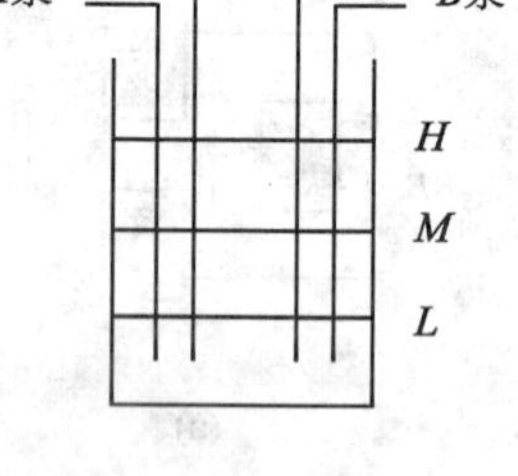

题图8-12

8-13 用二-十进制编码器、译码器及七段数码管显示器组成一个1位数码显示电路。当0~9十个输入端中有一个接地时,显示相应数码。选择合适的器件,画出连线图。

8-14 用集成译码器74LS138和**与非**门实现下列逻辑函数:

(1) $Y = A\bar{B}C + \bar{A}B$　　(2) $Y = \overline{(A+B)(\bar{A}+\bar{C})}$

(3) $Y = \sum_m(3,4,5,6)$　　(4) $Y = \sum_m(0,2,3,4,7)$

8-15 试用集成译码器74LS138和**与非**门实现全加器。

8-16 试用集成译码器74LS138和**与非**门实现全减器。全减器的真值表如题表8-16所列。

8-17 试用两片2/4线译码器(如题图8-17所示)构成一个3/8线译码器。

8-18 试用两个半加器和一个**或**门构成一个全加器。

(1) 写出S_i和C_i的逻辑表达式;(2) 画出逻辑图。

8-19 试用1片双4选1数据选择器(74LS153)和尽可能少的门电路实现两个判断功能,要求输入信号A、B、C中有奇数个为**1**时输出Y_1为**1**,否则Y_1为**0**;输入信号A、B、C中有多数个为**1**时输出Y_2为**1**,否则Y_2为**0**。

题表 8-16　全减器真值表

A_i	B_i	C_{i-1}	D_i	C_i
0	0	0	0	0
0	0	1	1	1
0	1	0	1	1
0	1	1	0	1
1	0	0	1	0
1	0	1	0	0
1	1	0	0	0
1	1	1	1	1

题图 8-17

8-20　用数据选择器 74LS151 实现下列逻辑函数

(1) $Y=\sum_m(0,2,3,5,6,8,10,12)$

(2) $Y=\sum_m(0,2,4,5,6,7,8,9,14,15)$

(3) $Y=A\overline{B}C+\overline{A}B+\overline{A}C$

8-21　写出题图 8-21 所示电路的 Z_1、Z_2 的逻辑表达式，并列出逻辑真值表。

8-22　写出题图 8-22 所示电路中输出信号 Y 的逻辑表达式。

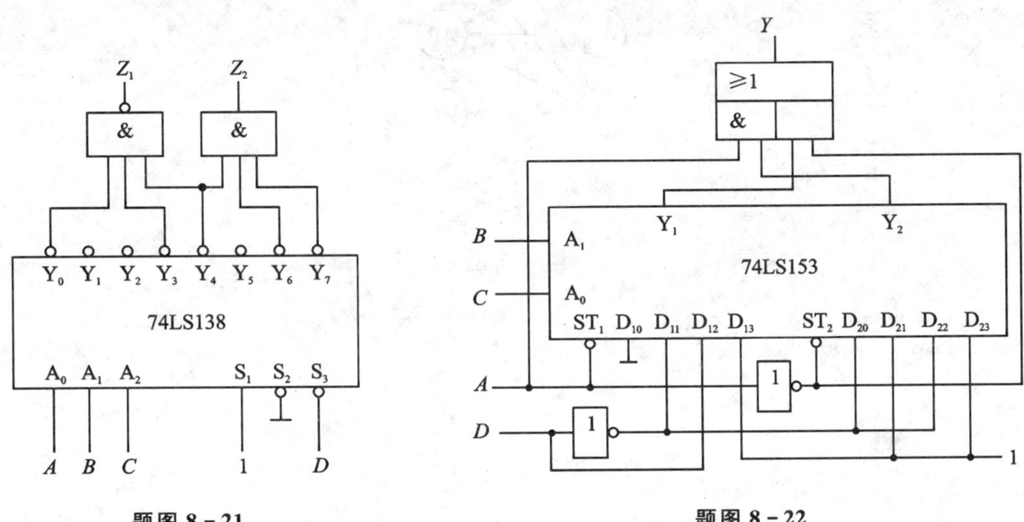

题图 8-21　　**题图 8-22**

8-23　题图 8-23 所示是用两个 4 选 1 数据选择器组成的逻辑电路，试写出输出变量 F 与输入 M、N、P、Q 之间的逻辑表达式。

8-24　人的血型有 A、B、AB 和 O 四种，试用数据选择器设计一个逻辑电路，要求判断供血者和受血者关系是否符合题图 8-24 的关系。提示：可用两个变量的四种组合表示供血者的血型，用另外两个变量的四种组合表示受血者的血型，用 Y 表示判断的结果。

8-25　已知函数 $F(A,B,C,D)=\sum_m(1,3,7,8,9,15)$，当用最少数目的与非门实现其

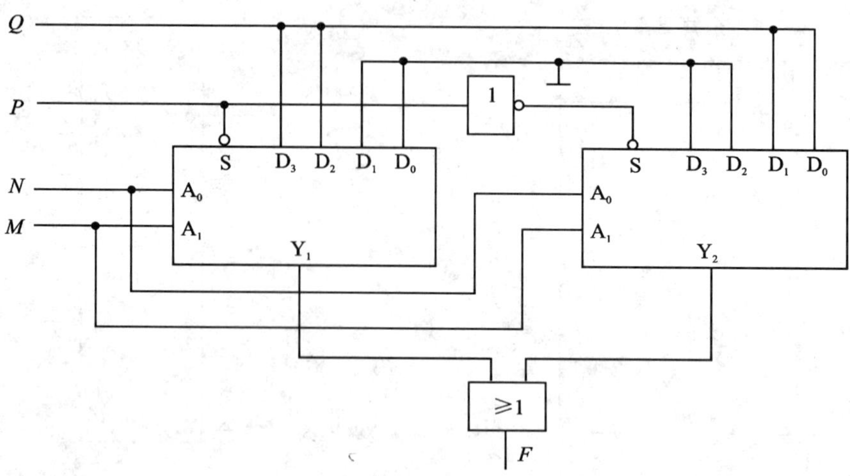

题图 8-23

电路时,分析电路是否存在竞争-冒险,在什么时刻出现?试用增加冗余项的办法消除冒险现象。

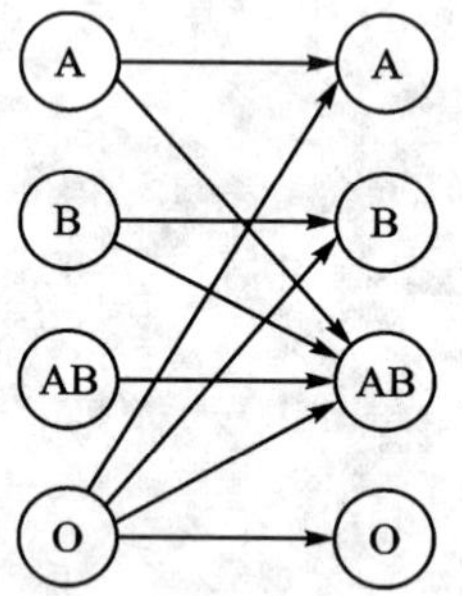

题图 8-24

第 9 章　时序逻辑电路

内容提要

- 触发器的特点、分类及逻辑功能
- 时序逻辑电路的特点及逻辑功能描述方法
- 计数器的组成、工作原理、分析方法及应用
- 寄存器的结构、工作特点及应用
- 时序电路的设计方法
- 555 定时器及其应用电路

时序逻辑电路简称时序电路，它的逻辑功能与组合电路有所不同，究其原因是因为时序电路的结构中包含具有记忆功能的基本逻辑单元-触发器，而组合电路中不包含触发器。本章首先介绍触发器的特点、分类及逻辑功能，其次讨论时序电路的特点、时序电路的分析方法、设计方法以及两种常见的时序电路——计数器和寄存器。

9.1　触发器

9.1.1　触发器的功能特点

在复杂的数字电路中，要连续进行各种复杂的运算和控制，就必须将曾经输入过的信号以及运算的结果暂时保存起来，以便与新的输入信号进一步运算，共同确定电路新的输出状态。这样，就要求数字电路中必须包含具有记忆功能的电路单元，这种电路单元通常具有两种稳定的逻辑状态，**0** 状态和 **1** 状态，触发器(flip - flop)就是具有记忆 1 位二进制代码的基本单元。

由于 1 位二进制信号有 **0**、**1** 两种取值，因而触发器应该具有以下功能特点：

(1) 有两个稳定状态——**0** 状态和 **1** 状态，因此也称做双稳态触发器。它能存储 1 位二进制信息。

(2) 如果外加输入信号为有效电平，触发器将发生状态转换，即从一种稳态翻转到另一种新的稳态。

为便于描述，今后把触发器原来所处的稳态用 Q^n 表示，称为现态；而将新的稳态用 Q^{n+1} 表示，称为次态。分析触发器的逻辑功能，主要就是分析当输入信号为某一种取值组合时，输出信号的次态 Q^{n+1} 的值。

(3) 当输入信号有效电平消失后，触发器能保持新的稳态。因此说触发器具有记忆功能，是存储信息的基本单元。

触发器是构成时序逻辑电路必不可少的基本部件。

9.1.2 触发器的分类及逻辑功能描述方法

触发器的种类较多,根据逻辑功能可划分为RS触发器、D触发器、JK触发器、T触发器和T′触发器;根据触发方式的不同可划分为电平触发型和边沿触发型触发器;从结构上可划分为基本触发器、同步触发器、主从触发器和边沿触发器,其中,同步触发器、主从触发器、边沿触发器又统称为时钟触发器。

本节重点之一是分析不同触发器的逻辑功能,在分析逻辑功能时,常用的分析方法有真值表、特性方程、状态转换图、工作波形图(时序图)。

9.1.3 基本RS触发器

1. 电路组成及逻辑符号

将两个**与非**门首尾交叉相连,就组成一个基本RS触发器,如图9-1(a)所示。其中,$\overline{R}$、$\overline{S}$是两个输入信号(也称为触发信号),低电平有效。Q、$\overline{Q}$是两个互补输出端,其输出信号相反,通常规定Q端的输出状态为触发器的状态,例如,当$Q=\mathbf{0}$,$\overline{Q}=\mathbf{1}$时,称触发器输出**0**态;当$Q=\mathbf{1}$,$\overline{Q}=\mathbf{0}$时,称触发器输出**1**态。图9-1(b)是基本RS触发器的逻辑符号。

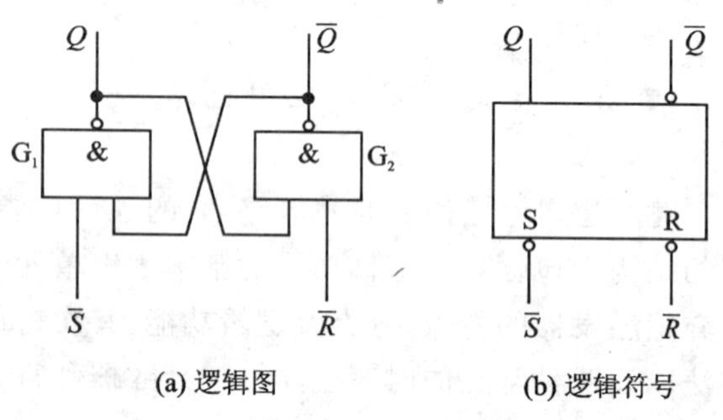

图9-1 由与非门构成的基本RS触发器

2. 逻辑功能分析

下面分析基本RS触发器的逻辑功能:

(1) $\overline{R}=\mathbf{1}$,$\overline{S}=\mathbf{1}$时,输入信号均为无效电平,由逻辑图不难分析出,此时触发器将保持原来的状态不变,即$Q^{n+1}=Q^n$。

(2) $\overline{R}=\mathbf{0}$,$\overline{S}=\mathbf{1}$时,此时G_2门的输出$\overline{Q}=\mathbf{1}$,因而G_1门的输入全为**1**,则$Q=\mathbf{0}$,触发器为**0**态,即$Q^{n+1}=\mathbf{0}$,且与原来状态无关,这种功能称为触发器置**0**,又称复位。由于置**0**是触发信号$\overline{R}$为有效电平**0**的结果,因此$\overline{R}$端称为置**0**端,又称为复位端。

(3) $\overline{R}=\mathbf{1}$,$\overline{S}=\mathbf{0}$时,此时G_1门的输出$Q=\mathbf{1}$,因而G_2门的两个输入均为**1**,则$\overline{Q}=\mathbf{0}$,触发器为**1**态,即$Q^{n+1}=\mathbf{1}$,同样与原状态无关,这种功能称为触发器置**1**,又称置位。由于置**1**是触发信号$\overline{S}$为有效电平**0**的结果,因此$\overline{S}$端称为置**1**端,又称为置位端。

(4) $\overline{R}=\mathbf{0}$,$\overline{S}=\mathbf{0}$时,输入信号均为有效电平,这种情况是不允许的。因为,其一,$\overline{R}=\mathbf{0}$,$\overline{S}=\mathbf{0}$破坏了Q与$\overline{Q}$互补的约定;其二,当$\overline{R}$、$\overline{S}$的低电平有效触发信号同时消失后,Q与$\overline{Q}$的状态将是不确定的。顺便指出,如果$\overline{R}$、$\overline{S}$不同时由**0**变**1**,则触发器状态由后变的信号决定。例如,若$\overline{S}=\mathbf{0}$后变,则当$\overline{R}$由**0**变**1**时,$\overline{S}$仍为**0**,这时触发器被置**1**。

3. 逻辑功能描述

综合以上对基本RS触发器逻辑功能的分析结果,下面分别用真值表、特性方程、状态转换图、工作波形图对其功能进行描述。

(1) 真值表

通过前面的分析可以看出,触发器的次态Q^{n+1}不仅与触发信号$\overline{R}$、$\overline{S}$有关,还与现态Q^n有关，这正体现了触发器的记忆功能。因此，真值表中，自变量共有 3 个，即 $\bar{R}$、$\bar{S}$ 和 Q^n，函数是 Q^{n+1}，如表 9-1(a)所列，表 9-1(b)是简化真值表。表 9-1 中"×"表示触发器输出状态不定。

表 9-1(a)　基本 RS 触发器真值表

$\bar{R}$	$\bar{S}$	Q^n	Q^{n+1}	说　明
0	0	0	×	不允许
0	0	1	×	
0	1	0	0	置 0
0	1	1	0	
1	0	0	1	置 1
1	0	1	1	
1	1	0	0	保持
1	1	1	1	

表 9-1(b)　简化真值表

$\bar{R}$	$\bar{S}$	Q^{n+1}	说　明
0	0	×	不允许
0	1	0	置 0
1	0	1	置 1
1	1	Q^n	保持

(2) 特性方程

根据基本 RS 触发器的真值表 9-1(a)，可以画出卡诺图，如图 9-2 所示。合并最小项得到基本 RS 触发器的特性方程为

$$\left.\begin{aligned} Q^{n+1} &= S + \bar{R}Q^n \\ \bar{R}+\bar{S} &= \mathbf{1} \end{aligned}\right\} \tag{9-1}$$

式(9-1)是基本 RS 触发器的特性方程。其中，$\bar{R}+\bar{S}=\mathbf{1}$ 表示两个输入信号之间必须满足的约束条件。

(3) 状态转换图

基本 RS 触发器的状态转换关系也可以形象地用状态转换图表示，如图 9-3 所示。图中的两个大圆圈分别代表触发器的两个状态，箭头表示触发器状态转换的方向，箭头旁边的标注表示状态转换的输入条件。

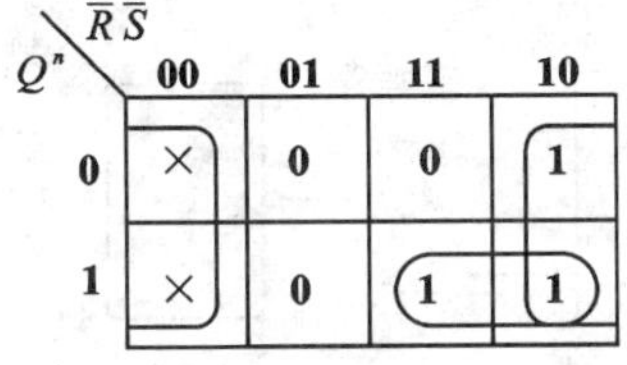

图 9-2　Q^{n+1} 的卡诺图

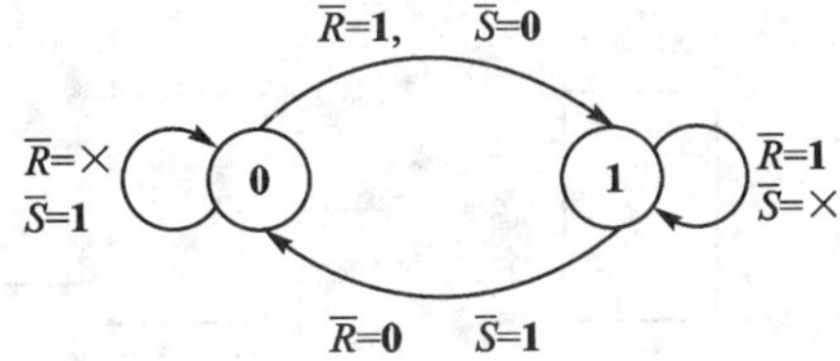

图 9-3　基本 RS 触发器的状态转换图

(4) 波形图

触发器的状态也可用工作波形图表示，下面通过一道例题说明波形图的画法。

例 9-1　根据图 9-4 中 $\bar{R}$、$\bar{S}$ 的电压波形，画出图 9-1 基本 RS 触发器 Q 与 $\bar{Q}$ 端的电压波形。

解：根据基本 RS 触发器的真值表，画出电压波形图如图 9-4 所示。

通过前面的分析，可以总结出基本 RS 触发器具有以下特点：

优点：电路结构简单，是构成其他结构触发器的基础。具有置 **0**、置 **1**、保持 3 项功能。

缺点：存在直接控制问题，即在输入信号存在期间，输入信号直接控制输出端的状态，使用的局限性很大；另外，输入信号 R、S 之间存在约束，这也会限制触发器逻辑功能的发挥。

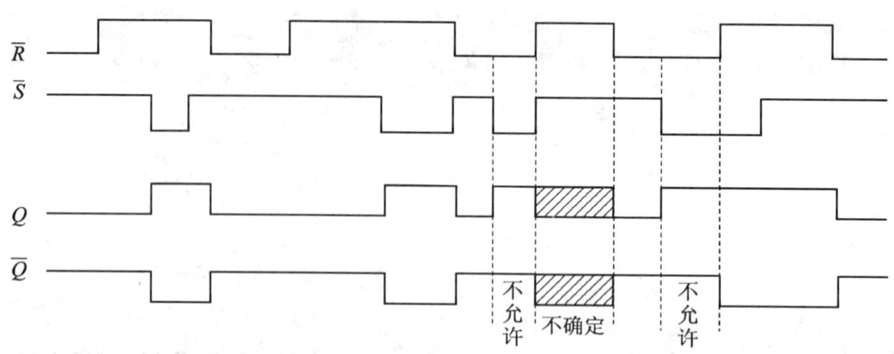

图 9－4 例 9－1 的波形图

9.1.4 同步触发器

基本 RS 触发器的状态无法从时间上加以控制，只要输入端有触发信号，触发器就立即做相应的状态变化。而实际的数字系统往往是由多个触发器组成，这时常常需要各个触发器按一定的节拍同步动作，因此必须给电路加上一个统一的控制信号，用以协调各触发器的同步翻转，这个统一的控制信号叫做时钟脉冲 CP(Clock Pulse)信号。

本节主要介绍用 CP 作控制信号的触发器，称为钟控触发器，或者称为同步触发器。钟控触发器有 4 种触发方式。

(1) CP=**1** 期间输入控制输出，称为高电平触发，记为“⎍” } 电平触发；
(2) CP=**0** 期间输入控制输出，称为低电平触发，记为“⊔”

(3) CP 由 **0** 变 **1** 瞬间输入控制输出，称为上升沿触发，记为“↑”或“↑” } 边沿触发。
(4) CP 由 **1** 变 **0** 瞬间输入控制输出，称为下降沿触发，记为“↓”或“↓”

为区别上述 4 种触发方式，常在触发器逻辑符号图的 CP 端画以不同的标记，如图 9－5 所示。

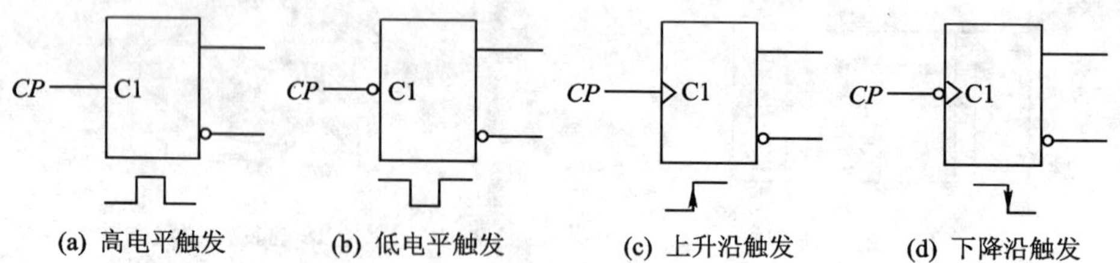

图 9－5 钟控触发器的触发方式

1. 同步 RS 触发器

将基本 RS 触发器的输入端加上两个导引门，就组成同步 RS 触发器，如图 9－6(a)所示。图中 $\overline{R}_D$、$\overline{S}_D$ 是直接置 **0**(复位)端和直接置 **1**(置位)端，低电平有效，只要两者当中有一个为有效电平，触发器就被直接置 **0** 或置 **1**，不管此时 CP 和输入信号 R、S 为何值。也就是说，它们的作用优先于 CP，所以也称为异步复位端和异步置位端。图 9－6(b)是同步 RS 触发器的逻辑符号。在逻辑符号中，用框内的 C1 表示 CP 是编号为 1 的一个控制信号。1S 和 1R 表示受 C1 控制的两个输入信号。

当 CP=**0** 时，控制门 G_3、G_4 被封锁，无论 R、S 如何变化，G_3、G_4 均输出高电平 **1**，根据基本

RS 触发器的逻辑功能，此时同步 RS 触发器应保持原来状态不变，即 $Q^{n+1}=Q^n$。

当 $CP=\mathbf{1}$ 时，控制门 G_3、G_4 被打开，此时若 $R=\mathbf{0}$，$S=\mathbf{0}$，触发器保持原来状态，$Q^{n+1}=Q^n$；若 $R=\mathbf{0}$，$S=\mathbf{1}$，G_3 门输出 **0**，从而使 $Q=\mathbf{1}$，即触发器被置 **1**；若 $R=\mathbf{1}$，$S=\mathbf{0}$，G_4 门输出 **0**，从而使 $\bar{Q}=\mathbf{1}$，触发器被置 **0**；若 $R=\mathbf{1}$，$S=\mathbf{1}$，触发器状态不定，因此这种取值要避免。表 9-2 是基本 RS 触发器的真值表。

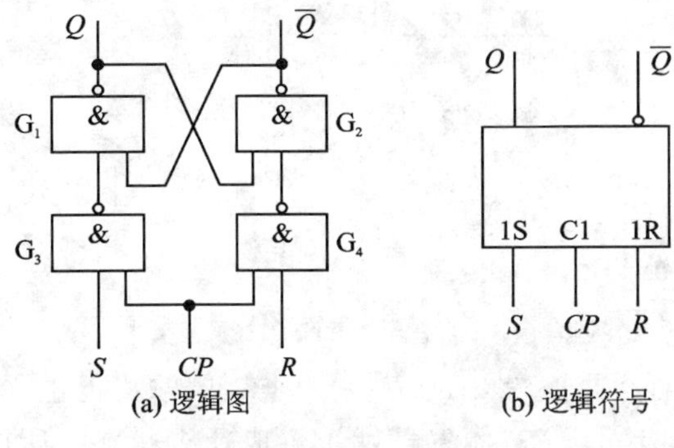

(a) 逻辑图　　(b) 逻辑符号

图 9-6　同步 RS 触发器

表 9-2　同步 RS 触发器真值表

（$CP=\mathbf{1}$ 期间有效）

R	S	Q^{n+1}	说　明
0	**0**	Q^n	保持
0	**1**	**1**	置 **1**
1	**0**	**0**	置 **0**
1	**1**	×	不定

同步 RS 触发器的特性方程为

$$\left.\begin{aligned} Q^{n+1} &= S+\bar{R}Q^n \\ RS &= \mathbf{0} \end{aligned}\right\}\quad (CP=\mathbf{1}\text{ 期间有效}) \tag{9-2}$$

式中，$RS=\mathbf{0}$ 是同步 RS 触发器输入信号 R、S 之间的约束条件。

同步 RS 触发器的状态转换图如图 9-7 所示。

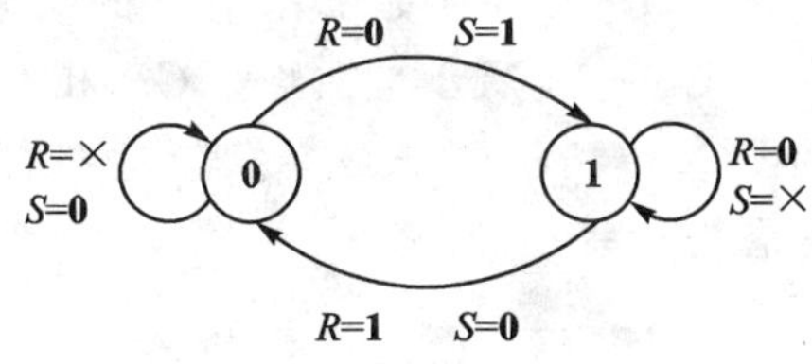

图 9-7　同步 RS 触发器的状态转换图

设同步 RS 触发器的初始状态为 **0** 态，即 $Q=\mathbf{0}$，$\bar{Q}=\mathbf{1}$，输入信号 R、S 的波形已知，则根据同步 RS 触发器的真值表，即可画出输出信号 Q 及 $\bar{Q}$ 的波形，如图 9-8 所示。

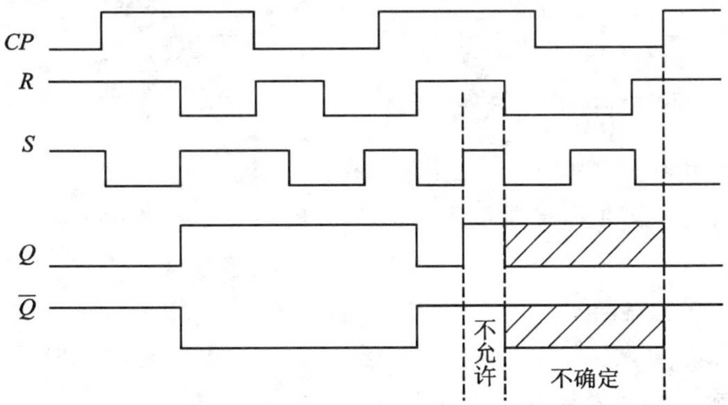

图 9-8　同步 RS 触发器的波形图

2. 同步 D 触发器

同步 D 触发器又称 D 锁存器，简称锁存器，其电路结构及逻辑符号如图 9-9 所示。它是在同步 RS 触发器的基础上，将 G_3 门的输出反馈到 G_4 门作为 R 输入信号，S 输入端改为 D 而构成的。显然,在 $CP=1$ 期间,电路总有 $R\neq S$ 成立,从而克服了输入信号存在约束的问题。

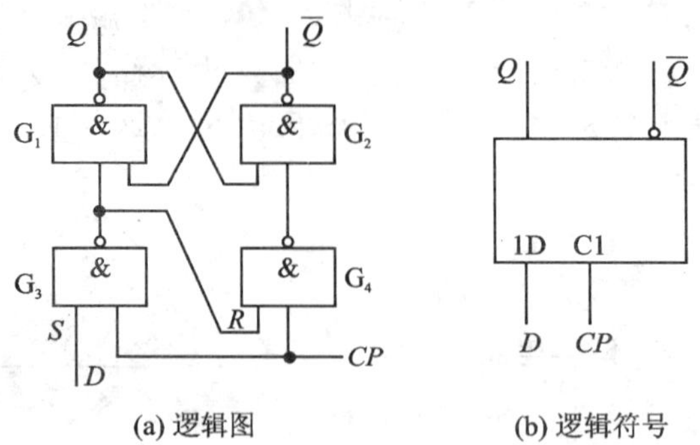

(a) 逻辑图　　　　(b) 逻辑符号

图 9-9　同步 D 触发器

当 $CP=0$ 时,门 G_3、G_4 被封锁,触发器保持原来状态。当 $CP=1$ 时,门 G_3、G_4 打开,此时若 $D=0$,则 G_3 门输出高电平,G_4 门输出低电平,触发器被置 **0**;若 $D=1$,则 G_3 门输出低电平,G_4 门输出高电平,触发器被置 **1**。也就是说,D 是什么状态,触发器就被置成什么状态。所以特性方程为

$$Q^{n+1}=D\quad (CP=1\text{ 期间有效})\tag{9-3}$$

其真值表如表 9-3 所列。可见,D 触发器只有置 **0** 和置 **1** 两项功能。

表 9-3　同步 D 触发器真值表

($CP=1$ 期间有效)

D	Q^{n+1}	说　明
0	0	置 0
1	1	置 1

图 9-10 所示是 D 锁存器的状态转换图。

图 9-11 所示是在给定 CP 和 D 信号波形的基础上画出的图 9-9 所示同步 D 触发器 Q 端的电压波形(设触发器初始状态为 $Q=0$)。

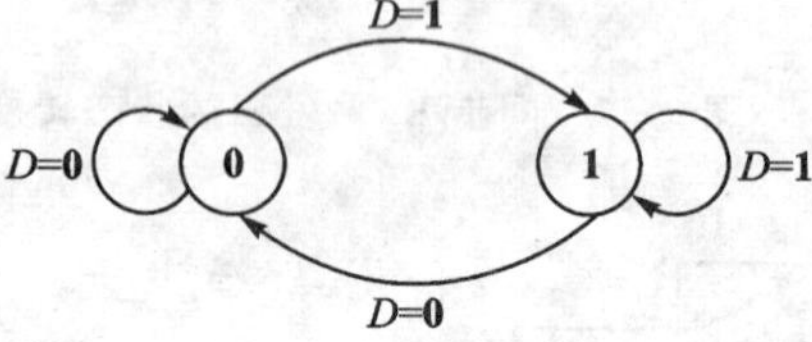

图 9-10　同步 D 触发器的状态转换图

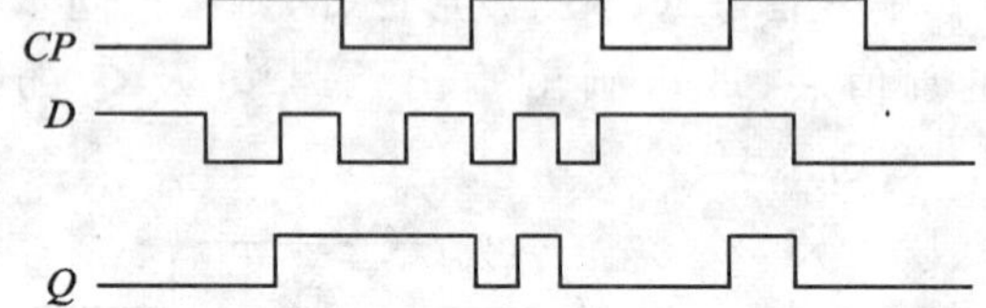

图 9-11　同步 D 触发器的波形图

通过以上分析,可以总结出同步触发器具有以下特点:

优点:同步 D 触发器除具有同步 RS 触发器的优点外,还解决了输入信号存在约束的问题。

缺点:仍存在直接控制问题。即 $CP=0$ 时,触发器不接收输入信号,保持原态;但当 $CP=1$ 时,触发器接收输入信号,其输出状态仍然随输入信号变化而变化。为了从根本上解决电平直接控制问题,人们在同步触发器基础上设计出了主从出发器。

9.1.5　主从触发器

1. 主从 RS 触发器

将两个同步 RS 触发器串联起来就可组成主从 RS 触发器,如图 9-12(a)所示。虚线右边

由 $G_1 \sim G_4$ 组成的同步 RS 触发器称为从触发器，从触发器的状态是整个触发器的状态。虚线左边由 $G_5 \sim G_8$ 组成的同步 RS 触发器称为主触发器，主触发器能够接收并存储输入信号，是触发导引电路。门 G_9 是反相器，由它产生的 $\overline{CP}$ 作为从触发器的脉冲信号，从而使主从触发器的工作分别进行。

在主从 RS 触发器中，接收信号和输出信号是分成两步进行的，其工作原理如下：

(1) $CP=\mathbf{1}$ 时。$CP=\mathbf{1}$ 时，主触发器的状态仅取决于 R、S 输入信号。Q' 和 R、S 之间的逻辑关系就是同步 RS 触发器的逻辑关系。此时，$\overline{CP}=\mathbf{0}$，G_3、G_4 被封锁，从而使从触发器维持原态不变。也就是说，$CP=\mathbf{1}$ 时，G_7、G_8 门打开，G_3、G_4 门被封锁，R、S 输入信号仅存放在主触发器中，不影响从触发器状态。

(2) CP 由 $\mathbf{1}$ 变 $\mathbf{0}$ 时。CP 由 $\mathbf{1}$ 变为 $\mathbf{0}$ 后，G_7、G_8 门被封锁，主触发器维持已置成的状态不变，不再受 R、S 输入信号影响。此时，$\overline{CP}=\mathbf{1}$，G_3、G_4 门打开，从触发器接收主触发器的状态信号 Q' 和 $\overline{Q'}$，从而使从触发器的输出状态 $Q=Q'$，$\overline{Q}=\overline{Q'}$。也就是说，$CP$ 由 $\mathbf{1}$ 变为 0 后，主触发器的状态维持不变，从触发器接收主触发器存储的信息。

因此，在图 9-12(b)所示主从 RS 触发器的逻辑符号中，用框内的“┐”表示延迟输出，即 CP 回到低电平(有效电平消失)以后，输出状态才改变。

对于主从 RS 触发器，当 $R=S=\mathbf{1}$ 时，触发器的状态不定，为了避免这种情况，把主从 RS 触发器做进一步改进，就得到了主从 JK 触发器。

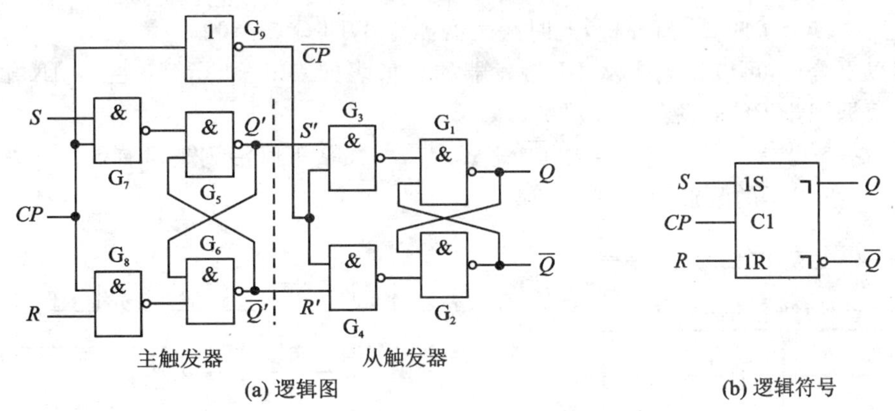

(a) 逻辑图　　(b) 逻辑符号

图 9-12　主从 RS 触发器

2. 主从 JK 触发器

在主从 RS 触发器的基础上，将 Q 和 $\overline{Q}$ 分别反馈到 G_8、G_7 门的输入端，并将原输入信号 R、S 重新命名为 J 和 K，就构成主从 JK 触发器，如图 9-13(a)所示，图 9-13(b)所示为它的逻辑符号。将主从 JK 与主从 RS 触发器的逻辑图进行比较可以看出，其触发信号的关系为 $S=J\overline{Q^n}$，$R=KQ^n$。下面分析图 9-13(a)所示主从 JK 触发器的逻辑功能。

(1) $J=\mathbf{0}$，$K=\mathbf{0}$ 时，此时门 G_7、G_8 被封锁，CP 脉冲到来后，触发器的状态并不翻转，保持原来状态，即 $Q^{n+1}=Q^n$。

(2) $J=\mathbf{1}$，$K=\mathbf{1}$ 时，此时若 $Q^n=\mathbf{1}$，则对比主从 RS 触发器，相当于 $S=J\overline{Q^n}=\mathbf{0}$，$R=KQ^n=\mathbf{1}$，故触发器被置 $\mathbf{0}$；若 $Q^n=\mathbf{0}$，则 $S=J\overline{Q^n}=\mathbf{1}$，$R=KQ^n=\mathbf{0}$，触发器被置 $\mathbf{1}$。可见，$J=\mathbf{1}$，$K=\mathbf{1}$ 时，触发器总要发生状态翻转，即 $Q^{n+1}=\overline{Q^n}$。

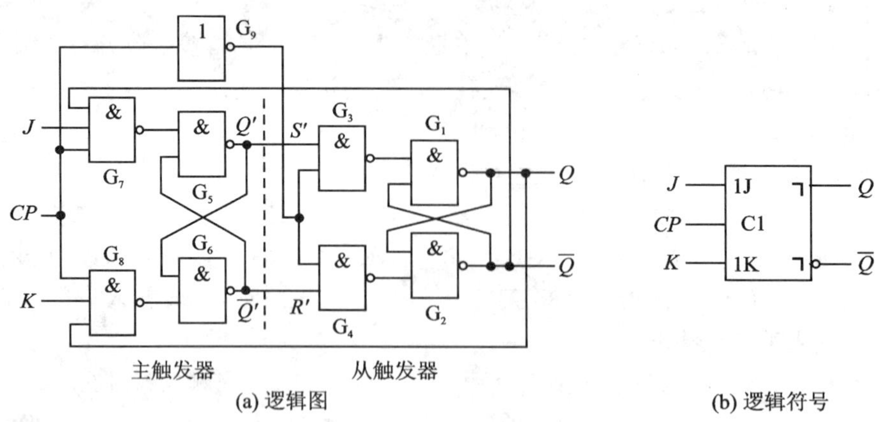

图 9-13 主从 JK 触发器

(3) $J=\mathbf{1}, K=\mathbf{0}$ 时,若触发器原态为 **0**,即 $Q^n=\mathbf{0}, \overline{Q^n}=\mathbf{1}$,那么在 $CP=\mathbf{1}$ 时,主触发器的 $Q'^{n+1}=\mathbf{1}$。当 CP 由 **1** 变 **0**,即下降沿到来后,主触发器状态转存到从触发器中,电路状态由 **0** 翻转到 **1**,$Q^{n+1}=\mathbf{1}$。若触发器原态为 **1**,即 $Q^n=\mathbf{1}, \overline{Q^n}=\mathbf{0}$,门 G_7、G_8 被封锁,CP 脉冲到来后,触发器的状态不变,保持 **1** 态,$Q^{n+1}=\mathbf{1}$。综上所述,只要 $J=\mathbf{1}, K=\mathbf{0}$,不论触发器原来为何状态,$CP$ 脉冲到来后,就有 $Q^{n+1}=\mathbf{1}$,即触发器被置 **1**。

(4) $J=\mathbf{0}, K=\mathbf{1}$ 时,同前分析,此时触发器被置 **0**,即 $Q^{n+1}=\mathbf{0}$。

根据以上分析,可以得到主从 JK 触发器的真值表如表 9-4 所列。主从 JK 触发器的特性方程可根据同步 RS 触发器推导得到,即

$$Q^{n+1} = S+\overline{R}Q^n = J\,\overline{Q^n}+\overline{K}Q^n \quad (CP\text{ 下降沿到来时有效}) \tag{9-4}$$

主从 JK 触发器的波形图如图 9-14 所示。

表 9-4 主从 JK 触发器真值表

(CP 下降沿到来时有效)

J	K	Q^{n+1}	说 明
0	**0**	Q^n	保持
0	**1**	**0**	置 **0**
1	**0**	**1**	置 **1**
1	**1**	$\overline{Q}^n$	翻转

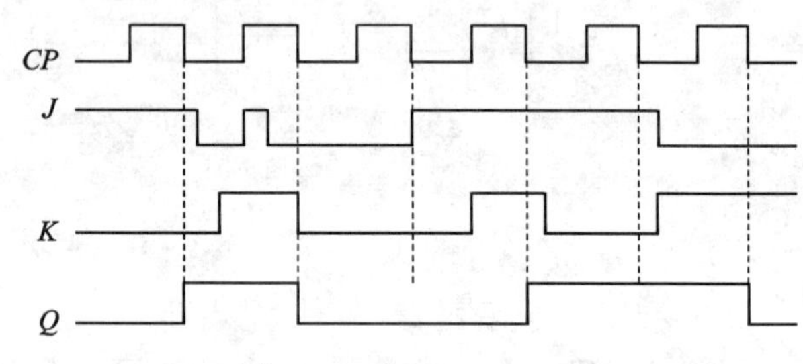

图 9-14 主从 JK 触发器的波形图

3. 主从 T 触发器和主从 T′触发器

图 9-13 中,若将 JK 触发器的两个输入端连接在一起变成一个输入端 T,便构成 T 触发器。令 $J=K=T$,代入 JK 触发器的特性方程中,可得 T 触发器的特性方程为

$$Q^{n+1} = T\overline{Q}^n+\overline{T}Q^n = T\oplus Q^n \quad (CP\text{ 下降沿到来时有效}) \tag{9-5}$$

式(9-5)中,当 $T=\mathbf{0}$ 时,$Q^{n+1}=Q^n$,触发器保持原态;当 $T=\mathbf{1}$ 时,$Q^{n+1}=\overline{Q}^n$,触发器处于计数(翻转)状态,触发器翻转的次数统计了送入触发器 CP 脉冲的个数。T 触发器的真值表如表 9-5 所列,状态转换图如图 9-15 所示。

T 触发器中令 $T=\mathbf{1}$，则 T 触发器变为 T′触发器。显然，T′触发器只具有翻转计数功能，其特性方程为

$$Q^{n+1}=\overline{Q}^{n}\qquad (CP\text{ 下降沿到来时有效})\qquad (9-6)$$

表 9－5　T 触发器真值表

（CP 下降沿到来时有效）

T	Q^{n+1}	说　明
0	Q^n	保持
1	$\overline{Q}^n$	翻转（计数）

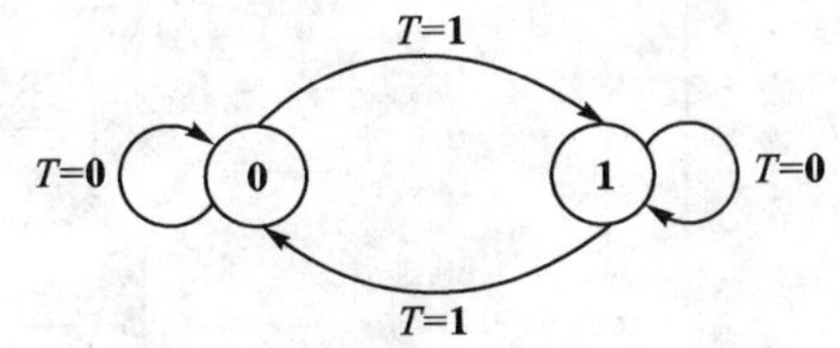

图 9－15　T 触发器的状态转换图

主从触发器虽然从根本上解决了电平直接控制问题，但却存在一次变化现象。所谓一次变化现象是指 $CP=\mathbf{1}$ 期间，主触发器能且只能翻转一次的现象。产生一次变化现象的原因在于：状态互补的 Q、$\overline{Q}$ 分别引回到了门 G_8、G_7 的输入端，使两个控制门中总有一个是被封的，而根据同步 RS 触发器的性能可知，从一个输入端加信号，其状态能且只能改变一次。一次变化问题，不仅限制了主从 JK 触发器的使用，而且降低了它的抗干扰能力。因此，为保证触发器可靠工作，J、K 信号在 CP 脉冲持续期间（$CP=\mathbf{1}$ 时）应保持不变，且信号的前沿应略超前于 CP 的前沿，而后沿应略滞后于 CP 的后沿。

不难理解，CP 脉冲越窄，触发器受干扰的可能性越小。因此，使用脉宽较小的窄脉冲作控制信号，有利于提高触发器的抗干扰能力。

通常，一个同步 RS 触发器翻转完毕需用 $3t_{pd}$，整个主从触发器翻转完毕需 $6t_{pd}$，所以主从触发器的最高工作频率为

$$f_{max}\leqslant 1/6t_{pd}$$

由此可知，在使用主从结构触发器时必须注意：只有在 $CP=\mathbf{1}$ 的全部时间里输入状态始终未变的条件下，用 CP 下降沿到达时输入的状态决定触发器的次态才肯定是对的。否则，必须考虑 $CP=\mathbf{1}$ 期间输入状态的全部变化过程，才能确定 CP 下降沿到达时触发器的状态。

为了解决主从 JK 触发器的一次变化问题，增强电路工作的可靠性，便出现了边沿触发器。边沿触发器的具体电路结构形式较多，但边沿触发以及控制的特点却是相同的，下面以边沿 JK 触发器为例来说明电路的工作原理和主要特点。

9.1.6　边沿触发器

1. 边沿 JK 触发器的电路结构及逻辑符号

图 9－16(a)所示为边沿 JK 触发器的逻辑电路图。从图中可以看出，该触发器由两个同步 D 触发器外加 G_1、G_2、G_3 三个门电路组成。输出信号 Q 反馈回 G_1、G_3 门。图 9－16(b)所示为边沿 JK 触发器的逻辑符号，CP 端的小圆圈表示电路是下降沿触发的边沿 JK 触发器。在逻辑符号中，用 CP 输入端处框内的“∧”表示触发器为边沿触发方式。

2. 逻辑功能分析

由图 9－16(a)所示电路可以得到边沿 JK 触发器的特性方程为

$$Q^{n+1}=J\,\overline{Q^{n}}+\overline{K}Q^{n}\qquad (CP\text{ 下降沿触发})$$

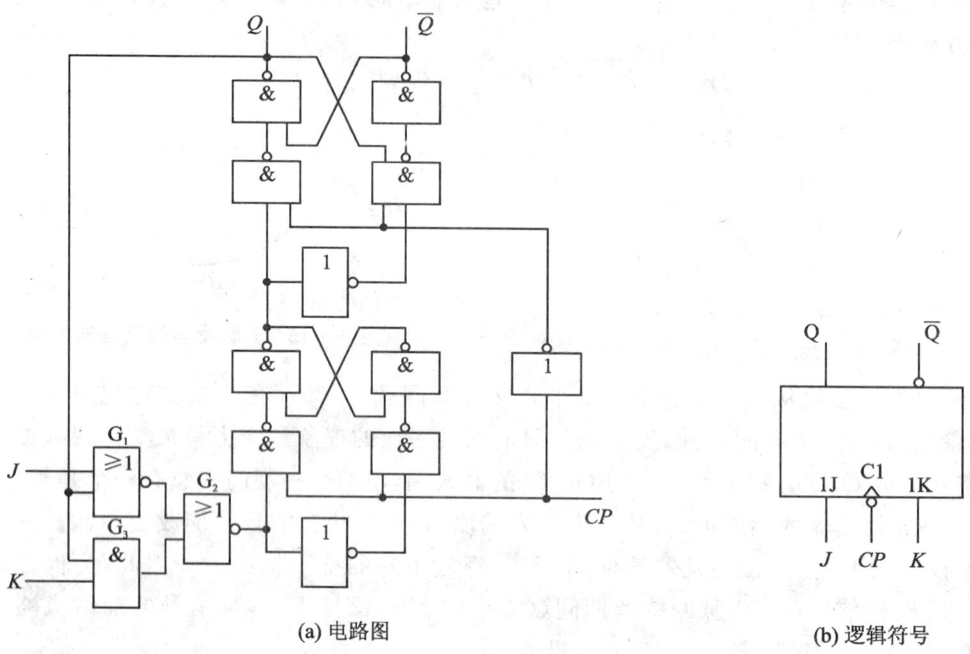

图 9-16　边沿 JK 触发器

显然,上式准确地表达了图 9-16(a)所示边沿 JK 触发器次态 Q^{n+1} 与现态 Q^n 和输入 J、K 之间的逻辑关系。

3. 边沿 JK 触发器的主要特点

(1) 时钟脉冲边沿控制。在 CP 上升沿或下降沿瞬间,加在 J 端和 K 端的信号才会被接收,也称为边沿触发。

(2) 抗干扰能力极强,工作速度很高。因为只要在 CP 触发沿瞬间,J、K 的值是稳定的,触发器就能可靠地按照特性方程的规定更新状态,在其他时间里,J、K 不起作用。由于是边沿控制,需要的输入信号建立时间和保持时间都极短,所以工作速度可以很高。

(3) 功能齐全,使用灵活方便。在 CP 边沿控制下,根据 J、K 取值的不同,边沿 JK 触发器具有保持、置 **0**、置 **1**、翻转四项功能,对于触发器来说,它是一种全功能型电路。

边沿触发器,无论是 D 型还是 JK 型,规格品种均较多,下面通过例题来具体地说明其工作原理和逻辑功能,更详细的内容可以查阅有关手册。

例 9-2　图 9-17(a)所示为带有异步控制端的边沿 JK 触发器,其 CP、$\overline{R}_D$、$\overline{S}_D$ 以及 J、K 的电压波形如图 9-17(b)所示,试画出输出端 Q 电压波形。

解:画波形时需注意两点:(1) 该触发器为 CP 脉冲下降沿触发;(2) 异步控制端的控制权最高。

根据以上两点及 JK 触发器的特性表,可画出输出端 Q 的波形如图 9-17(b)所示。

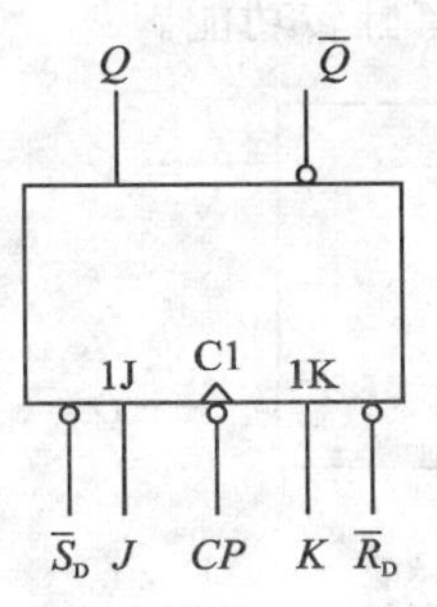

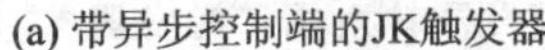
(a) 带异步控制端的JK触发器

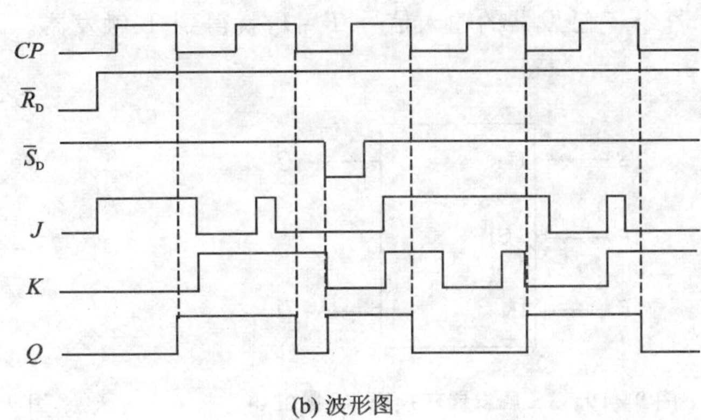

(b) 波形图

图 9-17　例 9-2 用图

9.1.7　不同类型时钟触发器间的转换

在双稳态触发器中，除了 RS 触发器和 JK 触发器外，根据电路结构和工作原理的不同，还有众多具有不同逻辑功能的触发器。根据实际需要，可将某种功能的触发器经过改变或附加一些门电路后转换为另一种逻辑功能的触发器。

1. JK 触发器→D 触发器

D 触发器的逻辑功能为：在 CP 控制下，输出信号 Q 与输入信号 D 的状态完全相同，即 $Q^{n+1}=D$，这就是 D 触发器的特性方程。为了将 JK 触发器转换为 D 触发器，需要将 D 触发器的特性方程做以下变换，即

$$Q^{n+1}=D=D(\overline{Q^n}+Q^n)=D\overline{Q^n}+DQ^n$$

与 JK 触发器的特性方程对比后可知，若令 $J=D,K=\overline{D}$，便能得到 D 触发器。转换逻辑图如图 9-18 所示。

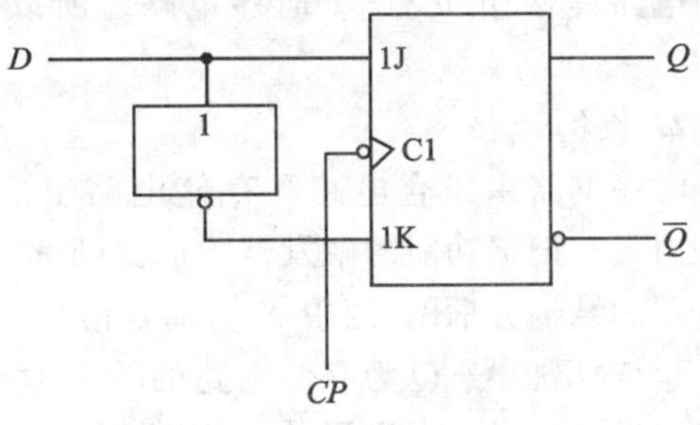

图 9-18　JK 触发器转换成 D 触发器

2. JK 触发器→RS 触发器

将 RS 触发器的特性方程做以下变换：

$$Q^{n+1}=S+\overline{R}Q^n=S(\overline{Q^n}+Q^n)+\overline{R}Q^n=S\overline{Q^n}+SQ^n+\overline{R}Q^n=$$

$$S\overline{Q^n}+\overline{R}Q^n+SQ^n(\overline{R}+R)=S\overline{Q^n}+\overline{R}Q^n+\overline{R}SQ^n+RSQ^n$$

$\overline{R}SQ^n$ 可被 $\overline{R}Q^n$ 吸收，RSQ^n 是约束项应去掉，从而得到

$$Q^{n+1}=S\overline{Q^n}+\overline{R}Q^n$$

将上式与 JK 触发器的特性方程进行对比可知，若令 $J=S,K=R$，便能得到 RS 触发器。转换逻辑图如图 9-19 所示。

3. JK 触发器→T 触发器

对于 JK 触发器，令 $J=K=T$，即得到 T 触发器。因此得到 T 触发器的特性方程为

$$Q^{n+1}=T\overline{Q^n}+\overline{T}Q^n=T\oplus Q^n \qquad (CP\ \text{有效沿到来后有效})$$

可以看出，T 触发器只具有保持和翻转两项功能。JK 触发器转换为 T 触发器的逻辑图如图 9-20 所示。

若令T触发器的输入信号 $T=1$,就得到T′触发器。因此T′只具有翻转功能。

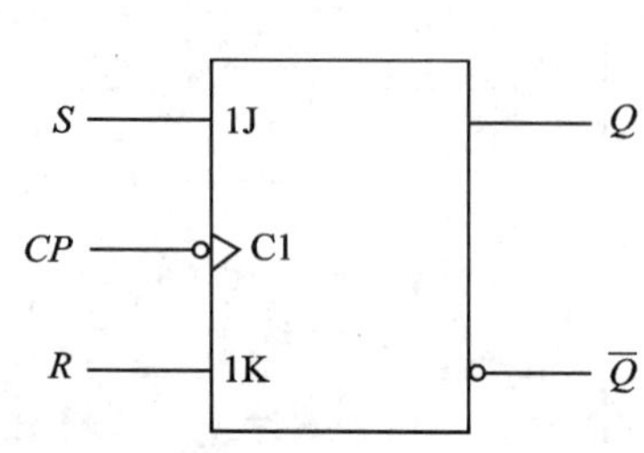

图9-19 JK触发器转换成RS触发器

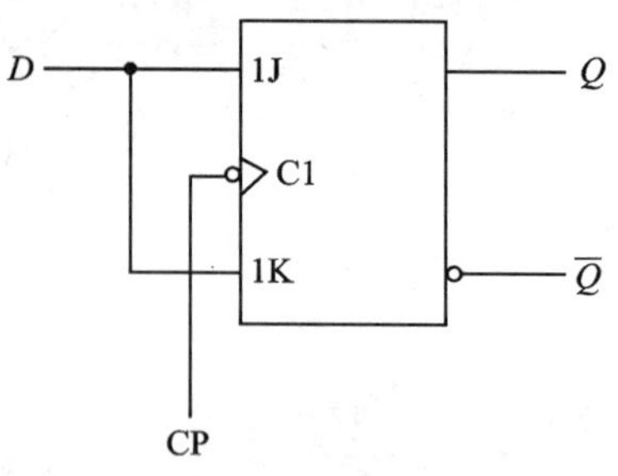

图9-20 JK触发器转换成T触发器

9.2 时序电路概述

9.2.1 时序电路的特点

1. 功能特点

时序电路的输出不仅取决于该时刻的输入信号,而且与电路的原来状态有关。简而言之,时序电路具有"记忆性"。时序电路之所以具有上述功能特点,归根到底是由于电路结构决定的。

2. 结构特点

时序电路由组合电路和存储电路组成。而存储电路是由具有记忆功能的触发器构成。图9-21所示为时序电路的结构方框图,图中 X 为输入信号,CP 为时钟脉冲,Y 为输出信号,Q 为存储电路的状态输出,W 为存储电路的反馈信号。在实用的时序电路中,有时可能没有输入信号 X,并且可能以存储电路的状态作为整个电路的输出。

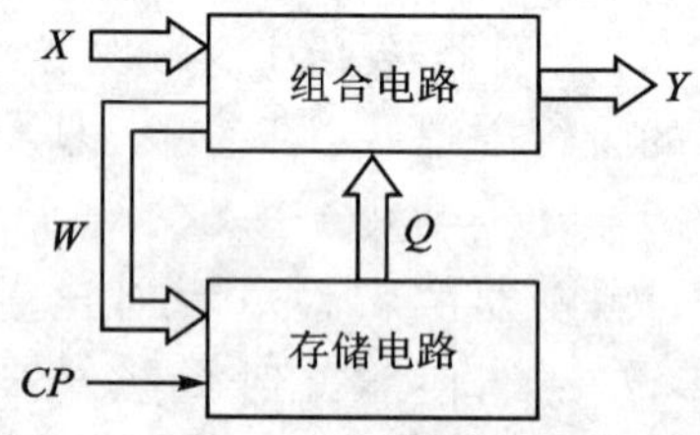

图9-21 时序电路的方框图

根据图9-21中信号传递的方向可知,输出信号 Y 是输入信号 X 和存储状态 Q 的函数;反馈信号 W 是输入信号 X 和存储状态 Q 的函数,而存储电路的状态 Q^{n+1} 是反馈信号 W 的函数,也就是输入信号 X 和存储电路原状态 Q^n 的函数。可见,在整个时序电路中,存储电路是核心部分,它是由时钟控制的触发器组成,所以只有当触发器的触发沿到来时,存储电路的状态才会改变。

9.2.2 时序电路逻辑功能的描述方法

为了准确描述时序电路的逻辑功能,常采用逻辑方程、状态表、状态图、时序图等方法,几种方法各有特点,相互补充。在实际使用中,可根据具体情况选用。

1. 逻辑方程

设两个离散但又相邻的时刻为 t_n 和 t_{n+1},t_n 表示 CP 脉冲触发沿到来之前的时刻,t_{n+1} 表示 CP 脉冲触发沿到来之后的时刻。在 $t=t_n$ 时,$X=X(t_n)$,$Y=Y(t_n)$,$W=W(t_n)$,$Q=Q^n$;在

$t=t_{n+1}$时，$Q=Q^{n+1}$。根据图 9－21 所示方框图，可以得到电路中各个逻辑变量之间的函数关系为

$$Y(t_n)=F[X(t_n),Q^n] \quad \text{时序电路的输出方程}$$
$$W(t_n)=F[X(t_n),Q^n] \quad \text{存储电路的驱动方程(激励方程)}$$
$$Q^{n+1}=F[W(t_n)]=F[X(t_n),Q^n] \quad \text{存储电路的状态方程}$$

2. 状态表

状态表是用列表的方法描述时序电路的逻辑功能，它应该包含在 *CP* 脉冲的连续作用下，存储电路在输入变量 X 的所有取值组合下状态变化的规律以及输出信号变化情况。列写状态表时，应该依次设置存储电路的初态 Q^n 及输入 X，然后求出次态 Q^{n+1} 及输出信号 Y，直到包含了在输入变量 X 的所有取值组合下存储电路可能出现的所有状态，并将其列成表，具体方法将在 9.3.2 节中介绍。

3. 状态图

将状态表中的内容用图形的方式画出，即为状态图，因此状态图比状态表更加形象。

4. 时序图

用波形图来描述 *CP*、X、Q 和 Y 之间的关系，称为时序图，因而它非常直观。

9.2.3　时序电路的一般分析方法

分析时序电路就是根据已知的逻辑图求出电路所实现的功能。其分析目的与组合电路一样。具体分析步骤如下：

(1) 根据已知逻辑图写方程，包括存储电路的驱动方程(即触发器输入信号表达式)、时序电路的时钟方程(即触发器时钟信号表达式)以及时序电路的输出方程(即输出信号 Y 的表达式，没有输出信号时可不用写)。

(2) 将驱动方程代入触发器的特性方程，求出触发器的状态方程(状态方程实际上就是触发器次态 Q^{n+1} 的方程)。

(3) 列出状态表。具体方法是：根据触发器的状态方程，求出对应每一个 *CP* 脉冲有效沿到来时的次态 Q^{n+1} 与现态 Q^n 的取值对应关系，并将该关系列成状态表。

(4) 根据状态表画出状态图。

(5) 画出时序图。

(6) 根据状态表、状态图以及时序图，总结时序电路的逻辑功能。

以上分析步骤可根据需要选择其中的几步或全部，目的是能方便求得电路的逻辑功能。

注意：时序电路的分析主要是以计数器为例进行的分析，因此有关这方面的例题将在计数器部分介绍。

在数字系统中，最常用的时序电路是各种类型的计数器和寄存器。计数器用于统计输入的计数脉冲的个数，有同步和异步、二进制和十进制、加法和减法……之分。寄存器包含数码寄存器和移位寄存器，前者用于存储数字信号，后者随移位脉冲的作用将存储的数字信号自低位向高位或自高位向低位逐位移动。本章将重点介绍计数器和寄存器的种类、电路组成、工作原理、主要功能；对于集成计数器和寄存器，常用功能表来描述其逻辑功能，本章也将介绍功能表的阅读方法。

9.3 计数器

数字电路中使用最多的时序电路就是计数器。计数器的应用十分广泛,从小型数字仪表到大型电子数字计算机,几乎无所不在,是任何现代数字系统中不可缺少的组成部分。计数器不仅能用于记录时钟脉冲的个数,还可用于分频、定时、产生节拍脉冲和脉冲序列等,并且利用计数器可以实现其他一些时序电路。

9.3.1 计数器的分类

计数器通常按照以下三个标准进行分类。

1. 同步计数器和异步计数器

按照计数器中各个触发器状态更新(翻转)情况的不同可将计数器分成两大类:一类称为同步计数器,另一类称为异步计数器。在同步计数器中,各个触发器都受同一时钟脉冲(输入计数脉冲)CP 的控制,因此它们状态的更新是同步的。异步计数器则不同,有的触发器直接受输入计数脉冲的控制,有的则是把其他触发器的输出用做时钟脉冲,因此它们状态的更新有先有后,是异步的。

2. *N* 进制计数器

计数器是以触发器作为基本单元电路的。假设计数器由 M 个触发器构成,虽然最多可以记录 2^M 个状态,但是往往不是所有的状态都有定义,凡有定义的状态均称为有效状态,凡无定义的状态均称为无效状态。计数器有效状态的个数称为计数器的计数长度,也称为计数器的计数容量或模。计数长度为 N 的计数器称为 N 进制计数器,N 进制计数器的 N 个有效状态构成的循环,称为有效循环。每来 1 个计数脉冲,电路将按一定规律从一个有效状态翻转到另一个有效状态,当 N 个计数脉冲过后,计数器便在 N 个有效状态之间循环了一次,也即统计了 N 个脉冲。对于由 M 个触发器构成的计数器,倘若所有 2^M 个状态全部有定义,都用于计数,即 2^M 个状态全部为有效状态,没有无效状态,这种计数器称为二进制计数器;若触发器所有 2^M 个状态中仅采用了其中的 10 个,也就是仅有 10 个有效状态,这种计数器称为十进制计数器,可见十进制计数器中至少应包含 4 个触发器。常见的十进制计数器按 8421BCD 码计数。

3. 加法计数器和减法计数器

按照在输入计数脉冲操作下,计数器中数值增、减情况的不同,可将其分为加法计数器、减法计数器和可逆计数器三种类型。随着计数脉冲的输入做递增计数的称为加法计数器,简称加计数器;做递减计数的称为减法计数器,简称减计数器;而有增有减的称为可逆计数器。有些计数器有效状态的转换规律不按计数器中数值的增减排列,因而也就无所谓加法计数器或减法计数器了。

对于任何计数器,至少应说明它是由哪种触发器构成的,是同步计数器还是异步计数器,是几进制计数器,是加法计数器还是减法计数器(或计数过程中状态的变化规律)。

9.3.2 同步计数器

1. 计数器的计数原理

图 9-22 所示 3 位二进制同步加法计数器是由 3 个 JK 触发器组成的。下面分析在计数

脉冲输入时，同步计数器中每个触发器翻转的条件。

每输入一个计数脉冲 CP，最低位触发器 FF_0 的状态就改变一次。而其他触发器是否翻转将取决于比它低的各触发器的状态。比如在计数器中，第 3 个触发器 FF_2 是否翻转，由 FF_1、FF_0 是否都为 **1** 态决定。都为 **1** 态，则图 9－22 中**与**门输出 **1**，使 $J_2=K_2=\mathbf{1}$，则 FF_2 翻转；否则保持原状态不变。

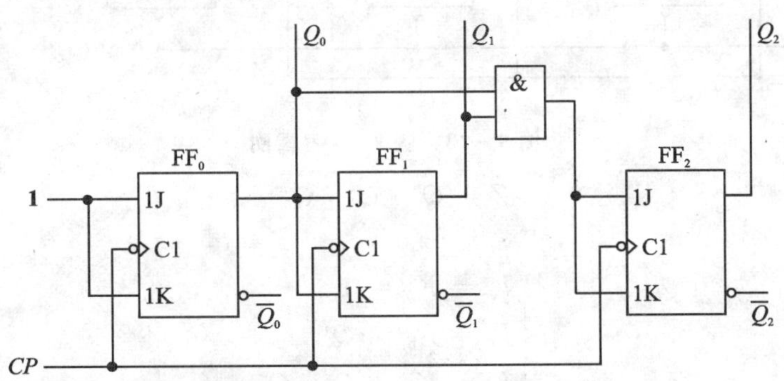

图 9－22　3 位二进制同步加计数器

计数过程如下：

计数前应首先清零，即将每个触发器置 **0**（复位），使计数器初始状态 $Q_2Q_1Q_0=\mathbf{000}$。

当第 1 个计数脉冲 CP 到来后，FF_0 的状态由 **0** 变 **1**，而 J_1、K_1、J_2、K_2 均为 **0**，所以 FF_1、FF_2 保持 **0** 态不变，此时计数器的计数状态为 $Q_2Q_1Q_0=\mathbf{001}$。同时，$J_1=K_1=Q_0=\mathbf{1}$，$J_2=K_2=Q_1Q_0=\mathbf{0}$。

当第 2 个 CP 脉冲到来后，FF_0 的状态由 **1** 变 **0**，FF_1 的状态由 **0** 变 **1**，而 FF_2 保持 **0** 态。此时计数器的状态为 $Q_2Q_1Q_0=\mathbf{010}$，而且 $J_1=K_1=\mathbf{0}$，$J_2=K_2=Q_1Q_0=\mathbf{0}$。

当第 3 个 CP 脉冲到来后，只有 FF_0 翻转到 **1**，而 FF_1、FF_2 都保持原态不变，计数状态为 $Q_2Q_1Q_0=\mathbf{011}$。同时，$J_1=K_1=\mathbf{1}$，$J_2=K_2=Q_1Q_0=\mathbf{1}$。

于是，当第 4 个计数脉冲到来后，3 个触发器均翻转，计数状态为 $Q_2Q_1Q_0=\mathbf{100}$。对后面计数过程的分析，读者可自行完成。在第 7 个计数脉冲 CP 到来后，计数状态变为 **111**，再送入一个 CP 脉冲（即第 8 个），计数器恢复到 **000** 态，至此，计数器便完成了一个计数循环，因此该计数器的计数长度为 $2^3=8$，属二进制（模八）计数器。

通过以上分析可以看出，计数器计数的实质是利用各个触发器状态的翻转进行的。而且同步计数器中各个触发器的状态转换是与输入计数脉冲同步的，具有计数速度快的特点。

2. 同步计数器的分析

在数字系统中广泛使用各式各样的计数器，学会分析它们的逻辑功能是非常重要的，下面通过几道例题说明计数器的分析方法。

例 9－3　分析图 9－23 所示时序电路的逻辑功能。要求：列出状态表，画出状态图和时序图，说明其逻辑功能。

解：(1) 写方程

时钟方程　$CP_0=CP_1=CP_2=CP$

显然，图 9－23 所示是一个同步时序电路。对于同步时序电路，各个触发器的时钟脉冲都相同，因此时钟方程可以省去不写。

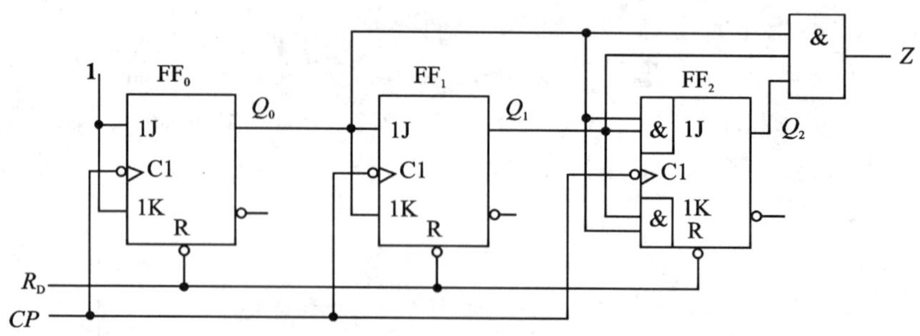

图 9-23 例 9-3 逻辑图

输出方程 $$Z = Q_2^n \cdot Q_1^n \cdot Q_0^n$$

驱动方程

$$\begin{cases} J_0 = K_0 = 1 \\ J_1 = K_1 = Q_0^n \\ J_2 = K_2 = Q_1^n \cdot Q_0^n \end{cases}$$

(2) 求状态方程

将各触发器的驱动方程分别代入 JK 触发器的特性方程 $Q^{n+1} = J\,\overline{Q^n} + \overline{K}Q^n$ 中,即可得到每个触发器的状态方程

$$\begin{cases} Q_0^{n+1} = J_0\,\overline{Q_0^n} + \overline{K_0}Q_0^n = \overline{Q_0^n} \\ Q_1^{n+1} = J_1\,\overline{Q_1^n} + \overline{K_1}Q_1^n = Q_0^n\,\overline{Q_1^n} + \overline{Q_0^n}Q_1^n = Q_0^n \oplus Q_1^n \\ Q_2^{n+1} = J_2\,\overline{Q_2^n} + \overline{K_2}Q_2^n = Q_0^nQ_1^n\,\overline{Q_2^n} + \overline{Q_0^nQ_1^n}Q_2^n = (Q_0^nQ_1^n) \oplus Q_2^n \end{cases}$$

(3) 列状态表

从 $Q_2^nQ_1^nQ_0^n = \mathbf{000}$ 开始,依次代入状态方程和输出方程进行计算,结果如表 9-6 所列。

(4) 画状态图

根据表 9-6 中现态到次态的转换关系和输出 Z 的值即可画出状态图和时序图,分别如图 9-24(a)和 9-24(b)所示。在状态转换图中,以圆圈表示电路的各个状态,以箭头表示状态转换的方向。同时,还在箭头旁注明了状态转换前的输入变量取值和输出值。通常将输入变量取值写在斜线以上,将输出值写在斜线以下。因为图 9-23 电路没有输入逻辑变量,所以斜线上方没有注字。

表 9-6 例 9-3 的状态表

Q_2^n	Q_1^n	Q_0^n	Q_2^{n+1}	Q_1^{n+1}	Q_0^{n+1}	Z
0	0	0	0	0	1	0
0	0	1	0	1	0	0
0	1	0	0	1	1	0
0	1	1	1	0	0	0
1	0	0	1	0	1	0
1	0	1	1	1	0	0
1	1	0	1	1	1	0
1	1	1	0	0	0	1

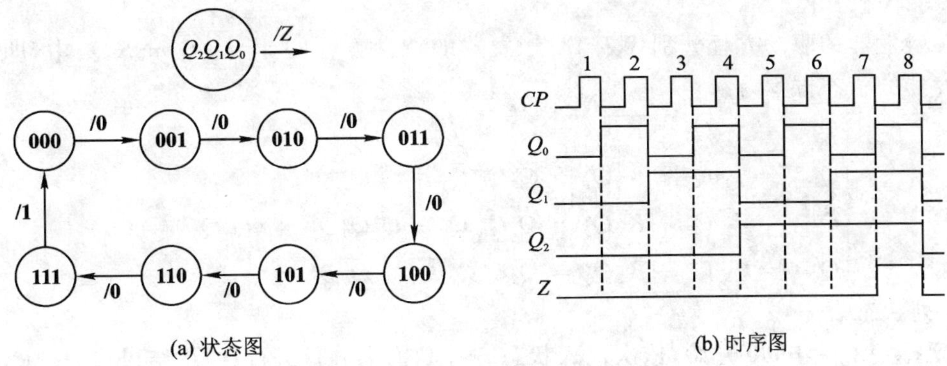

(a) 状态图　　(b) 时序图

图 9－24　例 9－3 的状态图

值得注意的是：每当电路由现态转换到次态后，该次态又变成了新的现态，然后应在表中左边栏内找出这新的现态，再根据规定去确定新的次态，照此不断地做下去，直到一切可能出现的状态都毫无遗漏地画出来之后，得到的才是反映电路全面工作情况的状态图。

(5) 确定逻辑功能

由状态图和时序图可以看出，该时序电路有 8 个有效状态，构成了有效循环，没有无效状态，因此，图 9－23 所示时序电路是一个 3 位二进制(模八)同步加法计数器。

由时序图还可看出，若输入计数脉冲的频率为 f_{CP}，则触发器输出端 Q_0、Q_1、Q_2 的脉冲频率依次为$\frac{1}{2}f_{CP}$、$\frac{1}{4}f_{CP}$和$\frac{1}{8}f_{CP}$，即计数器具有分频功能，也把它称为分频器。

例 9－4　分析图 9－25 所示时序电路的其逻辑功能。

解：(1) 写方程

输出方程

$$C = Q_3^n \cdot Q_0^n$$

驱动方程

$$\begin{cases} J_0 = K_0 = 1 \\ J_1 = \overline{Q_3^n} \cdot Q_0^n \qquad K_1 = Q_0^n \\ J_2 = K_2 = Q_1^n \cdot Q_0^n \\ J_3 = Q_2^n \cdot Q_1^n \cdot Q_0^n \qquad K_3 = Q_0^n \end{cases}$$

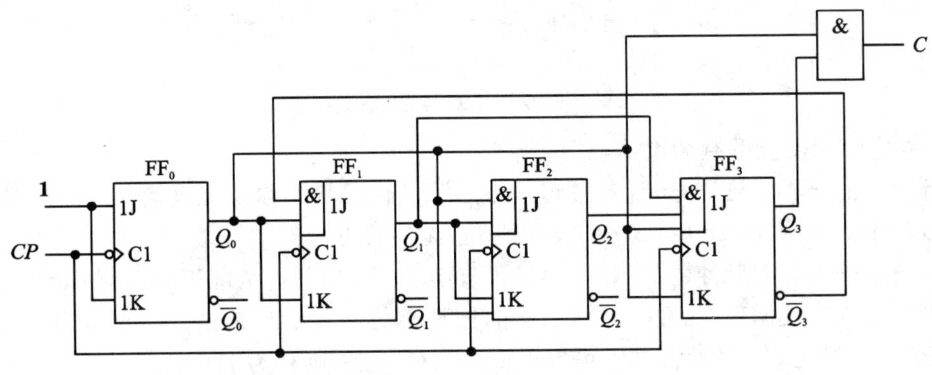

图 9－25　例 9－4 逻辑图

(2) 求状态方程

将各触发器的驱动方程分别代入JK触发器的特性方程 $Q^{n+1}=J\overline{Q^n}+\overline{K}Q^n$ 中,即可得到每个触发器的状态方程

$$\begin{cases}Q_0^{n+1}=J_0\overline{Q_0^n}+\overline{K_0}Q_0^n=\overline{Q_0^n}\\Q_1^{n+1}=J_1\overline{Q_1^n}+\overline{K_1}Q_1^n=\overline{Q_3^n}Q_0^n\overline{Q_1^n}+\overline{Q_0^n}Q_1^n\\Q_2^{n+1}=J_2\overline{Q_2^n}+\overline{K_2}Q_2^n=Q_1^nQ_0^n\overline{Q_2^n}+\overline{Q_1^nQ_0^n}Q_2^n=(Q_0^nQ_1^n)\oplus Q_2^n\\Q_3^{n+1}=J_3\overline{Q_3^n}+\overline{K_3}Q_3^n=Q_2^nQ_1^nQ_0^n\overline{Q_3^n}+\overline{Q_0^n}Q_3^n\end{cases}$$

(3) 列状态表

从 $Q_3^nQ_2^nQ_1^nQ_0^n=$**0000** 开始,依次代入状态方程和输出方程进行计算,结果如表9-7所列。

表9-7 例9-4的状态表

Q_3^n	Q_2^n	Q_1^n	Q_0^n	Q_3^{n+1}	Q_2^{n+1}	Q_1^{n+1}	Q_0^{n+1}	C	Q_3^n	Q_2^n	Q_1^n	Q_0^n	Q_3^{n+1}	Q_2^{n+1}	Q_1^{n+1}	Q_0^{n+1}	C
0	0	0	0	0	0	0	1	0	1	0	0	0	1	0	0	1	0
0	0	0	1	0	0	1	0	0	1	0	0	1	0	0	0	0	1
0	0	1	0	0	0	1	1	0	1	0	1	0	1	0	1	1	0
0	0	1	1	0	1	0	0	0	1	0	1	1	0	1	0	0	1
0	1	0	0	0	1	0	1	0	1	1	0	0	1	1	0	1	0
0	1	0	1	0	1	1	0	0	1	1	0	1	0	1	0	0	1
0	1	1	0	0	1	1	1	0	1	1	1	0	1	1	1	1	0
0	1	1	1	1	0	0	0	0	1	1	1	1	0	0	0	0	1

(4) 画状态图

根据表9-7中由现态到次态的转换关系和输出信号 C 的值即可画出状态图,如图9-26所示。

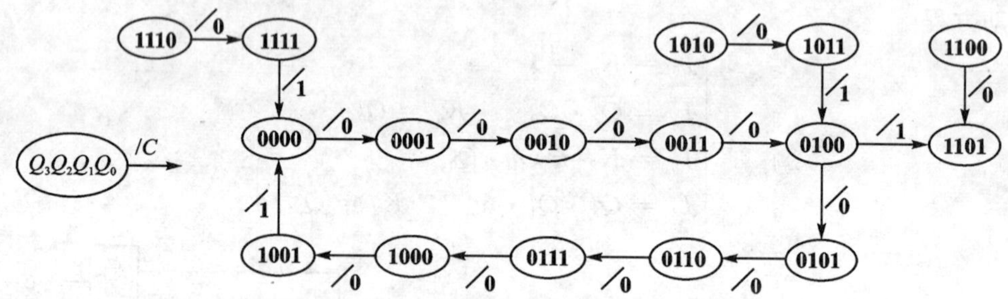

图9-26 例9-4的状态图

(5) 确定逻辑功能并判断电路能否自启动

在计数器的分类中已讲过,计数过程中使用了的代码状态称为有效状态,没有使用的状态称为无效状态。在图9-26中,**1010**~**1111** 即是无效状态。

计数器在输入计数脉冲的作用下,总是循环工作的,在正常情况下,周而复始地在有效状态中的循环称为有效循环,而在无效状态中的循环称为无效循环。电路因为某种原因而落入无效状态时,如果在 CP 脉冲操作下可以返回到有效状态,则称为能自启动。凡是不能自启动的电路,肯定存在着无效循环。

由图9-26状态图可知,图9-25所示时序电路是一个8421编码的同步十进制(模十)加

法计数器，且能够自启动。

需要注意的是，今后在描述计数器的逻辑功能时，除二进制计数器外，都要说明其能否自启动。

例 9-5　试分析图 9-27 所示时序电路的逻辑功能。A 为输入逻辑变量。

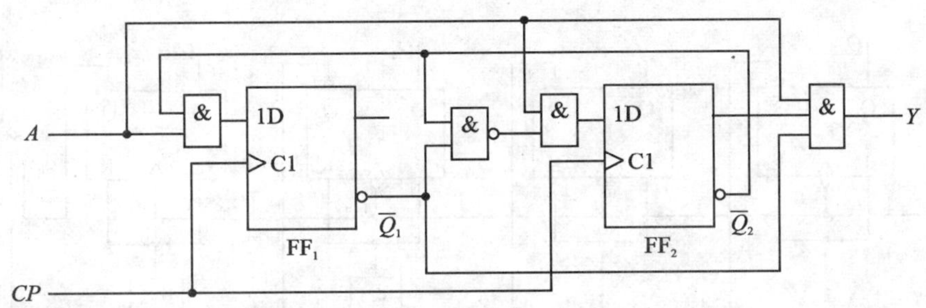

图 9-27　例 9-5 逻辑图

解：(1) 写方程

输出方程
$$Y = A\overline{Q_1^n}Q_2^n$$

驱动方程
$$\begin{cases} D_1 = A\overline{Q}_2^n \\ D_2 = A\overline{\overline{Q_1^n}\cdot\overline{Q_2^n}} = A(Q_1^n + Q_2^n) \end{cases}$$

(2) 求状态方程

将各触发器的驱动方程分别代入 D 触发器的特性方程 $Q^{n+1}=D$ 中，即可得到每个触发器的状态方程

$$\begin{cases} Q_1^{n+1} = A\overline{Q}_2^n \\ Q_2^{n+1} = A(Q_1^n + Q_2^n) \end{cases}$$

(3) 列状态表

从 $Q_2^nQ_1^n=$**00** 开始，依次代入状态方程和输出方程进行计算，结果如表 9-8 所列。

(4) 画状态图

根据表 9-8 中输入变量 A 取不同值时由现态到次态的转换关系和输出信号 Y 的值即可画出状态图，如图 9-28 所示。

表 9-8　例 9-5 的状态表

$\overline{Q_2^nQ_1^n}/Y$		$Q_2^nQ_1^n$ 00	01	11	10
A	0	00/0	00/0	00/0	00/0
	1	01/0	11/0	10/0	10/1

图 9-28　例 9-5 的状态图

(5) 确定逻辑功能并判断电路能否自启动

由状态图可以看出，图 9-27 所示时序电路，当输入变量 $A=$**0** 时，是一个模一计数器，有效状态是 **00**，无效态是 **01**、**10**、**11**，且能够自启动。当 $A=$**1** 时，也是一个模一计数器，此时的有效状态是 **10**，无效态是 **00**、**10**、**11**，也能够自启动。

前面列举的例子基本上是加法计数器,如果将加法计数器中接 Q_0、Q_1、Q_2…的线,改接到 $\overline{Q}_0$、$\overline{Q}_1$、$\overline{Q}_2$…上,就构成了减计数器,请看下面例题。

例 9-6 分析图 9-29 所示时序电路的逻辑功能。要求:列出状态表,画出状态图和时序图,说明其逻辑功能。

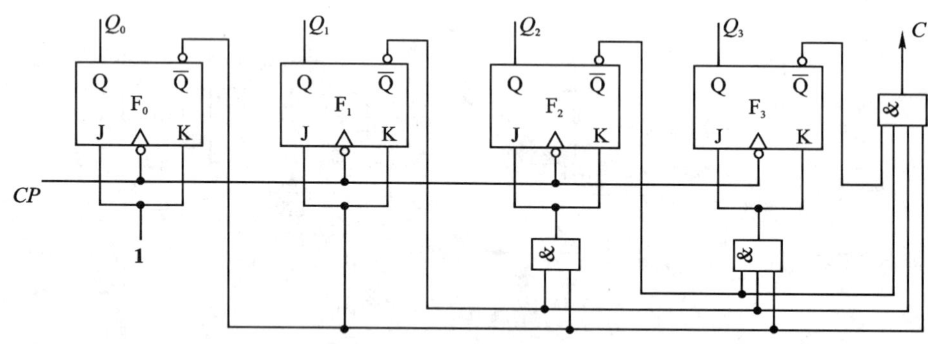

图 9-29 例 9-6 逻辑图

解:(1) 写方程

输出方程
$$C=\overline{Q_3^n}\cdot\overline{Q_2^n}\cdot\overline{Q_1^n}\cdot\overline{Q_0^n}$$

驱动方程

$$\begin{cases}J_0=K_0=1\\J_1=K_1=\overline{Q_0^n}\\J_2=K_2=\overline{Q_0^n}\,\overline{Q_1^n}\\J_3=K_3=\overline{Q_2^n}\,\overline{Q_1^n}\,\overline{Q_0^n}\end{cases}$$

(2) 求状态方程

将各触发器的驱动方程分别代入 JK 触发器的特性方程 $Q^{n+1}=J\,\overline{Q^n}+\overline{K}Q^n$ 中,即可得到每个触发器的状态方程

$$\begin{cases}Q_0^{n+1}=J_0\,\overline{Q_0^n}+\overline{K_0}Q_0^n=\overline{Q_0^n}\\Q_1^{n+1}=J_1\,\overline{Q_1^n}+\overline{K_1}Q_1^n=\overline{Q_1^n}\,\overline{Q_0^n}+Q_1^nQ_0^n=Q_1^n\odot Q_0^n\\Q_2^{n+1}=J_2\,\overline{Q_2^n}+\overline{K_2}Q_2^n=\overline{Q_2^n}\,\overline{Q_1^n}\,\overline{Q_0^n}+Q_2^n\cdot\overline{\overline{Q_1^n}\cdot\overline{Q_0^n}}\\Q_3^{n+1}=J_3\,\overline{Q_3^n}+\overline{K_3}Q_3^n=\overline{Q_3^n}\cdot\overline{Q_2^n}\cdot\overline{Q_1^n}\cdot\overline{Q_0^n}+Q_3^n\cdot\overline{\overline{Q_2^n}\cdot\overline{Q_1^n}\cdot\overline{Q_0^n}}\end{cases}$$

(3) 列状态表

从 $Q_3^nQ_2^nQ_1^nQ_0^n=\mathbf{0000}$ 开始,依次代入状态方程和输出方程进行计算,结果如表 9-9 所列。

(4) 画状态图和时序图

根据表 9-9 中现态到次态的转换关系和输出 C 的值即可画出状态图和时序图,分别如图 9-30 和图 9-31 所示。

(5) 确定逻辑功能

由状态图和时序图可以看出,该时序电路有 16 个有效状态,构成了有效循环,没有无效循环,在计数过程中按照递减规律进行计数。因此,图 9-31 所示时序电路是一个 4 位二进制(模十六)同步减法计数器。

表 9-9　例 9-6 的状态表

Q_3^n	Q_2^n	Q_1^n	Q_0^n	Q_3^{n+1}	Q_2^{n+1}	Q_1^{n+1}	Q_0^{n+1}	C
0	0	0	0	1	1	1	1	0
1	1	1	1	1	1	1	0	0
1	1	1	0	1	1	0	1	0
1	1	0	1	1	1	0	0	0
1	1	0	0	1	0	1	1	0
1	0	1	1	1	0	1	0	0
1	0	1	0	1	0	0	1	0
1	0	0	1	1	0	0	0	0
1	0	0	0	0	1	1	1	0
0	1	1	1	0	1	1	0	0
0	1	1	0	0	1	0	1	0
0	1	0	1	0	1	0	0	0
0	1	0	0	0	0	1	1	0
0	0	1	1	0	0	1	0	0
0	0	1	0	0	0	0	1	0
0	0	0	1	0	0	0	0	1

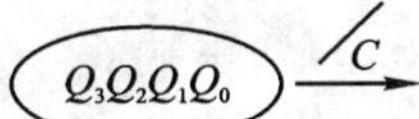

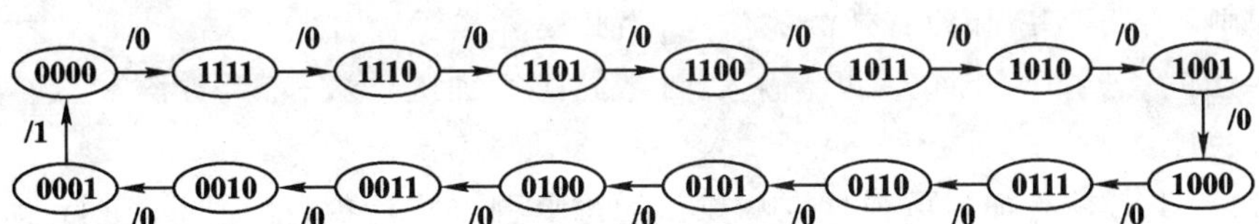

图 9-30　例 9-6 的状态图

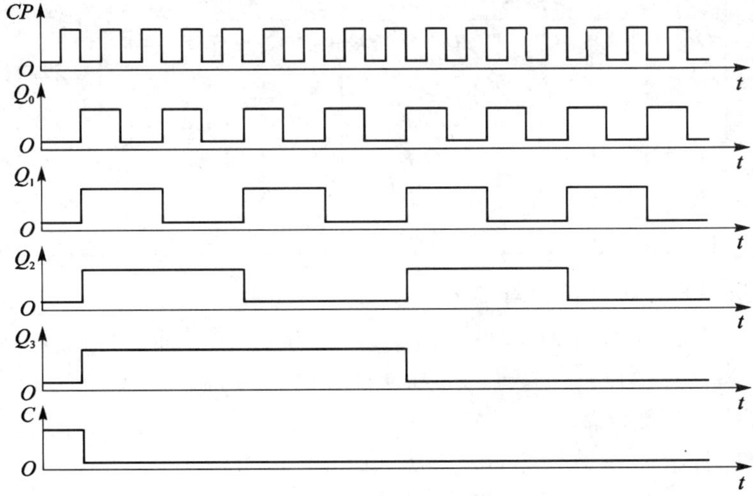

图 9-31　例 9-6 的时序图

3. 集成同步计数器

(1) 4位二进制同步可逆计数器74LS193

74LS193是4位同步可逆计数器，它具有异步清零、异步置数、加减可逆的同步计数功能，应用十分便利。

图9-32所示是74LS193的引脚排列图。其中，$Q_3 \sim Q_0$是数码输出端，$D_3 \sim D_0$是并行数据输入端(D_0为最低位，D_3为最高位)。$\overline{BO}$是借位输出端(减法计数下溢时，输出低电平脉冲)，$\overline{CO}$是进位输出端(加法计数上溢时，输出低电平脉冲)。CP_+是加法计数时计数脉冲输入端，CP_-是减法计数时计数脉冲输入端。CR为置0端，高电平有效。$\overline{LD}$为置数控制端，低电平有效。表9-10是它的功能表，简要说明如下。

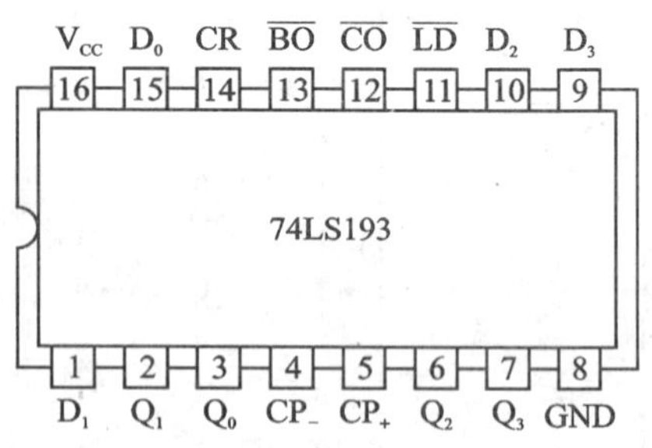

图9-32 74LS193的引脚排列图

① $CR=\mathbf{1}$时，不论CP_+、CP_-、$D_3 \sim D_0$为何种状态，计数器清零。由于清零时不需要CP脉冲有效沿的作用，因此属于异步清零方式。

② $CR=\mathbf{0}$时，计数器的工作状态由$\overline{LD}$、CP_+、CP_-决定，具体而言：

当$\overline{LD}=\mathbf{0}$时，不论CP_+、CP_-的状态如何，计数器进行置数操作，输出端$Q_3 \sim Q_0$的状态与数据输入端$D_3 \sim D_0$的状态相同，即$Q_3Q_2Q_1Q_0=d_3d_2d_1d_0$，从而达到预置数码的目的。由于在置数过程中不需要$CP$脉冲有效沿的作用，因此属异步置数方式。

当$\overline{LD}=\mathbf{1}$时，若计数脉冲从CP_+输入，计数器进行加法计数；若计数脉冲从CP_-输入，计数器进行减法计数。

可见，74LS193具有加减可逆计数功能。无论哪种方式计数，都是同步进行的。

表9-10 74LS193的功能表

输入								输出				注
CR	$\overline{LD}$	CP_+	CP_-	D_3	D_2	D_1	D_0	Q_3^{n+1}	Q_2^{n+1}	Q_1^{n+1}	Q_0^{n+1}	
1	×	×	×	×	×	×	×	**0**	**0**	**0**	**0**	异步清零
0	**0**	×	×	d_3	d_2	d_1	d_0	d_3	d_2	d_1	d_0	异步置数
0	**1**	↑	**1**	×	×	×	×	加法计数				
0	**1**	**1**	↑	×	×	×	×	减法计数				
0	**1**	**1**	**1**	×	×	×	×	保　持				

(2) 4位十进制同步加法计数器74LS160

74LS160的引脚排列如图9-33(a)所示，图9-33(b)是它的逻辑符号。电路具有异步清零、同步置数、十进制计数以及保持原态4项功能。计数时，在计数脉冲的上升沿作用下有效。表9-11列出了它的主要功能。说明如下：

① $\overline{CR}=\mathbf{0}$时，计数器置$\mathbf{0}$(清零)，使$Q_3Q_2Q_1Q_0=\mathbf{0000}$。

② $\overline{CR}=\mathbf{1}$，$\overline{LD}=\mathbf{0}$时，完成预置数码的功能，数据输入端的数据$d_3 \sim d_0$，在CP脉冲上升沿作用下，并行存入计数器中，使$Q_3Q_2Q_1Q_0=d_3d_2d_1d_0$，达到预置数据的目的。由于在置数过程中必须要有$CP$脉冲有效沿的作用，因此属同步置数方式。

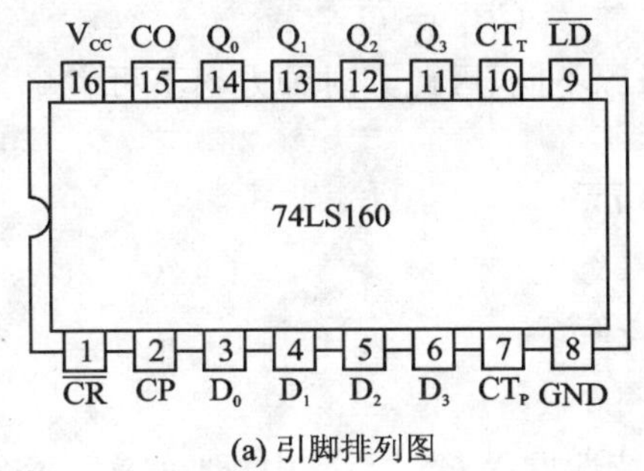

(a) 引脚排列图

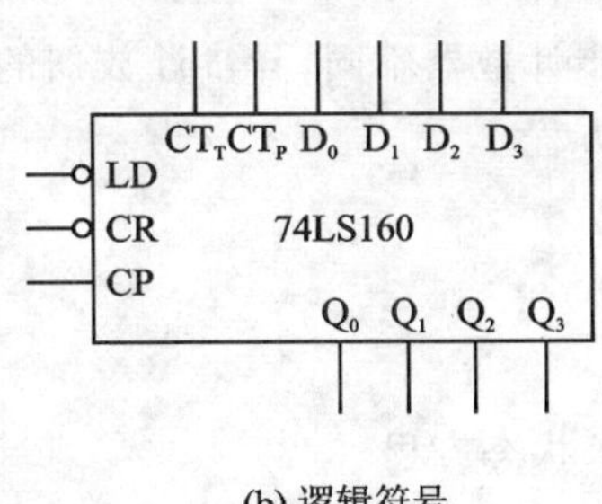

(b) 逻辑符号

图 9-33　集成计数器 74LS160

表 9-11　74LS160 的功能表

输入									输出				注
$\overline{CR}$	$\overline{LD}$	CT_P	CT_T	CP	D_3	D_2	D_1	D_0	Q_3^{n+1}	Q_2^{n+1}	Q_1^{n+1}	Q_0^{n+1}	
0	×	×	×	×	×	×	×	×	**0**	**0**	**0**	**0**	异步清零
1	**0**	×	×	↑	d_3	d_2	d_1	d_0	d_3	d_2	d_1	d_0	同步置数
1	**1**	**1**	**1**	↑	×	×	×	×	加法计数				
1	**1**	**0**	×	×	×	×	×	×	保　持				
1	**1**	×	**0**	×	×	×	×	×	保　持				

③ 当$\overline{CR}=\overline{LD}=\mathbf{1}$，$CT_P=CT_T=\mathbf{1}$ 时，计数器进行加法计数。计数满十，从 CO 端送出正跳变进位脉冲。

④ 当$\overline{CR}=\overline{LD}=\mathbf{1}$，且 $CT_P \cdot CT_T=\mathbf{0}$ 时，不论其余各输入端的状态如何，计数器将保持原状态不变。

(3) 4 位二进制同步加法计数器 74LS161

74LS161 与 74LS160 的功能端基本相同，也是异步清零、同步置数，$\overline{CR}$、$\overline{LD}$也是低电平有效，而且 $CT_P \cdot CT_T=\mathbf{1}$ 时进行计数，CP 为上升沿触发。不同之处在于，74LS161 是 4 位二进制计数器，计数长度是 16，共有 **0000**～**1111** 共 16 个有效状态，没有无效状态，而 74LS160 是 4 位十进制计数器，计数长度是 10，有 **0000**～**1001** 共 10 个有效状态和 **1010**～**1111** 共 6 个无效状态。

此外，常用的还有 4 位二进制同步加法计数器 74LS163，它与 74LS161 唯一的区别就在于 74LS163 是同步清零。

9.3.3　异步计数器

1. 异步计数器逻辑功能分析

异步计数器中各级触发器的时钟脉冲并不都来源于计数脉冲 CP，各级触发器的状态转换不是同步的，因此，在分析异步计数器时，要注意各级触发器的时钟信号，以确定其状态转换时刻。下面通过例题说明异步计数器的分析方法和计数原理。

例 9-7　分析图 9-34 所示时序电路的逻辑功能。

解：(1) 写方程

时钟方程 $CP_0 = CP_2 = CP$, $CP_1 = \overline{Q_0}$

与同步计数器不同,异步计数器的时钟信号来源不同,因此其时钟方程不可省略。

驱动方程

$$\begin{cases} D_0 = \overline{Q_2^n}\,\overline{Q_0^n} \\ D_1 = \overline{Q_1^n} \\ D_2 = Q_1^n Q_0^n \end{cases}$$

(2) 求状态方程

将各触发器的驱动方程分别代入D触发器的特性方程 $Q^{n+1}=D$ 中,即可得到每个触发器的状态方程

$$\begin{cases} Q_0^{n+1} = \overline{Q_2^n}\,\overline{Q_0^n} & (CP\text{ 上升沿时刻有效}) \\ Q_1^{n+1} = \overline{Q_1^n} & (\overline{Q_0}\text{ 上升沿时刻有效}) \\ Q_2^{n+1} = Q_1^n Q_0^n & (CP\text{ 上升沿时刻有效}) \end{cases}$$

与同步时序电路不同,对于异步时序电路中不同触发器的状态方程,必须注明其有效的时钟脉冲条件。

(3) 列状态表

从 $Q_2^n Q_1^n Q_0^n$=**000** 开始,依次代入状态方程进行计算,结果如表9-12所列。

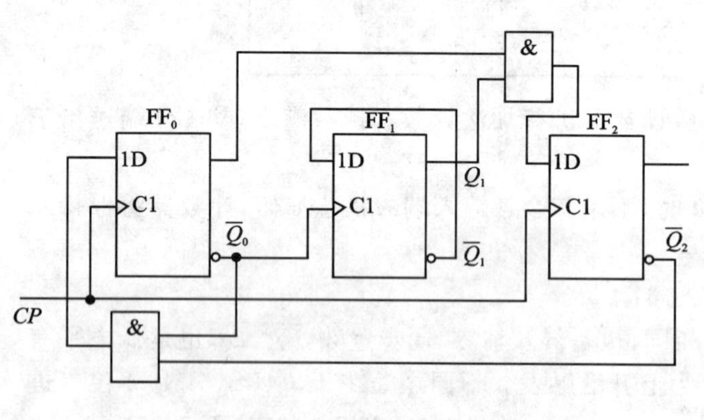

图9-34 例9-7逻辑图

表9-12 例9-7的状态表

Q_2^n	Q_1^n	Q_0^n	Q_2^{n+1}	Q_1^{n+1}	Q_0^{n+1}
0	0	0	0	0	1
0	0	1	0	1	0
0	1	0	0	1	1
0	1	1	1	0	0
1	0	0	0	0	0
1	0	1	0	1	0
1	1	0	0	1	0
1	1	1	1	0	0

(4) 画状态图

根据表9-12中现态到次态的转换关系即可画出状态图,如图9-35所示。

(5) 画时序图

在图9-36所示的时序图中,把 $\overline{Q}_0$ 的波形也画出来了,以便能更清晰地反映 FF_1 翻转与否完全取决于 $\overline{Q}_0$ 的上升沿。另外,画时序图时,无效状态一般不画出来。

注意:在分析时序电路的逻辑功能时,时序图可以不必画出,本题画出的目的是为了说明异步计数器中各触发器的时钟脉冲条件不同。

(6) 确定逻辑功能

从图9-35所示状态图可以清楚地看出,图9-36所示时序电路是一个3位异步五进制(模五)加法计数器,而且能够自启动。

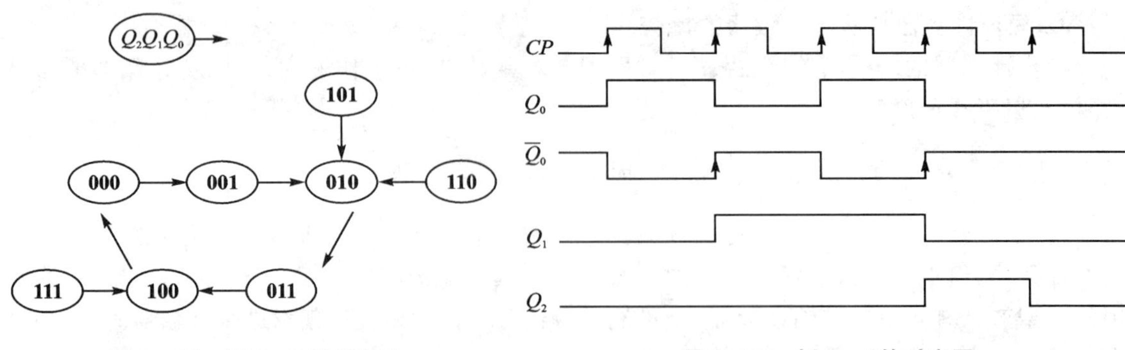

图 9-35　例 9-7 的状态图　　　　图 9-36　例 9-7 的时序图

2. 集成异步计数器

(1) 集成 4 位二进制异步计数器 74LS293

图 9-37 所示是 74LS293 的引脚排列图。其中，$Q_3 \sim Q_0$ 是输出端，R_{OA}、R_{OB} 为复位端，NC 为空脚。表 9-13 是它的功能表。当 $R_{OA}=R_{OB}=\mathbf{1}$ 时，不论 CP_0、CP_1 为何种状态，$Q_3Q_2Q_1Q_0=\mathbf{0000}$，计数器清零。当 $R_{OA}=\mathbf{0}$，或者 $R_{OB}=\mathbf{0}$ 时，电路在 $\overline{CP_0}$、$\overline{CP_1}$ 的脉冲下降沿作用下，进行计数操作，若将 $\overline{CP_1}$ 与 Q_0 相连，则计数脉冲从 $\overline{CP_0}$ 端输入，数据从 Q_3、Q_2、Q_1、Q_0 端输出，电路为 4 位异步二进制加法计数器；计数脉冲从 $\overline{CP_1}$ 端输入，数据从 Q_3、Q_2、Q_1 端输出，电路为 3 位异步二进制加法计数器。

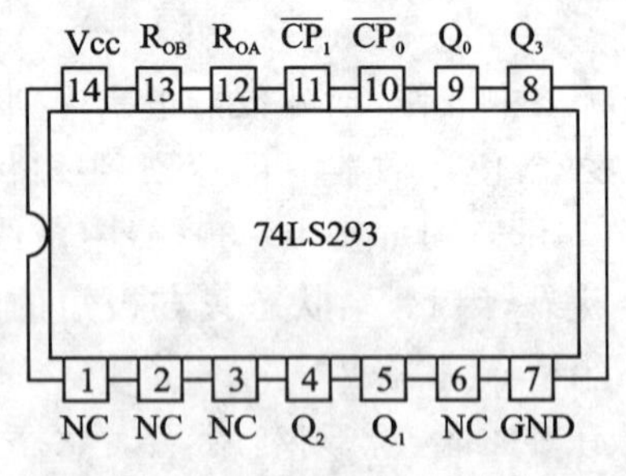

图 9-37　74LS293 的引脚排列图

表 9-13　74LS293 的功能表

输入			输出			
R_{OA}	R_{OB}	CP	Q_3^{n+1}	Q_2^{n+1}	Q_1^{n+1}	Q_0^{n+1}
1	**1**	×	**0**	**0**	**0**	**0**
0	×	↓	加法计数			
×	**0**	↓	加法计数			

(2) 集成 4 位二进制异步计数器 74LS197

集成 4 位二进制异步计数器 74LS197 的引脚排列图和逻辑符号如图 9-38(a) 和 (b) 所示。$\overline{CR}$ 是异步清零端，$CT/\overline{LD}$ 是计数和置数控制端，CP_0 是触发器 FF_0 的时钟输入端，CP_1 是触发器 FF_1 的时钟输入端，$D_0 \sim D_3$ 是并行数据输入端，$Q_0 \sim Q_3$ 是计数器状态输出端。

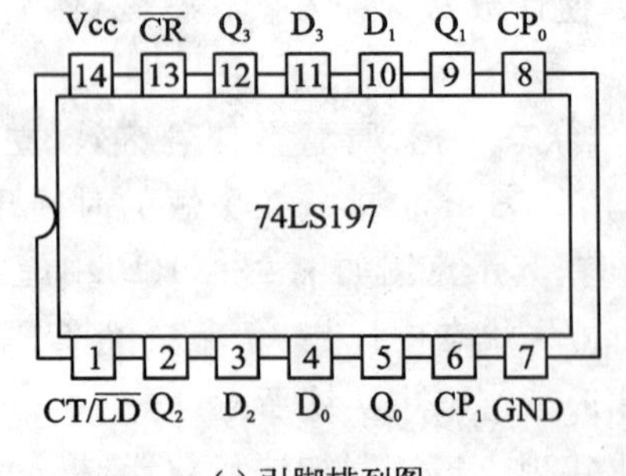

(a) 引脚排列图

(b) 逻辑符号

图 9-38　集成异步计数器 74LS197

3. 异步计数器与同步计数器的比较

异步计数器的结构简单,但由于各触发器异步翻转,所以工作速度低;同步计数器电路结构复杂,但工作速度快。

9.3.4 集成计数器构成 N 进制计数器的方法

目前,尽管各种不同逻辑功能的计数器已经做成中规模集成电路,并逐步取代了触发器组成的计数器,但不可能做到任一进制的计数器都有其对应的集成产品。中规模集成计数器常用的定型产品有4位二进制计数器、十进制计数器等。在需要其他任意进制计数器时,可用已有的计数器产品外加适当反馈电路连接而成。

用现有的 N 进制集成计数器构成 M 进制计数器时,如果 $N>M$,则只需一片 N 进制计数器;如果 $N<M$,则要多片 N 进制计数器。

1. $M<N$

在 N 进制计数器的顺序计数过程中,设法使之跳过 $(N-M)$ 个状态,只在 M 个状态中循环就可以了。实现 M 进制计数器的基本方法有两种:反馈复位法和反馈置数法。

(1) 反馈复位法

反馈复位法适用于有"清零"输入端的集成计数器。这种方法的基本思想是:计数器从全"**0**"状态 S_0 开始计数,计满 M 个状态后产生清零信号反馈给清零端,使计数器恢复到初态 S_0。可见,反馈复位法是利用计数器的清零端实现 M 进制计数的,因此这种方法又称为反馈清零法。

对异步清零的计数器,计数器在 $S_0 \sim S_{M-1}$ 共 M 个状态中工作,当计数器进入 S_M 状态时,利用 S_M 状态进行译码产生清零信号,并反馈到异步清零端,使计数器立即返回到 S_0 状态,这样就可以跳过 $(N-M)$ 个状态而得到 M 进制计数器。其示意图如图9-39(a)中虚线所示。由于是异步清零,只要 S_M 状态一出现便立即被置成 S_0 状态,因此 S_M 状态只在极短的瞬间出现,通常称它为过渡态。在计数器的稳定状态循环中不包括 S_M 状态。

对同步清零的计数器(即清零信号和时钟信号同时有效才清零),则利用 S_{M-1} 状态译码产生清零信号,并反馈到同步清零端,到下一个 CP 脉冲到来时完成清零,使计数器返回到初态 S_0。可见,同步清零没有过渡状态,其示意图如图9-39(a)中实线所示。

(2) 反馈置数法

反馈置数法适用于有预置数功能的集成计数器。置数法和清零法不同,对于置数法,计数器不一定从全"**0**"状态 S_0 开始计数,可以通过预置数功能使计数器从某个预置状态 S_i 开始计数,计满 M 个状态后产生置数信号并反馈给置数端,使计数器又进入预状态 S_i,然后重复上述过程,其示意图如图9-39(b)所示。

对异步预置数功能的计数器,计数信号应从 S_{i+M} 状态一出现,置数信号有效,立即就将输入端的预置数置入计数器,它不受 CP 脉冲的控制,所以 S_{i+M} 状态只在极短的时间出现,稳定状态循环中不包含 S_{i+M} 状态,即 S_{i+M} 状态也是过渡态,其示意图如图9-39(b)中虚线所示。

对同步预置数功能的计数器,置数信号应从 S_{i+M-1} 状态中译出,等下一个 CP 脉冲到来时,才将输入端的预置数置入计数器,其示意图如图9-39(b)中实线所示。

例9-8 试用同步四位二进制计数器74LS161实现十三进制加法计数器(提示:74LS161为异步清零、同步置数)。

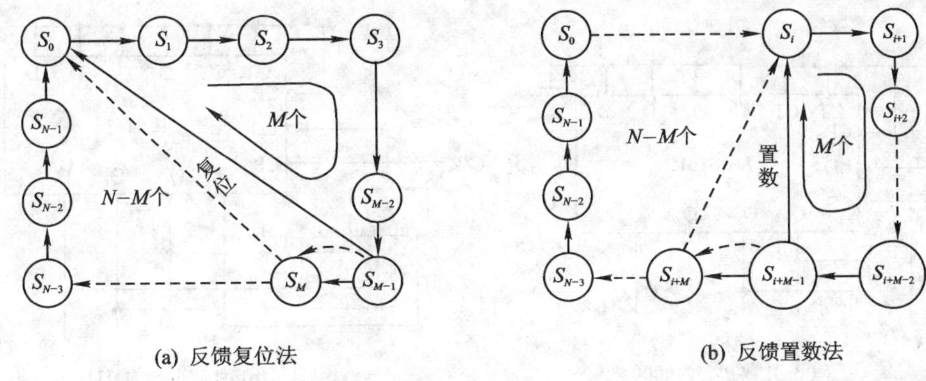

图 9-39　实现任意进制计数器的两种方法

解:(1) 用反馈复位法实现

首先画出 74LS161 的状态转换图,如图 9-40 所示,由于 74LS161 是异步清零,因此为实现十三进制计数器,应在 74LS161 从 **0000** 计数到 **1101** 时,跳过 **1101**、**1110**、**1111** 三个状态,如图 9-40 中虚线所示。而 **1101** 为过渡态,最终应将 **1101** 态通过反馈电路变成一个低电平信号送给清零端(因为 74LS161 的清零端低电平有效)。电路连线如图 9-41 所示。由于本题是用清零端$\overline{CR}$实现的,因此并行数据输入端 D_3、D_2、D_1、D_0没有用上,将其悬空即可,如图 9-41 所示。

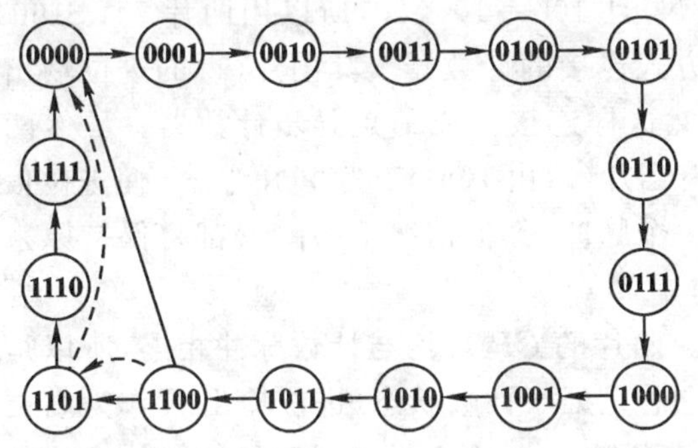

图 9-40　74LS161 的状态转换图

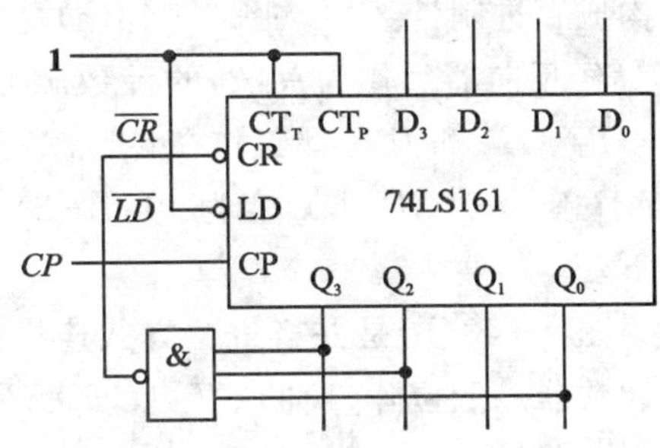

图 9-41　例 9-8 反馈复位法的连线图

(2) 用反馈置数法实现

用反馈置数法实现时,计数初态可以是 **0000**~**1111** 中的任一个状态。下面分别选取计数器计数初态为 **0000** 和 **1111**,如图 9-42(a)、(b)所示。这时要注意计数器并行数据输入端 $D_3D_2D_1D_0$ 及反馈电路的不同连接方法。

2. $M>N$

当 $M>N$ 时,必须将多片计数器级联,才能实现 M 进制计数器。常用的方法有两种:

(1) 整体置数法

先将 n 片计数器级联组成 N^n($N^n>M$)进制计数器,然后采用整体清零或整体置数的方法实现 M 进制计数器。值得注意的是,多片计数器级联时,其总的计数容量为各级计数容量的乘积。

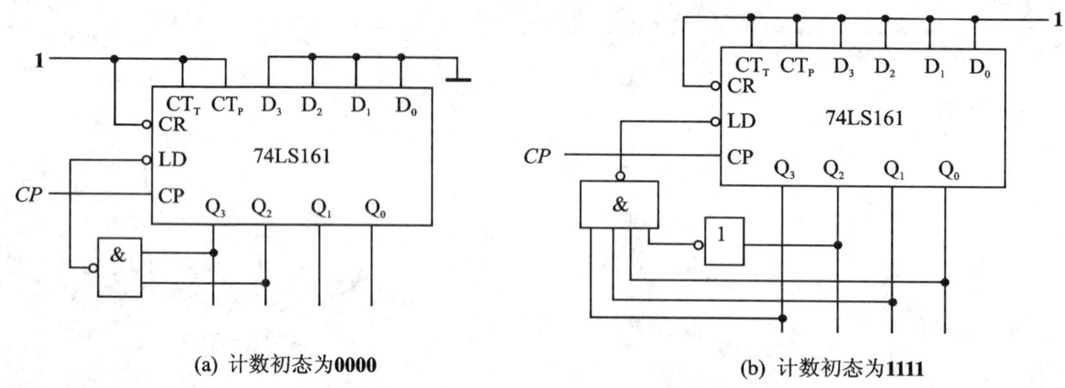

图 9-42 例 9-8 反馈置数法的连线图

(2) 分解法

将 M 分解为 $M=M_1\times M_2\times\cdots\times M_n$,其中,$M_1$、$M_2$、…、$M_n$ 均不大于 N,用 n 片计数器分别组成 M_1、M_2、…、M_n 进制的计数器,然后再将它们级联构成 M 进制计数器。

芯片之间的级联有串行进位方式和并行进位方式。在串行进位方式中,以低位片的进位输出信号作为高位片的时钟输入信号。在并行进位方式中,以低位片的进位输出信号作为高位片的工作状态控制信号。

例 9-9 试用 74LS160 构成百进制计数器。

解:由题目可知,$M=100$,$N=10$,因为 $M>N$,且 $100=10\times10$,所以用两片 74LS160 即可构成百进制计数器。图 9-43(a)是串行进位方式连接的计数器。其中片(1)的进位输出信号 C 经反向器后作为片(2)的计数脉冲 CP_2,显然这样连接构成的是异步计数器。虽然两片的 CT_T、CT_P 都为 **1**,都工作在计数状态,但是只有当片(1)由 **1001** 变为 **0000** 状态,使进位信号 C 由 **1** 变为 **0**(CP_2 由 **0** 变为 **1**),片(2)才能计入一个脉冲,其他情况下,片(2)都将保持原来状态不变。

图 9-43(b)是并行进位方式连接的计数器。两片的 CP 端均与计数脉冲相连,所以是同步计数器。低位片(1)的 CT_T、CT_P 都为 **1**,因而它总是处于计数状态,进位输出 C 作为高位片(2)的 CT_T 和 CT_P 输入,每当片(1)计成 **1001**(十进制数 9)时 C 变为 **1**,片(2)才能处于计数状态,下一个计数脉冲 CP 作用后,片(2)计入 1 个脉冲,同时片(1)由 **1001**(9)状态变成 **0000**(十进制数 0)状态,它的 C 端信号也随之变成 **0**,使片(2)停止计数。

例 9-10 试用两片 74LS160 接成五十四进制计数器。

解:(1) 整体置数法

本例中 $M=54$。图 9-44(a)是整体置数法实现的五十四进制计数器连接电路图。首先将两片 74LS160 级联成百进制计数器,在此基础上再用置数法连成五十四进制计数器。

(2) 分解法

将 M 分解为 $54=6\times9$,用两片 74LS160 分别组成六进制和九进制计数器,然后级联组成 $M=54$ 进制计数器,其逻辑图如图 9-44(b)所示。

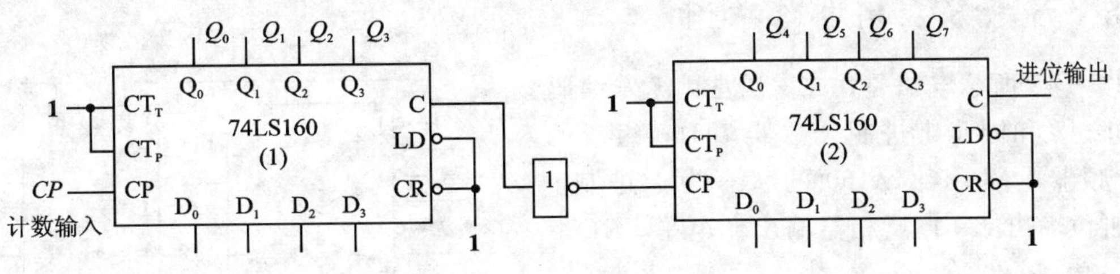

(a) 串行进位方式

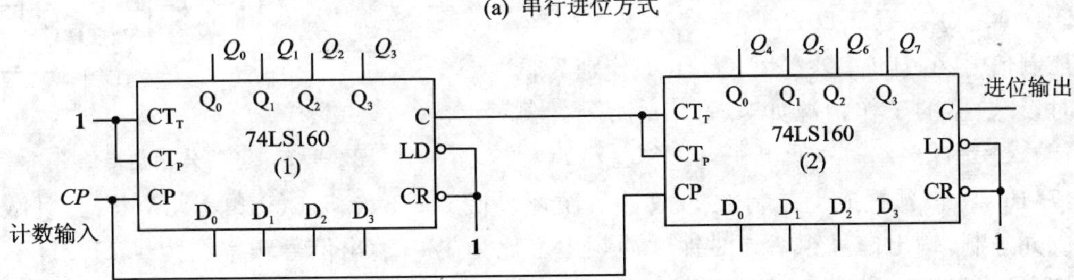

(b) 并行进位方式

图 9－43　例 9－9 的连接图

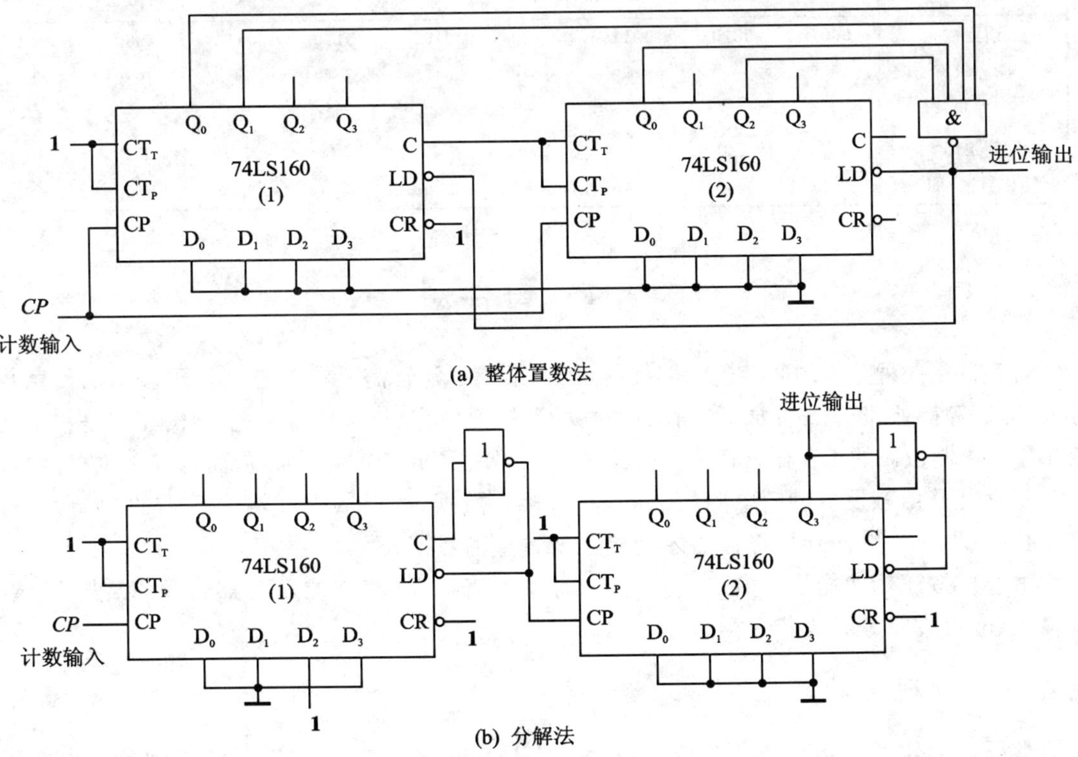

(a) 整体置数法

(b) 分解法

图 9－44　例 9－10 的连接图

9.3.5 计数器应用电路举例

图9-45所示电路是用二-十进制优先编码器74LS147和同步十进制计数器74160组成的可控分频器电路。当74160的状态为十进制9时，其进位输出$C=\mathbf{1}$，反相器输出低电平，$\overline{LD}=\mathbf{0}$，74160工作在预置数方式，此时有$Q_3^{n+1}Q_2^{n+1}Q_1^{n+1}Q_0^{n+1}=D_3D_2D_1D_0=Y_3Y_2Y_1Y_0$。当输入控制信号$A$、$B$、$C$、$D$、$E$、$F$、$G$、$H$、$I$分别为低电平时，计数器的工作情况如表9-14所列。例如，当输入控制信号A为低电平时，$Y_3Y_2Y_1Y_0=$ **0001**，74160将被预置成十进制数1，故计数循环包括1、2、3、4、5、6、7、8、9九个状态，计数器被配置成九进制，输出信号频率与时钟脉冲频率之比为1/9，输出信号频率约为1.11 kHz。

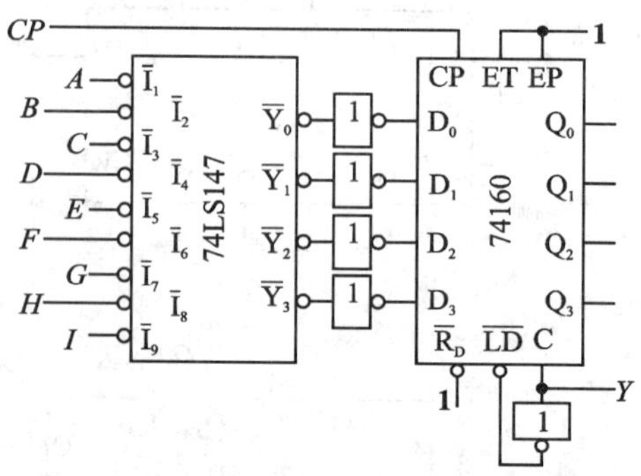

图9-45 可控分频器电路

值得注意的是，当输入控制信号I为低电平时，$Y_3Y_2Y_1Y_0=\mathbf{1001}$，74160的状态将保持为9不变，输出波形是直流而不是周期性脉冲，故输出频率为0。

表9-14 计数器配置与输入控制信号的关系

控制信号	A	B	C	D	E	F	G	H	I
预置数	**0001**	**0010**	**0011**	**0100**	**0101**	**0110**	**0111**	**1000**	**1001**
循环状态	1～9	2～9	3～9	4～9	5～9	6～9	7～9	8～9	9
进制	九	八	七	六	五	四	三	二	一
分频比	1/9	1/8	1/7	1/6	1/5	1/4	1/3	1/2	0
输出频率/kHz	1.11	1.25	1.43	1.67	2.00	2.50	3.33	5.00	0

9.4 寄存器

寄存器是一种重要的数字逻辑部件，在数字系统中常常需要将二进制代码表示的信息暂时存放起来，等待处理，能够完成暂时存放数据的逻辑部件称为寄存器。一个触发器就是一个能存放1位二进制数码的寄存器。存放n位二进制数码就需要n个触发器，从而构成n位寄存器。

寄存器是由触发器和门电路组成的，具有接收数据、存放数据和输出数据的功能，只有在接到指令(即时钟脉冲)时，寄存器才能接收要寄存的数据。

寄存器按逻辑功能分为数码寄存器(也称基本寄存器)和移位寄存器，还可以按照位数以及输入、输出方式等分成若干类。

9.4.1 数码寄存器

数码寄存器可以接收、暂存、传递数码。它是在时钟脉冲CP作用下，将数据存入对应的触发器。由于D触发器的特性方程是$Q^{n+1}=D$，因此以D作为数据输入端组成寄存器最为方便。图9-46是由4个边沿D触发器组成的4位数码寄存器74LS175的逻辑图。$D_3\sim D_0$是并行数码输入端，$\overline{CR}$是清零端，CP是时钟脉冲输入端，$Q_3\sim Q_0$是并行数码输出端。

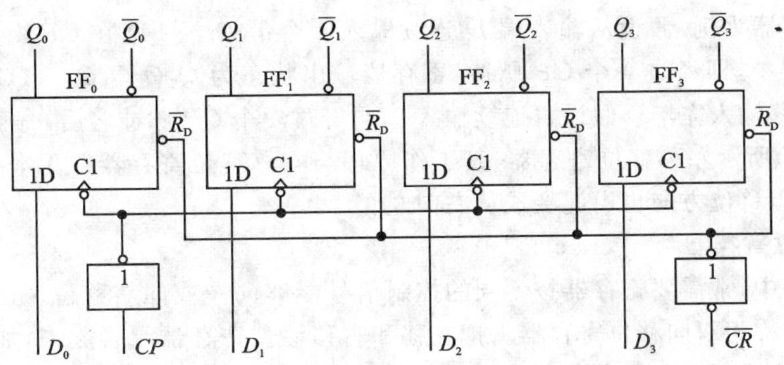

图 9-46　4 位数码寄存器 74LS175 的逻辑图

当$\overline{CR}=\mathbf{0}$时，异步清零。即通过异步输入端 $\overline{R}_D$ 将 4 个边沿 D 触发器复位到 **0** 状态。当$\overline{CR}=\mathbf{1}$时，CP 上升沿送数。只要送数控制时钟脉冲 CP 上升沿到来，加在并行数码输入端的数码 $d_3 \sim d_0$ 就立即被送进寄存器中，使并行输出端 $Q_3Q_2Q_1Q_0=d_3d_2d_1d_0$，从而完成接收并寄存数码的功能。而在$\overline{CR}=\mathbf{1}$、$CP$ 上升沿以外的时间，寄存器保持内容不变。由于寄存器能同时输入 4 位数码，同时输出 4 位数码，故称为并行输入、并行输出寄存器。

9.4.2　移位寄存器

移位寄存器既可存放数码，又可使数码在寄存器中逐位左移或右移。按照在移位脉冲 CP 操作下移位情况的不同，移位寄存器又可分为单向移位寄存器和双向移位寄存器。

1. 单向移位寄存器

图 9-47 所示是用边沿 D 触发器构成的单向移位寄存器，图 9-47(a)为右移移位寄存器，图 9-47(b)为左移移位寄存器。从电路结构看，它们都有两个基本特点：一是由相同触发器组成，触发器的个数就是移位寄存器的位数；二是各个触发器共用一个时钟信号——移位脉冲 CP，电路工作是同步的，属于同步时序电路。

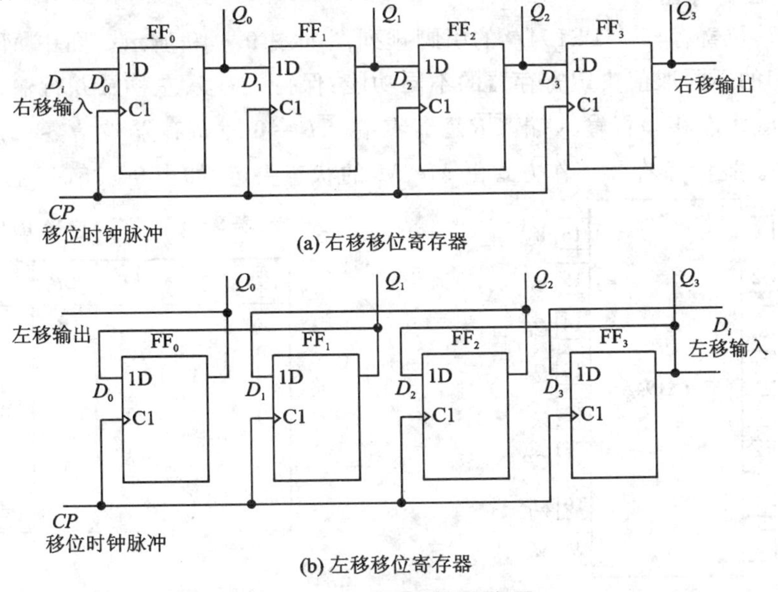

(a) 右移移位寄存器

(b) 左移移位寄存器

图 9-47　单向移位寄存器

以右移寄存器为例，假设从输入端 D_i 连续输入 4 个 **1**，D_i 经 FF_0 在 CP 上升沿操作下，依次被移入寄存器中，即经过 4 个 CP 脉冲，寄存器输出状态为 $Q_3Q_2Q_1Q_0=\mathbf{1111}$，变成全 **1** 状态，即 4 个 **1** 右移输入完毕。假设再连续输入 **0**，再经过 4 个 CP 脉冲之后，寄存器变成全 **0** 状态。图 9-47(b)所示左移移位寄存器，其工作原理与右移移位寄存器并无本质区别，只是因为连接反了，所以移位方向也由此变成从右向左。

2. 双向移位寄存器

在数字电路中，常需要寄存器按不同的控制信号能够向左或向右移位。这种既能右移又能左移的寄存器称为双向移位寄存器。把左移和右移移位寄存器组合起来，加上移位方向控制，便可方便地构成双向移位寄存器。图 9-48 所示是基本的 4 位双向移位寄存器，M 是移位方向控制端，D_{SR} 是右移串行输入端，D_{SL} 是左移串行输入端，$Q_0 \sim Q_3$ 是并行输出端，CP 是移位时钟脉冲。图 9-48 中，4 个**与或**门构成了 4 个 2 选 1 数据选择器。

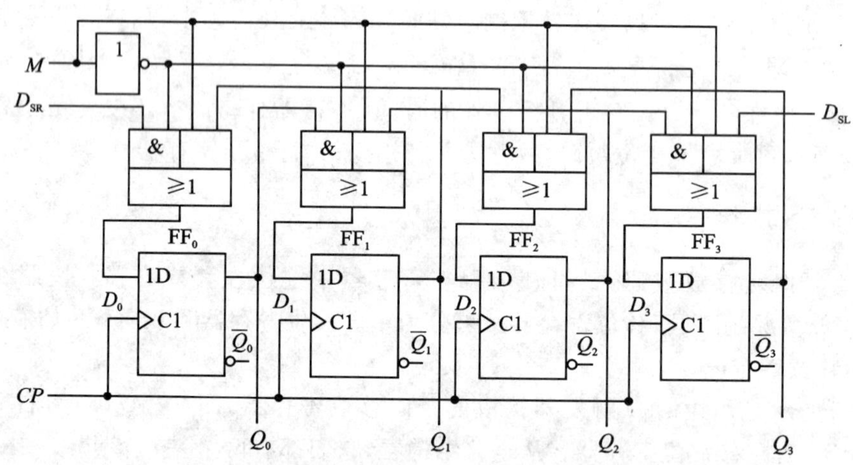

图 9-48　基本 4 位双向移位寄存器

3. 集成移位寄存器

集成双向移位寄存器 74LS194A 的引脚排列图如图 9-49 所示。图中 M_1、M_0 为工作方式控制端，它们的不同取值决定寄存器的不同功能：保持、右移、左移及并行输入。D_{SR} 为右移串行输入端，D_{SL} 为左移串行输入端，$\overline{CR}$ 是清零端，$\overline{CR}=\mathbf{0}$ 时寄存器被清零。寄存器工作时，$\overline{CR}$ 应为高电平。这时寄存器工作方式由 M_1、M_0 的状态决定，如表 9-15 所列。

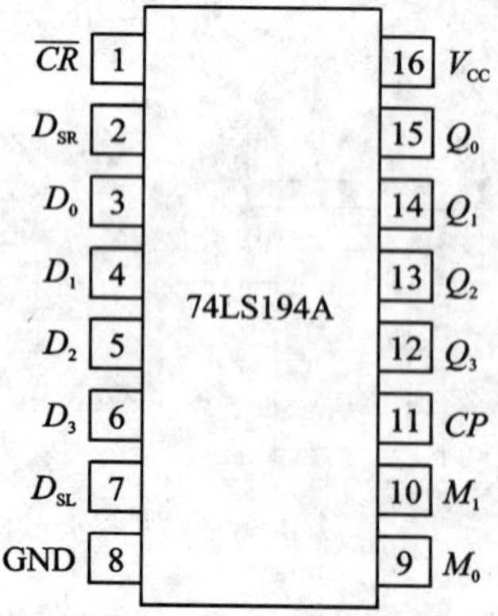

图 9-49　74LS194 的引脚排列图

表 9-15　74LS194A 的功能表

$\overline{CR}$	M_1	M_0	CP	功　能
0	×	×	×	清零
1	**0**	**0**	↑	保持
1	**0**	**1**	↑	右移
1	**1**	**0**	↑	左移
1	**1**	**1**	↑	进行输入

用 74LS194A 接成多位双向移位寄存器的接法十分简单。图 9－50 所示是用两片 74LS194A 接成 8 位双向移位寄存器的连接图。这时只需将其中一片的 Q_3 接至另一片的 D_{IR} 端，而另一片的 Q_0 接到这一片的 D_{IL}，同时把两片的 M_1、M_0、CP 和 $\overline{CR}$ 分别并联就行了。

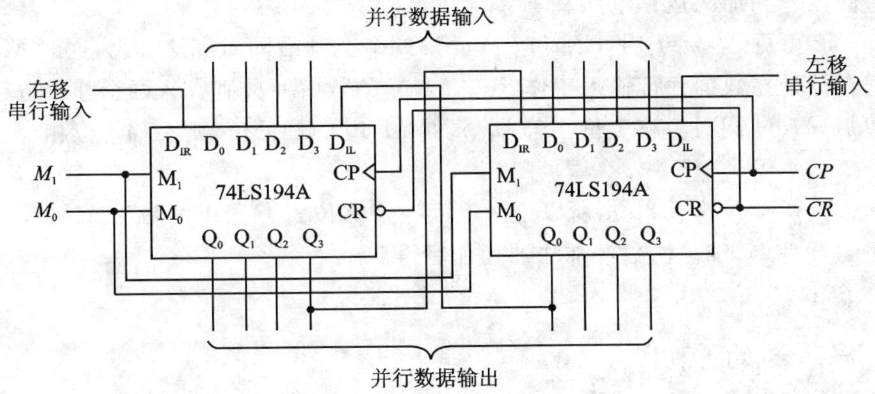

图 9－50　用两片 74LS194A 接成 8 位双向移位寄存器

例 9－11　试分析图 9－51 所示电路的逻辑功能，并指出在图 9－52 所示的时钟信号及 M_1、M_0 状态作用下，t_4 时刻以后输出 Y 与两组并行输入的二进制数 M、N 在数值上的关系。假定 M、N 的状态始终未变。

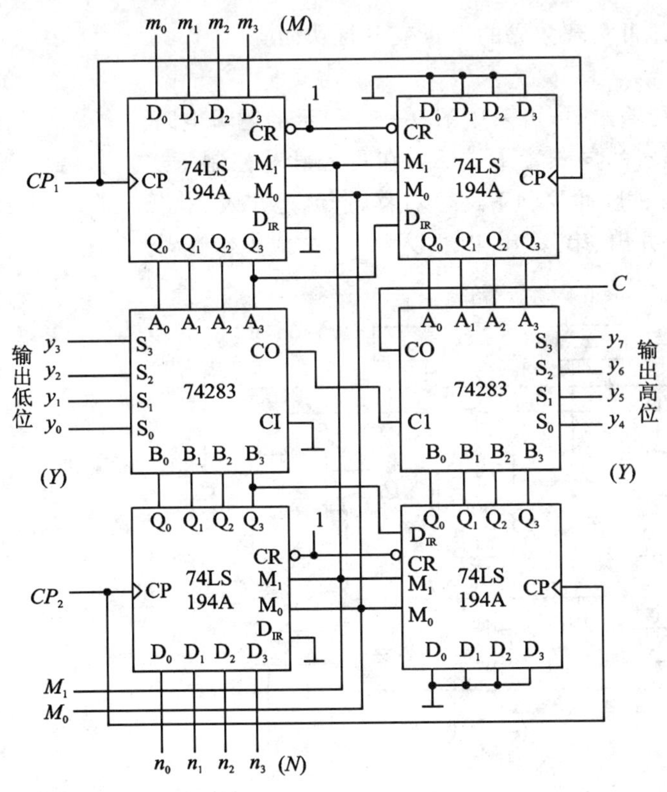

图 9－51　例 9－11 逻辑图

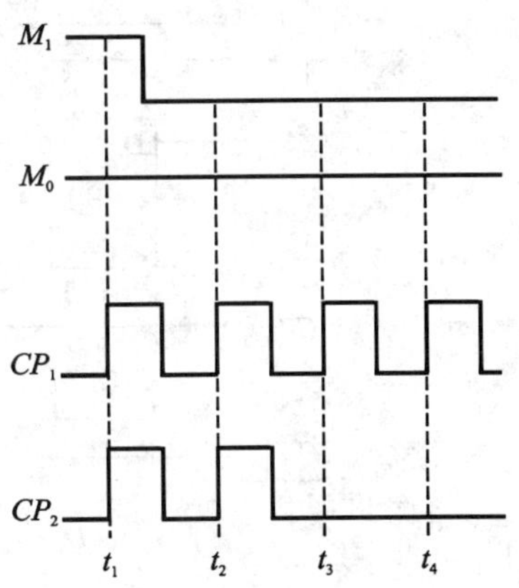

图 9－52　例 9－11 波形图

解:该电路由两片4位加法器74283和4片74LS194A组成。2片74283接成一个8位并行加法器,4片74LS194A分别接成了两个8位的单向移位寄存器。由于两个8位移位寄存器的输出分别加到了8位并行加法器的两组输入端,所以图9-51所示电路是将两个8位移位寄存器里的内容相加的运算电路。

由图9-52可见,当$t=t_1$时,CP_1和CP_2的第一个上升沿同时到达,因为这时$M_1=M_0=\mathbf{1}$,所以移位寄存器处在数据并行输入工作状态,M、N的数值便分别存入两个移位寄存器中。

$t=t_2$以后,M、N同时右移1位。若m_0、n_0是M、N的最低位,则右移1位相当于两数各乘以2。

至$t=t_4$时,M又右移了2位,所以这时上面一个移位寄存器里的数为$M\times 8$,下面一个移位寄存器里的数为$N\times 2$。两数经加法器相加后得到

$$Y=M\times 8+N\times 2$$

9.4.3 寄存器的应用

移位寄存器的应用十分广泛,如将信息代码进行串、并行转换及构成计数器等。

1. 数码的串-并行转换

在数字系统中,数字信息多半是用串行方式在线路上逐位传送,而在收发端则以并行方式对数据进行存放和处理。这就需要将信息进行串-并行转换。

(1) 串行变并行

前面介绍的单向右移移位寄存器即可实现数码的串行变并行功能。

(2) 并行变串行

当要求将并行输入的代码变为串行输出时,可采用图9-53所示的逻辑电路。

将数据D_3、D_2、D_1、D_0加到各触发器的异步置**1**端$\overline{S}_D$,在写入脉冲控制下送入各触发器的Q_3、Q_2、Q_1、Q_0(事先要清零),再在时钟脉冲控制下逐位右移,这就是并入-串出方式。

图9-53所示电路也可以按串入-并出、串入-串出、并入-并出方式工作。

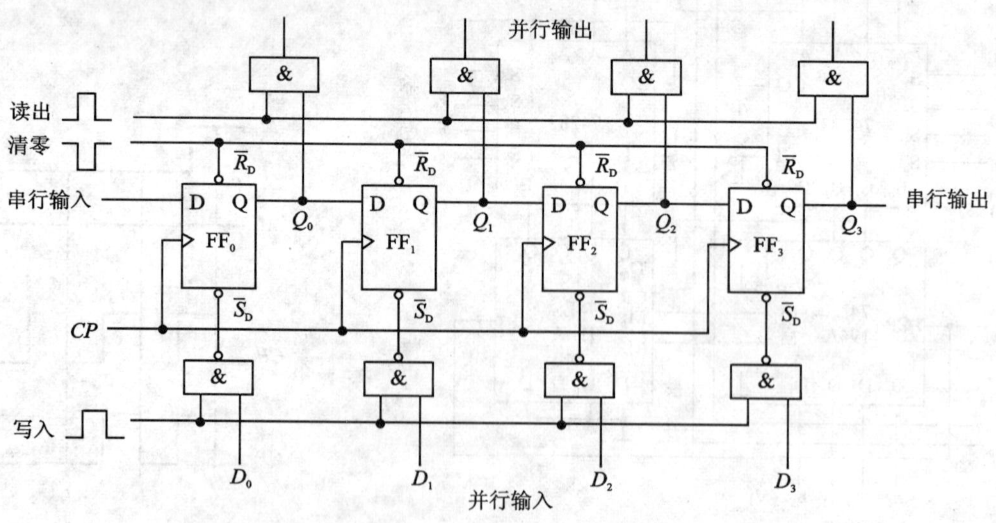

图9-53 并行输入变串行输出

2. 移位寄存器型计数器

(1) 环形计数器

如果将移位寄存器的最后一级输出 Q^n 直接反馈到第一级 D 触发器的输入端，就得到一个自循环的移位寄存器，也是一种最简单的移位寄存器型计数器，通常称为环形计数器，如图 9-54 所示。

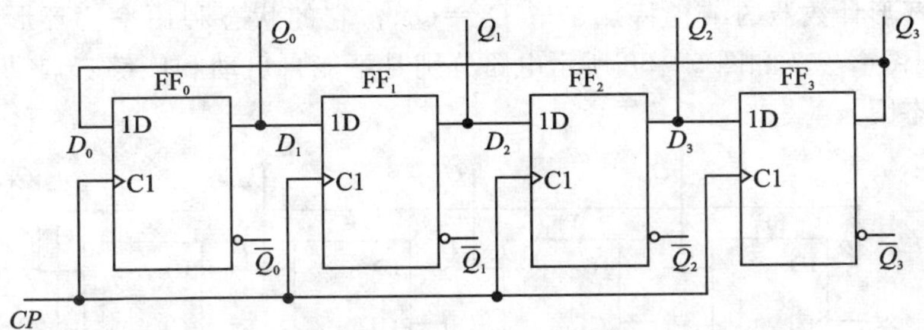

图 9-54　4 位环形计数器

环形计数器的特点是取 $D_0 = Q_{n-1}^n$，可以在 CP 作用下循环移位一个 **1**，也可以循环移位一个 **0**。只要先用启动脉冲将计数器置入有效状态(**1000** 或 **1110**)，然后再加 CP 就可以得到 n 个状态循环的计数器，计数长度为 $N=n$，n 为触发器个数。其状态图如图 9-55 所示，如果选用循环一个 **1**，则有效状态是 **1000**、**0100**、**0010**、**0001**。工作时应先用启动脉冲将计数器置入有效状态，例如 **1000**，然后才能加 CP 脉冲。由状态图可知，图 9-54 所示电路不能自启动，如果将其改为图 9-56 的形式，就可自启动了，读者可自行分析，画出其状态图。

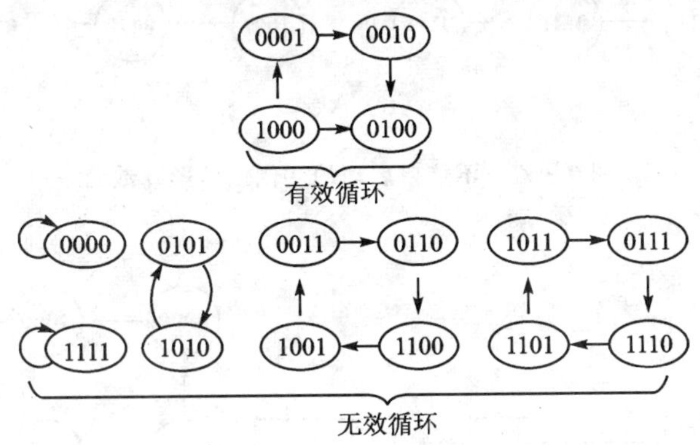

图 9-55　图 9-54 的状态图

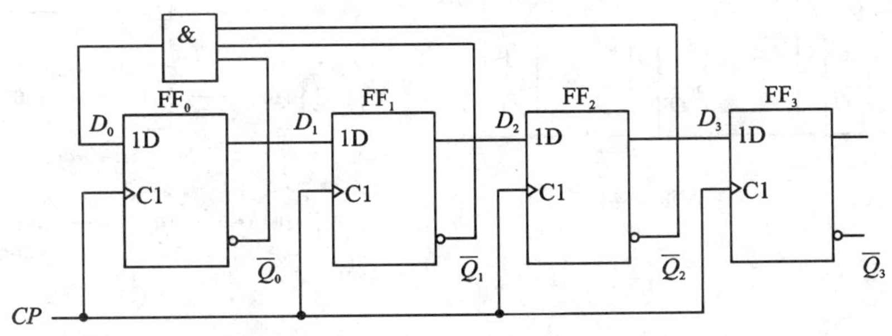

图 9-56　能自启动的 4 位环形计数器

环型计数器的优点是所有触发器中只有一个为**1**(或**0**),利用Q端作状态输出不需加译码器。在CP脉冲的作用下Q端轮流出现矩形脉冲,所以也可称做脉冲分配器。其缺点是状态利用率低,记n个数需要n个触发器,使用触发器多。

(2) 扭环形计数器

将环形计数器最后一级D触发器的$\overline{Q}^n$反馈到第一级D触发器的输入端,可以构成扭环形计数器。扭环形计数器的结构特点是取$D_0=\overline{Q}_{n-1}^n$,它的状态利用率比环形计数器提高一倍,即$N=2n$。图9-57和图9-58所示电路分别是不能自启动和能够自启动的4位扭环形计数器及其状态图。

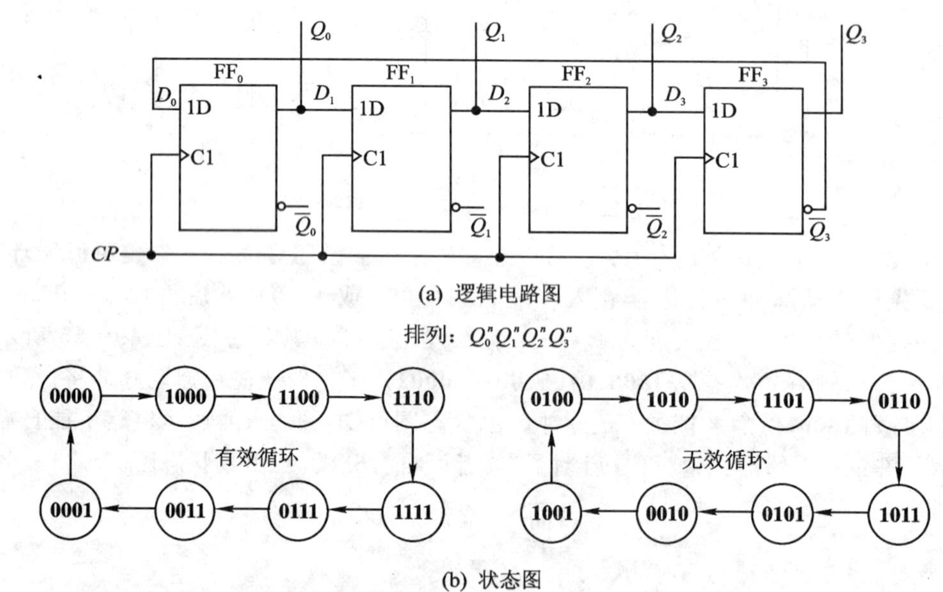

图9-57 不能自启动的4位扭环形计数器

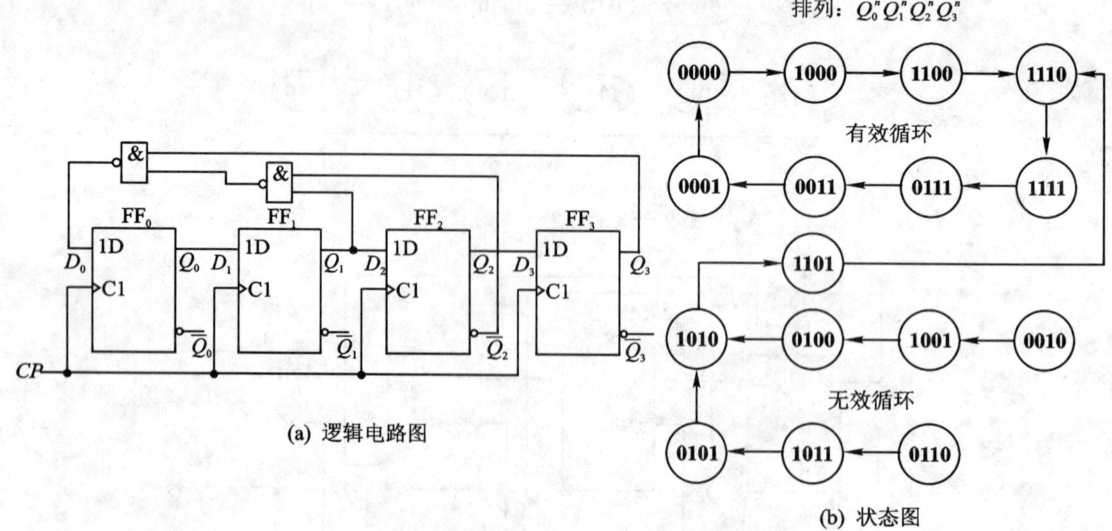

图9-58 能自启动的4位扭环形计数器

扭环形计数器的优点是每次状态变化只有一个触发器翻转,因此译码时不存在竞争冒险。缺点是状态利用率低,有 2^n-2n 个状态没有被利用。

9.5　顺序脉冲发生器

在数字系统中,常常要求系统按照规定的时间顺序进行一系列的操作,这就要求系统的控制部分能给出在时间上有一定先后顺序的脉冲信号,再用这组脉冲形成所需要的各种控制信号。这种能产生顺序脉冲信号的电路称为顺序脉冲发生器,也称节拍脉冲发生器,它是一种重要的时序逻辑电路,也是计数器的应用电路。

顺序脉冲发生器的方框图如图 9-59 所示,它输入时钟脉冲 CP,输出 $Y_1\sim Y_N$路脉冲。在连续脉冲 CP 的作用下,$Y_1\sim Y_N$依次产生宽度等于 CP 周期的脉冲信号,也称之为 N 节拍顺序脉冲发生器。若 CP 的周期为 T_{CP},则 $Y_1\sim Y_N$的周期均为 NT_{CP}。$Y_1\sim Y_N$分别送到整个系统的各个部分,起着不同的作用,如作为计数脉冲、移位脉冲等。

前面介绍的环形计数器,若工作在有效状态中只有一个 **1** 的循环状态时,它就是一个顺序脉冲发生器。所以可以用环形计数器或移位寄存器构成顺序脉冲发生器。当顺序脉冲较多时,还可以利用计数器和译码器组合成顺序脉冲发生器。用一个 N 进制计数器和一个与之相匹配的译码器,便可以组成 N 节拍顺序脉冲发生器,如图 9-60 所示。译码器将 N 进制计数器的 N 个状态译码输出,因此译码器的 N 个输出与计数器的 N 个状态一一对应。对应于计数器的每个有效状态,N 个输出中只有一个为有效电平。因此,当 CP 为周期性连续脉冲时,N 个输出就会按计数规律依次出现有效电平,也就顺序产生宽度等于 CP 周期的脉冲信号。

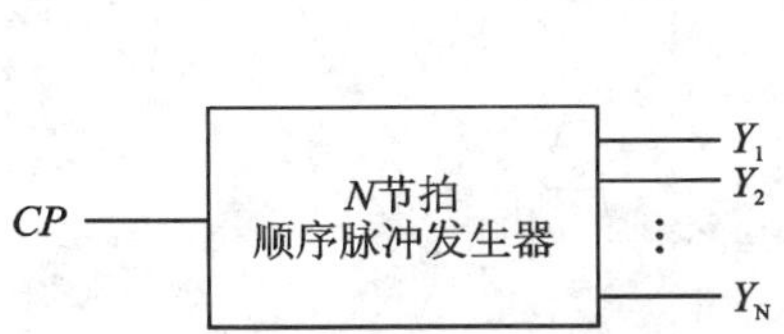

图 9-59　顺序脉冲发生器方框图

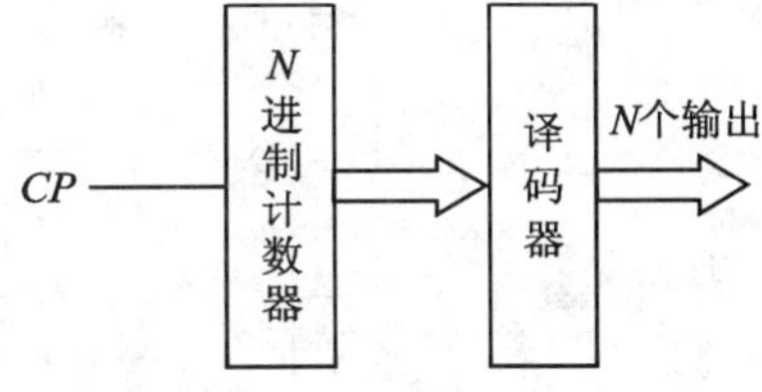

图 9-60　计数器和译码器组成的顺序脉冲发生器

图 9-61(a)所示是用 74LS161 和 74LS138 构成的 8 个顺序脉冲输出的顺序脉冲发生器。由 74LS161 的功能表可知,为使电路工作在计数状态,$\overline{CR}$、$\overline{LD}$、CT_T、CT_P均应接高电平,在连续输入计数脉冲的情况下,$Q_3Q_2Q_1Q_0$的状态按 **0000**～**1111** 的顺序循环,低 3 位按 **000**～**111** 的顺序循环,所以可以将低 3 位的输出作为 74LS138 的代码输入。为了避免 74LS161 中各触发器的传输延迟时间的不同而引起的竞争冒险现象,在 74LS138 的 S_1端加选通脉冲,选通脉冲的有效时间与触发器的翻转时间错开,故选$\overline{CP}$作为 74LS138 的选通脉冲,其输出波形为一组顺序负脉冲,如图 9-61(b)所示。

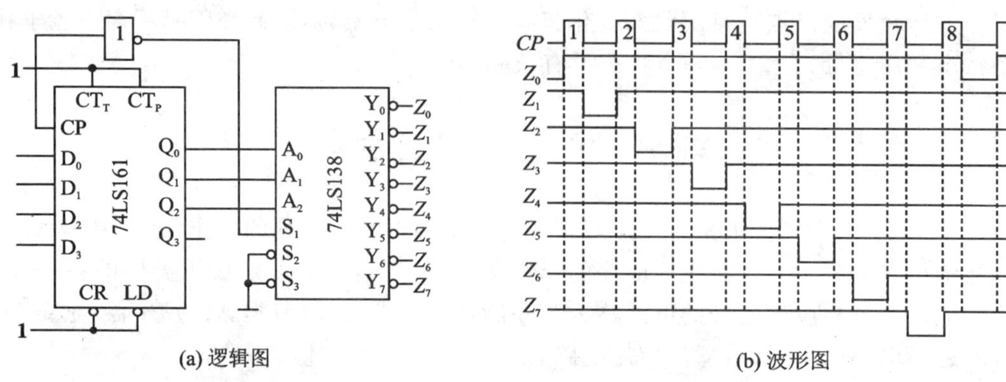

(a) 逻辑图　　　　(b) 波形图

图 9-61　74LS161 和 74LS138 构成的顺序脉冲发生器

9.6　序列信号发生器

在数字信号的传输和数字系统的测试中，有时需用到一组特定的串行数字信号，如 **"00010111"** 等，这种串行数字信号称为序列信号。产生序列信号的电路称为序列信号发生器。

序列信号发生器的构成方法有多种。一种比较简单、直观的方法是用"计数器＋数据选择器"组成。例如，需要产生一个 8 位的序列信号 **00010111**(时间顺序为自左而右)，则可用一个八进制计数器和一个 8 选 1 数据选择器组成，如图 9-62 所示。其中，八进制计数器取自 74LS161 的低 3 位。74LS152 是 8 选 1 数据选择器。

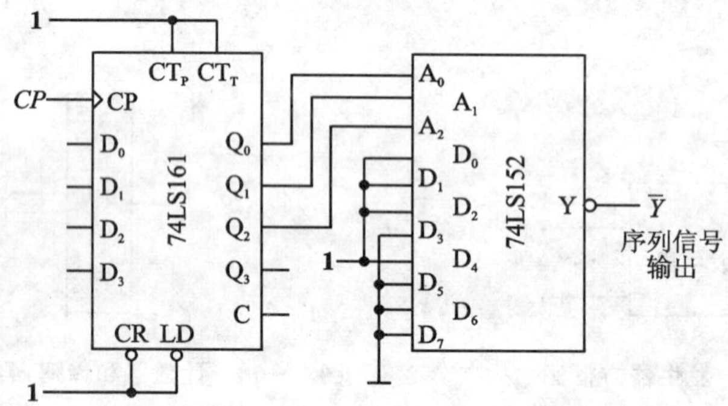

图 9-62　用计数器和数据选择器组成的序列信号发生器

当 CP 信号连续不断地加到计数器上时，$Q_2Q_1Q_0$ 的状态(也就是加到 74LS152 上的地址输入代码 $A_2A_1A_0$)按照自然二进制代码的顺序不断循环，$\overline{D_0}\sim\overline{D_7}$ 的状态就循环不断地依次出现在 $\overline{Y}$ 端。只要令 $D_0=D_1=D_2=D_4=\mathbf{1}$，$D_3=D_5=D_6=D_7=\mathbf{0}$，便可在 $\overline{Y}$ 端得到不断循环的序列信号 **00010111**。在需要修改序列信号时，只要修改加到 $D_0\sim D_7$ 的高、低电平即可实现，而不需对电路结构做任何改动。因此，使用这种电路既灵活又方便。

构成序列信号发生器的另一种常见的方法是采用带反馈逻辑电路的移位寄存器。如果序列信号的位数为 m，移位寄存器的位数为 n，则应取 $2^n\geqslant m$。例如，若仍然要求产生 **00010111** 这样一组 8 位的序列信号，则可用 3 位的移位寄存器加上反馈逻辑电路构成所需的序列信号发生器，如图 9-63 所示。移位寄存器从 Q_2 端输出的串行输出信号就应当是所要求的序列信号。

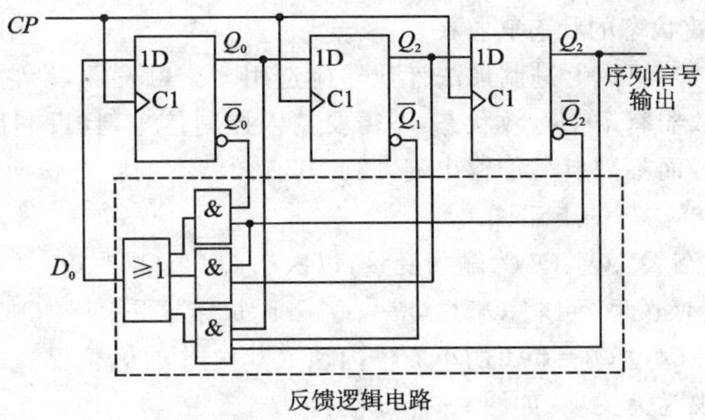

图 9-63　用移位寄存器构成的序列信号发生器

9.7　时序电路的设计

随着电子技术的发展，尤其是在系统可编程逻辑器件中的广泛应用，使得利用门电路和触发器设计时序逻辑电路的方法显得越来越重要，本节以计数器为例简单介绍同步时序电路的设计方法。

9.7.1　设计方法及步骤

时序电路的设计就是根据给定的逻辑功能要求，选择适当的逻辑器件，设计出符合要求的时序逻辑电路。一般设计步骤如下：

(1) 将所设计的实际问题进行逻辑抽象，定义所设计电路的输入信号、输出信号和有效状态的物理意义。

(2) 定义所设计电路的有效状态的编码，根据设计目标确定其状态转换真值表或有效状态的状态转换图。

(3) 确定所用门电路和触发器的类型，例如采用**与非**门、**或非**门等，采用 D 触发器、JK 触发器等，并根据有效状态的个数确定所用触发器的个数。设有效状态的个数为 N，触发器的个数为 M，为了使电路最简，一般情况下应满足

$$2^{M-1} < N \leqslant 2^M \tag{9-7}$$

当然，在特殊要求下，也有可能不满足上述条件。

(4) 根据有效状态的状态转换真值表或状态转换图，以输入信号、时序电路的原状态为输入变量，求解各触发器的状态方程、驱动方程和输出方程。

(5) 画逻辑图。

(6) 检验。即分析所设计的时序电路是否满足设计目标和要求。

需要指出的是，上述方法和步骤只是为读者提供一个思路，实际设计时可根据题目难易程度简化设计过程。

9.7.2　设计举例

例 9-12　试用 JK 触发器和尽可能少的门电路设计一个七进制同步加法计数器，并说明所设计的计数器是否能自启动。

解:(1) 确定有效状态的状态转换图

根据式(9-7)可知,组成七进制加法计数器应选用 3 个触发器,设它们为 FF_2、FF_1、FF_0。显然,七进制加法计数器有 7 个有效状态,不需要输入控制信号,且可利用最高位触发器的状态作为输出进位信号,而不需要另加输出端,因此其有效状态的状态转换图如图 9-64 所示。

(2) 画出各触发器次态的卡诺图

以各触发器的现态 Q_2^n、Q_1^n、Q_0^n 为输入变量,以次态 Q_2^{n+1}、Q_1^{n+1}、Q_0^{n+1} 为函数,根据图 9-64 所示现态与次态的转换关系,可将 Q_2^{n+1}、Q_1^{n+1}、Q_0^{n+1} 画成卡诺图。在 $Q_2^nQ_1^nQ_0^n$=**000** 的小方格内填入其次态 **001**,在 $Q_2^nQ_1^nQ_0^n$=**001** 的小方格内填入其次态 **010**,依照这个方法填完所有小方格,无效状态 **111** 可视为无关项,如图 9-65 所示。

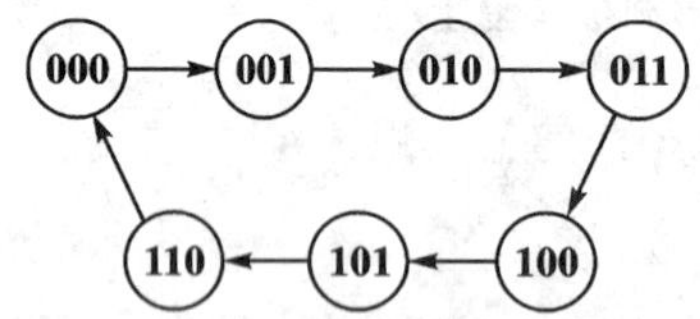

图 9-64 七进制加法计数器的有效循环

Q_2^n \ $Q_1^nQ_0^n$	00	01	11	10
0	001	010	100	011
1	101	110	×××	000

图 9-65 Q_2^{n+1}、Q_1^{n+1}、Q_0^{n+1} 的卡诺图

(3) 求解各触发器的驱动方程

由图 9-65 所示卡诺图可求出触发器的状态方程,为了便于求出驱动方程,应将状态方程的形式写成与特性方程 $Q^{n+1}=J\,\overline{Q^n}+\overline{K}Q^n$ 可类比的形式。例如,在第 i 个触发器的状态方程中,每一项均应含有$\overline{Q_i^n}$或 Q_i^n,其中含有$\overline{Q_i^n}$的项决定 J_i,含有 Q_i^n 的决定 K_i。根据上述原则,FF_2、FF_1、FF_0的状态方程为

$$\begin{cases} Q_0^{n+1}=\overline{Q_2^n}\cdot\overline{Q_0^n}+\overline{Q_1^n}\cdot\overline{Q_0^n}=\overline{Q_2^nQ_1^n}\cdot\overline{Q_0^n} \\ Q_1^{n+1}=Q_0^n\cdot\overline{Q_1^n}+\overline{Q_2^n}\cdot\overline{Q_0^n}\cdot Q_1^n \\ Q_2^{n+1}=Q_1^n\cdot Q_0^n\cdot\overline{Q_2^n}+\overline{Q_1^n}\cdot Q_2^n \end{cases}$$

与特性方程比较,求出各触发器的驱动方程为

$$\begin{cases} J_0=\overline{Q_2Q_1} & K_0=\mathbf{1} \\ J_1=Q_0 & K_1=\overline{\overline{Q_2}\cdot\overline{Q_0}} \\ J_2=Q_1Q_0 & K_2=Q_1 \end{cases}$$

(4) 画出逻辑图,如图 9-66 所示。

(5) 利用时序电路的分析方法,画出图 9-66 所示计数器的状态转换图,检验所设计的电路是否满足要求。

图 9-66 所示计数器的状态转换图如图 9-67 所示,说明所设计的电路是七进制的加法计数器,且能够自启动。

从以上例题可知,在设计时序电路时,应特别注意:

(1) 正确理解题意,定义有效状态并画出其状态转换图,这一步是整个设计的基础。

(2) 画卡诺图,应根据状态转换图,将每个小方格内填入其对应的次态,无效状态可作无关项处理。

(3) 根据卡诺图求解状态方程时,应使状态方程的形式与所用触发器的特性方程有对应关系,以便求解驱动方程。

(4) 与任何设计相同,时序电路设计完毕,一定要检验。

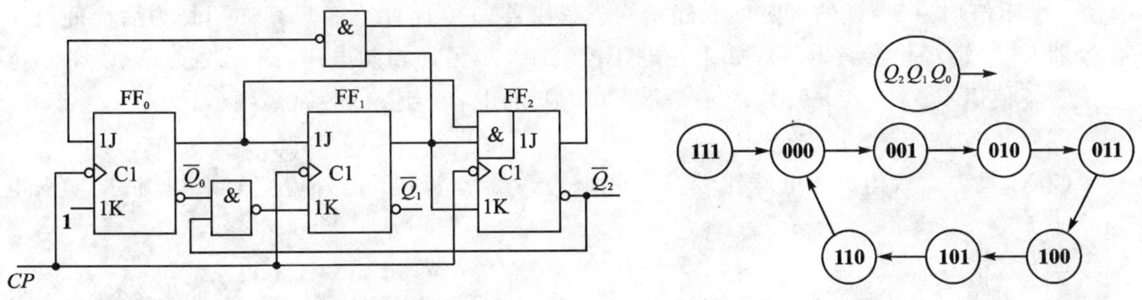

图 9-66　七进制加法计数器的逻辑图　　图 9-67　七进制加法计数器状态转换图

9.8　集成 555 定时器的原理及应用

555 定时器是一种中规模集成电路,以它为核心,在其外部配上少量阻容元件,就可方便构成多谐振荡器、施密特触发器、单稳态触发器等,这些触发器往往是数字系统中不可缺少的器件。由于使用灵活、方便,因此 555 定时器在波形的产生与变换、测量与控制、家用电器、电子玩具等许多领域中都得到应用。

数字系统中会经常遇到脉冲的产生、整形、延时等问题,实现这些作用的单元电路就是单稳态触发器、多谐振荡器等。本节首先介绍 555 集成芯片的内部结构和原理,再介绍由 555 定时器组成的单稳态触发器和多谐振荡器。

9.8.1　集成 555 定时器

1. 电路结构

图 9-68(a)所示为 555 集成定时器的电路结构图,图 9-68(b)是引脚排列图。其中,TH 为电压比较器 C_1 的阈值输入端,$\overline{TR}$是电压比较器 C_2 的触发输入端。555 集成定时器由 5 部分组成。

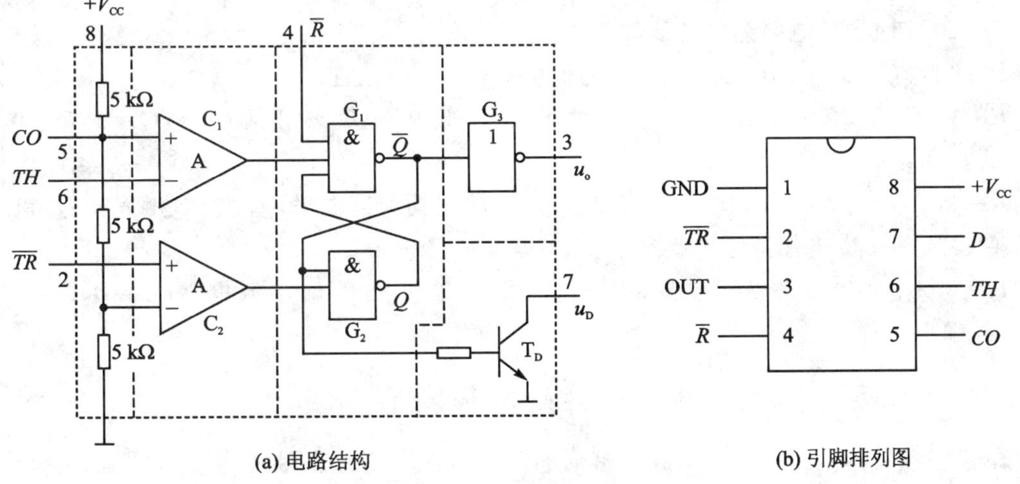

(a) 电路结构　　(b) 引脚排列图

图 9-68　555 集成定时器

(1) 分压器

3个阻值均为5 kΩ的电阻串联起来构成分压器(555因此得名),其作用是为后面的电压比较器C_1和C_2提供参考电压。如果在电压控制端CO另加控制电压,则可改变C_1、C_2的参考电压。不使用CO端时,一般都通过一个0.01 μF的电容接地,以旁路高频干扰。

(2) 电压比较器

C_1、C_2是由运放构成的电压比较器。两个输入端基本上不向外电路索取电流,即输入电阻趋于无穷大。

(3) 基本RS触发器

在电压比较器之后,是由两个与非门组成的基本RS触发器,$\overline{R}$是专门设置的可从外部进行置**0**的复位端,当$\overline{R}=\mathbf{0}$时,使$Q=\mathbf{0}$,$\overline{Q}=\mathbf{1}$。

(4) 晶体管开关和输出缓冲器

晶体管T_D构成开关,其状态受$\overline{Q}$端控制。输出缓冲器就是接在输出端的反相器G_3,其作用是提高定时器的带负载能力和隔离负载对定时器的影响。

综上所述,555定时器不仅提供了一个复位电平(为$2V_{CC}/3$)、置位电平(为$V_{CC}/3$)、可通过$\overline{Q}$端直接从外部进行置**0**的基本RS触发器,而且还给出了一个状态受该触发器$\overline{Q}$端控制的晶体管开关,因此使用起来非常灵活。

2. 工作原理

表9-16所列是555定时器的功能表,它全面反映了555定时器的基本功能。该表是后面分析555定时器各种应用电路的重要理论依据。

表9-16 555定时器的功能表

U_{TH}	$U_{\overline{TR}}$	$\overline{R}$	u_o	T_D的状态
×	×	**0**	U_{OL}	导通
$>2V_{CC}/3$	$>V_{CC}/3$	**1**	U_{OL}	导通
$<2V_{CC}/3$	$>V_{CC}/3$	**1**	不变	不变
$<2V_{CC}/3$	$<V_{CC}/3$	**1**	U_{OH}	截止

由555定时器的电路图和功能表可以看出:

$\overline{R}=\mathbf{0}$时,$\overline{Q}=\mathbf{1}$,输出电压$u_o=U_{OL}$为低电平,T_D饱和导通。

$\overline{R}=\mathbf{1}$,$U_{TH}>2V_{CC}/3$,$U_{\overline{TR}}>V_{CC}/3$时,$C_1$输出低电平,$C_2$输出高电平,$\overline{Q}=\mathbf{1}$,$Q=\mathbf{0}$,$u_o=U_{OL}$,$T_D$饱和导通。

$\overline{R}=\mathbf{1}$,$U_{TH}<2V_{CC}/3$,$U_{\overline{TR}}>V_{CC}/3$时,$C_1$、$C_2$输出均为高电平,基本RS触发器保持原来状态不变,因此u_o、T_D也保持原来状态不变。

$\overline{R}=\mathbf{1}$,$U_{TH}<2V_{CC}/3$,$U_{\overline{TR}}<V_{CC}/3$时,$C_1$输出高电平,$C_2$输出低电平,$\overline{Q}=\mathbf{0}$,$Q=\mathbf{1}$,$u_o=U_{OH}$,$T_D$截止。

9.8.2 由555定时器构成的单稳态触发器

单稳态触发器是一种常用的脉冲整形电路。与一般双稳态触发器不同的是:它有稳态和暂稳态两个不同的工作状态。暂稳态是一种不能长久保持的状态,这时电路的电压和电流会随着电容器的充电与放电发生变化，而稳态时电压和电流是不变的。

在单稳态触发器中，当没有外加触发信号时，电路始终处于稳态；只有当外加触发信号时，电路才从稳态翻转到暂稳态，经过一段时间后，又能自动返回到稳态。暂稳态持续时间的长短取决于电路自身参数，与外触发信号无关。

将 555 定时器高电平触发端 TH 与 D 端相连后接定时元件 R、C，从低电平触发端$\overline{TR}$加入触发信号 u_i，则构成单稳态触发器，如图 9－69(a)所示。

设输入信号 u_i 为高电平，且大于 $V_{CC}/3$，根据表 9－16，输出电压 u_o 为低电平，D 端接通，因而电容两端即使原来电压不为零也会放电至零，即 $u_C=0$，电路处于稳态。

当 u_i 由高电平变为低电平且低于 $V_{CC}/3$ 时，u_o 由低电平跃变为高电平，D 端关断，电路进入暂态。此后，电源通过 R 对电容 C 充电，当充电至电容上电压 u_C，也就是高电平触发端的电压 U_{TH} 略大于 $2V_{CC}/3$ 时，u_o 由高电平跃变为低电平，D 端接通，电容通过 D 端很快放电，电路自动返回稳态，等待下一个触发脉冲的到来。u_i、u_C、u_o 的波形如图 9－69(b)所示。

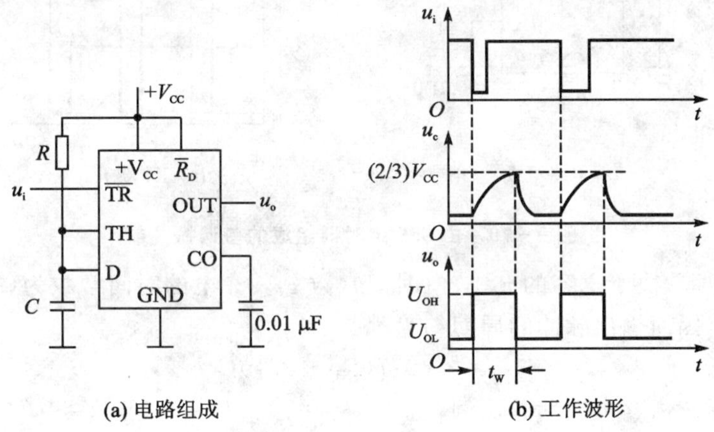

(a) 电路组成　(b) 工作波形

图 9－69　由 555 定时器组成的单稳态触发器

从以上分析可知，单稳态触发器触发脉冲的高电平应大于 $2V_{CC}/3$，低电平应小于 $V_{CC}/3$，且脉冲宽度应小于暂态时间。输出脉冲的宽度 t_W 为暂态时间，它等于电容 C 上电压从 0 开始充电到 $2V_{CC}/3$ 所需的时间，即

$$t_W \approx RC\ \ln 3 \approx 1.1RC \tag{9-8}$$

调节 R 和 C 的值可以改变脉冲宽度 t_W，t_W 的值可调范围从几秒到几分钟。

9.8.3　由 555 定时器构成的多谐振荡器

多谐振荡器是一种无稳态电路，在接通电源后，不需要外加触发信号，电路在两个暂稳态之间做交替变化，产生矩形波输出。由于矩形波中除基波外，包含了许多高次谐波，因此这类振荡器被称为多谐振荡器。多谐振荡器常用来作为时钟脉冲源。

将 555 定时器的 TH 端和$\overline{TR}$端连在一起再外接电阻 R_1、R_2 和电容 C，便构成了多谐振荡器，如图 9－70(a)所示。该电路不需要外加触发信号，加电后就能产生周期性的矩形脉冲或方波。

接通电源，设电容电压 $u_C=0$，而两个电压比较器的阈值电压分别为 $2V_{CC}/3$ 和 $V_{CC}/3$，所以 $U_{TH}=U_{\overline{TR}}=0<V_{CC}/3$，根据表 9－16，$u_o=U_{OH}$，且 D 关断。电源对电容 C 充电，充电回

路为

$$+V_{CC} \rightarrow R_1 \rightarrow R_2 \rightarrow C \rightarrow \text{地}$$

随着充电过程的进行,电容电压u_C上升,当上升到$2V_{CC}/3$时,u_o从U_{OH}跃变为U_{OL},且D导通。此后电容C放电,放电回路为

$$C \rightarrow R_2 \rightarrow \text{放电管 D} \rightarrow \text{地}$$

随着放电过程的进行,u_C下降;当u_C下降到$V_{CC}/3$时,u_o从U_{OL}跃变为U_{OH},且D再次关断,电容C又充电,充电到$2V_{CC}/3$又放电,如此周而复始,电路形成自激振荡。输出电压为矩形波,波形如图9-70(b)所示。

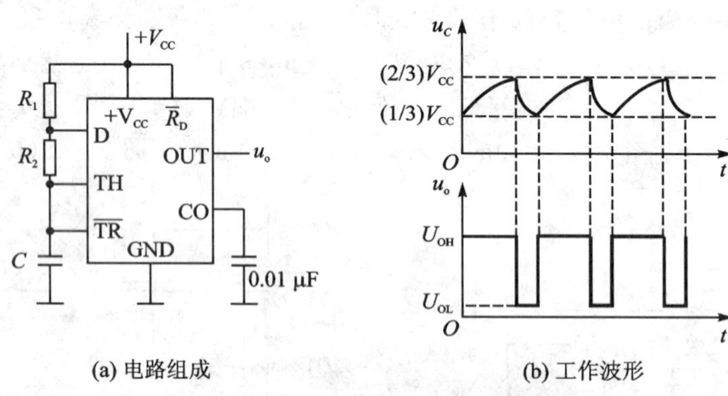

(a) 电路组成　　(b) 工作波形

图 9-70　由 555 定时器组成的多谐振荡器

矩形波的周期取决于电容的充、放电时间常数τ,其充电的时间常数为$(R_1+R_2)C$,放电时间常数约为R_2C,因而输出脉冲的周期约为

$$T \approx 0.7(R_1 + 2R_2)C$$

占空比(即脉宽占整个周期的比例)为

$$q = \frac{R_1 + R_2}{R_1 + 2R_2} \tag{9-9}$$

若$R_2 \gg R_1$,$q \approx 1/2$,输出的矩形脉冲近似为对称方波。

9.8.4 由555定时器构成的施密特触发器

施密特触发器是又一种脉冲信号的整形电路,它能够将变化非常缓慢的输入脉冲波形整形成为适合于数字电路需要的矩形脉冲,而且由于具有滞回特性,所以抗干扰能力也很强。施密特触发器在脉冲的产生和整形电路中应用很广。

将555定时器的TH端和$\overline{TR}$端连在一起作为信号的输入端,便构成施密特触发器,如图9-71所示。

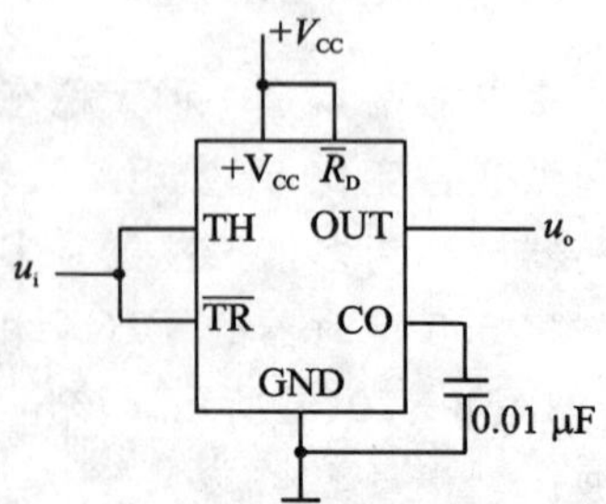

图 9-71　由 555 定时器组成的施密特触发器

当$u_i < V_{CC}/3$,即$\overline{TR}$端电压$U_{\overline{TR}} < V_{CC}/3$时,输出端OUT的电压$u_o$为高电平$U_{OH}$,电路处于第一稳态。只有当$u_i$升高到略大于$2V_{CC}/3$,使$U_{TH} > 2V_{CC}/3$且$U_{\overline{TR}} > V_{CC}/3$时,输出端OUT的电压$u_o$才跃变为低电平$U_{OL}$,电路进入第二稳态。此后,$u_i$再升高,$u_o$状态不变;只有当$u_i$下降到略小于$V_{CC}/3$,即$\overline{TR}$端电压小于$V_{CC}/3$时,输出电压才又

变为高电平，触发器回到第一稳态。可见，阈值电压和回差电压分别为

$$\begin{cases} U_{T-} = V_{CC}/3 \\ U_{T+} = 2V_{CC}/3 \\ \Delta U_T = U_{T+} - U_{T-} = V_{CC}/3 \end{cases}$$

若 u_i 为三角波，则 u_i 与 u_o 的波形如图 9－72(a)所示，说明施密特触发器可将非脉冲信号整形成标准幅值的脉冲信号；若 u_i 为幅值不等、宽度也不等的尖顶波，则 u_i 与 u_o 的波形如图 9－72(b)所示，说明施密特触发器可以作为鉴幅器，将幅值大于 $2V_{CC}/3$ 的尖顶波转换为标准幅值的矩形波。整形和鉴幅是施密特触发器的基本功能。

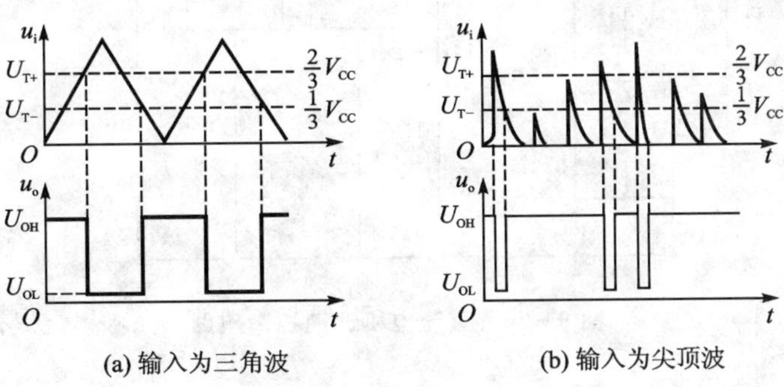

图 9－72　施密特触发器输入、输出电压波形分析

9.8.5　555 定时器应用电路举例

1. 555 触摸定时开关

555 触摸定时开关电路如图 9－73 所示。集成电路 IC_1 是一片 555 定时电路，在这里接成单稳态电路。由于触摸片 P 端无感应电压，电容 C_1 通过 555 的 7 脚放电完毕，3 脚输出为低电平，继电器 K 释放，电灯不亮。

当需要开灯时，用手触碰一下金属片 P，人体感应的杂波信号电压由 C_2 加至 555 的触发端，使 555 的输出由低电平变成高电平，继电器 K 吸合，电灯点亮。同时，555 的 7 脚内部截止，电源便通过 R_1 给 C_1 充电，这就是定时的开始。

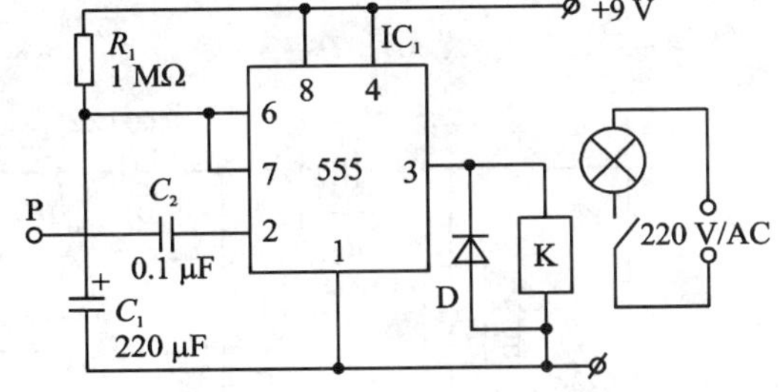

图 9－73　555 触摸定时开关电路

当电容 C_1 上的电压上升至电源电压的 2/3 时，555 的 7 脚接通使 C_1 放电，使 3 脚输出由高电平变回低电平，继电器释放，电灯熄灭，定时结束。

定时长短由 R_1、C_1 的大小决定，即 $T_1 = 1.1R_1C_1$。按图中所标数值，定时时间约为 4 min。二极管 D 可选用 1N4148 或 1N4001。

2. 直流电机调速控制电路

直流电机调速控制电路是一个占空比可调的脉冲振荡器。电机 M 是用它的输出脉冲驱动的。脉冲占空比越大，电机驱动电流就越小，转速减慢；脉冲占空比越小，电机驱动电流就越大，转速加快。因此调节电位器 R_P 的数值可以调整电机的速度。如电机驱动电流不大于

200 mA,则可用CB555直接驱动;如电流大于200 mA,则应增加驱动级和功放级。

图9-74中,D_3是续流二极管。在功放管截止期间为电机驱动电流提供通路,既保证电机驱动电流的连续性,又防止电机线圈的自感反电动式损坏功放管。电容C_2和电阻R_3是补偿网络,可使负载呈电阻性。整个电路的脉冲频率在3~5 kHz之间。频率太低,电机会抖动;太高时,因占空比范围小使电机调速范围减小。

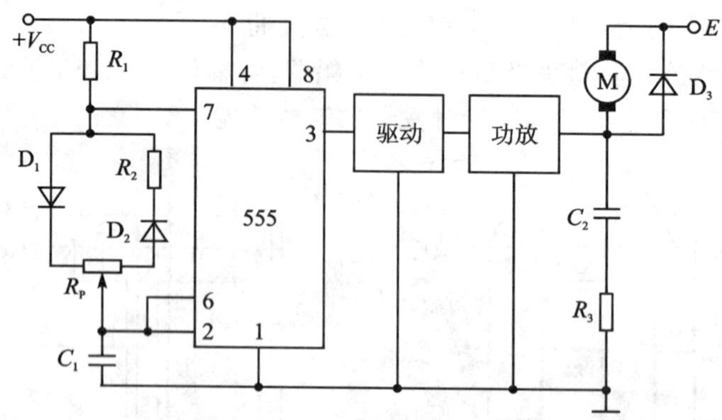

图9-74 直流电机调速控制电路

3. 电热温控器

电热温控器电路如图9-75所示。图中,IC为NE555时基电路。R_{P3}为温控调节电位器,其滑动臂电位决定IC的触发电位U_2和阈值电位U_f,且$U_5=U_f=2U_Z$。220 V交流电压经C_1、R_1限流降压,D_1、D_2整流,C_2滤波及D_Z稳压后,获得9 V左右的电压供IC用。在室温下,接通电源,因已调$U_2<U_Z$,$U_6<U_f$,故IC的3脚为高电位,晶闸管V被触发导通,电热毯通电发热,温度逐渐升高。热敏传感器T_1随温度的升高,其穿透电流I_{CEO}增大,U_2、U_6升高。当$U_2>U_Z$,$U_6\geqslant U_f$时,IC翻转,3脚变为低电平,V截止,电热丝停止发热,温度开始逐渐下降,T_1的I_{CEO}随之逐渐减小,U_2、U_6降低。当$U_6<U_f$,$U_2<U_Z$时,IC的3脚回到高电位,V又触发导通,电热丝又开始发热。实际证明,调节R_{P2}的大小使$U_2=1/2U_6$时,温差为零;而$U_2=U_6$时,温差最大。

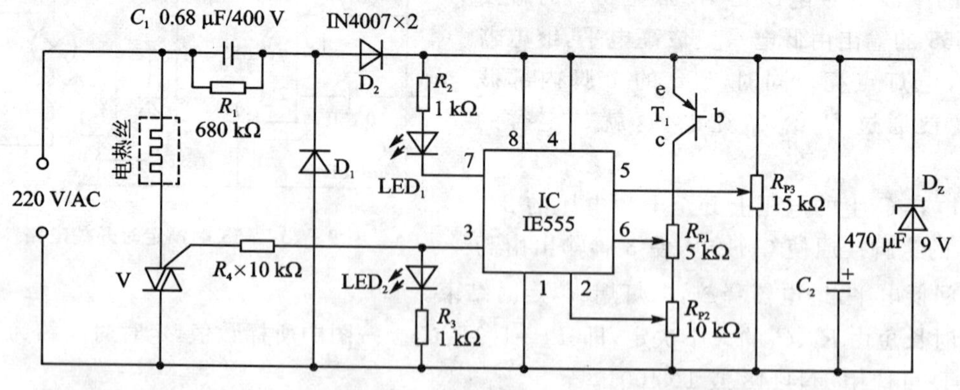

图9-75 电热温控器电路

热敏传感器T_1可选用3AX、3AG等PNP型锗管,晶闸管V用400 V以上的小型双向晶闸管,其他元件按图标选用。热敏传感器T_1可用耐温的细软线引出,并将其连同管脚接头装入一电容器铝壳内,注入导热硅酯,制成温度探头。使用时,把该温度探头放在适当部位即可。

本章小结

1. 触发器是数字电路中的一种基本逻辑单元，它有 **0** 和 **1** 两个稳态。触发器的种类很多，通常按照 3 个标准进行分类。一是从触发器逻辑功能上分类，有 RS 触发器、D 触发器、JK 触发器、T 触发器、T′触发器；从结构上分，有基本触发器、同步触发器、主从触发器、边沿触发器；从触发方式上分，有电平触发型和边沿触发型触发器。

2. 时序电路在任一时刻的输出，不仅与当时的输入信号有关，还与电路原来的状态有关。为了记忆原来的状态，时序电路不仅包含逻辑门电路，还包含具有记忆功能的触发器，这是时序电路结构上的特点。

3. 计数器能对输入脉冲做计数统计。目前集成计数器品种多，功能全，应用灵活，价格低廉，得到广泛应用。

实用电路中除二进制计数器和十进制计数器外，还常用其他进制的计数器。以集成计数器作为基本器件，采用反馈法可以实现任意进制计数器。

4. 寄存器具有存储数码和信息的功能。它分为数码寄存器和移位寄存器两大类。一般寄存器都具有清零、接收、存储和输出的功能。用移位寄存器可构成环形和扭环形计数器。

5. 利用计数器和寄存器以及各种组合电路可以实现功能更多更复杂的时序电路。顺序脉冲发生器由计数器和与之匹配的译码器组成，在连续 CP 脉冲作用下，它将输出多路宽度为 CP 周期的脉冲，用于协调数字系统有条不紊地工作。环形计数器可不需译码器直接作为顺序脉冲发生器。

6. 利用触发器和门电路可以设计具有各种功能的时序逻辑电路，其关键是正确定义输入变量、输出变量及有效状态，准确求出所设计电路中各触发器的驱动方程和输出方程。

习题九

9-1　填空题

(1) 触发器有________个稳态，一个触发器可记录________位二进制码，存储 8 位二进制信息需要________个触发器。

(2) 触发器异步置 **0** 时，需使 $\bar{S}_D=$________，$\bar{R}_D=$________，而与________和________无关。

(3) 具有两个稳定状态并能接受、保持和输出送来的信号的电路称为________。

(4) 对于 JK 触发器，若 $J=K$，则可完成________触发器的逻辑功能；若 $K=\bar{J}$，则可完成________触发器的逻辑功能。

(5) 触发器功能的表示方法有________、________、________和________。

(6) JK 触发器的特性方程为____________________。

(7) 把 D 触发器转换成 T′触发器的方法是____________________。

(8) 既克服了空翻现象，又无一次变化问题的常用集成触发器有________和________两种。

(9) 由**与非**门构成的基本 RS 触发器的约束条件是________。

(10) 边沿 D 触发器是在 CP 的________触发，其特性方程为________。

(11) 任一时刻的稳定输出不仅决定于该时刻的输入，而且还与电路原来的状态有关的电路称为________。

(12) 时序逻辑电路由________和________两部分组成。

(13) 描述时序逻辑电路功能需要三个方程，它们是________方程、________方程和________方程。

(14) 时序逻辑电路按触发器时钟端的连接方式分为________和________。

(15) 可用来暂时存放数据的器件称为________。

(16) 某寄存器由 D 触发器构成，有 4 位代码要存储，此寄存器必须有________个触发器。

(17) 一般而言，模值相同的同步计数器比异步计数器的结构________，工作速度________。

(18) 一个五位二进制加法计数器，由 **00000** 状态开始，问经过 169 个输入脉冲后，此计数器的状态为________。

(19) N 级环形计数器的计数长度是________，N 级扭环形计数器的计数长度是________，N 级最大长度移位寄存器型计数器的计数长度是________。

(20) 由 8 级触发器构成的二进制计数器模值为________，由 8 级触发器构成的十进制计数器的模值为________。

(21) 通过级联方法，把两片 4 位二进制计数器 74LS161 连接成为 8 位二进制计数器后，其最大模值是________，将 3 片 4 位十进制计数器 74160 连接成为 12 位十进制计数器后，其最大模值是________。

9－2 选择题

(1) 已知 R、S 是由**或非**门构成的基本 RS 触发器的输入端，则约束条件为(　　)。

A. $RS=\mathbf{0}$　　B. $R+S=\mathbf{0}$　　C. $RS=\mathbf{1}$　　D. $R+S=\mathbf{1}$

(2) 用 8 级触发器可以记忆(　　)种不同的状态。

A. 8　　B. 16　　C. 128　　D. 256

(3) T 触发器的特性方程是(　　)。

A. $Q^{n+1}=TQ^n+\overline{TQ^n}$　　B. $Q^{n+1}=T\overline{Q^n}$

C. $Q^{n+1}=T\overline{Q^n}+\overline{T}Q^n$　　D. $Q^{n+1}=\overline{T}Q^n$

(4) 在题图 9－2－(4)所示电路中，只有(　　)不能实现 $Q^{n+1}=\overline{Q^n}$。

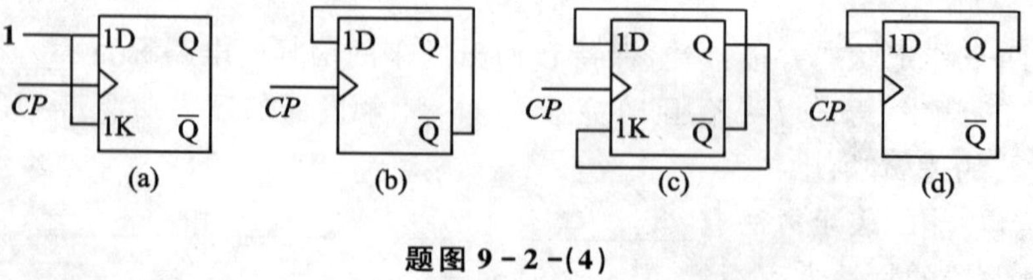

题图 9－2－(4)

(5) 若 JK 触发器的现态为 **0**，欲在 CP 作用后仍保持为 **0** 状态，则驱动方程应为(　　)。

A. $J=K=\mathbf{1}$　　B. $J=\mathbf{1}, K=\mathbf{0}$　　C. $J=\mathbf{0}, K=\times$　　D. $J=\times, K=\times$

(6) 已知 R、S 是由**与非**门构成的基本 RS 触发器的输入端，则约束条件为(　　)。

A. $R+S=\mathbf{1}$　　B. $R+S=\mathbf{0}$　　C. $RS=\mathbf{1}$　　D. $RS=\mathbf{0}$

(7) 主从 JK 触发器是(　　)。

A. 在 CP 上升沿触发　　B. 在 CP 下降沿触发

C. 在 $CP=\mathbf{1}$ 的稳态下触发　　D. 与 CP 无关

(8) 下列触发器中,没有约束条件的是(　　)。

A. 基本 RS 触发器　　B. 主从 RS 触发器

C. 时钟 RS 触发器　　D. 边沿 D 触发器

(9) 在题图 9-2-(9)所示各触发器电路中,能实现 $Q^{n+1}=\overline{Q^n}+A$ 功能的电路是(　　)。

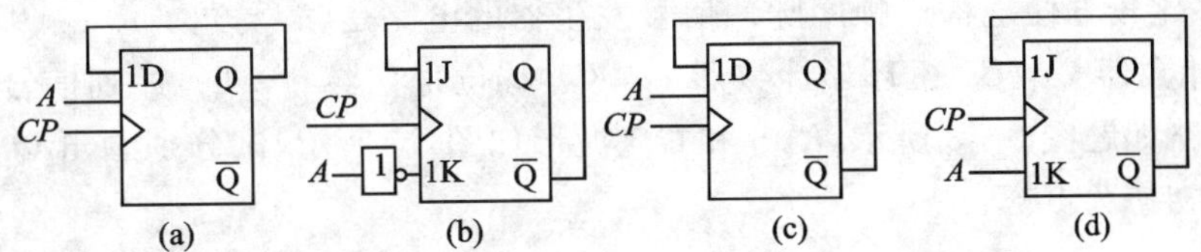

题图 9-2-(9)

(10) 若将 D 触发器的 D 端连在 $\overline{Q}$ 端上,经 100 个脉冲作用后,它的次态 $Q(t+100)=\mathbf{0}$,则现态 $Q(t)$应为(　　)。

A. $Q(t)=\mathbf{0}$　　B. $Q(t)=\mathbf{1}$　　C. 与现态 $Q(t)$无关

(11) 由 3 个触发器构成的环形和扭环形计数器的技术模值依次为(　　)。

A. 8 和 8　　B. 6 和 3　　C. 6 和 8　　D. 3 和 6

(12) 设计模值为 36 的计数器至少需要(　　)个触发器。

A. 3　　B. 4　　C. 5　　D. 6

(13) 同步计数器是指(　　)的计数器。

A. 由同类型的触发器构成

B. 各触发器时钟端连在一起,统一由系统时钟控制

C. 可用前级的输出做后级触发器的时钟

D. 可用后级的输出做前级触发器的时钟

(14) 一个 4 位移位寄存器原来的状态为 **0000**,如果串行输入始终为 1,则经过 4 个移位脉冲后寄存器的内容为(　　)。

A. **0001**　　B. **0111**　　C. **1110**　　D. **1111**

(15) 由 10 级触发器构成的二进制计数器,其模值为(　　)。

A. 10　　B. 20　　C. 1000　　D. 1024

(16)在设计同步时序逻辑电路时,检查到不能自行启动时,则(　　)。

A. 只能用反馈复位法清零

B. 只能用修改驱动方程的方法

C. 必须用反馈复位法清零并修改驱动方程

D. 可以采用反馈复位法,也可以采用修改驱动方程的方法保证电路能自行启动。

(17) 若 4 位二进制加法计数器正常工作时,由 **0000** 状态开始计数,则经过 43 个输入计数脉冲后,计数器的状态应为(　　)。

A. **0011**　　B. **1011**　　C. **1101**　　D. **1110**

(18) 用反馈复位法来改变由 8 位二进制加法计数器的模值,可以实现(　　)模值范围的

计数。

A. 1～15　　B. 1～16　　C. 1～32　　D. 1～256

(19) 异步计数器设计时,比同步计数器的设计多增加的设计步骤是(　　)。

A. 画原始状态转换图　　B. 进行状态编码

C. 求时钟方程　　D. 求驱动方程

(20) 在下列器件中,不属于时序逻辑电路的是(　　)。

A. 计数器　　B. 移位寄存器　　C. 全加器　　D. 序列信号检测器

(21) 能够比较方便地构成顺序脉冲信号发生器的电路是(　　)。

A. 环形计数器　　B. 扭环形计数器　　C. 移位寄存器　　D. 序列信号检测器

9-3　电路如题图9-3所示,R、S和CP波形如图(b)所示,试分别画出Q_1～Q_4的波形。设各触发器的初态为**0**态。

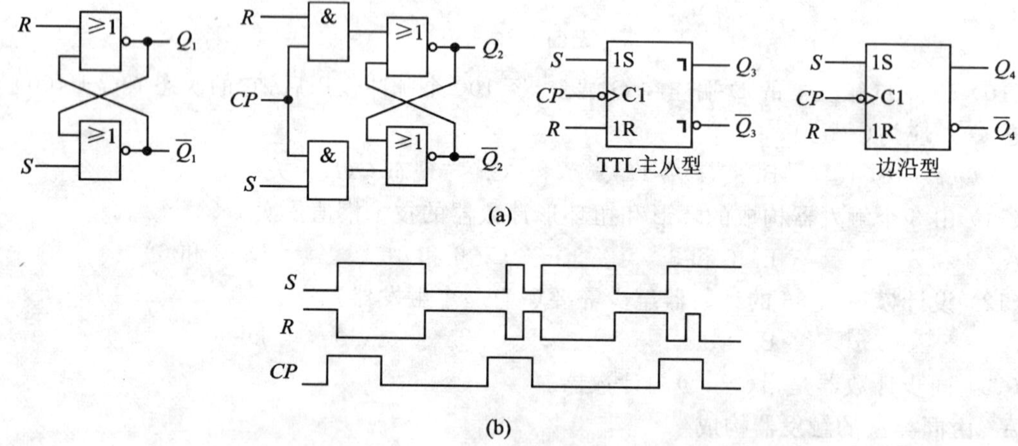

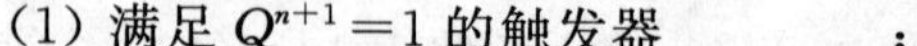

(b)

题图 9-3

9-4　选择题图9-4所示FF_1～FF_{10}中的一个或多个触发器填入下面的横线上。

(1) 满足$Q^{n+1}=1$的触发器________;

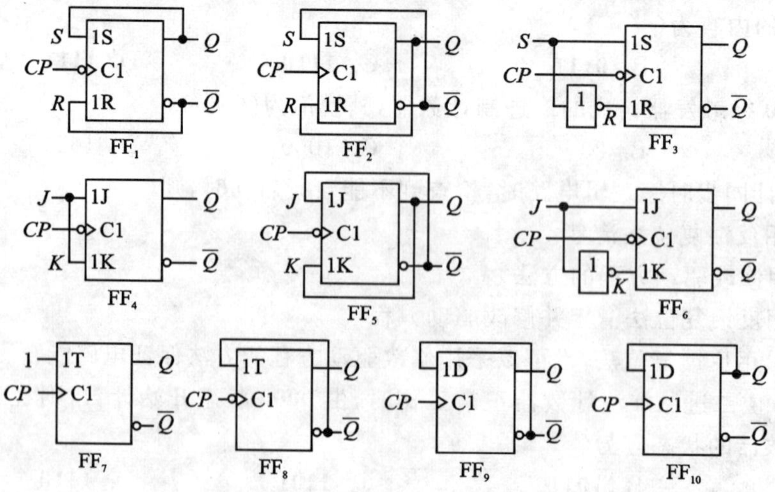

题图 9-4

(2) 满足 $Q^{n+1}=Q^n$ 的触发器________；

(3) 满足 $Q^{n+1}=\overline{Q^n}$ 的触发器________；

(4) 满足 D 触发器功能的是________；

(5) 满足 T 触发器功能的是________；

9－5　试分析题图 9－5 所示电路的逻辑功能，并列出真值表。

9－6　已知主从 JK 触发器输入端 J、K 及时钟脉冲 CP 的波形如题图 9－6 所示，试画出输出端 Q 的波形。

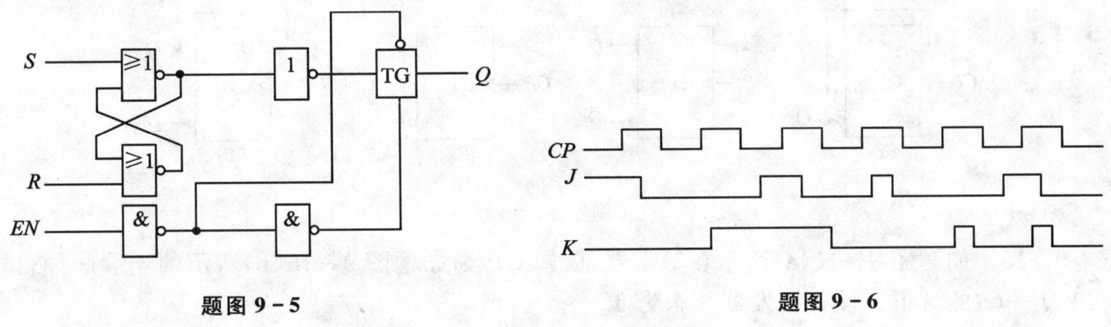

题图 9－5　　题图 9－6

9－7　求题图 9－7(a)所示各触发器输出端 Q 的表达式，并根据题图 9－7(b)所示 CP、A、B、C 的波形画出 Q_1～Q_4 的波形。设各触发器的初态为 **0**。

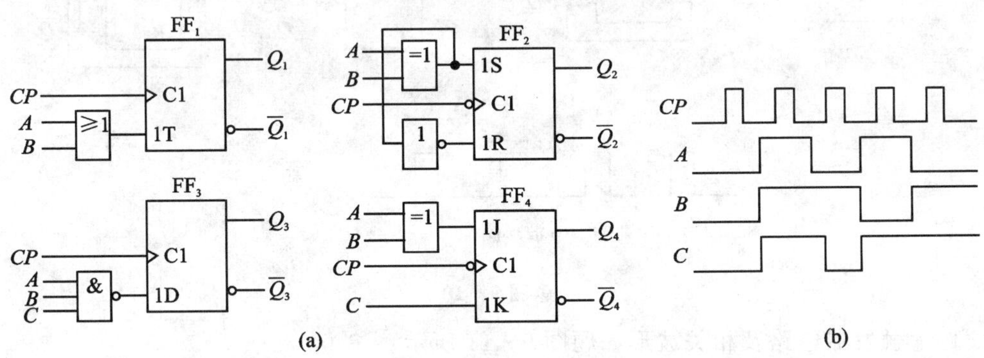

题图 9－7

9－8　电路如题图 9－8(a)所示，其中 $\overline{R}_D$ 为异步置 **0** 端；输入信号 A、B、C 和触发脉冲 CP 的波形如题图 9－8(b)所示，试画出 Q_1 和 Q_2 的波形。

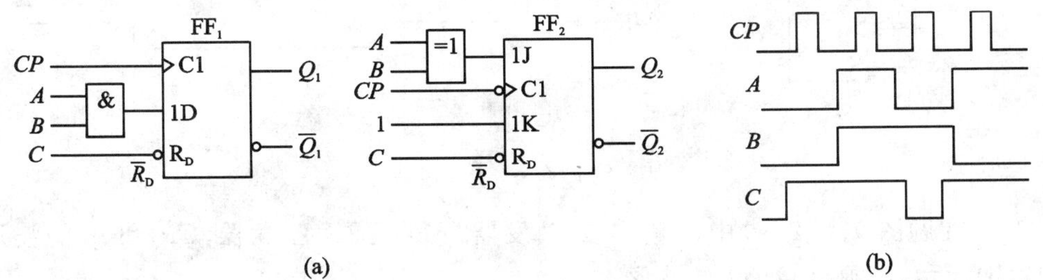

题图 9－8

9－9　现有触发器如题图 9－9 所示。

(1) 设各触发器初态均为**0**,则在一个CP脉冲作用下次态变为**1**的触发器有________;

(2) 设各触发器初态均为**1**,则在一个CP脉冲作用下次态变为**0**的触发器有________;

(3) 次态方程$Q^{n+1}=\overline{Q^n}$的触发器有________。

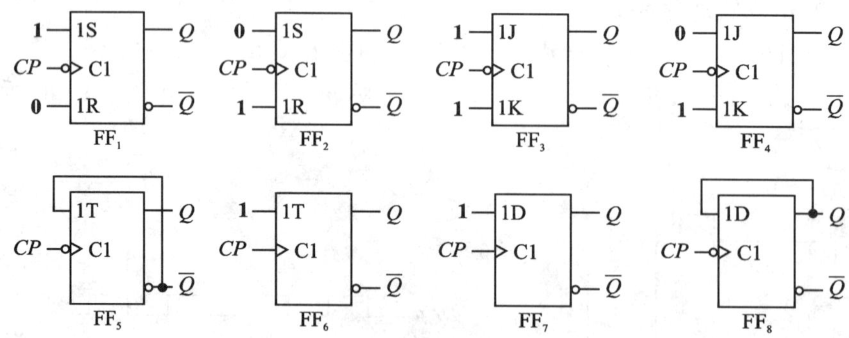

题图 9-9

9-10 如题图9-10(a)所示各触发器,已知CP为如题图9-10(b)所示的连续脉冲,试画出Q_1～Q_4的波形。设各触发器初态为**0**。

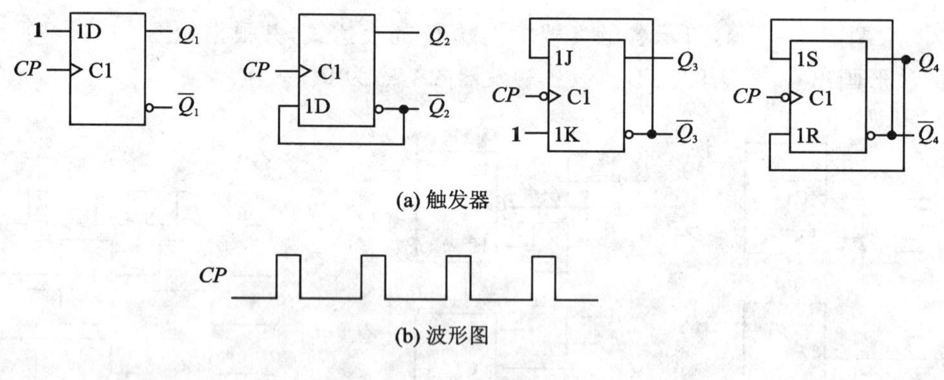

(a) 触发器

(b) 波形图

题图 9-10

9-11 触发器电路及相关波形如题图9-11所示。

(1) 根据题图9-11(a)所示电路写出该触发器的次态方程;

(2) 对应题图9-11(b)给出的波形画出输出端Q的波形(设起始状态Q=**0**)。

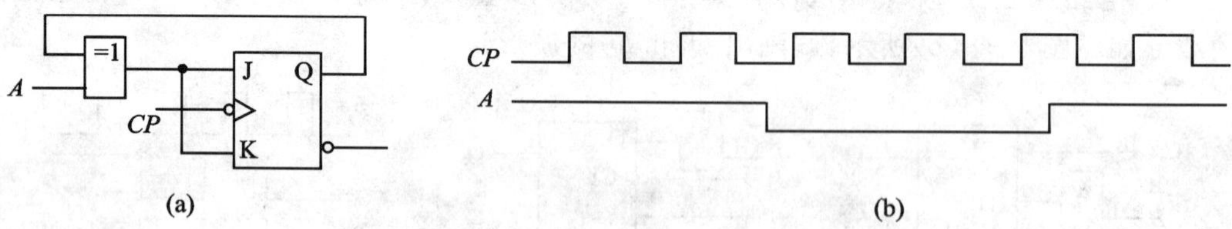

题图 9-11

9-12 在题图9-12(a)中,FF_1是D触发器,FF_2是JK触发器,CP和A的波形如题图9-12(b)所示,试画出Q_1、Q_2的波形。

9-13 分析题图9-13所示时序电路的逻辑功能。要求列出状态表,画出状态图。

9-14 画出题图9-14所示时序电路的状态图和时序图,并说明其逻辑功能。

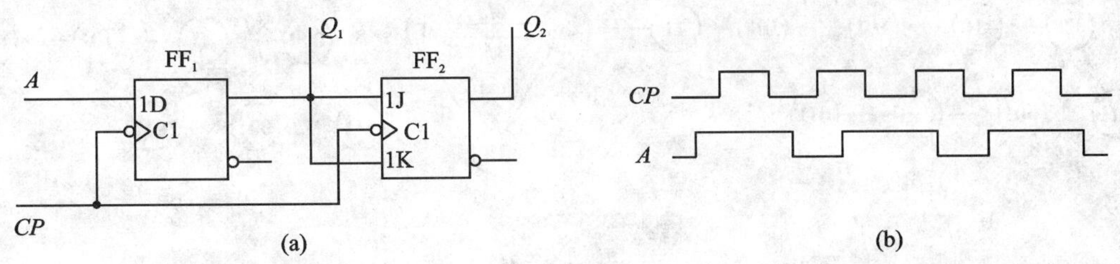

题图 9 - 12

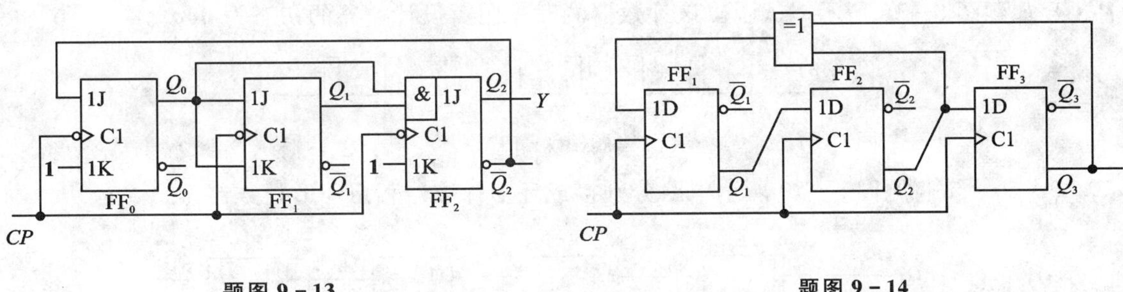

题图 9 - 13　　题图 9 - 14

9 - 15　计数器如题图 9 - 15 所示，试画出其状态图，并说明电路的逻辑功能。

9 - 16　电路如题图 9 - 16 所示，画出其状态图，并说明它是同步计数器还是异步计数器，是几进制计数器，是加法还是减法计数器，能否自启动。

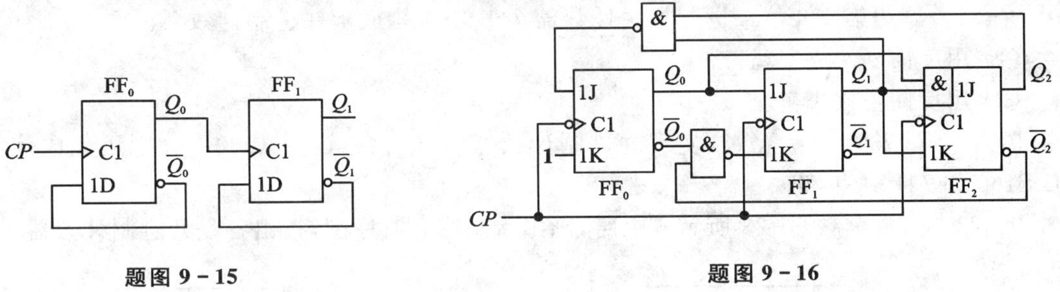

题图 9 - 15　　题图 9 - 16

9 - 17　如题图 9 - 17 所示两个计数器。

(1) 分别画出它们的状态图；

(2) 说明它们各为几进制计数器，加法计数器还是减法计数器。

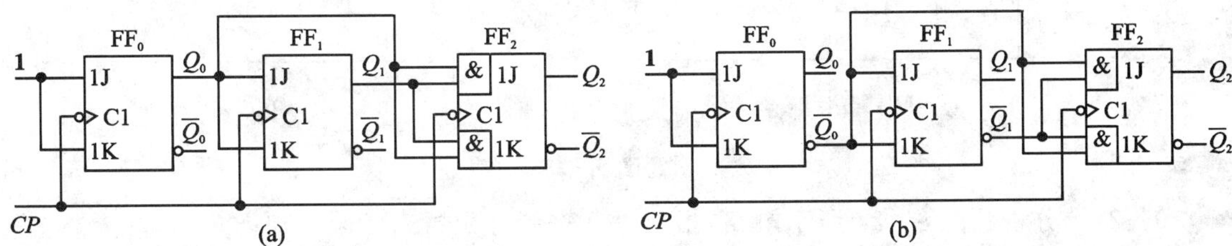

题图 9 - 17

9 - 18　已知几个计数器的状态图如题图 9 - 18 所示，试分别叙述它们的逻辑功能。

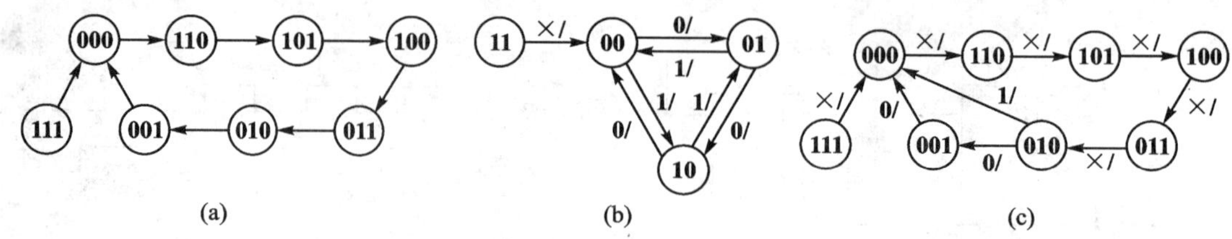

题图 9－18

9－19　已知具有题图 9－18(a)所示状态图的计数器由上升沿触发的触发器组成，计数脉冲 CP 如题图 9－19 所示。试画出该计数器的时序图。设计数器的初态为 **000**。

题图 9－19

9－20　试将题图 9－20 所示电路分别接成环形计数器和扭环形计数器。

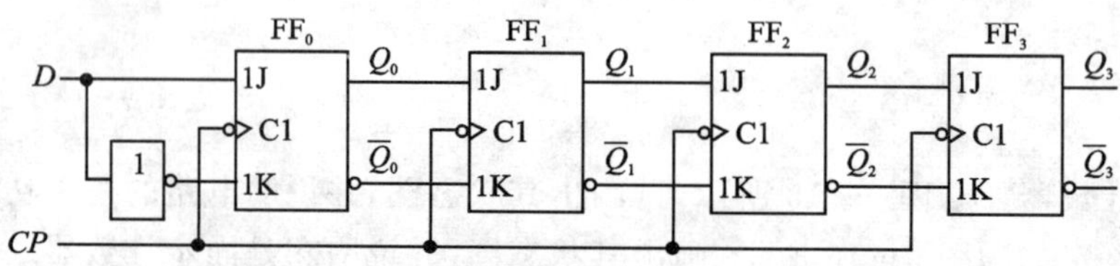

题图 9－20

9－21　试用集成 4 位二进制加法计数器 74LS161 构成十一进制计数器。

(1) 用反馈复位法实现。

(2) 用反馈置数法实现。

9－22　试采用反馈置数法实现九进制计数器，计数初态设为 **1000**。分别用集成计数器 74LS160 和 74LS161 实现。

9－23　分析题图 9－23 所示各电路，画出状态图和时序图，指出各是几进制计数器。

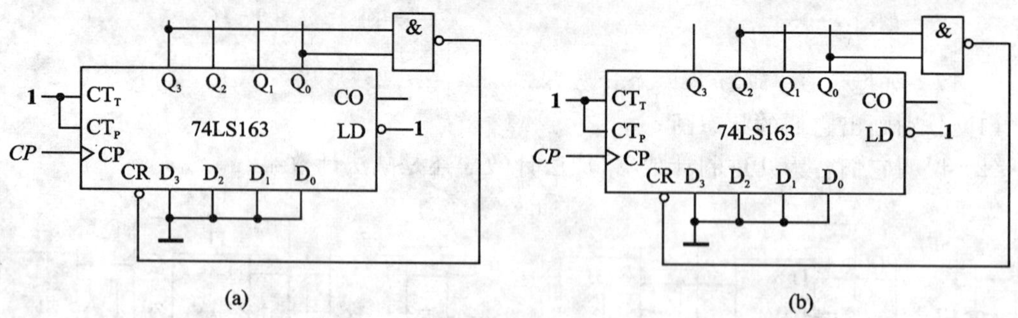

题图 9－23

9－24　分析题图 9－24 所示电路，指出是几进制计数器。

9－25　在某个计数器输出端观察到的波形如题图 9－25 所示，试确定计数器的模。

9－26　试用 1 片集成 4 位二进制加法计数器 74LS161 和 1 片 3/8 线译码器 74LS138 组成一个五节拍顺序脉冲发生器。

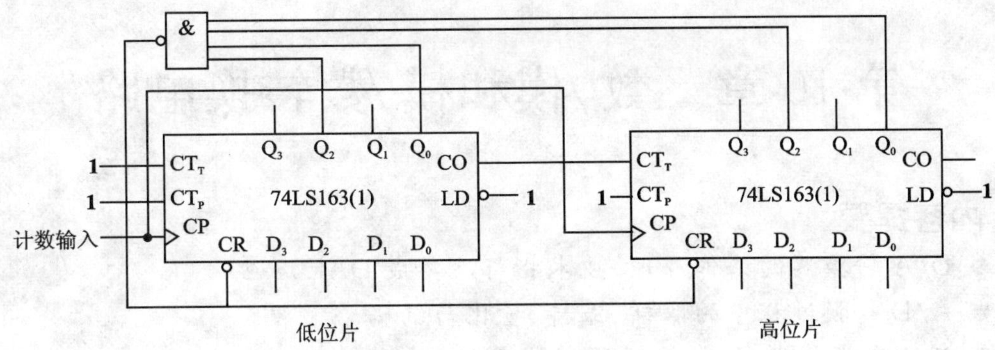

题图 9－24

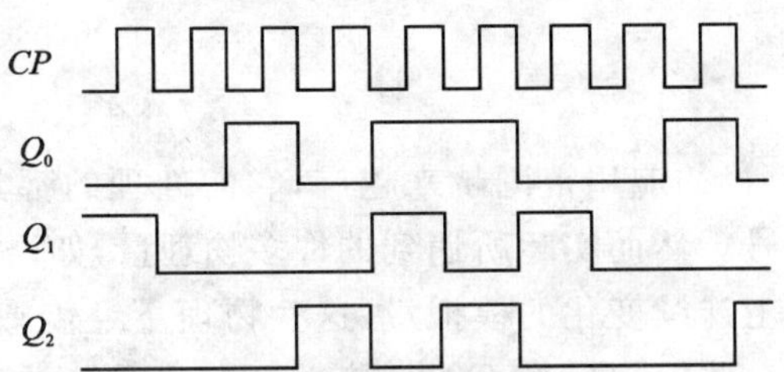

题图 9－25

9－27　试用 1 片 4 位二进制加法计数器 74LS161 和尽可能少的门电路设计一个时序电路。要求当控制信号 $C=\mathbf{0}$ 时做二进制加法计数，$C=\mathbf{1}$ 时做单向移位操作。

9－28　试用 JK 触发器和门电路设计一个同步七进制计数器。

9－29　用 D 触发器和门电路设计一个十一进制计数器，并检查设计的电路能否自启动。

9－30　试用 555 定时器设计一个单稳态触发器，要求输出脉冲宽度在 1～10 s 的范围内连续可调。

9－31　试用 555 定时器设计一个多谐振荡器，要求输出脉冲的振荡频率为 20 kHz，占空比等于 25％。

9－32　在图 9－71 用 555 定时器接成的施密特触发器电路中，试问：

(1) 当 $V_{CC}=12$ V 而且没有外接控制电压时，U_{T1}、U_{T2}、ΔU_T 各等于多少？

(2) 当 $V_{CC}=9$ V，控制电压 $U_{CO}=5$ V 时，U_{T+}、U_{T-}、ΔU_T 各等于多少？

第10章 数/模和模/数转换电路

内容提要

- D/A 转换器的工作原理、技术指标及集成 DAC0832
- A/D 转换过程中的取样、保持、量化与编码
- 逐次渐近型 A/D 转换器的工作原理
- 双积分型 A/D 转换器的原理
- 集成 ADC0809

数字系统,特别是计算机的应用范围越来越广,它们处理的都是不连续的 **0**、**1** 数字信号,处理后的结果也是数字信号。然而实际所遇到的许多物理量,如语音、温度、压力、流量、亮度、速度等都是在数值和时间上连续变化的模拟量,这些物理量经传感器转换后的电压或电流也是连续变化的模拟信号。这些模拟信号不能直接送入数字系统处理,需要把它们先转换成相应的数字信号,然后才能输入数字系统进行处理。处理后的数字信息也必须先转换成电模拟量,送到执行元件中才能对控制对象施行实时控制,进行必要的调整。这一过程如图 10-1 所示。图中,A/D 转换器简称 ADC(Analog to Digital Converter),就是把输入的模拟量转换成数字量的接口电路,而 D/A 转换器简称 DAC(Digital to Analog Converter),就是把输入的数字量转换成模拟量(电压或电流)输出的接口电路。它们都是数字系统中必不可少的组成部分。

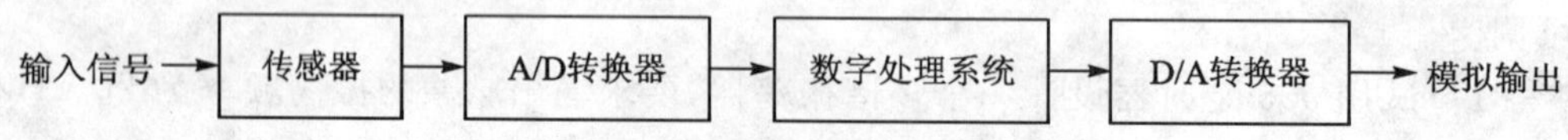

图 10-1 典型的数字控制系统框图

本章讨论 DAC 及 ADC 的组成及基本工作原理。

由于 DAC 有时也是 ADC 的一个重要组成部分,所以先讨论 D/A 转换,然后再讨论 A/D 转换。

10.1 D/A 转换器

DAC 是先把输入二进制码的每一位转换成与其成正比的电压或电流模拟量,然后将这些模拟量相加,即得与输入的数字信息成正比的模拟量。

输入到 DAC 的数字信息可以是原码,也可以是反码或补码。图 10-2 是原码输入的 3 位二进制 DAC 的转换特性,它具体而形象地反映了对 DAC 的基本要求。

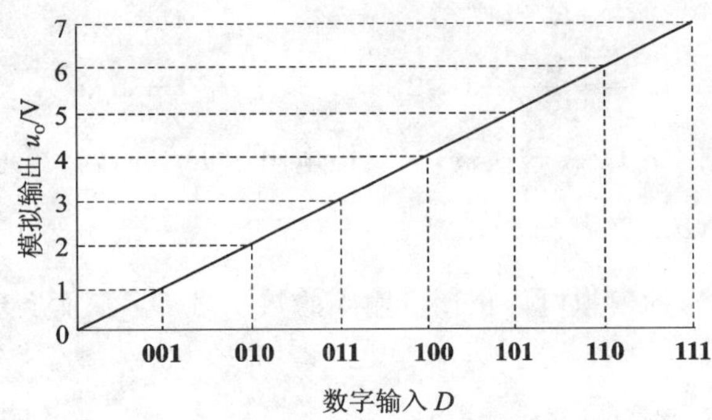

图 10 - 2　3 位二进制输入时 DAC 的转换特性

10.1.1　权电阻网络 D/A 转换器

图 10 - 3 所示是 4 位权电阻网络 D/A 转换器的原理图，它由权电阻网络、4 个模拟开关和 1 个求和放大器组成。

S_3、S_2、S_1、S_0 是 4 个电子开关，它们的状态分别受输入的数字信号代码 d_3、d_2、d_1、d_0 的取值控制，这里，d_3 是代码的最高位（Most Significant Bit，MSB），d_0 是代码的最低位（Least Significant Bit，LSB）。代码为 **1** 时开关接到参考电压 U_{REF} 上，代码为 **0** 时开关接地。故 $d_i=\mathbf{1}$ 时有支路电流 I_i 流向求和放大器，$d_i=\mathbf{0}$ 时支路电流为零。

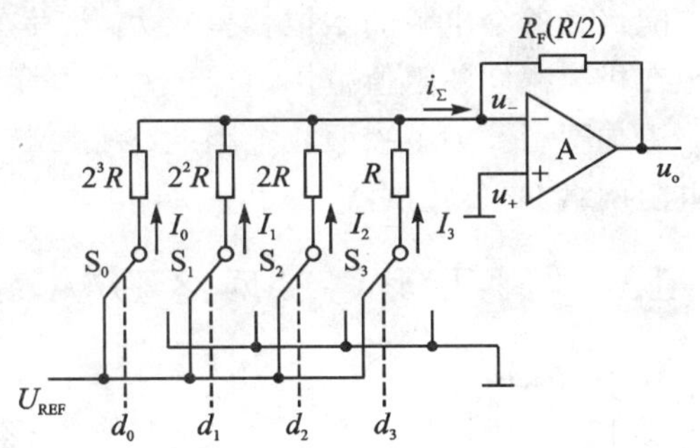

图 10 - 3　权电阻网络 D/A 转换器

求和放大器是一个接成负反馈的运算放大器。为了简化分析计算，可以把运算放大器近似看成是理想放大器，即它的开环放大倍数为无穷大，输入电流为零（输入电阻为无穷大），输出电阻为零。当同相输入端的电位 u_+ 高于反相输入端的电位 u_- 时，输出端对地的电压 u_o 为正；当 u_- 高于 u_+ 时，u_o 为负。

当参考电压 U_{REF} 经电阻网络加到 u_- 时，只要 u_- 稍高于 u_+，便在 u_o 产生很负的输出电压。u_o 经反馈电阻 R_F 反馈到 u_- 端使 u_- 降低，其结果必然使 $u_- \approx u_+ = 0$。

在认为运算放大器输入电流为零的条件下可得

$$u_o = -R_F i_\Sigma = -R_F(I_3 + I_2 + I_1 + I_0) \tag{10-1}$$

由于 $u_- \approx 0$，因而各支路电流分别为

$$I_3 = \frac{U_{REF}}{R} d_3 \qquad \left(d_3 = \mathbf{1}\text{ 时}, I_3 = \frac{U_{REF}}{R}; d_3 = \mathbf{0}\text{ 时}, I_3 = \mathbf{0}\right)$$

$$I_2 = \frac{U_{REF}}{2R} d_2$$

$$I_1 = \frac{U_{REF}}{2^2 R} d_1$$

$$I_0 = \frac{U_{REF}}{2^3 R} d_0$$

将它们代入式(10-1)并取 $R_F=R/2$,则得

$$u_o=-\frac{U_{REF}}{2^4}(d_3 2^3+d_2 2^2+d_1 2^1+d_0 2^0) \tag{10-2}$$

对于 n 位的权电阻网络 D/A 转换器,当反馈电阻取 $R/2$ 时,输出电压的计算公式可写为

$$u_o=-\frac{U_{REF}}{2^n}(d_{n-1}2^{n-1}+d_{n-2}2^{n-2}+\cdots+d_1\times 2^1+d_0\times 2^0)=-\frac{U_{REF}}{2^n}D_n \tag{10-3}$$

式(10-3)表明,输出的模拟电压正比于输入的数字量 D_n,从而实现了从数字量到模拟量的转换。

当 $D_n=0$ 时,$u_o=0$,当 $D_n=\mathbf{11\cdots11}$ 时,$u_o=-\frac{2^n-1}{2^n}U_{REF}$,故 u_o 的最大变化范围是 $0\sim-\frac{2^n-1}{2^n}U_{REF}$。

由式(10-3)中还可以看到,在 U_{REF} 为正电压时输出电压 u_o 始终为负值。要想得到正的输出电压,可以将 U_{REF} 取为负值。

图10-3所示权电阻网络 D/A 转换器的优点是结构比较简单,所用的电阻元件数很少。它的缺点是各个电阻的阻值相差较大,尤其在输入信号的位数较多时,这个问题就更加突出。要想在极为宽广的阻值范围内保证每个电阻都有很高的精度是十分困难的,尤其对制作集成电路更加不利。为了克服权电阻网络 D/A 转换器中电阻阻值相差太大的缺点,提出一种倒 T 形电阻网络 D/A 转换器。

10.1.2 倒T形电阻网络D/A转换器

1. 电路组成

图10-4所示是一个3位二进制倒T形电阻网络 D/A 转换器的原理电路图。由图可见,电阻网络中只有 R、$2R$ 两种阻值的电阻,这就给集成电路的设计和制作带来了很大的方便。

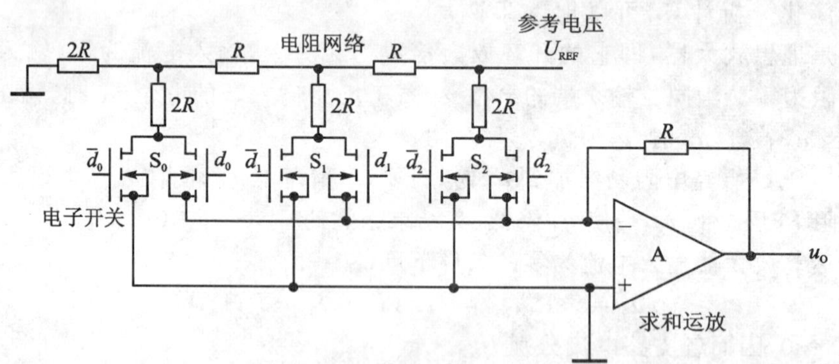

图10-4 倒T形电阻网络D/A转换器

图10-4中,$d_2d_1d_0$ 是输入的3位二进制数,它们控制着由 N 沟道增强型 MOS 管组成的3个电子开关 S_2、S_1、S_0;R、$2R$ 组成倒 T 形电阻转换网络,运放完成求和运算;u_o 是输出模拟电压;U_{REF} 是参考电压(也称为基准电压)。

S_2、S_1、S_0 与 d_2、d_1、d_0 的对应关系是:当 $d_2=\mathbf{1}$,即为高电平时,$\bar{d}_2=\mathbf{0}$ 为低电平,S_2 右边的 MOS 导通,左边 MOS 管截止,将相应的 $2R$ 电阻接到运放的反相输入端;反之若 $d_2=\mathbf{0}$,$\bar{d}_2=$

1，S_2右边 MOS 管截止，左边 MOS 管导通，$2R$ 电阻接地。d_1、d_0对 S_1、S_0的控制作用与 d_2对 S_2的控制作用相同。一般地说，输入 n 位二进制数中第 i 位 $d_i=\mathbf{1}$ 时，S_i就把网络中相应的 $2R$ 电阻接到求和运放的反相输入端；反之 $d_i=\mathbf{0}$ 时，S_i则将 $2R$ 电阻接地。

2. 工作原理

下面通过具体例子进行说明。

(1) 当 $d_2d_1d_0=\mathbf{100}$ 时

图 10-5 所示是 $d_2d_1d_0=\mathbf{100}$ 时的等效电路。由于引入了深度电压负反馈，集成运放工作在线性区，而其同相输入端接地，故其反相输入端为“虚地”。倒 T 形电阻网络中，无论是从 AA 端、BB 端还是 CC 端向左看进去，其等效电阻均为 R，因此，由参考电压提供的电流 $\boldsymbol{I}=U_{REF}/R$。

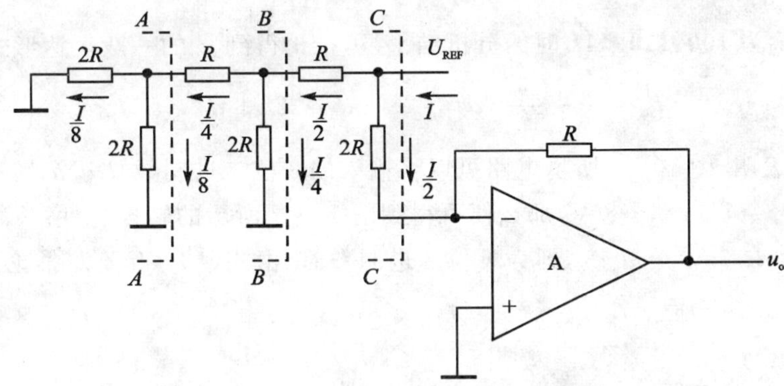

图 10-5　$d_2d_1d_0=100$ 时的等效电路

当 $d_2d_1d_0=\mathbf{100}$ 时，不难发现，流入求和电路的电流为 $\boldsymbol{I}/2$，输出电压为

$$u_o=-\frac{I}{2}\cdot R=-\frac{1}{2}\cdot\frac{U_{REF}}{R}\cdot R=$$
$$-\frac{U_{REF}}{2}=-\frac{U_{REF}}{2^3}(\mathbf{1}\times 2^2+\mathbf{0}\times 2^1+\mathbf{0}\times 2^0)$$

(2) 当 $d_2d_1d_0=\mathbf{110}$ 时

图 10-6 所示是 $d_2d_1d_0=\mathbf{110}$ 时的等效电路，显然，流入求和电路的电流是 $\boldsymbol{I}/2+\boldsymbol{I}/4$，输出电压为

$$u_o=-\left(\frac{I}{2}+\frac{I}{4}\right)\cdot R=-\left(\frac{1}{2}\cdot\frac{U_{REF}}{R}+\frac{1}{4}\cdot\frac{U_{REF}}{R}\right)\cdot R=$$
$$-\frac{U_{REF}}{2^3}(\mathbf{1}\times 2^2+\mathbf{1}\times 2^1+\mathbf{0}\times 2^0)$$

(3) 当 $d_2d_1d_0=\mathbf{111}$ 时

利用类似方法可求得输出电压为

$$u_o=-\left(\frac{I}{2}+\frac{I}{4}+\frac{I}{8}\right)\cdot R=-\left(\frac{1}{2}\cdot\frac{U_{REF}}{R}+\frac{1}{4}\cdot\frac{U_{REF}}{R}+\frac{1}{8}\cdot\frac{U_{REF}}{R}\right)\cdot R=$$
$$-\frac{U_{REF}}{2^3}(\mathbf{1}\times 2^2+\mathbf{1}\times 2^1+\mathbf{1}\times 2^0)$$

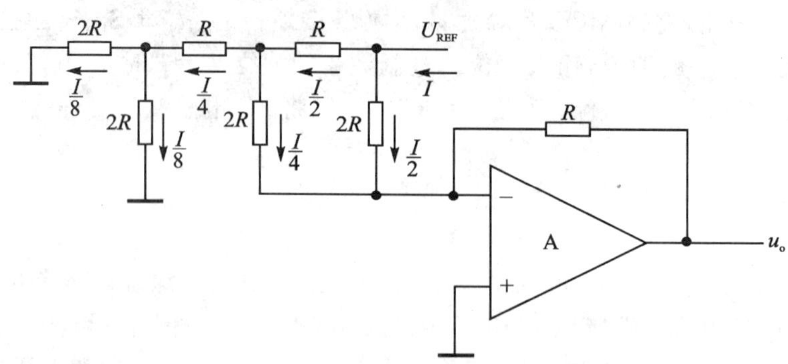

图 10-6　$d_2d_1d_0$=110 时的等效电路

(4) 表达式的一般形式

根据 $d_2d_1d_0$ 为 **100**、**110**、**111** 时的分析结果，可推论得到 u_o 的一般表达形式为

$$u_o = -\frac{U_{REF}}{2^3}(d_2 \times 2^2 + d_1 \times 2^1 + d_0 \times 2^0) \tag{10-4}$$

式(10-4)表明，图 10-4 所示电路可以将输入的 3 位二进制数 $d_2d_1d_0$ 转换成相应的模拟输出电压 u_o。若令 $U_{REF}=-8$ V，那么便可得到图 10-2 所示的转换特性。

当输入 $D=d_{n-1}d_{n-2}\cdots d_1d_0$，即为 n 位二进制数时，由式(10-4)不难推论出

$$U_o = -\frac{U_{REF}}{2^n}(d_{n-1} \times 2_{n-1} + d_{n-2} \times 2^{n-2} + \cdots + d_1 \times 2^1 + d_0 \times 2^0) =$$

$$-\frac{U_{REF}}{2^n} \cdot D = K_u \cdot D_n \tag{10-5}$$

式(10-5)中 K_u 是将二进制数 D_n 转换成模拟电压 u_o 的转换比例系数，也可以看成是 D/A 转换器中的单位电压

$$K_u = -\frac{U_{REF}}{2^n} \tag{10-6}$$

单位电压 K_u 乘上二进制数 D 的数值，所得到的便是输出模拟电压 u_o。

10.1.3　D/A 转换器的主要技术指标

衡量 D/A 转换器性能的参数主要有分辨率、转换精度和转换速度等。

1. 分辨率

分辨率用于描述 D/A 转换器对输入量微小变化的敏感程度。它是输入数字量在只有最低有效位(Least Significant Bit, LSB)为 **1**(即为 **00…01**)时的输出电压 U_{LSB} 与输入数字量全为 **1**(即为 **11…11**)时的输出电压 U_M 之比。将 **00…01** 和 **11…11** 代入式(10-5)，可得 U_{LSB} 和 U_M。因此，对于 n 位的 DAC，其分辨率为

$$分辨率 = U_{LSB}/U_M = 1/(2^n - 1) \tag{10-7}$$

例如 10 位 D/A 转换器的分辨率为 $1/(2^{10}-1)$。如果输出模拟电压满量程为 10 V，那么 10 位 DAC 能够分辨的最小电压为 10/1023≈0.009 775 V；而 8 位 D/A 转换器能够分辨的最小电压为 10/255≈0.039 215 V。可见位数越高，DAC 分辨输出电压的能力越强。

分辨率表示 D/A 转换器在理论上可以达到的精度。

2. 转换精度

通常转换精度用转换误差和相对精度来描述。

转换误差是在对应给定的满刻度数字量情况下，D/A 转换器实际输出与理论值之间的误差。该误差是由于 D/A 转换器的增益误差、零点误差、线性误差和噪声等共同引起的。

相对精度指在满刻度已校准的情况下，整个刻度范围内，对于任一数码的模拟量输出与其理论值之差。对于线性的 D/A 转换器，相对精度就是非线性度。相对精度有两种方法表示，一种是用数字量最低有效位的位数 LSB 表示，另一种是用该偏差的相对满刻度值的百分比表示。

某 DAC 精度为±0.1%，满量程 $U_{FS}=10\ \text{V}$，则该 DAC 的最大线性误差电压

$$U_E=\pm 0.1\%\times 10\ \text{V}=\pm 10\ \text{mV}$$

对于 n 位 DAC，精度为 $\pm\frac{1}{2}$LSB，其最大可能的线性误差电压

$$U_E=\pm\frac{1}{2}\times\frac{1}{2^n}U_{FS}=\pm\frac{1}{2^{n+1}}U_{FS}$$

转换精度和分辨率是两个不同的概念，即使 D/A 转换器的分辨率很高，但由于电路的稳定性不好等原因，也可能使电路的转换精度不高。

3. 转换速度

转换速度由转换时间决定，转换时间是指数据变化量是满度值(输入由全 **0** 变为全 **1** 或全 **1** 变为全 **0**)时，达到终值±2LSB 时所需的时间。

10.1.4　集成 DAC

集成 DAC0832 是用 CMOS 工艺制成的 8 位 DAC 转换芯片。数字输入端具有双重缓冲功能，可根据需要接成不同的工作方式，特别适用于要求几个模拟量同时输出的场合。它与微处理器接口很方便。

1. DAC0832 的主要技术指标

分辨率：　8 位

转换时间：　≤1 μs

单电源：　5～15 V

线性误差：　≤±0.2%LSB

温度灵敏度：　20 ppm/℃

功耗：　20 mW

2. DAC0832 的内部结构

DAC0832 的内部结构如图 10－7 所示。

DAC0832 内部由一个 8 位输入寄存器、一个 8 位 DAC 寄存器、一个 8 位 DAC 转换器、逻辑控制电路以及输出电路的辅助元件 R_{FB} 等组成。D/A 转换器采用了倒 T 形 $R-2R$ 电阻网络。由于 DAC0832 有两个可以分别控制的数据寄存器，所以在使用时有较大的灵活性，可以接成双缓冲、单缓冲或直接输入等工作方式。DAC0832 中无运算放大器，且是电流输出，使用时需外接运算放大器。

3. DAC0832 的引脚功能

DAC0832 的引脚排列图如图 10－8 所示。各引脚的功能如下：

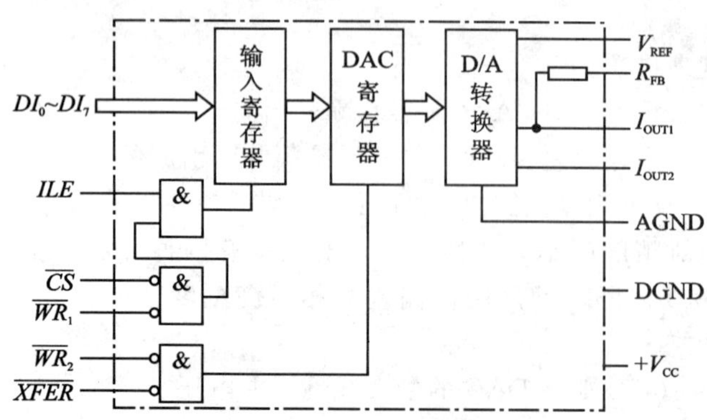

图 10－7　DAC0832 内部结构框图

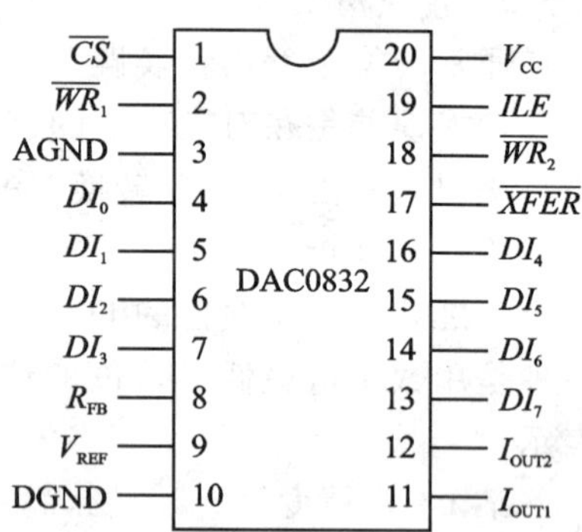

图 10－8　DAC0832 的引脚排列图

ILE:输入锁存允许信号,输入高电平有效。

$\overline{CS}$:片选信号,输入低电平有效。它与 ILE 结合起来可以控制 $\overline{WR}_1$ 是否起作用。

$\overline{WR}_1$:写信号 1,低电平有效。在 $\overline{CS}$ 和 ILE 为有效电平时,用它将数据输入并锁存于输入寄存器中。

$\overline{WR}_2$:写信号 2,输入低电平有效。在 $\overline{XFER}$ 为有效电平时,用它将输入寄存器中的数据传送到 8 位 DAC 寄存器中。

$\overline{XFER}$:传输控制信号,输入低电平有效。用它来控制 $\overline{WR}_2$ 是否起作用。在控制多个 DAC0832 同时输出时特别有用。

$DI_7 \sim DI_0$:8 位数字量输入端。

V_{REF}:基准(参考)电压输入端。一般此端外接一个精确、稳定的电压基准源。V_{REF} 可在 $-10 \sim +10$ V 范围内选择。

R_{FB}:反馈电阻。反馈电阻被制作在芯片内,用于外接运算放大器的反馈电阻,它与内部的 $R-2R$ 电阻相匹配。

I_{OUT1}:模拟电流输出 1,接运算放大器反相输入端。其大小与输入的数字量 $DI_7 \sim DI_0$ 成正比。

I_{OUT2}:模拟电流输出 2,接地。其大小与输入数字取反后的数字量 $DI_7 \sim DI_0$ 成正比,$I_{OUT1} + I_{OUT2} =$ 常数。

V_{CC}:电源输入端(一般为 $+5 \sim +15$ V)。

DGND:数字地。

AGND:模拟地。

4. DAC0832 的工作方式

DAC0832 内部有两个寄存器,所以它可以有双缓冲型、单缓冲型和直通型等几种工作方式。如果工作在直通方式,则没有锁存功能;如果工作在缓冲方式,则有一级或二级锁存能力。

(1) 双缓冲方式

DAC0832 内部有两个 8 位寄存器,可以进行双缓冲操作,即在对某数据转换的同时,又可以进行下一数据的采集,故转换速度较高。这一特点特别适用于要求多片 DAC0832 的多个模拟量同时输出的场合。在各片的 ILE 置为高电平、$\overline{WR}_1$ 和 $\overline{CS}$ 为低电平的控制下,有关数据分别被输入各个相应的 DAC0832 的 8 位输入寄存器。当需要进行同时模拟输出时,在 $\overline{XFER}$

和$\overline{WR_2}$均为低电平的作用下，把各输入寄存器中的数据同时传送给各自的 DAC 寄存器。各个 D/A 转换器同时转换，同时给出模拟输出。

(2) 单缓冲方式

在不要求多片 D/A 同时输出时，可以采用单缓冲方式，使两个寄存器之一始终处于直通状态，这时只需一次操作，因而可以提高 D/A 的数据吞吐量，

(3) 直通方式

如果两级寄存器都处于常通状态，这时 D/A 转换器的输出将跟随数字输入随时变化，这就是直通方式。这种情况是将 DAC0832 直接应用于连续反馈控制系统中，做数字增量控制器使用。

5. DAC0832 与微机的连接

图 10-9 所示为 DAC0832 与 80X86 计算机系统连接的典型电路，它属于单缓冲方式。图中的电位器用于满量程调整。

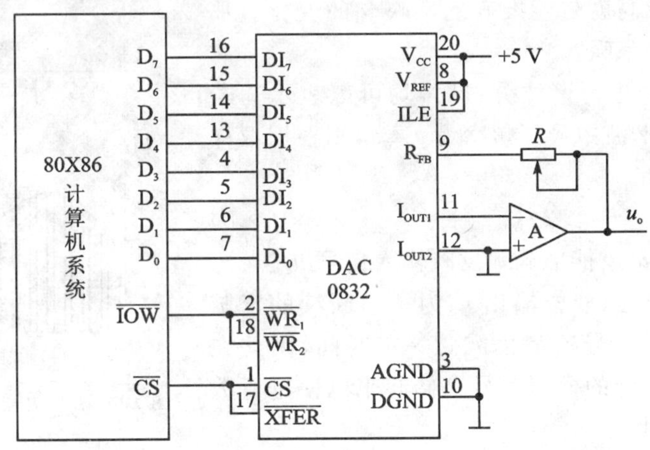

图 10-9　DAC0832 与 80X86 计算机系统连接的典型电路

DAC0832 在输入数字量为单极性数字时，输出电路可接成单极性工作方式；在输入数字量为双极性数字时，输出电路可接成双极性工作方式。所谓单极性输出是指微处理机输出到 D/A 转换器的代码为 **00H～FFH**，经 D/A 转换器输出的模拟电压要么全为负值，要么全为正值。输出极性总与基准电压的极性相反。所谓双极性输出是指微处理机输出到 DAC 的数字量有正负之分，经 D/A 转换器输出的模拟电压也有正负极性之分。如控制系统中对电动机的控制，正转和反转对应正电压和负电压。

10.2　A/D 转换器

A/D 转换器的功能是将输入的模拟电压量 u_i 转换成相应的数字量 D 输出，D 为 n 位二进制代码 $d_{n-1}d_{n-2}\cdots d_1d_0$。

A/D 转换器的种类很多，按工作原理可分为直接型和间接型两大类。前者直接将模拟电压转换成输出的数字代码，而后者是将模拟电压量转换成一个中间量(如时间或频率)，然后将中间量转换成数字量。下面首先说明 A/D 转换的一般原理和步骤，再分别介绍直接型中的逐

次渐近比较型 A/D 转换器和间接型中的双积分型 A/D 转换器。

10.2.1 A/D 转换的一般步骤

ADC 的输入电压信号 u_i在时间上是连续量，而输出的数字量 D 是离散的，所以进行转换时必须按一定的频率对输入的信号 u_i进行取样，得到取样信号 u_S，并在两次取样之间使 u_S保持不变，从而保证将取样值转化成稳定的数字量。因此，A/D 转换过程是通过取样、保持、量化、编码 4 个步骤完成的。通常取样和保持用同一个电路实现，量化和编码也是在转换过程同时实现的。

1. 取样与保持

取样是将在时间上连续变化的模拟量转换成时间上离散的模拟量，如图 10-10 所示。可以看到，为了用取样信号 u_S准确地表示输入信号 u_i，必须有足够高的取样频率 f_S，取样频率 f_S越高就越能准确地反映 u_i的变化。那么如何来确定取样频率呢?

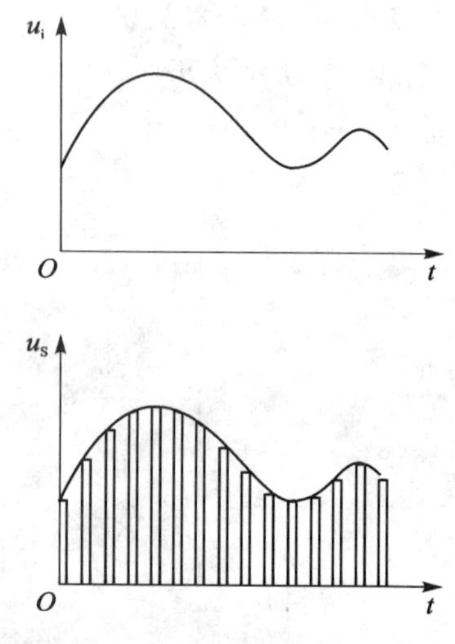

图 10-10 对输入模拟信号的取样

对任何模拟信号进行谐波分析时，均可以表示为若干正弦信号之和，若谐波中最高频率为 $f_{i,max}$，则根据取样定理，取样频率应满足

$$f_S \geqslant 2f_{i,max} \qquad (10-8)$$

此时，取样信号 u_S就能准确地反映输入信号 u_i。

由于取样时间极短，取样输出 u_S为一串断续的窄脉冲。而要把一个取样信号数字化需要一定时间，因此在两次取样之间应将取样的模拟信号存储起来以便进行数字化，这一过程称为保持。

2. 量化与编码

数字信号不仅在时间上是离散的，而且在数值上的变化也是不连续的。也就是说，任何一个数字量的大小都是以某个最小数量单位的整数倍来表示的。因此，在用数字量表示取样电压时，也必须把它化成这个最小数量单位的整数倍，所规定的最小数量单位称为量化单位，用 Δ 表示。将量化的结果用二进制代码表示，称为编码。这个二进制代码就是 A/D 转换的输出信号。

输入模拟电压通过取样保持后转换成阶梯波，其阶梯幅值仍然是连续可变的，所以它就不一定能被量化单位 Δ 整除，因而不可避免地会引起量化误差。对于一定的输入电压范围，输出的数字量的位数越高，Δ 就越小，因此量化误差也越小。而对于一定的输入电压范围、一定位数的数字量输出，不同的量化方法，量化误差的大小也不同。量化的方法有两种，下面将分别说明。

设输入电压 u_i的输入电压范围为 $0 \sim U_M$，输出为 n 位的二进制代码。现取 $U_M = 1$ V，$n=3$。

第一种量化方法：取 $\Delta = U_M/2^n = (1/2^3)\text{V} = (1/8)\text{V}$，规定 0Δ 表示 0 V$<u_i<$(1/8)V，对应的输出二进制代码为 **000**；1Δ 表示(1/8)V$<u_i<$(2/8)V，对应的输出二进制代码为 **001**……7Δ 表示(7/8)V$<u_i<$1 V，对应的输出二进制代码为 **111**，如图 10-11(a)所示。显然，这

种量化方法的最大量化误差为 Δ。

第二种量化方法：取 $\Delta = 2U_M/(2^{n+1}-1) = (2/15)$ V，并规定 0Δ 表示 0 V＜u_i＜(1/15) V，对应的输出二进制代码为 **000**；1Δ 表示(1/15) V＜u_i＜(3/15) V，对应的输出二进制代码为 **001**……7Δ 表示(13/15) V＜u_i＜1 V，对应的输出二进制代码为 **111**，如图 10－11(b)所示。显然，这种量化方法的最大量化误差为 Δ/2。实际电路中多采用这种量化方法。

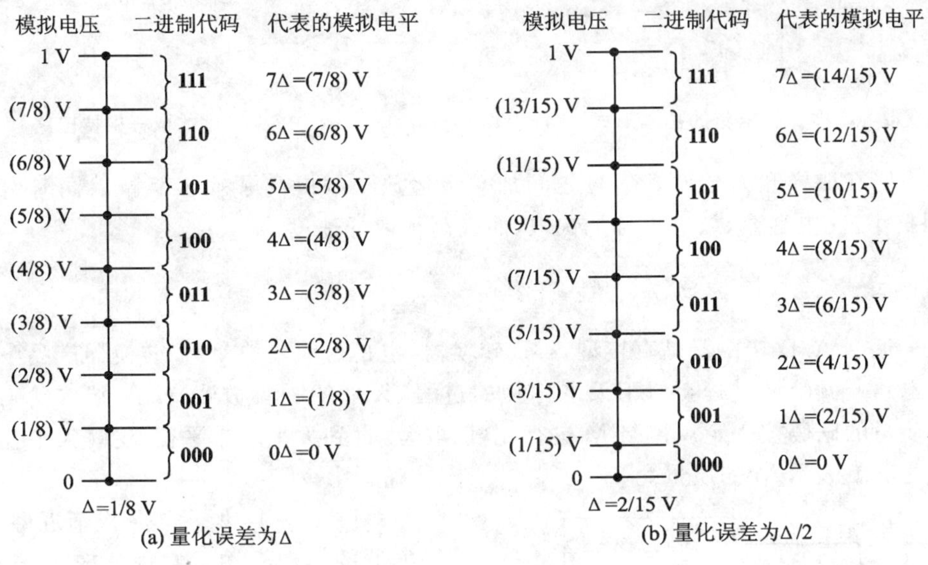

图 10－11　两种量化方法

10.2.2　取样保持电路

取样保持电路实现 A/D 转换的取样和保持两个步骤，其基本形式如图 10－12 所示。它由 N 沟道 MOS 管 T(作为取样开关)、存储电容 C 和运放等组成。

当取样控制信号 u_L 为高电平时，T 导通，输入信号 u_i 经电阻 R_i 向电容 C 充电。取 $R_i = R_F$ 且忽略运放的净输入电流，则充电结束后 $u_o = u_C = -u_i$。

取样控制信号 u_L 跃变为低电平后，MOS 管 T 截止，由于电容 C 上的电压 u_C 保持基本不变，即取样的结果被保持下来直到下一个取样控制信号的到来。可以看出，只有电容 C 的漏电越小，运放的输入阻抗越大，u_o 保持的时间才越长。

显然，取样过程是一个充电过程，且 R_i 越小，充电时间越短，取样频率可以越高；在充电过程中，电路的输入电阻为 R_i，为使电路从信号源索取的电流小些，则要求输入电阻大。因此，取样速度与输入阻抗产生了矛盾。下面介绍在图 10－12 所示电路基础上改进而得的电路，如图 10－13 所示。A_1 和 A_2 是两个运放，取样控制信号 u_L 通过驱动电路 L 控制开关 S。$u_L = \mathbf{1}$ 时，开关 S 闭合。A_1 和 A_2 工作在单位增益的电压跟随状态，则 $u_i = u_o' = u_C = u_o$；$u_L = \mathbf{0}$ 时，开关 S 断开。由于电容 C 没有放电回路，u_C 保持 u_i 不变，所以输出 u_o 也保持 u_i 不变。

开关 S 断开，电路处于保持阶段，如果 u_i 变化，u_o' 可能变化非常大，甚至会超过开关电路能够承受的电压，因此用二极管 D_1、D_2 构成保护电路。当 u_o' 比保持电压 u_o 高(或低)一个二极管的压降 U_D 时，D_1(或 D_2)导通，从而使 $u_o' = u_o + U_D$(或 $u_o' = u_o - U_D$)。在开关 S 闭合时，$u_o' = u_o$，所以 D_1 和 D_2 不导通，保护电路不起作用。

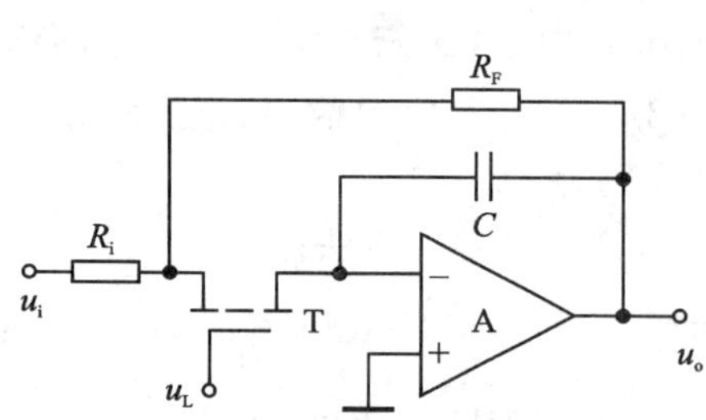

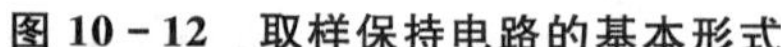

图 10-12 取样保持电路的基本形式

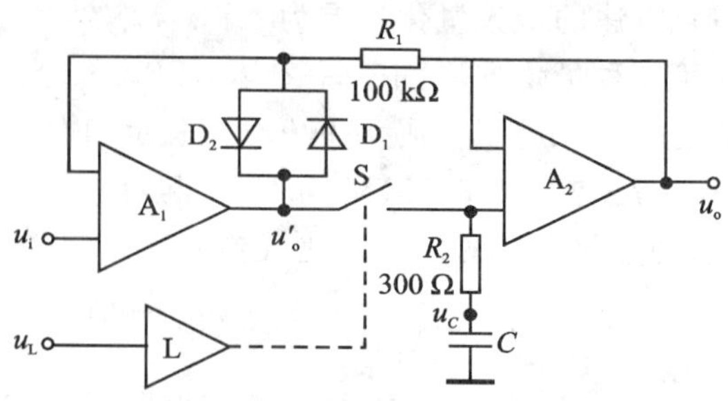

图 10-13 改进的取样保持电路

由于电路在取样开关与输入信号之间加一级运放 A_1，提高了输入阻抗。同时由于运放 A_1 输出阻抗小，使电容充、放电过程加快，从而提高了取样速度。

10.2.3 逐次渐近型 A/D 转换器

逐次渐近型 A/D 转换器是直接型 A/D 转换器，也是目前集成 A/D 转换器产品中用得最多的一种电路。其转换过程类似于天平称物的过程，天平的一端放物 M，一端放砝码。用天平将各种质量的砝码按一定规律与 M 进行比较、取舍，直到天平基本平衡，这时天平托盘中砝码的质量之和就表示 M 的质量。

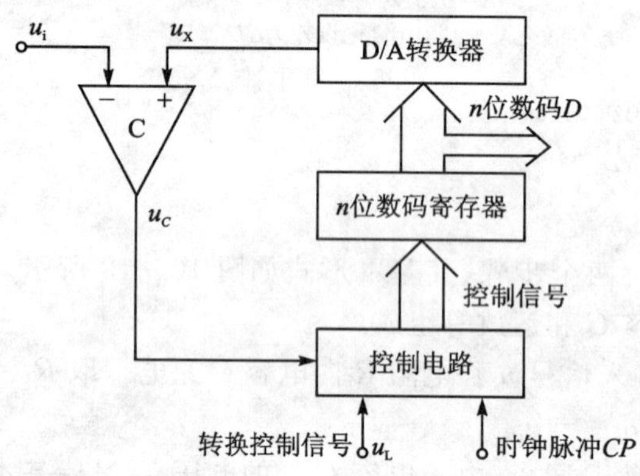

图 10-14 逐次渐近型 A/D 转换器的原理框图

图 10-14 所示是逐次渐近型 A/D 转换器的原理框图。它由比较器、n 位 D/A 转换器、n 位寄存器、控制电路、输出电路、时钟信号 CP 以及参考电压源等组成。输入为 u_i，输出为 n 位二进制代码。

转换开始之前将寄存器清零($d_{n-1}d_{n-2}\cdots d_1 d_0=\mathbf{00\cdots00}$)。开始转换时，控制电路先将寄存器的最高位置 **1**($d_{n-1}=\mathbf{1}$)，其余位全为 **0**，使寄存器输出为($d_{n-1}d_{n-2}\cdots d_1 d_0=\mathbf{1000}$)，这组数码被 D/A 转换器转换成相应的模拟电压 u_X 后通过电压比较器与 u_i 进行比较。若 $u_i>u_X$，说明寄存器中的数字不够大，则将这一位的 **1** 保留；若 $u_i<u_X$，说明寄存器中的数字大，则将这一位的 **1** 清除，从而决定了 d_{n-1} 的值。然后将次高位置 **1**($d_{n-2}=\mathbf{1}$)，再通过 D/A 转换器将此时寄存器的输出($d_{n-1}d_{n-2}\cdots d_1 d_0=d_{n-1}\mathbf{1\cdots00}$)转换成相应的模拟电压 u_X，通过 u_X 与 u_i 比较决定 d_{n-2} 的取值。依此类推，逐位比较，一直到最低位为止。

下面以 3 位逐次渐近型 A/D 转换器的电路为例，如图 10-15 所示，具体说明转换过程和转换时间。图中，FF_2、FF_1 和 FF_0 组成 3 位数码寄存器；触发器 FF_a～FF_e 和门 G_1～G_5 构成控制电路，其中 FF_a～FF_e 接成环形计数器，门 G_6～G_8 为输出电路。

在转换开始前使 $Q_aQ_bQ_cQ_dQ_e=\mathbf{10000}$，且 $Q_2=Q_1=Q_0=\mathbf{0}$。

第 1 个 CP 信号到达后，环形计数器右移一位，使 $Q_b=\mathbf{1}$，$Q_a=Q_c=Q_d=Q_e=\mathbf{0}$，并且将数码寄存器的最高位 FF_2 置 **1**，FF_1 和 FF_0 置 **0**，这时 D/A 转换器的输入代码为 $d_2d_1d_0=\mathbf{100}$，由

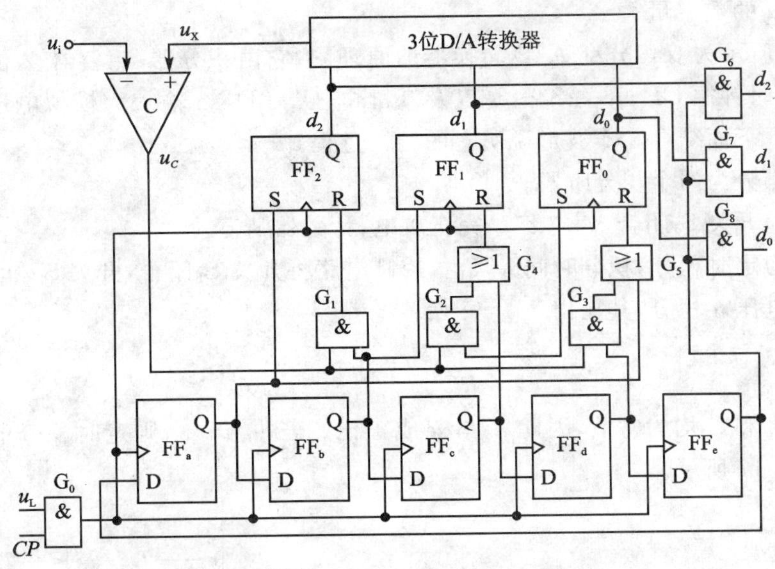

图 10-15　3 位逐次渐近型 A/D 电路原理图

此可在 D/A 转换器的输出端得到相应的模拟电压 u_X。通过比较器 C 对 u_i 与 u_X 进行比较，若 $u_i < u_X$，比较器输出 u_C 为高电平；若 $u_i \geqslant u_X$，则 u_C 为低电平。

第 2 个 CP 信号到达时，环形计数器右移一位，使 $Q_c = \mathbf{1}, Q_a = Q_b = Q_d = Q_e = \mathbf{0}$。若 u_C 为高电平（$u_i < u_X$），说明寄存器中的数字太大，则将这一位的 **1** 清除，即将 FF_2 置 **0**；若 $u_C = \mathbf{0}$（$u_i \geqslant u_X$），说明寄存器中的数字不够大，则将这一位的 **1** 保留，即 FF_2 保持 **1**，从而确定了数码寄存器中 Q_2 的值。与此同时，Q_c 的高电平将次高位 FF_1 置 **1**。这时 D/A 转换器的输入代码为 $d_2 d_1 d_0 = Q_2\mathbf{10}$，输出为这个代码相应的模拟电压 u_X。通过对 u_i 与 u_X 进行比较决定比较器 C 的输出 u_C。

第 3 个 CP 信号到达时，环形计数器再右移一位，使 $Q_d = \mathbf{1}, Q_a = Q_b = Q_c = Q_e = \mathbf{0}$。根据比较器的输出 u_C 确定 FF_1 的值，也就确定了数码寄存器中 Q_1 的值，同时将寄存器 FF_0 置 **1**。这时 D/A 转换器的输入代码为 $d_2 d_1 d_0 = Q_2 Q_1 \mathbf{1}$，输出为这个代码相应的模拟电压 u_X。通过对 u_i 与 u_X 进行比较决定比较器 C 的输出 u_C。

第 4 个 CP 信号到达时，环形计数器再右移一位，使 $Q_e = \mathbf{1}, Q_a = Q_b = Q_c = Q_d = \mathbf{0}$。根据比较器的输出 u_C 确定 FF_0 的值，也就确定了数码寄存器中 Q_0 的值。$Q_e = \mathbf{1}$ 将门 $G_6 \sim G_8$ 打开，寄存器 FF_2、FF_1 和 FF_0 的状态 $Q_2 Q_1 Q_0$ 作为转换结果输出。

第 5 个 CP 信号到达时，$Q_a = \mathbf{1}, Q_b = Q_c = Q_d = Q_e = \mathbf{0}$ 且 $Q_2 = Q_1 = Q_0 = \mathbf{0}$，电路回到初态准备下一次转换。

可见，3 位逐次渐近型 A/D 转换器完成 1 次转换需要 5 个时钟 CP 周期。依此类推，n 位 A/D 转换器需要$(n+2)$个 CP 周期。

10.2.4　双积分型 A/D 转换器

双积分型 A/D 转换器是间接型 A/D 转换器中最常用的一种。它与直接型 A/D 转换器相比具有精度高、抗干扰能力强等特点。双积分型 A/D 转换器首先将输入的模拟电压 u_i 转换成与之成正比的时间量 T，再在时间间隔 T 内对固定频率的时钟脉冲计数，则计数的结果就

是一个正比于 u_i 的数字量。

图 10－16 所示为双积分型 A/D 转换器的原理图，它由积分器、比较器、n 位计数器、控制电路、固定频率时钟源 CP、开关 $S_2 \sim S_0$ 以及基准电压等组成。输入为模拟电压 u_i，输出为 n 位二进制代码。下面结合工作波形说明它的转换过程。

电路的工作分为两个积分阶段。

转换开始前开关 S_0 闭合，使电容 C 完全放电，计数器清零。

第一阶段为定时积分，积分时间为 T_1。控制电路将开关 S_1 闭合，开关 S_2 和 S_0 断开。积分器对输入模拟电压 u_i 积分，其输出

$$u_o = -\frac{1}{RC}\int_0^{T_1} u_i \mathrm{d}t = -\frac{u_i T_1}{RC} \tag{10-9}$$

式中，T_1，R 和 C 均为常数，因此 u_o 与 u_i 成正比。若 $u_{i1} > u_{i2}$，则定时积分的终值 $|u_{o1}| > |u_{o2}|$，如图 10－17 所示。

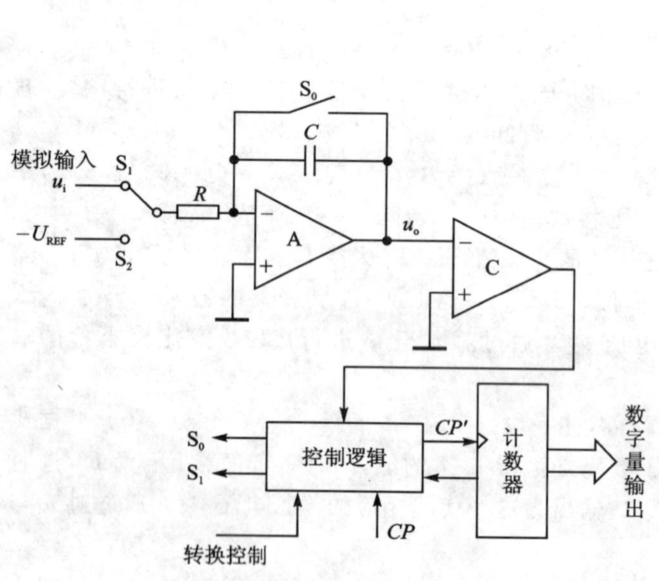

图 10－16　双积分型 A/D 转换器的原理图

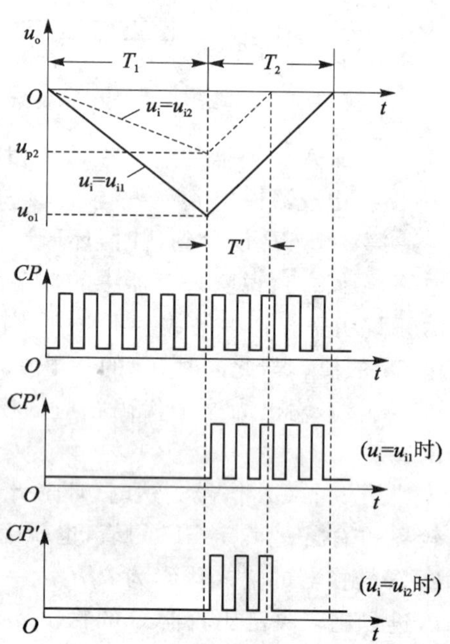

图 10－17　双积分型 A/D 转换器的波形图

第二阶段为反向积分，并在积分的同时进行计数。控制电路将开关 S_2 闭合，开关 S_1 断开，开关 S_0 保持断开状态。积分器对基准电压($-U_{REF}$)进行积分，与此同时计数器开始对固定频率的时钟脉冲计数。由于基准电压($-U_{REF}$)与 u_i 极性相反，因此积分器的积分方向与定时积分时相反，$|u_o|$ 逐渐减小。当 $u_o = 0$ 时，比较器的输出 u_C 产生跃变，且通过控制电路停止积分和计数。该过程所需时间为 T_2，因此

$$u_o = -\frac{u_i T_1}{RC} - \left(-\frac{1}{RC}\int_0^{T_2} U_{REF} \mathrm{d}t\right) = -\frac{u_i T_1}{RC} + \frac{U_{REF}}{RC} = 0$$

所以

$$T_2 = \frac{T_1}{U_{REF}} \cdot u_i \tag{10-10}$$

可见，第二阶段的积分时间 T_2 是一个与输入电压 u_i 成正比的量。若时钟脉冲的固定频率

为 f_{CP}，则第二阶段结束时计数器的输出为

$$D = T_2 \cdot f_{CP} = T_2/T_{CP} \tag{10-11}$$

T_{CP} 为 CP 的周期。将式(10-10)代入式(10-11)，可得

$$D = \frac{T_1 u_i}{T_{CP} U_{REF}} \tag{10-12}$$

可见，数字量 D 与输入模拟电压 u_i 成正比，如图 10-17 所示波形。

10.2.5　A/D 转换器的主要技术指标

1. 分辨率

分辨率用于描述 A/D 转换器对输入量微小变化的敏感程度。A/D 转换器的输出是 n 位二进制代码，因此在输入电压范围一定时，位数越多，量化误差也就越小，转换精度也越高，分辨能力也越强。但分辨率仅仅表示 A/D 转换器在理论上可以达到的精度。

2. 转换精度

转换精度常用转换误差来描述。它表示 A/D 转换器实际输出的数字量与理想输出数字量的差别，通常用最低位的位数表示。转换误差是综合性误差，它是量化误差、电源波动以及转换电路中各种元件所造成的误差的总和。

实际的转换精度和分辨率是两个不同的概念。分辨率很高，但由于电路的稳定性不好等原因，可能使电路的转换精度并不高。

3. 转换速度

转换速度用完成 1 次转换时间来表示。它是从接到转换控制信号起，到输出端得到稳定的数字输出为止所需时间。转换时间越短，说明转换速度越快。

总体来说，直接型 A/D 转换器的转换速度较间接型 A/D 转换器快，但转换精度和抗干扰能力都不及间接型 A/D 转换器。

10.2.6　集成 ADC

集成 ADC0809 是用 CMOS 工艺制成的 8 位八通道逐次渐近型 A/D 转换器。该器件具有与微处理器兼容的控制逻辑，可以直接与 80X86 系列、51 系列等微处理器接口相连。

1. ADC0809 的主要技术指标

分辨率：　8 位

精度：　8 位

转换时间：　≤100 μs

输入电压范围：　5～15 V

温度灵敏度：　20 ppm/°C

功耗：　15 mW

2. ADC0809 的内部结构及工作原理

ADC0809 的内部结构如图 10-18 所示，由两部分组成：

第一部分：8 路模拟通道选择开关、地址锁存器和译码器。

第二部分：比较器、8 位逐次渐近寄存器 SAR、8 位树形 D/A 转换电路、控制逻辑、三态输出缓冲锁存器。

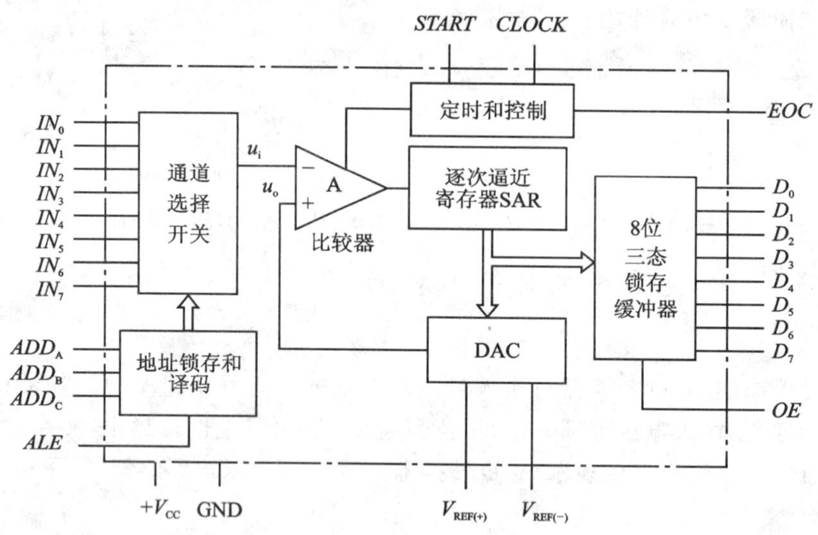

图 10-18　ADC0809 内部结构框图

ADC0809 工作原理如下：

由 ADD_C、ADD_B、ADD_A 及 ALE 选择 8 个模拟量之一，并通过通道选择开关加至比较器一端，由 $START$ 信号启动 A/D 转换开始且 SAR 清零，在 $CLOCK$ 控制下，将 SAR 从高位到低位逐次置 **1**，并将每次置位后的 SAR 送 D/A 转换器转换成与 SAR 中数字量成正比的模拟量，DAC 的输出加至比较器的另一端与输入的模拟电压进行比较，若 $u_i \geqslant u_o$，保留 SAR 中该位的 **1**；若 $u_i < u_o$，该位清零。经过 8 次比较(8 个 $CLOCK$)后，SAR 中的 8 位数字量即是结果，在 OE 有效下，将 SAR 中 8 位二进制数输出至锁存器，并通过 $D_7 \sim D_0$ 输出，同时发出 EOC 转换结束信号。

3. ADC0809 的引脚功能

ADC0809 的引脚排列图如图 10-19 所示，各引脚功能如下：

$IN_0 \sim IN_7$：8 路模拟电压输入，电压范围为 0～5 V。可由 8 路模拟开关选择其中任何一路送至 8 位 A/D 转换电路进行转换。

ADD_C、ADD_B、ADD_A：3 个地址信号输入端，构成 3 位地址码，用以选择 8 个模拟量之一。

ALE：地址锁存允许信号，它是一个正脉冲信号。在脉冲的上升沿将 3 位地址 ADD_C、ADD_B、ADD_A 存入锁存器。

$CLOCK$：时钟脉冲输入。控制 A/D 转换速度，频率范围是 10 kHz～1 MHz。

$START$：A/D 转换启动信号，为一正脉冲信号。在 START 的上升沿，将逐次比较寄存器清零，在 START 的下降沿开始转换。

EOC：A/D 转换结束信号，高电平有效。

OE：输出允许信号，OE 有效时将打开输出缓冲器，使转换结果出现在 $D_7 \sim D_0$ 端。

V_{CC}：芯片工作电压，+5 V。

$D_7 \sim D_0$：数字量输出端。

$V_{REF(+)}$、$V_{REF(-)}$：基准(参考)电压的正、负极。

GND：地端。

4. ADC0809 与微机的连接

在 ADC0809 典型应用中，它与微处理器的连接如图 10－20 所示。

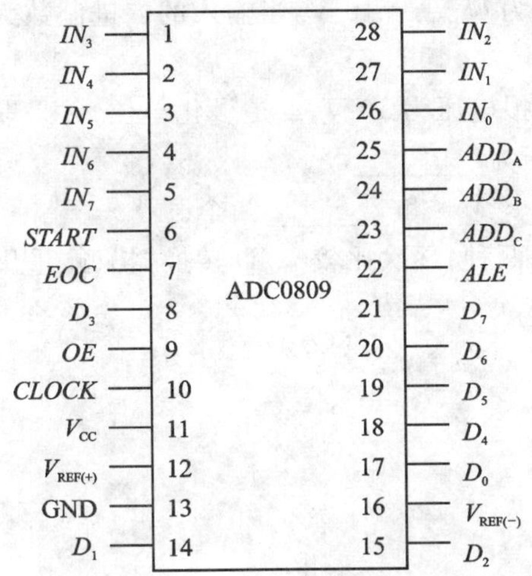

图 10－19　ADC0809 引脚排列图

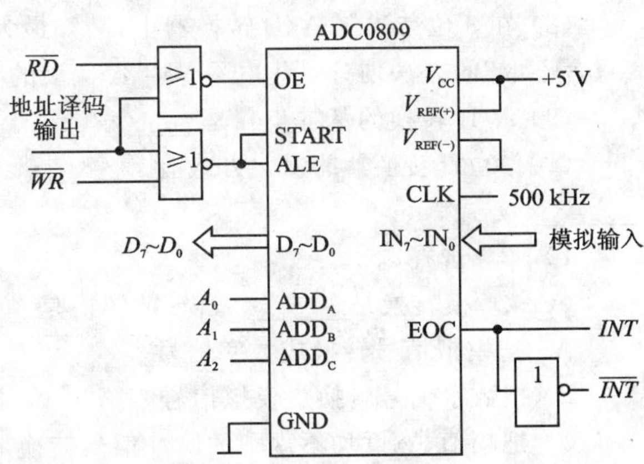

图 10－20　ADC0809 与微处理器的连接

本章小结

1. 数/模(D/A)转换和模/数(A/D)转换是沟通数字量和模拟量的桥梁。

2. 评价数/模(D/A)转换器和模/数(A/D)转换器的主要技术指标是转换精度和转换速度，也是挑选转换器电路的主要依据，在选择方案时，要综合考虑性价比，不可一味追求不必要的高精度和高速度。

3. 数/模转换器是用权电流(权电阻或权电容)使输出电压与输入数字量成正比。

4. 将模拟量转换为数字量的基础是取样定理，只要取样频率大于模拟信号最高频率的两倍($f_S \geqslant 2f_{i,max}$)即可不失真地重现原来的输入信号。

5. 模/数转换包括取样、保持、量化、编码。量化、编码的方案很多，本章介绍了逐次渐近型和双积分型两种。

习题十

10－1　填空题

(1) 输入二进制的 n 位 D/A 转换器的 n 越大，分辨率越________。D/A 转换器的基本结构主要包括________、________和________三部分。

(2) D/A 和 A/D 转换器的主要技术指标是________和________。

(3) 若 n 是输入信号有效位数，则 D/A 转换器的分辨率是________。

(4) 一个 10 位的倒 T 形电阻网络 DAC，若 $U_{REF}=5$ V，$R_F=2R$，则当数字信号 $D=$ **0101010100** 时，对应的输出电压 $u_o=$________。

(5) 一个 10 位 DAC 的最小分辨电压为 0.025 V，则它能表示最大电压是________ V。

(6) 一个8位的DAC,当输入为**10000001**时,输出电压为5 V,则输入为**01010000**时,输出电压为________V。

(7) 若一个14位的D/A转换器的满刻度输出电压为$U_{o,max}=10$ V,当输入的二进制数为**10111010101111**时,输出电压为________V。

(8) 在3位二进制A/D转换器中,已知最大输入模拟电压为10 V,Δ是量化单位,并采取"只舍不取"的方法划分量化电平,则1Δ代表的量化电压为________V。

(9) A/D转换的基本步骤是________、________、________和________四个。

(10) A/D转换器的量化方式有________、________两种;逐次比较A/D转换器只能采用________方式。

10-2　选择题

(1) 数/模转换是________,模/数转换是________。

A. 把模拟信号转换成数字信号

B. 把数字信号转换成模拟信号

C. 把幅值、宽度均不规则的脉冲信号转换成模拟信号

D. 把幅值、宽度均不规则的脉冲信号转换成数字信号

(2) 工业中多数参数(如温度、压力、流量……)通过传感器转换成的电信号均为________,因而在利用计算机构成控制系统时应首先将它们转换成________,经计算机处理后,再转换成________,以驱动执行机构。

A. 数字量　　B. 模拟量　　C. 矩形波电压信号　　D. 正弦波电压信号

(3) 在倒T形电阻网络D/A转换器中,当电子开关状态变化时,电阻网络各支路的电流________,因而________。

A. 变化很大　　B. 基本不变　　C. 电流建立时间近似为零　　D. 电流建立时间很长

10-3　判断题

(1) 数/模转换器的功能是将数字量转换成模拟量。(　　)

(2) 模/数转换器的功能是将模拟量转换成数字量。(　　)

(3) 数/模转换器的功能是将幅值、宽度均不规则的脉冲信号转换成模拟信号。(　　)

(4) 数/模转换器的位数越多,分辨率越高。(　　)

(5) 模/数转换器的位数越多,分辨率越高。(　　)

(6) 倒T形电阻网络D/A转换器的电阻网络中阻值分散,因此不便于集成化。(　　)

(7) 在D/A转换时,取样频率应大于输入模拟信号的基波频率。(　　)

(8) 按图10-15所示电路组成的10位逐次渐近型A/D转换器完成一次转换需10个时钟脉冲CP的周期。(　　)

10-4　按图10-4组成的4位倒T形电阻网络D/A转换器中$U_{REF}=10$ V,$R=10$ kΩ。试问当输入数字信号$d_3d_2d_1d_0=$**1111**时各电子开关中的电流分别为多少?输出电压u_o为多少?若测得$d_3d_2d_1d_0=$**0101**时输出电压$u_o=0.625$ V,则$U_{REF}=$?

10-5　在10位倒T形电阻网络D/A转换器中,电阻取值如图10-4中的R和$2R$,$U_{REF}=10$ V。求解输入数字信号为**0000000001**、**0011001100**和**1111111111**时的输出电压u_o。

10-6　今有一4位倒T形电阻网络D/A转换器,电路结构参照图10-4,已知$U_{REF}=8$ V。

(1) 求解 $d_3d_2d_1d_0$ = **0000**、**0011**、**1111** 时的输出电压 u_o；

(2) 将 d_3、d_2、d_1、d_0 分别接 4 位二进制加法计数器的状态输出 Q_3、Q_2、Q_1、Q_0（其中，Q_3 为最高位状态，Q_0 为最低位状态），试画出计数器在连续计数脉冲 CP 作用下 CP 和 u_o 的波形。

10－7　10 位倒 T 形电阻网络 D/A 转换器如题图 10－7 所示。

(1) 试求输出电压的取值范围；

(2) 若要求电路输入数字量为 200H 时输出电压 u_o＝5 V，试问 U_{REF} 应取何值？

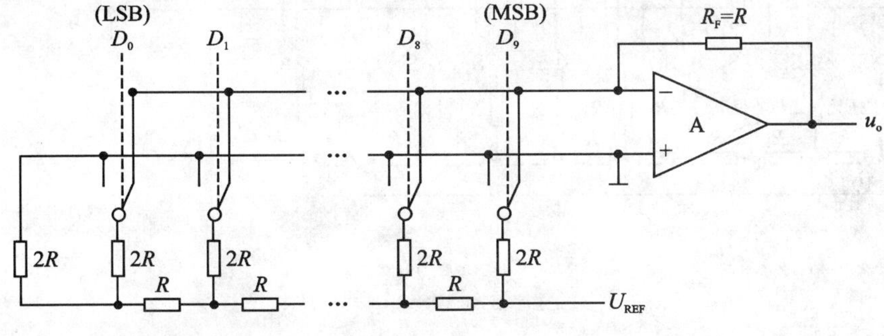

题图 10－7

10－8　在题图 10－8 所示的倒 T 形电阻网络 D/A 转换器中，设反馈电阻 R_F＝R，外接参考电压 U_{REF}＝－10 V，为保证 U_{REF} 偏离标准值所引起的误差小于 LSB/2，试计算 U_{REF} 的相对稳定度应取多少？

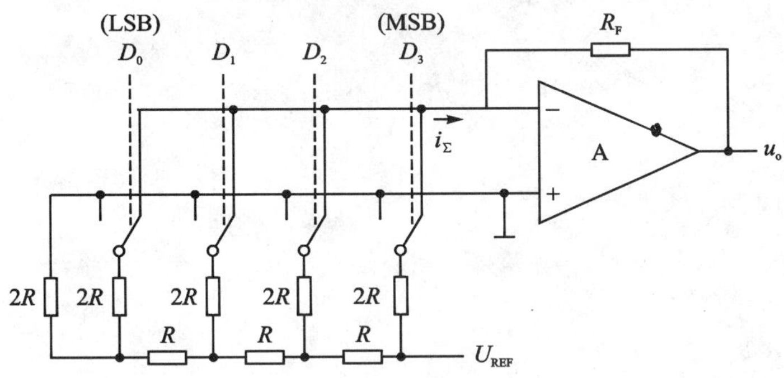

题图 10－8

10－9　已知时钟脉冲 CP 的周期为 2 μs。

(1) 试问图 10－15 所示电路完成 1 次转换需多长时间？

(2) 若按图 10－15 所示电路组成 10 位 A/D 转换器，则完成 1 次转换需多长时间？

10－10　按图 10－15 所示电路的原理组成 10 位逐次渐近型 A/D 转换器完成 1 次循环所需时间为 12 μs，试问时钟脉冲 CP 的周期为多少？

10－11　在图 10－17 所示双积分型 D/A 转换器中，已知输入取样电压最大值为 8 V，其定时积分的终值为－8 V，输出数字量为 4 位二进制数，时钟脉冲 CP 的周期为 2 μs。试问：

(1) 反向积分时间为多少？

(2) 定时积分时间为多少？

(3) 当输入模拟信号为最大值时，转换时间为多少？

10－12　在题图 10－12 所示的 D/A 转换电路中，已知参考电压 U_{REF}＝5 V，试计算：

(1) 输入数字量 $d_9 \sim d_0$ 每一位为 **1** 时在输出端产生的电压值；

(2) 输入为全 **1**、全 **0** 时在输出端产生的电压值。

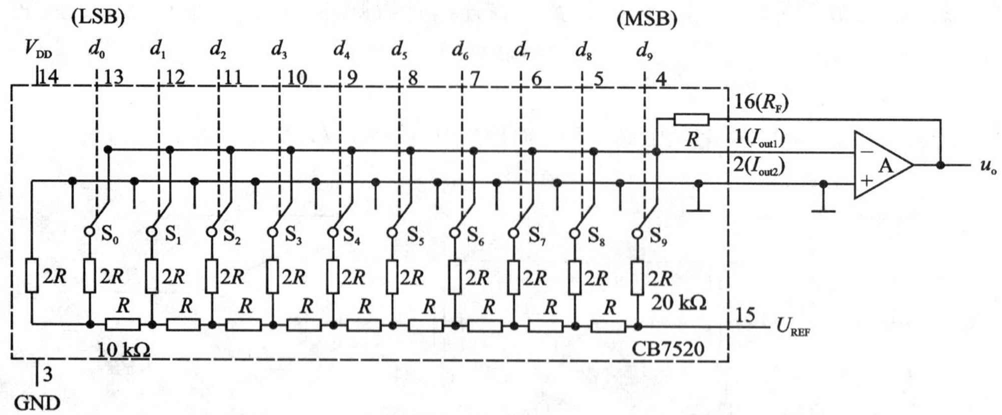

题图 10-12

10-13　对于一个10位逐次渐近型A/D转换电路，当时钟频率为1 MHz时，其转换时间是多少？如果要求完成一次转换的时间小于10 μs，试问时钟频率应为多少？

第 11 章　硬件描述语言 VHDL 简介

内容提要

- VHDL 语言程序的基本结构及 VHDL 语言中的数据
- 常用组合逻辑功能器件的 VHDL 描述
- 各种功能触发器的 VHDL 语言描述
- 时序逻辑电路的 VHDL 描述

EDA 指电子设计自动化(Electronics Design Automatic)，是计算机在工程技术上的一项重要应用。EDA 是在电子电路 CAD(Computer Aided Design——计算机辅助设计)的基础上发展起来的计算机软件系统。

EDA 技术就是依赖功能强大的计算机，在 EDA 工具软件平台上，对以硬件描述语言 HDL(Hardware Description Language)为系统逻辑描述手段完成的设计文件，自动地完成逻辑编译、逻辑化简、逻辑分割、逻辑综合、结构综合(布局布线)，以及逻辑优化和仿真测试，直至实现既定的电子线路系统功能。EDA 技术使得设计者的工作仅限于利用软件的方式，即利用硬件描述语言和 EDA 软件来完成对系统硬件功能的实现，这是电子设计技术的一个巨大进步。

本章主要介绍 EDA 技术中的重要组成部分——硬件描述语言 HDL。

11.1　VHDL 语言基础

传统的数字系统设计步骤是：从真值表、状态图的简化，写出最简逻辑表达式，直到绘出电路原理图。若电路系统庞大，就不容易在电路原理图上了解电路的原理，而且绘图也是非常繁琐的工作。因此众多软件公司研制开发了具有自己特色的电路硬件描述语言 HDL，这些硬件描述语言必然有很大的差异。因此需要开发一种强大的、标准化的硬件描述语言，作为可相互交流的设计环境。美国国防部在 1981 年提出了一种新的 HDL，称之为 VHSIC Hardware Description Language，简称为 VHDL。

VHDL 是超高速集成电路硬件描述语言(Very - High - Speed Integrated Circuit Hardware Description Language)的缩写。VHDL 符合美国电气和电子工程师协会标准(IEEE 1076 标准)，它可以用一种形式化的方法来描述数字电路和设计数字逻辑系统。利用 VHDL 进行自顶向下的电路设计，并结合一些先进的 EDA 工具软件(例如 MAXPLUSⅡ、EWB 和 Protel 等)，可以极大地缩短产品的设计周期，加快产品进入市场的步伐，在当前高速发展的信息时代，可以更好地把握商机。

11.1.1　VHDL 语言程序的基本结构

从数字电子技术课程中可知，任何一个数字部件都有输入和输出引脚，这些引脚负责与外部电路交换数据,称之为端口(PORT)。输出与输入的关系可以用真值表、逻辑表达式和逻辑图等手段描述。目前几种硬件描述语言 HDL 都是先描述端口,后描述端口之间的关系(即功能),VHDL 也不例外。

一个完整的 VHDL 语言通常包括实体(entity)说明和结构体(architecture)说明两部分。其中,实体说明部分描述部件的端口,结构体说明部分描述部件的功能。这是任何一段 VHDL 程序都必须有的两个部分。下面具体介绍这两个部分的语法。

1. 实体说明

实体说明部分包含在 entity 和 end entity 之间,描述的是部件的端口信号,即输入、输出引脚。在 VHDL 中,实体的关键字是 entity,用户不能对关键字进行定义。HADDER 是实体名,由用户自行定义。实体名应尽可能与部件的功能相符合。需要说明的是,本书中,关键字采用了小写英文字母,而用户定义的标识符采用了大写的英文字母。这样做的目的是便于读者区分这两类标识符,有利于书写和阅读。需要指出的是:VHDL 对大小字母不敏感。

实体部分最核心的内容是由关键字 port 引导的端口说明。A 和 B 是输入引脚,使用了关键字 in 来描述。Bit 的意思是指 A 和 B 的数据类型是位类型。位类型数据只可取 **0** 和 **1** 这两个数值。S 和 CO 是输出信号,用 out 来描述,数据类型也是 bit 型。

实体说明的是部件的名称和端口信号类型,它可以描述小至一个门,大到一个复杂的 CPU 芯片、一块印制电路板甚至整个系统。实体的电路意义相当于器件,在电路原理图上相当于元件符号,它是一个完整的、独立的语言模块,并给出了设计模块和外部接口。

具体语法如下:

```
entity  实体名 is                              ——实体名自选,通常用反映模块功能特征的名称
     port(端口名称 1:端口方式 1     端口类型 1;
          端口名称 2:端口方式 2     端口类型 2;…);
end  实体名;                                   ——这里的实体名要和开始的实体名一致
```

其中端口方式可以有 5 种,分别是:

in:输入端口,信号从该端口进入实体。

out:输出端口,信号从实体内部经该端口输出。

inout:输入/输出(双向)端口,信号既可从该端口输入,也可从该端口输出。

buffer:缓冲端口,工作于缓冲模式。

Linkage:无指定方向,可与任何方向的信号连接。

2. 结构体说明

结构体(architecture)是整个 VHDL 语言中至关重要的组成部分,这个部分会给出模块的具体实现,指定输入与输出之间的行为。结构体的语句格式如下:

```
architecture  结构体名 of  实体名 is
     结构体说明部分;
begin
     结构体语句部分;
end  结构体名称;
```

上述语句格式中,结构体名为本结构体的命名;实体名即上文介绍的实体的命名,也就是所存储的文件的命名。

结构体说明部分必须在第一个 begin 之前定义，它可以由类型、子程序、元件和信号说明组成，用以对结构体内部所使用的信号、常数、数据类型和函数进行定义。

结构体语句部分是具体地确定各个输入、输出之间的关系，描述了结构体的行为，是一组并行处理语句，也就是说结构体中语句的执行是不以书写语句顺序为准的。

11.1.2 VHDL 语言中的数据

VHDL 是一种计算机编程语言，其语言要素包括标识符、数据对象、数据类型和运算操作符。

1. 标识符

标识符规则是 VHDL 语言中符号书写的一般规则。VHDL 语言有两个标准版：VHDL 87 版和 VHDL 93 版。VHDL 87 版的标识符语法规则经过扩展后，形成了 VHDL 93 版的标识符语法规则。为了对二者加以区分，前者称为短标识符，后者称为扩展标识符。

(1) 短标识符

VHDL 语言的短标识符是遵守以下规则的字符序列：

① 有效字符为大小写英文字母(A～Z,a～z)、数字(0～9)和下划线(_)。

② 必须以英文字母打头。

③ 下划线前后必须都有英文字母或数字。

④ 短标识符不区分大小写。

在 VHDL 语言中，程序设计的字母大小写没有区别。在所有的语句中，字母大写、小写以及大小写混合都可以。为使程序易于阅读，应该使 VHDL 语言的保留字大写，其他小写。

(2) 扩展标识符

扩展标识符具有以下特性：

① 扩展标识符用反斜杠来定界。

② 允许包含图形符号、空格符。

③ 反斜杠之间的字符可以用保留字。

④ 两个反斜杠之间可以用数字打头。

⑤ 扩展标识符允许多个下划线相连。

⑥ 扩展标识符区分大小写。

⑦ 扩展标识符与段标识符不同。

以下是一些有效的基本标识符：

```
DRIVE_BUS          addr_bus          decoder_38          RAM18
```

2. 数据对象

数据对象共有 3 种形式：常量(Constant)、变量(Variable)和信号(Signal)。

(1) 常 量

常量是一个固定值。所谓常量说明就是对某一常量名赋予一个固定值，一旦赋值就不会发生变化。通常赋值在程序开始前进行，该值的数据类型则在说明语句中指明。

常量定义的一般格式如下：

```
constant 常量名:数据类型:= 表达式;
```

例如:

```
constant width:integer:= 8;             ——定义 width 整型常量 8
constant delay:time:= 100ns;            ——定义 delay 是时间型常量,用于表示延时
```

(2) 变　量

变量是可以改变的量,只能在进程语句、函数语句和过程语句结构中使用,它是一个局部量。仿真过程中,变量不像信号那样,到了规定的仿真时间才进行赋值。它的赋值是立即生效的,且在赋值时不能产生附加延时。变量定义语句的一般格式为

```
variable 变量名:数据类型:= 初始值;
```

例如:

```
variable x,y,z:integer;                 ——定义 x,y,z 是整型变量
variable x,y,z:integer:= 2;             ——定义 x,y,z 是整型变量,且赋初始值 2
variable A:bit;                         ——定义 A 是位型变量
variable B:boolean:= false              ——定义 B 是布尔变量,且赋初值"false"
```

变量赋值语句的格式为

```
变量名:= 表达式
```

变量的赋值符号为":=",使用变量赋值语句时要注意保证赋值符号两边的数据类型一致,下面举例说明几种不同变量赋值方式。

例 11-1　变量赋值语句举例。

```
variable A,B:bit;                       ——定义变量 A,B 是位型
variable C,D:bit_vector(0 to 3);        ——定义变量 C,D 是 4 位矢量信号
A:= '0';                                ——位赋值
C:= "1001";                             ——位矢量赋值
D(0 to 1):= C(2 to 3);                  ——段赋值,将矢量 C 的后两位赋值给矢量 D 的前两位
D(2):= '0';                             ——位赋值
```

(3) 信　号

VHDL 的信号是电子线路内部硬件连接的抽象。它是描述硬件系统的基本数据对象,它的性质类似于连接线。信号可以作为设计实体中并行语句模块间的信息交流通道。

信号作为一种数值容器,不但可以容纳当前值,也可以保持历史值(这决定于语句的表达方式)。这一属性与触发器的记忆功能有很好的对应关系,只是不必注明信号上数据流动的方向。信号定义的语句格式与变量相似,信号定义也可以设置初始值,信号说明语句的一般格式为

```
signal 信号名:数据类型:= 初始值;
```

信号初始值的设置不是必须的,而且初始值仅在 VHDL 的行为仿真中有效。与变量相比,信号的硬件特征更为明显,它具有全局性特征。例如,在实体中定义的信号,在其对应的结构体中都是可见的,即在整个结构体中的任何位置、任何语句结构中都能获得同一信号的赋值。

例如:

```
signal A:bit;                          ——定义 bit 型信号 A
signal X,Y:integer range 0 to 7;       ——定义整型信号 X 和 Y,信号值变化范围是 0~7
```

信号赋值语句的格式为

```
信号名<=表达式;
```

信号的赋值符号是"<=",需要注意的是,信号的初始值符号是":="。下面是几个信号赋值语句的例子。

```
X<=A and B;
Z<='1' after 5 ns;                     ——after 是延时关键字,信号 Z 的赋值时间在 5 ns 之后
```

例 11-2　信号说明与赋值语句举例。

```
architecture DATAFLOW of EX is
    signal S0,S1:std_logic;
begin
    S0  <= A and B;
    S1  <= S0 nand C;
    Y   <= S1 nand D;
end architecture DATAFLOW;
```

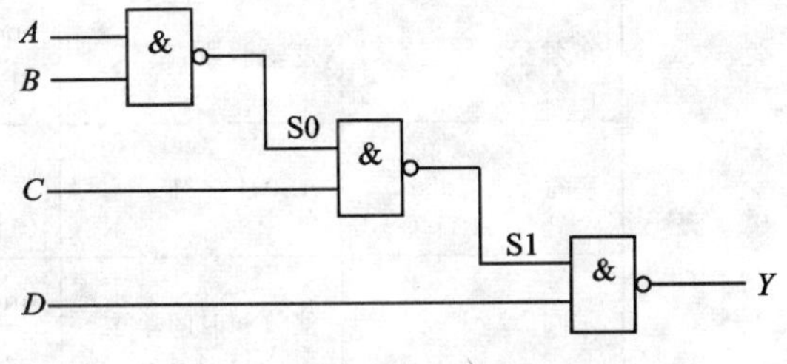

图 11-1　例 11-2 电路图

例 11-2 描述的电路图如图 11-1 所示。

3. 数据类型

在 VHDL 语言中信号、变量及常量都要指定数据类型。VHDL 语言标准定义了 10 种标准的数据类型。为使用户设计方便,还可以由用户自定义数据类型。这样,使语言的描述能力及自由度进一步提高,从而为系统高层次的仿真提供了必要手段。VHDL 语言的数据类型的定义相当严格,不同类型之间的数据不能直接代入;数据类型相同而位长不同时,也不能直接代入。

(1) VHDL 语言标准所定义的标准数据类型

10 种标准数据类型如表 11-1 所列。

(2) 用户自定义的数据类型

VHDL 语言允许用户自定义数据类型。其书写格式为

```
type 数据类型名 is 数据类型定义;
```

例如:

```
type digit is integer range 0 to 9;        ——定义 digit 的数据类型是 0~9 的整数
```

可由用户定义的数据类型有:

① 枚举(Enumerated)类型;

② 整数(Integer)类型;

③ 实数(Real)、浮点数(Floating)类型;

④ 数组(Array)类型;

⑤ 存取(Access)类型;

⑥ 文件(File)类型;

⑦ 记录(Record)类型;

⑧ 时间(Time)类型(物理类型)。

表 11-1 标准数据类型

数据类型	含　义	备　注	例　子
整数	整数 32 位	integer	+136,-457
实数	实数	real 一定有小数点	-1.0,+2.5c23
位	逻辑 0 或 1	bit	bit('1')
位矢量	位矢量	bit_vector 双引号括起来的一组数	"00101"
布尔量	逻辑假或真	boolean 只有真(true)和假(false)	
字符	ASCII 字符	character 用单引号括起来	'a','b','1'
时间	整数和时间单位	time fs,ps,ns,us,ms,sec,min,hr	
错误等级	表征系统状态	severitylevel note,warning,error,failure	
自然数,正整数	整数的子集	natural,positive	
字符串	字符矢量	string 双引号括起来的字符序列	

4. VHDL 的运算操作符

与传统的程序设计语言一样,VHDL 各种表达式中的基本元素也是由不同类型的运算符相连而成的。这里所说的基本元素称为操作数,运算符称为操作符(Operators)。操作数和操作符相结合就成了描述 VHDL 算术或逻辑运算的表达式。其中操作数是各种运算的对象,而操作符规定运算的方式。

VHDL 语言有 4 种操作符:逻辑运算符、算术运算符、关系运算符和并置运算符,如表 11-2 所列。

(1) 逻辑运算符

逻辑运算符适用的变量为 std_logic、bit 及 std_logic_vector 类型,这 3 种布尔型数据进行逻辑运算时,逻辑运算符的左边、右边以及代入的信号类型必须相同。

在一个 VHDL 语句中存在两个以上逻辑表达式时,左右没有优先级别。一个逻辑式中,先做括号内的运算,再做括号外运算。

(2) 算术运算符

算术运算符包括对整型数的加、减运算符,对整型或实型(含浮点数)的乘、除运算符,对整型数的取模和取余运算符,对单操作数添加符号的符号操作符"+"和"-",以及指数运算符"**"和取绝对值运算符"ABS"。

(3) 并置运算符

在 VHDL 程序设计中，并置运算符号“&”用于位的连接。并置运算符的使用规则如下：

① 并置运算符可用于位的连接，形成位矢量；

② 并置运算符可用于两位矢量的连接构成更大的位矢量。

(4) 关系运算符

关系运算符的作用是比较相同类型的数据，并将结果表示为 boolean 型数据的 ture 和 false。关系运算符包括等于（=）、不等于（/=）、大于（＞）、大于等于（＞=）、小于（＜）、小于等于（＜=）。

表 11-2 中各运算符的优先级由低到高排列，并列出了各种操作符所要求的数据类型。

表 11-2　VHDL 的运算操作符列表

类　型	操作符	功能说明	操作数数据类型
逻辑运算符	AND	与运算	BIT，BOOLEAN，STD_LOGIC
	OR	或运算	BIT，BOOLEAN，STD_LOGIC
	NAND	与非运算	BIT，BOOLEAN，STD_LOGIC
	NOR	或非运算	BIT，BOOLEAN，STD_LOGIC
	XOR	异或运算	BIT，BOOLEAN，STD_LOGIC
	NOT	非运算	BIT，BOOLEAN，STD_LOGIC
算术运算符	+	加	整数
	−	减	整数
	*	乘	整数和实数（包括浮点数）
	/	除	整数和实数（包括浮点数）
	MOD	取模	整数
	REM	取余	整数
	+	正	整数
	−	负	整数
	**	指数	整数
	ABS	取绝对值	整数
	&	并置	一维数组
关系运算行	=	等于	任何数据类型
	/=	不等于	任何数据类型
	＜	小于	枚举与整数类型，以及对应的一维数组
	＞	大于	枚举与整数类型，以及对应的一维数组
	＜=	小于等于	枚举与整数类型，以及对应的一维数组
	＞=	大于等于	枚举与整数类型，以及对应的一维数组

11.2 常用组合逻辑功能器件的 VHDL 语言描述

11.1 节介绍了 VHDL 的数据类型、运算及运算操作符,认识了实体和结构体。为了利用 VHDL 来描述常用组合逻辑功能器件,还必须对 VHDL 语言做进一步的了解。本节首先介绍 VHDL 语言的主要描述语句,然后利用 VHDL 语言来描述优先编码器、译码器、加法器及数据选择器。

11.2.1 VHDL 语言的主要描述语句

语句是构成 VHDL 程序不可缺少的部分。VHDL 的语句包括赋值语句、条件语句、循环语句、结构声明语句和编译预处理语句等类型,每一类语句又包括几种不同的语句。在这些语句中,有些语句属于顺序语句,有些语句属于并行执行语句。

1. 顺序描述语句

顺序语句(sequential)是完全按照程序书写顺序执行的语句,前面语句执行的结果会影响后面的语句。顺序语句只能出现在进程和子程序中,从方针角度来看,顺序语句是顺序执行的。VHDL 的顺序语句包括赋值语句、流程控制语句、子程序调用语句和等待语句等类别。这里只介绍流程控制语句中的 if 语句和 case 语句。

(1) if 语句

根据指定的条件,if 语句确定语句执行的顺序,其语法如下:

```
if 条件 1 then
      第 1 组顺序语句;
elsif  条件 2 then
      第 2 组顺序语句;
      ……
elsif  条件 n then
      第 n 组顺序语句;
else
      第 n+1 组顺序语句;
end if;
```

若条件成立,就执行 then 后的顺序语句;否则,检测后面的条件,并在条件满足时,执行相应的顺序语句。

if 语句至少有一个条件句,条件句必须是 boolean 表达式,当条件句的值为 true 时(即条件成立),执行 then 后的顺序语句。

(2) case 语句

case 语句根据表达式的取值直接从多组顺序语句中选择一组执行,其语句格式为

```
case 条件表达式 is
      when 条件表达式的值 =>一组顺序语句;
        ……
      when 条件表达式的值 =>一组顺序语句;
end case;
```

当执行到case语句时，首先计算表达式的值，然后根据条件句中与之相同的选择值，执行对应的顺序语句，最后结束case语句。表达式可以是一个整数类型或枚举类型的值，也可以是由这些数据类型的值构成的数组。注意：条件语句中的"＝＞"不是操作符，它只相当于then的作用。

if语句是有序的，先处理最起始、最优先的条件，后处理次优先的条件；case语句是无序的，所有条件表达式的值都并行处理。

case语句中的条件表达式的值必须列举穷尽，又不能重复。不能穷尽的条件表达式的值用others表示。

2. 并行描述语句

VHDL语言虽然在形式上与诸如C语言等一些高级语言相似，但在本质上却有其独特不同之处。由于实际的硬件电路系统的许多操作都是并发进行的，所以作为硬件描述语言VHDL来说，就具有描述这种并发行为的并发语句，能够进行并发处理的语句有进程语句、块语句、并行过程调用语句、断言语句、并行信号赋值语句、信号代入语句、参数据传递语句、通用模块(元件)调用语句、端口映射语句和生成语句。这里以进程语句和并行信号赋值语句为例进行介绍。

(1) 进程语句

进程语句是并行处理语句，即各个进程是同时处理的，在一个结构体中多个Process语句是同时并发运行的。Process语句在VHDL程序中，是描述硬件并行工作行为的最常用、最基本的语句。

Process语句具有如下特点：

① 进程结构中的所有语句都是按顺序执行的；

② 多进程之间是并行执行的，并可存取结构体或实体中所定义的信号；

③ 为启动进程，在进程结构中必须包含一个显式的敏感信号量表或者包含一个wait语句；

④ 进程之间的通信是通过信号量传递来实现的。

Process语句的一般书写结构、组织形式为

```
标记:process (敏感信号表)
                    变量说明语句;
begin
                    一组顺序语句;
end process  标记;
```

其中，标记为进程标号；敏感信号表是进程要读取的所有敏感信号(包括端口)的列表。建立敏感信号表时需注意：

- 同步进程(仅在时钟边沿求值的进程)必定对时钟信号敏感；
- 异步进程(当异步条件为真时，可在时钟边沿求值的进程)必定对时钟信号敏感，同时还对影响异步行为的输入信号敏感；
- 如果进程中包含wait语句，不允许敏感信号表存在。

例如，下面是一个D触发器的结构体说明。

```
architecture rtl of dff is
```

```
begin
    df:process(clk,d)
    begin
        if clk  'event and clk = '1' then
            q< = d;
        end if;
    end process;
end rtl;
```

(2) 并行信号赋值语句

并行信号赋值语句有两种形式:条件型和选择型。

① 条件型

条件型信号赋值语句的格式为

```
目的信号量< = 表达式 1 when  条件 1 else
             表达式 2 when  条件 2 else
             ……
             表达式 n when  条件 n else;
```

② 选择型

选择型信号赋值语句的格式为

```
with  表达式 select
目的信号量< = 表达式 1 when  条件 1 else
             表达式 2 when  条件 2 else
             ……
             表达式 n when  条件 n else;
```

11.2.2 常用组合逻辑功能器件的 VHDL 描述

1. 优先编码器的 VHDL 描述

用 if 语句描述 8 线- 3 线优先编码器。8 线- 3 线优先编码器的真值表如表 11 - 3 所列。

表 11 - 3 8 线- 3 线优先编码器真值表

输入								输出		
INPUT (7)	INPUT (6)	INPUT (5)	INPUT (4)	INPUT (3)	INPUT (2)	INPUT (1)	INPUT (0)	Y2	Y1	Y0
×	×	×	×	×	×	×	0	1	1	1
×	×	×	×	×	×	0	1	1	1	0
×	×	×	×	×	0	1	1	1	0	1
×	×	×	×	0	1	1	1	1	0	0
×	×	×	0	1	1	1	1	0	1	1
×	×	0	1	1	1	1	1	0	1	0
×	0	1	1	1	1	1	1	0	0	1
0	1	1	1	1	1	1	1	0	0	0

图 11－2 所示为 8 线－3 线优先编码器的管脚。

图 11－2　8 线－3 线优先编码器的管脚

```
library ieee;
use ieee.std_logic_1164.all;

entity priorityencoder is
  port(input:in std_logic_vector(7 downto 0);
        y:out std_logic_vector(2 downto 0);
end priorityencoder;

architecture rtl of priorityencoder is
begin
  process(input)
  begin
      if input(0) = '0' then
         y< = "111";
      elsif input(1) = '0' then
         y< = "110";
     elsif input(2) = '0' then
         y< = "101";
elsif input(3) = '0' then
         y< = "100";
      elsif input(4) = '0' then
         y< = "011";
      elsif input(5) = '0' then
         y< = "010";
      elsif input(6) = '0' then
         y< = "001";
      else
         y< = "000";
      else if;
 end process;
      end rtl;
```

2. 译码器的 VHDL 描述

用 case 语句描述 3 线－8 线译码器。图 11－3 所示为 3 线－8 译码器的管脚。3 线－8 线译码器的真值表如表 11－4 所列。

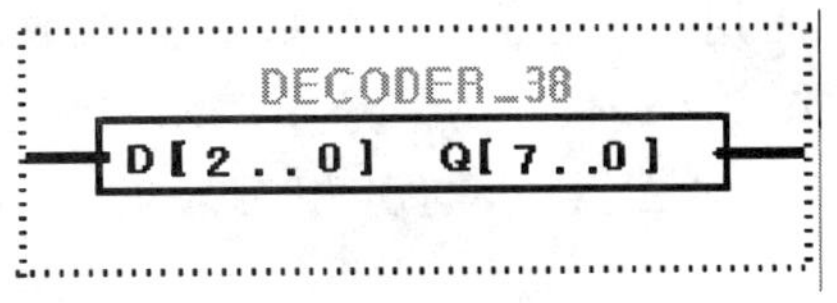

图 11－3　3 线－8 线译码器的管脚

```
library ieee;
use ieee.std_logic_1164.all;
use ieee.std_logic_unsigned.all;

entity decoder_38  is
    port(d:in std_logic_vector(2 downto 0);
```

```
    q:out std_logic_vector(7 downto 0);
end decoder_38;

architecture rtl of decoder_38  is
begin
    process(d)
    begin
        case d is
            when"000" = >q< = "00000001";
            when"001" = >q< = "00000010";
                when"010" = >q< = "00000100";
            when"011" = >q< = "00001000";
            when"100" = >q< = "00010000";
            when"101" = >q< = "00100000";
            when"110" = >q< = "01000000";
            when others = >q< = "10000000";
        end case;
    end process;
end rtl;
```

表 11-4　3线-8线译码器真值表

输　入			输　出							
D2	D1	D0	Q7	Q6	Q5	Q4	Q3	Q2	Q1	Q0
0	0	0	0	0	0	0	0	0	0	1
0	0	1	0	0	0	0	0	0	1	0
0	1	0	0	0	0	0	0	1	0	0
0	1	1	0	0	0	0	1	0	0	0
1	0	0	0	0	0	1	0	0	0	0
1	0	1	0	0	1	0	0	0	0	0
1	1	0	0	1	0	0	0	0	0	0
1	1	1	1	0	0	0	0	0	0	0

3. 1位全加器的VHDL描述

若用a、b分别表示加数和被加数，ci表示低位的进位信号，co表示进位输出信号，s表示和。当采用图11-4所示电路实现加法器时，与其相对应的VHDL描述如下列程序所示。

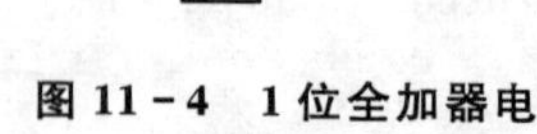

图 11-4　1位全加器电路图

```
library ieee;
use ieee.std_logic_1164.all;

entity adder is
```

```
port(a,b,ci:in std_logic;
     s,co:out std_logic);
end adder;

architecture rtl of adder is
   signal temp_a:std_logic_vector(2 downto 0);
begin
    process(a,b,ci)
    variable templ, temp2, temp3, temp4:std_logic;
    begin
        templ: = ci;
        temp2: = a xor b;
        temp3: = a and b;
        temp4: = templ and temp2;
        s<= templ xor temp2;
        co<= temp3 or temp4;
    end process;
end rtl;
```

4. 数据选择器的 VHDL 描述

四选一数据选择器(mux4_1. vhd)的程序如下列程序所示,四选一数据选择器的管脚如图 11-5 所示。

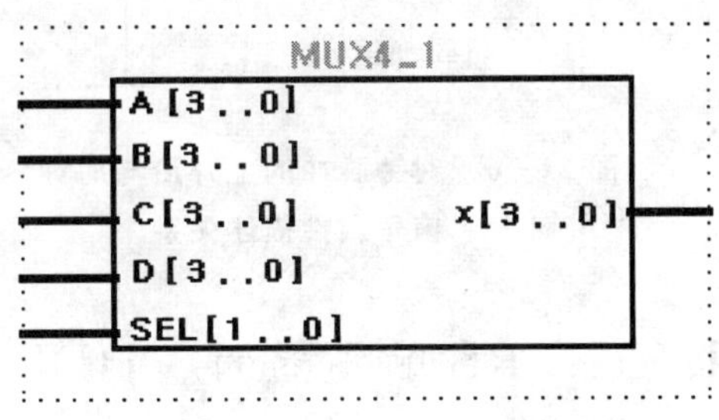

图 11-5　四选一数据选择器管脚图

```
library ieee;
use ieee.std_logic_1164.all;

entity mux4_1 is
  port(a,b,c,d:in std_logic_vector(3 downto 0);
  sel:in std_logic_vector(1 downto 0);
  x:out std_logic_vector(3 downto 0);
end mux4_1;

architecture rtl of mux4_1 is
begin
   x<= a when(sel = "00")else
        b when(sel = "01")else
        c when(sel = "10")else
        d;
end rtl;
```

11.3　触发器的 VHDL 语言描述

时钟信号、触发器是构成时序电路的基本要素。本节将介绍对这两个基本要素的 VHDL 描述。

11.3.1　时钟信号的 VHDL 描述

边沿触发器是以时钟脉冲的上升沿或下降沿作为触发条件的。在 VHDL 语言中，根据时钟脉冲信号属性来描述时钟的上升沿或下降沿。也就是说，利用时钟脉冲属性来指定时钟信号的值是从 **0** 到 **1** 变化，还是从 **1** 到 **0** 变化。

1. 对时钟脉冲上升沿的描述

时钟脉冲波形的上升沿与时钟信号属性描述的关系如图 11－6 所示。由图 11－6 可见，时钟信号的起始值为 **0**，当上升沿到来时，表示发生了一个时钟事件，利用 clk'event 描述；上升沿结束后，时钟信号维持高电平，故当前值描述为“clk＝‘1’”。这样，表示上升沿到来的条件为“clk'event and clk＝‘1’”。

2. 对时钟脉冲下降沿的描述

时钟脉冲波形的下降沿与时钟信号属性描述的关系如图 11－7 所示。由图可见，在下降沿到来前，时钟信号的值为 **1**，当下降沿到来时，表示发生了一个时钟事件，利用 clk'event 描述；下降沿结束后，时钟信号维持低电平，故当前值描述为“clk＝‘0’”。这样，表示下降沿到来的条件为“clk'event and clk＝‘0’”。

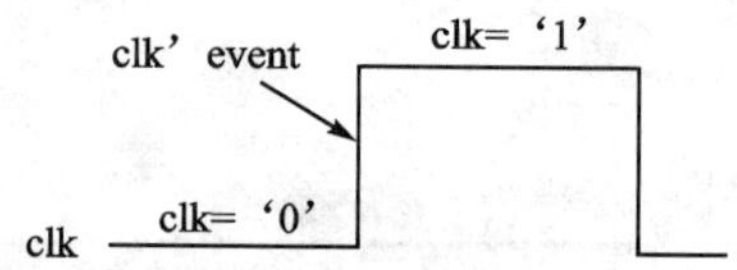

图 11－6　时钟脉冲的上升沿与时钟信号属性描述关系

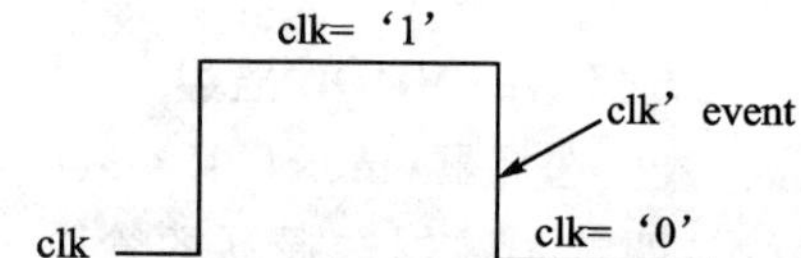

图 11－7　时钟脉冲的下降沿与时钟信号属性描述关系

11.3.2　RS 触发器的 VHDL 描述

基本结构的 RS 触发器是构成其他更加复杂结构触发器的基础。下面看一个具有异步清零、置位功能的 RS 触发器的 VHDL 描述。图 11－8 所示是 RS 触发器的逻辑符号，其功能表如表 11－5 所列。其逻辑功能的 VHDL 描述如下：

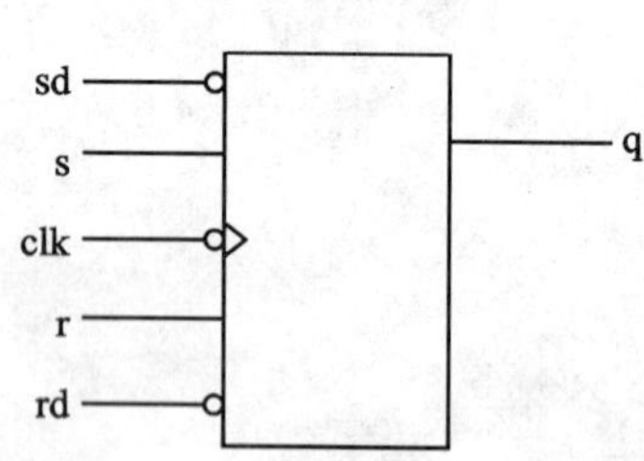

图 11－8　RS 触发器的逻辑符号

表 11－5　RS 触发器的功能表

SD	*RD*	*S*	*R*	*clk*	*Q*
0	1	×	×	×	1
1	0	×	×	×	0
1	1	0	0	↓	Q^n
1	1	0	1	↓	0
1	1	1	0	↓	1
1	1	1	1	↓	×

```
entity rsff is
    port(sd, rd, s, r, clk:in std_logic;
```

```
    q:out std_logic);
end rsff;

architecture rtl of rsff is
signal q_s:std_logic;
 begin
  process(sd, rd, clk)
  begin
     if sd = '0' then
       q_s<= '1';
     elsif(rd = '0')then
       q_s<= '0';
     elsif(clk' event and clk = '0')then
       if(s = '1' and r = '0')then
          q_s<= '1';
       elsif(s = '0' and r = '1')then
          q_s<= '0';
       elsif(s = '1' and r = '0')then
          q_s<= 'x';
       end if;
     end if;
   end process;
     q<= q_s;
end rtl;
```

11.3.3 D 触发器的 VHDL 描述

在各种触发器中，D 触发器是最简单也是最为常用的一种触发器，它是构成各种时序逻辑电路的基础。下面看一个带有异步置位/复位控制端口的上升沿 D 触发器，它的逻辑符号如图 11-9 所示，与其对应的功能表如表 11-6 所列。通过表 11-6 所列的功能可以看出，所谓异步是指只要置位/复位控制端口的信号有效，D 触发器便会立即进行置位或复位操作，可见这些操作是与时钟信号无关的。

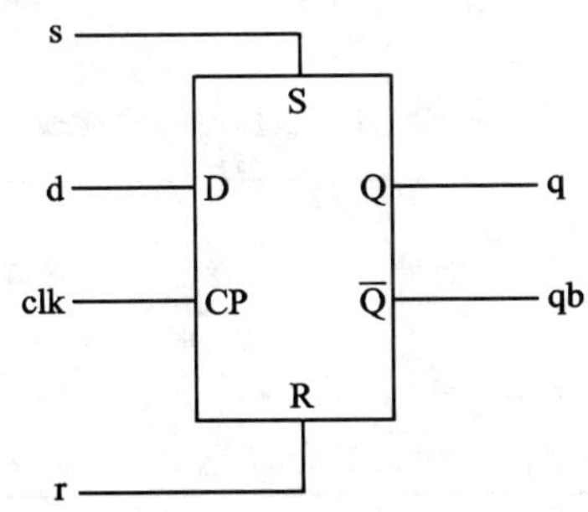

图 11-9　异步置位/复位 D 触发器的逻辑符号

表 11-6　异步置位/复位 D 触发器的功能表

S	R	D	CP	Q	$\overline{Q}$
0	1	×	×	1	0
1	0	×	×	0	1
1	1	×	0	保持	保持
1	1	0	上升沿	0	1
1	1	1	上升沿	1	0

下面给出用来描述带有异步置位/复位控制端口的上升沿 D 触发器的 VHDL 程序。

```
library ieee;
use ieee. std_logic_1164.all;

entity rsdff is
      port(d,clk:in std_logic;
      s,r:in std_logic;
      q,qb:out std_logic);
end rsdff;

architecture rtl of rsdff is
begin
     process(clk,s,r)
     begin
         if(s = '0' and r = '1')then
            q<= '1';
            qb<= '0';
         elsif(s = '1' and r = '0')then
            q<= '0';
            qb<= '1';
         elsif(clk' event and clk = '1')then
            q<= d;
            qb<= not d;
         end if;
end process;
    end rtl;
```

11.3.4 JK 触发器的 VHDL 描述

在数字电路中,JK 触发器也是应用较为广泛的一种触发器,它可以应用于不同用途的数字系统中。数字电路中的 JK 触发器种类很多,这里将以一个简单的高电平触发的 JK 触发器为例,介绍它的 VHDL 描述。图 11-10 所示是 JK 触发器的逻辑符号,与其对应的功能表如表 11-7 所列。

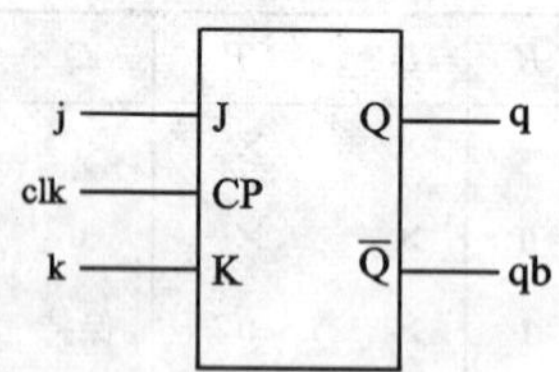

图 11-10 JK 触发器的逻辑符号

表 11-7 JK 触发器的功能表

CP	J	K	Q	$\overline{Q}$
上升沿	0	0	保持	保持
上升沿	0	1	0	1
上升沿	1	0	1	0
上升沿	1	1	翻转	翻转

以下是用 VHDL 描述高电平触发的 JK 触发器的程序。

```
library ieee;
use ieee. std_logic_1164.all;
```

```
entity jkff is
  port(clk:in std_logic;
      j,k:in std_logic;
      Q:buffer std_logic);
end;

architecture rtl of jkff is
 signal jk:std_logic_vector(1 downto 0);
begin
  jk< = j & k;;
  process(clk)
  begin
    if clk = '1' then
   case jk is
     when "00" = >Q< = Q;
     when "01" = >Q< = '0';
     when "10" = >Q< = '1';
     when "11" = >Q< = not Q;
    end case;
end if;
 end process;
end;
```

如果触发方式变成了边沿有效，那么只需要修改 if 语句即可。具体来讲，如果是上升沿，if 语句对 clk 信号的上升沿进行判断，可以使用两种方式判断是否是上升沿。一是使用“if clk'event and clk＝'1'then”语句。“clk'event”表示 clk 信号发生变化，同时变化后的结果“clk＝'1'”，显然 clk 发生的是上跳变化，因此产生上升沿。如果“clk＝'0'”，则发生的是下跳变化，产生的是下降沿。

如果触发方式是主从，即 clk 为高电平，主触发器向输入看齐；clk 下跳时，从触发器向主触发器看齐。

11.3.5　T 触发器的 VHDL 描述

在数字电路中，如果将 JK 触发器的两个输入端口连接在一起作为触发器的输入，这样就可以构成 T 触发器。这里以一个最简单的 T 触发器为例，重点介绍 T 触发器的 VHDL 描述。通常，简单 T 触发器的逻辑符号如图 11－11 所示，功能表如表 11－8 所列。

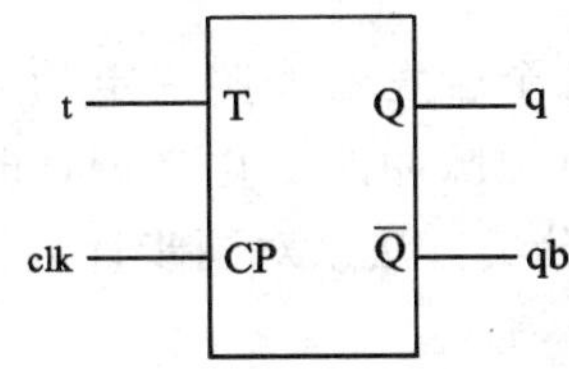

图11－11　简单 T 触发器的逻辑符号

表 11－8　简单 T 触发器的功能表

T	CP	Q	$\overline{Q}$
0	×	保持	保持
0	上升沿	保持	保持
1	×	保持	保持
1	上升沿	翻转	翻转

下面给出用来描述简单T触发器的VHDL程序。

```
library ieee;
use ieee. std_logic_1164.all;

entity tff is
       port(t,clk:in std_logic;
       q,qb:out std_logic);
end tff;

architecture rtl of tff is
      signal q_tmp,qb_tmp:std_logic;
begin
      process(clk)
      begin
            if(clk' event and clk = '1')then
               if(t = '1')then
                   q_tmp< = not q_tmp;
                   qb_tmp< = not qb_tmp;
               else
                   q_tmp< = q_tmp;
                   qb_tmp< = qb_tmp;
               end if;
            end if;
       end process;
       q< = q_tmp;
       qb< = qb_tmp;
end rtl;
```

11.4　时序逻辑电路的VHDL描述

常用的时序逻辑电路主要包括计数器和寄存器,寄存器又分普通寄存器和移位寄存器。与组合电路一样,时序电路也是构成复杂数字系统的基础。只要掌握了它们的VHDL描述,就可以进行各种复杂数字电子系统的设计了。

11.4.1　计数器的VHDL描述

通过前面的学习可以知道,计数器的基本原理就是将几个触发器按照一定的顺序连接起来,然后根据触发器的组合状态按照一定的计数规律随着时钟脉冲的变化来记忆时钟脉冲的个数。下面将按照计数器中各个触发器的时钟是否同步的分类方法来对同步计数器和异步计数器进行讨论,介绍这两类计数器的VHDL描述。

1. 同步计数器

在数字电路中,同步计数器是指构成计数器的各个触发器的状态只会在同一时钟信号的触发下才会发生变化。4位二进制计数器是数字电路中广泛使用的一种计数器,下面以一个带有异步清零、同步置数、使能控制的 4 位二进制同步计数器为例，介绍它的 VHDL 描述。图 11 - 12 是该计数器的逻辑符号。

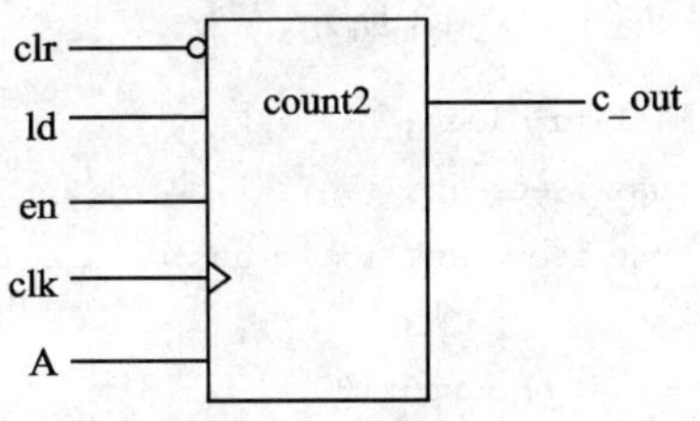

图 11 - 12　4 位二进制加法计数器的端口图

下面是带有异步清零、同步置数、使能控制的四位二进制同步计数器的 VHDL 程序。

```
library ieee;
use ieee. std_logic_1164.all;

entity count2 is
  port  (a:in integer range 0 to 3;
       clk:in std_logic;
       clr:in std_logic;
       en:in std_logic;
       ld:in std_logic;
       cout:out integer range 0 to 3);
end count2;

architecture rtl of count4 is
  signal sig:integer range 0 to 3;
begin
  process  (clk,clr)
  begin
    if clr  ='0' then
      sig<=0;
    elsif  (clk'event and clk  ='1') then
     if ld  ='1' then
      sig<=A;
else
     if en  ='1' then
      sig<=sig+1;
     else
      sig<=sig;
     end if;
    end if;
  end if;
 end process;
  cout<=sig;
end rtl;
```

2. 异步计数器

下面是一个 BCD 码 60 进制异步计数器的 VHDL 描述。该计数器能够最终实现：个位显示 0～9，十位显示 0～5，均用 4 位二进制表示。设计思路是：本计数器是一个异步计数器，个位计数器的时钟和十位计数器的时钟是不同的，频率相差 10 倍，个位计数器的模 $M=10$，十位计数器的模 $M=6$，用 if 语句描述该计数器。BCD 码 60 进制异步计数器的端口图如图 11 - 13 所示。

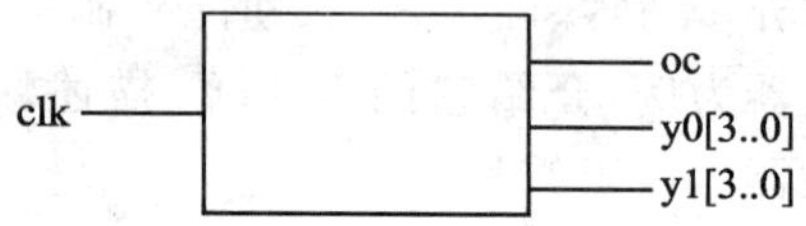

```
library ieee;
use ieee. std_logic_1164.all;
use ieee. std_logic_unsigned.all;

entity count6x10 is
   port  (clk:in std_ logic;
         oc:out std_ logic;
      y0,y1:out std_ logic_vector(3 downto 0));
end;

architecture rtl of count6x10 is
   signal q:std_ logic_vector(3 downto 0);
   signal k:std_ logic_vector(3 downto 0);
   signal j9,j60:std_ logic;
   begin
p1:process(clk)            ——进程 p1 描述个位计数器
   begin
   if  (clk'event and clk  = '1') then
       if q  = "1001" then
           q< = "0000";
       else
           q< = q + 1;
   end if;
   y0< = q;
   end process;
p2:process(j9)             ——进程 p2 描述十位计数器,使用个位计数器的 q(3)作时钟
   begin
   j9< = q(3);
   if  (j9'event and j9  = '0') then
       if k  = "0101" then
         k< = "0000";
       else
         k< = k + 1;
       end if;
   end if;
   y1< = k;
   if q = "1001" and k = "0101" then
     j60< = '0';
   else
     j60< = '1';
   end if;
   oc< = j60;                  ——BCD 码 60 进制计数器的进位输出
end process;
end;
```


图 11 - 13 BCD 码 60 进制异步计数器端口图

11.4.2　寄存器的 VHDL 描述

1. 普通寄存器

8 位寄存器 74LS374 是数字电路中广泛使用的一种寄存器，这里以它为例介绍普通寄存器的 VHDL 描述。通常，74LS374 内部是由 8 个 D 触发器构成的，它的逻辑符号如图 11－14 所示（反相输出端口没有标出），与其对应的功能表如表 11－9 所列。

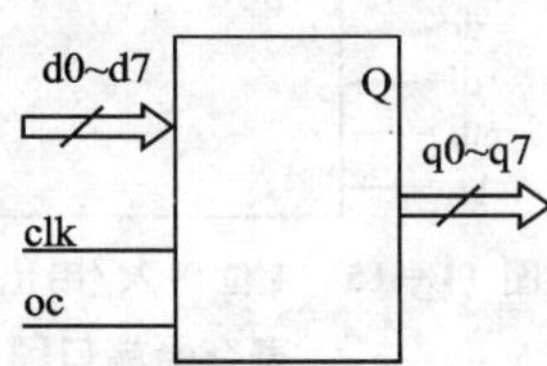

图 11－14　8 位寄存器 74LS374 的端口图

表 11－9　8 位寄存器 74LS374 的功能表

OE	*CP*	$D_0 \sim D_7$	$Q_0 \sim Q_7$
0	上升沿	0	0
0	上升沿	1	1
0	0	×	保持
1	×	×	高阻

可以看出，74LS374 具有 8 个数据输入端口 $D_0 \sim D_7$、一个时钟输入端口 *CP*、一个三态控制端口 *OE* 和 8 个数据输出端口 $Q_0 \sim Q_7$。它的基本工作原理是：当三态控制端口 *OE* 有效且有时钟上升沿到来时，寄存器把输入数据送到输出端口上；当三态控制端口 *OE* 有效但没有时钟上升沿到来时，寄存器的输出端口将保持原来的状态；当三态控制端口 *OE* 无效时，寄存器的输出将为高阻。

以下是用来描述 8 位寄存器 74LS374 的 VHDL 程序。

```
library ieee;
use ieee. std_logic_1164.all;

entity register is
      port(d:in std_ logic_vector(7 downto 0);
            oe,clk:in std_ logic;
            q:out std_ logic_vector(7 downto 0));
end register;

architecture rtl of register is
     signal q_tem:std_ logic_vector(7 downto 0);
begin
    process(clk,oe)
    begin
        if(oe = '0')then
           if  (clk'event and clk = '1') then
                q_tmp< = d;
           end if;
        else
           q_tmp< = (others = >'z');
        end if;
    end process;
```

```
    q< = q_tmp;
end rtl;
```

2. 移位寄存器

移位寄存器按照不同的标准可以分成不同的种类,如按照工作方式的不同,可以分为串入/串出、串入/并出、并入/串出、并入/并出移位寄存器。下面将以这种分类中的几种寄存器为例,介绍它们的VHDL描述。

(1) 串入/串出移位寄存器

以下是4位串入/串出双向移位寄存器的VHDL程序。用if语句及循环语句描述。4位串入/串出双向移位寄存器的端口图如图11-15所示。

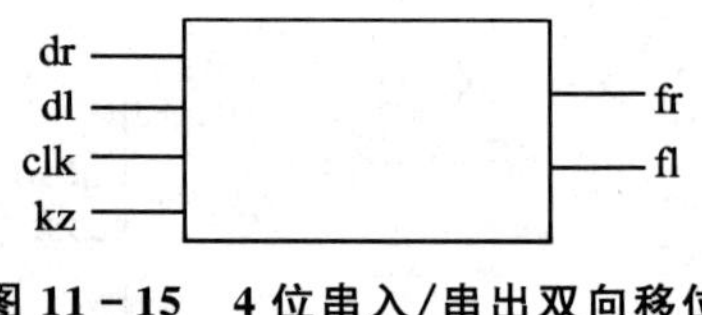

图11-15　4位串入/串出双向移位寄存器端口图

```
library ieee;
use ieee. std_logic_1164.all;

entity shift4_4 is
    port(dr,dl,clk:in std_ logic;
                    kz:in bit;
                 fr,fl:out std_ logic);
end;

architecture a of shift4_1 is
signal q:std_ logic_vector(3 downto 0);
begin
    process(clk)
      begin
if(clk'event and clk  = '1') then
    if kz = '1' then
      q(0)< = dr;
      loop1:
      for i in 0 to 2 loop
      q(i+1)< = q(i);
      end loop;
    else
      q(3)< = dl;
      loop2:
      for i in 1 to 3 loop
      q(i-1)< = q(i);
      end loop;
    end if;
end if;
      fr< = q(3);
      fl< = q(0);
end prociss;
end;
```

(2) 串入/并出移位寄存器

以下是一个 5 位串入/并出移位寄存器的 VHDL 描述。用 if 语句描述。其端口图如图 11-16 所示。

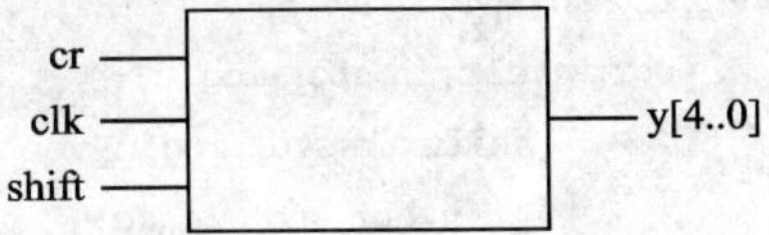

图 11-16　5 位串入/并出移位寄存器端口图

```
library ieee;
use ieee. std_logic_1164.all;

entity shift4_5 is
    port(clk,shift,cr:in std_ logic;
                        y:out std_ logic_vector(4 downto 0));
end;

architecture a of shift4_2 is
signal temp_date:std_ logic_vector(5 downto 0);
begin
   process(clk)
      begin
         if(clk'event and clk  = '1') then
           if(cr = '0')then
             temp_date< = (other = >'0');          ——表示各位均赋 0
           elseif temp_date(0) = '0' then
             temp_date< = shift & "01111";
           else
             temp_date = shift & temp_date(5 downto 1);
           end if;
         end if;
 end process
 process
    begin
       if temp_date(0) = '0' then
         y< = temp_date(5 downto 1);
       else
         y< = "00000";
       end if;
 end process;
```

(3) 并入/串出移位寄存器

以下是 4 位并入/串出移位寄存器的 VHDL 程序,用 if 语句描述。4 位并入/串出移位寄存器的端口图如图 11-17 所示。

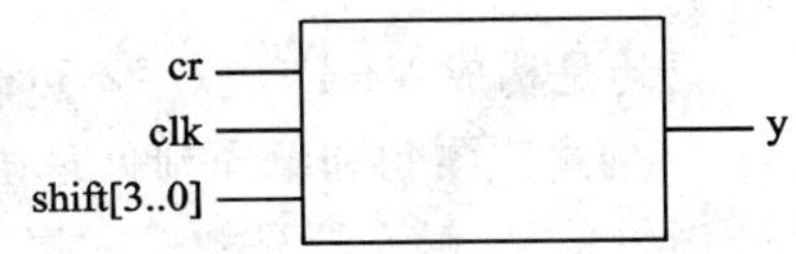

图 11-17　4 位并入/串出移位寄存器端口图

```
library ieee;
use ieee. std_logic_1164.all;
use ieee. std_logic_unsigned.all;
```

```
entity shift4_3 is
   port  (clk:in std_ logic;
          shift:in std_ logic_vector(3 downto 0);
             y:out std_ logic);
end;

architecture a of shift4_3 is
signal k:std_ logic_vector(3 downto 0);
signal q:std_ logic_vector(1 downto 0);

begin
p1:process(clk)
    begin
        if(clk'event and clk  ='1') then
               q<=q+1;
        end if;

p2:process(clk)
    begin
       if cr='0' then                ——在cr='0'条件下,若无操作规定,则K维持初始值"0000"
       elsif(clk'event and clk  ='1') then
          if q>"00" then
          k(3 downto 0)<=k(2 downto 0);
          else q="00" then
          k<=shift;
          end if;
       end if;
           y<=k(3);
end process;
end;
```

本章小结

1. VHDL与一般的编程语言类似,有自己的语法规则,包括语言要素和顺序语句。VHDL与一般编程语言不同之处就是它有独特的并行语句。因此,VHDL具有很强的描述能力。

2. 语句是构成VHDL程序不可缺少的部分。VHDL的语句包括赋值语句、条件语句、循环语句、结构声明语句和编译预处理语句等类型,每一类语句又包括几种不同的语句。

3. 时钟信号、触发器是构成时序电路的基本要素。本章最后主要介绍了对这两个基本要素的VHDL描述。

4. 常用的时序逻辑电路主要包括计数器和寄存器,寄存器又分普通寄存器和移位寄存器。与组合电路一样,时序电路也是构成复杂数字系统的基础。只要掌握了它们的VHDL描述,就可以进行各种复杂数字电子系统的设计。

习题十一

11-1　VHDL 语言中标识符的作用是什么，使用标识符应遵守什么规则？

11-2　在 VHDL 硬件描述语言中，BIT 与 STD_LOGIC 的含义有什么区别？

11-3　在 VHDL 语言中，实体的一般格式是什么？结构体的一般格式是什么？

11-4　在 VHDL 语言中，if 和 case 都属于流程控制语句，比较归纳它们的异同点。

11-5　试用 VHDL 语言设计一个半加器。

11-6　试参照 8 线-3 线编码器的 VHDL 程序，编写 16 线-4 线编码器的 VHDL 程序。

11-7　设计一个下降沿触发的 D 触发器的 VHDL 程序。

11-8　试设计具有同步清零、异步置数功能的 JK 触发器的 VHDL 程序。

11-9　设计描述 T′触发器的 VHDL 程序。

11-10　试用 VHDL 语言设计一个 36 进制的计数器。

11-11　试用 VHDL 语言设计一个并入/并出的移位寄存器。

部分习题答案

第1章

1-1 (1) $I_{ab}=-2\text{A}, I_{ba}=2\text{A}, I_{ab}=2\ \text{A}, I_{ba}=-2\ \text{A}$;

(2) $U=10\ \text{V}, U=-10\ \text{V}, I=1\ \text{A}, I=-1\ \text{A}$;

(3) $I=4\ \text{A}, I=-4\ \text{A}, U=6\ \text{V}, U=-6\ \text{V}$;

(4) 发出,5 W,$U_1=25\ \text{V}, U_2=-2.5\ \text{V}, U_3=20\ \text{V}, U_4=7.5\ \text{V}$;

(5) $I=\dfrac{U_{ab}+U_{\text{S}}}{R}$;

(6) $U=6\ \text{V}$;

(7) $U_{ab}=-10\ \text{V}, U_{ab}=10\ \text{V}, U_{ab}=-U_{\text{S}_1}+U_{\text{S}_2}-RI$;

(8) $C_{ab}=9\ \mu\text{F}$;

(9) $C_{ab}=6\ \mu\text{F}, C_{ab}=20/3\ \mu\text{F}$;

(10) $U_1=3\ \text{V}, U=9\ \text{V}$;

(11) $W_{L\text{m}}=10\ \text{J}$。

1-2 0.99 mA,505 V。

1-3 14.52度。

1-4 (1) 不安全,因为电容C_1两端将承受150 V的电压,超过了其耐压100 V;

(2) 不能,因为220 V是正弦电源的有效值,其振幅值为311 V,超过了其耐压值250 V。

1-5 因为采用双线并绕法时,两股导线内部电流方向相反,磁场方向亦相反,磁场相互抵消。

1-6 题图1-6(a):$U_{ab}=-3\text{V}, U_{ba}=3\ \text{V}$;题图1-6(b):$U_{cd}=-2\ \text{V}, U_{dc}=2\ \text{V}$。

1-7 $U_{AB}=3\ \text{V}, U_{BC}=5\ \text{V}, U_{BD}=7\ \text{V}, U_{AD}=10\ \text{V}$。

1-8 $U=2\ \text{V}; U=-2\ \text{V}; I=-1\ \text{A}; I=-1\ \text{A}$。

1-9 −12 W,发出功率;−12 W,发出功率;10 W,吸收功率;10 W,吸收功率。

1-10 题图1-10(a):A端为正,B端为负;题图1-10(b):由B端流向A端。

1-11 当$I_{\text{S}}=1\ \text{A}$时,$I_1=1\ \text{A}, I_2=2\ \text{A}, P_{US}=-4\ \text{W}$,发出功率,$P_R=8\ \text{W}$,吸收功率,$P_{IS}=-4\ \text{W}$,发出功率,$P_{\text{发出}}=P_{\text{吸收}}$,功率平衡。

1-12 $t<0$时,$u_{\text{S}}(t)=0, i(t)=0, p(t)=0, W(t)=0$;

$0\leqslant t\leqslant 1$ s时,$u_{\text{S}}(t)=3t\ \text{V}, i(t)=150\ \mu\text{A}, p(t)=450\times10^{-6}\ t\ \text{W}$,

$W(t)=225\times10^{-6}\ t^2\ \text{J}$;

1 s$<t\leqslant 2$ s时,$u_{\text{S}}(t)=-3(t-2)\text{V}, i(t)=-150\ \mu\text{A}, p(t)=450\times10^{-6}(t-2)\text{W}$,

$W(t)=225\times10^{-6}(t-2)^2\text{J}$;

2 s$<t$时,$u_{\text{S}}(t)=0, i(t)=0, p(t)=0, W(t)=0$。

第2章

2-1 $I=1.6\ \text{A}, U_{ab}=17.4\ \text{V}, U_{cb}=13.4\ \text{V}$。

2-2 $I_1=-2\ \text{A}, I_2=4\ \text{A}, I_3=-6\ \text{A}, I_S=6\ \text{A}, U=14\ \text{V}$。

2-3 $U_{ab}=-0.5\ \text{V}$。

2-4 $V_a=1.5\ \text{V}, V_b=1.5\ \text{V}, V_c=0.5\ \text{V}, V_d=-3.5\ \text{V}$。

2-5 $V_a=-36\ \text{V}, V_b=-2\ \text{V}, U_{ac}=-28\ \text{V}$。

2-6 电压表读数为:$4+2I=[4+2\times(-0.5)]\ \text{V}=3\ \text{V}$。

2-7 题图 2-7(a):电压源电压 $U_S=14\ \text{V}$,等效电阻 $R_i=5\ \Omega$;
题图 2-7(b):电压源电压 $U_S=5\ \text{V}$,等效电阻 $R_i=(10/3)\Omega$。

2-8 $I=1\ \text{A}$。

2-9 $R_{ab}=4\ \Omega$。

2-10 题图 2-10(a):$R_{ab}=100\ \Omega$; 题图 2-10(b):$R_{ab}=6.75\ \Omega$。

2-11 (1) $R=6\ \Omega$,(2) $U_{S_2}=9\ \text{V}$。

2-12 $U_{S_1}=40\ \text{V}$。

2-13 $I_1=4\ \text{A}, I_2=-1\ \text{A}, I_3=1\ \text{A}, I_4=2\ \text{A}$。

2-14 $V_1=37.5\ \text{V}; I_1=1.25\ \text{A}, I_2=0.75\ \text{A}, I_3=2.5\ \text{A}$。

2-15 $I_1=1.25\ \text{A}, I_2=1.5\ \text{A}, I_3=-0.5\ \text{A}, I_4=0.25\ \text{A}$。

2-16 $I_1=(1/3)\ \text{A}, I_2=(10/3)\ \text{A}$。

2-17 本题答案不唯一,只要满足以下关系即可:自阻 $R_{11}=6\ \Omega, R_{22}=16\ \Omega$,互阻 $R_{12}=R_{21}=-4\ \Omega, U_{S_{11}}=8\ \text{V}, U_{S_{22}}=20\ \text{V}$。

2-18 题图 2-18(a):$U_{oc}=8\ \text{V}, R_0=6\ \Omega, I_{sc}=(4/3)\text{A}$;题图 2-18(b):$U_{oc}=6\ \text{V}, R_0=10\ \Omega, I_{sc}=0.6\ \text{A}$。

2-19 $U_{oc}=8\ \text{V}, R_o=4\ \Omega$。

2-20 $U_{oc}=10\ \text{V}, R_o=5\ \text{k}\Omega$。

2-21 $I=3.53\ \text{A}$。

2-22 I 均为 $-1\ \text{A}$。

2-23 $U=2I+10$。

2-24 $U_{ab}=3.6\ \text{V}$。

2-25 $I=1.25\ \text{A}$。

2-26 $u_X=150\ \text{V}$。

2-27 当 $R_L=80\ \Omega, 160\ \Omega, 240\ \Omega$ 时,R_L 吸收的功率分别为 0.8 W,0.9 W,0.864 W。

2-28 当 $R_L=R_0=5\ \Omega$ 时,功率最大,$P_{max}=\dfrac{u_{oc}^2}{4R_0}=\left(\dfrac{15^2}{4\times5}\right)\ \text{W}=11.25\ \text{W}$。

2-29 $I=-0.2\ \text{A}$。

2-30 $\tau=R_3C$。

2-31 $u_C(t)=20-10e^{-2\,000t}\ \text{V}, i(t)=10e^{-2\,000t}\ \text{mA}$。

2-32 $i_L(t)=-1+1.6e^{-50t}\ \text{A}, i_1(t)=-1+0.8e^{-50t}\ \text{A}, u_L(t)=-4e^{-50t}\ \text{V}$。

2-33 $t\approx34.5\ \text{ms}$。

2-34　$i_L(t)=0.02+0.08e^{-(5/6)\times10^3 t}$ A，$i_1(t)=0.04+0.16e^{-(5/6)\times10^3 t}$ A。

2-35　$t\approx0.01$ s。

第3章

3-1　(1) $U_m=311$ V，$U=220$ V，$w=314$ rad/s，$f=50$ Hz，$\theta_u=-\pi/6$；$I_m=10\sqrt{2}$A，$I=10$ A，$w=50\pi$ rad/s，$f=25$ Hz，$\theta_i=\pi/4$。

(2) 电压、电流的波形图如解题图3-1所示。

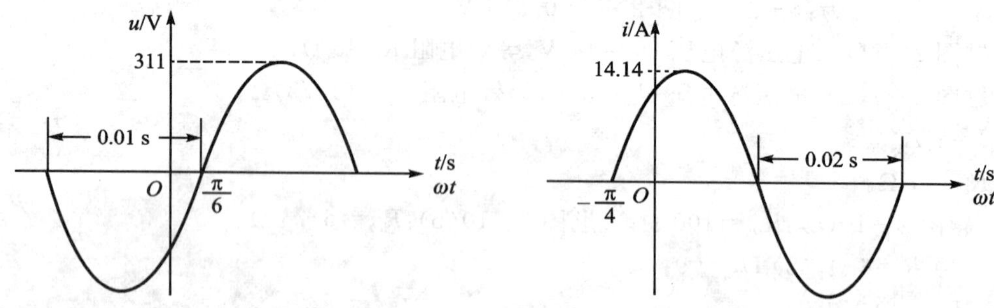

解题图3-1

3-2　$u(t)=100\sin(2\,000\pi t+5.7°)$V。

3-3　$u(t)=14.14\sin(100\pi t-45°)$V。

3-4　$u(t)=100\sin(250\pi t+\pi/4)$V。

3-5　i滞后$u\pi/2$；若纵轴向右移动$\pi/3$，则初相加上$\pi/3$，若向左移动$\pi/3$，则初相减去$\pi/3$，但相位差不因为纵轴的移动(计时起点)的改变而改变。

3-6　不可以，因为市电的振幅为311 V，至少需要7只二极管串联使用。

3-7　$\dot{U}=220\angle0°$ V，$\dot{I}=5\sqrt{2}\angle-60°$A。

3-8　(1) $i_1(t)=\sqrt{2}\sin(200\pi t-90°)$A；

(2) $i_2(t)=\sqrt{10}\sin(200\pi t-26.5°)$A；

(3) $u_1(t)=220\sqrt{2}\sin(200\pi t+120°)$V；

(4) $u_2(t)=10\sin(200\pi t+135°)$V。

3-9　(1) 电感元件，$L=12.5$ mH；

(2) 电容元件，$C=500$ uF；

(3) 电阻元件，$R=8/5=1.6\ \Omega$。

3-10　$\dot{U}_R=25\angle20°$ V，$\dot{U}_L=50\angle110°$ V，$\dot{U}_S=55.9\angle83.5°$ V。

3-11　$\dot{I}_R=5\angle20°$ mA，$\dot{I}_C=1.57\angle110°$ mA，$\dot{I}_S=\dot{I}_R+\dot{I}_C=5.24\angle37.4$ mA。

3-12　(1) $Z=100\Omega$；

(2) $\dot{U}_R=50\sqrt{2}\angle90°$ V，$u_R(t)=100\sin(10^7t+90°)$V，$\dot{U}_L=\frac{10^4\sqrt{2}}{2}\angle180°$ V，$\dot{U}_C=\frac{10^4\sqrt{2}}{2}\angle0°$ V，$u_L(t)=10^4\sin(10^7t+180°)$V，$u_C(t)=10^4\sin(10^7t+0°)$V，$\dot{U}_S=\dot{Z}I=$

$100\times\frac{\sqrt{2}}{2}\angle 90°\ \text{V}=\frac{100\sqrt{2}}{2}\angle 90°\ \text{V}, u_S(t)=100\sin(10^7 t+90°)\text{V}$；

(3) $P=50\ \text{W}, Q=0, S=UI=50\sqrt{2}\times(\sqrt{2}/2)=50\ \text{V}\cdot\text{A}$。

3-13 $\dot{I}=28.28\angle 50°\ \text{mA}, \dot{U}_S=31.6\angle 76.6°\ \text{V}$。

3-14 $w_0=1/\sqrt{LC}=1/\sqrt{0.1\times10^{-3}\times100\times10^{-12}}=10^4, Q=w_0L/R=50$。

3-15 $R=10\ \Omega, L=U_L/(w_0I)=1\ \text{mH}, C=I/(U_C w_0)=1\ 000\ \text{pF}, Q=w_0L/R=100$。

3-16 $\dot{U}_b=100\angle 90°\ \text{V}, \dot{U}_c=100\angle -30°\ \text{V}$。

3-17 $U_P=2\ 100\sqrt{3}\ \text{V}, U_L=2\ 100\sqrt{3}\text{V}$。

3-19 $\dot{I}_a=22\angle -90°\ \text{A}, \dot{I}_b=22\angle 150°\ \text{A}, \dot{I}_c=22\angle 30°\ \text{A}$。

3-20 $\dot{U}_{AB}=220\angle 0°\ \text{V}, \dot{U}_{BE}=220\angle -120°\ \text{V}, \dot{U}_{CA}=220\angle 120°\ \text{V}; \dot{I}_{AB}=22\angle 36.9°\ \text{A}$,

$\dot{I}_{BC}=22\angle 83.1°\ \text{A}, \dot{I}_{CA}=22\angle 156.9°\ \text{A}$。功率略。

3-21 (2) 6.8 A,0 A;(3) 95 V,285 V。

3-22 (a) (1,2′);(b) (1,2′),(1,3′),(2,3′)。

3-23 (1,3);(1,4)。

3-24 $R_{ab}=25\ \text{k}\Omega$。

3-25 $n=10; P_{max}=1.25\ \text{mW}$。

3-26 副边绕组应变为 57 匝。

3-27 (1) $U_1=10\ \text{V}, U_2=2\ \text{V}, I_1=0.1\ \text{A}, I_2=0.5\ \text{A}, P_L=1\ \text{W}$;

(2) $n'\approx7.1, P_{max}=1.125\ \text{W}$。

第 4 章

4-1 u_i的正半周,$i_D=u_i/R_L, u_D=0, u_o=u_i$;$u_i$的负半周,$i_D=0, u_D=u_i, u_o=0$。

4-2 $i=-3\ \text{mA}, U=-18\ \text{V}$。

4-3 (1) $u_o=U_2$； (2) $u_o=u_i$。

4-4 题图 4-4(a)：$u_o=3\ \text{V}$;

题图 4-4(b)：$u_o=-6\ \text{V}$。

4-5 题图 4-5(a)：$u_i>2$ V 时,$u_o=u_i-2$,$u_i\leqslant 2$ V 时,$u_o=0$;

题图 4-5(b)：$u_i>-2$ V 时,$u_o=u_i+2$,$u_i\leqslant -2$ V 时,$u_o=0$。

4-6 (1) 1.4 V,6.7 V,8.7 V,14 V;

(2) 0.7 V,6 V。

4-7 题图 4-7(a)：-6 V;题图 4-7(b)：-12 V;题图 4-7(c)：0 V;题图 4-7(d) -6 V。

4-9 (1) $P_Z=U_Z\left(\frac{U_I-U_Z}{R_1}-\frac{U_Z}{R_2}\right)$;

(2) $P_{R_2}=\frac{U_Z^2}{R_2}$;

(3) $P_{R_1}=\frac{(U_I-U_Z)^2}{R_1}$。

4-10 (1) $u_o=U_{CE}=2\ \text{V}$; (2) $R_b\approx45.4\ \text{k}\Omega$。

4-11 (1) 6 V；(2) 6 V；(3) 6 V；(4) 4.8 V。

4-12 选后者，I_{CBO}大，温度稳定性好。

4-14

T_1	T_2	T_3	T_4	T_5	T_6	T_7	T_8
放大	截止	放大	饱和	截止	临界饱和	放大	放大

4-16 题图4-16(a)为NPN型锗管，2脚为集电极，1脚为发射极，3脚为基极；题图4-16(b)为PNP型硅管，1脚为集电极，2脚为发射极，3脚为基极。

第5章

5-1 (1) ×； (2) √； (3)×； (4) √； (5) √。

5-2 题图5-2(a)：电源极性接反了。

题图5-2(b)：由于C_1的隔直作用使偏流$I_B=0$，发射结无偏置。

题图5-2(c)：输入信号u_i经C_1和电源，交流短路，信号无法加到三极管的发射结上。

题图5-2(d)：$R_c=0$，信号经放大后虽有i_C变化，但$u_{CE}=V_{CC}$，输出信号为零。

题图5-2(e)：$I_B=0$，发射结零偏，集电结反偏，三极管截止。

题图5-2(f)：符合放大电路组成应遵循的原则。电源极性连接正确，使发射结正偏，集电极结反偏；信号有输入、输出回路，二极管反偏不会影响信号输入。

5-3 题图5-3(a)：将$-V_{CC}$改为$+V_{CC}$；题图5-3(b)：在$+V_{CC}$与基极之间加R_b；题图5-3(c)：将V_{BB}反接，且在输入端串联一个电阻；题图5-3(d)：在V_{BB}支路加R_b，在$-V_{CC}$与集电极之间加R_c。

5-4 (1) I_{BQ}增大，I_{CQ}增大，U_{CEQ}减小，r_{be}减小，$|A_u|$增大；

(2) I_{BQ}减小，I_{CQ}减小，U_{CEQ}增大，r_{be}增大，$|A_u|$减小；

(3) I_{BQ}减小，I_{CQ}减小，U_{CEQ}增大，r_{be}增大，$|A_u|$减小；

(4) I_{BQ}减小，I_{CQ}基本不变，U_{CEQ}基本不变，r_{be}增大，$|A_u|$减小。

5-5 $R_L=\infty$时：$I_{BQ}=20\ \mu A$，$I_{CQ}=2\ mA$，$U_{CEQ}=6\ V$，$U_{om}\approx5.3\ V$；$R_L=3\ k\Omega$时：$I_{BQ}=20\ \mu A$，$I_{CQ}=2\ mA$，$U_{CEQ}=3\ V$，$U_{om}\approx2.3\ V$。

5-6 (1) $I_{BQ}=60\ \mu A$，$I_{CQ}=6\ mA$，$U_{CEQ}=6\ V$；(2)略。

5-7 (1) ×，(2) ×，(3)×，(4)√，(5) ×，(6) ×，

(7) ×，(8)√，(9) √，(10)×，(11) ×，(12)√。

5-8 (1) $U_C=V_{CC}-I_{CQ}R_c\approx6.4\ V$； (2) $U_C=12\ V$；

(3) $U_C=U_{CES}=0.5\ V$； (4) $U_C=V_{CC}=12\ V$； (5) $U_C=V_{CC}=12\ V$。

5-9 $I_{BQ}=22\ \mu A$，$I_{CQ}=1.76\ mA$，$U_{CEQ}=6.2\ V$；$\dot{A}_u\approx-308$，$R_i\approx1.3\ k\Omega$，$R_o=R_c=5\ k\Omega$。

5-10 题图5-10(a)：饱和失真，增大R_b，减小R_c；题图5-10(b)：截止失真，减小R_b；题图5-10(c)：同时出现饱和失真和截止失真，应增大V_{CC}。

5-11 (1) $I_{CQ}\approx\beta\dfrac{V_{CC}R_1}{}$，$U_{CEQ}=V_{CC}-I_{CQ}(R_2+R_3)$；

(2) $A_u=-\dfrac{\beta(R_2/\!/R_L)}{r_{be}}$，$R_i=R_1/\!/r_{be}$，$R_o=R_2$；

(3) 将使A_u和R_o增大。

5-12 (1) R_P滑至最下方时$|A_u|$最大；

(2) $R_b=640\ k\Omega$，即 R_P 滑至中间位置时，$U_{o,max}=3.79\ V$（有效值）；

(3) U_S 的最大幅值为 40 mV。

5-13 (1) $R_b\approx565\ k\Omega$；(2) $R_L=1.5\ k\Omega$。

5-14 (1) $U_{BQ}=2\ V, I_{EQ}=1\ mA, I_{BQ}=10\ \mu A, U_{CEQ}=5.7\ V, r_{be}=2.73\ k\Omega, \dot{A}_u=-7.7$,

$R_i=3.73\ k\Omega, R_o=5\ k\Omega$；

(2) R_i 增大，$R_i\approx4.1\ k\Omega$；$|\dot{A}_u|$ 减小，$\dot{A}_u\approx-\frac{R'_L}{R_f+R_e}\approx-1.92$。

5-16 $I_{BQ}=\frac{V_{CC}-U_{BEQ}}{R_1+R_2+(1+\beta)R_c}$，$I_{CQ}=\beta I_{BQ}$，$U_{CEQ}=V_{CC}-(1+\beta)I_{BQ}R_c$，

$\dot{A}_u=-\beta\frac{R_2/\!/R_3}{r_{be}}$，$R_i=r_{be}/\!/R_1$，$R_o=R_2/\!/R_3$。

5-17 $I_{BQ}=\frac{\frac{R_2}{R_2+R_3}V_{CC}-U_{BEQ}}{R_2/\!/R_3+(1+\beta)R_1}$，$I_{CQ}=\beta I_{BQ}$，$U_{CEQ}=V_{CC}-I_{CQ}R_c+U_{BEQ}$，

$\dot{A}_u=\frac{\beta R_4}{r_{be}}$，$R_i=R_1/\!/\frac{r_{be}}{1+\beta}$，$R_o=R_4$。

5-18 (1) $A_{u1}=-1$，$A_{u2}\approx+1$；(2) 波形略。

5-19 (1) $I_{BQ}=32.3\ \mu A, I_{EQ}=2.61\ mA, U_{CEQ}=7.17\ V$；

(2) $R_L=\infty$ 时，$R_i=110\ k\Omega, A_u\approx0.996$，$R_L=3\ k\Omega$ 时，$R_i=76\ k\Omega, A_u\approx0.992$；

(3) $R_o=R_e/\!/\frac{R_S/\!/R_b+r_{be}}{1+\beta}\approx37\ \Omega$。

5-20 (1) $I_{BQ}=31\mu A, I_{CQ}=1.86\ mA, U_{CEQ}=4.56\ V, A_u=-95, R_i=952\ \Omega, R_o=3\ k\Omega$；

(2) 设 $U_S=10\ mV, U_i=3.2\ mV, U_o=304\ mV$；若 C_3 开路，$U_i=9.6\ mV, U_o=14.4\ mV$。

5-21 $I_{BQ1}=0.1mA, I_{CQ1}=4.5\ mA, U_{CEQ1}=4.7\ V, I_{BQ2}=0.45\ mA, I_{CQ2}=18\ mA$,

$U_{CEQ2}=11\ V$；如果 I_{CQ1} 增加 1%，$U_o=15.9\ V$，比原来升高了 0.9 V，约升高 6 %。

5-22 (1) C,B； (2) A； (3) A、C； (4) A、B； (5) B、C,A。

5-23 (1) ①； (2) ③,①； (3) ③,②； (4) ②,①。

5-24 A,B,B。

5-25 阻容耦合，变压器耦合；阻容耦合，变压器耦合；直接耦合。

5-26 $R_{i2}=R_5/\!/[r_{be}+(1+\beta_2)(R_6/\!/R_L)]$，$R'_L=R_6/\!/R_L$，$A_{u1}=-\frac{\beta_1(R_3/\!/R_{i2})}{r_{be}}$，

$A_{u2}=\frac{(1+\beta_2)R'_L}{r_{be2}+(1+\beta_2)R'_L}$，$R_i=R_{B1}/\!/R_{B2}/\!/r_{be1}$，$R_o=R_6/\!/\frac{4_{be2}+R_3/\!/R_5}{1+\beta_2}$。

5-27 (1) $U_o=4.59\ V$；(2) $A_u=136.9$。

第6章

6-1 (1) C,A,C、B； (2) B,A； (3) B； (4) C,D,C,D,B,A； (5) B,D,C。

6-2 (1) $I_{BQ}\approx0.0013\ mA, I_{CQ}\approx0.13\ mA, U_{CQ}=10.32\ V, U_{BQ}\approx-3.5\ mV$；

(2) $A_{ud}\approx-40$；

(3) $R_{id}=36.1\ k\Omega$。

6-3 (1) $I_{CQ1}=I_{CQ2}\approx\frac{1}{2}I_{CQ3}=0.1\ \text{mA}, U_{C1Q}=U_{C2Q}=4.3\ \text{V}, I_{BQ1}=I_{BQ2}\approx I_{CQ1}/\beta\approx 3.3\mu\text{A}$,

$U_{B1Q}=U_{B2Q}=-33\ \text{mV}$;

(2) $A_{ud}\approx-13.47$。

6-4 题图 6-4(a):直流负反馈;题图 6-4(b):交流正反馈;题图 6-4(c):交直流负反馈,交流负反馈的组态为电压串联负反馈;题图 6-4(d):交直流反馈,交流反馈的组态为电压串联负反馈;题图 6-4(e):交直流反馈,交流反馈的组态为电流并联负反馈。

6-5 (1) 局部反馈:R_{e1}引入的是电压串联负反馈,R_{e2}引入的是电压串联负反馈;级间反馈:R_{F1}引入的是电压串联负反馈,R_{F2}引入的是电流并联负反馈。

(2) 如果要求 R_{F1} 只引入交流反馈,则需将 R_{F1} 的取样端从电容 C_2 的正极改接到负极;R_{F2} 只引入直流反馈,则应在电阻 R_{e2} 两端并接上一个电容。

(3) 由 R_{F1} 构成的反馈支路只影响电路的动态性能,由 R_{F2} 构成的反馈支路只起到稳定静态工作点的作用。

6-6 (1) 应接 R_F 从 c_3 到 e_1; (2) 应接 R_F 从 c_3 到 b_1; (3) 应接 R_F 从 e_3 到 e_1;
(4) 应接 R_F 从 c_3 到 b_1; (5) 应接 R_F 从 c_3 到 b_1。

6-7

u_i/V	0.1	0.5	1.0	1.5
u_{o1}/V	−1	−5	−10	−14
u_{o2}/V	1.1	5.5	11	14

6-8 (1) $R_3=R_1/\!/R_2=5\ \text{k}\Omega, R_4=R_5/\!/R_6=(20/3)\text{k}\Omega$;

(2) A_1 组成同相比例电路,$u_{o1}=\left(1+\frac{R_2}{R_1}\right)u_{i1}$,$A_2$ 组成的也是同相比例电路,$u_{o2}=\left(1+\frac{R_5}{R_6}\right)u_{i2}$,$A_3$ 组成的是差动输入比例电路,$u_o=-\frac{R_9}{R_7}(u_{o1}-u_{o2})$;

(3) $u_o=-0.9\ \text{V}$。

6-9 (1) $u_o=10\left(1+\frac{R_2}{R_1}\right)(u_{i2}-u_{i1})$ 或 $10\cdot\frac{R_P}{R_1}(u_{i2}-u_{i1})$;

(2) $u_o=100\ \text{mV}$;

(3) $10\cdot\frac{R_P}{R_{1\,\min}}(u_{i2}-u_{i1})=14$, $R_{1,\min}\approx143\ \Omega, R_{2,\max}=R_W-R_{1,\min}\approx9.86\ \text{k}\Omega$。

6-10 题图 6-10(a):$u_o=-\frac{R_F}{R_1}\cdot u_{i1}-\frac{R_F}{R_2}u_{i2}+\frac{R_F}{R_3}u_{i3}=-2u_{i1}-2u_{i2}+5u_{i3}$;

题图 6-10(b):$u_o=-\frac{R_F}{R_1}\cdot u_{i1}+\frac{R_F}{R_2}u_{i2}+\frac{R_F}{R_3}u_{i3}=-10u_{i1}+10u_{i2}+u_{i3}$;

题图 6-10(c):$u_o=\frac{R_F}{R_1}(u_{i2}-u_{i1})=8(u_{i2}-u_{i1})$;

题图 6-10(d):$u_o=-\frac{R_F}{R_1}\cdot u_{i1}-\frac{R_F}{R_2}u_{i2}+\frac{R_F}{R_3}u_{i3}+\frac{R_F}{R_4}u_{i4}=-20u_{i1}+-20u_{i2}+40u_{i3}+u_{i4}$。

6-11 电压串联,∞,$\Delta u_o/\Delta u_i=11$, $u_o=11\ \text{V}$, $u_o=1\ \text{V}$, $u_o=14\ \text{V}$, $u_o=14\ \text{V}$, $u_o=1\ \text{V}$

6-12 $u_o=-\frac{1}{RC}u_i(t_2-t_1)+u_o(t_1)=-100u_i(t_2-t_1)+u_o(t_1)$,图略。

6-13 题图 6-13(a)：$u_o=-\left(R_3+R_4+\frac{R_3R_4}{R_5}\right)\left(\frac{u_{i1}}{R_1}+\frac{u_{i2}}{R_2}\right)$；

题图 6-13(b)：$u_o=\left(1+\frac{R_5}{R_4}\right)(u_{i2}-u_{i1})$。

6-14 题图 6-14(a)：$u_o=-\frac{R_2}{R_1}\cdot u_{i1}+\left(1+\frac{R_2}{R_1}\right)\cdot u_{i2}$；

题图 6-14(b)：$u_o=u_{i1}+\frac{R_2}{R_1}\cdot u_{i2}$；

题图 6-14(c)：$u_o=-\frac{R_2}{R_1}u_i-\frac{1}{R_1C}\int u_i\mathrm{d}t$。

6-15 题图 6-15(a)：$u_o=\frac{R_2R_7}{R_1R_5}\cdot u_{i1}-\frac{R_7}{R_4}\cdot u_{i2}-\frac{R_7}{R_6}u_{i3}$；

题图 6-15(b)：$u_o=-\frac{R_2R_4}{R_1R_3}(u_{i2}-u_{i1})+0.5\left(1+\frac{R_4}{R_3}\right)(u_{i3}+u_{i4})$；

题图 6-15(c)：$u_o=-\frac{1}{R_1C}\int u_i\mathrm{d}t$；

题图 6-15(d)：$u_o=-\left(1+\frac{R_2}{R_1}\right)\frac{1}{R_4C}\int u_{i1}\mathrm{d}t-\frac{1}{R_5C}\int u_{i2}\mathrm{d}t$。

6-16 本题可采用两个反相比例电路实现，使 $A_{uf}=-0.5$，$A_{uf}=-1$，如解题图 6-16 所示。图中各电阻参数值可取：$R_1=100\ \mathrm{k\Omega}$，$R_{F1}=50\ \mathrm{k\Omega}$，$R_1'=R_1/\!/R_{F1}=33.3\ \mathrm{k\Omega}$，$R_2=R_{F2}=20\ \mathrm{k\Omega}$，$R_2'/\!/R_{F2}=10\ \mathrm{k\Omega}$。

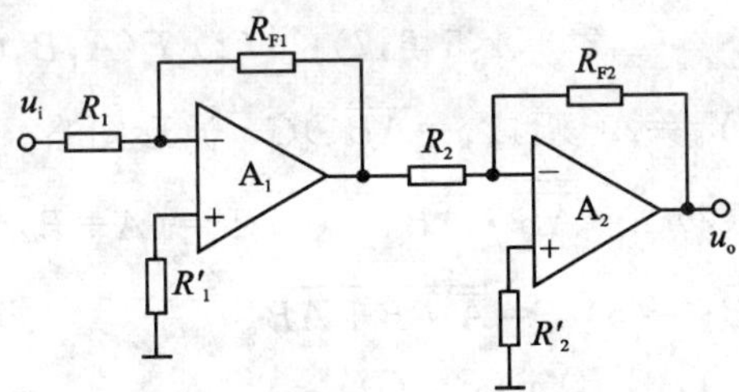

解题图 6-16

6-17 可用两个反相求和电路实现，使 $u_{o1}=-(2u_{i1}+u_{i3})$，$u_o=-(u_{o1}+0.5u_{i2})$，根据以上关系式，可选择相应的电阻参数值。（图略）

6-18 A_1 组成同相比例电路，$u_{o1}=\left(1+\frac{R_2}{R_1}\right)u_{i1}$，$A_2$ 组成差动输入比例电路，由叠加定理得

$$u_o=-\frac{R_1}{R_2}u_{o1}+\left(1+\frac{R_1}{R_2}\right)u_{i2}=-\frac{R_1}{R_2}\left(1+\frac{R_2}{R_1}\right)u_{i1}+\left(1+\frac{R_1}{R_2}\right)u_{i2}=$$

$$-\frac{R_1}{R_2}u_{i1}-u_{i1}+u_{i2}+\frac{R_1}{R_2}u_{i2}=\left(1+\frac{R_1}{R_2}\right)(u_{i2}-u_{i1})$$

得证。

6-19 (1) 带阻滤波器；(2) 带通滤波器；(3) 低通滤波器；(4) 低通滤波器。

6-20 题图 6-20(a)：为一阶高通滤波器；题图 6-20(b)：为二阶高通滤波器；题图 6-20(c)：为二阶带通滤波器；题图 6-20(d)：为二阶带阻滤波器。

6-21 $\dot{A}_{up}=4$，$20\lg|\dot{A}_{up}|\approx12$。

6-23　(1) 上“－”下“＋”；　(2) $U_Z=5\ \text{V}$，$R_2=300\ \Omega$。

6-24　(1) $R_2\approx610\ \Omega$；　(2) $U_{i,\min}=28\ \text{V}$。

第7章

7-1　(1) **10101110**，**0001 0111 0100**；

(2) **100101.01111011**，25.7B；

(3) 46.375；

(4) 376.604；

(5) 1246.78125；

(6) **001000111111.01000101**；

(7) 饱和，截止；

(8) 置1，约1.4 V；

(9) 3.6 V，0.2 V。

7-2　(1) D；　(2) D；　(3) A；　(4) D；　(5) B；　(6) C；　(7) D。

7-3　(1) $A_{原}=A_{反}=A_{补}=$**1110**；

(2) $A_{原}=A_{反}=A_{补}=$**10110**；

(3) $A_{原}=$**11110**，$A_{反}=$**10001**，$A_{补}=$**10010**；

(4) $A_{原}=$**110110**，$A_{反}=$**101001**，$A_{补}=$**101010**。

7-6　$Y_a=ABC$，$Y_b=(A+B)\bar C$，$Y_c=A\bar B\bar C$。

7-7　(1) $F(A,B,C)=\sum_m(1,2,3,4,5,6,7)$；　(2) $F(A,B,C)=\sum_m(6,7)$。

7-8　$Y_1=\overline{AB}$，$Y_2=\overline{A+B}$，$Y_3=A\oplus B$，$Y_4=\overline{AB}\odot C$。波形图略。

7-9　(1) $F=A\bar B+\bar AB$；　(2) $F=\overline{\overline{A\bar B}\cdot\overline{\bar AB}}$；　(3) $F=(A+B)(\bar A+\bar B)$；

(4) $F=\overline{\overline{A+B}+\overline{\bar A+\bar B}}$；　(5) $F=\overline{\bar A\cdot\bar B+AB}$。

7-10　题图7-10(a)：$Y_1=(A+B)+(\bar B+C)$；

题图7-10(b)：$Y_2=\overline{\overline{\overline{A\cdot\overline{AB}}\cdot\overline{B\cdot\overline{AB}}}\cdot\overline{\overline{C\cdot\overline{CD}}\cdot\overline{D\cdot\overline{CD}}}}$；

题图7-10(c)：$Y_3=\overline{A\oplus B+C\oplus D}$。

7-11　(1) 低电平**0**；(2) 低电平**0**；(3) 低电平**0**；(4) 高电平**1**；

(5) 高电平**1**；(6) 高电平**1**；(7) 高电平**1**。

7-12　题图7-12(a)：正确。

题图7-12(b)：错误。与门多余输入端不应接地，应接高电平，可以接电源或通过大于2 kΩ的电阻接地。

题图7-12(c)：错误。或门多余输入端不应悬空，即不应置**1**，而应置**0**，通过接地实现。

题图7-12(d)：正确。

题图7-12(e)：错误。一个异或门只能是两个输入信号相异或，若三个信号异或，需两个异或门。

题图7-12(f)：错误。普通的TTL门电路，输出端不能并接，OC门可以。

题图 7-12(g)：错误。理由同题图 7-12(c)。

题图 7-12(h)：错误。由三极管构成的非门，输入端(基极)缺少电阻 R。

7-13 $Y_1=\mathbf{1}$；　$Y_2=\overline{A}$；　$Y_3=\overline{A}$；　$Y_4=\mathbf{1}$；

$Y_5=\overline{A}$；　$Y_6=\mathbf{0}$；　$Y_7=\mathbf{0}$；　$Y_8=\overline{A}$；

$Y_9=A$；　$Y_{10}=\overline{A}$；　$Y_{11}=\overline{A}$；　$Y_{12}=A$。

7-14 $Y_1=\overline{\overline{A}\overline{B}+C}$；　$Y_2=AB\overline{C}$；

$\begin{cases}Y_3=A\oplus B(C=\mathbf{0})\\ \text{高阻}\quad(C=\mathbf{1})；\end{cases}$　$\begin{cases}Y_4=A(B=\mathbf{0})\\ \text{高阻}\ (B=\mathbf{1})；\end{cases}$　$Y_5=\overline{A}\cdot\overline{B}$。

7-15 $Y=\overline{AB+CD}=\overline{\overline{\overline{AB+CD}}}=\overline{\overline{\overline{AB}\cdot\overline{CD}}}$。

7-16 E、F 中应至少有一个接地，使其置 $\mathbf{0}$；F 应置 1，接 +5 V 电源或悬空。

7-17 用**与非**门和**与**门实现时，控制信号 A 的高电平持续时间是 B 输入信号的 6 倍，逻辑图如解题图 7-17(a)、(b)所示；用**或**门和**或非**门实现时，控制信号 A 的低电平持续时间是 B 输入信号的 6 倍，如解题图 7-17(c)、(d)所示。

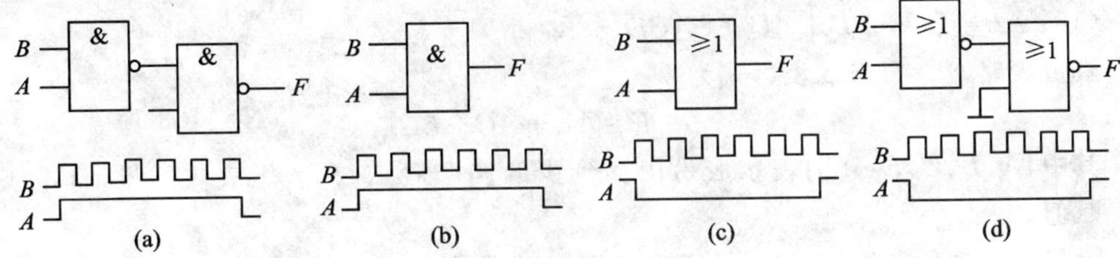

解题图 7-17

7-18 (1) $\mathbf{1}$；

(2) $A\overline{B}\cdot\overline{D}+ABC+ABD$；

(3) $A+CD+E$；

(4) $B\overline{C}+\overline{B}\overline{D}+A\overline{D}$；

(5) $\overline{A}+\overline{B}+\overline{C}$；

(6) $\mathbf{1}$；

(7) $B+AC$；

(8) $A\overline{B}+B\overline{C}+\overline{A}C=A\overline{B}+\overline{B}C+A\overline{C}$；

(9) $A+C\overline{D}$；

(10) $\overline{A}+C$；

(11) $A+B$；

(12) $\mathbf{1}$；

(13) $\mathbf{1}$；

(14) $A+C+BD+\overline{B}EF$；

(15) $\overline{A}\overline{C}+AC+\overline{B}\overline{D}$。

7-19 (1) $\overline{A}\overline{B}+\overline{A}D+\overline{B}D$；

(2) $\overline{A}\overline{D}+BC+C\overline{D}+\overline{A}\overline{B}\overline{C}+ABD$；

(3) $A\overline{B}+B\overline{C}+\overline{A}C=\overline{A}B+\overline{B}C+A\overline{C}$；

(4) $A+B+C+D$;

(5) $AB\bar{D}+A\bar{B}D+BC\bar{D}+\bar{B}\bar{C}D$;

(6) $\bar{A}\bar{C}+\bar{B}C$;

(7) $\bar{C}+AB$;

(8) $\bar{A}+\bar{B}+\bar{C}$;

(9) $\bar{A}+B$;

(10) $\bar{B}\bar{C}+A\bar{B}\bar{D}$;

(11) $\bar{A}\bar{B}+AB+A\bar{C}D+AC\bar{D}$;

(12) $\bar{C}\bar{D}+A\bar{D}+BC\bar{D}$;

(13) $A\bar{B}+\bar{B}D+AC$;

(14) $A\bar{B}\bar{C}+B\bar{C}D+ABC+\bar{B}CD$;

(15) $\bar{B}C+\bar{B}\bar{D}+\bar{A}\bar{C}\bar{D}$;

(16) $\bar{A}\bar{B}+AB+\bar{B}C+\bar{B}D+\bar{A}\bar{C}\bar{D}$;

(17) $\bar{C}\bar{D}+AB+\bar{B}\bar{C}+A\bar{D}+B\bar{B}$;

(18) $A\bar{B}+BC+B\bar{D}+ACD+\bar{A}C\bar{D}$。

7-22　真值表略。最简**与或**表达式为

$$F=AB+AC+BCD$$

其中,A、B、C、D 分别表示股份由多到少的四个股东,F 表示表决结果,且按正逻辑赋值。

7-23　设某个运动员在场用 **1** 表示,不在场用 **0** 表示;能否举行拳击比赛用逻辑函数 F 表示,F 为 **1** 表示能举行比赛,为 **0** 表示不能举行比赛。表达式为 $F=BC\bar{D}$。此式表明:只要 B、C 在场,而 D 不在场,则可举行一次拳击比赛。显然与 A 是否在场无关。若 A 在场则 A 与 C 比赛,若 A 不在场则 B 与 C 比赛。

第8章

8-1　(1) **1**;(2) 输入,原来,逻辑门;(3) **或非**,**异或**;(4) $F_1=\bar{B}D+CD$, $F_2=\bar{B}D+CD$;(5) 数据,选择控制;(6) D_0,D_2;(7) 余3码;(8) **100**,**101**;(9) 3,8,原,低;(10) 编码。

8-2　(1) A,D;(2) B;(3) A;(4) B;(5) C;(6) A;(7) C;(8) B,A;(9) D;(10) B。

8-3　题图 8-3(a):$Y=A\bar{B}+\bar{A}B$,真值表略,逻辑功能:判断输入变量 A、B 是否相等,若相等,输出为 **0**;否则为 **1**,即实现的是**异或**逻辑功能。

题图 8-3(b):$Y_1=\overline{AB}$,$Y_2=\overline{A\cdot\overline{AB}}=\overline{A\cdot\bar{B}}$,$Y_3=\overline{\overline{A\cdot\overline{AB}}\cdot\overline{AB}\cdot\overline{B\cdot\overline{AB}}}$,$Y_4=\overline{B\cdot\overline{AB}}=\overline{\bar{A}B}$,真值表略,逻辑功能:电路为2线-4线译码器,输出低电平有效。

题图 8-3(c):$Y_1=\bar{A}B$,$Y_2=\overline{\bar{A}B+A\bar{B}}$,$Y_3=A\bar{B}$,真值表略,逻辑功能:是一个数值比较器,$Y_1$ 表示 $A<B$,Y_2 表示 $A=B$,Y_3 表示 $A>B$。

8-4　(1) 设输入变量为 $X_2X_1X_0$,输出变量为 $Y_2Y_1Y_0$,则无论 K 为何值,Y_2、Y_1 的逻辑表达

式均为 $Y_2=X_2, Y_1=X_2\oplus X_1$，$Y_0$ 的逻辑表达式为：$K=\mathbf{1}$ 时，$Y_0=X_1\oplus X_0$；$K=\mathbf{0}$ 时，$Y_0=X_2\oplus X_1\oplus X_0$。

(2) 图中多了一个非门。

8-6 将异或表达式化成**与非-与非**式为 $Y=\bar{A}B+A\bar{B}=\overline{\overline{\bar{A}B}\cdot\overline{A\bar{B}}}$，共需 5 个**与非**门。

将**异或**表达式化成**与非-与非**式为 $\bar{Y}=\overline{\overline{A+\bar{B}}+\overline{\bar{A}+B}}$，共需 6 个**或非**门。

8-7 (1) 设输入为 A、B、C，输出为 Y，高电平有效，(真值表略)，写出表达式并化简得 $Y=A\oplus B\oplus C$，为此可用两个**异或**门实现该逻辑问题。

(2) 设输入为 A、B、C、D，输出为 Y，高电平有效，真值表略，写出表达式并化简得 $Y=BCD+ABD+ACD+ABC$，为此可用 4 个三输入的**与**门和 1 个四输入的**或**门实现该逻辑问题。

(3) 根据二进制乘法规则列出真值表，写出函数表达式并化简得

$D_3=A_1A_0B_1B_1$，　$D_2=A_1\bar{A}_0B_1+A_1B_1\bar{B}_0$

$D_1=\bar{A}_1A_0B_1+A_1\bar{A}_0B_1+A_1A_0\bar{B}_1B_0+A_1A_0B_1\bar{B}_0$，　$D_0=A_0B_0$

根据表达式选择**与**门、**非**门、**或**门实现该逻辑问题。

8-8 用 S 表示总电源开关，用 A、B、C 表示安装在三个不同地方的分开关，用 Y 表示路灯。按照正逻辑赋值，根据题意列出真值表如解题表 8-8 所列。根据真值表写出表达式并化简得

$$Y=SA\bar{B}\cdot\bar{C}+SABC+S\bar{A}B\bar{C}+S\bar{A}\cdot\bar{B}C$$

本题用**异或**门实现较简单，为此需要变换表达式为

$$Y=S(A\bar{B}\cdot\bar{C}+ABC+\bar{A}B\bar{C}+\bar{A}\cdot\bar{B}C)=$$
$$S[A(\bar{B}\cdot\bar{C}+BC)+\bar{A}(B\bar{C}+\bar{B}C)]=S(A\oplus B\oplus C)$$

图略。

解题表 8-8

S	A	B	C	Y	S	A	B	C	Y
0	**0**	**0**	**0**	**0**	**1**	**1**	**0**	**0**	**1**
0	**0**	**0**	**1**	**0**	**1**	**1**	**0**	**1**	**0**
0	**0**	**1**	**1**	**0**	**1**	**1**	**1**	**1**	**1**
0	**0**	**1**	**0**	**0**	**1**	**1**	**1**	**0**	**0**
0	**1**	**1**	**0**	**0**	**1**	**0**	**1**	**0**	**1**
0	**1**	**1**	**1**	**0**	**1**	**0**	**1**	**1**	**0**
0	**1**	**0**	**1**	**0**	**1**	**0**	**0**	**1**	**1**
0	**1**	**0**	**0**	**0**	**1**	**0**	**0**	**0**	**0**

8-9 用变量 A、B、C 表示三个开关，**0**、**1** 表示通、断状态；用变量 L 表示灯，**0**、**1** 表示灯灭、亮状态。列真值表并写出表达式，与 4 选 1 数据选择器的表达式对照，可得

$$A_1=A,\quad A_0=B,\quad D_0=D_3=C,\quad D_1=D_2=\bar{C}, Y=L$$

逻辑图略。

8-11 用 A_3、A_2、A_1、A_0 分别代表火警电话、急救电话、工作电话、生活电话作为输入变量，用 D_1、D_0 组成两位二进制数作为输出变量，输入信号低电平有效，输出为原码，据此可列出真值表，写逻辑式并化简得

$$D_1=\overline{\overline{A}_3\overline{A}_2}=\overline{A_3A_2},\quad D_0=\overline{\overline{A}_3\ \overline{\overline{A}_2\overline{A}_1}}$$

用 7 个**与非**门即可实现,A_0为隐含码。

8-12 设输入逻辑变量为 H、M、L,当水高于某一水位时,相应的变量取值为 **1**,否则为 **0**,输出逻辑变量为 A、B,当泵开启时取值为 **1**,否则为 **0**。真值表如解题表 8-12 所列。

8-13 编码器用二-十进制编码器 74LS147,译码器用显示译码器 74LS249。由于 74LS147 输出是反码,而 74LS249 是原码输入,故 74LS147 的 4 个输出端要接 4 个反相器。又由于 74LS249 的输出是高电平有效,所以其后要接共阴极接法的七段显示器。逻辑连线图略。

8-18 (1) $S_i=\overline{A}_i\overline{B}_iC_{i-1}+\overline{A}_iB_i\overline{C}_{i-1}+A_i\overline{B}_i\overline{C}_{i-1}+A_iB_iC_{i-1}$

$C_i=\overline{A}_iB_iC_{i-1}+A_i\overline{B}_iC_i+A_iB_i\overline{C}_{i-1}+A_iB_iC_{i-1}$

(2) 逻辑图如解题图 8-18 所示。

解题表 8-12

H	M	L	A	B
0	**0**	**0**	**0**	**0**
0	**0**	**1**	**0**	**1**
0	**1**	**0**	×	×
0	**1**	**1**	**1**	**0**
1	**0**	**0**	×	×
1	**0**	**1**	×	×
1	**1**	**0**	×	×
1	**1**	**1**	**1**	**1**

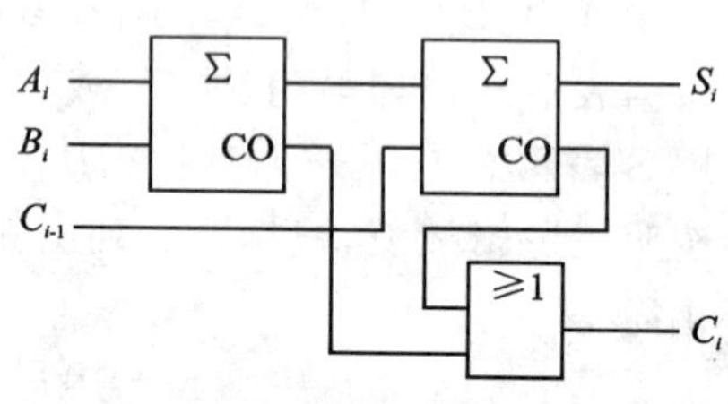

解题图 8-18

8-19 设 $A=A_1$,$B=A_0$,$1D_0\sim1D_3$对应 C,Y_1表示奇偶校验结果;则 $1D_0=1D_3=C$,$1D_1=1D_2=\overline{C}$。设 $A=A_1$,$B=A_0$,$2D_0\sim2D_3$对应 C,Y_2表示多数表决结果;则 $2D_1=2D_2=C$,$2D_0=\mathbf{0}$,$2D_3=\mathbf{1}$。逻辑图略。

8-23 M、N 为数据选择器的地址码输入信号,P 为选择器的使能控制信号,Q 为数据输入信号,输出信号 $Z=Y_1+Y_2$。根据逻辑图列出真值表如解题表 8-23 所列,由真值表写出 Z 的表达式为

$$Z=\overline{M}\,\overline{N}NP+\overline{M}NPQ+M\overline{N}\,\overline{P}Q+MN\overline{P}Q$$

解题表 8-23

M	N	P	Q	Y_1	Y_2	Z	M	N	P	Q	Y_1	Y_2	Z
0	**0**	**0**	**0**	**0**	**0**	**0**	**1**	**0**	**0**	**0**	**0**	**0**	**0**
0	**0**	**0**	**1**	**0**	**0**	**0**	**1**	**0**	**0**	**1**	**1**	**0**	**1**
0	**0**	**1**	**0**	**0**	**0**	**0**	**1**	**0**	**1**	**0**	**0**	**0**	**0**
0	**0**	**1**	**1**	**0**	**1**	**1**	**1**	**0**	**1**	**1**	**0**	**0**	**0**
0	**1**	**0**	**0**	**0**	**0**	**0**	**1**	**1**	**0**	**0**	**0**	**0**	**0**
0	**1**	**0**	**1**	**0**	**0**	**0**	**1**	**1**	**0**	**1**	**1**	**0**	**1**
0	**1**	**1**	**0**	**0**	**0**	**0**	**1**	**1**	**1**	**0**	**0**	**0**	**0**
0	**1**	**1**	**1**	**0**	**1**	**1**	**1**	**1**	**1**	**1**	**0**	**0**	**0**

8-24 设献血者和受血者的血型定义为

血 型	献血者		受血者	
	D_1	D_0	X_1	X_0
A	0	0	0	0
B	0	1	0	1
AB	1	0	1	0
O	1	1	1	1

判断结果为 Y,$Y=1$ 表示受血者可以接受献血者的血液,否则不能,真值表如解题表 8-24 所列。

解题表 8-24

D_1	D_0	X_1	X_0	Y_1	D_1	D_0	X_1	X_0	Y_1
0	0	0	0	1	1	0	0	0	0
0	0	0	1	0	1	0	0	1	0
0	0	1	0	1	1	0	1	0	1
0	0	1	1	0	1	0	1	1	0
0	1	0	0	0	1	1	0	0	1
0	1	0	1	1	1	1	0	1	1
0	1	1	0	1	1	1	1	0	1
0	1	1	1	0	1	1	1	1	1

根据真值表写出函数表达式并化简得

$$Y=\overline{D}_1\overline{D}_0\overline{X}_1\overline{X}_0+D_1D_0X_0+\overline{D}_1D_0\overline{X}_1\overline{X}_0+\overline{D}_1D_0X_1\overline{X}_0+D_1\overline{D}_0X_1\overline{X}_0+D_1D_0$$

根据上述表达式即可画出逻辑图(图略)。

8-25 函数的卡诺图如解题图 8-25(a)所示。采用增加冗余项的办法来消除冒险现象,修改后的电路如解题图 8-25(b)所示。

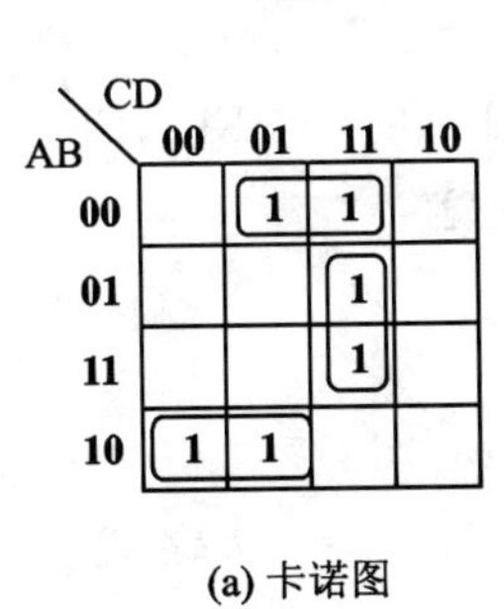

(a) 卡诺图

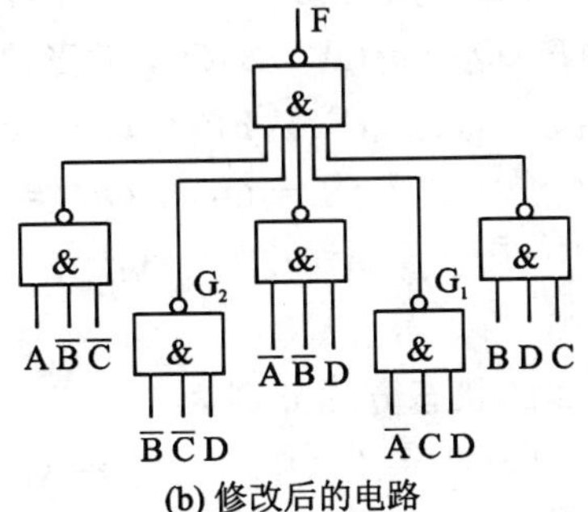

(b) 修改后的电路

解题图 8-25

第 9 章

9-1 (1) 2,2,3;

(2) **1,0**,控制输入,时钟输入;

(3) 触发器;

(4) T,T′;

(5) 特性表,特性方程,状态转换图,时序图;

(6) $Q^{n+1}=J\overline{Q^n}+\overline{K}Q^n$;

(7) 将 D 接至$\overline{Q^n}$;

(8) 边沿 JK 触发器,维持-阻塞 D 触发器;

(9) $\overline{R}+\overline{S}=\mathbf{1}$;

(10) 上升沿,$Q^{n+1}=D$;

(11) 时序逻辑电路;

(12) 组合逻辑电路,存储电路(触发器);

(13) 驱动,状态,输出;

(14) 同步时序逻辑电路,异步时序逻辑电路;

(15) 寄存器;

(16) 4;

(17) 复杂,快;

(18) **01001**;

(19) $N,2N,2^N-1$;

(20) 256,100;

(21) 256,1 000。

9-2 (1) A; (2) D; (3) C; (4) D; (5) C; (6) A; (7) B;
(8) D; (9)B; (10) A; (11) D; (12) D; (13) B; (14) D;
(15) D; (16) D; (17) B; (18) D; (19) C; (20) C; (21) A。

9-4 (1) FF_8; (2) FF_1,FF_{10}; (3) FF_2,FF_5,FF_7,FF_9; (4) FF_3,FF_6; (5) FF_4。

9-7 $Q_1^{n+1}=(A+B)\oplus Q_1^n$, $Q_2^{n+1}=A\oplus B$, $Q_3^{n+1}=\overline{ABC}$, $Q_4^{n+1}=(A\oplus B)\overline{Q}_4^n+\overline{C}Q_4^n$,波形略。

9-8 $Q_1^{n+1}=AB$, $Q_2^{n+1}=(A\oplus B)Q_2^n$,波形略。

9-9 (1) FF_1,FF_3,FF_5,FF_6,FF_7; (2) FF_2,FF_3,FF_4,FF_6; (3) FF_3,FF_6。

9-10 $Q_1^{n+1}=\overline{Q}_1^n$, $Q_2^{n+1}=D=\overline{Q}_2^n$, $Q_3^{n+1}=J\overline{Q}_3^n+\overline{K}Q_3^n=\overline{Q}_3^n$,
$Q_4^{n+1}=S+\overline{R}Q_4^n=\overline{Q}_4^n+\overline{Q}_4^nQ_4^n=\overline{Q}_4^n$。

9-11 $Q^{n+1}=A$。

9-13 各触发器的状态方程分别为

$$Q_0^{n+1}=\overline{Q}_2^n\overline{Q}_0^n,\quad Q_1^{n+1}=Q_0^n\overline{Q}_1^n+\overline{Q}_0^nQ_1^n,\quad Q_2^{n+1}=Q_0^nQ_1^n\overline{Q}_2^n$$

输出方程为

$$Y=Q_2$$

题图 9-13 所示时序电路是一个同步五进制加法计数器,并且能够自启动。

9-14 各触发器的状态方程分别为

$$Q_3^{n+1} = Q_2^n,\quad Q_2^{n+1} = Q_1^n,\quad Q_1^{n+1} = Q_2^n \oplus Q_3^n$$

题图 9-14 所示时序电路是一个由上升沿触发的D触发器组成的同步七进制计数器，不能自启动。

9-15 题图 9-15 所示是一个由上升沿触发的D触发器组成的异步四进制减法计数器，也可称为异步2位二进制(或模四)计数器。

9-16 题图 9-16 所示是一个由下降触发的JK触发器组成的同步七进制加法计数器。

9-17 题图 9-17(a)所示电路是同步3位二进制(或称八进制)加法计数器；题图 9-17(b)所示电路为同步3位二进制(或称八进制)减法计数器。

9-18 题图 9-18(a)所示为七进制加法计数器，能够自启动；题图 9-18(b)所示为三进制可逆计数器，C(控制信号)$=\mathbf{0}$ 时作加法计数器，$C=\mathbf{1}$ 时作减法计数，能够自启动；题图 9-18(c)所示为可控制计数长度的计数器，$C=\mathbf{0}$ 时作七进制计数，$C=\mathbf{1}$ 时作六进制计数，能够自启动。

9-20 将 D 接 Q_3，则构成环形计数器；将 D 接 $\overline{Q}_3$，则构成扭环形计数器。图略。

9-21 用反馈复位法实现：取 **0000** 作初始状态，**1011** 为反馈状态，其连线图如解题图 9-21(a)所示；用反馈置数法实现：若取 **0000** 作初态，则 **1010** 为反馈状态，其连线图如解题图 9-21(b)所示。

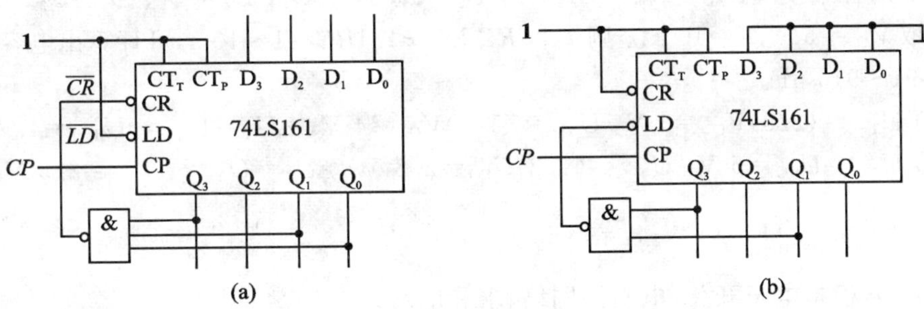

解题图 9-21

9-22 选 **1000** 作为初始状态，用 74LS160 实现九进制计数器时，**0110** 为反馈状态；用 74LS161 实现九进制计数器时，**0000** 作为反馈状态。连线图分别如解题图 9-22(a)和(b)所示。

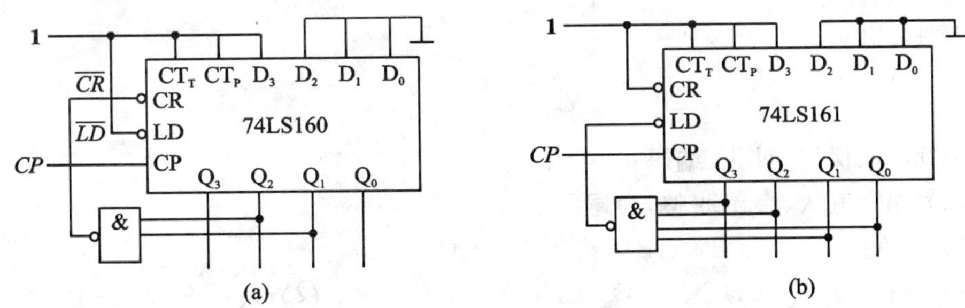

解题图 9-22

9-24 八十六进制计数器。

9-26 五节拍顺序脉冲发生器如解题图 9-26(a)所示，其中 74LS160 已构成五进制加法计数器；当计数器按 **000**、**001**、**010**、**011**、**100** 五个状态循环变化时，CP、Q_0、Q_1、Q_2、$\overline{Y}_0$～$\overline{Y}_4$ 的波形如解题图 9-26(b)所示。可见，在连续脉冲 CP 作用下，$\overline{Y}_0$～$\overline{Y}_4$ 依次产生负向脉冲，其宽度等于 CP 的周期。

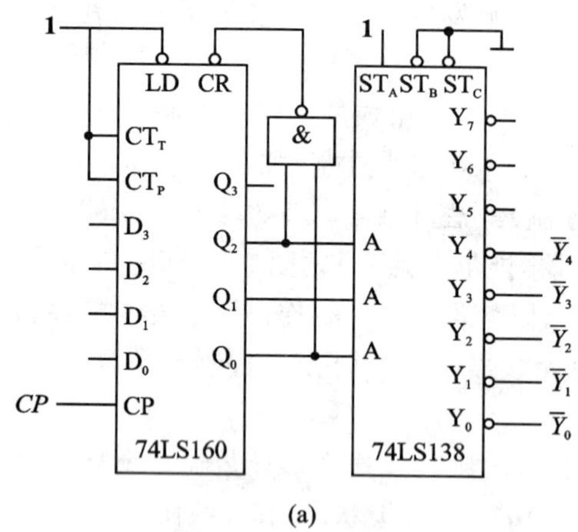

(a)

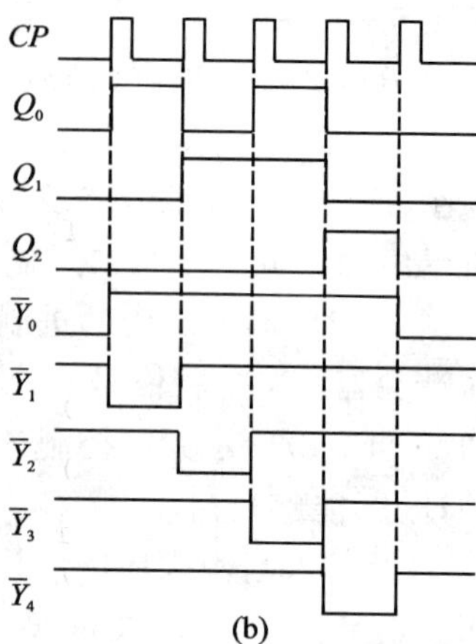

(b)

解题图 9-26

9-27　按下列各式接线：$\overline{R}_D=ET=EP=\mathbf{1}$，$D_0=D$，$D_1=Q_0$，$D_2=Q_1$，$D_3=Q_2$，$\overline{LD}=\overline{C}$。

9-30　如取 $V_{CC}=5$ V，$R=10$ kΩ，则 $t_W\approx RC\ln 3\approx 1.1RC=1\sim 10$ s，可计算出电容 C 的值应为 91～910 μF。

9-32　(1) $U_{T+}=(2/3)V_{CC}=8$ V，$U_{T-}=(1/3)V_{CC}=4$ V，$\Delta U_T=U_{T+}-U_{T-}=4$ V；

(2) $U_{T+}=U_{CO}=5$ V，$U_{T-}=(1/2)U_{CO}=2.5$ V，$\Delta U_T=U_{T+}-U_{T-}=2.5$ V。

第 10 章

10-1　(1) 高，模拟电子开关、电阻网网络、求和电路；

(2) 转换精度，转换速度；

(3) $1/(2^n-1)$；

(4) 3.32 V；

(5) 25.575；

(6) 3.1；

(7) 14.59；

(8) $\frac{10}{8}$；

(9) 取样、保持、量化、编码；

(10) 四舍五入、舍尾取整，舍尾取整。

10-2　(1) B，A；　(2) B，A，B；　(3) B，C。

10-3　(1) √；(2) √；(3) ×；(4) √；(5) ×；(6) ×；(7) ×；(8) ×。

10-4　当 $d_3d_2d_1d_0=\mathbf{1111}$ 时，$u_o=-9.375$ V；若测得 $d_3d_2d_1d_0=\mathbf{0101}$ 时，输出电压 $u_o=0.625$ V，则 $U_{REF}=2$ V。

10-5　当输入数字信号为 **0000000001**、**0011001100** 和 **1111111111** 时的输出电压 u_o 分别为 0.009 76 V、7.62 V、9.99 V。

10-6 (1) 当 $d_3d_2d_1d_0$=**0000**、**0011**、**1111** 时的输出电压 u_o分别为 0V、1.5 V、7.5 V。

10-7 (1) $-U_{REF}\sim 0$；(2) $U_{REF}=-10$ V。

10-8 U_{REF}的相对稳定度为

$$\left|\frac{\Delta U_{REF}}{U_{REF}}\right| \leqslant \frac{\dfrac{2^4}{2^4-1}}{2^5} = \frac{2^4}{2^4-1}\cdot\frac{1}{2^5} \approx 3.1\%。$$

10-9 (1) 3 位逐次渐近型 A/D 转换器完成一次转换需要 5 个时钟 CP 周期，即 10 μs；

(2) 同理，10 位逐次渐近型 A/D 转换器完成一次转换需要 12 个时钟 CP 周期，即需要 24 μs。

10-10 CP 的周期为 1 μs。

10-11 (1) 反向积分时间为 30 μs；

(2) 定时积分时间为 30 μs；

(3) 当输入模拟信号为最大值时，转换时间为 60 μs。

10-12 根据公式 $u_o=(-U_{REF}/2^{10})D_{10}$，求出如解题表 10-12 所示的结果。

解题表 10-12

D_{10}（二进制）	u_o/V	D_{10}（二进制）	u_o/V
1000000000	−5/2	**0000001000**	−5/128
0100000000	−5/4	**0000000100**	−5/256
0010000000	−5/8	**0000000010**	−5/512
0001000000	−5/16	**0000000001**	−5/1 024
0000100000	−5/32	**0000000000**	0
0000010000	−5/64	**1111111111**	−5 115/1 024

10-13 1.2 MHz。

参考文献

[1] 张虹.电路与电子技术[M].3版.北京:北京航空航天大学出版社,2008.

[2] 华成英.电子技术[M].北京:中央广播电视大学出版社,1996.

[3] 闫石.数字电子技术基础[M].3版.北京:高等教育出版社,1989.

[4] 王毓银.脉冲与数字电路[M].2版.北京:高等教育出版社,1992.

[5] 胡锦.数字电路与逻辑设计[M].北京:高等教育出版社,2002.

[6] 任为民.电子技术基础课程设计[M].北京:中央广播电视大学出版社,1996.

[7] 李忠波.电子技术[M].北京:机械工业出版社,2003.

[8] 杨素行.模拟电子技术基础简明教程[M].2版.北京:高等教育出版社,1998.

[9] 徐志军.EDA技术与PLD设计[M].北京:人民邮电出版社,2006.